GEM
宝石と鉱物の大図鑑

地球が生んだ自然の宝物

監修 スミソニアン協会

日本語版監修 諏訪恭一 宮脇律郎

翻訳 高橋佳奈子 黒輪篤嗣

GEM

宝石と鉱物の大図鑑

地球が生んだ自然の宝物

[監修]
スミソニアン協会
1846年に設立。世界最大の博物館と研究機関の複合体で、19の博物館と美術館、国立動物園などからなる。研究機関としても名高く、公教育や国立施設運営のほか、芸術、科学、歴史の学術活動に携わる。スミソニアンが運営する国立自然史博物館内にある国立宝石コレクションには、約1万点の宝石が所蔵されている。

[日本語版監修]
諏訪恭一（すわ・やすかず）
1942年生まれ。諏訪貿易株式会社会長。慶應義塾大学経済学部卒業。1965年米国宝石学会（GIA）宝石鑑別士（G.G.）資格を日本人第一号として取得。CIBJO（国際貴金属宝飾品連盟）色石委員会副委員長、ICA（国際カラーストン協会）執行委員、（社）日本ジュエリー協会宝石部会ダイヤモンド小委員会委員長などを歴任。北米、南米、欧州、東南アジアなどへの海外出張は330回にも及び、世界各国の宝石および宝飾関連業者とのビジネスを展開。精度の高い情報収集活動および研究を行っている。主な著書に『価値がわかる宝石図鑑』（ナツメ社）、『宝石1～3』『決定版宝石』『ダイヤモンドー原石から装身具へ』（すべて世界文化社）。監修本に『指輪88』（淡交社）がある。

宮脇律郎（みやわき・りつろう）
1959年生まれ。筑波大学大学院博士課程修了。理学博士。国立科学博物館地学研究部長。主な著書に『図説 鉱物の博物学』（秀和システム・共著）。監修本に『ときめく鉱物図鑑』（山と溪谷社）、『カラー版徹底図解 鉱物・宝石のしくみ』（新星出版社）などがある。

翻訳……高橋佳奈子　黒輪篤嗣
ブックデザイン……sowhat.Inc.
編集協力……株式会社サヴァポコ
校正……田中晴美　八木谷涼子　徳本明子
協力……国立科学博物館　地学研究部：佐野貴司
堤 之恭　門馬綱一　矢部淳　芳賀拓真／動物研究部：並河 洋

GEM
宝石と鉱物の大図鑑
地球が生んだ自然の宝物

2017年11月25日　初版第1刷発行
2022年3月20日　初版第2刷発行

監修　スミソニアン協会
日本語版監修者　諏訪恭一　宮脇律郎
発行者　廣瀬和二
発行所　株式会社日東書院本社
〒113-0033 東京都文京区本郷1-33-13　春日町ビル5F
TEL：03-5931-5930（代表）
FAX：03-6386-3087（販売部）
URL http://www.TG-NET.co.jp

Printed and bound in China
ISBN978-4-528-02010-8　C0644

For the curious
www.dk.com

目次

宝石　64

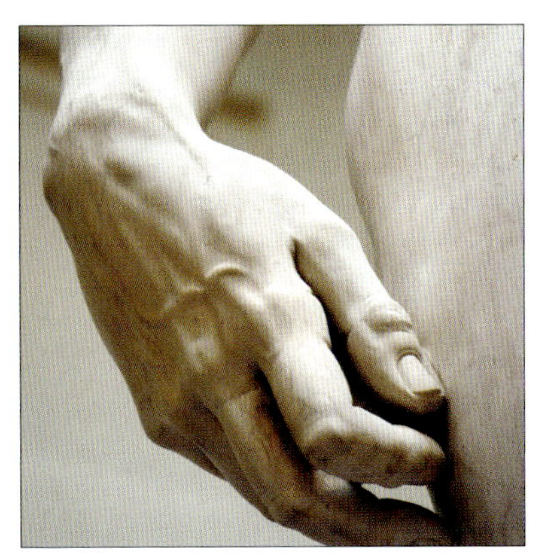

凡　例

- 本書では、見出しには「宝石名」を使用し、「鉱物名」については、別項に紹介している。（　）内は同義の別名は言い換え・補足となっている。「/」は宝石名と鉱物名を併記している。
- 宝石名と鉱物名が同じ場合は、一方を省略している。例外として、国内で広く鉱物名として流通している名称は、鉱物名にも併記している。
- 見出しとなる宝石名については、代表的なものを使用している。
- 本書では、一般に流通しているものだけでなく、収集家のためにカットされたものも宝石としてとり上げている。

序文

アジャ・ラデン

おもしろい物語には必ず、宝石が登場する。王や女王をめぐる物語でも、冒険や戦争や帝国や呪いの物語でも、みんなそうだ。海底に沈んだ海賊船の宝箱から、危険なダイヤモンドや黄金都市まで、宝石の不吉な輝きは、人間のいい面と悪い面の両方を引き出す力を持っている。歴史でも、神話でも、純粋に空想の話でも、わたしたちを魅了する物語では、きらきらと光るものがきまって重要な役割をはたしているものだ。

しかし、この本自体は物語ではない。物語には始まりと中間と終わりがある。この本はいわば物語を読み解くのに役立つ地図であり、古文書であり、道具だ。本書では、何百種類もの石がさまざまな形で紹介されている。それらの類い稀な品質や、唯一無二の美しさを知ると同時に、来歴についても学ぶことができるだろう。また、色や透明度、構造、生成の地質作用、採掘の方法など、石の客観的ないし科学的な情報、つまり事実についても詳しく書かれている。

ただし、石の物語は事実に尽きるものではない。石の物語には、美と欲望、地位と象徴がかかわる。さらには客観性や数値だけではとらえきれない価値という側面も持つ。最古の通貨の1つである宝石は、現在も、貨幣価値の指標に使われる。しかし、どうして宝石にそれほど高い価値があるのか？　なぜそれほどの力があるのか？　所詮、ただの石ではないのか……。

しかし現にわたしたちはそのただの石に魅了され、それを装身具にもすれば、それに意味や魔力を感じてもいる。宝石は古来、毒にも薬にもなると考えられてきた（実際にそういう効果を持つ宝石もある）。価値や高貴さや神聖さの証しとして用いられてきた。また、しばしば暴政や強欲や死を意味した。ときにその力が象徴を通り越したものとなり、カルトや聖遺物、呪われた宝石の伝説を生んだ。美しくて、高価で、希少な石をわがものにしようとして、戦争が起こり、産業が誕生し、帝国の興亡が繰り返されてきた。

確かに、欲し、自分のものにしたがるのが、人間だ。賛美したり、身を飾ったり、あるいは蓄えたりしようとする性癖が人間にはある。しかし何がわたしたちの目を奪うのか？　何がわたしたちを引きつけるのか？　鮮やかな色か？　輝きか？　宝石の何がわたしたちをかくも強く突き動かし、とりこにするのか？　きらきら光る小さな粒のどこに、あらゆる時代の人間を魅了する力があるのか？　これは簡単な問いのようだが、答えるのは意外にむずかしい。

いくつかの事実をあげることはできる。しかし事実は必ずしも真実ではないことに、注意しなくてはならない。人間は美しいものを見ると、脳の運動野を刺激され、自動的にそれをつかみたくなる。これは事実だ。そこに自由意思はない。またこういう事実もある。わたしたちがあるものにどれだけの価値があると判断するかや、それにどれだけ強い感情的な反応を示すかは、前

わたしたちがきらびやかな宝石を見たがったり、所有したがったりするのは、心の反応であるだけでなく、体の反応でもある

頭前野腹内側部の小さな神経細胞の一群の働きによる。この前頭前野腹内側部は、倫理的な判断に深くかかわる部位でもある。したがって、人間はとびきり価値のあるものやとびきり美しいもの——最たる例が宝石だ——を目にすると、とびきり強い感情に襲われるだけでなく、善悪のコンパスがぐるぐると回ってしまい、どうしても倫理的な判断力が低下する。

しかし人間が美しさに弱かったり、宝石に執着したりするのは、感情の神経化学的な仕組みよりもっと深い部分に根ざしている。じつはわたしたちがきらびやかな宝石を見たがったり、所有したがったりするのは、心の反応であるだけでなく、体の反応でもある。これは驚くべきことだが、賢い進化の結果だ。これについても客観的な事実がある。わたしたちの目は、ある色がほかの色より鮮明に見え、強い印象を受けるようにできている。豊かさを示す緑や、危険を示す赤など、わたしたちは特定の色に目を引きつけられ、それらの色に特に強い感情的な反応をするよう進化してきた。さらに光るもの、なかでもきらきらと輝くものには、どんな色よりも強く反応する。

わたしたちの目には、水がそのように見えるからだ。日に照らされた池の水面から、ちらちらと光るさざなみや、遠くに望めるわずかなきらめきまで、水は輝くものとしてわたしたちの目に映る。水を求めるという人間のもっとも根源的な欲求から、人間は光るものを求め、それを大事にすることを覚えた。単なる比喩ではなく、そこでは輝きはまさに命を意味するからだ。現実にはちょっとした飾りが生死を分けるはずはないが、人間の本能はだまされやすい。鮮やかな色だとか、つややかな表面だとか、あるいは七色の輝きだとかを目にすると、わたしたちの胸はどきどきしはじめる。輝くものを見たい、触りたい、持ちたいという欲求は、骨の髄にまでしみこんでいる。そこに生命の土台があるからだ。

石の物語は、岩を削るように一片また一片と、つまびらかにされる。始まりと中間と終わりがある物語として語ることはできない。なぜならそこには始まりも終わりもないからだ。石の物語とは、人間性の物語にほかならない。太古以来の人間の行為はすべて、石の上に築かれ、石に刻まれ、石によって祝われてきた。古代の族長の冠の時代から、ダイヤモンド半導体の時代まで、すべての時代が石器時代といえる。石の物語は、人間の物語でもある。

序章

地球の宝

人類の歴史を通じて装飾や商取引に使われてきた貴金属や宝石は、もともとはわたしたちの周りの岩石のなかにあるものだ。多くは、長い年月にわたる地質学的な変化でできた鉱物の結晶が起源である。それらの結晶がとり出され、切り出され、削られ、磨かれることで、宝石やその他の装飾品になる。一方、アコヤガイがつくり出す真珠や、樹脂が化石になった琥珀などの有機宝石は、生物起源の物質から加工される。いくらの値段がつくかや、どれほどの価値が認められるかは、社会によって異なる。たとえば、翡翠をゴールドより高価値と見なす文化もある。西洋では、ルビーが最高級の宝石として扱われている。25.6カラットの「サンライズ・ルビー」がしっかりセットされたカルティエの指輪は、2015年に約3000万ドルの値がついた。

3種類の岩石

地球の構成要素

地球の岩石は火成岩、堆積岩、変成岩の3つに大きく分類できる。火成岩は、地中でマグマ（熔融した岩石）が固まってできた花崗岩などの貫入岩や、陸上や海底に流れ出て固まった玄武岩などの噴出岩がある。堆積岩の大半は、砂岩のように、風や水や氷の作用で地表に堆積した物質でできている。変成岩は、熱や圧力の影響で、既存の岩石の鉱物組成が変質することでできる。たとえば、珪岩は変成した砂岩である。

火成岩
マグマが地中で冷やされてできた貫入岩の1つである花崗岩の写真。表面に細かい結晶が見える。

堆積岩
砂岩にはふつう石英が含まれるが、ほかの鉱物が混ざることもある。この標本には、酸化鉄の斑点模様と薄板状の雲母が見られる。

変成岩
片麻岩を構成する鉱物、主に石英と長石は、それぞれに帯状にまとまり、縞模様をなすことが多い。

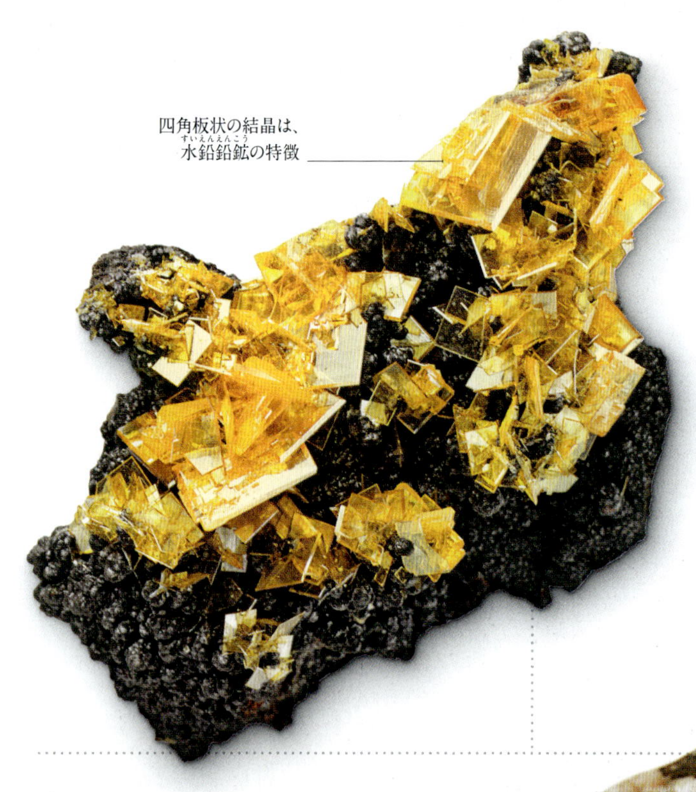

四角板状の結晶は、水鉛鉛鉱の特徴

鉱物

ほとんどの宝石は鉱物の結晶がカットされたものである。鉱物は、地質作用により生成した天然の固体で、鉱物種は特定の化学組成と結晶構造で定義される（p14-15参照）。各鉱物種にはそれぞれの化学組成と結晶構造にもとづいた名がつけられている。それらの一方でも異なれば、別種の鉱物と見なされ、別の名が与えられる。

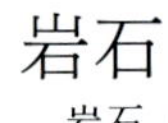

岩石

岩石（コラム参照）は、数種、ときに1種の鉱物の集合体からなる。ただし、石炭の資源となる朽ち果てた植物など、有機物からできた岩石も数種類ある。

加工していない大理石の標本

地中の宝石

岩石、鉱物、宝石の起源

岩石と鉱物は岩石の循環で生ずる。すべての岩石は火成岩として始まり、再熔融や浸食、変成作用によってしだいに変質する。風化や浸食作用は堆積岩の形成をもたらし、さらにそこに熱や圧力が加わることで、変成岩となる。

自然界での宝石

鉱物の宝石は、生成した岩石から直接採掘される（p25参照）。たとえば、ダイヤモンド、タンザナイト、ルビー、カイヤナイト、セレスティン、エメラルド、トルマリン、アクアマリンなどである。一方、風化作用により源の岩石から分離されたものは、水流などにより砂礫にできる漂砂鉱床で採掘される。このタイプの宝石には、トパーズ、サファイヤ、クリソベリル、ガーネット、ジルコン、スピネルなどがある。

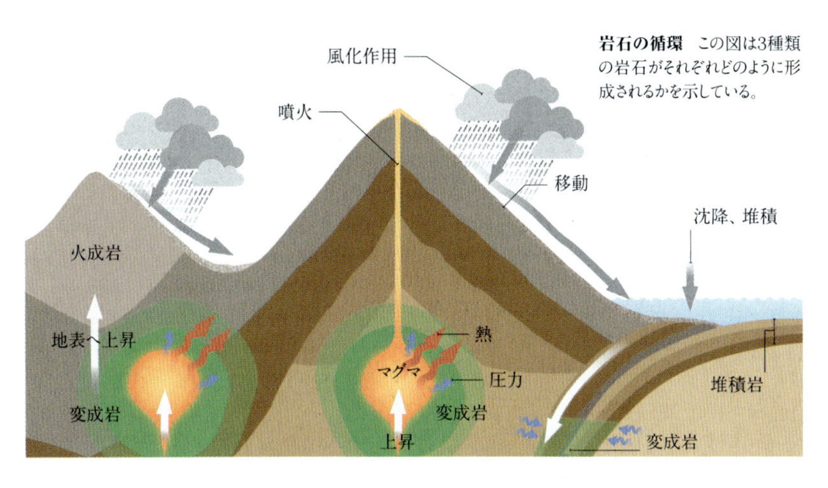

岩石の循環 この図は3種類の岩石がそれぞれどのように形成されるかを示している。

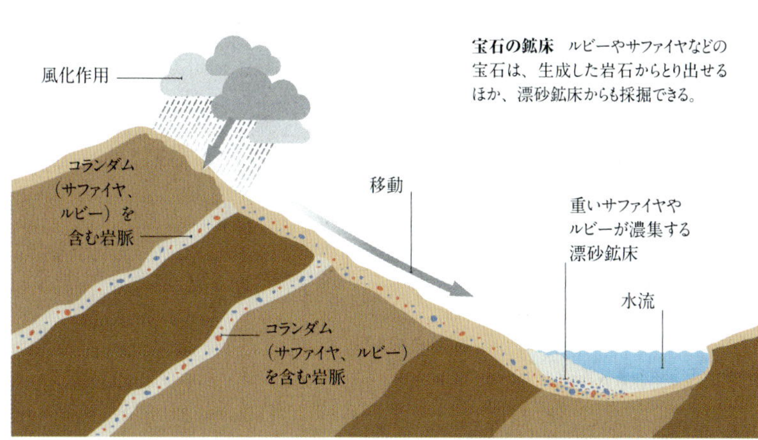

宝石の鉱床 ルビーやサファイヤなどの宝石は、生成した岩石からとり出せるほか、漂砂鉱床からも採掘できる。

結晶

結晶とは、特定の原子の配列が規則正しく、また立体的に繰り返している固体である。内部の配列にもとづいて、外部に幾何学的に並んだ一連の平らな面がつくられ、上の写真の菱マンガン鉱のような結晶ができる。

母岩に含まれた状態の自然銅と自然銀の鏡面研磨試料

元素鉱物

単一の元素からなる鉱物（p14も参照）。ほかの元素と混ざらず、天然に産する。金、銀、ダイヤモンド（炭素）など。プラチナと金以外のほとんどの金属は、その金属を主成分とする鉱物から抽出される。

鍾乳石状の琥珀

生体起源の宝石

有機的な過程から生じる生体起源の宝石は、ふつう、結晶質ではない。ジェット（黒玉）は石炭の一種で植物起源。珊瑚や貝殻は海洋動物の硬組織であり、真珠は殻に覆われた軟体動物によって生み出される。琥珀は天然樹脂の化石、コーパルは天然樹脂の半化石である。生体起源の宝石は一般にほかの鉱物よりやわらかく、加工しやすい。

鉱物とは何か?

鉱物とは岩石を構成する物質である。各鉱物にはそれぞれに固有の化学組成と原子構造が備わっている。したがって鉱物種は化学組成と原子構造にもとづいて定義される。無機的に生成するものがほとんどだが、大理石を構成する方解石や琥珀など、なかには生物起源のものもある。蛋白石や黒曜岩などの天然ガラスのように、見た目や化学成分、生成過程は同様でも、規則正しい原子配列がなく、結晶化していない物質（非晶質）もある。

単一の化学元素だけでできた鉱物もある。自然金、自然銀、ダイヤモンドなど（下記参照）で、元素鉱物と呼ばれる。ただし、大半の鉱物は2種類以上の元素でできた化合物である。一般的な鉱物は100種程度にとどまるが、現在わかっている鉱物の種類は5200種を超える。

鉱物の分類

鉱物は化学組成にもとづいて分類される。化合物の鉱物は正と負の電荷を持つ原子または原子団から成り立ち、負の電荷を持つ元素が鉱物分類の決め手となっている。最大の級（クラス）であるケイ酸塩鉱物は化学結合構造にもとづいてさらに6つの亜級（サブクラス）に細分される。

自然金（金塊／金の天然結晶群）

蛍石の結晶群

藍銅鉱を伴う珪孔雀石の原石

天青石の結晶

元素鉱物

単一の元素からなる鉱物は元素鉱物と呼ばれる。もっとも一般的なものとしては、金属では銅、鉄、銀、金、白金（プラチナのこと）など、非金属では硫黄、炭素（鉱物としてはダイヤモンド、石墨）などがある。そのほかに希産の元素鉱物も知られるが、ほかの元素鉱物と合金をなすことが多い。

ハロゲン化鉱物

ハロゲン（フッ素、塩素、臭素、ヨウ素など）と金属元素の化合物。化合する金属元素の種類はさまざま。ハロゲン化鉱物は、単純ハロゲン化物、ハロゲン化物錯体、酸化水酸化ハロゲン化物に細分される。いずれも硬度が低く、蛍石以外は宝石の原石となることは少ない。

炭酸塩鉱物

炭酸塩鉱物は、炭素原子を中心に3つの酸素原子を三角形に配置した炭酸塩イオンからなることが特徴である。宝石に用いられるものとして、珪孔雀石（クリソコーラ）、方解石（カルサイト）、菱亜鉛鉱（スミソナイト）、孔雀石（マラカイト）が挙げられる。

硫酸塩鉱物

これらの鉱物の結晶構造は、1個の硫黄原子とそれをとり囲む4個の酸素原子の硫酸塩イオンからなり、硫酸塩イオンは1種あるいは複数種の金属または半金属元素と結合している。重晶石（バライト）、天青石（セレスティン）、アラバスター（雪花石膏：石膏の変種）など。

硫化鉱物

硫黄が1種あるいは複数種の金属元素と結合した鉱物。鮮やかな色のものが多い。一般に硬度は低く、比重は大きい。黄鉄鉱（パイライト）、白鉄鉱（マーカサイト）、閃亜鉛鉱など。

酸化鉱物

酸素原子と金属または半金属元素が結合した鉱物。宝石のルビーやサファイヤは酸化アルミニウムで、鉱物名はコランダム（鋼玉）。ルビーとよくまちがわれるスピネル（尖晶石）や、赤鉄鉱（ヘマタイト）、ルチル（金紅石）などもある。

リン酸塩鉱物

リンと酸素の原子比が1対4のリン酸塩イオンを結晶構造に持つ鉱物の級。アンブリゴナイト（アンブリゴン石）、燐灰石（アパタイト）、トルコ石などがある。

閃亜鉛鉱の原石

濃い青色

サファイヤの原石

ガラス光沢から
真珠光沢

アンブリゴナイトの原石

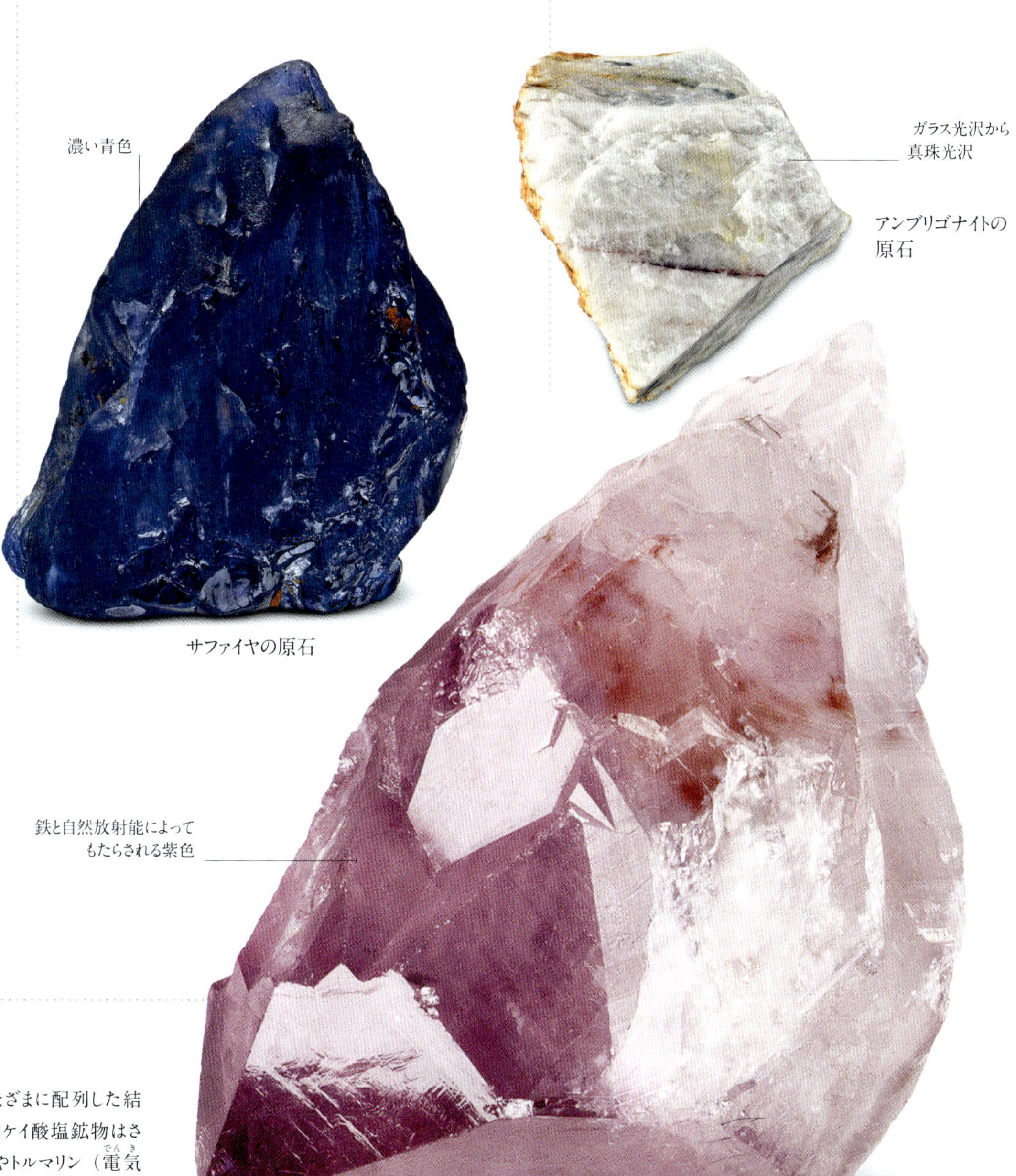

鉄と自然放射能によって
もたらされる紫色

アメシスト（紫水晶）の原石

ケイ酸塩鉱物

中心のケイ素原子を酸素原子がとり囲むケイ酸塩イオンがさまざまに配列した結晶構造をしている。この配列形式により亜級に細分される。イノケイ酸塩鉱物はさらに下図のように2つに分けられる。水晶／石英（クォーツ）やトルマリン（電気石）をはじめ、多くの宝石がケイ酸塩鉱物である。

テクトケイ酸塩鉱物
青金石（ラズライト）（写真）、蛋白石（オパル）、アメシスト（紫水晶）などの石英。

フィロケイ酸塩鉱物
珪孔雀石、サポナイトなどの粘土鉱物。

単鎖イノケイ酸塩鉱物
クンツァイト／リチア輝石（写真）、頑火輝石（エンスタタイト）、透輝石（ダイオプサイド）など。

複鎖イノケイ酸塩鉱物
ネフライト（透閃石・緑閃石）（写真）、エデン閃石（エデナイト）など。

シクロケイ酸塩鉱物
エメラルド／緑柱石（写真）、トルマリン（電気石）。

ソロケイ酸塩鉱物
ベスブ石、灰簾石（ゾイサイト）など。

ネソケイ酸塩鉱物
橄欖石（オリビン）（写真）、藍晶石、フェナス石、ユークレイスなど。

物理的性質

識別や鑑定が必要になった宝石は、宝石学の専門機関から認定された宝石鑑別士のもとに送られる。宝石鑑別士は宝石の物理的な性質や光学的な性質を調べて、種類を見分け、品質を判定する。

宝石の要の品質である耐久性のほか、色の質や摩耗、破損、劣化も宝石の物理的性質によって決まる。注意したいのは、劈開がある宝石は、硬くても割れやすいものもあることだ（右ページ「劈開」参照）。

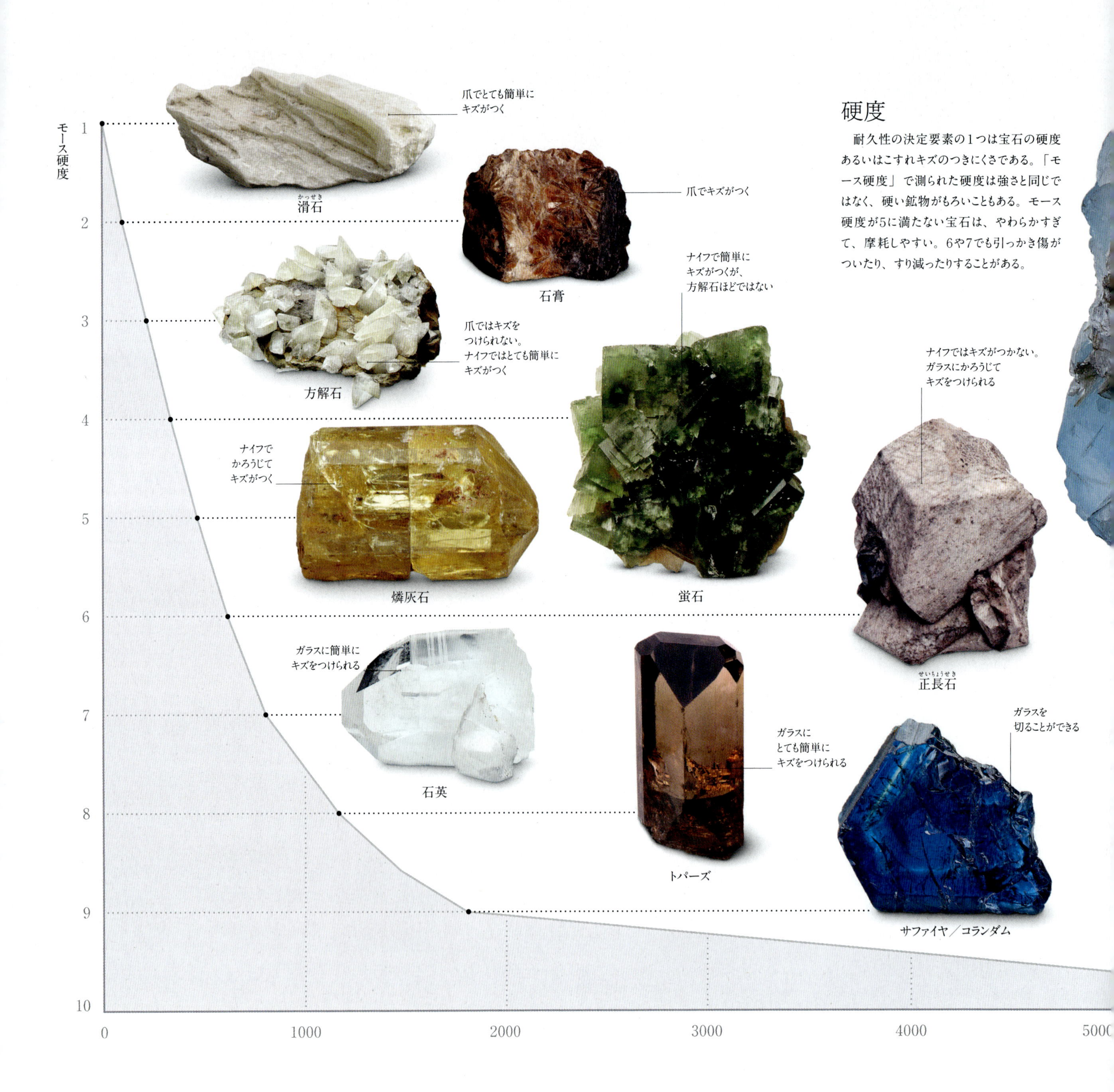

硬度

耐久性の決定要素の1つは宝石の硬度あるいはこすれキズのつきにくさである。「モース硬度」で測られた硬度は強さと同じではなく、硬い鉱物がもろいこともある。モース硬度が5に満たない宝石は、やわらかすぎて、摩耗しやすい。6や7でも引っかき傷がついたり、すり減ったりすることがある。

アクアマリン／緑柱石

比重

比重とは、物質の水に対する密度の比率のことで、宝石の密度を示すときに使われる。ある物質の比重は、その物質の質量と、それと同体積の水の質量との比で算出される。したがって比重が2の鉱物は水の2倍重い。比重の計測には専用の秤か、重液と呼ばれる所定の比重に調整された液体が用いられる。重液に鉱物を入れると、比重がより小さいものは浮き、より大きいものは沈む。ただし専門家は、たいていは手持ちの感覚から宝石の比重を割り出せる。

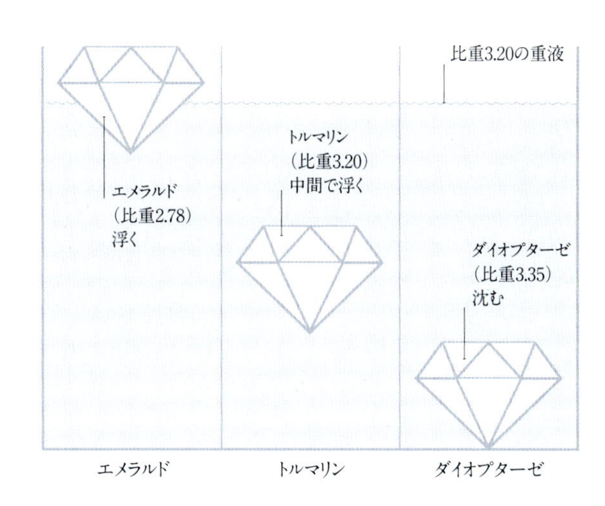

劈開

劈開とは、原子の結合力がもっとも弱い方位の平面に沿って割れる鉱物の性質のことである。宝石によっては複数の方向に劈開を持ち、たやすく割れることもあり、強く叩くと簡単に砕けてしまう。劈開は原子の配列面に平行に生じるので、割れた面はなめらかな場合が多い。

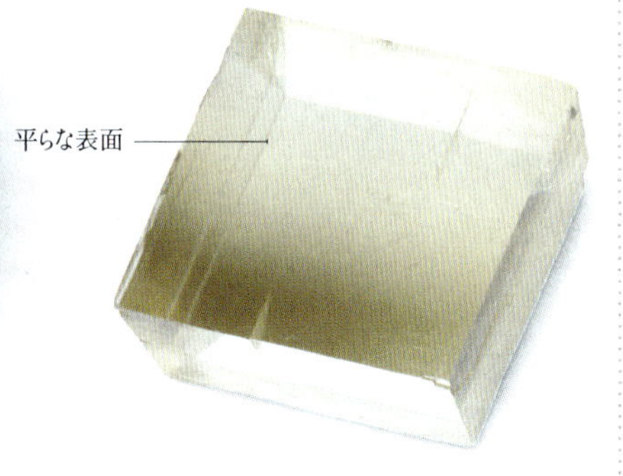

完全な劈開とは、もっとも結合力が弱い原子面に沿って鉱物が割れ、常に完璧な平らな表面が現われることをいう。

条痕

条痕とは素焼板など硬い素材の板に鉱物をこすりつけてできる粉末のすじのことである。多様に色を帯びる鉱物でも、粉末の色はほぼ一定なので、鉱物の種類を見分けるために用いられる。

条痕色は結晶の色よりも一定している。さまざまな色がある鉱物でも、条痕の色はほぼ同じである。たとえば、右に示した3色の蛍石がそうだ。紫もオレンジも緑の結晶も、条痕を調べると、すべて白い条痕が残る。

断口

断口も鉱物の割れ方の1つである。劈開が原子面に沿って（平滑面で）割れるのに対し、断口は原子面を分断して割れるときに現れるので、きれいな平面にはならない。独特な断口の形状が鉱物種を見分ける手がかりになることもある。

黒曜岩

貝殻状断口は貝殻のような同心円の模様を見せる。石英、ガラス質の宝石（黒曜岩など）に見られる。

黄銅鉱

平坦断口は破断面がややざらつくがほぼ平滑である。
粗面断口は上の黄銅鉱のようにざらつきがあり不均一な表面である。

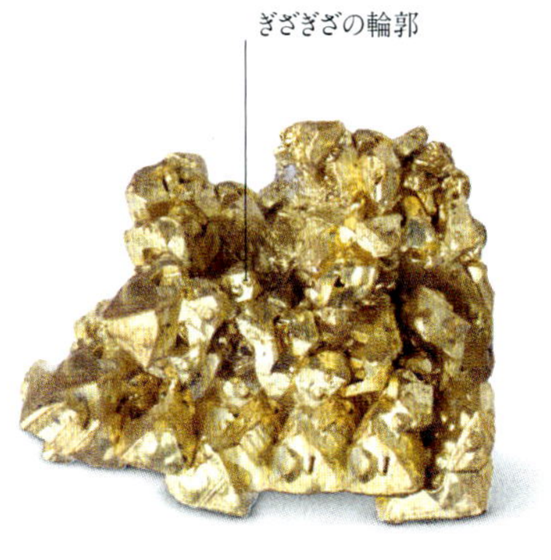

金

針状断口は鋭い輪郭やぎざぎざの突起がある。金属やいくつかの非金属鉱物の破断面に特徴的である。

ダイヤモンド

6000 7000
ヌープ硬度（kg/㎟）

晶系と結晶形（晶癖・晶相）

結晶とは、構成原子が特定の規則正しい繰り返しで三次元的に配列された固体である。それらの内部構造が外観に現われ、幾何学的に並んだ平面をなしたものが、肉眼で見える結晶体になる。繰り返されている基本の構造は、ひとまとまりの原子や分子でできていて、単位胞と呼ばれる。その単位胞が三次元的に積み重ねられたものが結晶なので、結晶体の形は個々の単位胞の形と似る。化学組成がちがう別種の鉱物どうしであっても、単位胞の形は同じことがある。結晶は幾何学的なパターンの繰り返しなので、単位胞の幾何学的な配列に従って、必ず対称性を示す。単位胞の形は7つに分類され、晶系と呼ばれる。ただ同じ結晶でも、実際の見た目の形は生成の条件しだいでさまざまに変化する。結晶の外見上の形は結晶形（晶癖・晶相）といわれ、たくさんの同一の結晶が集まった塊にも、右のページで示したようなさまざまな特徴的な形が現われる。

鉱物と晶系

鉱物学や結晶学では、晶系の判定について、複雑な対称性に基づいた基準がある。これらの晶系は三次元の単位胞が立方体（下図）を元に変化したものと理解してよい。六方晶系（右図）と三方晶系は同一の晶系と見なされることもある。

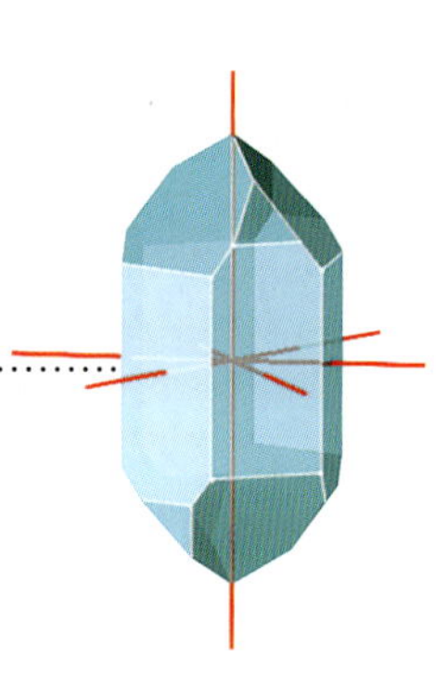

六方晶系・三方晶系
a=b ≠ c　$\alpha=\beta=90°$　$\gamma=120°$
4本の対称軸があって、とてもよく似ている。その結晶はしばしば六角柱をしており、左図のように両端は錐体状になっている。

2個、ときにそれ以上の同じ鉱物の結晶が、対称的に接合しているものは、双晶と呼ばれる

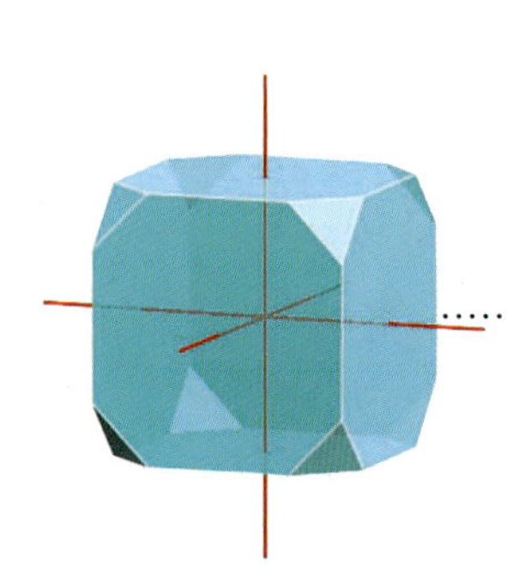

立方晶系
a=b=c　$\alpha=\beta=\gamma=90°$
一般的でたやすく識別できる。この結晶はたがいに直交する3本の対称軸を持ち、立方体か八面体の外形をしている。

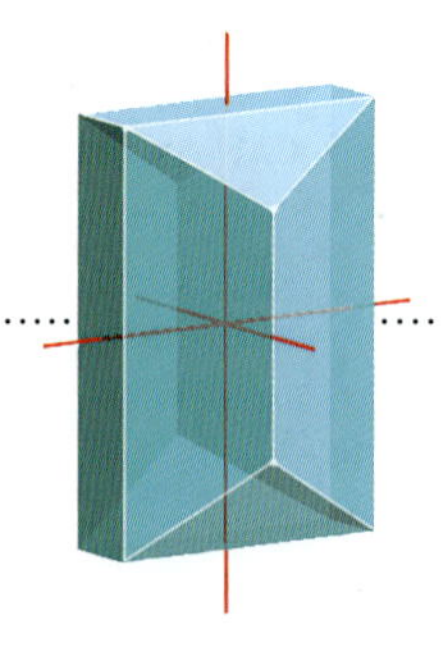

正方晶系
a=b ≠ c　$\alpha=\beta=\gamma=90°$
たがいに直交する3本の対称軸を持ち、2本は長さが等しい。上図のような細長い角柱状の結晶では、垂直軸が長い。平らな角柱状のものもよくある。

直方晶系（斜方晶系）
a ≠ b ≠ c　$\alpha=\beta=\gamma=90°$
単斜晶系に似ているが、3本の対称軸がすべて直交している。上図のような角柱状か板状のものがふつうである。

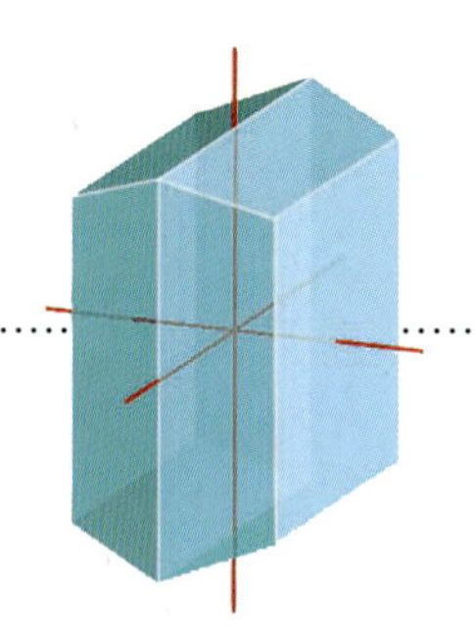

単斜晶系
a ≠ b ≠ c　$\alpha=\gamma=90°$　$\beta\neq90°$
長さのちがう3本の対称軸を持ち、2本だけが直交している。上図のような板状のものもあれば、角柱状のものもある。

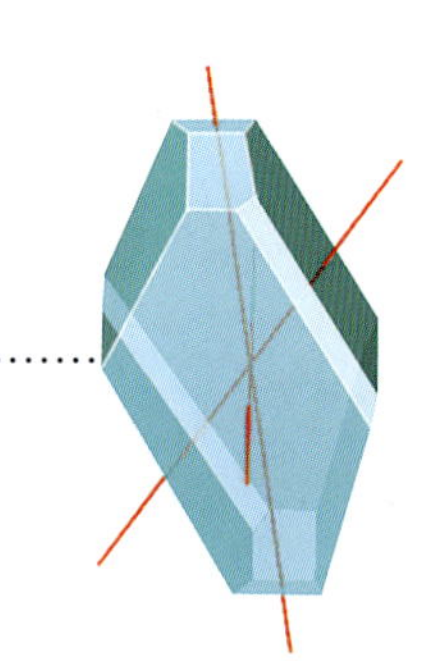

三斜晶系
a ≠ b ≠ c　$\alpha\neq\beta\neq\gamma\neq90°$
3本の対称軸のすべての長さが異なり、どれも直交しないので、対称性が低い。角柱形が一般的である。

対称性がより高い　　　対称性がより低い

晶系解説についての引用：『地球博物学大図鑑』（東京書籍）より

錐状

ピラミッドに似た四角錐のほか、三角錐、六角錐などがある。2つの錐が底面を共有し両方向に現われる晶相は、両錐状といわれる。

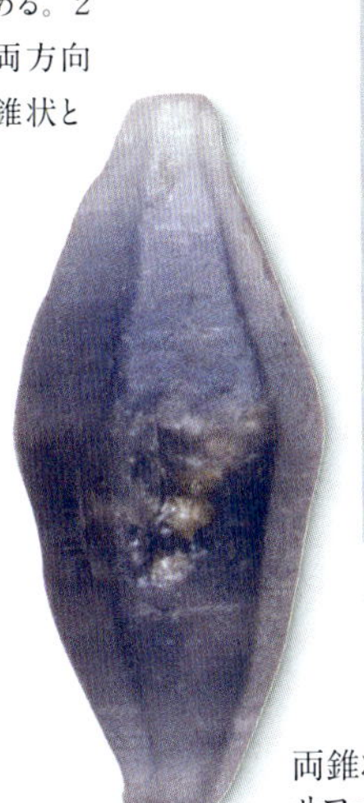

錐状

両錐状の
サファイヤ結晶

柱状

鉛筆のような細長い形。長さが直径の数倍ある。アクアマリンのように長方形の面が平らで、とても規則的な形をしたものもあれば、トルマリンのように長方形の面が凸形に湾曲し、断面が丸みを帯びた三角形をなすものもある。

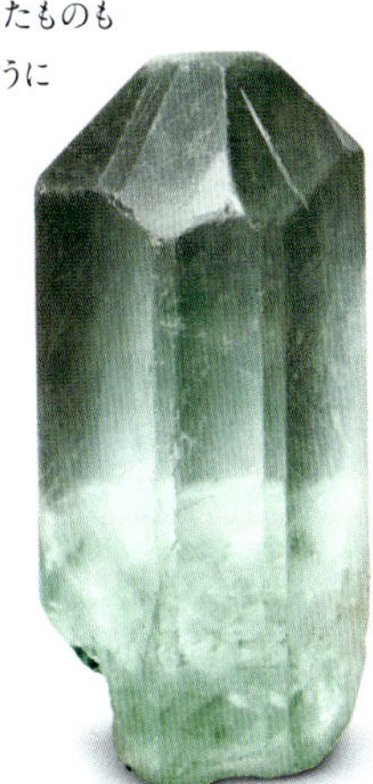

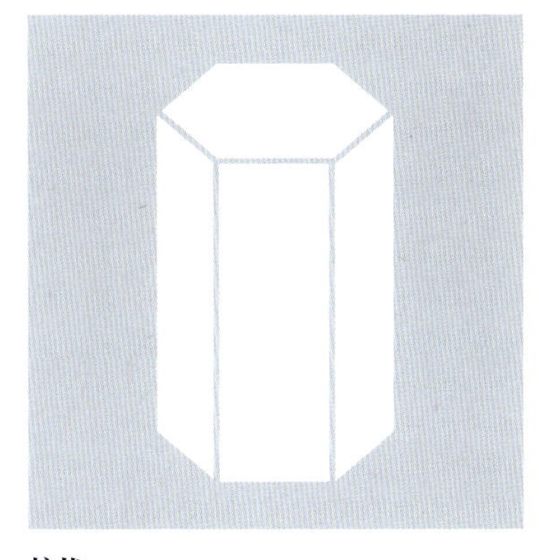

柱状

角柱の形をした
アクアマリン結晶

針状

細い針のような形をした結晶。ふつう、針状結晶からは宝石はめったに切り出されないが、極細の針が密で平行に伸びたものは繊維状結晶といい、繊維石膏やタイガーズアイはその形で産出する。

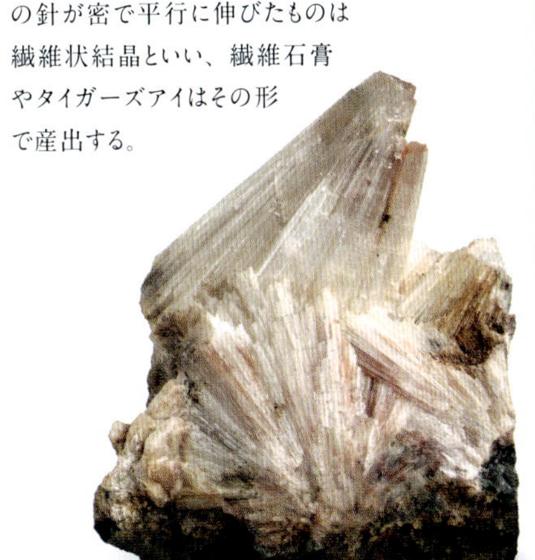

針状

針状の
トムソン沸石結晶

樹枝状

細い無数の結晶が植物の枝が伸び広がったように集合体をなしている。とくに銅、銀、金によく見られる。鉄やマンガンの酸化物の結晶が玉髄のなかに染みこんで、樹枝状の模様のあるめのうをつくり出していることもある。

樹枝状

枝のような銀結晶

ブドウ状

針状結晶が球状に集まった集合体が連なり、ブドウの房のようになる。赤鉄鉱、玉髄、孔雀石がこの形で産出する。とくに孔雀石は、球状の塊から同心円の模様を際立たせるように切り出されて磨かれることが多い。

ブドウ状

泡のような
異極鉱結晶群

塊状

一粒一粒が見分けられないほど小さな多くの結晶がひとかたまりになったもの。多くの宝石は塊状ではないが、塊状でのみ産するものもある。塊状集合体は不透明なことが多く、よくても半透明に留まる。カボションカットを施されるか、彫刻に使われる。

塊状

母岩の表面の塊状の
杉石（紫）

宝石とは何か?

宝石とは、大自然が生み出したもので、美しさと耐久性と希少性に高い価値を認められた鉱物であり、身につける装飾品として使われ、魅力を高めるための加工（ふつうはカットと研磨）を施されたものであると、一般に定義されている。広義には黒曜岩などの岩石や、琥珀（化石化した樹脂）などの一部の有機物質も含む。しかし圧倒的多数は鉱物の結晶から切り出されたものである。貴金属は宝石とは見なされない。また鉱物を素材にしていても、彫像や瓶や壺など、身につける装飾品として使われないものは宝石に数えられない。

美しさ

宝石に第一に求められるのは、美しさである。美しさは主観的なものなので、宝石の光と色の相互作用を重視する人もいれば、精緻なカットにまっさきに目が向く人もいる。色と形とファイヤー（分散による虹色）の組み合わせ方は無数にあり、宝石はさまざまなスタイルで美しさを表現できる。

美しさを高く評価されているブルーサファイヤ

耐久性

硬度と堅牢性は永遠の価値を示す宝石に求められる特性である。宝石のなかには、長持ちさせるために扱いに気をつけなくてはならないものもある。宝石はふつう、欠けたりキズついたりはしにくいが、長期間光に直接さらされると色あせてしまうもの、乾燥した環境ではひびが生じるものもあり、なかには酸に弱いものもある。

もっとも硬い宝石であるダイヤモンド

合成石

合成石は人工生産物で、物理的、化学的、光学的に天然の鉱物と同じ性質を持つ。合成のしかたには融解法と溶液法の2通りがある。融解法では、天然鉱物と同じ化学成分の粉末原料を高温で融かしてから、結晶として固まるよう処理する。溶液法では、必要な材料を高温で材料とは異なる溶液に溶かしてから、溶液を処理し、結晶として析出させる。どちらの方法でも、温度の低下とともに、種結晶の表面に結晶が成長する。

天然宝石 **合成石**

オパール

近くから見るとヘビのうろこのような大きな斑点模様

合成オパール

ダイヤモンド

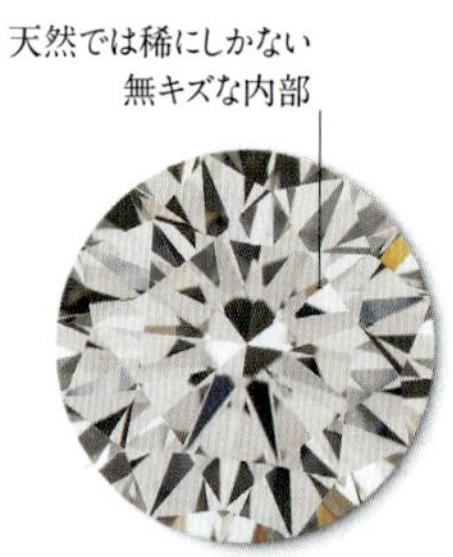
天然では稀にしかない無キズな内部

合成ダイヤモンド

エメラルド

天然のものとちがい、内部に見えるキズがない

合成エメラルド

希少性

宝石が希少と見なされる理由はいくつもある。たとえば、エメラルドのように、石そのものが希少な場合もあれば、鉱物種はありふれているが、色や透明度がめずらしい場合もある。やわらかい石やもろい石をカットした宝石も、細工にきわめて高度な技能を必要とするので、希少性が高い。

希少さで知られるターフェアイト

その他の基準

宝石の価値は美しさや希少性や耐久性以外の要素で判断されることもある。宝石は王冠に飾られたもののように、権力の象徴になることもあれば、来歴や産地の状況で価値が決まることもある。または、占星術や神秘思想とのつながりや地質学的な意味から、貴重なものとみなされることもあれば、ファッションアイテムとして求められることもある。

希少でなおかつカットがむずかしいタンザナイト

品質の総和で決まる宝石の価値

価値、品質、種類

宝石とは価値（p30-31参照）のある品質を備えた石のことである。純度や細工が一定の水準以上に達していないものは宝石とみなされない。ただし、すべての宝石が同等なわけではない。

宝石の相対的価値

下記の図は、宝石の一般的な品質のおおよその市場価格（ダイヤモンドについてはp27参照）を比較したものである。アレキサンドライト、サファイヤ、ルビーなどは希少で需要も多いので、高い値段がつく。ルビーなどは、産地、処理の有無、品質によって安価なものから天文学的な値のつくものまで価格に大きな幅がある。ふつう、キズが少なく、サイズが大きく、色が美しいものほど高額で取引される。

宝石　安価　手ごろ　高価　とても高価　天文学的価格

- タンザナイト
- トパーズ（ピンク）
- トパーズ（インペリアル）
- トルマリン（グリーン）
- スピネル（ブルー）
- スピネル（レッド）
- サファイヤ（ピンク）
- ベニトアイト
- サファイヤ（パパラチア）
- トルマリン（ブルー）
- キャッツアイ
- ガーネット（ディマントイド）
- オパール（ブラック）
- ルビー（スター）
- サファイヤ（ブルー）
- アレキサンドライト
- エメラルド
- トルマリン（パライバ）
- ルビー

ジルコン　スピネル　パライト　トルコ石　キャッツアイ

タンザナイト　水晶　アメシスト　クリソベリル　アパタイト

カルサイト　ルビー　カルセドニー（玉髄）　アゲート（めのう）

アンモライト　ジェーダイト　琥珀　ラズライト（瑠璃）　コーパル

光学的多様性
同じ宝石でもその光学的な性質には、大きな幅がある。色にも、透明度にもかなりの差がある。鉱石鑑定作業では、それらのことに留意しつつ、屈折率、比重、硬度、光沢、多色性を調べることになる。

光学的性質

光との作用は宝石に欠かせない要素である。光は宝石の美しさや色や輝きの源である。また、鉱物種ごとに光学的な性質が異なるので、種を見分けるのにも役に立つ。たとえば、赤い宝石は10種類以上あるが、それぞれの種ごとにもいろいろな色相のちがいや濃淡の差がある。ただし、そういう性質はどれも鑑別の手がかりになるが、1つだけで必ず種を特定できるものはない。光学的な性質には、光沢などのように主観的な観察による分類もあれば、屈折率などのように客観的な分類もある。宝石鑑別士は石の種類を見分けるため、いくつもの手法や道具を使って、可能性を絞りこんでいく。石の光学的な性質を調べると、光の透過や屈曲、反射の仕方がわかる。場合によっては、それらのうちの1つの性質で鑑定できることもある一方、物理的な性質と光学的な性質の複雑な組み合わせが必要になることもある。

色

宝石に第一に求められるのは、美しさであり、美しさで大切なのが色である。宝石の色は、光が結晶に吸収されたり、宝石のなかを光が通り抜けるときにその進む方向が変わったりすること（屈折）で生じる。白色光にはさまざまな色が含まれている。それらの色のどれかが吸収されると、残りの色だけが宝石から放たれ、その宝石の色になる。これは特定の波長を吸収する性質の微量元素によって引き起こされることもあれば、原子配列で生じることもある（下記参照）。

自色宝石　鉱物の化学組成そのものに由来する色をした宝石。ロードクロサイト／菱マンガン鉱など。ロードクロサイトはマンガンの炭酸塩で、マンガンに由来するピンクから赤色をしている。

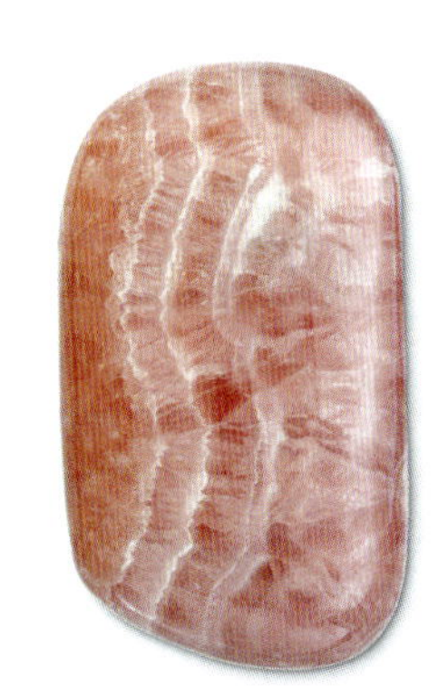

ロードクロサイト

ルビー

他色宝石　結晶に含まれる微量元素に由来する色をした宝石。アメシストやルビーなど。無色の石英が微量の鉄によって紫色を帯びたのがアメシストであり、コランダム（鋼玉）が微量のクロムによって赤色になったのがルビーである。

色帯宝石　複数の色を持つ宝石。2色のものはバイカラー、3色のものはトリカラーと呼ばれる。稀に10色以上にもなる。色の境目はくっきりしている場合とぼやけている場合がある。複数の色が生じるのは、結晶が成長しているときの化学的環境に変化が起こることによる。

ウォーターメロントルマリン

上から見たアイオライト

横から見たアイオライト

多色宝石　見る角度のちがいによって、色が変化する宝石。白色光（全色光）が宝石を通過するとき、それぞれの色の光が方向によって異なって吸収されることによる。この現象は多色性と呼ばれ、カットされた宝石では鑑別の大きな手がかりになる。

光沢

光沢とは光を浴びたときの全体的な見た目のこと。金属光沢と非金属光沢の2つに大きく分けられる。貴金属は金属光沢、宝石は赤鉄鉱や黄鉄鉱など一部の例外を除き、非金属光沢を帯びている。宝石の光沢にはガラス光沢、蝋光沢、真珠光沢、絹糸光沢、樹脂光沢、脂肪光沢、土状、金属光沢、ダイヤモンド光沢（金剛光沢）がある。

ダイヤモンド光沢　たいへん強い輝きを放つ光沢。この光沢を示す宝石は少なく、ダイヤモンドと一部のジルコンなど、数種に限られる。

ダイヤモンド

屈折率

屈折とは、光が透明な宝石を通過する速度や方向が変わる現象をいう。光が空気中から宝石に入った前後の速度の比率が、進行方向の変化（屈折）の角度に関係するので、屈折率と呼ぶ。したがって、光の方向の変化から屈折率を計算できる。ダイヤモンドの高い屈折率は「ファイヤー」と呼ばれる閃光（方位によって変化する虹色のきらめき）をもたらす。白色光の分散の度合いが大きいほど、ファイヤーは増す。

高い屈折率

低い屈折率

複屈折　立方晶系の鉱物に入った光は、どの方向にも同じ角度で曲がる。そのほかの晶系の鉱物は、光を2つの角度に曲げる結晶構造をしているので、光は2方向に分かれる。この現象を複屈折と呼ぶ。

分光法

波長ごとの発光による研究手法を分光法という。宝石を通過するときの光は波として、分光器と呼ばれる装置で計測される。分光器には光を通すための狭い隙間（スリット）があり、光源とスリットのあいだに宝石を置くと、スペクトルが現れる。特定の波長が石に吸収された部分には、黒い帯ができる。この黒い帯はさまざまな要素の特徴をなすもので、宝石の化学組成を知る手がかりになる。右の3つのスペクトルには、それぞれの化学組成の特徴がよく示されている。

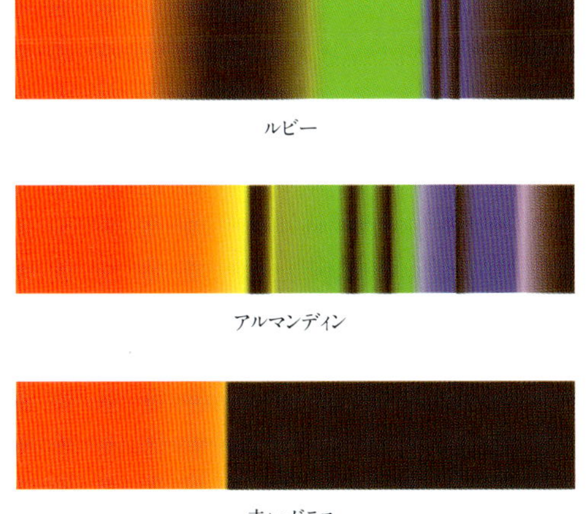

ルビー

アルマンディン

赤いガラス

スペクトル　単純な化学組成をしたルビーのスペクトルには、黒い帯ないし線が少ない。一方、アルマンディンのものは、化学組成の複雑さを反映し、黒い帯が何本も見えている。赤いガラスは2要素でできているので、わずか1つの吸収帯しか示さない。

宝石の産地

宝石は世界中で産出されるが、特に豊富な地域がいくつかある。ミャンマーはルビーの一大供給地である。オーストラリアはかつてプレシャスオパールの市場で独占的な地位にあった。現在は、エチオピア産のプレシャスオパールが増えている。コロンビアは質量ともに世界一のエメラルドの産地であり、マダガスカルではサファイヤが豊富に採れる。近年、ダイヤモンドの産出量で世界をリードしているのはボツワナだが、ロシアとカナダでもダイヤモンドの産出量は多くなっている。

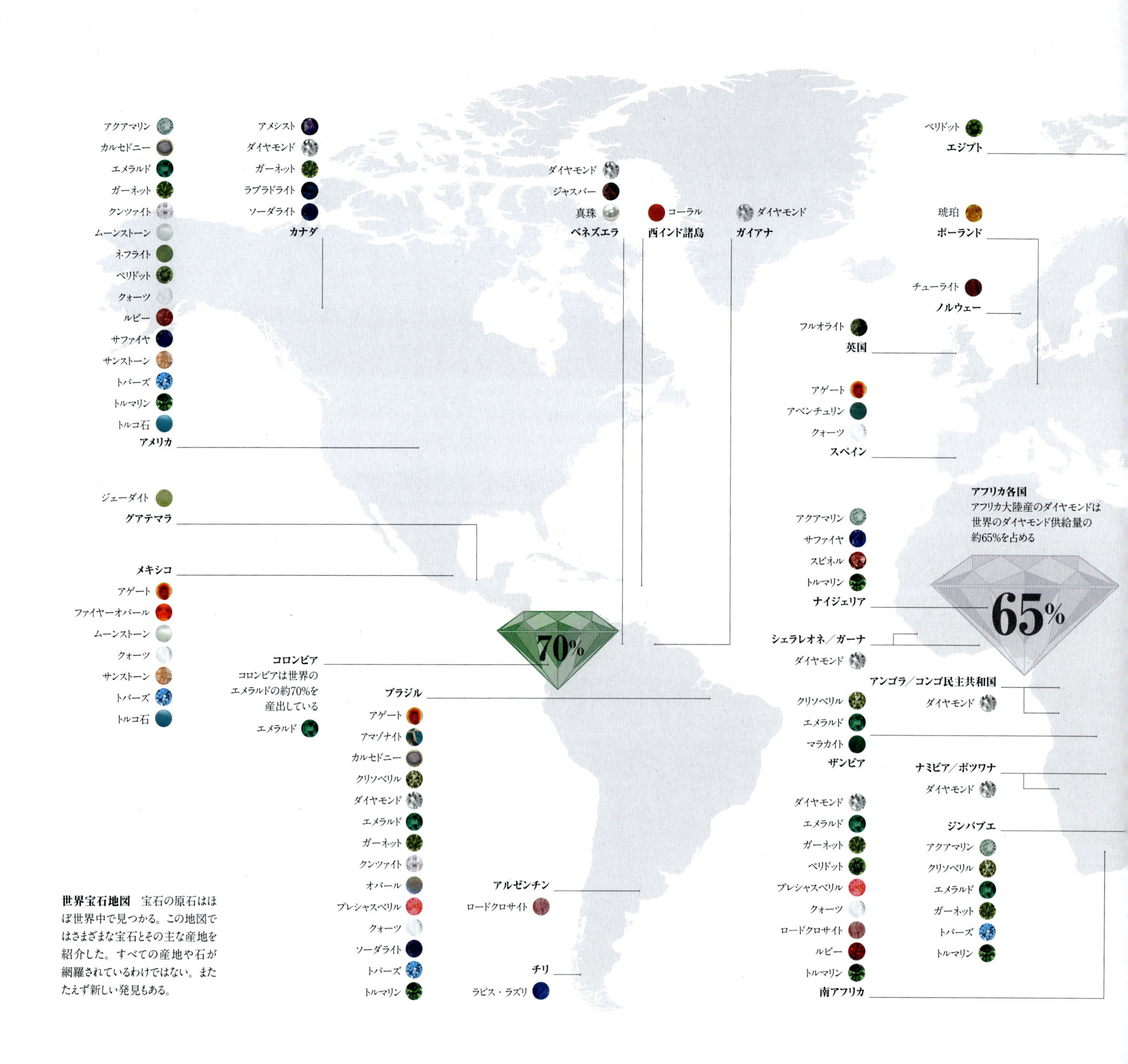

世界宝石地図 宝石の原石はほぼ世界中で見つかる。この地図ではさまざまな宝石とその主な産地を紹介した。すべての産地や石が網羅されているわけではない。またたえず新しい発見もある。

宝石の採掘

地球に眠る宝を探す

大規模な採掘が行われているのは、主に金や銀、ダイヤモンドといった「ビッグネーム」か、もしくは銅など、工業用の鉱物である。一部の大鉱山では副産物としてマラカイト（孔雀石）やトルコ石など、宝石の原石が産出される。しかしほとんどの宝石の採掘はどちらかというと小規模で、たいていは素朴な道具だけで行われている。

スーパーピット 西オーストラリア州中部のカルグーリーにあるスーパーピットは、オーストラリア最大の露天掘りの金鉱山である。世界的にもこれほど大規模な鉱山は少ない。

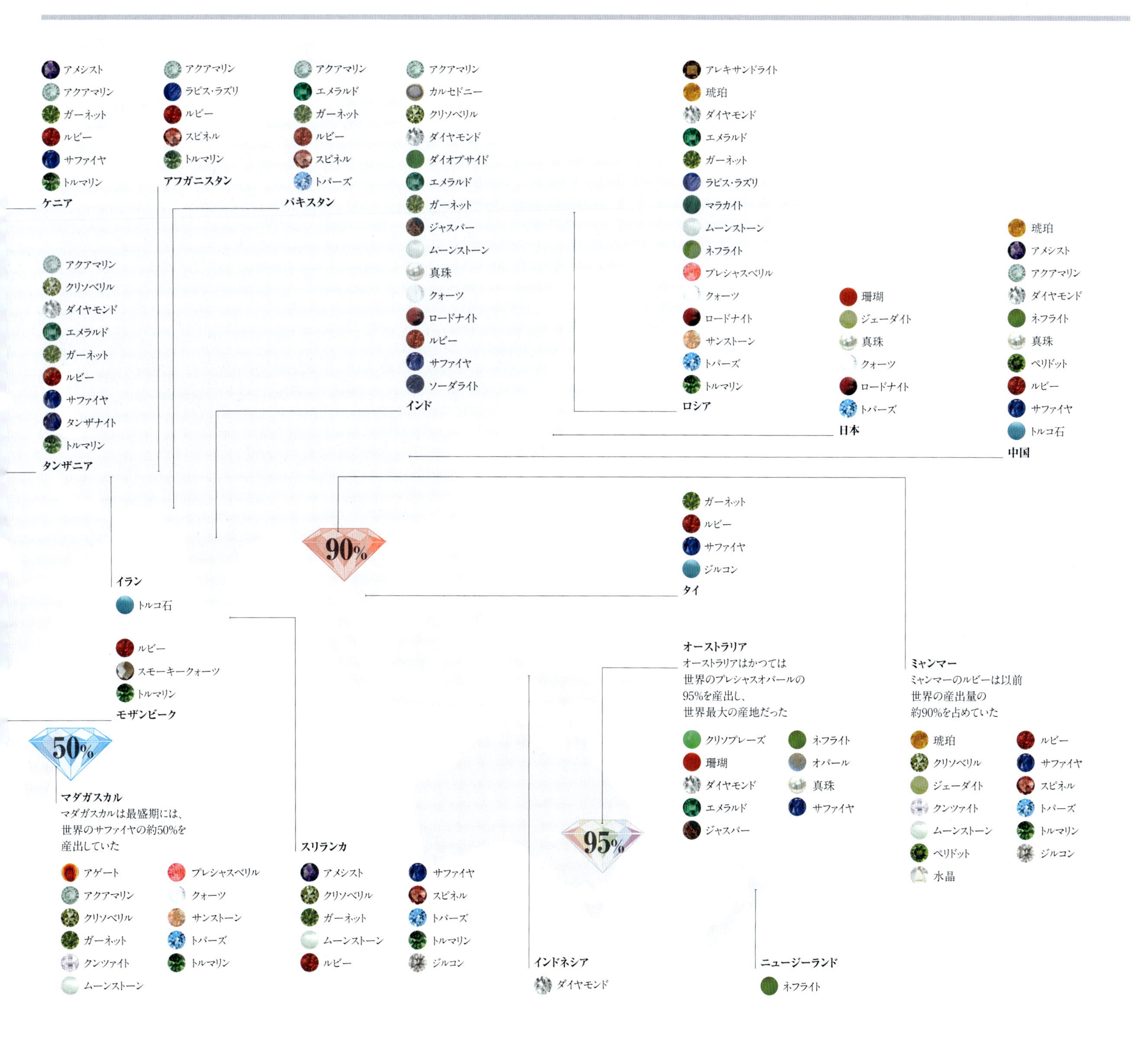

等級づけと評価

宝石の等級分けや評価は、石を掘り出す前に始まることもある。鉱床によっては、どのあたりに質の高い石が多いかがわかっているので、最初にそこから採掘が行われる。掘り出された石のうち、実際に宝石にできる質のものはごくわずかしかない。そして、それらがさらにより分けられて、宝石の原石が選ばれる。原石はすべて色や透明度やサイズを厳しくチェックされる。原石として選ばれても、小さすぎたり、ゆがんでいたり、または現在の市場には不向きと判断されたりすれば、カットはされない。カットには相応の費用と時間がかかるので、その前の段階で正しく見きわめることが重要になる。最終的には、カットの職人があらためてカットするかどうかの判断を下すが、職人のもとに持ちこむ前に、できるだけ慎重に評価と等級分けをしておいたほうがよい。

宝石外の品質

右に示したのは、一般的なゾイサイト（灰簾石）の標本である。ゾイサイトはほぼすべてこのような外観をしている。不透明な鉱物なので、きれいに結晶化していても、宝石にはなりにくい。ゾイサイトの1種であるタンザナイト（p253参照）が発見されるまで、宝石にできる品質のゾイサイトはごくわずかしか知られていなかった。

ゾイサイト 宝石にできる品質ではない、純粋な鉱物標本。

宝石とは……凝縮された輝き、光の真髄である

シャルル・ブラン
（19世紀の美術評論家）

中品質の原石

タンザナイトは比較的めずらしいので、中品質の原石でも、加工する価値がある。しかしもっと産出の多い、アメシストなどの場合、中品質ではめったに加工されない。カットの費用が、完成した宝石の価値を上回る恐れがあるからだ。

色の薄いタンザナイト原石 宝石にできる品質の原石だが、小さなキズやインクルージョンが多い。

カットされた色の薄いタンザナイト この例のように、ファセットは中品質の宝石の内部の不完全性を隠すためにも用いられる。

高品質の原石

宝石の原石に選ばれた石でも、高品質のものは少ない。右に示したタンザナイトは、どちらも中品質のもの（上）より目に見えて品質が高い。

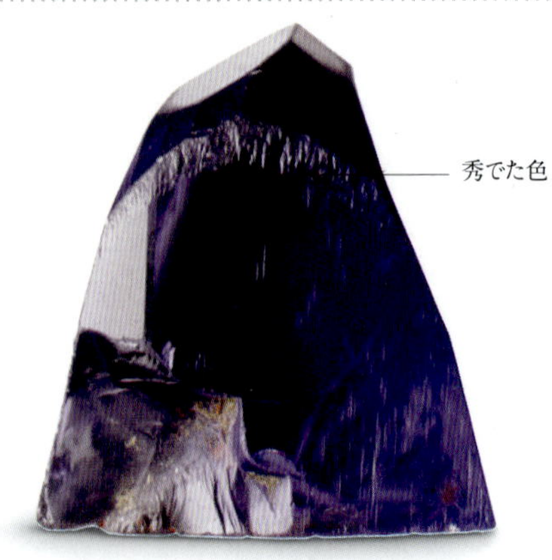

高品質のタンザナイト原石 原石ながら、色の深さと透明度の高さに品質の高さがうかがわれる。

カットされたタンザナイト 高品質の原石と熟練の職人技が組み合わさるとき、最高品質の宝石が生まれる。

ダイヤモンドの等級づけと価値

もっとも高価な宝石

一般に、鮮やかな色をした天然ダイヤモンドにはとても高い値がつけられる。しかし「カラーレス（無色）」のダイヤモンドは、大半の「有色」の宝石より高価なので、もっと複雑な基準で等級分けされている。等級の数が少ないと、1つの等級のちがいで価格に大きな差が出てしまうからだ。そこで、等級間の価格差をなるべく小さくするため、ダイヤモンドの品質には「4C」（p30参照）にもとづいて、いくつもの等級が設けられている。以下は、アメリカ宝石学会（GIA）による等級分けと判定基準である。

クラリティ（インクルージョンの少なさ）の等級
クラリティには、「目に見えるインクルージョンがまったくない」から、「たくさんのインクルージョンが見える」までの段階がある。

IF
（フローレス。内部にまったくインクルージョンが見えない）

VVS1, VVS2
（ごくごくわずかにインクルージョンがある）

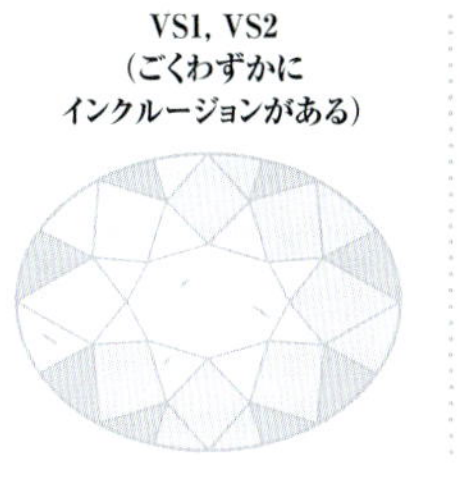

VS1, VS2
（ごくわずかにインクルージョンがある）

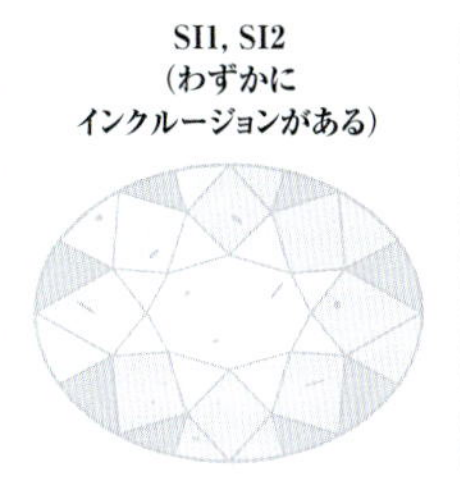

SI1, SI2
（わずかにインクルージョンがある）

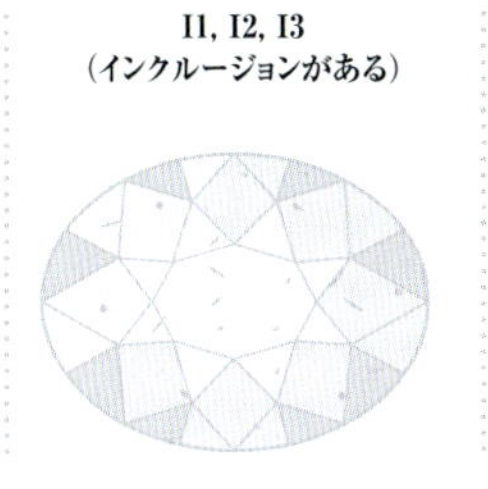

I1, I2, I3
（インクルージョンがある）

カラー（色）の等級
「カラーレス」ダイヤモンドの色みでもっとも一般的なのは黄色である。右にはその黄色の例を示した。「無色」を意味する「D」に始まり、「薄い黄色」を意味する「Z」までの段階がある。

D E F ／ 無色

G H I J ／ ほぼ無色

K L M ／ わずかに黄色み

N O P Q R ／ とても薄い黄色

S T U V W X Y Z ／ 薄い黄色

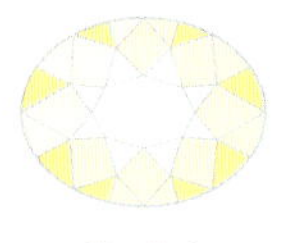

第1類の宝石

目に見えるインクルージョンがないもの。このカテゴリーに分類される宝石はふつう、クラリティがとても高く、わずかなインクルージョンも含まない。宝石研磨職人、収集家、宝石商がもっとも欲する宝石である。

アクアマリン

クリソベリル（イエロー）

クリソベリル（グリーン）

ヘリオドール

ヒデナイト

クンツァイト

モルガナイト

クォーツ（スモーキー）

タンザナイト

トルマリン（グリーン）

ジルコン（ブルー）

ダイヤモンド

第2類の宝石

肉眼でインクルージョンが多少見えるが、全体としては宝石の魅力や美しさが損なわれていないもの。このカテゴリーの石はジュエリーに広く使われている。

アンダリュサイト

アレキサンドライト

ガーネット

アイオライト

ペリドット

クォーツ（アメシスト）

クォーツ（シトリン）

クォーツ（アメトリン）

ルビー

サファイヤ

トルマリン
（レッド、グリーン、ウォーターメロン以外）

ジルコン
（ブルー以外）

第3類の宝石

目立つインクルージョンのある石もジュエリー用に研磨され、それなりに美しいものだと認められる。

エメラルド

レッドベリル

トルマリン
（ウォーターメロン（上）と赤のみ）

全世界で採掘されたダイヤモンドのうち、宝石になるクオリティのものはわずか30%程度しかない

宝石のカット

採掘された石は、美しさを引き出し、価値を高めるため、形を整えられる。そうして仕上がった宝石は、原石の何倍もの価値を持つことがあり、商品としてはるかに売りやすくなる。原石は最初に質の低い部分を削り落としたり、大きな石から質の高い部分だけをとり出したり、あるいは加工しやすい大きさに切ったりする。そこから最終的な形やデザインに至るまでに、研磨などのさまざまな工程を経る。どのようなカットを施すかは原石ごとにちがい、いくつもの要素の組み合わせで決まる。原石の形、キズの位置、劈開、色を出すのにもっともいい向き（たとえば、スターストーンであれば、スター模様が石の中心に現われるような向きでカットをしなければならない）などだ。不透明な石の場合には、カボションカットが最適なカットになる。

石の研磨

石に関して「研磨」というときには、ペンダントに使う不透明な石の、平らな面を磨くことから、カメオに精緻な彫刻を施すことまで、さまざまなことを意味する。

宝石の各部の名称

宝石用語

カットの種類にかかわらず、宝石はおもにクラウン、パビリオン、テーブル面の3つの部分からなる。クラウンとパビリオンの比率と、テーブル以外にどのような面（ファセット）を設けるかで、宝石の輝きがちがってくる。ラウンドカットでも、ブリリアントカットでも、長方形のエメラルドカットでも、これらのファセットは同じ名称で呼ばれる。各ファセットの角度は屈折率に応じて決められ、職人が素材のタイプごとにもっともふさわしい角度を見つける。ここにはダイヤモンドの例を示した。ダイヤモンドの場合、クラウンとパビリオンの長さの比は1対3にすることが多い。ただし、クラウン・メイン・ファセットの角度しだいでその比は変わる。

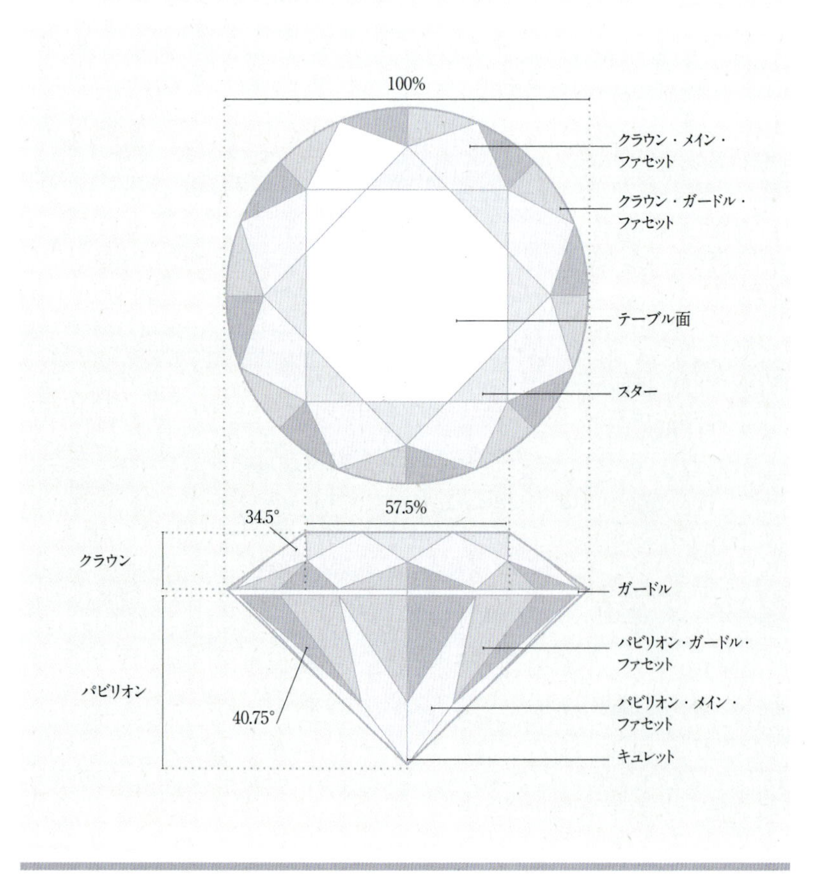

カット技術

カットは切断、研削、研磨の3工程からなる。これらはすべての宝石に共通する工程だが、各工程ごとに必要な技能や道具はちがう。ただ、1人の職人が3工程すべてを手がけることはめずらしくない。

原石の選択
宝石の原石は色、大きさ、透明度、形、それにキズやひびやインクルージョンの程度で選ばれる。キズなどの不完全性がある場合には、それをできるだけ目立たなくするようにカットが行われる。

カットの選択
カットの種類は、原石の形と、どのような色と輝きが求められるかにもとづいて選ばれる。切断の工程では、原石はそれぞれの石の一般的な形にされるか、上部にテーブル面が現われるように切られる。

ファセッティングの第1段階
ファセットの角度と位置が最適なとき、石は最高の輝きを放つ。ファセッティングは、広い面から行われる。ブリリアントカットであれば、最初にクラウン、パビリオンともに8面ずつ面がとられる。ふつうはパビリオンの面がクラウンの面より先にカットされる。

ファセッティングの第2段階
クラウンとパビリオンにそれぞれ小さな面をつけていく。ブリリアントカットの場合、クラウンに 32 面以上、パビリオンに 24 面以上のファセットがつけられる。どのファセットも、光学的な特性を最大限に発揮できるようカットされる。

仕上げ
すべてのファセットができたら、作業中にできたキズをとり除くとともに、光沢を出すため、石を研磨する。この工程はファセッティングと同時でも、あとでも行える。ほとんどの職人は同時に行う。

ブリリアントカット

石の輝きを最大限に引き出せるカット。カラーストーンにも用いられ、その場合には色を深くしたり、キズを隠したり、色むらをなくしたりできる。クラウンからパビリオンに垂直方向にカットされたファセットは、おおむね三角形か洋凧形をしている。宝石そのものの形はラウンド（円形）やオーバル（楕円）、ペアーシェイプ（西洋なし形）などいろいろあり、ファセットがほぼ三角形であれば個性的な形も許される。

ラウンドブリリアントのディマントイド

ラウンドブリリアント

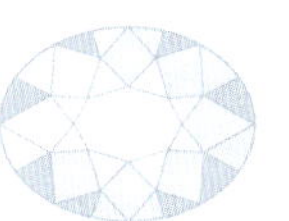

オーバル

オーバルブリリアントのアイオライト

カボション

ドーム形のカット。ドームは平らに近いものから、高く盛り上がったものまである。高く盛り上がったドームは、スター効果や遊色効果、キャッツアイ効果など、宝石の光学的な特性を強調するときに使われる。色や模様に特徴がある宝石の場合には、それを生かすため、ドームを低くすることが多い。輪郭に関しては、ほぼどんな形にもできる。

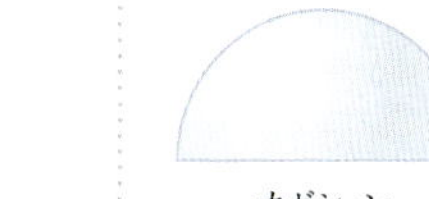

カボション

オーバルカボションのソーダライト

ステップカット

色の美しさを際立たせるカット。ただしそのぶん、輝きは弱まる。踏み段（ステップ）状の長方形の広い平面があるのが特徴。もっとも一般的なステップカットであるエメラルドカットは、もともとは貴重なエメラルドの原石をできるかぎり削らないですむカットとして考案された。角が落としてあり、欠けにくいので、もろい石のカットにも向く。

スクエアカット

バゲットカット

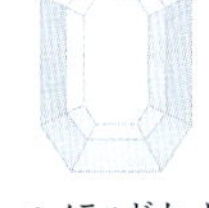

エメラルドカット

エメラルドカットのエメラルド

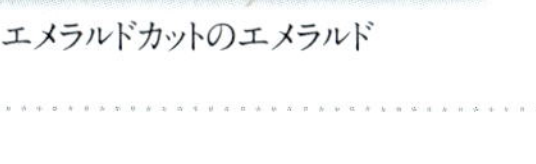

ミックスカット

ブリリアントカットとステップカットを組み合わせたカット。石のサイズと光学的性質を最大限に生かすことで、カラーストーンの色を強調しながら、輝きも引き出そうとするときに使われる。ステップカットはクラウンにもパビリオンにも施せる。クラウンとパビリオンのカットが異なるかぎり、ミックスカットの輪郭はほぼどのような形もありうる。

クッションカットのヘリオドール

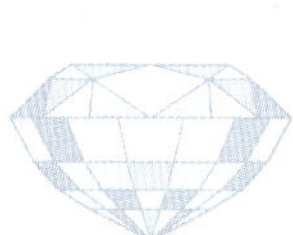

ミックスカット

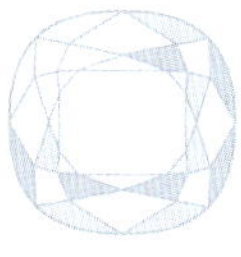

クッションカット

ミックスカットのトパーズ

ファンシーカット

変わった輪郭や面をしたカット。多種多様で、ハート形、洋凧形、はさみ形、洋なし形などのほか、一般的な形の石に特殊な面を施したものもある。たとえば、ファセットにチェッカーボードやジグザグの模様があしらわれているものなどだ。オーバル（楕円）の両端を尖らせたものは、マーキスカットと呼ばれる。

ハート形のガーネット

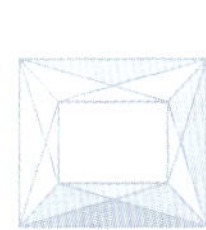

シザーズカット

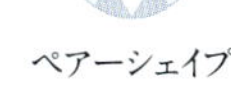

ペアーシェイプ

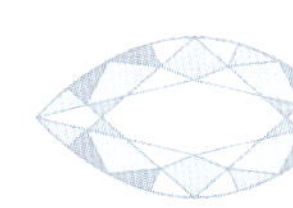

マーキスカット

マーキスカットのブルーダイヤモンド

彫刻

彫刻とは一般に、宝石に立体の図柄をつけることを意味する。熟練した技術を要する加工で、宝石に図柄を彫りこんだり（インタリオ）、対照的な色を背景にして人物や風景を彫り上げたり（カメオ）、あるいは、宝石全体を人物や鳥や動物の形にしたりするなど、いくつかのスタイルがある。

カメオ

カメオ

宝石の価値

宝石は普段使いのジュエリーに用いられるものであっても、優れた美術品に使われているものであっても、ほとんどとはいえないまでも、多くの文化でとても高価なものとみなされている。確かに、宝石の価値はあくまで人間によってつくられたものだ。また、宝石にはものとしての極上の品質の高さや、見た目の美しさ、細工の巧みさが備わっていることも事実である。ダイヤモンドの等級や価値の判定方法はほかの宝石といくらか異なる（p27参照）――ダイヤモンドにも色のついたものはあるが、「カラーストーン」という呼び方はダイヤモンドだけに使われる――が、基本となる原則はダイヤモンドもほかの宝石も共通している。

宝石の品質

宝石は4C、すなわちColor（色）、Clarity（クラリティ）、Cut（カット）、Carat（カラット）の4要素に従って判定される。さらにそこに決定的な要素として、希少性が加わる。一般的には、大きい石は小さい石より希少性が高い。したがって、宝石によっては、重さが増えると、価値は幾何級数的に上がる。2倍の重さであれば、価格は4倍や5倍になることもある。

クラリティが高い

指輪にセットされた水晶

カラット

宝石の重さの単位で、1カラット（carat）は0.2gに相当する。金の純度を24分率で示す単位もカラット（karat）というので注意が必要。24カラットの金といえば、純金を意味する。18カラットの金は金以外の金属（おもに銅）を重量で4分の1含む。

際立ったクラリティのゴシェナイト

クラリティ

クラリティとは、インクルージョンと呼ばれる宝石の内部に含まれる不純物――他種の鉱物の結晶や気泡など――の度合いのこと。石の美しさを左右し、ひいては価値に影響する。ふつう、インクルージョンが少ないほど、価値は高まる。ただし、なかには石の魅力を増すインクルージョンもある。

ラウンドカットのアクアマリン

カット

カットの等級づけは、技術的な完成度と石の輝きにもとづく。ブリリアントカットのファセットの頂点がずれていないかや、ステップカットの稜線が平行かどうかなどがチェックされる。

シェリートパーズの深い金色

色

宝石の色の価値はふつう、純色の程度と色の鮮やかさで判定される。ただし、色の希少性にもとづくこともある。たとえば、天然の赤や青のダイヤモンドには天文学的な値段がつく。

希少性

第5の要素

希少性は価値にそのまま結びつく。たとえば、ルビーとガーネットではルビーのほうがはるかに希少なので、同じ品質のガーネットとルビーに同じ値段がつくことはない。石によっては、化学組成の特徴によって、ふつうは小さいサイズしかできないものがある。その場合、大きな石ほど、高い価値を持つ。

際立った色

ルビー

宝石の処理

多くの宝石は標準的なカットや研磨の工程に加え、潜在的な美しさを引き出すための処理を施される。宝石商には、売られている石にどういう処理が施されているかを明らかにすることが求められる。天然以外の特徴で宝石の価値が決まることに加え、処理の仕方によっては宝石の耐久性に影響するからだ。たとえば、右の写真のようにコーティング処理をしたトパーズは、キズがついたり、色が薄れたりすることがある。

表面コーティングで色みをよくしたトパーズ。
左が処理前で、右が処理後

表面コーティング

金や銀などの金属で宝石をごく薄くコーティングすることで、色や反射率を変える処理。「ミスティック」トパーズや、「アクアオーラ」クォーツなど、さまざまな石に用いられている。見た目はいいが、このコーティングは剥げやすい。

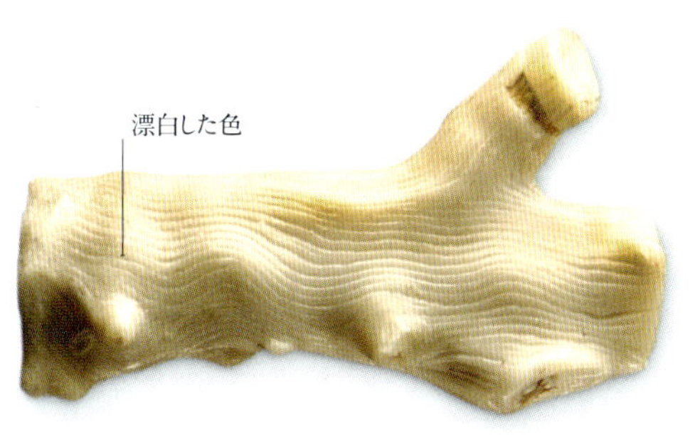

漂白した珊瑚（上）と染色した珊瑚（下）

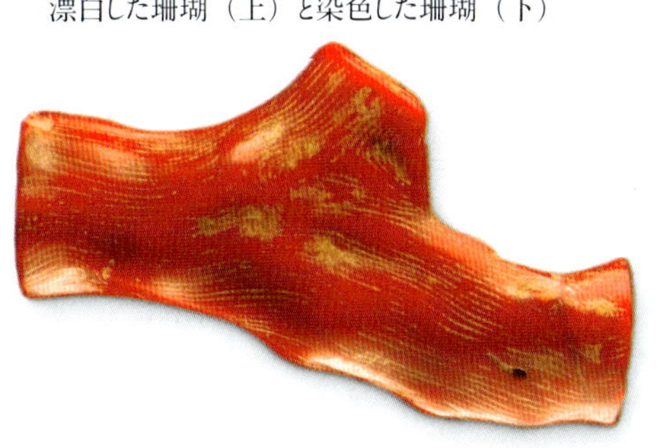

染色、漂白

宝石の染色は広く行われている。アゲートは青や赤などの鮮やかな色に染色されるのがふつうだ。家庭用の繊維用染料が使われることが多いが、石用の染料もある。宝石の色が手につくようなら、染色の質が悪い証拠である。

照射処理で
いろいろな色をつけた宝石

照射

宝石の色は中性子線、ガンマ線、紫外線、電子線などの照射でも変わる。照射後、加熱処理をすることが多い。市場に出ているブルートパーズの大半は、無色のトパーズに照射と加熱処理を施したものである。

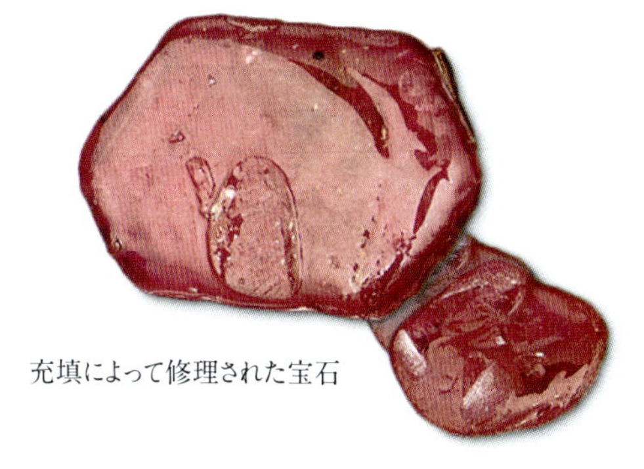

充填によって修理された宝石

充填

エメラルドのひびを油で埋める方法など、宝石によっていろいろな充填剤が必要になる。充填剤にはガラス、樹脂、プラスチック、蝋があり、宝石に合った色に染められる。細かい石は加熱や加圧、または溶剤で1つに融合される。

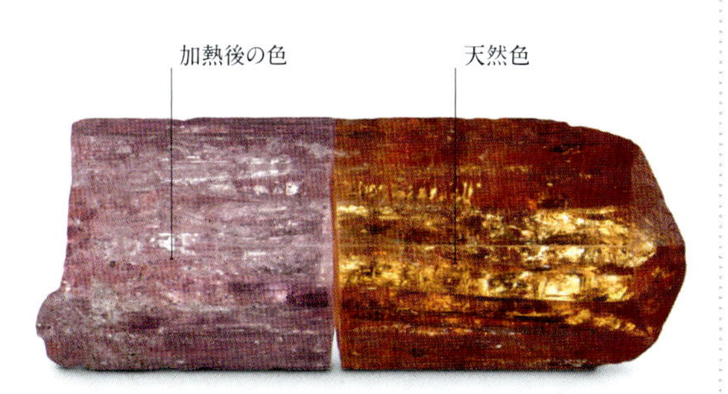

半分に切ったインペリアルトパーズの結晶。
左側は加熱処理してある。左右ともにとてもいい色をしている

加熱

加熱はもっとも古い処理方法の1つである。ジルコンを熱して色を変える処理は、1000年以上前から行われている。現在は、色を変えたり、インクルージョンを隠すためにこの処理が行われている。

樹脂を染みこませて、色をつけるとともに、
素材を安定させた多孔質のトルコ石

オイル

古くからある処理で、ひびの入ったエメラルドに油を染みこませるという単純なものである。ひびが油で埋められることで、石の見栄えはよくなる。しかし、油っぽい感じが出てしまうこともある。トルコ石も色みをよくするため、樹脂に浸されることがある。

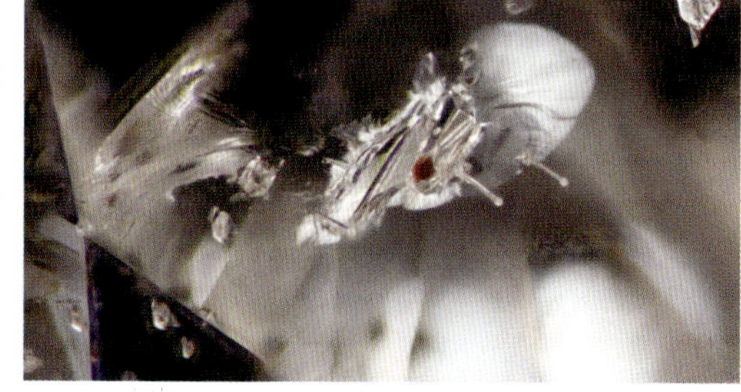
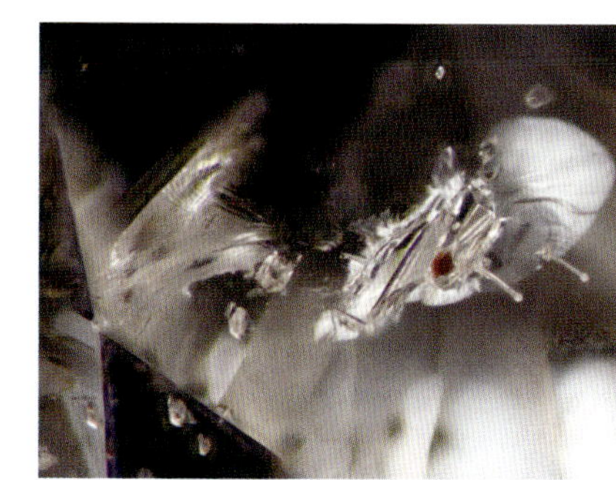

レーザードリルで穴を開けたテーブル面。
穴のせいで割れてしまい、キズがかえってひどくなっている

レーザードリル

ダイヤモンドはレーザー光を吸収して加熱され昇華するので、赤外線レーザーを使って、キズやインクルージョンまで達する極小の穴を開けることができる。インクルージョンはレーザーで溶かし、キズはエポキシ樹脂で埋める処理が施される。

宝飾品の多彩さ

宝石は硬くて美しい鉱物であり、ふつう、カットや成形によって装飾用に加工される。貴金属などの高価な素材にセットされるのが一般的で、装身具や鑑賞物として珍重される。宝石や宝飾品は先史時代に起源を持ち、知られているもっとも古い加工品の1つである。服の留め具として使われるブローチのように、もとは実用的なものだった宝飾品もある。お守りにもされたが、多くの文化では、富を蓄えたり、社会的な地位を示したりする手段として使われた。ここで紹介するのは、先史時代から現代までの宝飾品の数々である。その用途はじつに多岐にわたっている。

中石器時代の殻のネックレス
カタツムリの殻を数珠つなぎにしたこのネックレスは約1万年前のもので、セルビアで見つかった。初期の装身具を明らかにする遺物の1つ。

エジプトのハヤブサの胸飾り
ハヤブサは太陽神ホルスの象徴。金とカーネリアンとラピス・ラズリを配したこの胸飾りは、紀元前1000年ごろのファラオ、アメンエムオペトの墓から見つかった。

中国のシカのペンダント
紀元前1000年ごろのもの。非常に珍重されたネフライトでつくられた動物の彫刻。

バビロニアの金のペンダント
ペアのうちの1つ。紀元前2000年ごろのもので、女神ラマがかたどられている。

ギリシャのフィブラ
クリミアで見つかったなかが空洞のゴールドのフィブラ（ブローチ）。紀元前425-紀元前400年ごろのもので、伝説の生き物ヒッポカムポスとグリフォンがあしらわれている。

ビザンティン時代のブローチ
ギリシャ十字を据えた
6世紀のブローチ。金や貴石が
愛好されていたことがうかがわれる。

ワシのペンダント
1620年ごろのルネサンス時代の金の
ペンダント。ダイヤモンド、ルビー、エメラルド
があしらわれ、エナメルが塗られている。

アールヌーボーの櫛
ポピーの花をかたどった1904年の櫛。
角、シルバー、エナメル、
ムーンストーンでできている。

エリザベス・テイラーのチャームブレスレット
20世紀半ば、リチャード・バートンが
妻エリザベス・テイラーに贈った
金のブレスレット。

トランシルバニアの王冠
1605年、オスマン帝国からトランシルバニアの
王子ボチカイ・イシュトバーンに贈られた王冠。
トルコ石、ルビー、パールで飾られている。

スペインの帆船のペンダント
エナメル、金、マラカイトでできた
1580年代のペンダント。
スペインが海洋覇権を握っていた
時代を反映したデザイン。

フランスのネックレス
トパーズとアメシストをセットした
18世紀のシルバーのネックレス。
リボンとフラワーとボウは、
丸いジルコンで縁取られている。

ナーガのブレスレット
カンボジアの海の守り神ナーガの形をしたブレスレット。
2011年に制作されたもので、12.39カラットの
パープルトルマリンのほか、ダイヤモンドやサファイヤなど、
数多くの宝石がセットされている。

元素鉱物

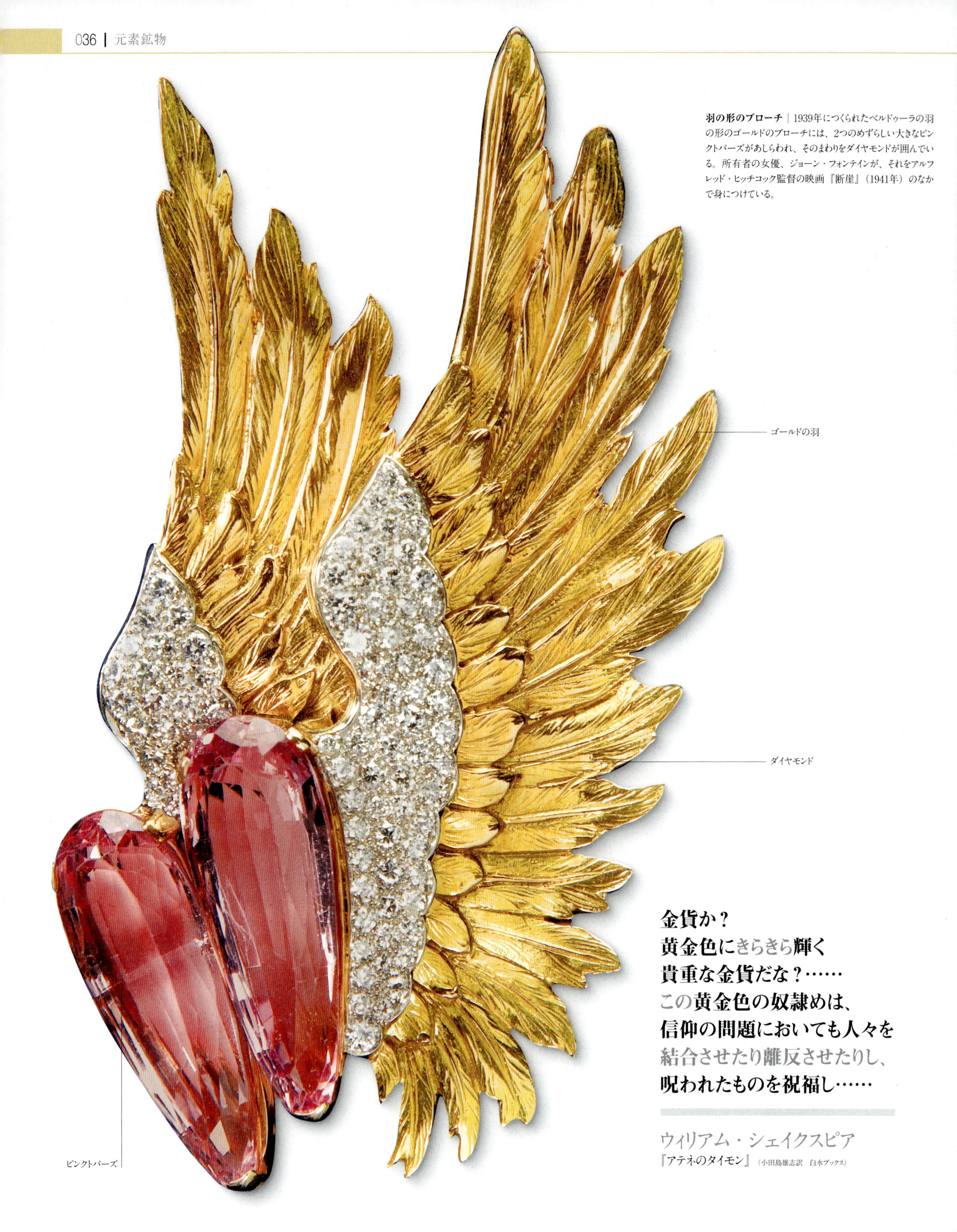

羽の形のブローチ｜1939年につくられたベルドゥーラの羽の形のゴールドのブローチには、2つのめずらしい大きなピンクトパーズがあしらわれ、そのまわりをダイヤモンドが囲んでいる。所有者の女優、ジョーン・フォンテインが、それをアルフレッド・ヒッチコック監督の映画『断崖』（1941年）のなかで身につけている。

金貨か？
黄金色にきらきら輝く
貴重な金貨だな？……
この黄金色の奴隷めは、
信仰の問題においても人々を
結合させたり離反させたりし、
呪われたものを祝福し……

ウィリアム・シェイクスピア
『アテネのタイモン』（小田島雄志訳　白水ブックス）

ゴールド

Gold

△ 正八面体の金の結晶で形成された自然金

商取引の媒体となり、現代の通貨のもととなる前から、ゴールドはその美しさと神聖さから価値あるものとされていた。古代エジプト人にとってゴールドは完璧な物質だった。輝く黄金色の表面は細工できるほどやわらかいのに、永遠といえるほど長持ちする。事実、当時取引に価するだけの耐久性があるとされていた3つの金属のなかでも、ゴールドはもっとも重宝された。腐食せず、ほかの物質と化学反応も起こさない。シルバーとちがって変色したりもせず、融点の高い銅とちがって、簡単に溶かして硬貨にすることができる。そうして、ゴールドは世界でもっとも望まれる金属となり、地理的な境界を越え、政治的にも宗教的にも、力の象徴とされるようになった。

ゴールドの色

純粋なゴールドは光り輝く黄金色だが、加工するにはやわらかすぎるので、硬度を増すために、ほかの金属との合金がつくられる。シルバーや、プラチナや、ニッケルや、亜鉛を混ぜることで、ペールゴールドやホワイトゴールドになる。銅を混ぜるとレッドゴールドやピンクゴールドになり、鉄を混ぜると、青みがかった色になる。合金のゴールドの純度は24分率ではかられ、カラット（K）で表される。たとえば、18カラット（18K=18金）ならば、24分の18がゴールドであるというように。24カラット（24K=24金）が純金である（たいていの場合、やわらかすぎて身につけることはできない）。この場合のカラットは、宝石の重さをはかるカラット（ct）とは別物である。

鉱物名 自然金

化学名：金 | **化学式**：Au | **色**：黄金
晶系：立方晶系 | **硬度**：2½ -3 | **比重**：19.3
光沢：金属光沢 | **条痕**：黄金色

産地
1 カナダ **2** アメリカ **3** ブラジル **4** 南アフリカ **5** ロシア **6** 中国 **7** オーストラリア（その他多数）

ゴールドの宝飾品

古代のゴールド | ゴールドの腐食しにくい性質のおかげで、古代の金細工は何千年も地中に埋もれていても、発掘されたときもつくられた当時と変わらず光り輝いている。このミュケナイ（ミケーネ）のブローチは紀元前1600年から紀元前1100年ごろのものである。

ローマ時代のゴールド | 1世紀に火山灰と溶岩に埋もれたポンペイの街から出土。とぐろを巻くヘビをかたどったこの金の腕輪は、形も輝きももとの状態を完璧に保っている。頭やうろこの細工に、高い技術を持った職人の技が見られる。

カルティエのパンテール リング | この大きな開口部のある男女兼用の大胆なリングは、「パンテール ドゥ カルティエ」シリーズの1つで、18金のイエローゴールドにペリドットの目とアゲートの鼻をセットし、ブラックラッカーでアクセントをつけている。開口部に指を通して装着する。

原石

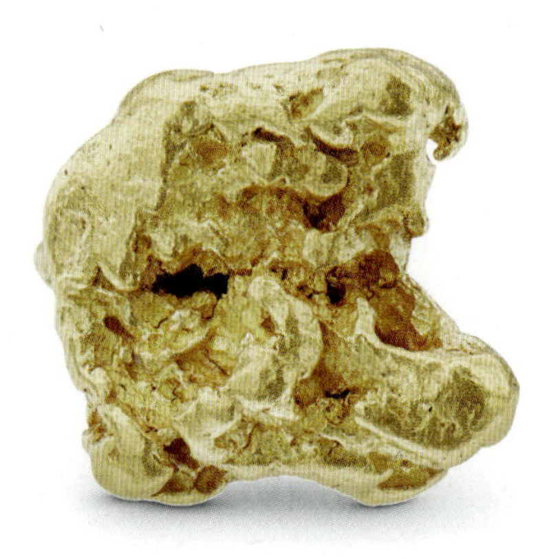

砂金｜川砂利の堆積から採掘された金塊（ナゲット）、大粒の砂金。多くがそうだが、この金塊にもでこぼこした部分と丸められた部分がある。

石英に含まれる自然金｜地下鉱脈から掘り出された標本。自然がもたらしたそのままの形で石英（クォーツ）のなかに粒状に散在している。

砂金の粒｜川砂利から金塊（ナゲット）が見つかることはめったにない。ほとんどの場合、こうした細粒や薄板として発見される。

金塊（ナゲット）｜角ばった形とごつごつした表面から、このナゲットは、風雨にさらされて露出した場所からはそれほど遠くは運ばれていないとわかる。

仕立て

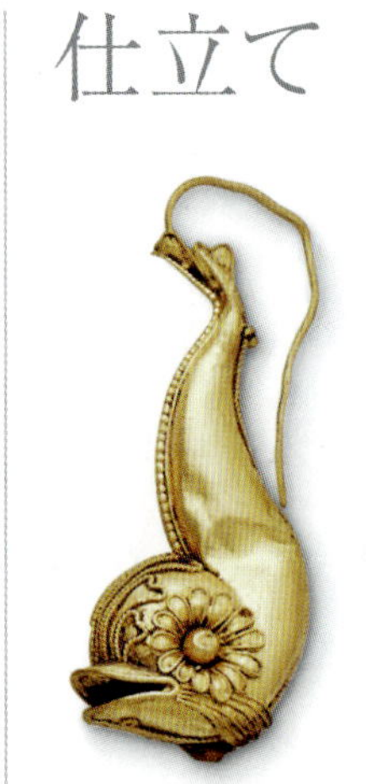

ローマ時代のゴールド｜古代ローマ美術において、イルカはよくモチーフにされた。この大きな目をした滴形のイルカのイヤリングは、1世紀ごろにつくられた。

スキタイの宝｜この凝った模様のゴールドの首飾りは、紀元前4世紀にギリシャ人の金細工師によって、スキタイ（現在のカザフスタンに住んでいた騎馬民族）の王のためにつくられたと考えられている。

カルティエのペン｜カルティエの2008年限定モデルのゴールドペン3種。ルビーの目を持つドラゴンのモチーフに、522個のダイヤモンド、6個のエメラルドをセットしている。黒いラッカー仕上げ。

金をまとう女性

オーストリアのモナリザ

写実的な顔と肌に、エジプト文化の影響を受けた、宝石のような装飾的な背景を持つこの絵画は、金色に見えるよう描かれているだけでなく、粉末にした金を吹きつけてもある。1940年にこの作品を略奪したナチスは、モデルがユダヤ人であることを隠すために、絵画の題名を『金をまとう女性』と変えた。この絵の奪還は、2015年の映画『黄金のアデーレ　名画の帰還』の題材となった。

アデーレ・ブロッホ＝バウワーの肖像I
グスタフ・クリムト 1907年（138×138cm）。キャンバスに油彩と金彩

金に語らせれば、雄弁もかたなしである

プブリリウス・シュルスの教訓
紀元前1世紀

ゴールド、ダイヤモンド、サファイヤのブレスレット｜ヘビをかたどったフランス製のアンティークのブレスレット。頭部にはダイヤモンドで囲まれたサファイヤがあしらわれている。

木目模様のネックレス｜このアメリカ製のゴールドのネックレスにはめずらしい木目模様が入っている。留め金は大きな鎖の連結部分にうまく隠されている。

ヒマワリ｜細かい彫金が施されたヒマワリ。イエローゴールドでできている。花弁の部分には細い線が刻まれ、布目のようになっている。雄しべにはカットされた石がつけられている。

インカのゴールド｜14-15世紀にペルーでつくられたゴールドのラマ。高純度の金を鋳造したもので、ラマの体は幾何学的な形に単純化されている。

チャームブレスレット｜このようなブレスレットには流行りすたりがあるが、身につける人がその人なりのチャームをつけ加えることができる。

カルティエの18金のパンテール リング｜上は緑のガーネットの目をつけたイエローゴールドのリング。下のホワイトゴールドのリングには、158個のダイヤモンドとエメラルドの目がセットされている。

ブルガリの3種のゴールドのリング｜ブルガリ製のこのリングは、異なる合金の18金――イエローゴールド、ピンクゴールド、ホワイトゴールド――の3つのリングからなる。

カール大帝の王冠 | 960年ごろ | 120個のカボションカットの宝石を飾り、金具でつながれた8面の22金の王冠 | 1512年　アルブレヒト・デューラーによる肖像画

カール大帝の王冠

△ 正面から見た王冠

カール大帝の王冠は、宝石のついた中世の芸術品というに留まらない。10世紀から19世紀のあいだ、それはドイツを中心とするヨーロッパの一大国家、神聖ローマ帝国の力を象徴するものだった。のちにこの王冠は、1930年代にアドルフ・ヒトラーによって、ヨーロッパでドイツを中心とする新しい帝国を築くための宣伝活動に利用されるほど、影響力の強い象徴的な存在となった。

「帝国の王冠」もしくは「神聖ローマ帝国の王冠」とも呼ばれるこの王冠は、初代神聖ローマ帝国皇帝でフランク王国の王（747-814年）、カール1世（カール大帝）にちなんで名づけられた。「カール大帝の王冠」として広く知られてはいるものの、現存する王冠はおそらく、オットー大帝（912-973年）の戴冠のためにつくられたものと思われる。カール大帝自身は800年の戴冠式の際、もっと簡素なものを戴冠したと見られている。

オーストリアの100ユーロ硬貨
カール大帝の王冠が刻まれている。

カール大帝は西ヨーロッパの多くの地域を征服して大国を築き上げると、ローマ教皇レオ3世に対する反乱を鎮圧するのに力を貸し、感謝の印に教皇から神聖ローマ帝国の皇帝として王冠を授けられた。帝国の支配は、1806年にフランツ2世がナポレオンに敗北して神聖ローマ帝国の皇位を追われるまでつづいた。ナポレオン軍がニュルンベルクのフランツの居城へと行軍してくると、フランツは略奪されるのを防ぐために王冠をウィーンに移した。

現在王冠はオーストリアの国宝の1つとして、ウィーンのホーフブルク宮殿に保管されている。今も宮殿を訪ねる人向けに展示されている「カール大帝の王冠」は、8面からなり、22金の8つのパネルが金具でつなげられている。それぞれのパネルには、サファイヤ、エメラルド、アメシストといった120個の貴重な宝石と、240個以上の天然真珠があしらわれ、目もくらむほどの輝きを放っている。ファセットをつける技術がまだ発達していなかった時代の宝石であるため、石はカボションにされている。パネルのうち4つには、七宝焼きのクロワゾネ（銀か金の金属線で模様をつける技法）で、聖書に登場する情景が描かれている。これもビザンティン芸術特有の技法である。

カール大帝の戴冠式 |『フランス大年代記』（1375-1379年）に描かれた、800年の教皇レオ3世によるカール大帝の戴冠。王冠は「カール大帝の王冠」よりも前のものが描かれている。

王冠にまつわる主な歴史

800年ごろ-1945年

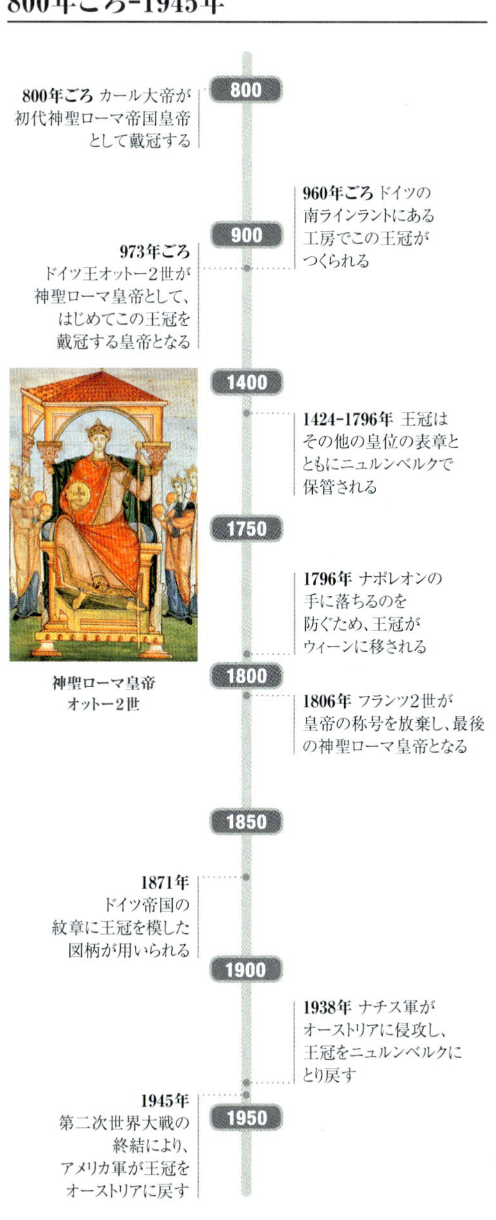

800
800年ごろ カール大帝が初代神聖ローマ帝国皇帝として戴冠する
960年ごろ ドイツの南ラインラントにある工房でこの王冠がつくられる
900
973年ごろ ドイツ王オットー2世が神聖ローマ皇帝として、はじめてこの王冠を戴冠する皇帝となる
1400
1424-1796年 王冠はその他の皇位の表章とともにニュルンベルクで保管される
1750
1796年 ナポレオンの手に落ちるのを防ぐため、王冠がウィーンに移される
1800
1806年 フランツ2世が皇帝の称号を放棄し、最後の神聖ローマ皇帝となる
1850
1871年 ドイツ帝国の紋章に王冠を模した図柄が用いられる
1900
1938年 ナチス軍がオーストリアに侵攻し、王冠をニュルンベルクにとり戻す
1945年 第二次世界大戦の終結により、アメリカ軍が王冠をオーストリアに戻す
1950

神聖ローマ皇帝 オットー2世

シルバー
Silver

△ 英国のエドワード8世時代につくられたアールデコ様式の洗礼記念カップ。スターリングシルバー製

ゴールドとシルバーは何千年にもわたって通貨として使われてきた。ゴールドが富の象徴となる一方、シルバーはその希少性で価値が高まっている。純銀はキズがつきやすいため、宝飾品は強度を出すために銅を加えたスターリングシルバーでつくられる。民話に登場するシルバーは月になぞらえられることが多い。そのため、20世紀初頭に活躍した伝説的なデンマークのデザイナー、ジョージ・ジェンセンの作品を筆頭として、銀細工のモチーフに月が使われることもよくある。20世紀以降、シルバーは宝飾品と工業製品の両方で需要が増えている。

鉱物名 自然銀

化学名：銀 | **化学式**：Ag
色：銀 | **晶系**：立方晶系 | **硬度**：2½ -3 | **比重**：10.1-11.1
光沢：金属光沢 | **条痕**：銀白色
産地：メキシコが最大産地。その他――ペルー、アメリカ、カナダ、ノルウェー、オーストラリア、ロシア、カザフスタン

原石

ひげ状の自然銀 | 銀は鉱石から製錬されることがほとんどだが、自然の状態で針金のように曲がりくねって長く伸びた金属の銀が粗い束となって見つかることもある。写真は石英中で成長した自然銀。

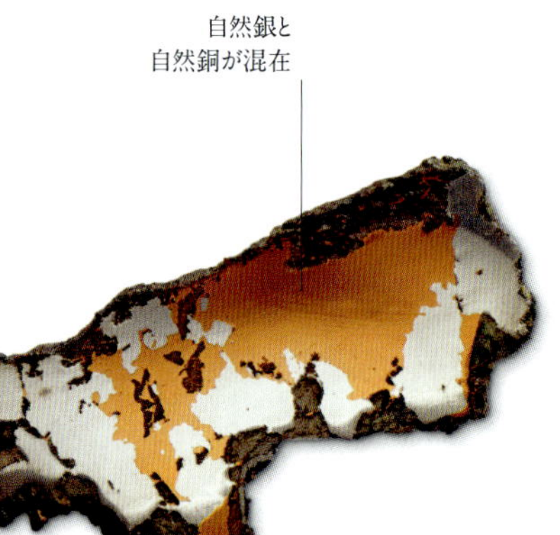

自然銀と自然銅の研磨片 | 写真は片面を鏡面研磨した自然銀と自然銅の集合体。このように自然銅と自然銀が同じ標本で見つかることもある。

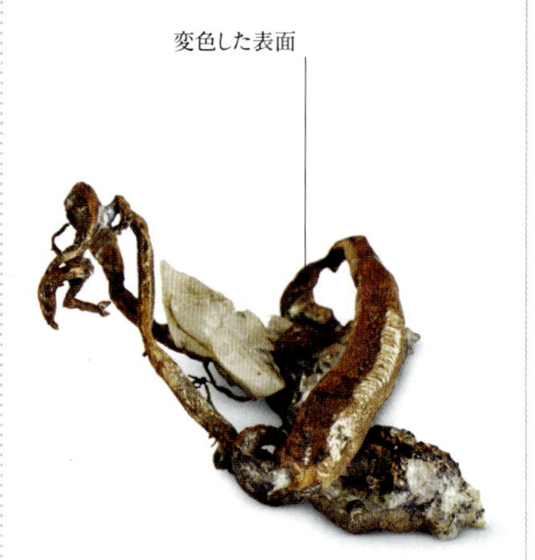

変色した自然銀 | 銀の表面は色が変わりやすい。硫化水素など硫黄の化合物にさらされると、このように表面が黒ずんだようになる。

自然銀の樹枝状結晶 | 自然銀の結晶は樹枝状に成長することもある。この標本では自然に木の枝のような形をしている。

仕立て

月光のブローチ | ジョージ・ジェンセンはシルバーを月の輝きになぞらえた。これはスターリングシルバーとムーンストーンを組み合わせたアールヌーボー様式の作品である。

シルバーの魚 | 1940年代にマーゴット・デ・タスコによってつくられたこのスターリングシルバーのブレスレットは、コイをかたどっている。デ・タスコは世界トップの銀産国であるメキシコに住み、制作を行った。

工業製品用の銀

需要が供給を上まわる

地下鉱脈に含まれる銀は金よりも豊富だが、熱と電気の伝導性が他に類を見ないほど高いことから、ここ20年のあいだに工業製品用の需要が高まり、貯蔵量が大幅に減少した。銀は太陽光発電に使われる太陽電池パネルの重要な原料で、太陽光発電が増えるとともに、工業製品用の銀の需要も高まる一方である。銀は回路基板やテレビのスクリーンから、携帯電話のバッテリーやコンピューターチップまで、ほぼすべての電子機器の製造に使われている。携帯電話の基板に組み込まれたコンデンサや集積回路などの電子部品には、銀が含まれている。

携帯電話の基板
銀はこのような電子部品に使われている。

はるか紀元前4000年ごろのシルバーの芸術品も発見されている

シルバーのカエデの種

リアルに浮き出た種の皺

立体的な種の形

シカの角

ヘアコーム | 1902-1906年のルシアン・ガリヤールのヘアコームを見れば、20世紀初頭に銀細工が流行したことがわかる。シルバーは現代的で機能的なものとされていた。

アクアマリンのブローチ | 4.80カラットのアクアマリンをセットした18世紀のブローチ。当時の流行にのっとり、凝ったデザインのシルバーに鮮やかな色の石をあしらっている。

シルバーのブローチ | 1950年代後半にジョージ・ジェンセン社のためにアルノ・マリノウスキーがデザインしたブローチ。マリノウスキーはシカをモチーフにすることが多かった。この作品でも様式化された自然のなかに写実的なシカがかたどられている。

スイス製のシルバーの懐中時計 | 16世紀以降、鋼鉄に代わってシルバーとゴールドが懐中時計に好んで使われるようになった。この時計にはスプリットセコンドの文字盤がついている。

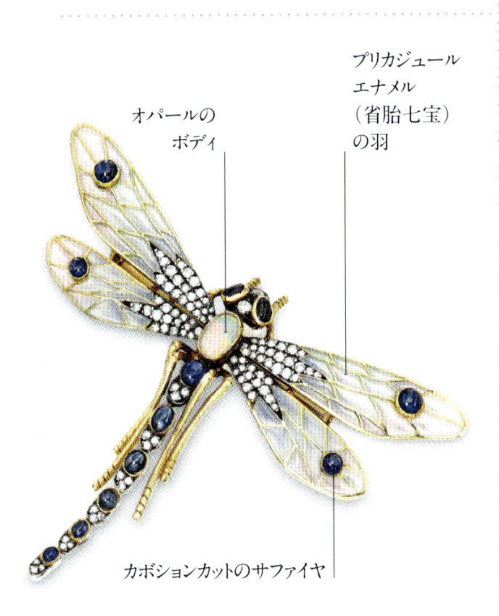

トンボのブローチ | シルバーと宝石を組み合わせてつくったトンボのブローチ。トンボの尻尾は、シルバーにダイヤモンドをセットしたものとゴールドにサファイヤをセットしたものが連結されている。

スウィングドロップイヤリング | バロック（いびつな形の）真珠を使ったこのドロップイヤリングには、黒く塗った14金のゴールド、シルバー、ブリリアントカットのダイヤモンドが使われている。

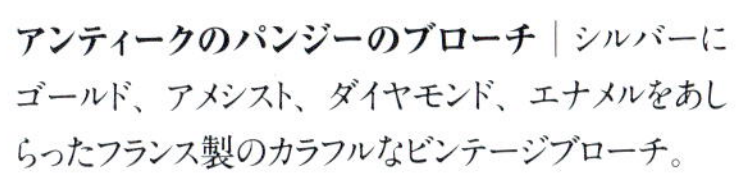

アンティークのパンジーのブローチ | シルバーにゴールド、アメシスト、ダイヤモンド、エナメルをあしらったフランス製のカラフルなビンテージブローチ。

△ 自然白金の塊

プラチナ
Platinum

16世紀にコロンビアでプラチナを発見したスペインの征服者たちは、それを「小さな銀」という意味のプラチナと呼んだ。当時金を探していた彼らには価値のないものだったが、今日、プラチナは希少性と、それ自体は化学変化することなく反応を速める触媒としての特性を持つことから、地球上でもっとも貴重な金属の1つとされている。上質の宝石に使われるだけでなく、石油精製に欠くべからざる成分であり、車の排気ガス浄化フィルターという形で（コラム参照）大気汚染を減らす役割も担っている。

鉱物名 自然白金

化学名：白金 | **化学式**：Pt
色：白、銀灰、鋼 | **晶系**：立方晶系 | **硬度**：4 -4½
比重：21.5 | **光沢**：金属光沢 | **条痕**：銀白色
産地：南アフリカ、ロシア、カナダ

原石

粒状の自然白金 | 自然界に産する粒状の自然白金は、微量の鉄、パラジウム、ロジウムやイリジウムなどのほかの金属も含んでいることが多い。

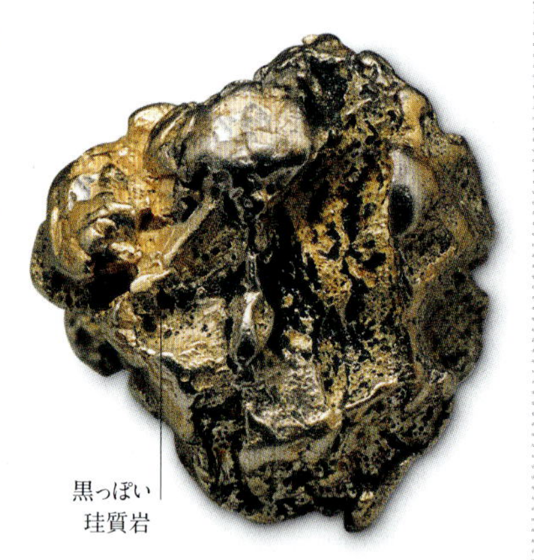

岩石中の自然白金 | 自然白金は粒状、薄板状もしくは薄層状で、この標本のように珪質岩中に見つかった場合、ほかの鉱物と混じり合っているのがふつうで、分離しなければならない。

自然白金のナゲット（塊） | 天然の自然白金は粒状のものがほとんどだが、非常に稀にナゲットで見つかることもある。こういった自然白金のナゲットは変色しない。

仕立て

エタニティリング | 宝石会社デビアスが1960年代にダイヤモンドのエタニティリングというコンセプトを生み出した。デビアスのこのコレクションのなかで、プラチナのものがもっとも高価である。

排気ガスを減らす

触媒コンバーター

プラチナは有毒なガスをより害の少ない物質に変えることで、車のエンジンから出る排気ガスを減らす。1974年にアメリカが大気汚染に関する新しい法律を制定してから、車の触媒コンバーターは全世界に広まるようになった。触媒コンバーターには、エンジンからの有毒ガスの放出を最小限にするためにプラチナが使われている——プラチナが触媒になって有害な二酸化窒素を分解し、より害の少ない物質へと再生する。

機能するプラチナ 触媒コンバーターのカットモデルに、プラチナの粒子が見える。

角ばった
結晶面

スペリー鉱の結晶 | スペリー鉱は白金とヒ素の化合物で、白金の鉱石としてよりは標本として収集家に評価されている。

紀元前1200年ごろの古代エジプトの墓からもプラチナの遺物が見つかっている

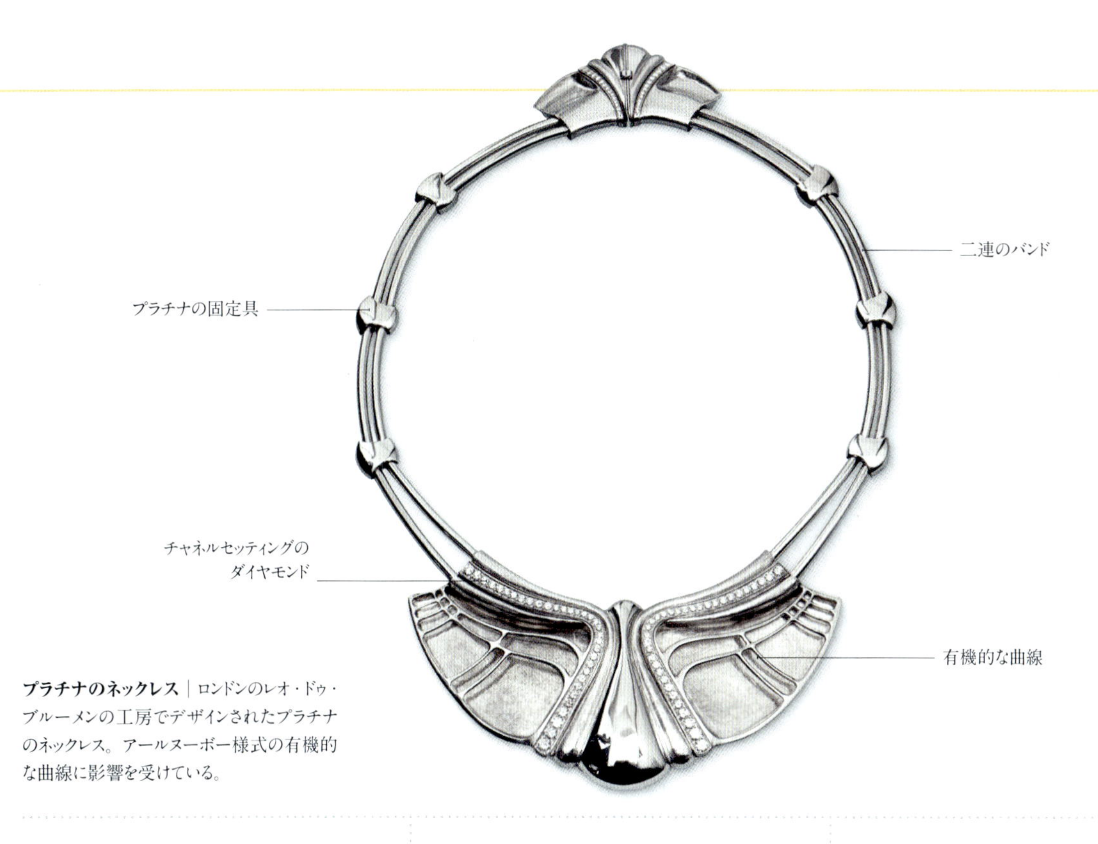

プラチナのネックレス｜ロンドンのレオ・ドゥ・ブルーメンの工房でデザインされたプラチナのネックレス。アールヌーボー様式の有機的な曲線に影響を受けている。

鍵形のペンダント｜ティファニーのクアトラペンダントでは、プラチナの輝く白い色が際立ち、ブリリアントカットされたダイヤモンドを引き立てている。

結び目リング｜1960年代につくられたダイヤモンドとプラチナの結び目仕立てのリング。複雑なデザインと中央の大きな石が特徴的で、じっさいに指にはめて使うのでなく、展示用にデザインされたもの。

カルティエのウォッチ｜プラチナのロトンド ドゥ カルティエの腕時計。ムーブメントのスケルトン加工と緻密な手作業の装飾には200時間が費やされる。部品の組み立てにはさらに200時間かかる。

ソリテールリング｜カルティエは宝石を1つだけはめた指輪を1895年に発表した。それ以降、こうしたプラチナとダイヤモンドのソリテールは、エンゲージリングとして一般的なものとなった。

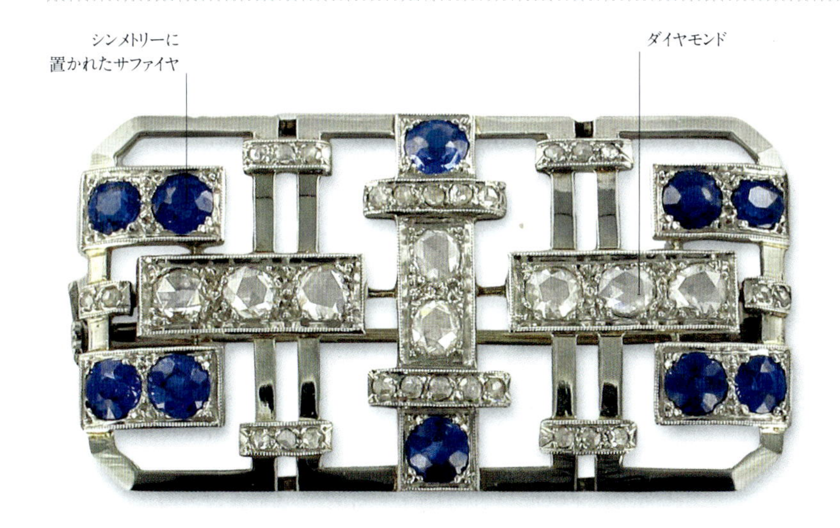

アールデコのブローチ｜20世紀初頭の流行に敏感な女性たちはプラチナのジュエリーを選んだ。この幾何学的なデザインのジュエリーには、ダイヤモンドとサファイヤがあしらわれている。

シャンデリアイヤリング｜マーカス&カンパニーによって1915-1920年ごろに制作されたアールデコ様式のイヤリング。プラチナの石座にラウンドカットのダイヤモンドがあしらわれている。

透かし細工のブレスレット｜存在感のあるフランス製の透かし細工のブレスレット。プラチナに411個のダイヤモンドがセットされている。1935年ごろ制作。

ペアーシェイプのダイヤモンドのドロップイヤリング | 1770-1780年代 | 14.25カラットと20.35カラット | フランス製 | 宮殿付きの宝石職人ボーメールとバッセンジの手によると思われる。

マリー・アントワネットの ダイヤモンドのイヤリング

△ イヤリングをつけたマリー・アントワネットの肖像

1774年から1792年までルイ16世のかたわらでフランス王妃として栄華をきわめたマリー・アントワネットは、18世紀のヨーロッパで誰よりも魅力的な女性だった。彼女が生み出した流行を、王宮に集うおしゃれな女性たちがこぞって追った。アントワネットの浪費ぶりは当時の風刺新聞の格好の題材となるほどで、服飾品や宝石をこよなく愛した彼女には、「赤字夫人」というあだ名がつけられた。

その贅沢三昧は、年間300枚のドレス、香水をしみこませた無数の手袋、きらめく数多の宝石におよんだ。宝石のなかにはペースト（模造石用の密度の濃い鉛ガラス）でつくられたものもあったが、多くは本物で、そのなかには王妃のお気に入りのダイヤモンドのイヤリング——ペアーシェイプのダイヤモンドのドロップイヤリング——も含まれていた。片方には20.34カラット、もう一方には14.25カラットのダイヤモンドが使われている。ルイ16世からの贈り物で、フランス宮廷お抱えの宝石細工師ボーメールとバッセンジの手によるものと考えられるこのイヤリングは、フランス革命さなかの1793年、マリー・アントワネットがギロチンの露と消えたのち、フランス王家の子孫に伝わったと信じられている。それから約60年後、このイヤリングはナポレオン3世からウジェニー皇后への結婚の贈り物とされた。皇后はマリー・アントワネットに心酔しており、そのスタイルをお手本にしていた。ウジェニーが1871年に英国に亡命すると、イヤリングはロシアの貴族に売られ、1928年には宝石商のピエール・カルティエの手に渡った。その同じ年、今度はアメリカの上流婦人マージョリー・メリウェザー・ポストに買われ、1964年に彼女の娘によってアメリカのスミソニアン協会に寄贈された。このイヤリングは今もスミソニアンのジェムギャラリーに展示されている。

ウジェニー皇后の肖像画 ウジェニーは結婚の贈り物としてイヤリングを受けとったが、ナポレオン3世が1871年に普仏戦争に敗北したのち、それを売り払った。

宝石にまつわる主な歴史

1755年-1964年

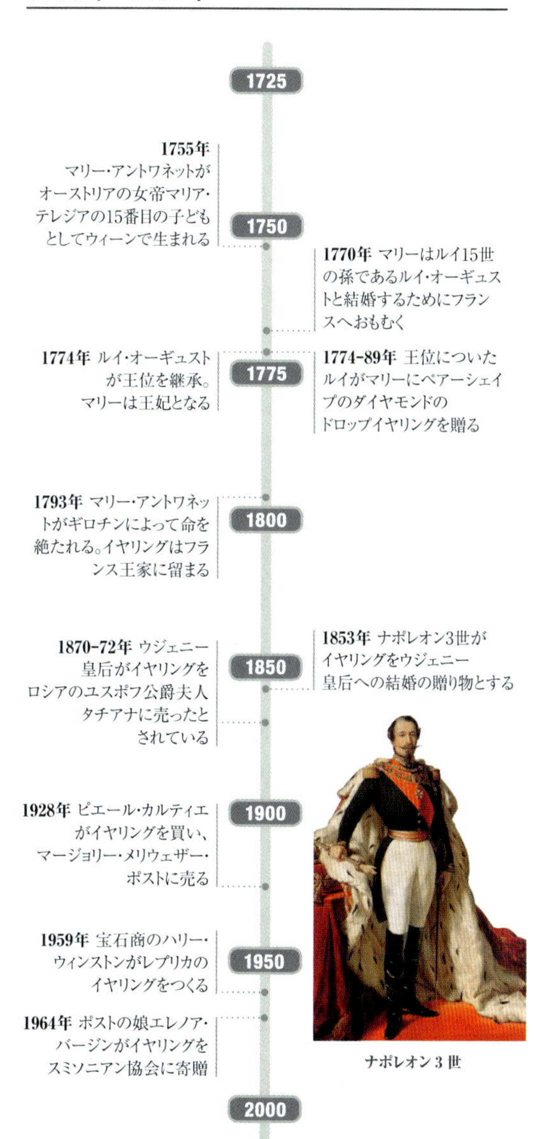

1725
1755年 マリー・アントワネットがオーストリアの女帝マリア・テレジアの15番目の子どもとしてウィーンで生まれる
1750
1770年 マリーはルイ15世の孫であるルイ・オーギュストと結婚するためにフランスへおもむく
1774年 ルイ・オーギュストが王位を継承。マリーは王妃となる
1775
1774-89年 王位についたルイがマリーにペアーシェイプのダイヤモンドのドロップイヤリングを贈る
1793年 マリー・アントワネットがギロチンによって命を絶たれる。イヤリングはフランス王家に留まる
1800
1853年 ナポレオン3世がイヤリングをウジェニー皇后への結婚の贈り物とする
1870-72年 ウジェニー皇后がイヤリングをロシアのユスポフ公爵夫人タチアナに売ったとされている
1850
1928年 ピエール・カルティエがイヤリングを買い、マージョリー・メリウェザー・ポストに売る
1900
1959年 宝石商のハリー・ウィンストンがレプリカのイヤリングをつくる
1950
1964年 ポストの娘エレノア・バージンがイヤリングをスミソニアン協会に寄贈
2000

ナポレオン3世

誰もが王妃様を真似したがった。
誰もが同じ宝石を手に入れようと躍起になった

マダム・カンパン
マリー・アントワネットの女官長

コッパー

Copper

△ 班銅鉱の標本。 銅の主な鉱石鉱物の1つ

銅は人間に最初に利用された金属である。そのままの形で自然に生成される銅は、古くから鋳造物や装飾品に使われてきた。また、はじめてつくられた合金であるブロンズ（青銅）の主成分でもある。銅製の宝飾品は何千年も前から身につけられ、民間療法にもよく使われる。銅は電気伝導体としてもきわめて優れている。その特性と腐食に強いことから、現代において電線の素材としてもっとも広く利用されている。

鉱物名 自然銅

化学名：銅
化学式：Cu | **色**：赤銅色
晶系：立方晶系 | **硬度**：2½ -3
比重：8.9 | **光沢**：金属光沢
条痕：なし | **産地**：チリ、アメリカ、インドネシア

原石

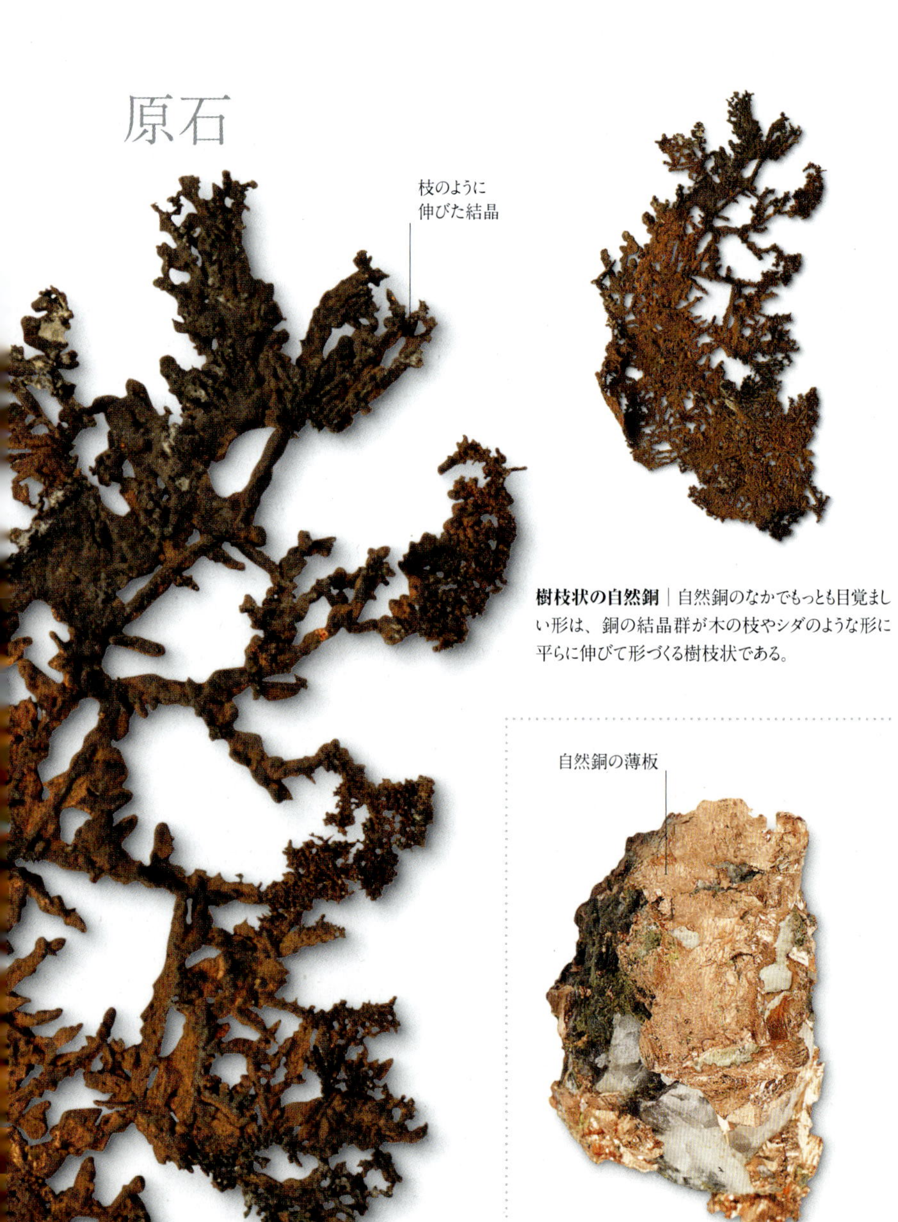

樹枝状の自然銅 | 自然銅のなかでもっとも目覚ましい形は、銅の結晶群が木の枝やシダのような形に平らに伸びて形づくる樹枝状である。

自然銅の薄板

自然銅 | 岩石と混ざったこの標本では、葉状の薄い自然銅が母岩の石英の層間にはさまれている。

成型

成型された球体 | 球体に鋳造された純銅。純銅は溶解や再鋳に適している。

四面の壺 | ブロンズ製の方壺——四面の壺——は、紀元前475年-紀元前221年に中国でつくられたものである。マラカイトグリーンの釉が塗られていたが、そのほとんどが今は失われている。

銅の宝飾品は健康を守ると言われている

銅の合金のブローチ | アングロ・サクソン人が銅の合金でつくったこの鳥のブローチは、英国のビークスボーンのアングロ・サクソン人の墓地で見つかった。5世紀-8世紀の作。

エトルリアのブロンズ | 紀元前599年-紀元前500年ごろに鋳造されたエトルリアのブロンズ製の魔除けは、1つの体に、反対向きの2つの頭を持つ牡牛をかたどっている。

ブロンズの鎧 | 紀元前3-紀元前2世紀の鎧。ブロンズの板を重ねて連ねたものである。元は短い革の上着に縫いつけるか、鋲で留められていた。

アナトリアのブロンズ | 紀元前1000年ごろにつくられた、金メッキされたブロンズの小彫像。ライオンにまたがる人間を表している。おそらくはアナトリアの神話からイメージされたものだろう。

エドのブロンズ | 1520年から1580年ごろ、ナイジェリアのエド（ビニ族）の人々の作。内部が空洞の鋳造ブロンズの頭像は、征服された王を表している。

ローマのブローチ | 1世紀ローマ時代のブロンズのブローチ。英国で見つかった揃いのブローチの片割れで、凝った渦巻き状の模様が入っている。

中国のブロンズ | 古風な装飾を施した蓋つきのブロンズの酒甕。紀元前771年に滅んだ西周王朝時代のものである。

女神バステトの像 | エジプト人はネコを神としてあがめ、ナイルデルタのブバスティスにネコを祀る寺院を建てた。この第22王朝時代のブロンズ像は女神バステトを表している。

自由の女神像

銅でつくられた象徴的な像

自由の女神像として知られる、「世界を照らす自由」像は、アメリカ合衆国ニューヨーク市のリバティー島に立っている。フランスの彫刻家フレデリック・オーギュスト・バルトルディの設計で、ギュスターヴ・エッフェルによって建造され、1886年にアメリカに贈呈された。90t以上の銅が使われた「皮膚」は、当時厚さ2.3㎜あり、1つの像に使われた銅の量では世界最大である。もとは鈍い銅色だったが、酸化による緑青が出るようになった。調査の結果、緑青の色はそのままにしておくことが決められた。事実、それは像の外部を守る役割をはたしている。

自由の女神像 象徴的な像は硬い鉄のフレームに銅板をとりつける形で建造されている。

アルテミシオンのブロンズ像 | 紀元前460-紀元前450年 | 2.09m | 内部が空洞のゼウスかポセイドンのブロンズ像 | 古代ギリシャ時代の簡素な様式

アルテミシオンの ブロンズ像

△ きれいに整えられた髪を持つブロンズ像の頭部

アルテミシオンのブロンズ像は、地中海に浮かぶギリシャのエビア島の北岸沖に沈んでいた難破船から発見された古代ギリシャのブロンズ像である。神々の王ゼウスか、海の神ポセイドンを表すものとされている。古代のブロンズ像のほとんどが失われるか溶かされるかしてしまったため、このブロンズ像はいっそう貴重である。

紀元前460-紀元前450年につくられたと思われるこの古代ギリシャ時代のブロンズの裸像は、高さ2.09mで、人体を写実的に表している。ただし、腕は体に不釣り合いなほど長く、劇的なポーズを強調している。広く開いた足と伸ばした腕——一方の腕で武器を投げようとし、もう一方の腕でねらいをつけている——が、強い力が放たれようとしている瞬間を示している。右手から失われている武器が、ゼウスの稲妻（サンダーボルト）の矢か、ポセイドンの三叉の鉾（トライデント）なのかわからず、銅像に表された神がゼウスかポセイドンかの議論を呼んできた。しかし、現在ほとんどの学者が、ブロンズ像はゼウスであるという説に傾いている。古代ギリシャの壺にゼウスが同じ格好でサンダーボルトを高く掲げている姿が描かれてものがある一方、ポセイドンはトライデントを低くかまえている姿を描かれることが多いからだ。

正面から見たブロンズ像

ブロンズ像を積んでいた沈船は1926年に海綿採集のダイバーによって発見された。その後ギリシャ海軍の引き揚げ作業によって、2つに割れたアルテミシオンのブロンズ像が、ほかのさまざまな遺物とともに引き揚げられた。しかし、1928年に1人のダイバーが命を落とすと調査は中止となり、船が海面からほんの40mほどのところにあったにもかかわらず、再開されることは二度となかった。船は略奪した貴重な遺物をギリシャからイタリアへと運ぶローマの船であったと考えられている。皮肉にも、ブロンズ像は海の底に沈んだおかげで救われ、将来の世代のために保存されることになったのである。

壺に描かれたギリシャの神ゼウスの姿。 紀元前500年ごろのものと考えられる。通常のサンダーボルトの代わりに槍か投げ槍をかまえる姿が描かれている。

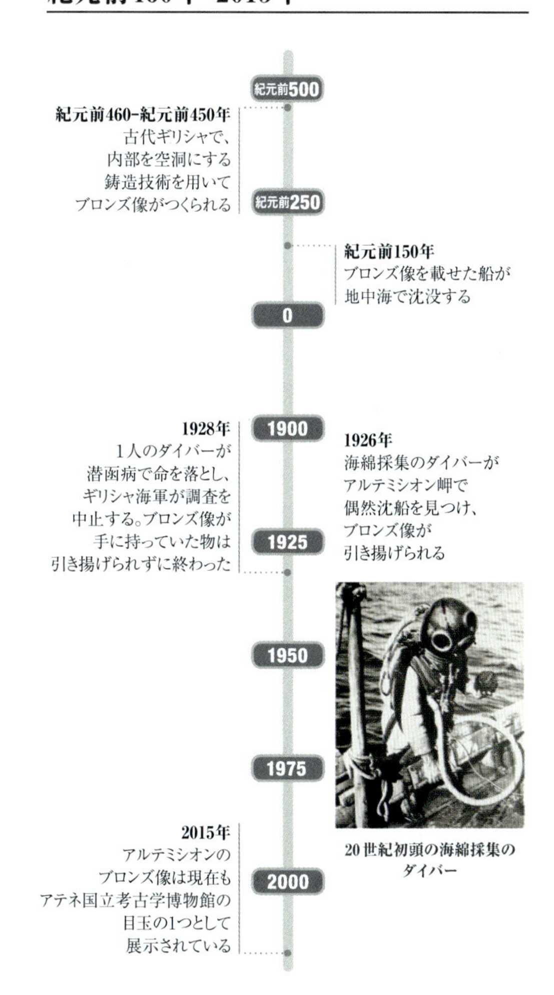

ブロンズ像にまつわる主な歴史
紀元前460年-2015年
紀元前500
紀元前460-紀元前450年
古代ギリシャで、内部を空洞にする鋳造技術を用いてブロンズ像がつくられる
紀元前250
紀元前150年
ブロンズ像を載せた船が地中海で沈没する
0
1900
1928年
1人のダイバーが潜函病で命を落とし、ギリシャ海軍が調査を中止する。ブロンズ像が手に持っていた物は引き揚げられずに終わった
1926年
海綿採集のダイバーがアルテミシオン岬で偶然沈船を見つけ、ブロンズ像が引き揚げられる
1925
1950
1975
2000
2015年
アルテミシオンのブロンズ像は現在もアテネ国立考古学博物館の目玉の1つとして展示されている
20世紀初頭の海綿採集のダイバー

ひげを生やした神は右手に持った武器を投げようとしている。おそらくはサンダーボルトを。その場合、その神はゼウスである

フレッド・S・クライナー
（作家）

107.46カラットの
「グラフのヒマワリ」

「ヒマワリ」を囲む
ダイヤモンド

100カラットの
「グラフ仕上げ」

古代には、ダイヤモンドの魔力を保てると信じ、わざと石をカットせずにおく文明もあった

「パリのロイヤルスター」｜グラフによるこのまばゆいブローチ／ペンダントには、107.46カラットのイエローダイヤモンドと、100カラットのDカラーフローレスのペアーシェイプのダイヤモンドが使われている。ダイヤモンドの総重量は2000カラット以上。

ダイヤモンド
Diamond

△ イエローダイヤモンドとカラーレスダイヤモンドをあしらったプラチナのリング

ほかに類を見ない美しさ、光沢、輝きを持つダイヤモンドは、ありとあらゆる貴重な宝石のなかで何よりも崇拝され、全世界で高く評価される宝石である。しかし、それはダイヤモンドの利用価値のほんの一面でしかない。産業用ダイヤモンドは、石油掘削や、特殊な外科用メスや、工具製造等において欠かせないものであり、ほかの多くの産業においても、ダイヤモンドの究極の硬度が道具の切断や研磨に役立っている。宝石用ダイヤモンドと産業用ダイヤモンドのあいだに明確なちがいはない。年間に採掘されるダイヤモンドの80%が宝石には不向きで、産業用として利用されている。しかし、非常に小さな石や等級の低い石でも、産業用ではなく、磨いて宝石として使うこともできる。

ダイヤモンドの発見

2000年以上ものあいだ、ダイヤモンドは川砂利に交じる結晶としてしか発見されず、1725年まではインドが主な産地だった。インドでの産出が減少すると、ブラジルで発見されるようになり、さらに1867年、南アフリカのキンバリー地域にあるオレンジ川の砂利のなかでダイヤモンドが見つかった。その後の調査で、これまでは知られていなかった岩石からなる漏斗状火道（ろうとじょうかどう）（マグマの通り道）にダイヤモンドが含まれていることがわかった。この火成岩はキンバーライトと名づけられ、ダイヤモンドの根源岩とされた。この発見により、現代のダイヤモンド産業の礎が築かれた。それ以降、同様の火成岩が他のアフリカ諸国やシベリア、オーストラリアで見つかり、さらに最近では、カナダ、中国、アメリカでも見つかっている。

鉱物名 ダイヤモンド

化学名：炭素 | **化学式**：C
色：無色〜全色 | **晶系**：立方晶系
硬度：10 | **比重**：3.4-3.5 | **屈折率**：2.42
光沢：ダイヤモンド光沢 | **条痕**：なし

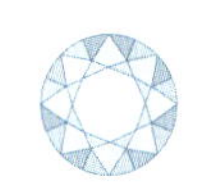
ラウンド ブリリアントカット

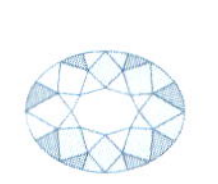
オーバル ブリリアントカット

ペアーシェイプ カット

マーキス カット

バゲットカット

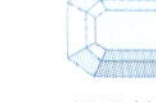
エメラルドカット

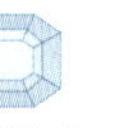
ミックスカット

産地
1 カナダ **2** アメリカ **3** ブラジル **4** ガーナ **5** アンゴラ **6** ナミビア **7** ボツワナ **8** 南アフリカ **9** インド **10** ロシア **11** ボルネオ **12** オーストラリア

ダイヤモンドの宝飾品

ドレスデングリーン | インドのコラール鉱山で採掘されたと思われる41カラットの天然のグリーンダイヤモンド。収蔵されているドイツのドレスデンにちなんで名づけられた（p140-141参照）。際立った緑色で名高く、贅沢な帽子飾りに仕立てられている。

カリナンI | 3106.75カラットの原石からカットされた（p54参照）宝石のなかの1つであるカリナンIは、英国の戴冠宝器の1つ、笏（しゃく）に使われている。530.1カラットあり、世界でもっとも大きな研磨済カラーレスダイヤモンドである。

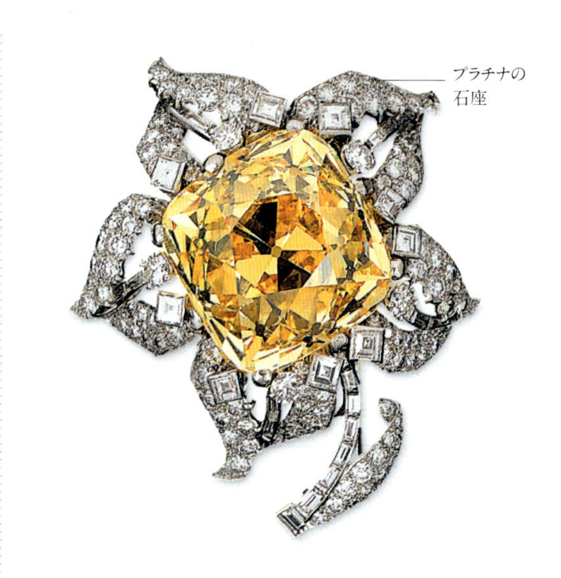

オールナットダイヤモンド | 101.29カラットある非常にめずらしい石であり、美しいビビッドなイエローで、花をデザインしたプラチナにあしらわれている。実業家でアートコレクターでもあったアルフレッド・アーネスト・オールナットにちなんでこの名がつけられた。

原石

ダイヤモンドの原石 | ダイヤモンドの結晶は立方晶系であるため、さまざまな外形をとりうる。これらの標本は粗雑な立方体をしている。

カーボナード | カーボナードからなる標本。カーボナードは、ブラジルや中央アフリカで採掘される際立った隠微晶質のダイヤモンド原石である。

正八面体 | 見つかるダイヤモンドの多くはこのように正八面体に結晶している。初期のころは結晶面のみが整えられていた。

カリナンの原石模型 | これまで見つかったなかで最大のダイヤモンド——カリナン（p53参照）の模型。重さは3106.75カラットで、ジャガイモほどの大きさがある。

ここに
塩漬けされた
鳥がいた……
その上に
宝石を置くと、
鳥は動き出し、
飛び去っていった

バビロニアのタルムードにおける
ダイヤモンドについての言及

色

ハート形のブルーダイヤモンド | ハート形にカットされた天然のブルーダイヤモンド。南アフリカのダイヤモンド採掘場で発見された。重さは30.62カラット。

ブラウンダイヤモンド | ブラウンダイヤモンドは主にオーストラリアで採掘される。このペアーシェイプカットの宝石でわかるように、ほかの色のダイヤモンドのような輝きには欠ける。

ブリリアントカット | ブリリアントカットのダイヤモンドのテーブル面からまっすぐ下をのぞきこむと、石の透明度とファセットの反射がはっきりわかる。

ディープグリーン | ペアーシェイプカットが施されているグリーンダイヤモンド。この濃い色から、色調調整が行われた可能性がある（右ページのコラム参照）

オッペンハイマーダイヤモンド | 世界最大のカットされていないダイヤモンドの1つで、重さは253.7カラット。丸みを帯びた正八面体をなす石は天然のイエローダイヤモンドである。

カット

クラシックカットダイヤモンド | 横から見ると、直接石を通して、このシャンパン色のダイヤモンドのすべてのファセットが見える。

ファンシーカット | このダイヤモンドの三角形のカットは、専門用語ではファンシーカットと呼ばれ、ブリリアントカットに標準的ではないファセットを数多く加えたものである。

エメラルドカットのブルーダイヤモンド | 青い色を際立たせるために選ばれたエメラルドカットが、この石の輝きを保っている。

ミックスカット | シザーズカットのクラウンを持つダイヤモンドのパビリオンに、数多くのファセットを加え、輝きを増している。

エメラルドカット | エメラルドカットが施されたことで、この小さなダイヤモンドの内に秘めた強さが増している。

ファンシーハート | ハート形はてっぺんの切れこみのせいで、もっともカットのむずかしい形である。この石のカットを行った宝石研磨職人は高い技術によってハート形のカットを成功させている。

標準的なブリリアントカット | 特別な輝き——7色の分散光——を最大限にするために開発された「標準的な」58面のブリリアントカットを施したダイヤモンド。

ダイヤモンドの処理

色を改変する

「ファンシー」カラーダイヤモンドは、その色が鮮やかで濃いものであればあるほど、高値がつけられる。赤や紫や青に、もっとも高い値段がつく。それらの石は必ずしも自然のままとはかぎらない。今日、カラーレスダイヤモンドに色を加える加工技術は数多く存在する。X線照射から、石に吸収されて色の変化をもたらすガスの利用まで。そのほかにも、含有物をとり除くレーザー加工や、ひび割れを埋める粘着剤の含浸などが行われることもある。買う側は必ず、正規のラボによって天然であることが確認されたダイヤモンドを買うべきだ。

マーキスカットのブルーダイヤモンド
この石の色が自然のままかどうかは、宝石学者にしかわからない。

仕立て

ビクトリア・トランスバール・ダイヤモンド | 67.89カラットのペアーシェイプの茶色がかった黄色の石。もともとは南アフリカのトランスバールで見つかった240カラットの原石の一部だった。ビクトリア・トランスバール・ダイヤモンドのネックレスは、ターザン映画にも登場する。

ダイヤモンドのイヤリング | 植物をかたどったゴールドのイヤリングは、大きなダイヤモンドがそれぞれ花を表し、ダイヤモンドをセットした石座が葉を表している。

花のブローチ | 18金のゴールドにダイヤモンドをセットした花の形のブローチ。花の中央にアクアマリンを据え、葉と花弁にダイヤモンドをあしらっている。

プラチナのフクロウのブローチ | 一風変わったプラチナ製のブローチ。このフクロウはイエローダイヤモンドの目を持ち、体にはパヴェセットされたダイヤモンドがあしらわれ、黒いサンゴのくちばしとゴールドの爪を持っている。宝石をちりばめたフクロウは黒いサンゴの「枝」に止まっている。

チョウのブローチ | ジュエリーアーティストのシンディ・チャオの手によるブローチ。羽を飾る大きなダイヤモンドを含め、2138個の宝石が使われている。羽のダイヤモンドは片側のみが磨かれている。

フクロウのブローチ | プラチナとイエローゴールドでつくられためずらしいフクロウのブローチ。頭と体には凝ったパヴェセッティングされたダイヤモンドが使われ、胸と止まり木にはアクセントに大きな真珠があしらわれている。

古代には、石がダイヤモンドかどうか調べるのに、金床の上に置いてハンマーで打った。石が割れれば、それはダイヤモンドではないということだった

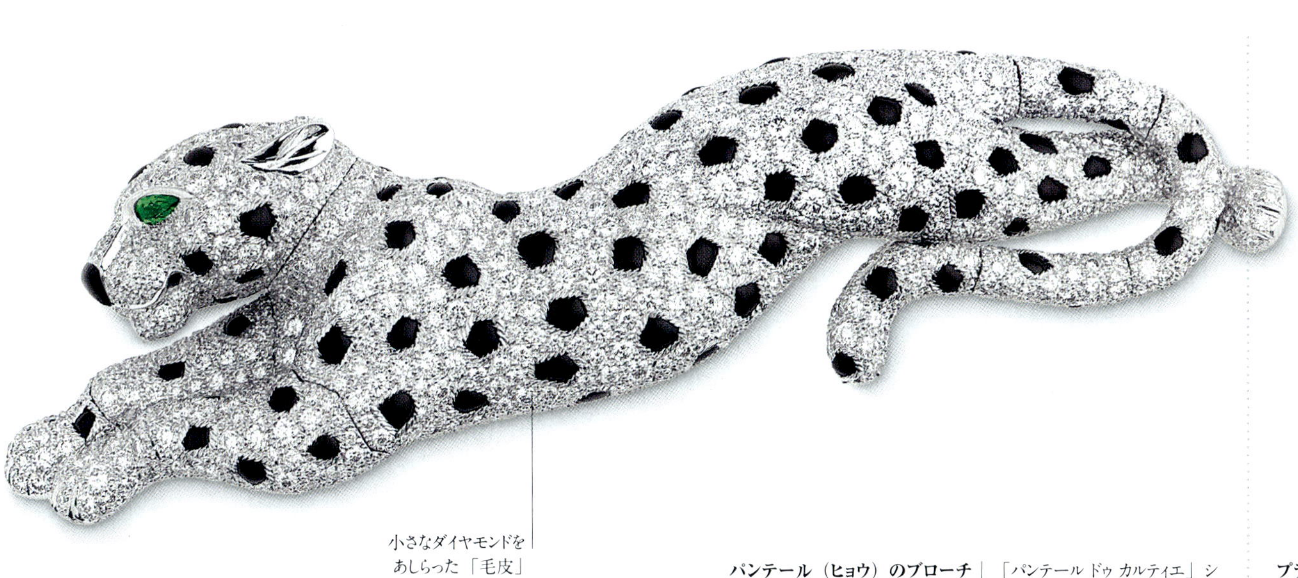

パンテール（ヒョウ）のブローチ | 「パンテール ドゥ カルティエ」シリーズの1つ。ホワイトゴールドのブローチには、何百もの小さなダイヤモンドと、オニキスの鼻とブラックラッカーの斑点があしらわれている。

プラチナのリング | 中央にソリテールのダイヤモンドをあしらい、腕（シャンク）にたくさんの小さなダイヤモンドをちりばめたプラチナのリング。

「バックル」リング | リングの中央の四角い部分はバックルを模している。腕（シャンク）とバックル部分の両方にラウンドカットとバゲットカットのダイヤモンドがあしらわれている。

「リボン」ブローチ | 丸いバックルに通された2本のリボンを表すブローチ。大きなダイヤモンドが1つと、たくさんの小さなダイヤモンドがあしらわれている。

滴形のダイヤモンドのブローチ | ヴァン クリーフ&アーペルによってつくられたフェニックスのブローチには、ダイヤモンドとサファイヤが使われている。くちばしの先には96.62カラットのダイヤモンドがあしらわれている。

クモのスティックピン | 1900年ごろにつくられたアールヌーボー様式のスティックピンは、クモをかたどっており、0.8カラットのシャンパンダイヤモンドがセットされている。

カリナンⅢとⅣのブローチ | プラチナのブローチにあしらわれているダイヤモンドは、世界最大の3106.75カラットのカリナン（p53, p54参照）からカットされた、3番目と4番目の大きさの石である。

ザ・オレンジ

天然の珍品

オレンジ色のファンシーカラーダイヤモンドはめずらしいとされている。ほとんどの場合、見つかるのは比較的小さな石である。そのため、この宝石が売りに出されると、大きな評判を呼んだ。2013年にオークションにかけられたときには、ザ・オレンジは、鮮やかなオレンジ色のカラーダイヤモンドとしては世界最大の14.82カラットとうたわれた。その大きさ、美しさ、希少性が値段に反映し、ジュネーブで開かれたクリスティーズのオークションでは、3500万ドル以上の値がついた。

明るい天然の色 ザ・オレンジはそのすばらしい色と大きさから、とくに希少性の高いダイヤモンドとされている。

コ・イ・ヌール｜オーバルブリリアントカットのダイヤモンド｜105.6カラット｜英国王エドワード7世妃となったデンマーク王女アレクサンドラ（1844-1925）の王冠の中央に据えられている

コ・イ・ヌール・ダイヤモンド

△ オリジナルと同じカットをされ、同じように仕立てられたコ・イ・ヌールのレプリカ（中央）

有名な宝石の多くがそうであるように、コ・イ・ヌール（「光の山」）・ダイヤモンドにも、波乱の歴史がある。南インドで採掘されたこの石については、1526年にムガル帝国初代皇帝バーブルの回想記ではじめて言及されている。石は戦争の略奪品となり、何世紀ものあいだ、王たちの手から手へと渡った。呪われた石との評判をいただくことになったのもそのせいだろう。この巨大なダイヤモンドを手に入れた人間は攻撃の的になったからだ。

ジョージ6世妃エリザベスの王冠につけられたコ・イ・ヌール・ダイヤモンド（中央）

パンジャーブ地方、シク王国の最後の王である5歳のドゥリープ・シンが王位に就いたときには、ダイヤモンドはすでに彼のものだった。前の四人のマハラジャが石を所有しているあいだに暗殺されたためだ。そのほんの数年後、英国がシンの王国を解体し、コ・イ・ヌールは、パンジャーブが大英帝国の支配下に入る取り決めの一部として英国に所有権が移された。1850年にロンドンでビクトリア女王に献上されたこのダイヤモンドには、次のような呪いのことばがついてまわっていた。「このダイヤモンドを手に入れる者は、世界を手にするが、厄災にも見舞われることだろう。神と女のみが厄災を逃れてそれを身につけることができる」

そんな呪い以上に物議をかもしたのは、おそまつなカットのせいで186カラットのダイヤモンドが輝いて見えないという批判だった。1852年にビクトリア女王の夫君アルバート公は、ダイヤモンドを再度研磨させることにした。大きさは105.6カラットと大幅に減ったが、キズも削りとられ、オーバルブリリアントカットの宝石が誕生した。それ以降、研磨し直されたコ・イ・ヌールは4つの異なる王冠に飾られ、アレクサンドラ、メアリー、エリザベスら、歴代の英国王妃たちの頭を飾ることになった。

ジョージ6世妃エリザベスの王冠につけられた
コ・イ・ヌール・ダイヤモンド（中央）

神と女のみが厄災を逃れてそれを身につけることができる……

コ・イ・ヌールにまつわる呪い

宝石にまつわる主な歴史

1100年-2015年

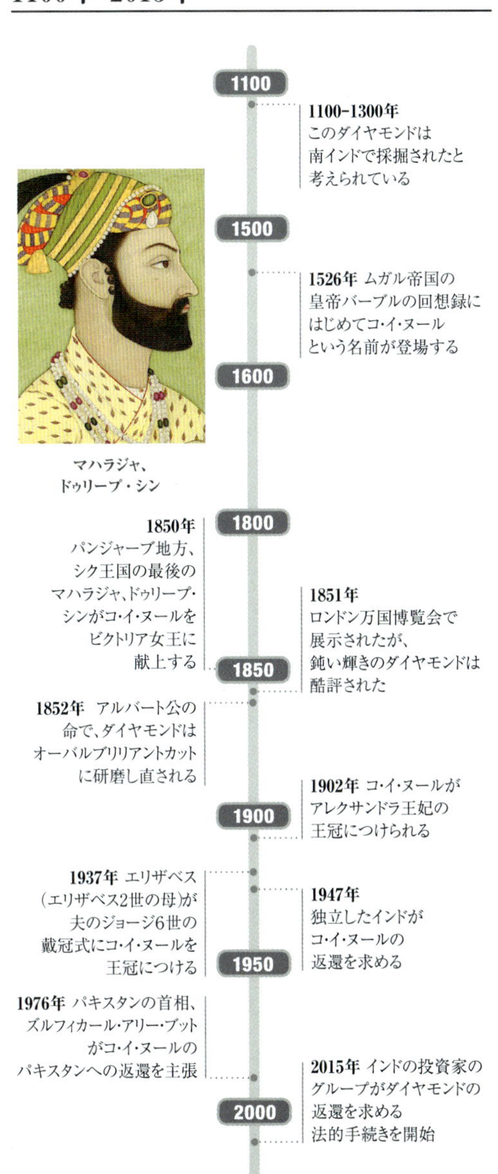

1100
1100-1300年 このダイヤモンドは南インドで採掘されたと考えられている
1500
1526年 ムガル帝国の皇帝バーブルの回想録にはじめてコ・イ・ヌールという名前が登場する
1600
マハラジャ、ドゥリープ・シン
1800
1850年 パンジャーブ地方、シク王国の最後のマハラジャ、ドゥリープ・シンがコ・イ・ヌールをビクトリア女王に献上する
1851年 ロンドン万国博覧会で展示されたが、鈍い輝きのダイヤモンドは酷評された
1850
1852年 アルバート公の命で、ダイヤモンドはオーバルブリリアントカットに研磨し直される
1902年 コ・イ・ヌールがアレクサンドラ王妃の王冠につけられる
1900
1937年 エリザベス（エリザベス2世の母）が夫のジョージ6世の戴冠式にコ・イ・ヌールを王冠につける
1947年 独立したインドがコ・イ・ヌールの返還を求める
1950
1976年 パキスタンの首相、ズルフィカール・アリー・ブットがコ・イ・ヌールのパキスタンへの返還を主張
2015年 インドの投資家のグループがダイヤモンドの返還を求める法的手続きを開始
2000

古代エジプト

古代エジプトの衣服はリネンの自然の色合いであるオフホワイトのものが大半で、現代の標準からすれば地味である。そう考えれば、エジプト人たちが、琥珀(こはく)やトルコ石やラピス・ラズリ、カーネリアンなどの鮮やかな色合いの宝石で身を飾ったのも不思議はない。エジプトファイアンスと呼ばれるガラスのような釉のかかった装飾陶器もよく使われた。男女ともが広い半円の襟にこれみよがしに宝石を並べ、宝石がずれて落ちないように背中に重りを垂らしてバランスを保った。かつらも一般的で、かつらがはずれないように派手な装飾のついた髪飾りや飾り輪で留めた。耳飾りや腕輪やお守りも、装飾品として、階級を問わず誰もが身につけていた。

宝石の霊的な力も信じられており、邪悪なものを追い払い、良い霊を呼び寄せる魔除けとして身につけられた。カーネリアンや赤いジャスパーのような赤い石は血の色に似ているため、命と長寿の象徴として、強い力を持つと考えられていた。シナイ半島の青緑色のトルコ石は、肥沃な大地と癒やしと再生を象徴するとされ、アフガニスタンの藍色のラピス・ラズリは、天上や死やあの世の象徴としてとくに重要なものとされていた。

ゴールドとカーネリアンと長石でできた紀元前1991–紀元前1786年のエジプトの襟飾り

エジプトの饗宴の客たち | 紀元前 1350年ごろのエジプト第18王朝の役人だったネバムンの墓所から発掘されたこの壁画は、饗宴の客たちを描いたものである。女性たちは高価な宝石で飾られた凝ったドレスやかつらを身につけている。

ホープ・ダイヤモンド | 25.6×21.78×12㎜ | 45.52カラットのクッションアンティークブリリアントカット | 色は濃い灰色がかった青で、白っぽいグレインライン（石層）がある。

ホープ・ダイヤモンド

△ ネックレスに仕立てられたホープ・ダイヤモンド

ホープ・ダイヤモンドはその驚くべき色と大きさで、ほかのどんな宝石よりも有名である。重さは45.52カラットあり、今日にいたるまで、世界最大のディープブルーダイヤモンドである。そのめずらしい色はホウ素によるもので、天然のブルーダイヤモンドには平均して0.5ppm未満のホウ素の微粒子が含まれているが、ホープ・ダイヤモンドには8ppmほども含まれている。また、紫外線をあてると石は赤く発光する。

フランス国王ルイ15世
ダイヤモンドのかつての所有者

その謎めいた雰囲気に加え、ホープ・ダイヤモンドは呪いの石として有名である。石がたどってきた歴史において、フランス革命の際にギロチンの露と消えたマリー・アントワネットや、莫大な財産を相続しながら数々の不幸に襲われたアメリカ人女性エベリン・ウォルシュ・マクリーンを含む、さまざまな人々が不運に見舞われたからだ。エベリンは1911年にこの宝石を購入したが、その後肉親の死や離婚や破産を経験した。ホープ・ダイヤモンドを個人として最後に所有した宝石商のハリー・ウィンストンは、155ドルの保険料を払い、宝石を現在の所有者であるスミソニアン協会へ送ったが、宝石を配達した郵便配達人ですら、不運に襲われた――トラックに轢かれたという話である。

ついてまわる数々の呪いの逸話とはうらはらに、ホープ・ダイヤモンドの所有者の系譜は輝かしく由緒正しい。17世紀にインドの鉱山で発見されたときには、115カラットもある、さらに大きな石だった。石は最初の所有者であるジャン=バティスト・タベルニエにちなんでタベルニエ・ダイヤモンドと呼ばれた。タベルニエは石をルイ14世に売り、ルイ14世が石をカットさせた。大きいほうの石はフレンチ・ブルーとして知られる67.12カラットのハート形のダイヤモンドとなった。ルイ16世とマリー・アントワネットに受け継がれたこの宝石は、フランス革命のさなかに盗まれたが、1812年により小さくカットされた宝石となってロンドンに現れた。そのダイヤモンドは名前の由来となったヘンリー・フィリップ・ホープのコレクションとして1839年に記録されるが、所有者のホープはその年に亡くなっている。

ホープ・ダイヤモンドをネックレスにして身につけた裕福なアメリカ人女性エベリン・ウォルシュ・マクリーンの写真。彼女の個人的な不幸が呪いの噂を助長した。

輝かしい色また色……すべてが純粋な炭素の塊のなかで見つかるのだ

シャルル・ブラン
(美術評論家)

宝石にまつわる主な歴史

1600年代半ば-1958年

1650
1600年代半ば フランスの商人ジャン=バティスト・タベルニエがインドで粗くカットされたダイヤモンドを手に入れる。重さ約115カラット
1668年 タベルニエがダイヤモンドをフランス国王ルイ14世に売り、国王はそれをフレンチ・ブルーとして知られる宝石にカットさせる
1700
1749年 ルイ15世が宝石細工師のアンドレ・ジャクミンに命じ、ローズ・ド・パリ・ダイヤモンドを、凝った装飾のペンダント、金羊毛勲章に据えさせる
1750
1800
1830年 ヘンリー・フィリップ・ホープが英国王ジョージ4世の所有だったダイヤモンドをロンドンで購入
1850
1868年 ウィルキー・コリンズがホープ・ダイヤモンドをモデルに、呪われた宝石についての小説、『月長石』を書く
1887年 ホープ一族の末裔であるヘンリー・フランシス・ホープ卿が宝石を相続するが、1901年、借金返済のためにそれを売らなければならなくなる
1900
1911年 宝石商のピエール・カルティエがダイヤモンドをヘッドピースに仕立て直し、エドワードとエベリン・ウォルシュのマクリーン夫妻に売る
1949年 ニューヨークの宝石商ハリー・ウィンストンがマクリーン夫人のほかの宝石とともにホープ・ダイヤモンドを買いとる
1950
1958年 ハリー・ウィンストン社がホープ・ダイヤモンドをスミソニアン協会に寄贈し、一級の書留郵便で送る。宝石は現在も博物館で展示されている
2000

金羊毛勲章

宝石

パイライト

Pyrite

△ 五角十二面体の黄鉄鉱の結晶。パイライトヘドロンとも呼ばれる

古代から、パイライトは「愚者の黄金」という俗名で知られている。パイライトという名称は、鉄で叩くと火花が散ることにちなみ、火を意味するギリシャ語のパイから来ている。パイライトの塊は有史以前の埋葬地からも発見されている。おそらく、太陽に似た色から、価値あるものとされていたのだろう。のちの時代には、結晶を薄板状に磨いたものを隙間なく板にはめこみ、鏡として使っていた。今日、パイライトは磨いてビーズにしたり、その光り輝く結晶そのものを宝石として宝飾品にセットしたりして使われる。

鉱物名 黄鉄鉱(おうてっこう)

化学名：硫化鉄 | **化学式**：FeS_2
色：薄い黄銅色 | **晶系**：立方晶系 | **硬度**：6 -6½
比重：5.0-5.2 | **屈折率**：1.81 | **光沢**：金属光沢
条痕：緑がかった黒色から茶色がかった黒色
産地：スペイン、南アメリカ、アメリカ、日本、イタリア、ノルウェー、ギリシャ、スロバキア

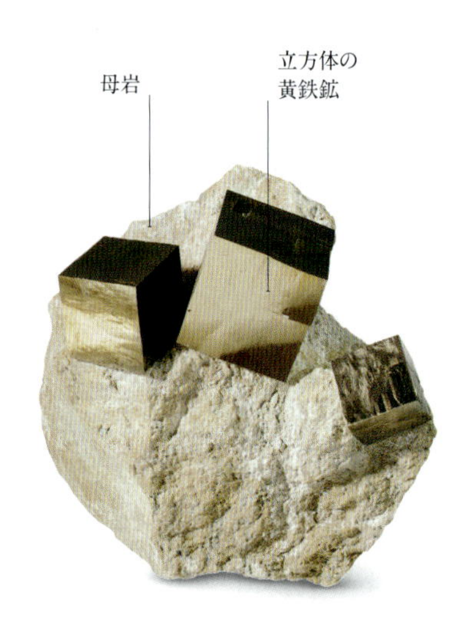

スペイン産の黄鉄鉱 | 原石 | この標本の産地——スペインのアルミラ——は黄鉄鉱が豊富に採掘されることで有名である。石灰を多く含む泥岩質母岩に生成した見事な立方体の結晶。

黄鉄鉱の結晶 | 原石 | ほぼ立方体のまばゆい黄鉄鉱の結晶。黄鉄鉱がどのように自然の状態で整った形をとるかがよくわかる。

形を変えた結晶 | 原石 | 黄鉄鉱の結晶の見事な標本。立方体が形成される途中で八面体結晶が混じったことがわかる。

パイライトのネックレス | 仕立て | 球状のビーズのネックレス。もろく、加工しにくいパイライトをよく研磨してうまく丸い形に仕上げてある。

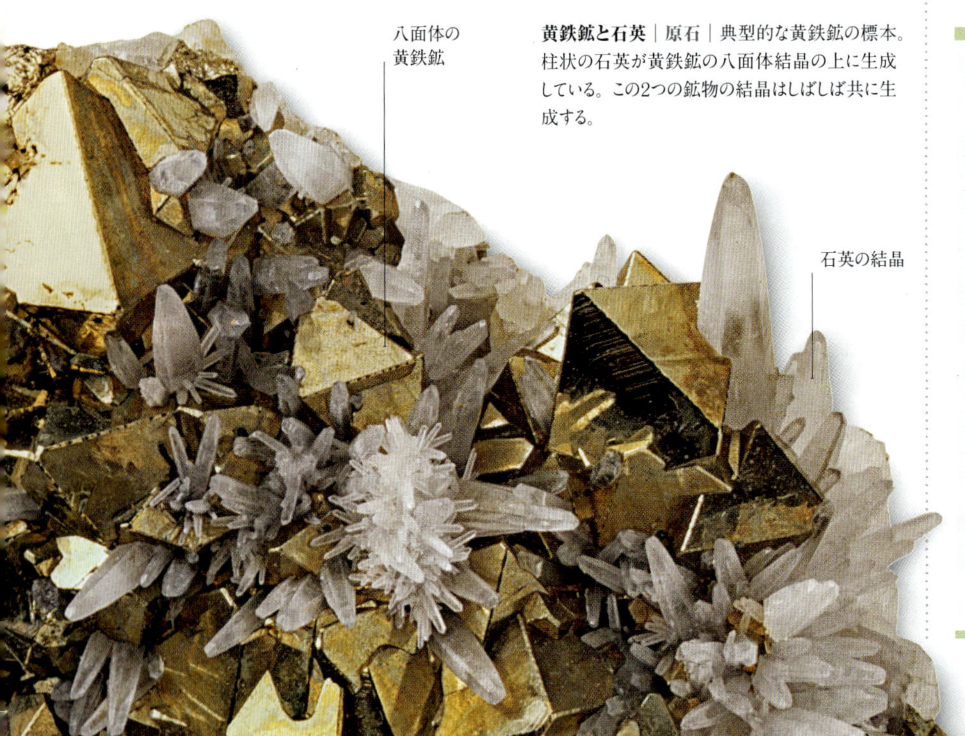

黄鉄鉱と石英 | 原石 | 典型的な黄鉄鉱の標本。柱状の石英が黄鉄鉱の八面体結晶の上に生成している。この2つの鉱物の結晶はしばしば共に生成する。

マーカサイト(白鉄鉱(はくてっこう))

偽装のパイライト

白鉄鉱はおそらくはこれまで宝石に使われたことのない鉱物である。しかし、マーカサイトの名称は白鉄鉱そのものと黄鉄鉱の両方を指して広く使われている。ビクトリア朝時代に人気を博した、マーカサイトと呼ばれていた宝石は、おもに黄鉄鉱からつくられていた。純粋な白鉄鉱は化学的に不安定で、空気に触れると急速に劣化するからである。白鉄鉱は黄鉄鉱と化学組成は同じであるが、結晶構造（原子配列）が異なる。

カットされた「マーカサイト」
実際には仕立て用にローズカットされたパイライト。

△ 閃亜鉛鉱の変種、ルビーブレンド

スファレライト

Sphalerite

スファレライトの宝石はめずらしい。石自体がめずらしいからではなく、すべての石のなかで、カットがもっともむずかしいからである。カットの途中で崩れて粉々になってしまう可能性が高いのだ。スファレライトをカットできれば、カットの名人といえる。こうした理由から、この石は収集家向けの品しか流通していない。スファレライトという名前は、「あてにならない」という意味のギリシャ語のスフェレロスから来ている。さまざまな形状があるため、ほかの鉱物とまちがわれやすいからだ。通常は緑がかった黄色だが、ルビーレッドのものもある。

鉱物名 閃亜鉛鉱

化学名：硫化亜鉛 ┆ **化学式**：ZnS
色：黄緑、赤、茶、黒 ┆ **晶系**：立方晶系 ┆ **硬度**：3½ -4
比重：3.9-4.1 ┆ **屈折率**：2.36-2.37
光沢：樹脂光沢からダイヤモンド光沢
条痕：茶色がかった黄色から薄い黄色
産地：ロシア、スペイン、メキシコ、カナダ、アメリカ

閃亜鉛鉱の上に生成した重晶石（バライト）｜原石｜閃亜鉛鉱の結晶群と、その上に成長した重晶石の板状結晶の集合体からなる標本。

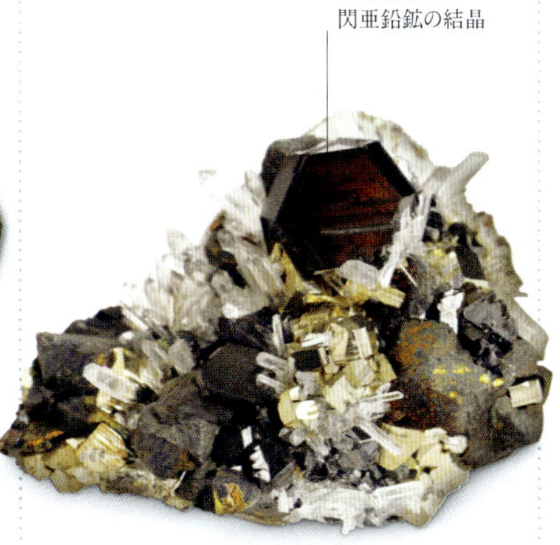

宝石品質の閃亜鉛鉱｜原石｜宝石品質の大きな結晶が、より小さな閃亜鉛鉱と石英の結晶のなかにうずもれているのがわかる。

細かい
ファセット

オーバルカットされたスファレライト｜カット｜オーバルカットされたスファレライトの宝石。すばらしいカットによって、めずらしい濃い赤い色が際立っている。

テーブルから見える
ファセット

エメラルドカット｜カット｜スファレライトのきわめてもろい性質から、角のある形状のカットはむずかしい。宝石研磨職人の並はずれた技術を示すエメラルドカットのスファレライト。

シザーズカット｜カット｜より複雑な形のシザーズカットを用いることで、石の内部の色の変化をうまく見せたスファレライトの宝石。

スチュアート・サファイヤ | 約3.8 × 2.5 cm | 104カラットのオーバルカットのブルーサファイヤ

スチュアート・サファイヤ

△ 1296年にサファイヤを手に入れたイングランド王エドワード1世

スチュアート・サファイヤの出所については、歴史家にもたしかなことはいえない。その最初の持ち主が誰であるかについても。しかし、はっきりしているのは、この宝石が何百年にもわたってスコットランドとその王家の権力の象徴だったということだ。104カラットのオーバルカットのサファイヤは、美しい青い色をしており、片端に穴が開けられている。過去にペンダントとして使われていた時期があるということだ。スチュアート・サファイヤという名称は、イングランドとスコットランドを統一し、1603年から1714年のあいだ統治を行ったスチュアート王朝にちなんでいる。それ以前には、スコットランドの初代の王、アレクサンダー2世の所有で、1214年の戴冠式の王冠にとりつけられていたともされている。

スコットランドの王家に代々受け継がれていたこのサファイヤは、イングランドとスコットランド両国を統治するスチュアート王朝のジェームズ2世の時代に、王の所有であったことが公式に記録されている。1688年にジェームズ2世がイングランドからフランスへ逃れたときに、サファイヤもフランスへ渡ったというのが、歴史家の共通見解である。1世紀後、サファイヤはイングランドへ戻り、ジョージ3世の所有となった。

ジョージ3世の孫娘のビクトリアが1837年に女王の座に就くころには、スチュアート・サファイヤは大英帝国王冠の正面中央に飾られており、1年後の女王の戴冠式にもその王冠が用いられた。それ以降、サファイヤは堂々と王冠の正面を飾っていたが、1909年に、これまで見つかったなかで最大のダイヤモンドからカットされたカリナンⅡという新参者に正面を譲り、後部にまわることになった。現在王冠には、カリナンⅡとスチュアート・サファイヤに加え、バンドの部分（周囲）には8個のエメラルド、8個のサファイヤ、2列の真珠が飾られている。

イングランド王ジェームズ1世（スコットランド王ジェームズ6世） 1620年ごろ、ポール・バン・ソマーの手による肖像画。ジェームズは王として君臨するあいだサファイヤを所有していた。

中世の王は魔除けとしてサファイヤを首のまわりにつけた

ベス・バーンスタイン
（作家）

宝石にまつわる主な歴史

1214年～1909年

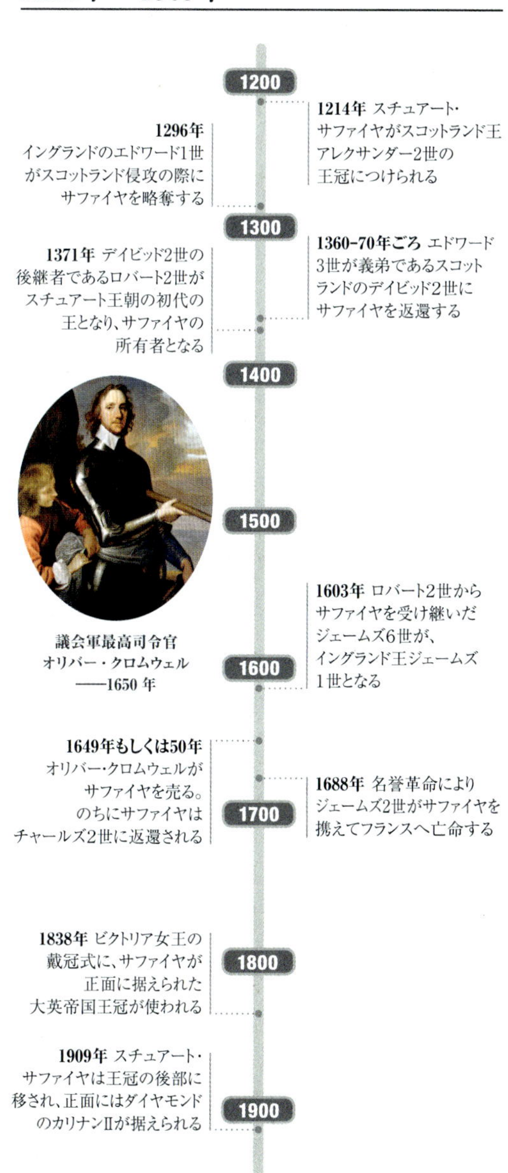

1200
1214年 スチュアート・サファイヤがスコットランド王アレクサンダー2世の王冠につけられる
1296年 イングランドのエドワード1世がスコットランド侵攻の際にサファイヤを略奪する
1300
1360-70年ごろ エドワード3世が義弟であるスコットランドのデイビッド2世にサファイヤを返還する
1371年 デイビッド2世の後継者であるロバート2世がスチュアート王朝の初代の王となり、サファイヤの所有者となる
1400
1500
1600
1603年 ロバート2世からサファイヤを受け継いだジェームズ6世が、イングランド王ジェームズ1世となる
1649年もしくは50年 オリバー・クロムウェルがサファイヤを売る。のちにサファイヤはチャールズ2世に返還される
1688年 名誉革命によりジェームズ2世がサファイヤを携えてフランスへ亡命する
1700
1838年 ビクトリア女王の戴冠式に、サファイヤが正面に据えられた大英帝国王冠が使われる
1800
1909年 スチュアート・サファイヤは王冠の後部に移され、正面にはダイヤモンドのカリナンⅡが据えられる
1900

議会軍最高司令官
オリバー・クロムウェル
——1650年

ビスマルク・サファイヤ・ネックレス｜1959年につくられたネックレス。このサファイヤはもともとカルティエによって1927年に制作されたチョーカーにあしらわれていた。サファイヤはバゲットカットとラウンドブリリアントカットのダイヤモンドの鎖に吊り下げられている。

サファイヤは
天上の玉座さながらの
美しさを**持ち**
……善**行や徳によって**
輝く魂を象徴**する**

レンヌのマルボディウス
11世紀の司教・詩人

サファイヤ
Sapphire

△ 色のグラデーションがわかるサファイヤの原石

ルビーとサファイヤは、どちらもダイヤモンドに次ぐ硬さを持つ同じ鉱物、コランダム——酸化アルミニウム——の宝石としての種類である。ふつうは青い石と思われているサファイヤだが、無色、緑、黄色、オレンジ、紫、ピンク、その他の色の石もある。19世紀末に地質学者が、さまざまな色のサファイヤが同一種の鉱物（すなわちコランダム）であると気づくまでは、宝石の名称は中世につけられたもののままだった。グリーンサファイヤはオリエンタルペリドットと呼ばれ、イエローサファイヤはオリエンタルトパーズと呼ばれていた。サファイヤとはっきり認識されたもっとも古い石の1つに、セント・エドワードのサファイヤがある。これは、1042年にアングロサクソン人の王、エドワード懺悔王が飾り冠につけたときまでさかのぼると考えられている。

ファンシーカラーサファイヤ

3つの例外はあるが、現代の呼称は、単純に「サファイヤ」の前に石の色の名前をつけたものだ。たとえば、イエローサファイヤとか、グリーンサファイヤというように。例外の1つ目は、パパラチヤ（サンスクリット語で「ハスの花」の意味）と呼ばれるめずらしいピンクがかったオレンジの石で、2つ目はアレキサンドリンとかアレキサンドライトサファイヤと呼ばれる、自然光のもとでは青く見え、白熱電球光をあてると赤みを帯びた色や紫に見える石である。3つ目の例外は、ブルーサファイヤで、これは単純に「サファイヤ」と呼ばれる。青い石以外は、ファンシーカラーサファイヤと呼ばれることが多い。何色であれ、サファイヤの多くには顕微鏡を使ってようやく見えるほど微細なルチルのインクルージョン（内包物）が含まれており、カボションカットされると、それが星のように見える。

鉱物名 コランダム（鋼玉）

化学名：酸化アルミニウム **化学式**：Al_2O_3
色：ほとんどの色 **晶系**：三方晶系 **硬度**：9
比重：4.0-4.1 **屈折率**：1.76-1.77
光沢：ダイヤモンド光沢からガラス光沢 **条痕**：白色

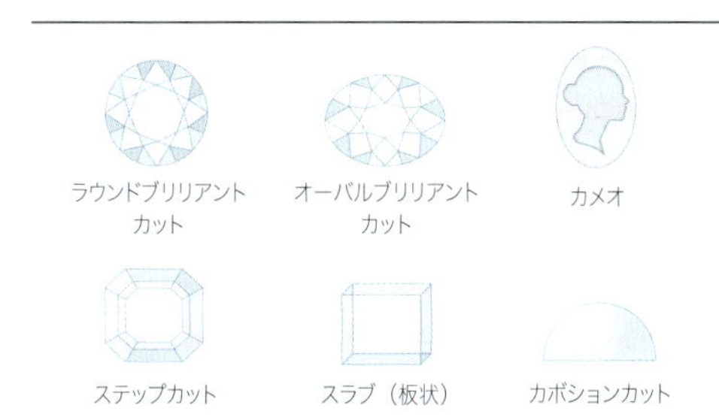

産地
1 アメリカ、モンタナ州 **2** ケニア
3 マダガスカル **4** インド **5** スリランカ **6** ミャンマー **7** タイ
8 カンボジア **9** ベトナム **10** オーストラリア

有名な宝石

ロシアの胸用十字架 | ロシアのモスクワのクレムリンにある工房で、16世紀後半に胸の飾りとしてデザインされた十字架。中央のサファイヤには十字架にかけられたキリストの姿が彫られている。

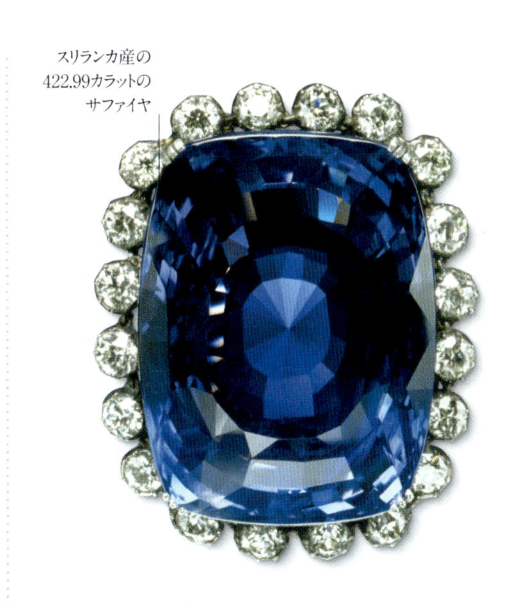

ローガンサファイヤ | 世界で2番目に大きなサファイヤとして知られている石。クッションカットされたテーブルからは、キズ1つない石の内部の自然の完璧さが見てとれる。サファイヤはブローチに据えられ、20個のラウンドブリリアントカットのダイヤモンドに囲まれている。

カルティエのクリップブローチ | ウィンザー公爵夫人がこのクリップを身につけると、1950年代にサファイヤが再度流行した。メインのサファイヤはホワイトゴールドとプラチナの台座に据えられ、カボションカットされたより小さなサファイヤがヒョウの斑点としてあしらわれている。

原石

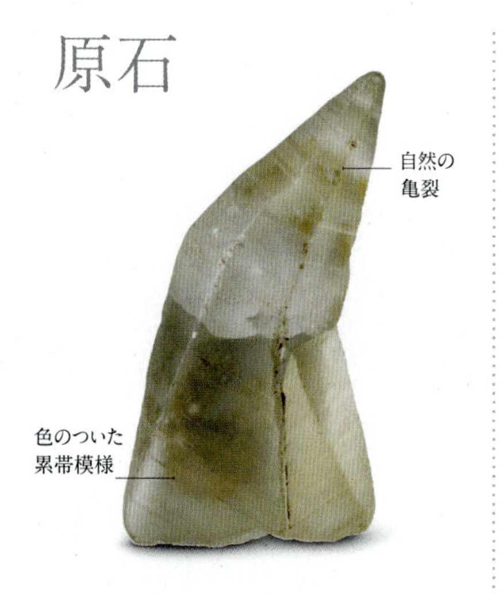

無色の原石｜三角形の末端を持つコランダムに典型的な錐状結晶。無色のサファイヤはホワイトサファイヤとも呼ばれる。

サファイヤの原石｜長さ約22mmの並はずれて大きな、すばらしい藍色の原石の標本。欠点も多く見られる。

サファイヤの小石｜モンタナ州のフィリップスバーグで採掘された、カットされていないサファイヤ。アメリカのモンタナ州は世界有数のサファイヤの産地である。

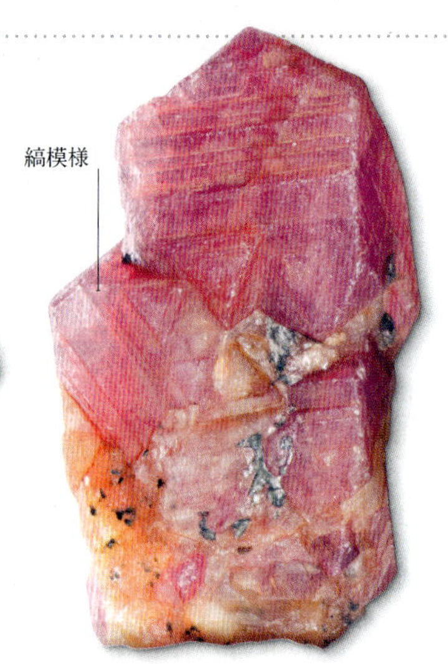

パパラチヤ｜めずらしいピンクがかったオレンジ色のサファイヤは、その色にちなむものではなく、独自の名前を持つ。パパラチヤはほぼすべてスリランカ産である。

ジーン・ハーロウ

映画に登場したサファイヤ

ハリウッドで語り継がれている話によれば、女優のジーン・ハーロウは1936年に主役級の俳優ウィリアム・パウエルのプロポーズを受け入れたものの、ダイヤモンドのリングを受けとるのは拒んだそうだ。プラチナブロンドの悩殺的な女優は、大きなスターサファイヤのほうが自分のスタイルに合っていると感じたのだ。パウエルはサファイヤを買うことになった。そのリングはハーロウが映画出演中もはめていたため、ロマンチックコメディの『座り込み結婚』——悲劇的に絶たれたハーロウの女優人生最後の作品——で目にすることができる。

ジーン・ハーロウ　ハーロウのサファイヤのエンゲージリングは、彼女が亡くなった1937年に公開された『座り込み結婚』のスチール写真でも見ることができる。

カットと色

横長のステップカットを施した石｜広いテーブルがサファイヤらしい色を見せている。青はもっとも価値があるとされる色だが、その色はチタンと鉄の含有量によって決まる。

オーバルカットされたグリーンサファイヤ｜グリーンサファイヤは、イエローサファイヤとブルーサファイヤが層をなす形で見つかることが多いが、熟練のカット技術で、色が不均一な石を見た目が均一の宝石に仕上げることができる。

ミックスカットされたイエローサファイヤ｜熟練したカット技術によって、この石の均一な黄色が引き出されている。光や影を強調するブリリアントカットにより、透明度も増している。

ブリリアントカットされた無色のサファイヤ｜無色のサファイヤは、光をとらえてダイヤモンド光沢やガラス光沢を最大限にするため、多くのファセットをつけられることが多い。

合成サファイヤ｜ブリリアントカットされた合成サファイヤ。カットされるとさまざまな色調のピンク色を見せる。

「アジアの星」｜アステリズム（星状の模様）を見せるミャンマー産のサファイヤ。カボションカットされた石にたまに見られる模様で、交差する微細なルチルのインクルージョンによりもたらされる現象。

サファイヤは大海原ほども青い

オスカー・ワイルド

ゴールドの石座

331個のラウンドブリリアントカットのサファイヤ

仕立て

クラスターリング | 中央にオーバルカットされた一級の青いサファイヤを据え、まわりにダイヤモンドをちりばめた華やかなクラスターリング。

コンチータサファイヤのチョウ | ブローチやペンダントやクリップとして使うことができる万能の装飾品。使われている多種多様なサファイヤは、すべてアメリカのモンタナ州で見つかったものである。モンタナのサファイヤのほとんどはもとの色合いを強めるために熱処理される。

花のブローチ | 花びらにピンクサファイヤをあしらった独特のゴールドのブローチ。茎と花の中央部分にはダイヤモンドが据えられている。

まわりのダイヤモンド

中央のサファイヤ

サファイヤとダイヤモンドのブローチ | 9.32カラットの中央のサファイヤのまわりを、波形の石座にセットしたオールドカットのダイヤモンドで囲んだ透かし細工のブローチ。

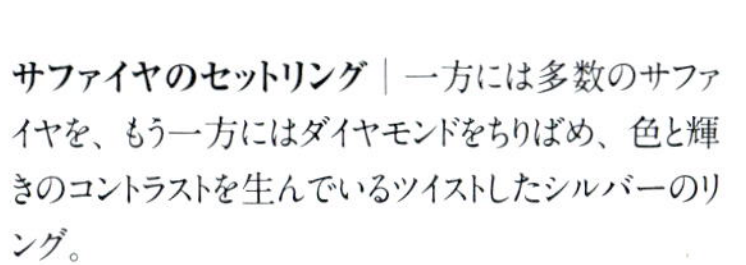

サファイヤのセットリング | 一方には多数のサファイヤを、もう一方にはダイヤモンドをちりばめ、色と輝きのコントラストを生んでいるツイストしたシルバーのリング。

イエローサファイヤのリング | 49個のイエローサファイヤを四角い格子形にセットし、より小さなダイヤモンドでとり囲むデザインの、目をみはるようなドレスリング。

1960年代にデンマークのイングリッド王妃が身につけたデンマーク王家のルビーの宝石ひと揃い | 1804年 | ルビー、ダイヤモンド、ゴールド | ネックレス、ティアラ、イヤリング、ブローチ、ブレスレット（リングはのちにメアリー皇太子妃によって加えられた）

デンマーク王家の ルビーの宝石ひと揃い（パリュール）

△ パリュールに加えられたルビーのリング。現在のデザイン

デンマーク王家のルビーのパリュールは、200年前から代々王家に伝わる、息を呑むほどに美しい揃いの宝石である。その歴史は1804年のナポレオン1世の戴冠式からはじまる。戴冠式が華々しい場に見えるようにと、ナポレオンは部下の高官たち全員に対して、妻に新しい宝石を買うための金を与えたという。高官の1人だったジャン=B・ベルナドットが、妻のデジレ・クラリーのために、この揃いのルビーの宝石を買った。夫妻はこの時点では平民だったが、ベルナドットはのちにスウェーデン王室の跡継ぎに選ばれ、デジレはデシデリア王妃（p108-109参照）となった。ルビーのパリュールは1869年にルイーセ王女に結婚祝いとして贈られ、デンマーク王室に受け継がれることになる。ルイーセ王女自身はスウェーデン人だったが、結婚相手がデンマークの次の王であるフレゼリク8世だったからだ。ダイヤモンドとルビーの色はデンマーク国旗の色に通じ、その贈り物はとくにふさわしいものに思われた。現在ルビーのパリュールはデンマークのメアリー皇太子妃の所有となっている。

ルビーのパリュールのなかで一番の目玉は、ダイヤモンドで飾った葉とルビーの「実」からなる、驚くほどすばらしいリース風のティアラで、ダイヤモンドをちりばめたなかで小さなルビーがより

ナポレオン1世によって皇后の冠をさずけられる妻のジョゼフィーヌ。1807年、ジャック=ルイ・デイビッドの絵画より。

大きく見えるようにうまく房状にまとめ配置している。石の色も薄く、血のような赤ではなく、ピンクに近いが、衣装と——とくに青や紫の衣装と——合うので、身につけやすいとされている。

ルビーのパリュールの内容は年月とともに変化してきた。もともと宝石の葉は髪飾りに使われていたが、1898年にティアラに仕立て直された。その後、1947年と2010年の2度、大きな変更が加えられた。その際にティアラはよりコンパクトになり、揃いでないアクセサリーともいっしょに身につけられるよう、ジランドールのイヤリングとネックレスのデザインにも変更が加えられた。

宝飾品にまつわる主な歴史

1804年-2010年

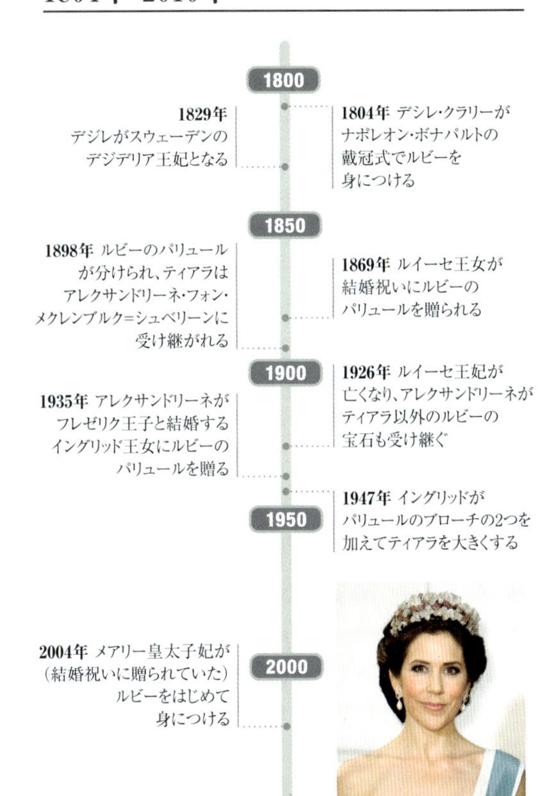

1800
1804年 デシレ・クラリーがナポレオン・ボナパルトの戴冠式でルビーを身につける
1829年 デジレがスウェーデンのデジデリア王妃となる
1850
1869年 ルイーセ王女が結婚祝いにルビーのパリュールを贈られる
1898年 ルビーのパリュールが分けられ、ティアラはアレクサンドリーネ・フォン・メクレンブルク=シュベリーンに受け継がれる
1900
1926年 ルイーセ王妃が亡くなり、アレクサンドリーネがティアラ以外のルビーの宝石も受け継ぐ
1935年 アレクサンドリーネがフレゼリク王子と結婚する イングリッド王女にルビーのパリュールを贈る
1947年 イングリッドがパリュールのブローチの2つを加えてティアラを大きくする
1950
2000
2004年 メアリー皇太子妃が（結婚祝いに贈られていた）ルビーをはじめて身につける
2010
2010年 ルビーのパリュールが宝石会社マリアンヌ・デュロングによって仕立て直される
2020

ルビーを身につけたデンマークの皇太子妃メアリー

ルビーのティアラ。ダイヤモンドが葉の形にあしらわれ、ルビーの「実」が合間にちりばめられている。

石の本来の美しさがわかる……色と鮮やかさと輝きを見れば

ペア・ディルクセン
ティアラに変更を加えた金細工師

ルビー

Ruby

△ 20世紀半ばにつくられたルビーのイヤリング。18金のゴールドとダイヤモンドとともに仕立てられている

ルビーは酸化アルミニウムの鉱物、コランダムの赤い変種で、その色でピンクサファイヤと明確に区別することは簡単ではない。より濃い赤の石がルビーと呼ばれ、ルビーとピンクサファイヤの区別には基準となる石が用いられる。ルビーは紫がかっていることもあるが、もっとも価値があるとされる色は、ピジョンブラッド（鳩の血）である。ルビーは少なくとも紀元前8世紀からスリランカの砂礫層で採掘されており、初期のころからさまざまな投機を呼んできた。古代ヒンドゥーやビルマの採掘者は、淡いピンクサファイヤを、熟しきらないルビーとみなしていた。

鉱物名 コランダム（鋼玉）

化学名：酸化アルミニウム | **化学式**：Al_2O_3
色：赤 | **晶系**：三方晶系 **硬度**：9 | **比重**：4.0-4.1
屈折率：1.76-1.78 | **光沢**：ダイヤモンド光沢からガラス光沢
条痕：白色 | **産地**：ミャンマー、スリランカ、ナイジェリア、タイ、オーストラリア、ブラジル、カシミール地方、カンボジア、ケニア、マラウイ、コロンビア、アメリカ、その他

原石

未加工のルビー | 成長するあいだの環境の変化を示す横縞が入っている、宝石品質の結晶。ルビーの色はこのような深いコチニール色から淡いローズレッドまで多様である。

先細の結晶 | すばらしい色をした柱状の宝石品質の結晶。母岩の一部がついたままになっている。

岩石のなかの結晶群 | 母岩に多数含まれたカシミールルビーの柱状結晶の標本。宝石の天然の産状がわかる。

カット

ブリリアントカット | ラウンドブリリアントカットのルビーのカット面は、宝石の品質にかかわる4つのC（カラー、クラリティ、カット、カラット）の1つであるカットのよい例である。

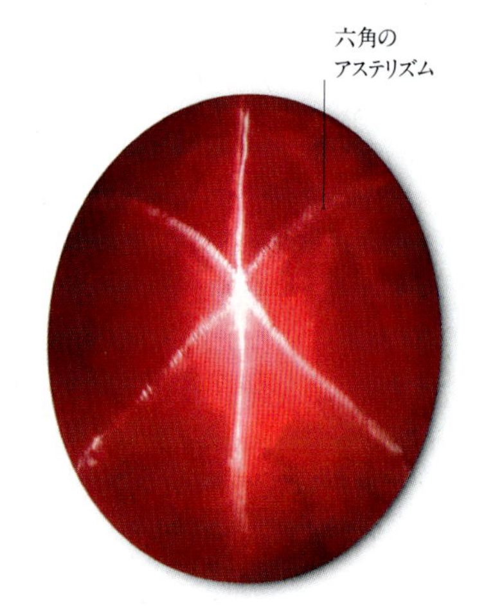

スタールビー | オーバルカボションカットを施され、高いドーム形に仕上げられたこのきれいな濃い色のルビーは、アステリズム（星形の模様）がはっきり見てとれる。スタールビーの最高級と判定できる。

ルビーは唯一無二であり、ドラゴンやワイバーンが額の真ん中に持つ、赤く燃える目である

マルボディウス司教
11世紀

仕立て

カルメン・ルチアのルビー｜23.10カラットのルビー。アメリカの国立自然史博物館所蔵のファセットをつけられたルビーのなかで最大。また、ファセットをつけられた大粒のビルマ（現ミャンマー）産としても最高品質のものの1つでもある。高品質のビルマ産ルビーで20カラットを超えるものはきわめて稀である。この石は1930年代にビルマの有名な産地、モゴック地方で採掘された。

花のブローチ｜ルビーとサファイヤ（どちらも同じ酸化アルミニウム鉱物のコランダムの変種）とダイヤモンドをあしらい、花束をかたどった、凝ったデザインのゴールドのブローチ。

ダイヤモンドとルビーのリング｜めずらしい六角形の石座に2列のルビーと2列のダイヤモンドをあしらい、中央に大きなダイヤモンドをセットしたリング。

1930年代のイヤリング｜リボンと円をモチーフにした石座に64個の小粒で揃えたルビーをセットし、ラウンドカットのダイヤモンドを中央に、34個のバゲットカットやラウンドカットのダイヤモンドをあしらったイヤリング。

ナヴェット形のリング｜1910年ごろにつくられたエドワード朝時代のプラチナとゴールドのリング。トップにはダイヤモンドで囲まれたルビーの地にダイヤモンドをあしらった一輪の花が据えられている。

ドラゴンのペンダント｜古くからの慣習に従い、ルビーを目にあしらったドラゴンのペンダント。ホワイトゴールドとダイヤモンドの仕立て。

ルビーとダイヤモンドのリング｜「ピジョンブラッド」と呼ばれる若干紫がかった滴形のルビーを10個のダイヤモンドで囲んだゴールドのリング。

赤い宝石

名前にはどんな意味が？

「ルビー」という名前は歴史上、ガーネット（p258-263参照）からスピネル（p80-81参照）まで、数多くの赤い宝石に使われてきた。スピネルの別名がバラスルビーだったこともある。19世紀に化学と鉱物学の発展があってはじめて、科学的な定義がなされた。今日、多くのルビーが透明度と色をよりよくするために熱処理されている。合成ルビーもあるが、その価値は本物に比べればきわめて低い。

エメラルドカットの合成ルビー　合成ルビーらしく、色も透明度もすばらしいが、価値は低い。

ティムール・ルビー | 352.5カラット | セシル・ビートンによるエリザベス2世の肖像写真（1953年）では、ルビーはネックレスに据えられている

ティムール・ルビー

△ ビクトリア女王のために制作されたネックレスにあしらわれたティムール・ルビー

英国の戴冠宝器のなかで、見かけとはちがう例外的な宝石が1つある。何百年にもわたり、富と権力の持ち主の手から手へと受け継がれてきた偽物である。1851年まで、それは世界最大のルビーとして有名だったが、記録に残る1612年の発見当時も、その後何百年も、ティムール・ルビーがルビーではなく、スピネル（尖晶石）であることに誰も気づかなかった。

宝石学者がその2つを区別するようになったのは、19世紀後半になってからである。しかし、混同するのもしかたのないことだった。ルビーとスピネルは見た目がほぼそっくりで、化学成分が類似し、硬度もあまり変わらないのだから。両者を区別できるのは光の屈折で、ルビーは2つの屈折、スピネルは1つの屈折を見せる。光はルビーに入射すると2つに分かれ、それぞれ異なる速さで透過する。一方、スピネルに入射すると、光は分かれることなく透過する。ダイヤモンドやガーネットと同じで、非凡な性質である。

分類はスピネルに変更されたものの、ティムール・ルビーが英国の戴冠宝器のなかで重要な存在であることに変わりはない。1398年にデリーを征服したモンゴル系の支配者ティムールによって持ち去られたと信じられている宝石は、彼にちなんで名づけられた。1612年にインドに返還されると、ムガル帝国の代々の皇帝が引き継ぎ、それぞれ宝石の表面にみずからの名を刻んだ。1840年代後半の英国のインド併合の際に、ティムール・ルビーはほかのスピネルとともに英国へ送られ、ビクトリア女王に献上された。女王はその「すばらしいルビー」をおおやけの場で称賛した。

ユーラシアの大草原を支配した
最後の大征服者の1人であるティムール。
王冠を手に持つ肖像画

宝石にまつわる主な歴史

1398年-20世紀

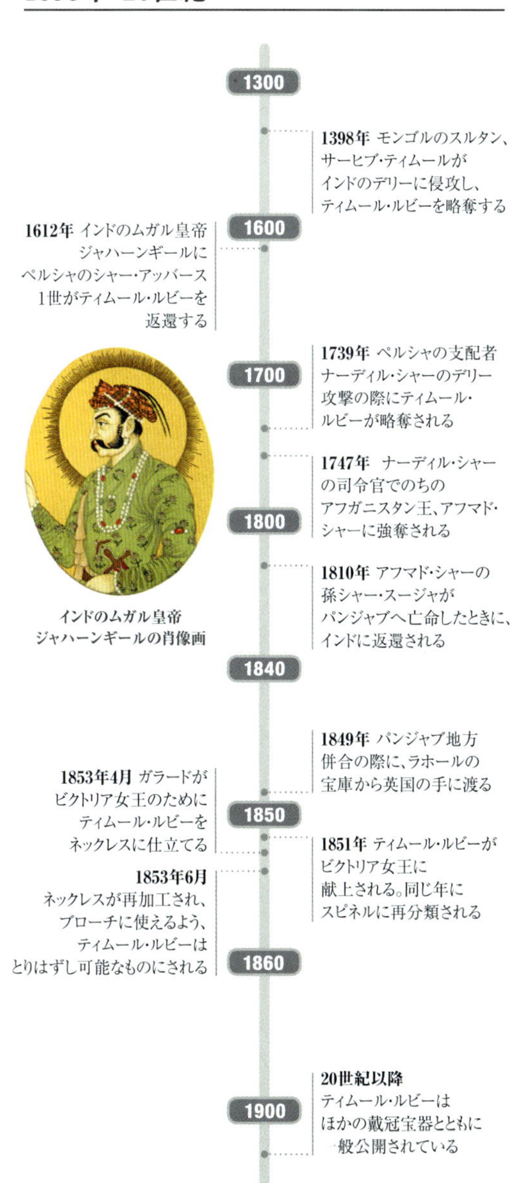

1300
1398年 モンゴルのスルタン、サーヒブ・ティムールがインドのデリーに侵攻し、ティムール・ルビーを略奪する
1612年 インドのムガル皇帝ジャハーンギールにペルシャのシャー・アッバース1世がティムール・ルビーを返還する
1600
1739年 ペルシャの支配者ナーディル・シャーのデリー攻撃の際にティムール・ルビーが略奪される
1700
1747年 ナーディル・シャーの司令官でのちのアフガニスタン王、アフマド・シャーに強奪される
1800
1810年 アフマド・シャーの孫シャー・スージャがパンジャブへ亡命したときに、インドに返還される
インドのムガル皇帝
ジャハーンギールの肖像画
1840
1849年 パンジャブ地方併合の際に、ラホールの宝庫から英国の手に渡る
1853年4月 ガラードがビクトリア女王のためにティムール・ルビーをネックレスに仕立てる
1850
1851年 ティムール・ルビーがビクトリア女王に献上される。同じ年にスピネルに再分類される
1853年6月 ネックレスが再加工され、ブローチに使えるよう、ティムール・ルビーはとりはずし可能なものにされる
1860
20世紀以降 ティムール・ルビーはほかの戴冠宝器とともに一般公開されている
1900

**世界最大で、
ゆえにコ・イ・ヌールよりさらにすばらしい**

ビクトリア女王
1851年

△ ミックスカットされた八角形のルビー色のスピネル

スピネル

Spinel

宝石のスピネルは酸化マグネシウムアルミニウムであるが、スピネルという名前は、同じ結晶構造を持つ酸化物の構造の型にも使われる（スピネル型構造）。青、紫、赤、ピンクの宝石がもっともよく知られているが、ほかの色の石もある。自然光反射が星彩を見せることから、スタースピネルと名づけられる石もある。ほとんどのスピネルは漂砂（水流によって比重や粒径がそろった堆積砂礫）のなかで見つかるが、最古の石は紀元前100年、仏教徒の墓のなかで発見された。

鉱物名 スピネル（尖晶石）

化学名：酸化マグネシウムアルミニウム
化学式：$MgAl_2O_4$ | **色**：赤、黄、橙、青、緑、黒、無色
晶系：立方晶系 | **硬度**：8 | **比重**：3.6-4.1 | **屈折率**：1.71-1.73
光沢：ガラス光沢 **条痕**：白色 | **産地**：ミャンマー、スリランカ、ベトナム、マダガスカル、アフガニスタン、タジキスタン、パキスタン、オーストラリア、タンザニア

原石

スピネル | 鉱物の色の多様性を見せる宝石品質のスピネル。水に流されて丸く削られたものもあれば、完璧な正八面体の外形のものもある。

集合体 | 宝石品質の小さな赤いスピネルの結晶が数多く自然に固まった集合体。

マグネタイト（磁鉄鉱） | 独特の暗色をした酸化鉄のマグネタイトは、スピネルグループの鉱物の1つである。黒い正八面体の結晶が集まっているのがわかる。

黒太子の「ルビー」

ルビーとまちがわれた石

黒太子のルビーとして知られるこのすばらしいスピネルは、イングランドがカスティーリャ王、ペドロ残酷王を支援して1367年のナヘラの戦いで勝利したのち、イングランド王エドワード2世の息子であるエドワード黒太子にペドロ王から贈られたものとされている。1415年にはイングランド王ヘンリー5世がアジャンクールの戦いで身につけてあやうく失いそうになったこともあった。のちに大英帝国王冠に据えられたこの石は、19世紀までルビーだと思われていた。

「ルビー」 ダイヤモンドをちりばめた石座に据えられたスピネルには、最上部に小さな天然ルビーがあしらわれている。

カット

ファンシーカット | ハートの形にカットされた7.27カラットのキズのない赤いスピネル。宝石研磨職人にとって、もっともむずかしいカットの1つである。

ブリリアントカット | 標準的なブリリアントカットを施した上質の紫のスピネル。高度の光反射をもたらすために、全体で52ものファセットをつけている。

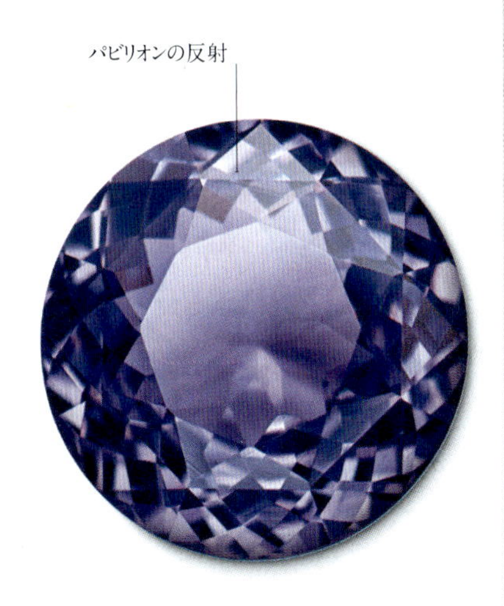

ラウンドブリリアントカット | オーソドックスなブリリアントカットの変形。藤色のスピネルの輝きを増すために、パビリオンのファセットの数を2倍にしている。

仕立て

スピネルのリング | ミックスカットを施したクッションシェイプの大きな赤いスピネルの見事なリング。まわりにブリリアントカットのダイヤモンドをちりばめ、腕（シャンク）の部分にはバゲットカットのダイヤモンドがセットされている。

スピネルのワンダーランド | さまざまな色のスピネルの宝石を集めたゴールドのリング。14個の異なる色、カット、形のスピネルをあしらい、華やかな印象を増している。

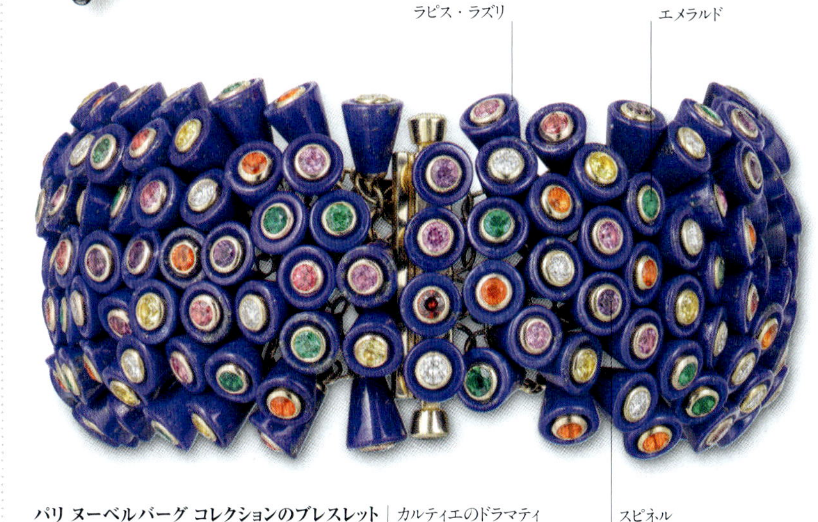

パリ ヌーベルバーグ コレクションのブレスレット | カルティエのドラマティックな18金のブレスレット。ラピス・ラズリを彫った252個のカップに、スピネル、ダイヤモンド、ピンクサファイヤ、イエローサファイヤ、グリーンガーネット、アメシスト、エメラルド、ファイヤーオパールがセットされている。

紫のスピネルのリング | ゴールドのリングに据えられたオーバルブリリアントカットの紫のスピネル。両端にあしらわれたダイヤモンドとのコントラストによって鮮やかな色がいっそう引き立てられている。

「スピネル」という名前は、「小さな刺」を意味するラテン語のスピネッラから来ている。結晶に鋭く尖った部分があることに由来する

「ルビー」を身につけたロシアのエカチェリーナ2世 | 14世紀ごろ | 重さ398.72カラット | 均一の色とすばらしい透明度 | 1762年ごろのエカチェリーナ 2世の肖像画

エカチェリーナ２世の スピネル

△ 戴冠式の日にスピネルをあしらったロシア帝国の帝冠をかぶる皇帝ニコライ２世の肖像画

エカチェリーナ2世の「ルビー」は、ロシア帝国の帝冠にきらびやかに輝く宝石で、ピョートル大帝のすばらしいコレクションのなかでもっとも希少で価値の高い「7つの歴史的宝石」の1つである。今はダイヤモンド庫として知られるこのコレクションは、のちの皇帝たちによってさらに拡張されたが、ずっと国家の財産として扱われた。

この「ルビー」は、じっさいには世界第二の大きさを誇る398.72カラットの赤いスピネルである。当時スピネルは現在のアフガニスタンにあった有名な鉱山にちなみ、「バラスルビー」と呼ばれていた。ロシア大使のニコライ・スパファリーが1676年に中国の皇帝と交易交渉を行っているときに、中国でこの宝石を手に入れた。2672ルーブルという「相当な値段」で買ったという記録がある。

言い伝えによれば、この石は14世紀に、チュルク人の征服者ティムールの軍隊にいた中国人の傭兵チュン・リーによって発見されたそうである。彼はサマルカンドで宝石を盗んだかどで流刑となったバダフシャーンの鉱山でそれを発見し、恩赦を得るために皇帝に献上しようとしたが、貪欲な宮殿の護衛に殺されてしまう。しかし護衛もチュン・リー殺しの罪が発覚して処刑された。

エカチェリーナ2世は1762年の自身の戴冠式に向けて壮麗な帝冠をつくらせた。帝冠をデザインしたのは宮殿つきの宝石細工師、ジェレミー・ポージーで、彼は以前の帝冠からスピネルをとりはずして使い、皇帝のコレクションにあったほかの宝石を添えてこの帝冠をつくった。エカチェリーナの後継者たちもこの帝冠を身につけたが、ロシア革命後は人目に触れない場所に隠された。

4936個のダイヤモンドと74個の真珠をあしらったロシアの帝冠。中央のアーチ部分にスピネルが据えられている。

帝冠を身につけたエカチェリーナ2世の唯一の息子、ロシアのパーベル1世。1800年ごろ

スピネルはとんでもなく不運な石にちがいない

ダイアン・モーガン
作家

宝石にまつわる主な歴史

1676年-1990年代

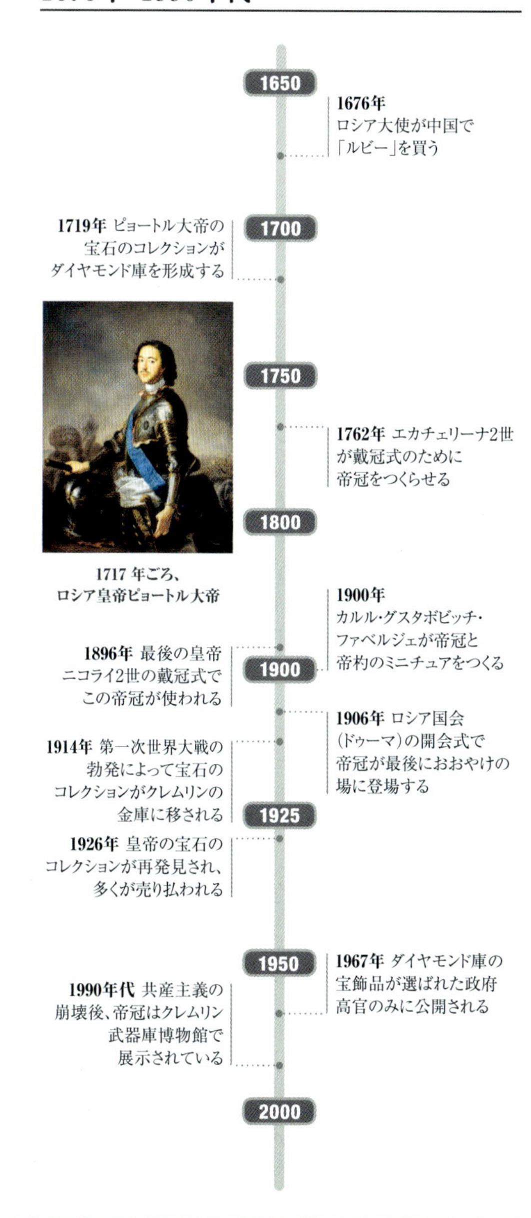

1650
1676年 ロシア大使が中国で「ルビー」を買う
1700
1719年 ピョートル大帝の宝石のコレクションがダイヤモンド庫を形成する
1750
1762年 エカチェリーナ2世が戴冠式のために帝冠をつくらせる
1800
1717 年ごろ、ロシア皇帝ピョートル大帝
1900年 カルル・グスタボビッチ・ファベルジェが帝冠と帝杓のミニチュアをつくる
1896年 最後の皇帝ニコライ2世の戴冠式でこの帝冠が使われる
1900
1906年 ロシア国会（ドゥーマ）の開会式で帝冠が最後におおやけの場に登場する
1914年 第一次世界大戦の勃発によって宝石のコレクションがクレムリンの金庫に移される
1925
1926年 皇帝の宝石のコレクションが再発見され、多くが売り払われる
1950
1967年 ダイヤモンド庫の宝飾品が選ばれた政府高官のみに公開される
1990年代 共産主義の崩壊後、帝冠はクレムリン武器庫博物館で展示されている
2000

キャッツアイ アレキサンドライト クリソベリル Cats-eye Alexandrite Chrysoberyl

△ カボションカットされたクリソベリルキャッツアイ

クリソベリルの結晶はめずらしいものではないが、クリソベリルの宝石としての種類であるアレキサンドライトは、10カラットを超える石が見つかることがめったにないため、世界でも非常に希少で高価な宝石の1つである。アレキサンドライトは自然光のもとでは緑に輝き、白熱電球光をあてると赤く輝くという、めずらしい視覚的特性を持っている。アレキサンドライトは1830年代にウラル山脈で見つかった。その日付がロシア皇帝アレクサンドル2世の誕生日だったため、皇帝にちなんで名づけられたと伝わっている。アレキサンドライト以外のクリソベリルには、カボションカットのキャッツアイ、ファセットされた緑、緑がかった黄色、黄色のものがある。

鉱物名 クリソベリル（金緑石）

化学名：酸化ベリリウムアルミニウム | **化学式**：$BeAl_2O_4$
色：緑、黄、茶 | **晶系**：直方晶系 | **硬度**：8½ | **比重**：3.7
屈折率：1.74-1.76 | **光沢**：ガラス光沢 | **条痕**：白色
産地：ロシア、ミャンマー、ジンバブエ、タンザニア、マダガスカル、アメリカ、ブラジル、スリランカ

原石

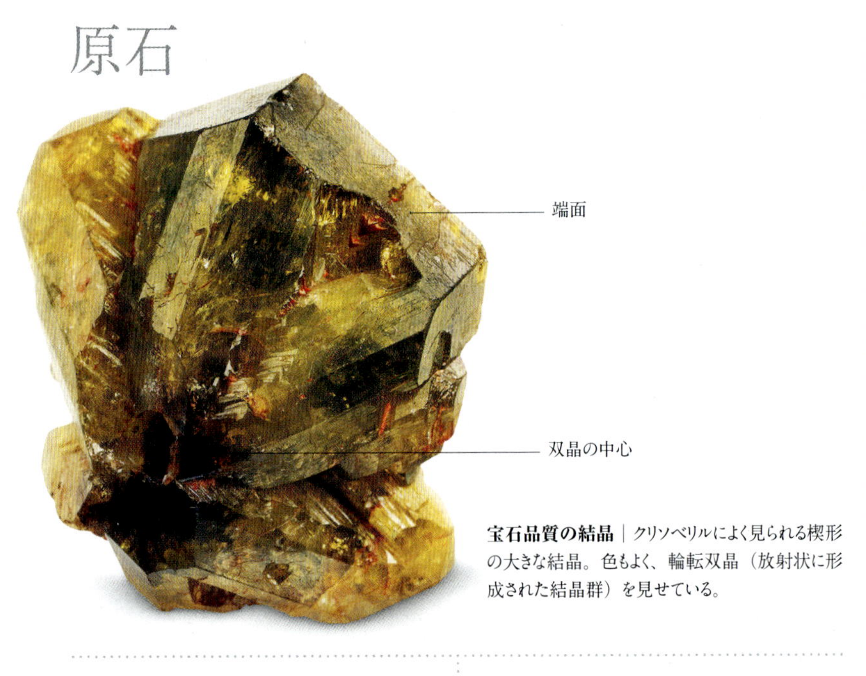

宝石品質の結晶 | クリソベリルによく見られる楔形の大きな結晶。色もよく、輪転双晶（放射状に形成された結晶群）を見せている。

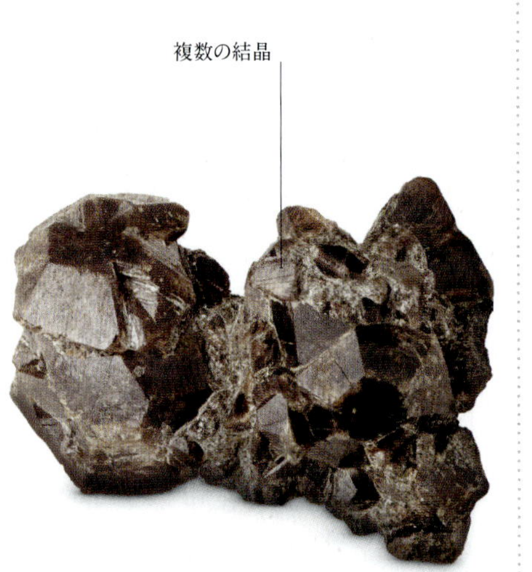

アレキサンドライトの結晶 | 雲母の混じったアレキサンドライトの標本。高品質のアレキサンドライトの主な産地であるロシアのシベリアで採掘された。

双晶 | 1つの起点からV字形に成長した2つの結晶。クリソベリルに典型的な双晶を見せている。

色

クリソベリルキャッツアイ | クリソベリルに典型的な半透明の深い黄色の石は、ミルクアンドハニーとして知られている。オーバルカボションカットされ、きれいなキャッツアイを見せているクリソベリル。

オーバルカットのキャッツアイ | オーバルカボションカットされたこの黄緑色のキャッツアイは、「目」の部分のまわりにめずらしい青みを帯びた光が入り、表面にキズがある。

カット

カボションカットされたキャッツアイ | 「目」の模様がくっきりと浮き出た透明なカボションカットのキャッツアイ。光の帯をつくる繊維状のインクルージョンもはっきりわかる。全体的にくすんだ黄色っぽい色をしている。

ブリリアントカットされた緑のクリソベリル | 淡い緑の色合いがきらきらとした輝きを生み、標準的な8面ではなく、めずらしい10面のメインファセットをつけたブリリアントカットが、それを強調している。

仕立て

カルティエのブレスレット | 小さなクリソベリルのビーズを連ねたバンドをつけたカルティエのブレスレット。32.93カラットのモルガナイト、8.16カラットのオレンジサファイヤ、4個のカラーサファイヤをあしらい、ブリリアントカットのダイヤモンドも華を添えている。

キャッツアイのクラスターリング | 1900年ごろにつくられたイエローゴールドのリング。中央に据えられた11.42カラットのクリソベリルキャッツアイをダイヤモンドがとりまいている。

蜂蜜のような黄色のキャッツアイ | 蜂蜜のような黄色のキャッツアイと緑がかった黄色のキャッツアイが11個あしらわれた十字架のペンダント。蜂蜜のような黄色はキャッツアイのなかでもっとも人気の色である。

アーツ・アンド・クラフツの三日月のブローチ | 1930年ごろにドリー・ノシターによって制作されたシルバーとゴールドのブローチ。ムーンストーン、ペリドット、ガーネット、クリソベリル、ルビー、サファイヤ、緑のジルコンなど、さまざまな石を組み合わせた仕立てになっている。

ビンテージ物のブローチ | オーバルカットのクリソベリルの宝石が多数あしらわれたビクトリア朝のブローチ。金属の石座の線は、有機的なフォルムを思わせる。

アレキサンドライト

変わる色

クリソベリルの一変種、アレキサンドライトには、光の状態のちがいで緑がかった色から赤みを帯びた色まで変化が見られる。太陽光のようなフルスペクトルの（紫から赤までのすべての色が揃った）光を浴びると、緑がかった色になるが、緑や青の色成分が少ない白熱電球光のもとでは赤みを帯びた色になる。こうした色の変化は主成分のアルミニウムの一部がクロムに置き換わっていることによる。置き換わったクロム原子が特定の波長領域で光の吸収を強めるからだ。

太陽光を浴びたアレキサンドライト クッションカットのアレキサンドライトは太陽光のもとでは緑に見える。

白熱電球光を浴びたアレキサンドライト 同じクッションカットのアレキサンドライトが、白熱電球光をあてると赤くなる。

ヘマタイト

Hematite

△ オーバルカットのヘマタイト

赤鉄鉱は酸化鉄で、比較的採掘量の多い鉱物である。その名前はギリシャ語の「血」に由来する。さまざまな色の石が存在するが、必ず条痕が赤いからだ。火星が赤く見えるのは、表面に赤鉄鉱が存在するからで、「赤い惑星」という呼び方をされる理由もそこにある。宝石の素材としては、高い屈折率のせいでほとんど光を通さない。粉末状の赤鉄鉱は数多くの着彩の素材となっている。赤鉄鉱からつくられた顔料は4万年前の洞窟壁画からも見つかっている。

鉱物名 赤鉄鉱（ヘマタイト）

化学名：酸化鉄 | **化学式**：Fe_2O_3
色：黒、灰、銀、赤、茶 | **晶系**：三方晶系 | **硬度**：5-6
比重：5.1-5.3 | **屈折率**：2.94-3.22 **光沢**：金属光沢、土状
条痕：赤色から赤みがかった茶色 | **産地**：中国、オーストラリア、ブラジル、インド、ロシア、ウクライナ、南アフリカ、カナダ、ベネズエラ、アメリカ、英国

形のよい赤鉄鉱の結晶群｜原石｜磨き上げたシルバーに似た、明るい金属光沢を持つ結晶面の明瞭な大粒の結晶が、まるで切削工具のような赤鉄鉱の標本。

赤鉄鉱｜原石｜英国のカンブリアで採掘された石英をともなう赤鉄鉱の標本。

六角板状の結晶｜原石｜きれいに結晶化した宝石品質の赤鉄鉱。金属光沢の結晶面を持つ、良好な六角形を見せている。

カットされていない赤鉄鉱｜原石｜多数の針のような結晶を含み、深い赤い色合いを見せているどっしりとした赤鉄鉱の標本。

ヘマタイトのカエル｜彫刻｜ヘマタイトはこのカエルのように安価な彫刻の素材として人気がある。紀元前2000年ごろからこのような使われ方をしてきた。

ターフェアイト

Taaffeite

△ クッションカットのターフェアイト

鉱物学者や宝石学者がそれまで知られていなかった新しい宝石の原石発見の知らせを聞くと、まずは遠くの山脈の地層や、未開のジャングルを流れる小川や川の砂礫層を思い浮かべる。アイルランドのダブリンにある宝石店を思い浮かべることはめったにない。しかし、そここそが、1945年にリチャード・ターフェによって、ターフェアイトが発見された場所なのだ。古い宝飾品のファセットのついた数多くの宝石のなかから見つけだされたターフェアイトは、もっとも希少な宝石の1つで、収集家のためだけにカットされている。

鉱物名 ターフェ石（ターフェアイト）

化学名：酸化ベリリウムマグネシウムアルミニウム
化学式：$BeMg_3Al_8O_{16}$ | **色**：薄い藤色、緑、サファイヤブルー
晶系：六方晶系 | **硬度**：8 -8½ | **比重**：3.6
屈折率：1.71-1.73 | **光沢**：ガラス光沢 | **条痕**：白色
産地：スリランカ、タンザニア、中国

未加工の宝石素材｜原石｜水流に削られて丸くなったターフェ石の結晶。一方の端に宝石研磨職人が内部を調べるための「ウィンドー」が磨かれている。

ラベンダー色｜色の種類｜ほぼ透明といってもいいほど薄い藤色はターフェアイトのなかでもっともよく知られた色である。クッションブリリアントカットの標本。

五角形のターフェアイト｜カット｜五角形のステップカットを施され、豊かな濃い紫色を見せる8.5カラットの並はずれて大きいターフェアイト。

ターフェアイトは歴史上で唯一、すでにカットされた石から発見された宝石である

カットされたターフェアイトの宝石｜カット｜ターフェアイトの複屈折により、比較的シンプルなブリリアントカットですら、このように特別なきらめきと「分散光」を呼び起こす。

めずらしい色｜色の種類｜非常にめずらしい明るい赤紫色をした1.23カラットのオーバルカットの宝石。クラウンにブリリアントカットを施している。

カシテライト
Cassiterite

△ 錫石の原石。酸化スズとして知られる

スズ（錫）の主な資源であるカシテライト（錫石）は、スズを意味するギリシャ語のカシテロスからその名がついた。錫石の大多数は光沢のない黒か茶色だが、たまに透明な赤みがかった茶色の結晶が見つかり、収集家向けにファセットをつけられることがある。ファセットをつけるに足る結晶は岩のなかからとり出されることもあるが、母岩から風化により分離した結晶の漂砂鉱床から採取されることがほとんどである。錫石はスズの鉱石として、とくにマレーシア、タイ、インドネシア、ボリビアで採掘されつづけている。

鉱物名 錫石（すずいし）

化学名：酸化スズ ｜ **化学式**：SnO_2
色：茶から濃い茶 ｜ **晶系**：正方晶系 ｜ **硬度**：6-7
比重：6.7-7.1 ｜ **屈折率**：1.99-2.10
光沢：ダイヤモンド光沢から金属光沢
条痕：白色、薄い灰色、薄い茶色
産地：ポルトガル、イタリア、フランス、チェコ、ブラジル、ミャンマー

母岩に生成した錫石｜原石｜白雲母の母岩にきれいに結晶した錫石。その輝きはダイヤモンド光沢である。

宝石品質の結晶｜原石｜錫石の塊状集合体の表面に生成した、透明な赤みがかった茶色の宝石品質の錫石の結晶。

錫石の結晶｜原石｜大きな錫石の塊から外へ向けて成長した黒っぽい結晶群。はっきりした鋭い輪郭とすばらしい光沢を見せている。

錫石からとれたスズ

青銅器時代からベイクトビーンズまで

錫石を資源とするスズは紀元前3000年ごろにはじまった青銅器時代から、地中海世界で取引されていた。スズは銅と並ぶ青銅の重要な成分で、典型的に花崗岩に生成し、暗い色をしているためたやすく見つけられる。近代では、無毒で腐食しにくいスズで鉄をメッキすることによってブリキ缶が生み出され、食品の保存に革命が起こった。スズの缶（tin can）は単純に「ティン」とだけ呼ばれることもある。

ブリキ缶　錫石からとれたスズは食品の長期保存に欠かせない。

オーバルカットされたカシテライト｜色の種類｜ファセットをつけたほとんどのカシテライトはこのような黄褐色を見せる。オーバルブリリアントカットの石は光を受けるとダイヤモンドのように色が揺らめく。

ラウンドカットされたカシテライト｜色の種類｜黒っぽいインクルージョンが無色のカシテライトに映えている。無色のものはとてもめずらしく、カットしてファセットをつけた宝石にするに値するとみなされている。

△ 赤銅鉱の原石。希少な銅の鉱物

キュプライト

Cuprite

鉱物のキュプライト（赤銅鉱）は「銅」を意味するラテン語のキュプルムから名づけられた。独特のカーマインレッドの色から、ルビーコッパーとしても知られている。1カラット以上のファセットをつけた石はほぼすべて、今は枯渇したナミビアの鉱山で採掘されたもので、めったにお目にかかれない。ファセットをつけた石も身につけるにはやわらかすぎるが、その輝きとガーネット色がめずらしいため、収集家には高い人気を誇る。より小さい石が少量採掘される産地にはオーストラリア、ボリビア、チリがある。

鉱物名 赤銅鉱（せきどうこう）

化学名：酸化銅 | **化学式**：Cu_2O
色：さまざまな赤から黒に近い色まで | **晶系**：立方晶系
硬度：3½-4 **比重**：6.1 | **屈折率**：2.85
光沢：ダイヤモンド光沢、亜金属光沢 | **条痕**：茶色がかった赤色
産地：ナミビア（枯渇）、オーストラリア、ボリビア、チリ

小さな赤銅鉱の結晶 | 原石 | 宝石品質の結晶が多く含まれた小さな赤銅鉱の結晶群。結晶面にはダイヤモンド光沢がある。

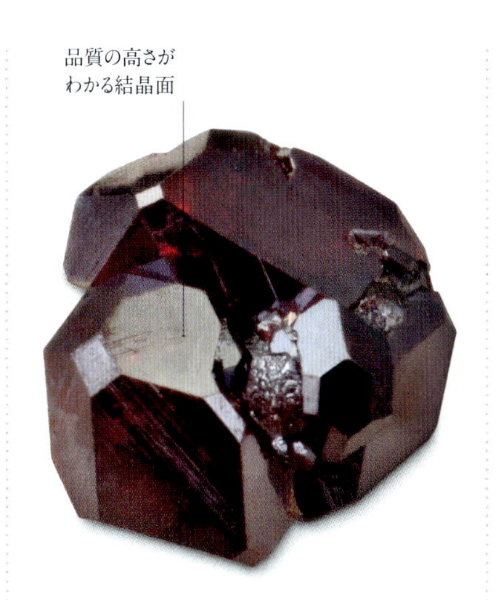

宝石品質の結晶 | 原石 | 透明度が高く、はっきりした輪郭の赤銅鉱の結晶群。どれも小さいが、すばらしい宝石になる。

長方形にステップカットされたキュプライト | カット | 浅いステップカットを施すことですばらしい透明度を引き立たせためずらしいキュプライトの宝石。濃い色と明るい光沢を持つ。

オーバルブリリアントカット | カット | 表面が若干金属光沢を帯びているキュプライトの宝石。長期にわたって光にあたったためと思われる。

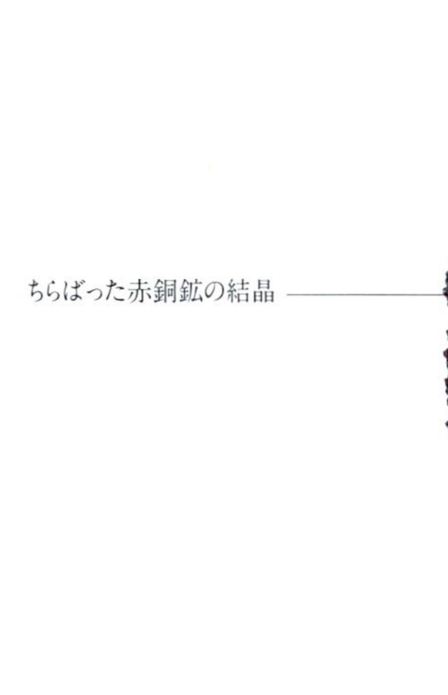

宝石品質ではない赤銅鉱 | 原石 | きわめて小さな結晶が多数含まれた赤銅鉱の標本。繊維状の赤銅鉱である毛状赤銅鉱のめずらしい結晶が見てとれる。

パティヤーラーの首飾り | 合計 962.25 カラット（ダイヤモンド）| ダイヤモンド、ルビー、プラチナ

マハラジャの パティヤーラーの首飾り

△ 修復されたパティヤーラーの首飾り

パティヤーラーの首飾りは、5連からなる壮麗なアールデコ調のダイヤモンドの首飾りで、有名なデビアスダイヤモンドも使われ、カルティエによって1928年にインドのパティヤーラーのマハラジャ、ブーピンダー・シンのためにつくられた。その後首飾りはいっとき行方不明となったが、のちに発見され、修復された。

ブーピンダー・シンの肖像画が描かれた懐中時計。1930年ごろ

首飾りはプラチナの石座に2930個のダイヤモンドをセットしたもので、総重量は962.25カラットあった。世界で7番目に大きな234.65カラットのライトイエローダイヤモンド「デビアス」が中央を飾っていた。ほかにもビルマ産の2個のルビーや、18カラットの煙草色のダイヤモンドなど、18カラットから73カラットまでの大きなダイヤモンドが7個使われている。

ヤダビンドラ・シンが1938年にマハラジャの称号とともにこの首飾りを父から譲り受けた。しかし、このインドの藩王国は財政的に逼迫しており、首飾りの宝石をいくつか売らなければならなかった。その後、インドが1947年に独立したあとには、プラチナのネックレスそのものも王家の宝飾品から姿を消していた——おそらくは売り払われたのだろう。1998年、大幅に宝石を減らした首飾りがロンドンのアンティークショップに現れ、カルティエの代理人がそれに気づいて購入した。有名なデビアス・ダイヤモンドを含め、宝石のなかでもっとも大きなものは失われていた。

カルティエは首飾りの修復にとりかかった。まずは失われたダイヤモンドの代わりに、ホワイトサファイヤやイエローサファイヤやホワイトトパーズやガーネットのようなほかの天然石を据えたが、それらの天然石にダイヤモンドほどの輝きはなかった。そこで宝石細工師は、ホワイトキュービックジルコニアや、模造ダイヤモンド、合成トパーズ、ルビー、スモーキークォーツ、シトリンなどのきらびやかな石を並べることにした。

2002年、カルティエはその首飾りをニューヨークの店舗に飾り、人々の注意を引いた。もとの大きく高価な宝石は失われたものの、首飾りは変わらぬ輝きを放っていた。

自然の美しさとこの上ない職人技のすばらしさ

リチャード・ドーメント
美術評論家

ブーピンダー・シンの金メッキされたシルバーのディナーセット。1922年、次期英国王エドワード8世の訪問に合わせてしつらえた。

宝石にまつわる主な歴史

1888年～現在

- **1888年** デビアス・ダイヤモンドが南アフリカのデビアス鉱山で見つかる
- **1889年** ダイヤモンドがカットされ、パリ万国博覧会で展示される。パティヤーラーのマハラジャ、ラジェンドラ・シンがそれを購入する
- **1925年** ブーピンダー・シンがデビアス・ダイヤモンドとほかの数多くの宝石を携えてパリのカルティエを訪れ、首飾りを注文する。カルティエがかつて請け負ったなかで最大の注文だった
- **1928年** カルティエがネックレスを完成させ、インドに送る前に展示する
- **1947年** デビアスを含むいくつかの石が売り払われたのち、ネックレスが姿を消す
- **1982年** デビアス・ダイヤモンドがジュネーブで行われたサザビーズのオークションに登場し、最低落札価格以下の価格で売られる
- **1998年** カルティエで働くスイス生まれの宝石学者エリック・ヌスバウムがロンドンのアンティークショップで首飾りを発見する
- **2002年～現在** カルティエが修復した首飾りを世界各地で展示

1880 1900 1920 1940 1960 1980 2000 2015

デビアス・ダイヤモンド

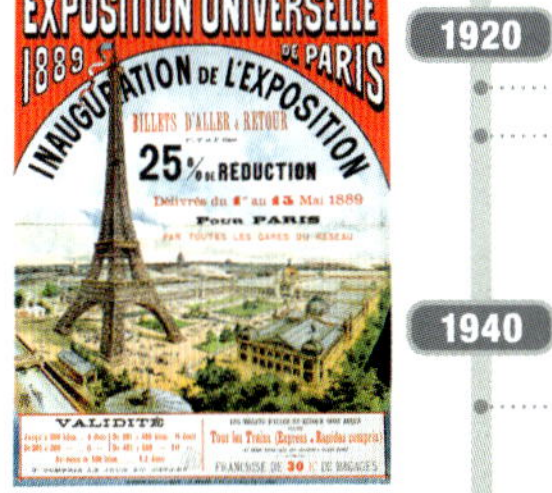

1889年の万国博覧会のポスター

イヤリング（片方）
ブリリアントカットのダイヤモンドとステップカットのサファイヤをあしらったイヤリング。ヴァン クリーフ&アーペルが1935年に制作。

ノーズリング
1925-1950年ごろに制作されたゴールドにダイヤモンド、シードパール（種真珠）、ルビーをあしらったリング。

ターバン用の飾り
エメラルドとダイヤモンドと真珠をあしらった1900年ごろのゴールドとシルバーの飾り。

ペンダントブローチ
ヴァン クリーフ&アーペルが1924年に制作したプラチナのブローチ。真珠、ダイヤモンド、ルビー、サファイヤ、エメラルドが使われている。

ペルシャの葉のピン
1966年ヴァン クリーフ&アーペル制作のペルシャの葉のピン。ゴールドの石座にルビーとダイヤモンドをセットしている。

ブローチ
1650-1750年ごろにルビーとエメラルドとダイヤモンドをあしらったジェードのブローチ。1930年ごろにカルティエによってリメイクされた。

ターバン用の飾り
ジガと呼ばれる18世紀のゴールドのエレファント形の飾り。ルビーとダイヤモンドとエメラルドがセットされている。

額の飾り
1900年ごろにつくられたティカと呼ばれるゴールドの飾り。エメラルドとダイヤモンドをあしらい、まわりを真珠で囲んでいる。

クジャクのブローチ
ダイヤモンドをセットし、ラッカーで色をつけた1905年ごろ制作のゴールドのブローチ。

ターバンの宝石
プラチナの石座にサファイヤとダイヤモンドをあしらい、1920年につくられた宝石。1925年-1935年ごろにわずかに変更が加えられている。

インドの宝飾品

サファイヤ、ルビー、ガーネット——インドは何世紀にもわたり、世界でもっとも貴重な宝石の産地として有名だった。すばらしい宝石のコレクションがあり、それに見合う技を持った金細工師や宝石細工師がいた。伝統と技術がインドからヨーロッパ、アメリカへと伝わり、またインドへ戻ることで、東西の宝石がさらに価値を高めた。ここにとり上げた宝石の多くは、カタールのシャイフ・ハマド・ビン・アブドラ・アル-サーニの膨大なコレクションの一部で、コレクションのなかには、世界でもっともめずらしいインドの宝石もいくつか含まれている。

ルチル

Rutile

△ カボションカットされた水晶に含まれる針状のルチル

議論の余地はあるものの、ルチルはそれ自体の宝石としての価値よりも、他の鉱石に望ましい個性を与える鉱物としての価値のほうが高い。ふつう、ごく微量がほかの鉱物に内包され、スタールビーやスターサファイヤに見られるようなアステリズム（星状の模様）を生み出すからだ。また、石英の結晶のなかに見られる金色の針状の結晶としてもよく知られており、古代より装飾品として使われてきた。赤みを帯びたルチルの結晶がかすかに光を通すようなものは、収集家向けにファセットをつけられることもある。

鉱物名 ルチル（金紅石）

化学名：酸化チタン | **化学式**：TiO_2 | **色**：赤茶色から、金 | **晶系**：正方晶系 | **硬度**：6 -6½ | **比重**：4.2-4.3 | **屈折率**：2.62-2.90 | **光沢**：亜ダイヤモンド光沢から亜金属光沢 | **条痕**：薄茶色から黄色がかった茶色 | **産地**：スウェーデン、イタリア、 フランス、オーストリア、ブラジル、アメリカ

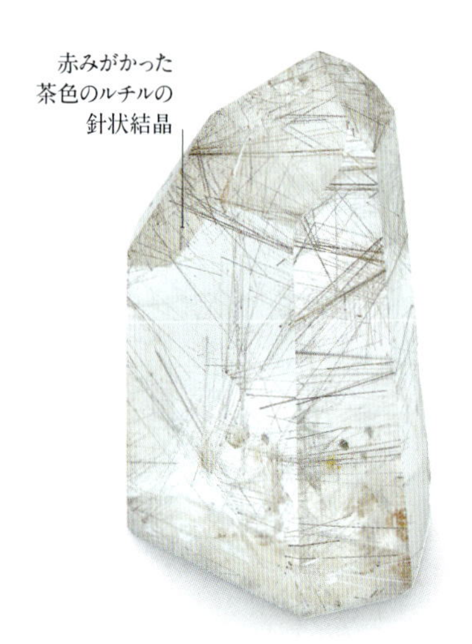

ルチルを含む石英の結晶 | 原石 | 自然の透明な石英の結晶（水晶）のなかに針状のルチルの結晶が四方八方に多数走っている。

金色のルチル | 色の種類 | 水晶のなかに針の束のように内包されたルチルは、明るい金色を見せることがよくある。

カボション | カット | 針状の多数のルチルが内部で密集している様子がわかる研磨された水晶のカボション。

香水瓶 | 彫刻 | ルチルの針入り水晶を彫ってつくった香水瓶。全体に金色の美しい針状のルチルが見られる。ゴールドとオニキスの装飾も施されている。

ルチルから得られるチタン

日常的に使われるもの

家庭では耳慣れない鉱物かもしれないが、ルチルは現代生活の重要な一端を担っている。ルチルからはチタンが得られ、チタンは生体組織に反応しないため、腰や膝の人工関節やその他の人工装具として使われている。高い強度や低い密度、腐食に強い性質を必要とする航空機やその他の目的にも幅広く利用されている。また、二酸化チタンは塗料やプラスチック、白いラッカーなどの主成分の白い顔料として利用されている。

ビルバオ・グッゲンハイム美術館 建築家のフランク・ゲーリーがスペインのビルバオに建築した美術館のカーブした表面にはチタンが使われている。

リバースインタリオ | 彫刻 | 栓の部分に針状のルチルが見られる香水瓶。瓶の本体は水晶で、裏側から模様が彫られている。

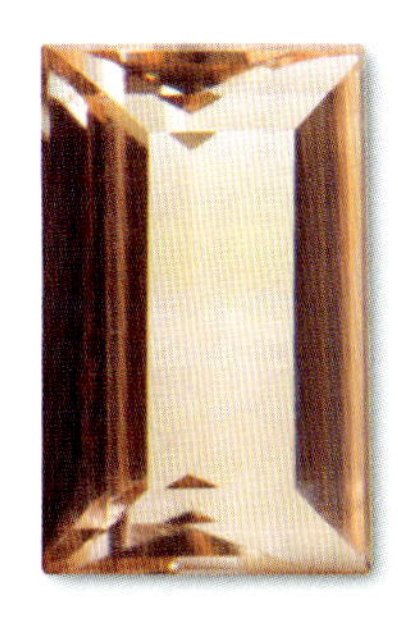

ズルタナイト
Zultanite

△ エメラルドカットされたズルタナイトの宝石

鉱物の名称ダイアスポアは「散乱する」という意味のギリシャ語ディアスポラから来ており、高熱をあてると表面に細かいひびが入る性質を示している。ズルタナイトは自然光のもとでは薄い緑色を帯び、蝋燭の光のもとではラズベリーのような紫がかったピンク色を帯びる。室内の照明のもとではシャンパン色に光る。光が入り交じると、そのすべての色が表出することがある。現在、地域によってはツァーライトと呼んでいる。

鉱物名 ダイアスポア

化学名：水酸化酸化アルミニウム
化学式：AlO(OH) | **色**：白、黄、藤色、ピンク
晶系：直方晶系 | **硬度**：6½ -7 | **比重**：3.3-3.4
屈折率：1.70-1.75 | **光沢**：ガラス光沢
条痕：白色 | **産地**：トルコ、ロシア、アメリカ

ダイアスポアの結晶 | 原石 | エメリー――砂状のコランダム――の母岩についた多数の紫色のダイアスポアの結晶。

宝石品質の結晶 | 原石 | ほぼ無色の宝石品質のダイアスポアの結晶。石の長い面に沿って多数の縞（条線）が入っている。

ダイアスポアの結晶 | 原石 | このダイアスポアの宝石品質の結晶はファセットをつけるに足る透明度を示しているが、表面に現れた特徴的な多数の縞（条線）に隠されてほとんどわからない。

ズルタナイトの宝石 | 色の種類 | スクエアクッションカットを施したすばらしい天然の宝石。緑、青、赤、その他の色がちらちらと現れる典型的な色合いを呈している。

高品質の宝石 | カット | ズルタナイトの宝石からどれほどの透明度と輝きが得られるかは、このスクエアシザーズカットの石のすばらしい研磨面と光の反射を見ればわかる。

ブリリアントカットの宝石 | カット | 卓越したカット技術で施された、並はずれて多くのカット面を持つ変則的なオーバルブリリアントカット。

ダイアスポアはロシアのウラル山脈で見つかり、1801年にはじめて名前がついた

フルオライト
Fluorite

△ 緑の蛍石の立方体が多数結合する結晶

鉱物のなかでも幅広い色のバリエーションを持つ蛍石は、もっとも一般的なもので、紫、緑、黄色など、鮮やかな色のものが多い。それらの色は、同じ1つの結晶のなかにちがう色の層として現れ、その層は結晶面の輪郭に沿っているのがふつうだ。蛍石は簡単に割れる（原子の配列に沿った破壊=劈開）ため、収集家向けの品のみファセットをつけられる。その際も、4つの劈開面を避けるように慎重に石の向きを定め、熱や振動を与えないようゆっくり研磨する。

鉱物名 蛍石（フローライト）

化学名：フッ化カルシウム | **化学式**：CaF_2
色：無色、青、緑、紫、橙 | **晶系**：立方晶系
硬度：4 | **比重**：3.0-3.3 | **屈折率**：1.43-1.44
光沢：ガラス光沢 | **条痕**：白色
産地：カナダ、アメリカ、メキシコ、南アフリカ、中国、モンゴル、タイ、ペルー、ヨーロッパ大陸、英国

原石

蛍石の立方体結晶 | 紫の蛍石の立方体結晶群が大きな白い蛍石の上部に生成している。紫の立方体結晶の上部は、一部溶けた茶色の方解石に覆われている。

ブルージョン | この種の蛍石特有の紫と黄色の層を見せるカットされていないブルージョン（右ページのコラム参照）。

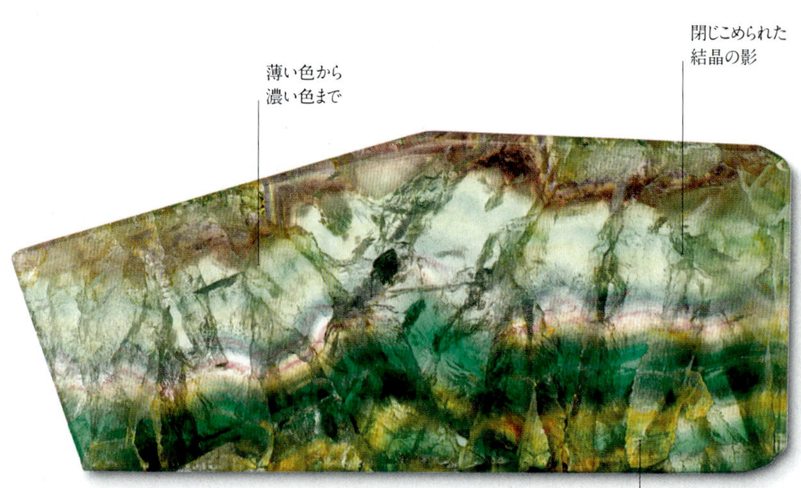

蛍石の切片 | 半透明の蛍石の切片。厚さ約5㎜ で、帯状の層が色の多様性を示す。

色

結合する結晶｜オレンジ色が鮮やかな3つの蛍石の立方体結晶は、このタイプの鉱物によくある結合の形を見せている。

青い蛍光色

蛍光を発する蛍石｜蛍石の多くは紫外線を浴びるとこのように蛍光を発する。蛍光の色は微量成分によって異なる。

ルネ・ラリックとルイス・ティファニー制作の遊色効果を持つアールデコ調のガラス工芸品は、ガラスの原料にフルオライトを混ぜている

カット

クッションカット｜端を丸くした多くのファセットによって、濃い深緑色が際立っている。英国で見つかった9.24カラットの大きなフルオライト。

ブリリアントカット｜宝石研磨職人の高度な技術が見てとれるブリリアントカット。石の下半分の多くのファセットが反射して見える。

クッションカット｜卓越したクッションカットにより、フルオライトの青い色の反射や青みがかった色が強調されている。青はフルオライトに一般的な色である。

仕立て

フルオライトのビーズのネックレス｜両面にふくらみをもたせて丸く研磨した緑と紫のフルオライトのビーズでできているネックレス。多くがフルオライトらしい色の層を見せている。フルオライトは壊れやすいため、ジュエリーに使われることは稀だが、ビーズの形なら身につけることができる。

フルオライトの彫刻

塊状のフルオライトを使って

古来、単結晶（1粒の結晶）よりむしろ群生した多数の蛍石の結晶の塊が彫刻に使われてきた。古代エジプト人はそれを彫像やスカラベの彫刻に用い、300年以上も彫刻に使ってきた中国では、最近、職人たちが球体やオベリスクなどの「ニューエイジ」のアイテムをつくっている。黄色と紫の層を持つ大きな蛍石である英国のブルージョンは、ローマ時代から彫刻に使われてきた。

フルオライトの器　美しく彫られ、色の層がはっきりわかる器。器の薄さから職人の技量がよくわかる。

△ 鮮やかな紫色の方解石の結晶

カルサイト

Calcite

方解石は多様な形と、文字通りありとあらゆる色の見事な結晶を生成するが、ほとんどの方解石は石灰岩や大理石、トラバーチンの形で現れ、そのすべてがオーナメントや彫刻用の石として使われている。トラバーチンは川や泉の蒸発作用によって形成され、色の層をなした密度の濃い縞模様の方解石である。薄くカットされたトラバーチンや大理石は、古代ギリシャやローマで、建物の外装用の石として広く使われていた。古代エジプトの「アラバスター」彫刻の多くは、石膏（カルシウム硫酸塩）ではなく、実際には方解石（カルシウム炭酸塩）を使ったものである。

鉱物名 方解石（カルサイト）

鉱物名：方解石（カルサイト） | **化学名**：炭酸カルシウム
化学式：$CaCO_3$ | **色**：無色、白、多様
晶系：三方晶系 | **硬度**：3 | **比重**：2.7 | **屈折率**：1.48-1.66
光沢：ガラス光沢 | **条痕**：白色
産地：アイスランド、アメリカ、ドイツ、チェコ、メキシコ

方解石と燐灰石 | 原石 | 方解石はこの燐灰石の結晶のように、ふつうほかの鉱物を追うように生成し、その隙間を埋めていく。

目をみはるほどすばらしい結晶 | 原石 | 方解石は鉱物のなかでもっとも多様な結晶形態を持つ。これらの完璧な形の偏三角面体もその1つである。

偏三角面体 | 原石 | 方解石の偏三角面体の形は基本的に、この標本のように鋭角の六角形のピラミッド形である。

ファセットをつけた石 | カット | 高い技術を持った宝石研磨職人によってファセットをつけられたタンザニア産の見事な石。カルサイトはやわらかく、簡単に崩れるため、ファセットをつけるのはきわめてむずかしい。

バイキングのサンストーン

結晶のコンパス

海に生きるバイキングは針路を太陽に頼ったが、曇りの日が問題だった。北欧神話には、曇りでも晴れでも船の位置を教えてくれる「サンストーン」の記述がある。科学者のなかには、これは方解石のことだろうと考える者もいる。方解石の結晶は光を複屈折させるので、それらの光の位置から、太陽の位置を知ることができるからだ。現代の方解石の「探知機」の誤差は1度以内である。

海上のバイキング ノルウェーのアルタの岩絵には、2人のバイキングが漁をする絵が描かれている――1人が網を投げている。バイキングたちはサンストーンに導かれていたのかもしれない。

カルサイトアラバスター | 彫刻 | 古代エジプトでは、ツタンカーメンの墓から出土したこのカノープスの壺の蓋のようなものの制作にカルサイトを使用していた。

アラゴナイト

Aragonite

△ 母岩中の霰石の結晶

霰石もほかの鉱物と同じように岩石中に生成するが、ある種の生物学的過程を経て生成することもある。珊瑚や真珠もそうだが、多くの海洋軟体動物の殻は主に霰石構造の炭酸カルシウムからなる。炭酸塩はみな同様だが、霰石もやわらかく、壊れやすいため、カットがむずかしい。透明な結晶が収集家のために稀にファセットをつけられているだけである。ファセットをつけるに足る透明度を持つ霰石はチェコで産出されており、メキシコにもすばらしい洞窟内堆積があるが、模式産地（新種発見となる標本を採取した場所）は、1797年に霰石（アラゴナイト）がはじめて発見され、その名の由来となったスペインのモリーナ・デ・アラゴンである。

鉱物名 霰石（アラゴナイト）

化学名：炭酸カルシウム | **化学式**：$CaCO_3$
色：無色、白、灰色、黄色み、赤み、緑
晶系：直方晶系 | **硬度**：3½ -4 | **比重**：2.9
屈折率：1.53-1.68 | **光沢**：ガラス光沢から樹脂光沢
条痕：白色 | **産地**：スペイン、イタリア、中国

スペインの霰石 | 原石 | スペインの模式産地で採掘された紫の霰石。柱状の擬六角柱の結晶が集まっている。

霰石結晶の放射状集合体 | 原石 | 鉱物の収集家はこの放射状に突き出た擬六角柱の霰石の結晶群を星群という意味の「スプートニク」と呼ぶことがある。結晶群は複数の双晶からなる。

フロスフェリ | 原石 | 霰石は樹木のような結晶群を生成することがある。フロスフェリ、あるいは「ポップコーン」アラゴナイトとして知られるそれは、壊れやすく、きわめてもろい。

霰石の切片 | カット | 層をなす霰石は洞窟内で鍾乳石として生成する。主にカボションに研磨され、ジュエリーとして使われたり、大きさが十分であれば、壁板としても使われたりする。

オレンジ色の霰石 | 色の種類 | 格別に鮮やかなオレンジ色で、かすかに薄い色の層も見える天然のなめらかな霰石の小石。

ターコイズ色のカボション | カット | さまざまな色が層をなしたり、結合したりしているアラゴナイトは、このターコイズ色のペアーシェイプの石のようにカボションカットされることがある。

サルのオーナメント | 彫刻 | アラゴナイトはやわらかく、彫刻しやすいので、密度の高い石はこの茶色のサルのようなオーナメントに加工できる。

ロードクロサイト
Rhodochrosite

△ ブリリアントカットされた透明度の高い上質のロードクロサイト

菱マンガン鉱の典型的な色はローズピンクである。透明な結晶にも、縞模様の鍾乳石にもなるが、やわらかく、非常にもろい。ファセットをつけた透明な結晶は希少で、収集家の垂涎の的である。ファセットをつけるに足る透明度を持つ鮮やかなチェリーレッドの結晶は、アメリカのコロラド州や南アフリカのホットアゼールで見つかっている。縞模様の菱マンガン鉱、「インカローズ」はアルゼンチン産である。アルゼンチンは縞模様の石の主な産地で、石はカボションカットしてビーズにしたり、彫刻に使ったりする。同心円状に縞の入った菱マンガン鉱の薄い鍾乳石は、研磨され、シルバーの石座にセットされてペンダントに仕立てられる。

鉱物名 菱マンガン鉱

化学名：炭酸マンガン | **化学式**：$MnCO_3$
色：ローズピンク、チェリーレッド
晶系：三方晶系 | **硬度**：3½ -4 | **比重**：3.7
屈折率：1.60-1.81 | **光沢**：ガラス光沢から真珠光沢 | **条痕**：白色
産地：アメリカ、南アフリカ、ルーマニア、ガボン、メキシコ、ロシア、日本

石英に生成した菱マンガン鉱 | 原石 | 石英の結晶群の上に生成した菱マンガン鉱の菱面体の結晶。ファセットをつけるに足る透明度を持つ。

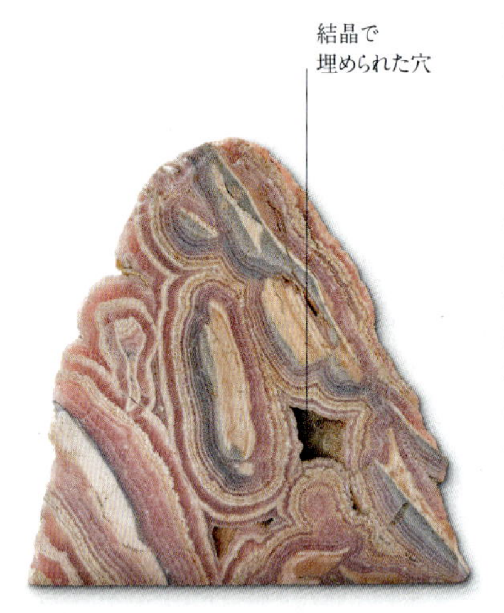

「インカローズ」 | カット | 大きな菱マンガン鉱の切断面に現れた独特の渦巻き模様は、「インカローズ」と呼ばれるアルゼンチン産の菱マンガン鉱に特有のものである。

オーバルブリリアントカット | カット | やわらかいせいでもっともカットが困難な宝石の1つに、高度の技術を持った宝石研磨職人の手によって加えられたオーバルブリリアントカット。

カボション | カット | 大きなロードクロサイトに特有の渦巻きと色の層がはっきりわかる、不定形にカボションカットされたロードクロサイト。

ネックレス | 仕立て | トニー・デュケット(1914-99)制作の華やかなネックレス。真珠、琥珀、ローズクォーツ、アメシスト、ガーネット、大きなロードクロサイトがあしらわれている。

ロードクロサイトの器 | 彫刻 | やわらかく彫刻しやすいロードクロサイトで、すばらしい自然の模様が強調されるように形をとった器。

ロードクロサイトのオウム | 彫刻 | ドイツのイーダー・オーバーシュタインの熟練の宝石細工師が20世紀後半に制作したオウム。黒いアゲートのくちばしを持ち、水晶の台の上に立っている。

セルッサイト

Cerussite

△英国、カンブリア産の白鉛鉱の結晶群

白い鉛の顔料を意味するラテン語のセルッサから名づけられた白鉛鉱（セルッサイト）は、古代から知られている炭酸鉛で、方鉛鉱（ほうえんこう）（ガレナ）に次いでよく知られた鉛鉱石である。ふつうは無色だが、銅が混じると青から緑の石を産することもある。屈折率はダイヤモンドに匹敵するほど高く、ファセットをつけるととくに輝きを増す。残念ながら、石がやわらかく、もろく、壊れやすいせいでファセットをつけるのがむずかしいため、そうした石は稀である。ジュエリーとして身につけるにもやわらかすぎる。

鉱物名 白鉛鉱（はくえんこう）

化学名：炭酸鉛 | **屈化学式**：$PbCO_3$
色：白、青から緑 | **晶系**：直方晶系
硬度：3 -3½ | **比重**：6.6 | **屈折率**：1.80-2.08
光沢：ダイヤモンド光沢からガラス光沢 | **条痕**：白色
産地：ナミビア、モロッコ、オーストラリア、アメリカ

柱状の宝石品質の結晶 | 原石 | 形がよく、透明度の高い、柱状の宝石品質の白い白鉛鉱の結晶。

カンブリアの結晶 | 原石 | 北イングランドのカンブリア州は、ローマ時代から白鉛鉱の産地である。カンブリア産のすばらしい結晶群の標本。

双晶 | 原石 | このすばらしい標本に見られるように、白鉛鉱は星形、もしくはX字の双晶を生成する数少ない鉱物の1つである。

イングランドのコーンウォールにあるペンタイア・グレイズ鉱山で、並はずれて長い白鉛鉱の結晶が見つかった

カットされたセルッサイト | カット | ロードクロサイトと同様に、セルッサイトはやわらかく、ファセットをつけるのがきわめてむずかしい。このように光り輝く宝石は希少で、収集家向けにのみファセットをつけられる。

化粧品に含まれる白鉛鉱

危険な美容品

16世紀ごろから、白鉛鉱は　肌を明るくする化粧品に広く使われるようになった。「ベネチアの白粉」として知られた化粧品が有名である。しかし、そこに含まれる鉛の成分のせいで、そうした美容品は使う人にとって有害でもあった。目が腫れたり、肌のきめが変わったり、髪が抜けたりする症状が出るのだ。髪の生え際を剃って額を強調することが18世紀まで流行したのはおそらくそのためだろう。症状が重い場合には、鉛毒のせいで死に至ることもあった。

エリザベス1世　色白で有名なイングランドの女王は「ベネチアの白粉」を使っていると噂されていた。

ビザンティン帝国時代の宝石

古代ローマ人と同じように、ビザンティン（東ローマ帝国）の人々も身を飾ったり、身分を誇示したりするために宝石を身につけ、相手を懐柔するために宝石を贈り物とした。4世紀から15世紀のあいだには、帝国の莫大な財産と広い交易網のおかげで、ビザンティン時代の宝石細工師は、かつてないほど膨大な量のゴールドや多種多様な宝石――とくに真珠とガーネット――を使用することができた。その結果、贅沢な宝石が数多くつくられた時代として有名になった。

ビザンティン時代の宝石には、研磨されたカボションカットの宝石がゴールドの石座にセットされているものがよく見られる。カラフルで派手なものがもっとも人気が高く、指輪や腕輪や首飾りには、色のちがう石を交互にあしらったものが多い。帝国の広大な金鉱山が宝石細工師に素材を提供し、ゴールドには、明るい色の宝石を目立たせるために、「オプスインテルラシレ」と呼ばれる複雑で凝った透かし細工が施された。宝石のデザインには宗教が大きな役割を演じ、十字架の首飾りや耳飾り、キリストや天使や聖人の姿を彫った指輪が、それらを身につけている人々の富を誇示するだけでなく、魂を守り、信仰の篤さを示してくれると信じられていた。

ゴールドの飾りと、きらめく宝石と貴重な真珠をあしらった半透明の首飾りをつけている

ニケタス・コニアテス
ビザンティン帝国支配下のギリシャ人の文官

テオドラ皇后｜ビザンティン時代のモザイク画｜ラベンナ、サン・ビターレ｜6世紀ごろ　宝石をつけた皇帝ユスティニアヌス1世の后テオドラとそのおつきの者たちを描いたモザイク画。皇后はサファイヤとエメラルドと赤い石をちりばめ、真珠を垂らした冠をつけ、エメラルドと真珠とサファイヤをあしらった四角い首飾りをしている。

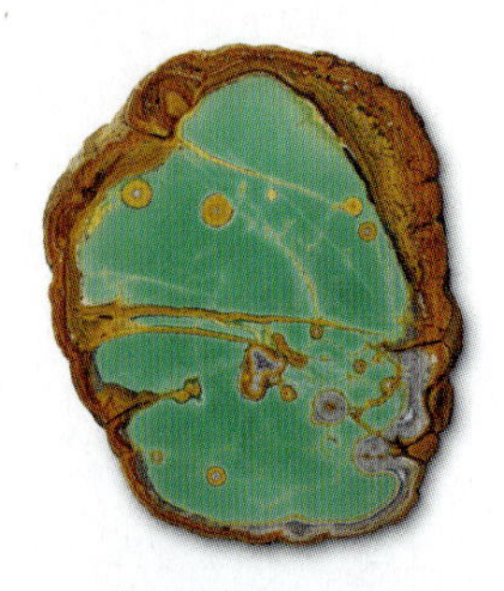

バリサイト

Variscite

△ 切断面に内部の模様が見えるバリシア石の塊

脈状（母岩のあいだにはさまれた薄い層）や皮殻状（母岩を覆う薄い層）や塊状の細粒、ときに粗粒の結晶の集合体として見つかるバリシア石は、カボション加工や彫刻やオーナメントの素材となる半貴石として評価されている。アメリカのネバダ州で見つかるバリシア石には黒い網状の模様が入っていることがあり、その形状から緑のトルコ石と混同されることが多い。ネバダ産のカボションカットされた石はトルコ石に似ているものの、じっさいはバリシア石であることから、「バリコイズ」として売られることもある。バリシア石は多孔質で、肌に直接つけると、変色することがある。

鉱物名 バリシア石（バリサイト）

化学名：水和リン酸アルミニウム | **化学式**：$AlPO_4 \cdot 2H_2O$
色：淡い緑からアップルグリーン | **晶系**：直方晶系
硬度：4½ | **比重**：2.5-2.6 | **屈折率**：1.55-1.59
光沢：ガラス光沢から蝋光沢 | **条痕**：白色 | **産地**：オーストリア、チェコ、オーストラリア、ベネズエラ、アメリカ（とくにユタ州）

結晶質バリシア石 | 原石 | 粗粒のバリシア石の皮殻が、（はっきりした形はわからない）微細なバリシア石が集まった大きな塊の表面を覆っている標本。

加工前の宝石品質のバリシア石 | 原石 | 一方の端が研磨され、色と密度が明らかになったバリシア石。蝋のような半つや消しの光沢。

タンブル研磨されたバリサイト | カット | カボションカットに向かないバリサイトはおもしろい渦巻き模様を浮き上がらせるためにタンブル研磨され、オーナメントとして売られることが多い。

バリシア石は、1837年にバリシア石がはじめて見つかったドイツのフォクトランド地方の古名バリシアにちなんで名づけられた

オーバルカボションカット | カット | 均一の色と密度を持つバリサイトはすばらしいカボションカットを施され、ガラス光沢が出るまで研磨される。

スミソナイト
Smithsonite

△ 長方形にカボションカットされたスミソナイト

スミソナイトには黄色とピンクなどさまざまな色があるが、青緑色がもっとも価値があるとされている。結晶が見つかることはたまにしかなく、ナミビアのツメブで見つかるものは目をみはるほどすばらしい。結晶が見つかれば、収集家向けにのみファセットをつけられることもある。ほとんどの宝石品質の石はカボションカットされるか、オーナメントに彫刻されるが、ふつうにジュエリーとして身につけるにはやわらかすぎる。宝石として使われる以外に、スミソナイトは亜鉛の主要な鉱石として採掘される。古代の冶金術においては、真鍮の亜鉛成分もスミソナイトから得ていたのではないかと考えられている。主な産地の1つに、アメリカのニューメキシコ州ケリー鉱山がある。

鉱物名 菱亜鉛鉱（スミソナイト）

化学名：炭酸亜鉛 | **化学式**：$ZnCO_3$
色：白、青、緑、黄、茶、ピンク、ライラック色、無色
晶系：三方晶系 | **硬度**：4 -4½ | **比重**：4.3-4.5
屈折率：1.62-1.85 | **光沢**：ガラス光沢から真珠光沢 | **条痕**：白色
産地：ナミビア、ザンビア、オーストラリア、メキシコ、ドイツ、イタリア、アメリカ

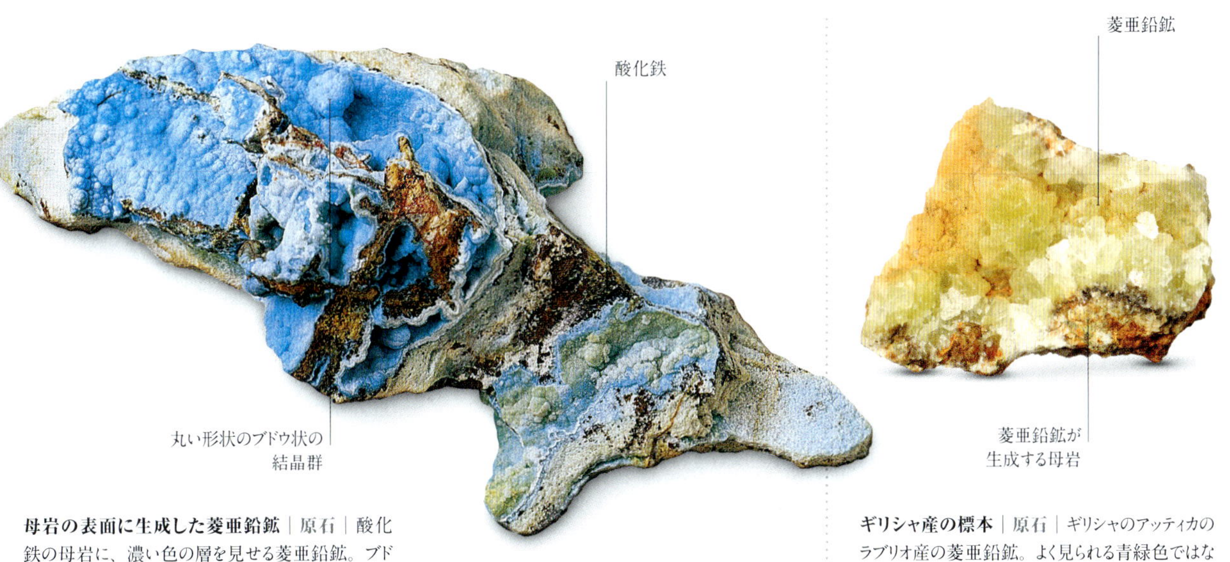

母岩の表面に生成した菱亜鉛鉱 | 原石 | 酸化鉄の母岩に、濃い色の層を見せる菱亜鉛鉱。ブドウ状の結晶集合体がはっきりわかる。

ギリシャ産の標本 | 原石 | ギリシャのアッティカのラブリオ産の菱亜鉛鉱。よく見られる青緑色ではなく、黄色をしている。

カボションカット | カット | スミソナイトはもろく、やわらかいので、この標本の下の部分のように簡単にすり減ったり欠けたりするが、濃い青い色の石をカボションカットしたものは人気が高い。

ケリー鉱山で採掘された石 | カット | アメリカ、ニューメキシコ州のケリー鉱山で採掘され、ファセットをつけた希少な最高品質のスミソナイト。

オーバルカボション | カット | オーバルカボションカットされた密度の濃い半透明のスミソナイト。特有の青緑色をしている。

名前を変えた石

カラミン（酸化亜鉛）からスミソナイトへ

スミソナイトは、もともとカラミンという包括的な名前で呼ばれていた――かゆみ止めとして肌に塗るカラミンローションに粉末が含まれるカラミンと同様である。英国人の化学者で鉱物学者のジョン・スミソンが、カラミンと呼ばれる鉱物がじっさいは3つの異なる鉱物であることを発見し、そのうちの1つが彼にちなんで1832年にスミソナイトと名づけられた。ほかの2つはヘミモルファイト（異極鉱）とハイドロジンサイト（水亜鉛土）である。スミソンはスミソニアン協会の創設につながる遺贈も行った。

ジェームズ・スミソン（1765-1829） スミソナイトは発見した鉱物学者のスミソンにちなんで名づけられた。

アズライト

Azurite

△ 放射状に生成した藍銅鉱結晶の球形集合体

アズライトは古代エジプトでは青い釉として使われていたとされ、ルネッサンス期のヨーロッパでは青い顔料として使われていた。その名前はペルシャ語で「青」を意味する「ラジュワルド」からつけられた。アズライトはカボションカットされ、収集家向けの品がごく稀に流通している。放射状に生成した結晶の球形集合体で直径2.5cm以上のものは、ジュエリーとして身につけられることがあり、薄くスライスしたものを銀のフレームに入れて、ペンダントにすることもある。オーナメントとして使われる縞模様をなすアズライトとマラカイトは、それが見つかったフランス、シェシーにちなんで、シェシライトと呼ばれる。

鉱物名 藍銅鉱

化学名：水酸化炭酸銅 | **化学式**：$Cu_3(CO_3)_2(OH)_2$
色：空色から濃い青 | **晶系**：単斜晶系 | **硬度**：3½ -4
比重：3.7-3.9 | **屈折率**：1.72-1.85
光沢：ガラス光沢から無艶 | **条痕**：青色
産地：フランス、メキシコ、オーストラリア、チリ、ロシア、モロッコ、ナミビア、中国

大きな結晶 | 原石 | 水酸化酸化鉄の1つである針鉄鉱の母岩上に、並はずれて大きく、きれいに生成した、目をみはるほどすばらしい藍銅鉱の結晶群。

混合鉱物 | 原石 | 藍銅鉱と珪孔雀石が母岩中に生成したこの標本のように、藍銅鉱はほかの銅の鉱物と同時に生成することも多い。

オーストラリア産の藍銅鉱 | 原石 | オーストラリアは鉱物資源が豊富な国である。広大な銅鉱床を持ち、あちこちで藍銅鉱原石が供給されている。

青い顔料

新たな色の原料

ルネッサンス期の画家たちは習慣的にラピス・ラズリを青い顔料として使っていた。しかし、ラピス・ラズリは高価だったため、安く、豊富にとれるアズライトが代替品となった。残念ながら、粉末状のアズライトは外気中では不安定な性質である。湿気にさらされると、二酸化炭素の一部が水に代わってしまい、緑のマラカイトに変化してしまうのだ。14世紀はじめにイタリア、パドバでジオットが描いたフレスコ壁画のように、絵画の青い色が年月を経て緑に変わってしまうものがあるのもそのせいである。

ジオットの『キリストへの哀悼』 アズライトを塗った部分はもとの青い色から変化している。

アズライトのハート | カット | アズライトとマラカイトはよく混在しており、ハート形のこの石のように、見事なカボションカットの宝石にすることができる。

ミックスカボションカットされた混合結晶 | カット | 的確な角度でカットすれば、マラカイトとアズライトの混合結晶がもたらす模様はすばらしいものとなる。

△ 孔雀石の繊維状結晶

マラカイト
Malachite

マラカイトの粉は約5000年前の古代エジプトでは、アイシャドウや壁画の顔料、釉やガラスの着色に使われていた。銅の主要な資源であることは今も変わらない。古代ギリシャ人は子供たちのお守りとして、また、ローマ人は邪悪な目を追い払う魔除けとして使い、中国人は装飾的な花瓶をつくるのに使った。19世紀には、ロシアのウラル山脈で膨大な量が採掘され、1つの大聖堂全体がマラカイトで装飾されることもあった。現在はカボションカットや板状に研磨されたり、彫刻に使われたりして、宝石やオーナメント用の重要な鉱物である。

鉱物名 孔雀石（マラカイト）

化学名：水酸化炭酸銅 | **化学式**：$Cu_2CO_3(OH)_2$
色：緑 | **晶系**：単斜晶系 | **硬度**：3½ -4
比重：3.9-4.1 | **屈折率**：1.65-1.91
光沢：ダイヤモンド光沢からガラス光沢、繊維状晶では絹糸光沢
条痕：淡緑色 | **産地**：コンゴ民主共和国、オーストラリア、モロッコ、アメリカ、フランス

宝石品質の孔雀石 | 原石 | 「泡」（球）状の集合体を輪切りにすると、孔雀石の原石は独特の「雄牛の目」模様を見せる。

チリの孔雀石 | 原石 | アタカマイト（アタカマ石）の母岩に生成したチリのアタカマ砂漠産の孔雀石の結晶。

鍾乳石のような結晶を生成する孔雀石 | 原石 | 孔雀石が鍾乳石のような形の集合体になることは比較的よくある。このようにいびつな形に生成することもある。

収穫前のキャベツ畑は、マラカイトグリーン一色だった

ウォルト・ホイットマン
作家

華やかな模様 | カット | マラカイトの「泡」の部分をスライスすると、この研磨された切片のように、驚くほどすばらしい模様が現れる。

マラカイトのペンダント | 仕立て | 人気の「泡」スタイルの模様ではなく、層の断面全体が縞模様になるようにカットされ、研磨されたマラカイト。シルバーとダイヤモンドをあしらい、一風変わったペンダントに仕立てられている。

19世紀のスウェーデンとノルウェーの王妃デジデリアの肖像画 | マラカイトの宝石ひと揃いの所有者

デジデリア王妃の マラカイトの宝石ひと揃い（パリュール）

△ 神話などの古典の一場面を彫ったマラカイトの1つ

ヨーロッパの王家所有の多くの宝石とちがい、スウェーデンとノルウェーの王妃デジデリアが所有したこの19世紀のパリュールは、さほど上等ではない素材——マラカイトと呼ばれる高価ではない緑の石——でつくられている。

宝石としての価値は低いものの、マラカイトは1800年代初頭に大流行した。当時の新たな地質学的発見への熱狂もその一因である。ジュエリーに仕立てられることもよくあり、部屋全体の内装に使われることすらあった。マラカイトは透明ではないため、ダイヤモンドのようにファセットをつけられることはなく、カボションカットされて表面を研磨されるか、凝った形に彫刻を施されることが多い。

デジデリア王妃のマラカイトの宝石はどこか謎めいている。王妃が所有していた宝石として公式のリストに載ってはいるものの、王妃がそれを身につけたという記録はない。しかし、宝石がどういう経緯で王妃のものになったか、多少の手がかりはある。ティアラの裏に「SP」とイニシャルが彫ってあり、1819-39というフランスの検定刻印がつけられているのだ。それがパリの上流社会の宝石細工師シモン・プティトーの手によって、1820年代から1830年代のあいだに制作されたものであるのはほぼまちがいない。当時王妃はパリで暮らしていた。それより数十年前、フランスの裕福な商人の娘デジレ・クラリーとして知られていた彼女は、ナポレオン・ボナパルトと婚約していたが、ナポレオンは突如彼女を捨ててジョゼフィーヌ・ド・ボアルネと結婚した。2年後、デジレはジャン=バティスト・ベルナドットと結婚したが、彼はおそらくはナポレオンの意向でスウェーデンの皇太子に選ばれた。皇太子になってもベルナドットがほぼずっと軍の遠征に従軍していたため、デジレは夫の留守のあいだパリで暮らし、そのときにマラカイトのパリュールを手に入れたと思われる。さらに興味深いことに、ナポレオンの妻ジョゼフィーヌも、カメオなどのマラカイトのパリュールを持っていた。

ロシアのサンクトペテルブルクにある冬宮殿のマラカイトの間。1830年代に建築家のアレクサンドル・ブリウロフによって設計され、柱や暖炉にマラカイトが使われたことからその名がついた

彫刻が施され、
ゴールドの石座にセットされた
マラカイト

デジデリア王妃のパリュール。古典の一場面が彫刻されたマラカイト。

宝飾品にまつわる主な歴史

1777年-1954年

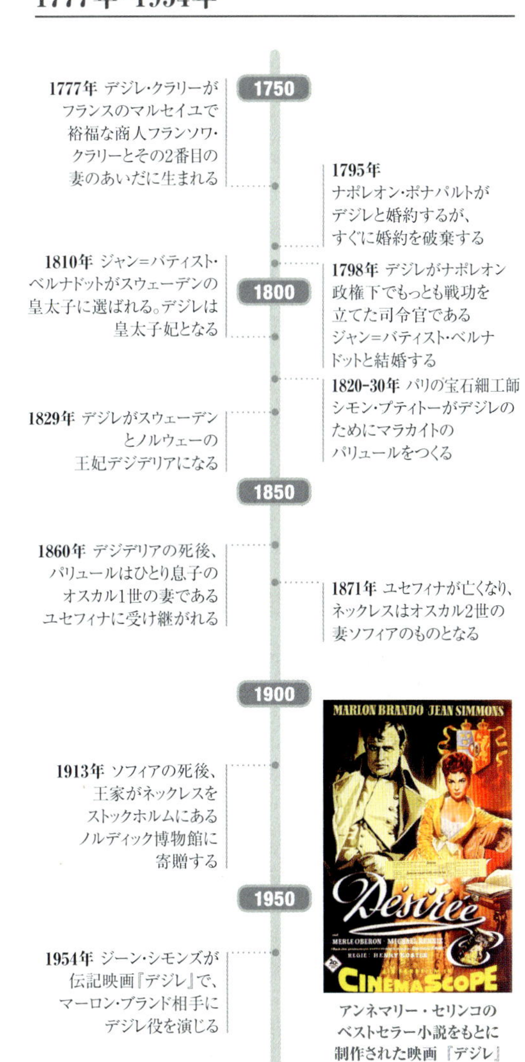
1750
1777年 デジレ・クラリーがフランスのマルセイユで裕福な商人フランソワ・クラリーとその2番目の妻のあいだに生まれる
1795年 ナポレオン・ボナパルトがデジレと婚約するが、すぐに婚約を破棄する
1798年 デジレがナポレオン政権下でもっとも戦功を立てた司令官であるジャン=バティスト・ベルナドットと結婚する
1800
1810年 ジャン=バティスト・ベルナドットがスウェーデンの皇太子に選ばれる。デジレは皇太子妃となる
1820-30年 パリの宝石細工師シモン・プティトーがデジレのためにマラカイトのパリュールをつくる
1829年 デジレがスウェーデンとノルウェーの王妃デジデリアになる
1850
1860年 デジデリアの死後、パリュールはひとり息子のオスカル1世の妻であるユセフィナに受け継がれる
1871年 ユセフィナが亡くなり、ネックレスはオスカル2世の妻ソフィアのものとなる
1900
1913年 ソフィアの死後、王家がネックレスをストックホルムにあるノルディック博物館に寄贈する
1950
1954年 ジーン・シモンズが伝記映画『デジレ』で、マーロン・ブランド相手にデジレ役を演じる
2000
MARLON BRANDO JEAN SIMMONS
Désirée
CINEMASCOPE

アンネマリー・セリンコのベストセラー小説をもとに制作された映画『デジレ』

誉れある殿方たちをひきつけたのは、わたしの運命でした

デジデリア王妃

トルコ石（ターコイズ）

Turquoise

△ よく見られるクモの巣の模様を含んだカボションカットのトルコ石

メソポタミア（現在のイラク）で見つかった紀元前5000年ごろのトルコ石のビーズは、採掘されてカットされた最初の宝石の1つとされる。トルコ石は比較的やわらかくて加工しやすいため、研磨したり、ビーズにしたり、彫刻したり、カメオに使ったりできる。しかし、ほとんどの宝石品質のトルコ石はカボションカットされる。色は含まれる鉄と銅の量によってスカイブルーから緑までさまざまである。トルコ石は多孔質なため、肌に触れることが多いと色が劣化する可能性がある。

鉱物名 トルコ石

学名：水和水酸化リン酸銅アルミニウム
化学式：$CuAl_6(PO_4)_4(OH)_8 \cdot 4H_2O$ | **色**：青、緑
晶系：三斜晶系 | **硬度**：5-6 | **比重**：2.8-2.9
屈折率：1.61-1.65 | **光沢**：蝋光沢 **条痕**：薄緑色
産地：イラン、中国、アメリカ、メキシコ、チリ、アフリカ、オーストラリア、シベリア、英国、ベルギー、フランス、ポーランド

原石

ビズビー産の原石 | アメリカ、アリゾナ州ビズビー産の見事な標本。この産地でとれる青いトルコ石に特有の「クモの巣」（黒い脈模様）がわかる。

トルコ石の原石 | 母岩にはさまれた薄い層をなすトルコ石から、宝石を削り出すには卓越した技術が必要となる。

カット

ペアーシェイプのカボションカット | 高いドームを持つペアーシェイプにカボションカットされた典型的なビズビー産のトルコ石。魅力的な黒い網目模様が入っている。

ペルシャンブルー

最高級の色

イラン（かつてのペルシャ）のネイシャプル鉱山のトルコ石は最高級とみなされ、何世紀にもわたって採掘されてきた。ペルシャンと呼ばれるこのトルコ石は、北アメリカ産のトルコ石よりも硬度が高く、色も必ず均一のスカイブルーで、緑のものはない。トルコ石は何世紀にもわたり、玉座や剣の柄、馬具や短剣や器やカップなどその他のオーナメントを飾ってきた。ジュエリーとしても幅広く使われている。

ペルシャのオーナメント ゴールドの象嵌が施されたこのオーナメントは最高級の美術品となっている。

ビズビー産のトルコ石の標本 | 天然の酸化鉄の模様が入ったオーバルカットのトルコ石。（左上の）ビズビー産の原石と同じタイプのトルコ石をカットしたもの。

模造トルコ石 | オーバルカボションカットされた模造トルコ石。均一の色は利点ではあるが、天然のトルコ石が持つ色や質感には欠ける。

仕立て

ビンテージイヤリング｜ゴールドにトルコ石をセットしたイヤリング。20世紀初頭に起こった英国のアーツ・アンド・クラフツ運動の産物である。

ゴールドのリング｜シンプルなデザインのリングがクッションカボションカットされたペルシャ産のトルコ石を引き立てている。ツイストした石座が、なめらかで不透明な石をとり囲む装飾となっている。

アールヌーボーのペンダント｜19世紀末につくられた、ゴールドの石座にアリゾナ産のトルコ石をセットしためずらしいペンダント／ブローチ。両側に真珠を据え、楕円形の真珠を吊るし、象嵌でゴールドをあしらったデザイン。

ナバホの腕輪｜アメリカ、アリゾナ州モレンシ産のトルコ石をセットした大きなシルバーの腕輪。ナバホ族に好まれる大胆なデザインの典型例。

19世紀後半の記念ブローチ｜ハートと十字架を吊るしたリボンをデザインしたシルバーとトルコ石のブローチ。ハートの後ろに髪の毛を入れる部分がある。

トルコ石とゴールドのネックレス｜いびつな形の研磨されたトルコ石を使ったネックレス。石と石のあいだに球形と両錐形のゴールドをあしらっている。

トルコ石（ターコイズ）は
トルコを経由してはじめて
ヨーロッパに伝えられたので、
フランス語で「トルコの」という
意味の名前がついたのであろう

マリー＝ルイーズのティアラ | 1810年ごろ | もともとはエメラルドがセットされていたが、のちにカボションカットされたトルコ石が据えられた | ジョバンニ・バッティスタ・ボルゲージによる肖像画――画家は石を赤く描いている

マリー＝ルイーズの ティアラ

△ カボションカットされたトルコ石をあしらったマリー＝ルイーズのティアラ

歴史的な宝石のなかでも、マリー＝ルイーズのティアラほど劇的なリメイクを施されたものは少ない。1810年につくられたときには、総重量700カラットにもなる79個の深緑色のコロンビア産エメラルドがあしらわれていた。その名称は、1810年に結婚を記念して夫のナポレオン1世からこのティアラを贈られたフランスの皇后マリー＝ルイーズにちなんでいる。パリでエティエンヌ・ニト・エ・フィス（のちの宝石商ショーメ）のフランソワ＝ルニョ・ニトによって制作されたティアラは、エメラルドとダイヤモンドの宝石ひと揃え（パリュール）の一部で、そこにはネックレス、櫛、ベルトのバックル、イヤリングが含まれていた。

ナポレオンの帝国が崩壊したときに、マリー＝ルイーズはオーストリアへ逃れ、彼女が亡くなると、パリュールは叔母のエリーゼ大公妃に遺された。しかし、1950年代に宝石商のヴァン クリーフ&アーペルがエリーゼの子孫からこのティアラを手に入れると、エメラルドをとりはずしてオークションで売ってしまった。ヴァン クリーフ&アーペルは「歴史的なナポレオンのティアラのエメラルドをあなたに……」というキャッチフレーズでエメラルドを宣伝した。ティアラには12カラットの中央のエメラルドをはじめとして、それ以外に21個の大きな石と57個のより小さな石があしらわれていた。

ヴァン クリーフ&アーペルはエメラルドの代わりに79個のカボションカットされたトルコ石をセットした。ティアラに加えられた変化に驚愕する者もいたが、魅力的だと思う者もいた。魅力的だと感じた1人に、アメリカの上流階級の女性で、朝食用シリアルの会社の後継者だったマージョリー・メリウェザー・ポストがいた。彼女は1971年にティアラを購入し、自分の並はずれたコレクションの1つに加えた。そのコレクションには、ナポレオンが1811年の息子の誕生を祝い、妻のマリー＝ルイーズに贈った263カラットのダイヤモンドのネックレス（p284-285参照）も含まれていた。リメイクされたトルコ石のティアラを数回身につけたのち、メリウェザー・ポストはそれをアメリカのスミソニアン国立自然史博物館に寄贈した。ティアラは現在もそこで展示されている。

エメラルドのネックレスのレプリカ

ティアラにまつわる主な歴史

1810年-1971年

- **1810年** ナポレオンが2番目の妻マリー＝ルイーズへの贈り物としてティアラをつくらせる
- **1814年** マリー＝ルイーズが宝石を持って実家であるウィーンへ戻る
- **1847年** マリー＝ルイーズから叔母のエリーゼ大公妃へティアラが遺贈される
- **1953-56年** ヴァン クリーフ&アーペルがティアラを買い、エメラルドをとりはずして売る
- **1956-62年** エメラルドの代わりにトルコ石がセットされる
- **1962年** マリー＝ルイーズのパリュールがパリのルーブル美術館で展示される
- **1967年** ティアラからはずされたもっとも大きなエメラルドがアメリカの慈善家シビル・ハリントンのブローチにセットされる
- **1971年** 巨万の富を相続した女性マージョリー・メリウェザー・ポストがティアラを購入し、スミソニアン協会に寄贈する

1800 1825 1850 1875 1900 1925 1950 1975

フランス皇帝 ナポレオン1世

マージョリー・メリウェザー・ポスト

愛する者から贈られたトルコ石は幸せと幸運を運んでくる

アラブのことわざから

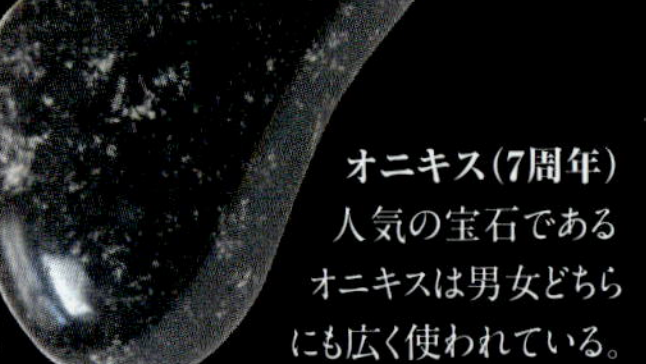
オニキス(7周年)
人気の宝石である
オニキスは男女どちら
にも広く使われている。

トルマリン(8周年)
並はずれた色の種類の多さから、
トルマリンは記念日に贈られる石と
して最良である。

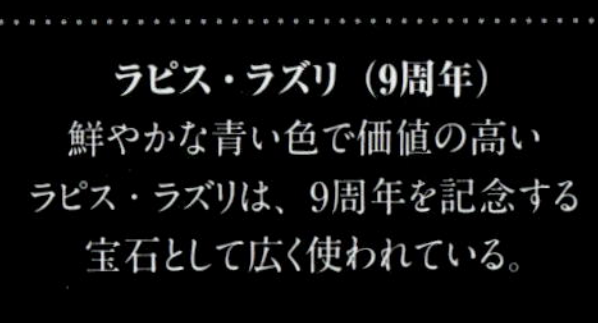

ラピス・ラズリ(9周年)
鮮やかな青い色で価値の高い
ラピス・ラズリは、9周年を記念する
宝石として広く使われている。

ダイヤモンド(10周年)
ダイヤモンドが10周年を祝うものとして
使われ出したのは近年のことで、
宝石商の宣伝による。

トルコ石(11周年)
古代エジプトまで
さかのぼる歴史を持つ
トルコ石ほど由緒ある
宝石はほかにあまりない。

アメシスト(6周年)
より慎ましい時代には、6周年の
記念には鉄のものが慣習的に贈られ
ていた。今はアメシストが
選ばれることが多い。

サファイヤ(5周年)
5周年の記念に加え、サファイヤは
23周年の記念にも使われる。

記念日の宝石

宝石は昔から惑星や曜日などに結びつけられてきたが、現代においてもっとも盛んに結びつけられているのが結婚記念日である。50年目はゴールドとか、60年目はダイヤモンドというように、5年ごとの継続の記念に多くの有名な宝石や貴金属が使われてきたが、今は最初の20年の記念にも宝石が使われている。ほとんどの宝石の目録同様、その定義や解釈は、国によっても宝石商によってもちがう。

ブルートパーズ(4周年)
かつては希少だったブルートパーズだが、
放射線照射のような現代的な加工技術の
発達で、今は希少ではなくなった。

真珠(3周年)
かつては30周年を記念していた
真珠は、今は3周年を祝うのに
もっともよく使われている。

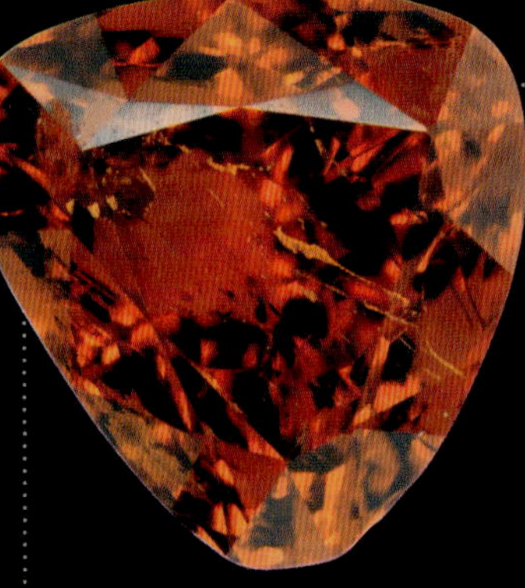
ガーネット(2周年)
2周年にはもともと紙でできたものが
贈られていたが、最近では
ガーネットが一般的である。

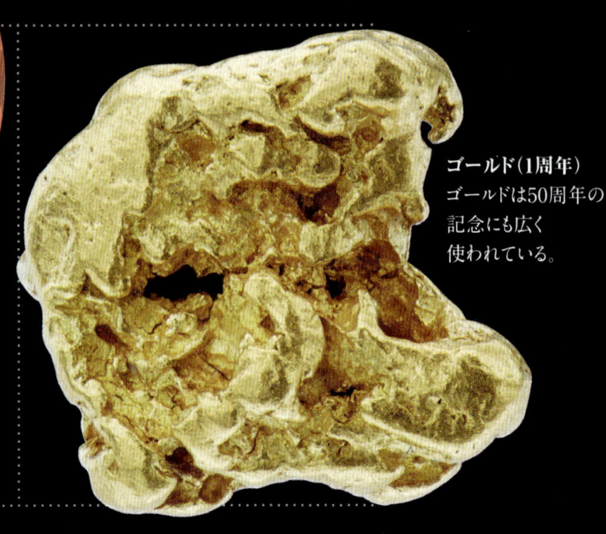
ゴールド(1周年)
ゴールドは50周年の
記念にも広く
使われている。

ジェード
（軟玉・硬玉を含む翠玉）（12周年）
ジェードは幅広い用途に使われる宝石である。

ゴールド（50周年）
神聖ローマ帝国時代、結婚50周年記念に妻たちはゴールドの冠をかぶった。

ルビー（40周年）
ゴールドやダイヤモンド同様、ルビーも昔から贈り物に使われてきた宝石である。

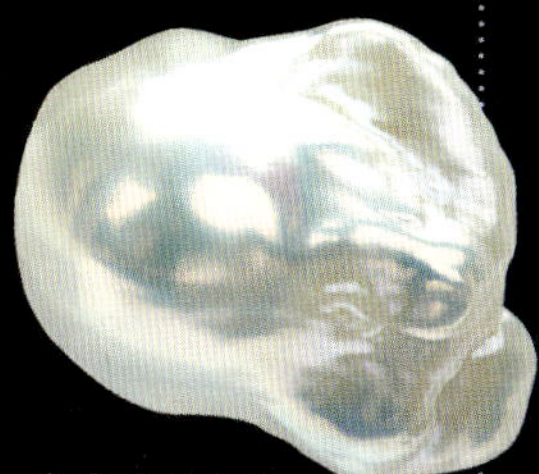

真珠（30周年）
その希少価値から、真珠は30周年記念の贈り物に使われてきた。

シトリン（13周年）
「レモン」を意味するフランス語から名づけられたシトリンは、より鮮やかな金色を生み出すために加熱処理されることが多い。

ダイヤモンド（60周年）
ギリシャ語で「永遠」を意味する「アダマス」を語源とするダイヤモンドは、この記念にふさわしい贈り物である。

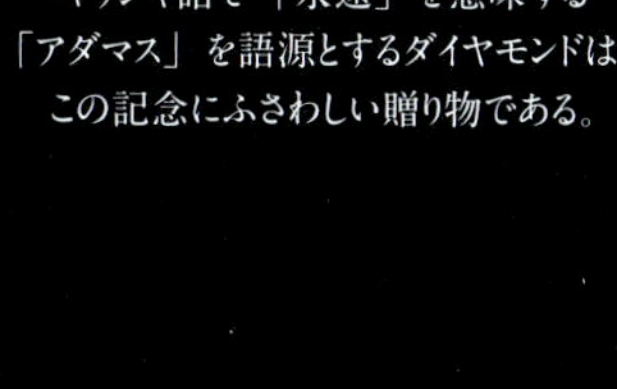

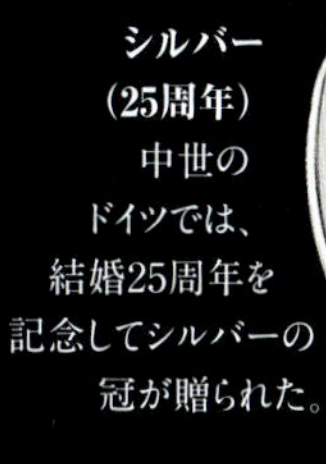

シルバー（25周年）
中世のドイツでは、結婚25周年を記念してシルバーの冠が贈られた。

エメラルド（20周年）
20周年記念の贈り物は、かつては磁器だったが、今はエメラルドが一般的である。

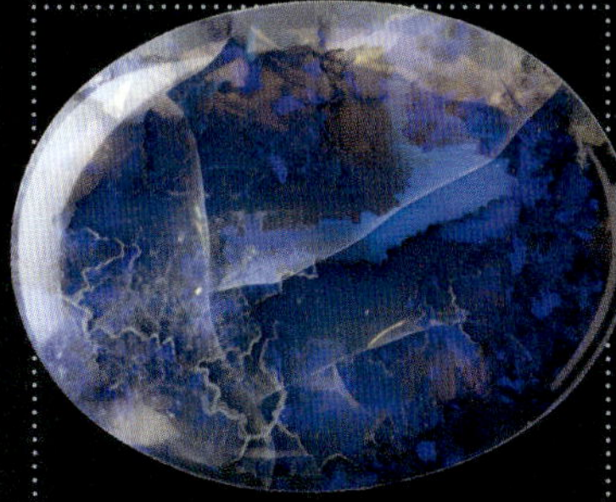

オパール（14周年）
かつては14周年には象牙が選ばれていたが、環境保護の理由から、今はオパールが贈られる。

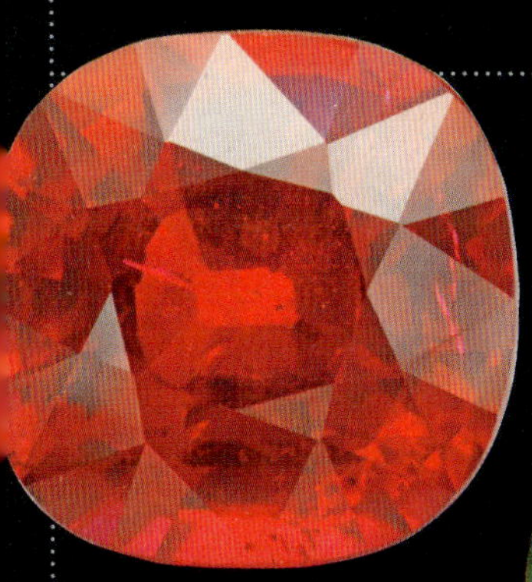

ルビー（15周年）
もともとは結婚40周年を記念する石だったが、今は15周年の贈り物となっている。

ペリドット（16周年）
ペリドットは隕石から見つかることもあり、かなりエキゾチックな連想をさせる石である。

水晶（17周年）
かつては腕時計を贈るのが一般的だった。クォーツの一種、水晶が選ばれるのは、時計の水晶発振にかけているからだろう（写真はミルキークォーツ）。

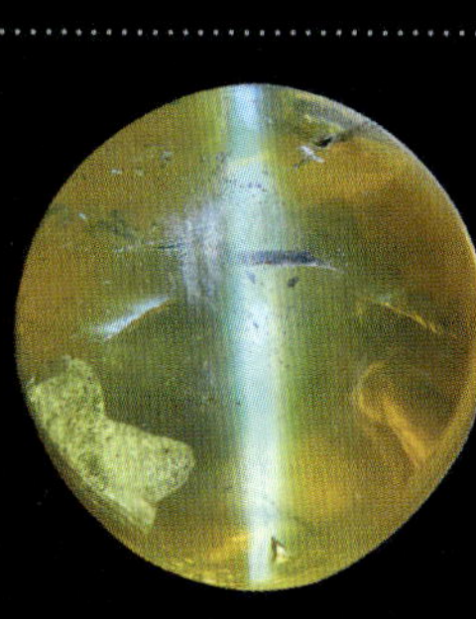

クリソベリル（18周年）
魅力的なクリソベリルキャッツアイは18周年を記念するとされている宝石である。

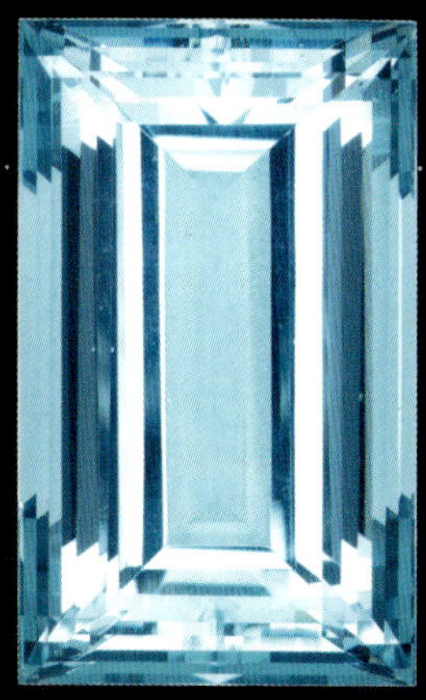

アクアマリン（19周年）
鮮やかなマリンブルーの色を持つアクアマリンは、19周年を祝う最高の贈り物となる。

ブラジリアナイト

Brazilianite

△ 淡い黄色のブラジル石の原石

ブラジル石は1945年に発見され、発見された南アメリカの国にちなんで名づけられた比較的「新しい」宝石である。ほとんどのブラジル石はシャトールーズイエロー（明るい薄黄緑色）から淡い黄色で、リン酸塩鉱物にしては硬いが、砕けやすくもある。希少性は高く、宝石品質の素材の採掘量は年間わずかである。そうした事実から、収集家向けの品しか流通していない。ブラジル石が認知されてから、アメリカのメイン州やニューハンプシャー州でもわずかな量の石が見つかっている。

鉱物名 ブラジル石（ブラジリアナイト）

化学名：水酸化リン酸ナトリウムアルミニウム
化学式：$NaAl_3(PO_4)_2(OH)_4$ | **色**：黄、緑 | **晶系**：単斜晶系
硬度：5½ | **比重**：3.0 | **屈折率**：1.60-1.62
光沢：ガラス光沢 | **条痕**：白色
産地：ブラジル、アメリカ（メイン州、ニューハンプシャー州）

柱状晶 | 原石 | 燐灰石を伴う形のよい柱状のブラジル石の結晶群。ブラジルのミナスジェライス州で採掘された。

結晶 | 原石 | ブラジルのミナスジェライス州で採掘された鮮やかなライムグリーンのブラジル石の結晶。スミソニアン博物館の宝石・鉱物コレクションの一部である。

エメラルドカット | カット | この石のすばらしい色と透明度を強調するために、カット職人はステップカットの一種――エメラルドカット――を選んでいる。

ブラジリアナイトをカットする

取扱注意

鮮やかな黄色の美しい外観を持つブラジリアナイトは、もろさと壊れやすさという2つの要因さえなければ、人気の宝石となったことだろう。カットに際して、宝石研磨職人は、簡単にはがせる松ヤニを使って宝石をホルダーに固定し、決してぶつけないよう細心の注意を払わなければならない。また、研磨の段階の振動が壊れやすい石を粉々にしてしまうことがある。高度の技術が必要とされるため、ファセットをつけた石は比較的希少である。

宝石のカット ブラジリアナイトにはカットの際、細心の注意が必要である。さもないと、もろい石が粉々になってしまう。

ファンシーカット | カット | 標準的なファンシーカットの例。この黄色いブラジリアナイトの宝石には、古風な三角のステップカットが施されている。

ブリリアントカット | カット | より一般的な58面ではなく、52面のブリリアントカットを施された淡い緑のブラジリアナイト。

アンブリゴナイト

Amblygonite

△ 着色した透明度の高いアンブリゴン石の原石

ギリシャ語の「アンブルス（鈍い）」と「ゴニア（角度）」がアンブリゴナイトの名前の語源であり、それは結晶の形に由来する。ほとんどのアンブリゴン石は白く半透明の大きな塊で見つかり、リチウムの主な資源鉱物である。宝石品質のアンブリゴン石はあまり一般的ではないが、透明で、黄色や緑がかった黄色やライラック色で産する。ファセットをつけて宝石として使うことは可能だが、ジュエリーに仕立てて身につけるには壊れやすく、摩擦にも弱いため、主に収集家向けの品しか流通していない。

鉱物名 アンブリゴン石

化学名：フッ化リン酸リチウムアルミニウム
化学式：$LiAlPO_4(F,OH)$ ｜ **色**：白、黄、ライラック色
晶系：三斜晶系 ｜ **硬度**：5½-6 ｜ **比重**：3.0-3.1 ｜ **屈折率**：1.57-1.64
光沢：ガラス光沢から油脂光沢、劈開面で真珠光沢 ｜ **条痕**：白色
産地：フランス、ブラジル、アメリカ（カリフォルニア州）

アンブリゴン石の原石｜原石｜このアンブリゴン石の原石の透明度は、不規則な表面の乱反射のためはっきりしない。

アンブリゴン石と銀星石｜原石｜アンブリゴン石が半透明の層となって別のリン酸塩鉱物の銀星石を覆っている標本。

オーバルブリリアントカット｜カット｜この無色のアンブリゴナイトの透明さとキズのなさは、シンプルで卓越したオーバルブリリアントカットによってもたらされた。

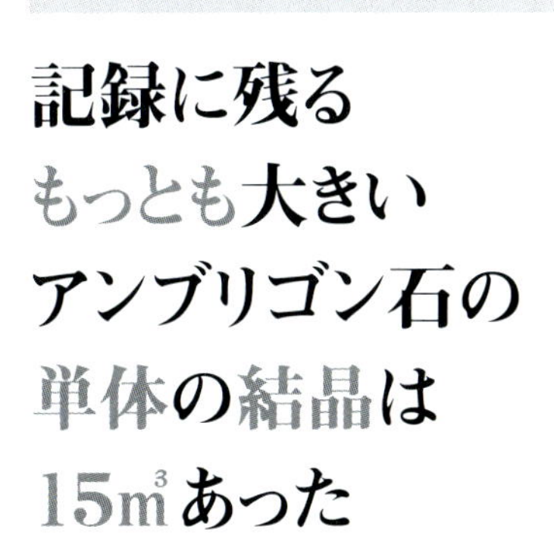

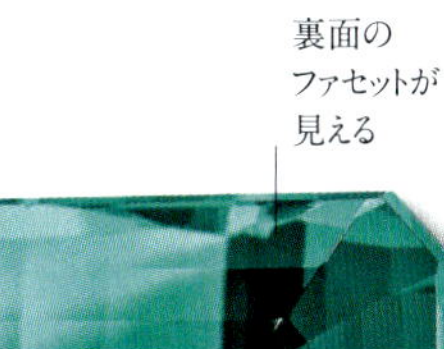

エメラルドカット｜カット｜標準的なエメラルドステップカットによって、きわめて稀な青緑色が引き立てられたアンブリゴナイトの宝石。

黄緑色の透明な石｜着色｜標準的なブリリアントカットに多数のファセットを加え、光の効果を最大にして石のかすかな色を際立たせたオーバルカットのアンブリゴナイト。

アパタイト

Apatite

△ オーバルステップカットを施したミディアムブルーの上質なアパタイト

アパタイトという名前は、ギリシャ語で「裏切り」を意味する「アペーテ」から来ている。アクアマリンやアメシストやペリドットのようなほかの鉱物の結晶と似ていることがよくあるからだ。鮮やかな緑や青、青紫や紫、ローズレッドのような濃い色の石もある。比較的やわらかい結晶のため、あまり宝石としては使われない。透明なアパタイトはファセットをつけてジュエリーに仕立てられることがあるが、キズがつきやすいので、身につけるときには注意が必要だ。カナダで見つかったもっとも大きなアパタイトの結晶のなかには、重さ200kgに達するものもある。

鉱物名 燐灰石（りんかいせき）（アパタイト）

化学名：フッ化リン酸カルシウム | **化学式**：$Ca_5(PO_4)_3F$
色：海緑色、紫、青、淡紅、黄、茶、白、無色など多様
晶系：六方晶系または単斜晶系 | **硬度**：5 | **比重**：3.1-3.2
屈折率：1.63-1.65 | **光沢**：ガラス光沢、蝋光沢 | **条痕**：白色
産地：マダガスカル、ブラジル、ミャンマー、メキシコ

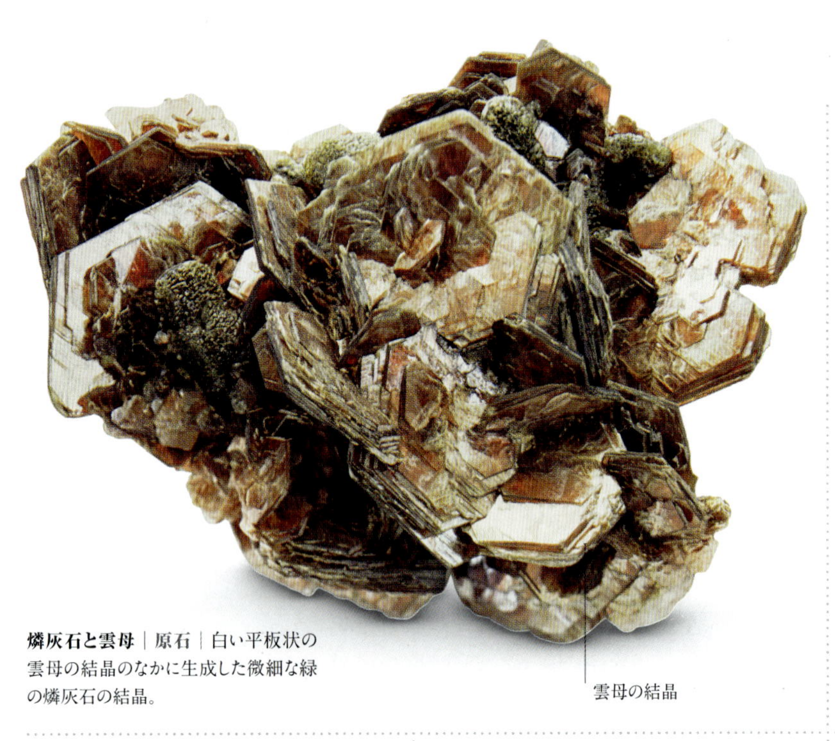

燐灰石と雲母 | 原石 | 白い平板状の雲母の結晶のなかに生成した微細な緑の燐灰石の結晶。

雲母の結晶

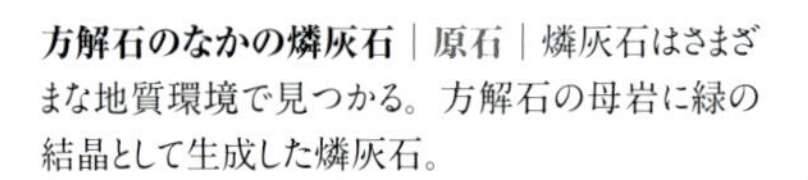

方解石のなかの燐灰石 | 原石 | 燐灰石はさまざまな地質環境で見つかる。方解石の母岩に緑の結晶として生成した燐灰石。

短柱状の結晶 | 原石 | 燐灰石はほかの鉱物の結晶によく似ていて惑わされることが多い。専門家でなければ、この青い結晶をアクアマリンとまちがえる可能性がある。

メキシコ産燐灰石 | 原石 | 六角柱状晶の一方の先端が六角錐となった黄色のメキシコ産燐灰石。収集家や宝石商の人気を集めている。

カボションカットされたアパタイト | カット | カボションカットされ、キャッツアイ効果を見せる魅力的な濃い青のアパタイト。

ステップカットされたアパタイト | カット | 長方形にステップカットされたメキシコ、デュランゴ産の黄色いアパタイトの結晶。デュランゴ産の石はファセットをつけて上質の宝石に研磨されることが多かった。

オーバルブリリアントカット | 色の種類 | オーバルブリリアントカットされた6.16カラットの青いアパタイト。きれいな青い色を見せるアパタイトはもっとも人気が高いものの1つである。

ラズーライト

Lazulite

△ アフガニスタン産の天藍石。両錐形に生成した単結晶。

「天上」という意味のアラビア語から名づけられたラズーライトは、ふつう淡い青紫色か空色か青みがかった白か青緑色である。ファセットをつけられる素材はめずらしいが、それらは見る角度によって青や白に見えることがある。粒状のラズーライトはカボションカットされる。タンブル研磨されることもあり、ビーズにしたり、彫刻して工芸品にしたりする。見た目はラピス・ラズリ（p174-177参照）に似ており、青金石（ラピス・ラズリの主な成分）や藍銅鉱（アズライト）と混同されることもある。

鉱物名 天藍石（ラズーライト）

化学名：水酸化リン酸アルミニウムマグネシウム
化学式：$(Mg,Fe)Al_2(PO_4)_2(OH)_2$ | **色**：青系のさまざまな色
晶系：単斜晶系 | **硬度**：5½-6 | **比重**：3.1-3.2
屈折率：1.61-1.66 | **光沢**：ガラス光沢 | **条痕**：白色
産地：スウェーデン、オーストリア、スイス、カナダ、アメリカ、アフガニスタン

白雲母上の天藍石｜原石｜
ピンク色の長石を伴う白雲母の表面を覆っている濃い色の天藍石の結晶。

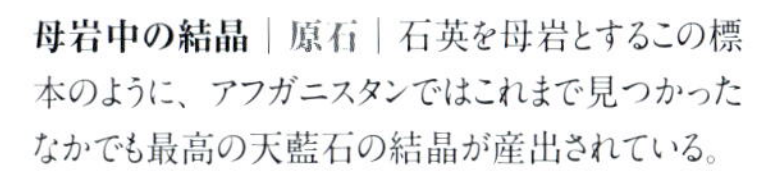

母岩中の結晶｜原石｜石英を母岩とするこの標本のように、アフガニスタンではこれまで見つかったなかでも最高の天藍石の結晶が産出されている。

一粒の単結晶｜原石｜石英のなかに形よく生成したアフガニスタン産の一粒の天藍石の単結晶。完璧な両錐形を形成している。

青金石｜原石｜濃い青い色をしたチリ産の青金石の原石の標本。天藍石と誤認しやすい理由が理解できるだろう。

カボションカット｜カット｜典型的な青い斑点が、ドームを低くしたカボションカットによって強調されている。石のガラス光沢も際立っている。

バライト

Baryte

△ 閃亜鉛鉱の上に生成した重晶石

バライトという名前は「重い」という意味のギリシャ語の「バリス」から来ており、鉱物の高い比重を示唆している。非常にやわらかく、多方向に割れやすいので、ファセットをつけるのはむずかしく、流通しているのは収集家向けの宝石だけである。アメリカ、コロラド州の金色のバライトがもっとも価値が高いとされる宝石の色で、青いバライトも収集家向けにファセットをつけられる。バライトは鍾乳石の形でも見つかり、縞模様の入った丸い形の鍾乳石が研磨され、シルバーのフレームにセットされてペンダントに仕立てられることもある。重晶石はバリウムのもっとも重要な資源である（コラム参照）。

鉱物名 重晶石（じゅうしょうせき）

化学名：硫酸バリウム | **化学式**：$BaSO_4$
色：無色、金、青みがかった色、緑がかった色、ベージュ
晶系：直方晶系 | **硬度**：3 -3½ | **比重**：4.5
屈折率：1.62-1.64 | **光沢**：ガラス光沢から樹脂光沢、ときに真珠光沢
条痕：白色 | **産地**：英国、イタリア、チェコ、ドイツ、ルーマニア、アメリカ

柱状の結晶 | 原石 | この鉱物特有の樹脂光沢を見せる重晶石の柱状結晶群。

金色の重晶石の結晶 | 原石 | アメリカのコロラド州キャニオンシティ近郊で採掘される金色の重晶石の結晶は、この鮮やかな色の標本のように、その結晶の形と色で世界的に有名である。

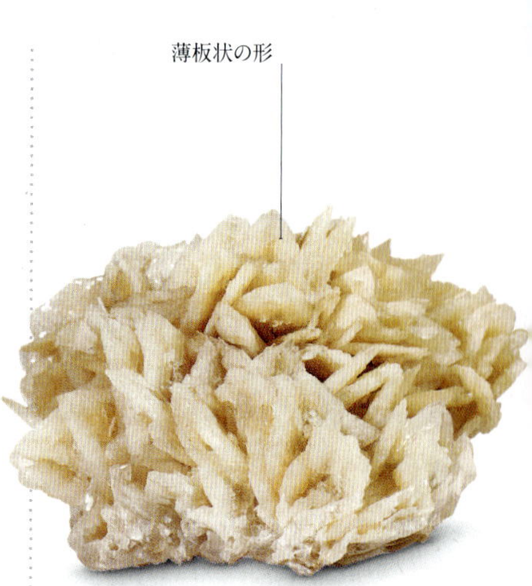

重晶石の結晶 | 原石 | 英国、ヨークシャー州ウェット・グループズ鉱山で採掘された重晶石の標本。たくさんの板状の結晶群からなる。

薬と産業

重晶石とバリウム

重晶石は、胃腸の画像を撮る「レントゲン用のバリウム」として使われている薬品と同質の硫酸カルシウムである。石油やガスの生産においても重要な鉱物である。ボーリングで開けた穴のなかに注ぎ、石油やガスが、油井や天然ガス井戸から噴き出すのを防ぐ掘穿泥水（くっせんでいすい）として使われ、米国内の産業用重晶石の70%を占める。重晶石は紙や布の製造におけるフィルターや、塗料の体質顔料としても使われる。

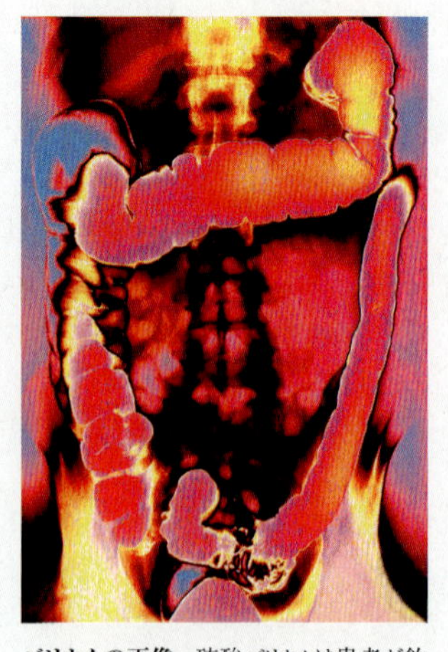

バリウムの画像 硫酸バリウムは患者が飲むとレントゲンに写る。

重晶石の結晶 | 原石 | 左側に多少損傷がある両頭長板状の重晶石の結晶。写真の底部に、薄い縞模様（累帯構造）として成長の痕跡が見られる。

ミックスカットの宝石 | カット | バライトは収集家向けにファセットをつけられる宝石のなかでもっともそれがむずかしい宝石の1つである。この石にファセットをつけた宝石研磨職人はすばらしい腕を見せている。

△ 青い天青石の結晶

セレスティン
Celestine

天青石は透明な美しい薄い青からミディアムブルーの結晶になることがある。高い硬度と耐久性があれば、世界的に人気の宝石になったかもしれない。天青石（セレスティン）はラテン語で「天空の」という意味の「セレスティス」からその名がついた。「天空の」ようなスカイブルーの結晶に由来する。天青石はやわらかく、壊れやすいため、熟練の宝石研磨職人によって加工された石が、収集家や美術館向けのみに流通している。単結晶はペンダントとして売られることもあるが、ふつうに身につけるにはもろすぎる。ファセットをつけるに値する素材はナミビアやマダガスカルで見つかっている。

鉱物名 天青石

化学名：硫酸ストロンチウム | **化学式**：$SrSO_4$
色：無色、青、緑、赤 | **晶系**：直方晶系
硬度：3 -3½ | **比重**：4.0 | **屈折率**：1.62-1.63
光沢：ガラス光沢、劈開面で真珠光沢 | **条痕**：白色
産地：アメリカ、ナミビア、マダガスカル

硫黄の母岩上の結晶 | 原石 | 硫黄の母岩の上にあらゆる角度に向けて成長した、非常に薄い青の天青石の結晶群。

微細な結晶 | 原石 | 層状の水酸化酸化鉄の褐鉄鉱の表面に生成した、小さくとも完全な天青石の結晶群。

「天空の」結晶 | 原石 | マダガスカル産の目をみはるほどすばらしい濃い青の結晶。ラテン語で「天空」を意味する名前そのものである。

両剣結晶 | 原石 | めずらしい2色の天青石の両剣結晶——両端に尖った先端部を持つ結晶。

ミックスカットされた宝石 | カット | 天青石もカットがきわめてむずかしく、収集家向けにカットされた石しか流通していない。宝石研磨職人の非常に高度な技を示すミックスカット。

縞模様のバリアン・セレスティン | 原石 | 天青石の変種であるバリアン・セレスティンにはバリウムが相当に含まれている（左ページのコラム参照）。閃亜鉛鉱と方解石と平行に並んで生成した結晶群。

アラバスター

Alabaster

△ アラバスターの原石の標本

細粒の石膏（ジプサム）の結晶集合体はアラバスターの名で知られる。おそらく、12世紀から15世紀にかけての英語から来ている名称だと思われるが、もとはアラバスターでできた花瓶を意味するギリシャ語の「アラバストス」に由来する。古代エジプトでも、アラバスターを使ったアラバステと呼ばれる容器が女神バステトを崇拝する者たちに広く使われていた。それも由来になっているかもしれない。アラバスターは何千年にもわたり、彫刻され、オーナメントや容器や道具に加工されてきた。加熱処理で透明度を減らし、大理石に似せることもある。

鉱物名 石膏（せっこう）

変種名：雪花石膏（せっかせっこう）（アラバスター）
化学名：硫酸カルシウム水和物 | **化学式**：$CaSO_4 \cdot 2H_2O$
色：無色、白、黄、薄い茶 | **晶系**：単斜晶系 | **硬度**：1½ -2
比重：2.3 | **屈折率**：1.52-1.53
光沢：亜ガラス光沢から真珠光沢 | **条痕**：白色
産地：エジプト、イタリア

イタリアのアラバスター | 原石 | イタリアの大理石は世界的に有名だが、イタリアの上質のアラバスターはあまり知られていない。このイタリアの原石はまるで蝋のような外観である。

カルサイトアラバスター製の壺 | 彫刻 | カルサイトアラバスターは古代エジプトで広く使われていた（コラム参照）。このプサメティコスパディネイスのカノープスの壺は紀元前600年ごろの第26王朝時代のものである。

アラバスターの胸像 | 彫刻 | 1900年ごろの金箔を施したイタリア製のアラバスターの胸像。ルネッサンス期の若い女性のスタイルをモデルにしている。

カルサイトアラバスター

ツタンカーメンの墓にあったアラバスター

今日においても、縞模様のカルサイトでつくられた古代の遺物は「カルサイトアラバスター」でつくられたといういい方をされる。よく知られている古代の産地はエジプトのハッツブで、ツタンカーメンの墓から発掘されたアラバスター製の遺物のなかで、とくに花瓶や王の内臓を入れたカノープスの壺（蓋つきの壺）など、ここで採掘された石を彫ってつくられたものがあると思われる。カルサイトアラバスターは建物や食器や銅像にはめこむ目などにも使われていた。

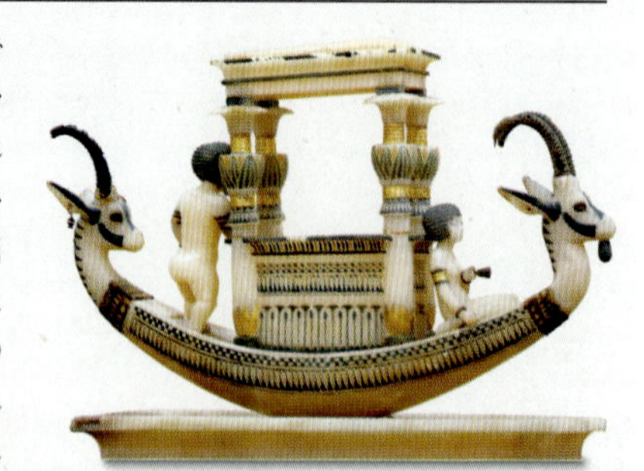

エジプトの彫刻物 カルサイトアラバスターを彫り、凝った装飾を施した古代エジプトの小箱。

古代の壺 | 彫刻 | 紀元前2000年ごろ、古代都市ウル（今のイラク）でアラバスターを彫ってつくられた初期の壺。

アラバスターの胸像 | 彫刻 | 18世紀のイタリアの芸術家ジョバンニ・バッティスタ・チプリアーニによるアラバスターの胸像。アラバスターならではの繊細な色調や細部にいたる彫刻などが見られる。

△ 繊維石膏の原石の標本

ジプサム

Gypsum

石膏のなかでも透明な結晶はギリシャ神話に登場する月の女神セレーネーにちなみ、セレナイト（透明石膏）と呼ばれる。その透明な結晶が月とともに満ち欠けすると、古代に信じられていたことに由来するらしい。セレナイトは宝石の霊力を信じる人のあいだでは今でも人気がある。絹糸光沢を持つ繊維性のセレナイトは「繊維石膏」として知られている。繊維性の石膏にカボションカットを施すと、キャッツアイの効果を得られるが、身につけるにはやわらかすぎる。

鉱物名 石膏（ジプサム）

化学名：硫酸カルシウム水和物　**化学式**：$CaSO_4 \cdot 2H_2O$
色：無色、白　**晶系**：単斜晶系　**硬度**：1½ -2
比重：2.3　**屈折率**：1.52-1.53
光沢：亜ガラス光沢から真珠光沢　**条痕**：白色
産地：メキシコ、アメリカ

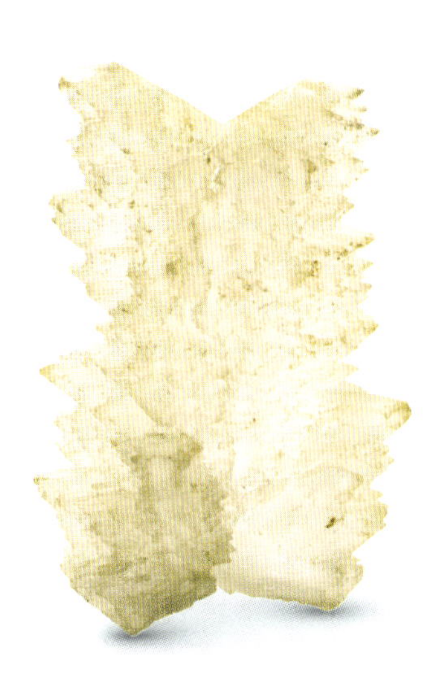

矢羽根双晶｜原石｜魚の尾びれのように中央の線を境に鏡に映したように生成した石膏の双晶は、矢羽根双晶と呼ばれる。この標本は多数の矢羽根双晶が集まったものである。

石膏の結晶｜原石｜母岩から生成した石膏の結晶。酸化鉄の被膜により茶色に着色し、結晶面が強調されている。

砂漠のバラ｜原石｜比較的乾燥した気候のもとで生成する石膏結晶の球状集合体は、結晶の花のような外観から「砂漠のバラ」と呼ばれる。

セレナイト（透明石膏）｜原石｜透明かかぎりなく透明に近い半透明の石膏はセレナイトと呼ばれ、いくつかの結晶形を持つ。この平行四辺形の板状晶もその1つ。

セレナイト（繊維石膏）｜カット｜ジプサムは細長い結晶が平行に配列した塊を形成することがあり、繊維石膏と呼ばれる。このようにカボションカットを施すと「目」が現れる。

聖なる石

聖書には貴重な宝石が数多く登場する――とくにサファイヤやダイヤモンドやルビーや真珠が。旧約聖書においても新約聖書においても、宝石は天国がいかに美しい場所であるかを暗示するものとして使われている。そのせいか、中世初期の教会が、宝石で衣服を飾ったり祭壇を装飾したり、教会の礼拝や聖体行列などに使う特別な聖具や祭服に宝石をつけたりすることもよくあった。ヨーロッパの大きな修道院のなかには、金細工師を抱えているところもあり、お抱えでない一般の金細工師に宝石のついた聖なる宝をつくらせることもあった。

宝石はキリスト教の聖なる遺物――聖人の亡骸や聖人が触れた物――にかかわる伝統においても重要な役割を演じていた。そうした遺物は天国とこの世をつなぐものとみなされ、教会のもっとも貴重な所有物とされていたからだ。聖遺物と信じられていた骸骨はゴールドやシルバーや貴重な宝石で飾られ、もっと小さな遺物は装飾を施した聖遺物箱におさめられた（p144-145参照）。これらの容器は貴金属や宝石でつくられ、敬虔な信者や巡礼者によって寄付されることが多かった。こうした芸術品は、聖人という天上にいる霊的な宝を、目に見える形で（現世に）表現したものといえる。

わたしはルビーで
あなたの胸壁を固め、
ガーネットで
あなたの門を飾り……
美しい石を連ねて城壁をつくる

旧約聖書イザヤ書 54：12

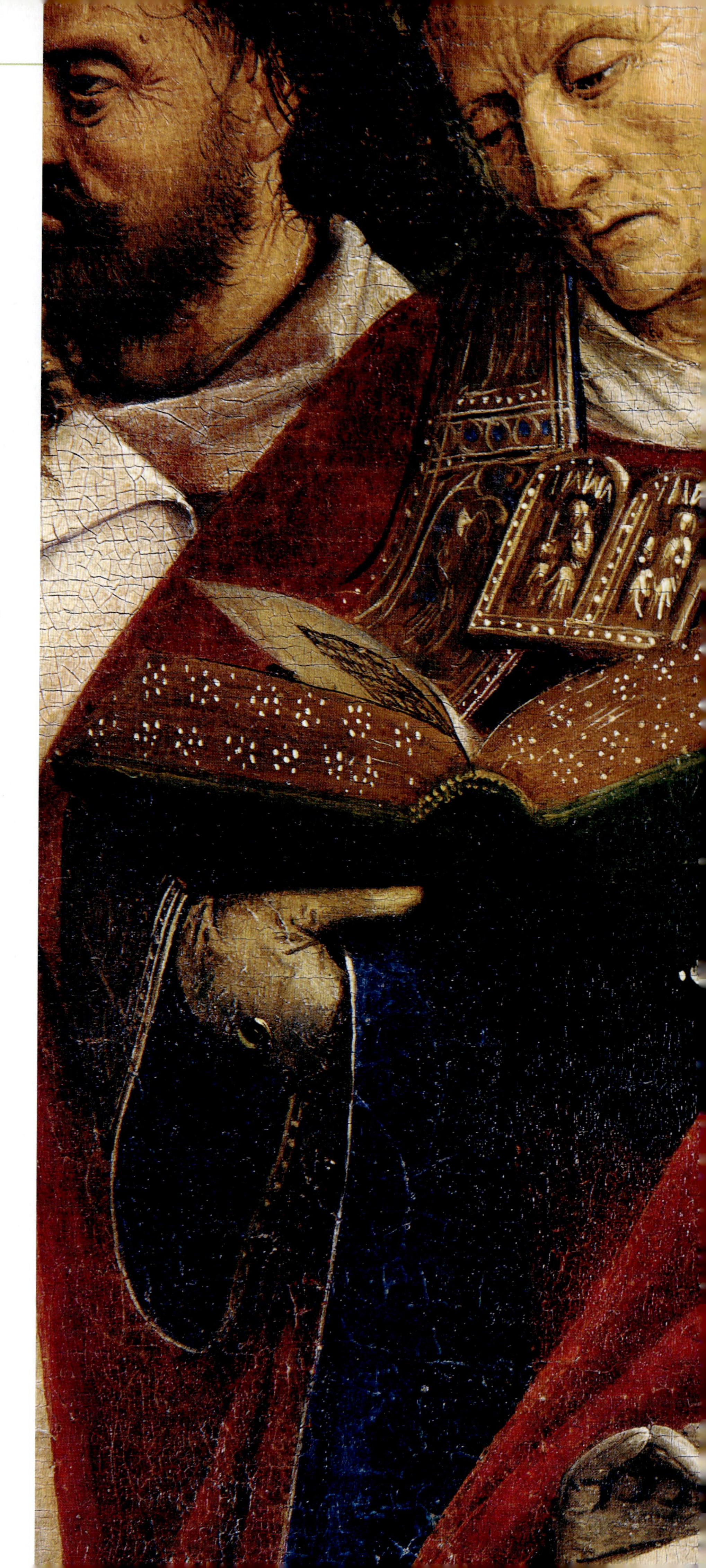

『神秘の子羊の礼拝』フーベルト&ヤン・ファン・アイク
ファン・アイク兄弟によって1432年に描かれた、ベルギーのゲントにある聖バーフ大聖堂の祭壇画。教皇や司教たちの衣服が光り輝く宝石で飾られているのが見てとれる。

△ 母岩中の灰重石

シーライト

Scheelite

シーライトの結晶は不透明なものもあれば、透明なものもある。透明なものは収集家向けに宝石にカットされることもある。そうした宝石はダイヤモンドと同じぐらいの分散光（ファイヤー）を見せる。そのため、無色の合成シーライトがダイヤモンドの模造品として使われることもある。ただし、シーライトはやわらかすぎるので身につけるのには適さない。合成シーライトはほかの宝石に似せるため、微量元素によって色をつけられることもある。不透明な結晶は非常に大きく成長することもあり、アメリカ、アリゾナ州で見つかったものは重さ7kgに達していた。ほとんどのシーライトの結晶は紫外線を照射すると蛍光を発する。

鉱物名 灰重石（かいじゅうせき）

化学名：タングステン酸カルシウム | **化学式**：$CaWO_4$
色：黄色、白、淡い緑、橙 | **晶系**：正方晶系
硬度：4½-5 | **比重**：6.1 | **屈折率**：1.92-1.94
光沢：ガラス光沢からダイヤモンド光沢 | **条痕**：白色
産地：オーストリア、イタリア、ブラジル、ルワンダ、アメリカ、英国、中国

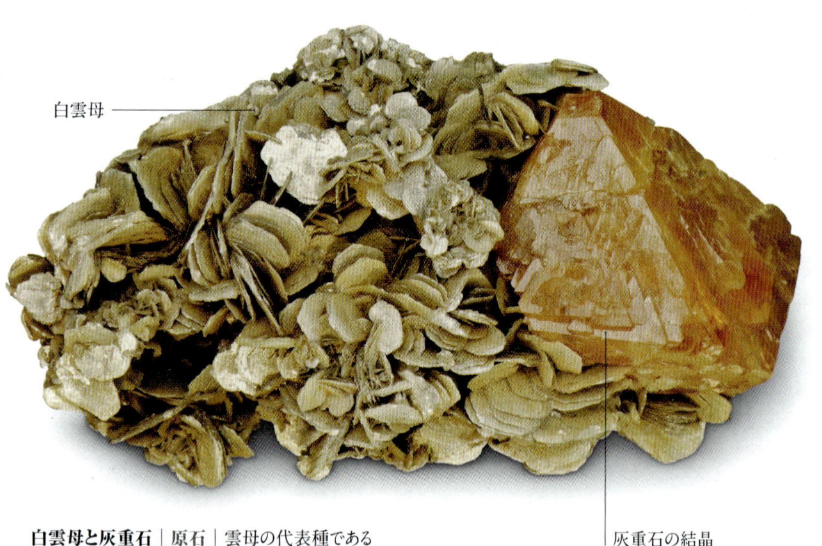

白雲母と灰重石 | 原石 | 雲母の代表種である白雲母の母岩に生成した中国産の灰重石の大きな結晶。

母岩中の結晶 | 原石 | 磁鉄鉱（マグネタイト）の母岩と灰重石の両錐形の結晶。

宝石品質の灰重石 | 原石 | 中国の主な灰重石産地でとれた形のよい灰重石の結晶。このような石はカットして宝石にできる。

タングステン

熱を上げる

灰重石はタングステンの主要な資源鉱物である。タングステンはすべての元素のなかでもっとも融点が高いため、現代の産業で欠くことのできない役割を担っている。電球のフィラメントは純粋なタングステンでできており、炭化タングステンはドリルの刃やダイスや金属の切削工具に使われ、コバルトクロムタングステン合金は耐摩耗バルブ、軸受け、プロペラのシャフト、切削工具の表面などに使われる。タングステン鋼はロケットの噴射口のように高温になる機械設備に使われる。

ロケットの噴射口 ロケットの噴射口のような高温になる部分の素材には灰重石から得られるタングステンが不可欠である。

オレンジ色の結晶 | 色の種類 | 傑出した鮮やかなオレンジ色を持つ透明度の高い大きな結晶。紫外線をあてると蛍光を発する。

ブリリアントカット | カット | ブリリアントカットを施した質の高い黄褐色のシーライトの宝石。カットによってこのタイプの鉱物に特有の高い光の反射をいっそう高めている。

△ 母岩といくつかのハウ石の塊

ハウライト

Howlite

収集家のあいだで人気のハウライトはたいてい小さな塊で見つかり、白いハウライトの結晶全体にほかの鉱物が脈状に広がっていることがふつうである。比較的多孔質で、染料が――とくに青い染料が――よく染み渡る。青く染められると、トルコ石に似るため、誤ってトルコ石として売られることもある。幸い、トルコ石よりもずっとやわらかいので区別は容易だが、ハウライトも研磨は可能である。アメリカ、カリフォルニア州デスバレーで大量に見つかっている。ハウライトという名称は、1868年にそれを発見したカナダの化学者ヘンリー・ハウにちなんでいる。

鉱物名 ハウ石（ハウライト）

化学名：水酸化ホウケイ酸カルシウム | **化学式**：$Ca_2B_5SiO_9(OH)_5$
色：白 | **晶系**：単斜晶系 | **硬度**：3½ | **比重**：2.6
屈折率：1.58-1.61 | **光沢**：亜ガラス光沢 | **条痕**：白色
産地：アメリカ、カナダ、メキシコ、ドイツ、ロシア、トルコ

ハウ石の小さな塊 | 原石 | ハウ石はカリフラワーに似た形状の小さな塊で見つかることもあり、青く染めればトルコ石の塊に似る。（右の青い石参照）

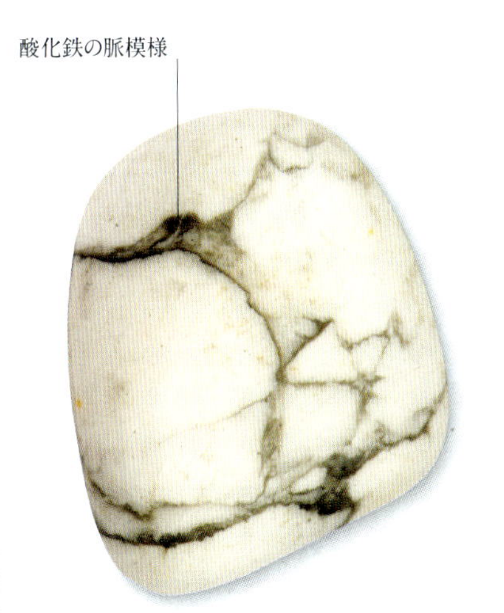

研磨した小石 | カット | タンブル研磨された着色されてない天然のハウライトには、脈模様が入っていることが多い。

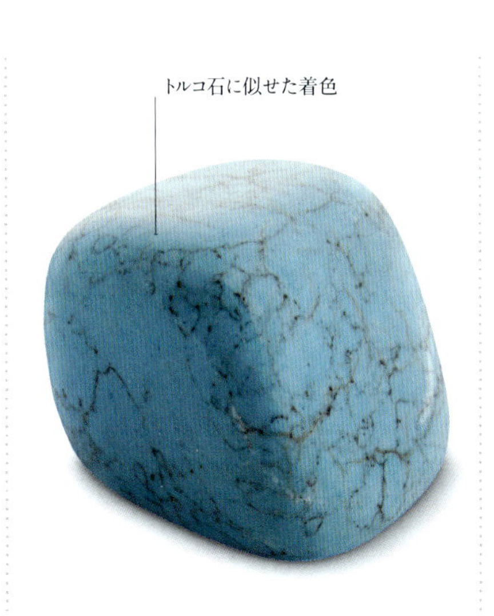

タンブル研磨され、着色された石 | カット | 収集家に人気のハウライト。多くがタンブル研磨され、トルコ石に似せてさまざまな青緑色に着色される。

着色されたハウライト | カット | タンブル研磨し、トルコ石に似せて着色されたハウライトの標本。左のものとは異なる色とよく研磨された表面を持つ。

ハウライトのペンダント | 彫刻 | 馬の首のすばらしい彫刻を施した脈模様のハウライト。18金のゴールドの石座にセットし、目にはオニキスをあしらっている。

カエルの彫刻 | 彫刻 | ハウライトはやわらかいが、耐久性があるので、すばらしい彫刻の素材となる。この美しい脈模様のハウライトのカエルの彫刻は、なめらかな表面を持ち、目にはカボションカットしたオニキスがあしらわれている。

スクエアカットされたルビーに乗ったエナメルのペリカン | 1573-1575 年ごろにニコラス・ヒリアードが描いたエリザベス１世の肖像画。ペリカンは、ゴールドの石座にセットされ、真珠に囲まれたダイヤモンドから吊り下げられている。

イングランド女王エリザベス1世の ペリカンのブローチ

△ エリザベス1世の象徴であるエナメルのペリカン

イングランド女王エリザベス1世のペリカンのブローチが女王を象徴するものであることはよく知られているが、ブローチそのものについての情報は非常に少ない。最後にそれが表されたものとして知られているのが、画家のニコラス・ヒリアードが描いたエリザベス1世の肖像画『ペリカン』である。この絵はエリザベス1世在位の中間期、女王が40歳ほどのときに描かれた。公的な肖像画に宗教的な偶像性を持たせることがより重要になった時期である。この肖像画において、女王の華美に装飾されたドレスに留められたエナメルのペリカンのブローチは、ゴールドにセットされたスクエアカットのダイヤモンドから吊り下げられ、スクエアカットのルビーの上におさまっているが、ブローチのペリカンは胸から血を流し、子ペリカンに囲まれている。

ペリカンをモチーフとした
ヴァン クリーフ&アーペルのクリップ

エリザベス1世はフェニックスとペリカンという2つの象徴を好んだという。フェニックスが忍耐力と長い治世の象徴だとすれば、ペリカンは国民への女王の献身を象徴している。古い言い伝えでは、母ペリカンは餌に窮したときには子どもに血を与えるために自分の胸をつつくとされていた。おそらくそれは、ペリカンが喉の袋から食べ物を完全に吐き出すためにくちばしを胸に押しつける仕草をする事実にもとづいているのだろう。この言い伝えはキリスト教以前からあったが、初期のキリスト教徒によって、聖餐の儀式におけるキリストのからだを象徴するものとして受け入れられた。キリストはときに「ザ・ペリカン」と記されることがある。

エリザベス1世は国民から、自分のことよりも国民を第一に考える無私無欲の母とみなされたいという思いから、そうした象徴としてのペリカンを選んだ。女王の個人的な思いに敏感だった廷臣たちは、ペリカンとフェニックスの宝石を贈り物として女王にささげた。ヒリアードのこの肖像画や、対になっている『フェニックス』に描かれているのも、そうした宝石である。

宝飾品にまつわる主な歴史

1558年-1603年

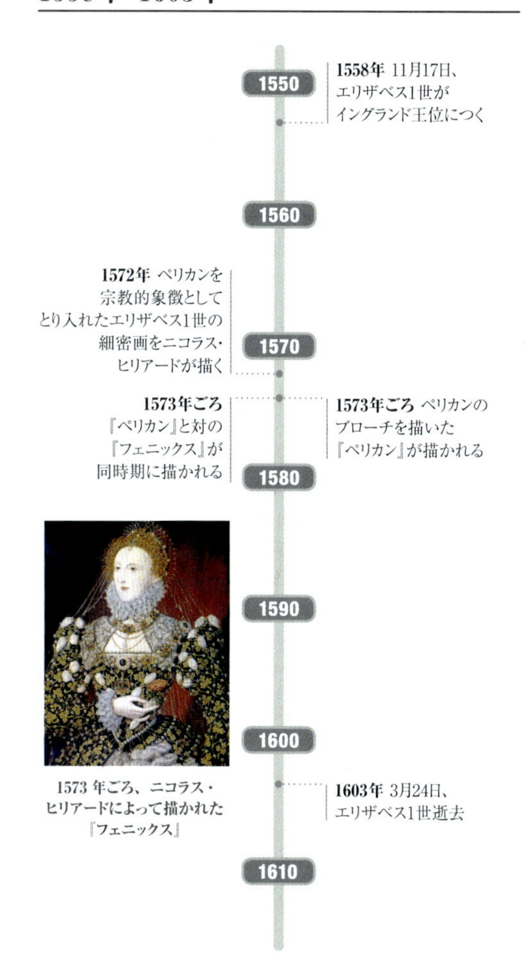

1550
1560
1570
1580
1590
1600
1610
1558年 11月17日、エリザベス1世がイングランド王位につく
1572年 ペリカンを宗教的象徴としてとり入れたエリザベス1世の細密画をニコラス・ヒリアードが描く
1573年ごろ 『ペリカン』と対の『フェニックス』が同時期に描かれる
1573年ごろ ペリカンのブローチを描いた『ペリカン』が描かれる
1603年 3月24日、エリザベス1世逝去

1573年ごろ、ニコラス・ヒリアードによって描かれた『フェニックス』

画家のニコラス・ヒリアード(1547-1619)
エリザベス1世の肖像画で有名。

……あのよきペリカンは、民の空腹を満たすためにみずからの身を引き裂くのを惜しむことはない

エリザベス1世について、ジョン・リリー(イングランドの作家、1553-1606ごろ)

神秘主義と治療

古来、宝石は邪悪な目を追い払い、身につける者を病魔から守るお守りとみなされてきた。中世の錬金術師は宝石には病気を治す力があると考え、裕福な患者には薬として宝石を粉にしたものが与えられた。現在もニューエイジの治療師は、体にあてた水晶には癒やしの力があると信じている——ただし、医学的な根拠は何もない。

ダイヤモンド
ギリシャ人はダイヤモンドを神の涙だと信じていた。ローマ人は隕石のかけらだと思っていた。

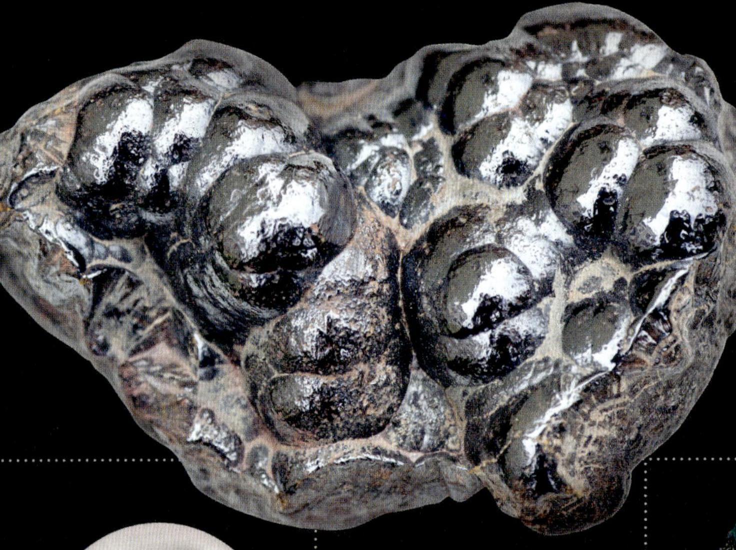

ヘマタイト
古代の多くの人が、ヘマタイトは戦場で兵士の血が流れた場所にできると信じていた。

ルビー
古代の言い伝えでは、ルビーはドラゴンの血が固まったものとされていた。

真珠
真珠は今でも粉末にされ、カルシウム調合剤として使われている。

ブルーサファイヤ
古代エジプト人はブルーサファイヤを解毒剤や、目の病気の治療のために使っていた。

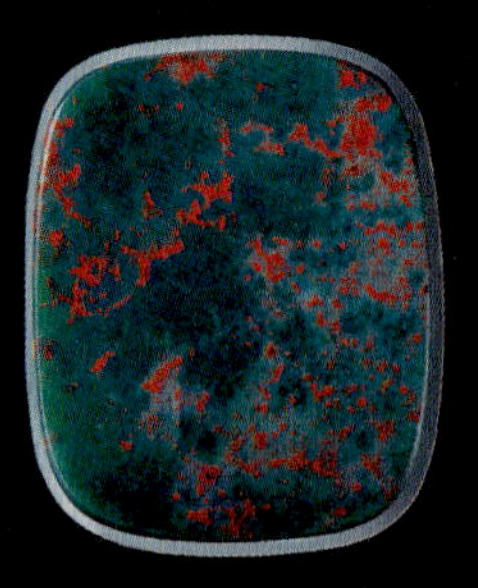

ブラッドストーン（血玉髄）
中世の言い伝えでは、ブラッドストーンはキリストの血が地面に落ちてできたものとされている。

イエローサファイヤ
イエローサファイヤは人との関係を強め、身につけている人の意志を強くするといわれている。

エメラルド
ローマの伝承では、恋人の裏切りによってエメラルドの色が変わるといわれた。

ヘソナイト（黄石榴石）
ベーダ人（紀元前1500年ごろにインドに移住してきたアーリア人）の占星術では、ヘソナイトが長寿と成功をもたらすといわれている。

クリソベリル
水晶の癒やしの伝承では、クリソベリルは集中力と自信をもたらすといわれている。

キャッツアイ
クリソベリルのなかでもキャッツアイは、頭痛をやわらげ、夜の視力をよくするといわれている。

珊瑚
伝統的にギリシャでは、珊瑚の首飾りは病気を防ぐ目的で子供たちが身につけていた。

ジルコン（風信子石）
東方では、ジルコンは野生動物やヘビに噛まれないよう旅人を守ってくれるとされていた。

マラカイト
いくつもの文化において、マラカイトは邪悪な目を追い払い、身につける者の妊娠・出産の無事を守ってくれるといわれていた。

スペインのフェリペ２世はもっとも高価なヒヤシンスのなめ薬——ジルコン（風信子石）を含む宝石の薬——を処方された。王は2日後に亡くなった

英国王エドワード7世時代のアメシストのブローチ | 目をみはるほどすばらしい96カラットのハート形のブラジル産アメシストをゴールドとプラチナの石座にセットし、ダイヤモンドで囲んだブローチ。

アメシストは
邪悪な考えを払い、
知性をかき立てる

レオナルド・ダ・ビンチ
画家・発明家

△ 底部が割れたブラジル産アメシストの結晶

水晶 アメシスト シトリン

Rock Crystal　Amethyst　Citrine

石英は氷と長石に次いで、地殻で3番目に普遍的な鉱物である。すべての鉱物のなかでもっとも多種多様な宝石の種類を持ち、そこにはアメシスト（紫水晶）やカルセドニー（玉髄）やアゲート（めのう）といった評価の高い宝石も含まれる。石英は基本的に2つの形、結晶質（明瞭な外形の結晶）と隠微晶質（顕微鏡的結晶組織）として生成する。その無色透明の光学・電気特性から、石英（クォーツ）はレンズやプリズム、時計のような電子機器の発振器などとしても幅広く使われている。

驚きの石

「クォーツ」ということばは古いドイツ語に由来し、書かれたものとしては1530年にゲオルギオス・アグリコラの文章にはじめて登場した。しかし、そのはるか昔、ローマ人の博物学者大プリニウス（23-79）は、クォーツのことを長い年月を経て永遠に解けない氷だと信じていた。クォーツがアルプスの氷河のそばでは見つかるが、火山のそばでは見つからないのがその証拠だった。ヨーロッパの青銅器時代の墓や、アイルランドや北イングランドの初期のキリスト教の教会や礼拝堂からは、卵大の白いクォーツが見つかっている。今も水晶——無色透明のクォーツ——は、目に見えるものと見えないものとをつないで透視するための「光の石」として交霊術で使われている。オーストラリアのアボリジニは水晶を魔除けや予言のために使っており、アメリカのナバホ族は太陽が地球に光を投げかけるきっかけをつくった石だと信じていた。

鉱物名　石英（クォーツ）

化学名：酸化ケイ素　**化学式**：SiO_2
色：無色、淡紅、黄、緑、青、紫、茶、黒　**晶系**：三方晶系
硬度：7　**比重**：2.7　**屈折率**：1.54-1.55
光沢：ガラス光沢　**条痕**：白色

カボションカット　ミックスカット　ステップカット

ペアーシェイプ　カメオ

産地
1 ブラジル　**2** スコットランド　**3** スペイン　**4** フランス
5 スイス（アルプス地方）　**6** ロシア　**7** スリランカ　**8** マダガスカル

仕立て

魔除けのペンダント｜仕立て｜ライオンの頭の形に彫ったアメシストをヒヒをかたどったゴールドの石座に据えたエジプト新王国時代の古代の魔除け。紀元前700年ごろのもの。

水晶の水差し｜彫刻｜1個の水晶を彫り、内部を空洞にしてつくられた、驚くほどすばらしい水差し。数多くの水晶の工芸品がつくられたエジプトのファーティマ朝（909-1171年）時代のもの。

ウィンザー公爵夫人のカルティエのネックレス｜仕立て｜29個のステップカットのアメシストとより大きな中央のハート形のアメシストを組み合わせたネックレス。トルコ石とダイヤモンドもあしらわれている。

原石

水晶の層

めのうに生成した水晶｜鉱物の切断面からは、2つの異なる形態に生成した石英が見てとれる。下の層状の隠微晶質のめのうと、それを基盤とする上の水晶の群生層だ。

めのうの晶洞｜この晶洞——冷えた溶岩にとり残された鉱物に充填された気体の泡による空洞——は、内壁がめのうで覆われたあと、さらに水晶の小さな結晶が被さっている。

アメシストの結晶｜内側にアメシストが生成した大きな晶洞の一部で、錐状の末端がわかる結晶。晶洞には直径数十cmにおよぶものもある。

アメシストの晶洞｜このすばらしいアメシストの晶洞には、最初に生成しためのうの繊細な層状組織と、そのあとで生成したアメシストの細かい結晶、さらにその上に載っている茶色の方解石の群が見てとれる。

雲母の輝き

アベンチュリンの原石｜微量の雲母や赤鉄鉱によって斑点模様を見せる結晶質のアベンチュリンは石英の変種で、さまざまな色があり、カボションカットやタンブル研磨された石が人気である

スモーキークォーツ（煙水晶）｜美しく結晶した両頭（両剣）のスモーキークォーツ。ミルキークォーツの母岩に生成している。黒いクォーツはモリオン（黒水晶）と呼ばれることもある。

ミルキークォーツ（乳水晶）｜透明度がないために長く注意を払われずにいた半透明から不透明のミルキークォーツは、近年、宝石研磨職人やニューエイジの収集家に高く評価されている。

ナミビア産の水晶｜異なる産地で採掘された水晶でも、すべて結晶構造の特徴は同じである。この標本はナミビア産。

ローズクォーツ（薔薇石英）の結晶｜ローズクォーツの結晶はきわめてめずらしい。長さ1cm未満の結晶群が塊状のローズクォーツの上に生成している標本。

クォーツキャッツアイの原石｜平行に配列する他の鉱物の針状結晶が、クォーツキャッツアイの原石にカボションカットを施したときに現れる「目」となる。

水晶｜アメリカ、アーカンソー州産の、完璧な形をなすすばらしい水晶群。高さは13cmあり、基盤部分に小さな水晶の結晶も見られる。

天然のシトリン（黄水晶）｜クォーツの一種「シトリン」として現在流通しているもののほとんどは、熱処理したアメシストである。このブラジル産の結晶は天然物で、多少、水流による摩耗が見られる。

ホークスアイの原石｜ホークスアイ（鷹目石）は鉱物のクロシドライト（青石綿）が石英に含浸されたものである。このクロシドライトは酸化していない。酸化したものは（青色が金色に変色し）タイガーズアイ（虎目石）として知られる。

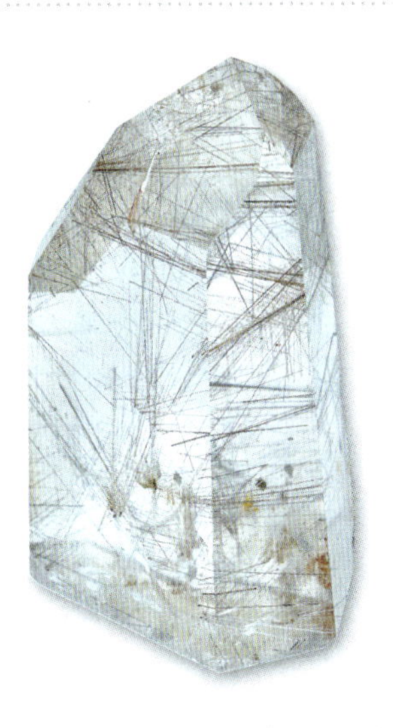

ルチルクォーツ（針入り水晶）｜チタンの鉱物であるルチルの数多くの針状結晶で貫かれた水晶。石英は黒から緑色のトルマリン（電気石）の針状結晶を内包することもある。

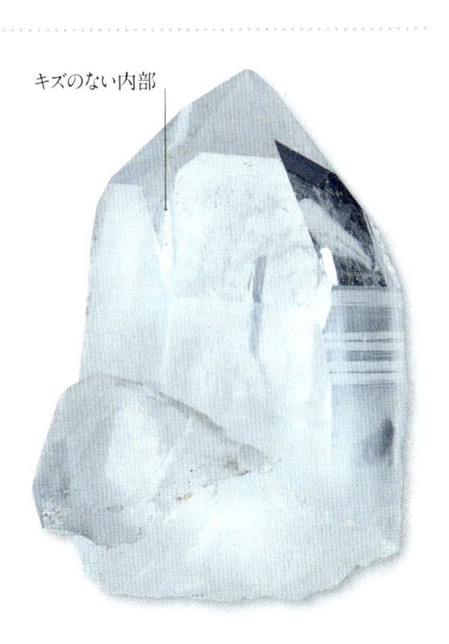

水晶の原石｜内部にキズがなく、宝石用にカットしたり、彫刻したりするのにぴったりの形のよい結晶。

カットと色

ミックスカットのアメシスト｜めずらしいミックスカットを施された、ドーム形の六角形の宝石。パビリオンにはファセットをつけ、クラウンはカボションカットされている。

ステップカット｜スクエアステップカットを施された、内部にキズのないアメシスト。賢明にも欠けるのを防ぐために、四隅に若干丸みがつけられている。

ミックスカット｜ブリリアントカットしたクラウンとステップカットを施したパビリオンを持つオーバルミックスカットのアメシスト。たくさんの小さな研磨面をつくることで、内部の色ムラのバランスをとっている。

ミルキークォーツ｜ミルキークォーツがカットされることは稀だが、繊細なオーバルブリリアントカットを加えることで、石のくもった内部に印象的な謎めいた雰囲気を与えることができる。

フリーフォームカットを施した美しいアメシスト｜この40.3カラットのアメシストに施されたカットは「フリーフォーム」カットとして知られている。つまり、ファセットの配置が標準的なパターンに従っていないということである。

内に秘めた強さ

水晶｜カットされた水晶はもとは「ラインストーン」――ライン地方で見つかった水晶にちなんでそう呼ばれる――である。クッションブリリアントカットが石の「内に秘めた強さ」を強調している。

ローズクォーツ｜宝石品質のローズクォーツはかなりめずらしい。ふつうは不透明だが、この石は細かいブリオレットカットによって特別に透明度を増している。

神話に登場するアメシスト

由来と迷信

神話によると、アメシストは、酩酊とブドウ酒とブドウをつかさどるローマ神話の神バッカスがつくり出したものだそうだ。バッカスはアメシストという乙女を襲おうとしたが、アメシストは清らかなままでいられるように神に祈った。月の女神ディアーナがその祈りに応え、アメシストを白い石に変えた。バッカスがみずからの行いを恥じてゴブレットに入ったワインを石にかけてやったところ、白い石は紫に変わった。ギリシャの言い伝えでは、アメシストは酔いを払うともいわれている。中世のヨーロッパでは、兵士たちがアメシストに傷を癒やす効果があると信じ、それを身につけて戦場におもむいた。その一方で、「呪いのヘーロン・アレンのアメシスト」（右）は呪われた石として有名である。

ヘーロン・アレンのアメシスト
触れた人間すべてに不運をもたらすといわれる石。

フリーフォームカットされたシトリン | 60.29カラットの美しいシトリンに施されたカットは、ファンシーカットというよりもフリーフォームカットに分類される。ありとあらゆる角度と位置にファセットがつけられている。

ペアーシェイプカット | 内部の色をよりよく見せるためにテーブル面を大きくした滴形のすばらしい色のシトリン。

ルチルクォーツ | 目を引かれる抽象的な形にカットされ、角ばった研磨面を持つすばらしいクォーツの標本。チタンの鉱物である金色のルチルの針状結晶が数多くクォーツ全体を貫いている。

クッションカット | 小さな研磨面と大きな研磨面をうまく組み合わせたファンシーカットによって、光を屈折させて内部を明るく見せたスモーキークォーツ。

茶色のスモーキークォーツ | イヤリングにするためにブリオレットカットを施したペアの宝石の片割れ。このタイプの宝石のカットとしては完璧な標本。

ローズクォーツ | ファセットをつけるに値する品質のローズクォーツは若干くもっている。輝きよりも色を強調するために、長めのクッションカットを施し、大きなファセットをつけた16.34カラットの石。

ホークスアイ | ホークスアイの豊かな青い色は、平行線状に内包される多数の繊維状のクロシドライトによるものである。

タイガーズアイ | タイガーズアイには、青いホークスアイに含まれるのと同じ繊維状のクロシドライトが含まれているが、タイガーズアイではそれらが酸化して金色になっている。

クォーツキャッツアイ | クォーツキャッツアイの「目」はほかの鉱物の場合ほど鋭くないが、厚みのあるカボションカットを施しても、まだはっきりとわかる。

仕立て

ウルトラモダンなアメトリン｜宝石のカットにおける新しいトレンドを象徴するアメトリン。カットと彫刻を組み合わせて目の錯覚とめずらしい形を生み出している。

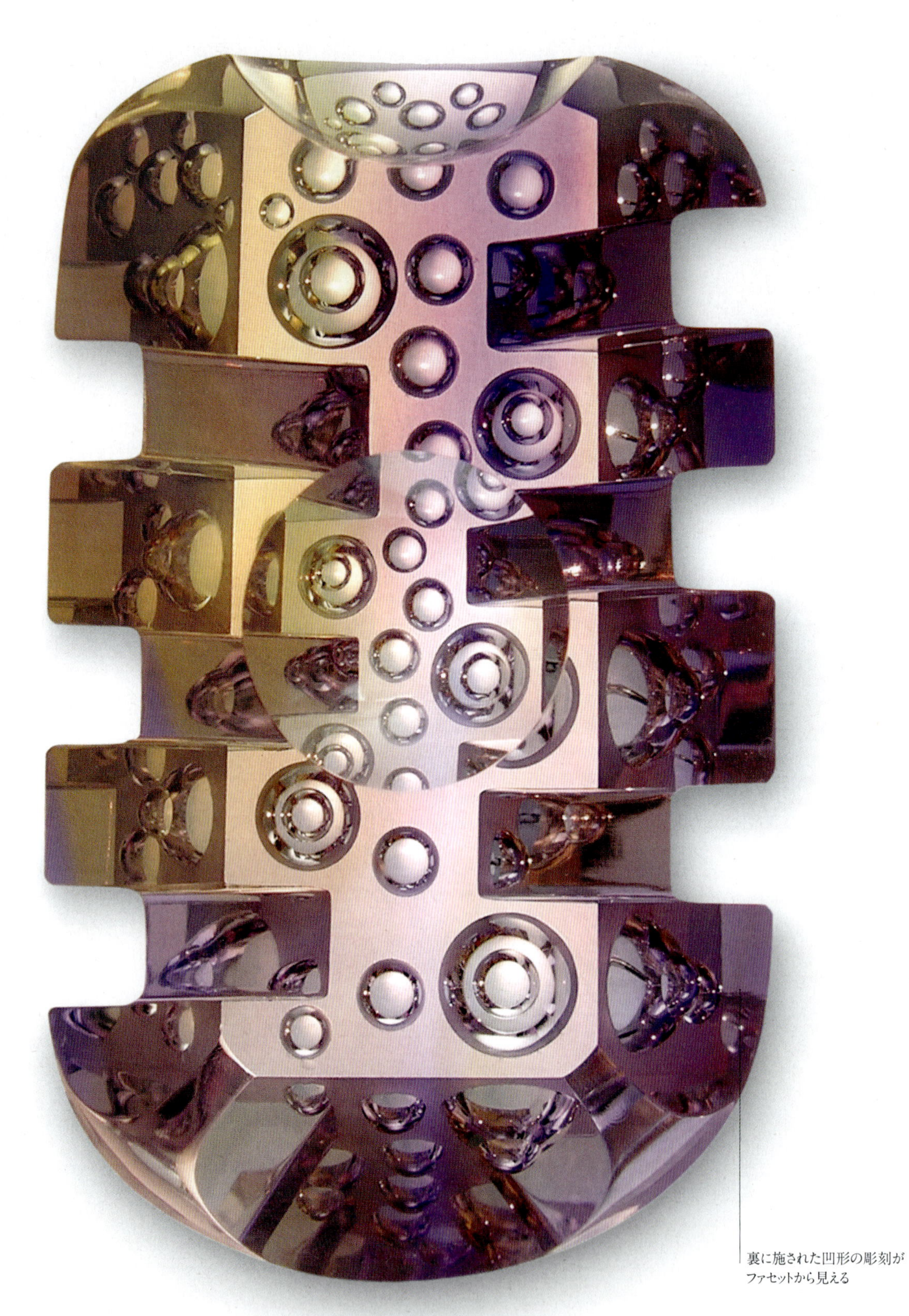

裏に施された凹形の彫刻がファセットから見える

ローマ時代のカメオ｜古代ローマでも、ヘレニズム様式のカメオの流行はつづいていた。ローマ帝国の皇后の頭部を表した、1-2世紀ごろのアメシストのカメオ。

アール・ヌーボー様式のブローチ｜ドイツの工芸家、テオドール・ファーメルの手によって1910年ごろに制作されたブローチ。エメラルドカットされたアメシストをシルバーの葉のモチーフがとり囲んでいる。

ファセットをつけた石

アメシストと種真珠（シードパール）のブローチ｜花と葉をモチーフにしたゴールドのブローチ。「花びら」は、カットされたアメシストで、その中央にシードパールがあしらわれている。

祈る彼女の手にはバラの花が落ち、シルバーの十字架にはやわらかなアメシスト

ジョン・キーツ
ロマン派の詩人

水晶のペンダント | ゴールドと青いエナメルのリボンに吊り下げられたハート形の水晶のペンダント。19世紀の作品。

水晶のブローチ | 19世紀には、水晶の「窓」を持つゴールドのブローチは、恋人の髪の毛を入れておくのによく使われていた。

水晶のリング | このイエローゴールドのリングにセットされたまばゆい菱形のファンシーカットの水晶には、尖った角が欠けるのを防ぐ賢い工夫がなされている。

ファセットを入れた卵 | 何百という完璧なファセットを施した実物大の水晶製の卵。卓越したカットの技術がわかる。

水晶のブローチ | 1972年に英国のバーミンガムでつくられた18金のゴールドとサファイヤと水晶のブローチ。めずらしい抽象的なデザイン。

トルマリンを含む水晶 | トルマリンの針状結晶を数多く含む水晶を彫ってつくった、きわめて上等な中国製のスナッフボトル。

シトリンとアメシスト | 中央に据えたオーバルカットのシトリンの宝石をゴールドの葉とブリリアントカットしたアメシストで囲んだ凝ったデザインのブローチ。

クリスタルスカル

古代の謎か、偽物か？

現代文化においては、水晶でつくった頭蓋骨が謎めいた雰囲気があるとして人気になっている。メソアメリカ（コロンブス以前にさまざまな文明が栄えた中央アメリカ地域）の古代の遺物とされているもののうち、科学的な検証が行われたなかでは、これまでコロンブス以前の遺物と裏づけられたものはない。すべてに19世紀の道具を使った痕跡が残っており、どれもマダガスカルで見つかるタイプの水晶でできている。多くは同じ19世紀の古物商ウジェーヌ・ボバンの手を経て出まわったものと思われる。

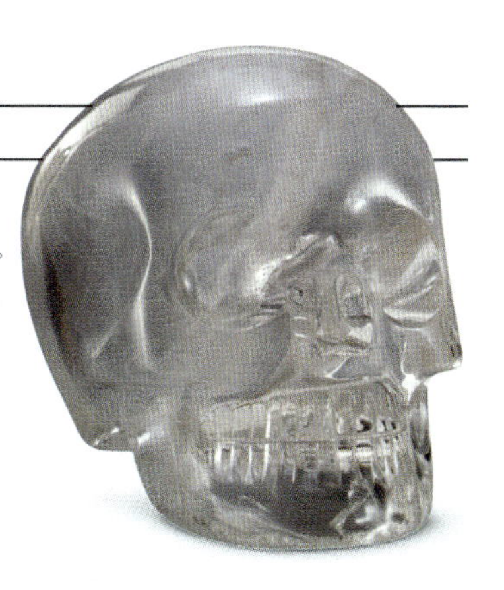

彫刻された頭蓋骨　水晶を彫ってつくった高さ25cmの工芸品。

ムガル帝国皇帝アウラングゼーブの誕生日を祝うデリーの宮殿 | 1701-1708年ごろ | 58×142×114cm | ゴールド、シルバー、エナメル、さまざまな宝石、ラッカー

アウグスト２世の宝の部屋

△ ポーランドのホワイトイーグル勲章。コレクションから

ドイツのドレスデンにあるレジデンツシュロス城のグリューネス・ゲベルベ（緑の丸天井）は、ヨーロッパ最大の宝物コレクションを誇る。王家の宝石のコレクションをおさめるためにアウグスト2世（1670-1733）によって1730年につくられたその宝物庫には、3000以上ものめずらしい宝物がおさめられている。強健王と呼ばれたアウグスト2世は、バロック様式の部屋の扉を民衆に開放し、それがヨーロッパ初の一般向けの美術館の1つとなった。

展示物のなかには、『ムガル帝国皇帝アウラングゼーブの誕生日を祝うデリーの宮殿』と名づけられた、並はずれてすばらしいミニチュアセットがある。そのミニチュアには、天蓋の下にすわるヒンドスタンのムガル帝国の第6代皇帝アウラングゼーブ（在位1658-1707年）と、皇帝をとり囲むエナメル加工された人や動物のミニチュアや、ゴールド、アイボリー、シルバー、宝石でつくられたさまざまな物が、137も置かれている。もともとは5223個のダイヤモンド、189個のルビー、175個のエメラルド、53個の真珠、2個のカメオ、1個のサファイヤが使われていたが、今はそのうち391個の貴重な宝石や真珠が失われている。

細部まで凝ったつくりの輿をつけたゾウのミニチュア。アウラングゼーブのミニチュアセットから

このミニチュアセットは、ヨーロッパのもっとも偉大な金・宝石細工師の1人であるヨハン・メルヒオール・ディングリンガーによって1701-1708年ごろに制作されたものである。注文を受けてつくったわけではないが、そのすばらしい出来ばえに歓喜したアウグスト2世は、結局モーリッツブルクの城を建造するのに費やした以上の金を払ってそれを買いとった。

このミニチュアセットは、インドの宮殿やその豊かさに対するヨーロッパ社会の熱狂を具現化している。ムガル帝国の富と権力は、アウラングゼーブの治世下で頂点に達していた。ミニチュアセットでは、皇帝が帝国でもっとも力を持つ王子たちから、32個の誕生日の贈り物を受けとっている姿が描かれている。こうしたことは古代エジプト、中国、ギリシャ、ゲルマン族の遺物や象徴をあつかったディングリンガーのほかの作品にも共通し、その重要性が付属の解説書に詳述されている。

1945年に破壊されたドレスデンを写した写真。第二次世界大戦勃発前に宝物類はドレスデンから移されていたため、連合軍によるドレスデンへの爆撃で失われることはなかった。

ミニチュアセットにまつわる主な歴史

1658年-1959年

- **1658年** アウラングゼーブが第6代ムガル帝国皇帝になる
- **1694年**「強健王」、「ザクセン族のヘラクレス」、「鉄腕王」として知られるアウグスト2世が王位につく
- **1698年** アウグスト2世がヨハン・メルヒオール・ディングリンガーを宮廷付きの宝石細工師に任命する
- **1701-08年** ヨハン・ディングリンガーとその兄弟がアウラングゼーブのミニチュアセットを制作する
- **1723年** アウグスト2世によってドレスデンにグリューネス・ゲベルベがつくられる
- **1723-30年** アウグスト2世がアウラングゼーブのミニチュアセットを含むグリューネス・ゲベルベの宝物類のためにバロック様式の部屋をつくる

ザクセン選帝侯アウグスト２世

- **1930年代** グリューネス・ゲベルベの美術品がドレスデン郊外のケーニッヒシュタイン城塞に疎開する
- **1945年2月13日** ドレスデン空爆により、市のほとんどの建物と同様に、グリューネス・ゲベルベもほぼ壊滅状態となる
- **1945年** 破壊を免れた宝物類がソビエト赤軍によって略奪される
- **1958年** ソビエト政府が宝物類をドレスデンに返還する
- **1959年** コレクションの一部がドレスデンのアルベルティヌム近代美術館で展示される

1650 1700 1725 1750 1900 1925 1950 1975

死は皇帝にすら帳(とばり)を下ろす

皇帝アウラングゼーブ

表面の光沢

宝石の多くはガラス光沢を持っている——表面がガラスのように光を反射するのだ。金属光沢やダイヤモンド光沢のものもいくつかある。さらにめずらしいが、絹糸光沢の宝石や、輝きやつやのない宝石もある。油脂や、蝋のような風合いのものもあり、生体起源の宝石には樹脂光沢や真珠光沢のものもある。光沢は科学的基準よりも、見た目によって主観的に判断されるものである。

ダイヤモンド
研磨された石はダイヤモンド光沢を持つが、原石は油脂光沢であることもある。

ゴールド
ゴールドは不透明で光を反射する金属光沢を持つ。光が変わることも色あせることもない。

翡翠
翡翠は、大量の翡翠輝石の極微細結晶からなるもので、油脂光沢を持つ。

ツァボライト
きわめてめずらしい宝石であるツァボライトは、ダイヤモンド光沢に近いガラス光沢を持つ。

シトリン
水晶の一変種であるシトリンは水晶に典型的なガラス光沢を見せる。

アメシスト
ほかのほとんどのケイ酸塩鉱物と同様にアメシストはガラス光沢を持つ。

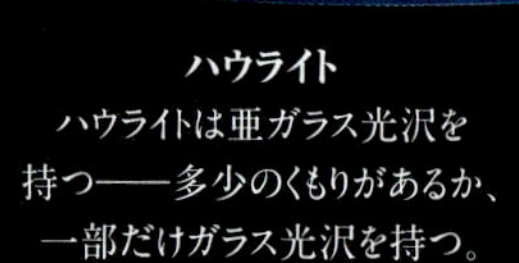

ハウライト
ハウライトは亜ガラス光沢を持つ——多少のくもりがあるか、一部だけガラス光沢を持つ。

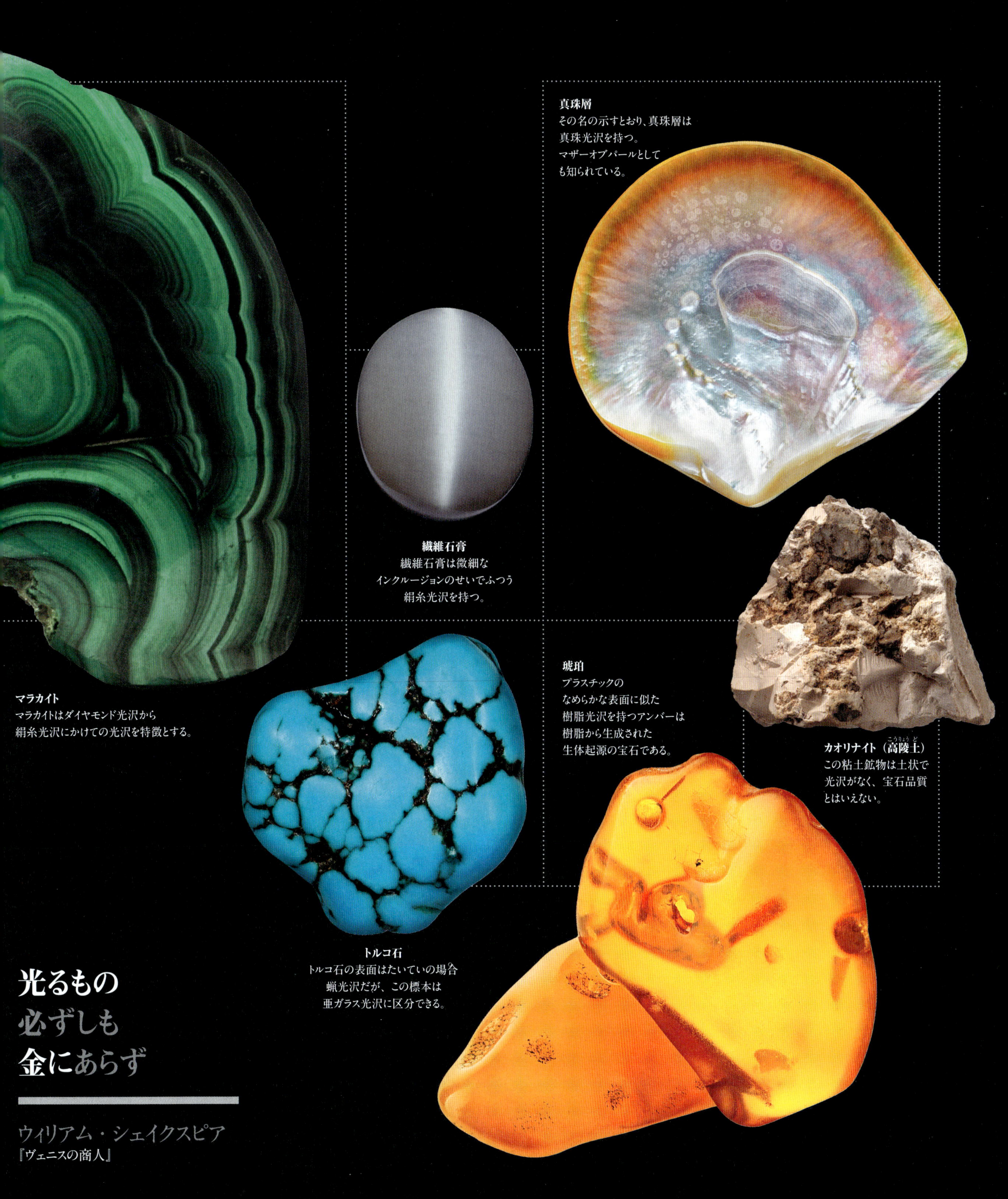

真珠層
その名の示すとおり、真珠層は真珠光沢を持つ。マザーオブパールとしても知られている。

繊維石膏
繊維石膏は微細なインクルージョンのせいでふつう絹糸光沢を持つ。

琥珀
プラスチックのなめらかな表面に似た樹脂光沢を持つアンバーは樹脂から生成された生体起源の宝石である。

カオリナイト（高陵土）
この粘土鉱物は土状で光沢がなく、宝石品質とはいえない。

マラカイト
マラカイトはダイヤモンド光沢から絹糸光沢にかけての光沢を特徴とする。

トルコ石
トルコ石の表面はたいていの場合蝋光沢だが、この標本は亜ガラス光沢に区分できる。

光るもの必ずしも金にあらず

ウィリアム・シェイクスピア
『ヴェニスの商人』

聖ゲオルギオスの小彫像 | 1586-1597年 | 高さ50cm | ゴールド、金メッキのシルバー、ダイヤモンド、ルビー、エメラルド、オパール、アゲート、カルセドニー、水晶、その他の貴重な宝石、真珠、エナメル

聖ゲオルギオスの小影像

△ 16世紀初頭、ドラゴンを退治する聖ゲオルギオスを描いたラファエロの絵画

この目もくらむほど豪華な聖遺物箱には、聖ゲオルギオスが愛馬に乗り、彼が退治したとされるドラゴンを踏みつけている小影像が飾られている。馬はカルセドニーでできており、宝石をちりばめたエナメルの馬衣と、ルビーと真珠の羽根飾りをつけている。エメラルドとルビーのうろこを持つドラゴンは、白いエナメルの腹をしている。聖ゲオルギオスの鎧は細やかな装飾を施されており、兜の眉庇は持ち上げて顔が見えるようになっている。その顔はこの作品の注文者であるバイエルン公のヴィルヘルム5世に似ている。騎士と馬とドラゴンを支えるゴールドの台座は、ダイヤモンド、ルビー、エメラルド、真珠、アゲート、オパール、その他の宝石で豪奢に飾られている。サファイヤとエナメルをあしらったバイエルンの紋章で飾られた引き出しには、聖ゲオルギオスの聖遺物がおさめられている。聖ゲオルギオスとドラゴンの伝説は東方から十字軍によって伝えられたものだが、その逸話には種々異説がある。それはまったくの作り話かもしれず、異教徒に対するキリスト教徒の勝利を寓話的に表したものかもしれないが、聖ゲオルギオス自身は歴史上の人物として記録に残っている。ローマ軍の一兵士だった彼は、キリスト教の信仰を捨てるようディオクレティアヌス皇帝自身から求められて拒絶したために、拷問にかけられ、処刑された。聖ゲオルギオスの信仰に感銘を受けたディオクレティアヌスの妻アレクサンドラ皇后もキリスト教に改宗していたが、そのせいでやはり処刑された。伝説のなかで騎士が救おうとしている「王女」がアレクサンドラ皇后をモデルにしている可能性はある。聖ゲオルギオスの墓はイスラエルのリダにあるが、その聖遺物は世界中の聖なる場所で保管されている。

ローマ皇帝ディオクレティアヌスの妻、殉教者聖アレクサンドラ

武装した十字軍　聖ゲオルギオスの伝説の発祥地である聖なる土地へと旅立つところ。エスプリ勲章の制定法に記された有名な一節から

> それは**不浄な偶像**ではなく、**敬虔**な**記念碑**である
>
> アンジェのベルナール
> 11世紀の歴史家

小影像にかかわる主な歴史

275年-2000年代

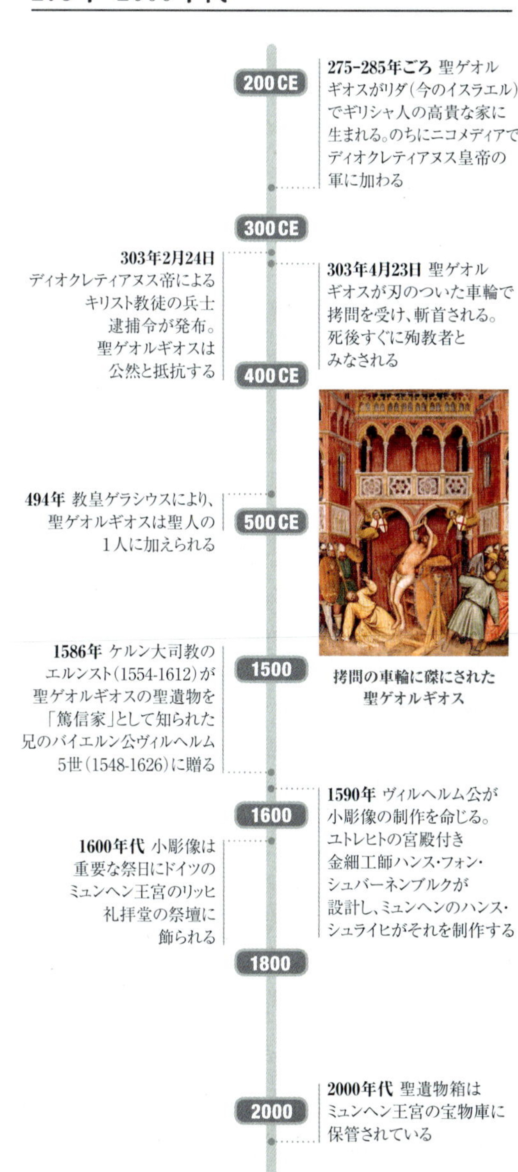

200 CE
275-285年ごろ 聖ゲオルギオスがリダ（今のイスラエル）でギリシャ人の高貴な家に生まれる。のちにニコメディアでディオクレティアヌス皇帝の軍に加わる
300 CE
303年2月24日 ディオクレティアヌス帝によるキリスト教徒の兵士逮捕令が発布。聖ゲオルギオスは公然と抵抗する
303年4月23日 聖ゲオルギオスが刃のついた車輪で拷問を受け、斬首される。死後すぐに殉教者とみなされる
400 CE
494年 教皇ゲラシウスにより、聖ゲオルギオスは聖人の1人に加えられる
500 CE
拷問の車輪に磔にされた聖ゲオルギオス
1500
1586年 ケルン大司教のエルンスト（1554-1612）が聖ゲオルギオスの聖遺物を「篤信家」として知られた兄のバイエルン公ヴィルヘルム5世（1548-1626）に贈る
1600
1590年 ヴィルヘルム公が小影像の制作を命じる。ユトレヒトの宮殿付き金細工師ハンス・フォン・シュバーネンブルクが設計し、ミュンヘンのハンス・シュライヒがそれを制作する
1600年代 小影像は重要な祭日にドイツのミュンヘン王宮のリッヒ礼拝堂の祭壇に飾られる
1800
2000
2000年代 聖遺物箱はミュンヘン王宮の宝物庫に保管されている

ヘビのブレスレット | 体をくねらすヘビを表した驚くほどすばらしい18金のゴールドのブレスレット。青いエナメルのうろこ、ルビーの目、カボションカットしたクリソプレーズにダイヤモンドをちりばめた頭を持つ。

カルセドニーは
幽霊や夜の幻を追い払う

ジョゼフィ・ゴネッリ
18世紀の医者

カルセドニー（玉髄）

Chalcedony

△ 葉の形にカボションカットしたカーネリアン（紅玉髄）

カルセドニーは極微の（微晶質の）結晶か、通常の光学顕微鏡では見分けがつかない（隠微晶質の）結晶からなる石英の一変種である。シリカ（ケイ酸成分）を豊富に含んだ低温の水が、既存の岩——とくに溶岩——に浸透するときに、空洞や割れ目のなかに、あるいはほかの鉱物と入れ替わるように生成する。比較的多孔質なので、流通しているカルセドニーの多くが、もともとの色を濃くしたり、着色したりするために、人工的に染められている。何千年にもわたり、あらゆる種類のカルセドニーが宝石、ビーズ、彫刻、印章などに使われてきた。初期の石器のほとんどは、なんらかの形のカルセドニーでつくられている。

多様性

純粋なカルセドニーは白い。しかし、微量元素が含まれていたり、ほかの鉱物の微量のインクルージョンがあったりすると、さまざまな色を持つ。その多くに固有の名前がつけられる。はっきりした縞模様を見せるカルセドニーはアゲート（めのう）という。酸化鉄を含むことによって血のような赤から赤っぽいオレンジまでの色で産する半透明のカルセドニーは、カーネリアンという。ブラッドストーン（血玉髄）は、微量のケイ酸鉄によって不透明な深緑色をし、明るいレッドジャスパー（赤碧玉）がまだらに含まれている。クリソプレーズ（緑玉髄）はニッケルを含むせいで半透明のアップルグリーン色をしている。サードは薄茶色から濃い茶色までのカルセドニーで、サードニクス（紅縞めのう）は縞模様のあるサードである。ジャスパー（碧玉）、チャート、フリント（燧石）は不透明で、きめの細かい、もしくは密度の高い隠微晶質のクォーツの混合種である。

鉱物名 石英

化学名：酸化ケイ素 | **化学式**：SiO_2 | **色**：無色、淡紅、黄、緑、青、紫、茶、黒 | **晶系**：三方晶系 | **硬度**：7 | **比重**：2.7
屈折率：1.54-1.55 | **光沢**：ガラス光沢 | **条痕**：白色

カボションカット

カメオ

スラブ（板状）

産地
1 アメリカ **2** ペルー **3** モロッコ **4** スコットランド **5** オランダ **6** チェコ **7** ポーランド **8** マダガスカル **9** スリランカ **10** ミャンマー **11** ロシア

カルセドニーの宝飾品

古代エジプトのゴールドの胸飾り | 紀元前1040-紀元前996年、プスセンネス1世（第21王朝第3代ファラオ）の埋葬品の1つである豪奢なゴールドの胸飾り。レッドジャスパーとラピス・ラズリがちりばめられている。

アステカ族のナイフ | フリントを薄く削り、トルコ石、珊瑚、ジェット（黒玉）のモザイクの柄をつけた凝った装飾のナイフ。アステカ族の生贄の儀式で使われた。15世紀から16世紀のものと考えられている。

カルセドニーのカップ | すばらしい宝石細工とエナメル加工の技によって、蝋のような灰色のカルセドニーを繊細に彫り上げ、ゴールドの縁をつけたアンティークのカップ。エナメルの装飾は取っ手の部分がとくにすばらしい。

原石

レッドジャスパー｜アメリカ、アリゾナ州産のレッドジャスパー。カボションカットしたなら、カラフルでおもしろい石になるまだら模様を見せている。

宝石の原石｜上質のカーネリアンの大きな原石。全体的にきれいな色で、すばらしい半透明性を持つ。酸化鉄で自然に色が着いた石。

縞模様のジャスパー｜印象的な縞模様を見せるジャスパーの原石の標本。なぜ古代から彫刻や宝石の素材として使われてきたのかよくわかる。

ヘリオトロープの原石｜緑のカルセドニーであるヘリオトロープにブラッドストーンとして知られる酸化鉄の赤い模様が入った標本。

水入りめのう｜単一産地であるブラジル産の水入りめのう。内部に晶洞があり、水蒸気が冷えてできた水が閉じこめられている。内部を見るため、石に透明な水晶の「窓」を磨きだした標本。

クリソプレーズ｜美しい深緑色を見せる宝石品質のクリソプレーズの標本。クリソプレーズはカルセドニーのなかでもっとも人気のある石の1つである。

仕立て

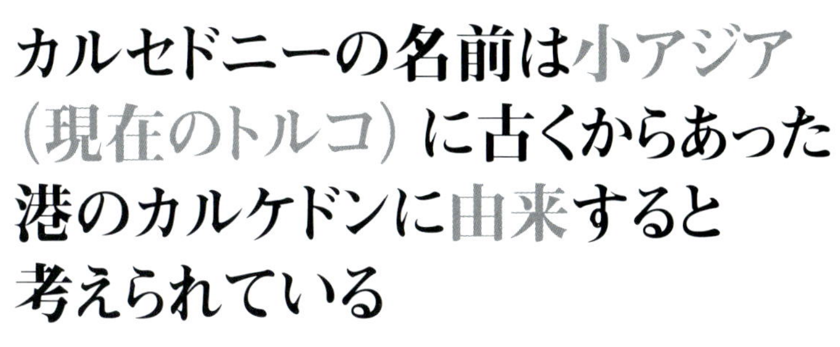
カルセドニーの名前は小アジア（現在のトルコ）に古くからあった港のカルケドンに由来すると考えられている

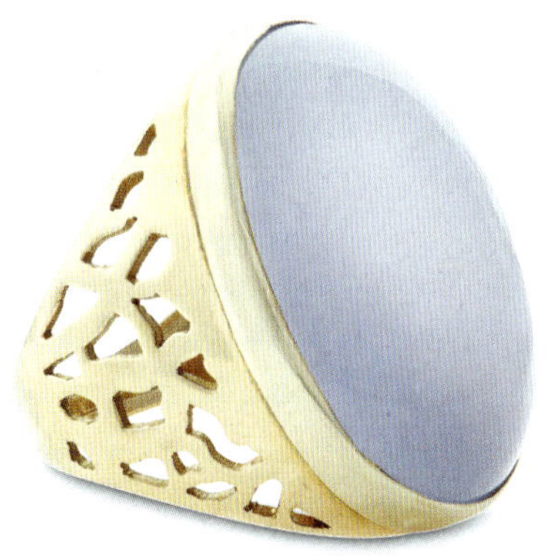

カルセドニーのリング｜模様のない青いカルセドニーは比較的めずらしい。カボションカットされて14金のイエローゴールドのリングにセットされた淡いパステルブルーのカルセドニー。

ロシアの壺｜ウラル山脈産の1つのジャスパーから彫られたすばらしい色合いの壺。19世紀の宝石細工の最高級の技がわかる。

ペンダントブローチ｜E・バルチョーのサインが入った美しいゴールドのペンダントブローチ。クリソプレーズの葉とアゲートの花にダイヤモンドのアクセントをつけている。

ジャルディネット（花かご）のブローチ｜アメシスト、クリソプレーズ、カーネリアン、トルコ石、珊瑚を彫ってつくった花にダイヤモンドとエメラルドのアクセントをつけた非常にすばらしいジャルディネットのブローチ。

ブラッドストーンのウォッチケース｜彫刻したブラッドストーンを18金のゴールドで象嵌し、シードパールで囲んだ裏面を持つ片面ガラスの懐中時計ケース。

シルバーのピン｜カボションカットした4つのスモーキーカルセドニーをあしらったシルバーのピン。後世に多大な影響をおよぼしたデンマークの銀細工師ジョージ・ジェンセンのデザイン。

ヴァン クリーフ&アーペルのペンダント｜カボションカットしたクリソプレーズとラピス・ラズリで飾られたゴールドのペンダント。ロープのモチーフにダイヤモンドがあしらわれている。

金メッキされたシルバーのコフシ（ひしゃく）｜ロシア帝政時代の目にも鮮やかなコフシ。最高級のクロワゾネエナメルを用い、カボションカットしたクリソプレーズとガーネットをアクセントとしてあしらっている。ここまで質の高いコフシは皇帝への贈り物だったのだろう。

嗅ぎ煙草入れ | 1765 年ごろ | 彫刻されたクリソプレーズ、ゴールド、宝石、色をつけた箔を貼ったダイヤモンド

フリードリヒ2世の嗅ぎ煙草入れ

△ さまざまな色のゴールドで仕立てた石座にセットされ、裏の箔によって色がついて見えるダイヤモンド

プロイセンの大王こと、フリードリヒ2世（在位1740-1786年）は嗅ぎ煙草入れを非常に好んだ。そのコレクションは1年間毎日ちがうものを使えるほどだったという。緑のクリソプレーズの宝石を好んだことでも知られており、クリソプレーズ製の嗅ぎ煙草入れを8つもつくらせた。ロンドンで技を磨いたデザイナーのジャン・ギローム・ジョルジュ・クリューガーが1765年ごろにこの煙草入れを制作したと考えられている。フリードリヒはのちにこれを弟のプロイセン王子アウグスト・ヴィルヘルムへの贈り物とした。

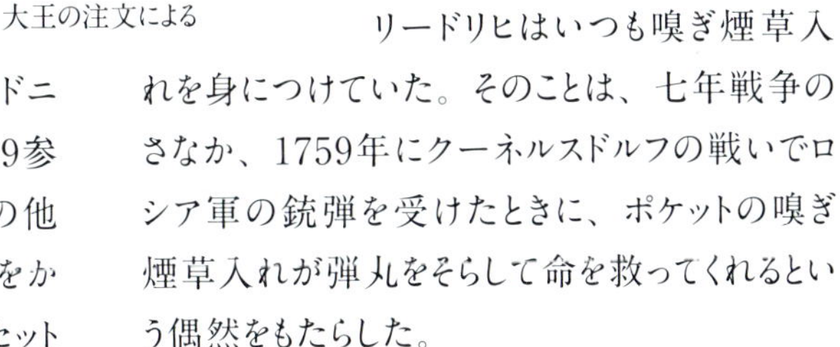

宝石をちりばめた真珠層の嗅ぎ煙草入れ。フリードリヒ大王の注文による

楕円形の箱と蓋はどちらも、緑のカルセドニーである1つのクリソプレーズ（p146-149参照）からつくられている。ダイヤモンドとその他の宝石が、渦巻き模様や、ツタや、花枝をかたどった多色仕立てのゴールドの石座にセットされている。ダイヤモンドには淡い色をつけるために淡いピンクや緑やレモンイエローの下敷き箔が貼られている。蓋の内側はゴールドで縁どられ、そこにも花や渦巻きが彫りつけられている。

フリードリヒ2世はその軍事的功績で有名だが、芸術の保護者としても知られている。絶品の素材を好み、なかでもクリソプレーズは大のお気に入りだったため、晩年、箱や宝石といっしょに見られるように、クリソプレーズの石そのものをいくつか飾らせていた。優美な箱への関心は、母のゾフィー・ドロテアのコレクションの影響で、フリードリヒはいつも嗅ぎ煙草入れを身につけていた。そのことは、七年戦争のさなか、1759年にクーネルスドルフの戦いでロシア軍の銃弾を受けたときに、ポケットの嗅ぎ煙草入れが弾丸をそらして命を救ってくれるという偶然をもたらした。

プロイセンのフリードリヒ大王。1759年のクーネルスドルフの戦いで、嗅ぎ煙草入れがロシア軍の銃弾をそらしてくれ、命拾いした場面を描いた絵。

彼の美への取り組みは……すさまじい

ティム・ブラニング
フリードリヒ大王の伝記の著者

嗅ぎ煙草入れにまつわる主な歴史

1712年-1786年

1700
1712年 フリードリヒ2世誕生
1753年 ロンドンで腕を磨いたデザイナーのジャン・ギローム・ジョルジュ・クリューガーがベルリンに移り、プロイセン王家のコレクションのために一連の嗅ぎ煙草入れをデザインする
1740年 フリードリヒ2世が王位につき、第一次シュレージエン戦争で、クリソプレーズの鉱山のあるシュレージエン（現在はほぼポーランドに含まれる地域）を征服する
1750
1755
1756年 フリードリヒ2世が当時の世界の列強国家のほとんどを巻きこむ七年戦争をはじめる
1759年 七年戦争のクーネルスドルフの戦いで、ポケットに入れた嗅ぎ煙草入れがロシア軍の銃弾からフリードリヒ2世の命を守る
1760
1763年 七年戦争が終結し、プロイセンが強大な権力を掌握する
1765年ごろ クリソプレーズの嗅ぎ煙草入れがおそらくはクリューガーの手によってつくられ、フリードリヒによって弟のアウグスト・ヴィルヘルムに贈られる
1770
1780
1786年 フリードリヒ大王逝去

フリードリヒ大王が描かれたプロイセンの硬貨。1771年ごろ

アゲート（めのう）

Agate

△ 並はずれてすばらしい色のファイヤーアゲート

石英の微細結晶が緻密に集まったアゲートは、石英の一変種で、一般的な準宝石のカルセドニーである。アゲートはほとんどの場合、同心円をなす色の縞に特徴がある。また、数は少ないが、コケ状のインクルージョンがあるときはモスアゲートと呼ばれる。ファイヤーやブラジリアンなどのように、アゲートの前につくことばが、その石が見つかった場所や特別な外観や色を表すことが多い。アゲートは、カボションカットしたり、彫刻したり、ビーズやオーナメントとして使ったりすることがほとんどである。

鉱物名 石英（せきえい）

化学名：酸化ケイ素 | **化学式**：SiO_2 | **色**：無色、淡紅、黄、緑、青、紫、茶、黒 | **晶系**：三方晶系 | **硬度**：7 | **比重**：2.7
屈折率：1.54-1.55 **光沢**：ガラス光沢 | **条痕**：白色
産地：世界各地。とくにブラジル、ボツワナ、南アフリカ、エジプト、中国、メキシコ、スコットランド。ファイヤーアゲートはメキシコ北部とアメリカ南西部だけで産出される

原石

アゲートの切断片 | 多種多様な鮮やかな色の輪を見せる輪切りされたアゲートの断面。母岩内部の空隙が始まりで、その内壁を粗粒の石英が覆い、さらにさまざまな色のカルセドニーが何層にも積み重なって生成されたことがわかる。

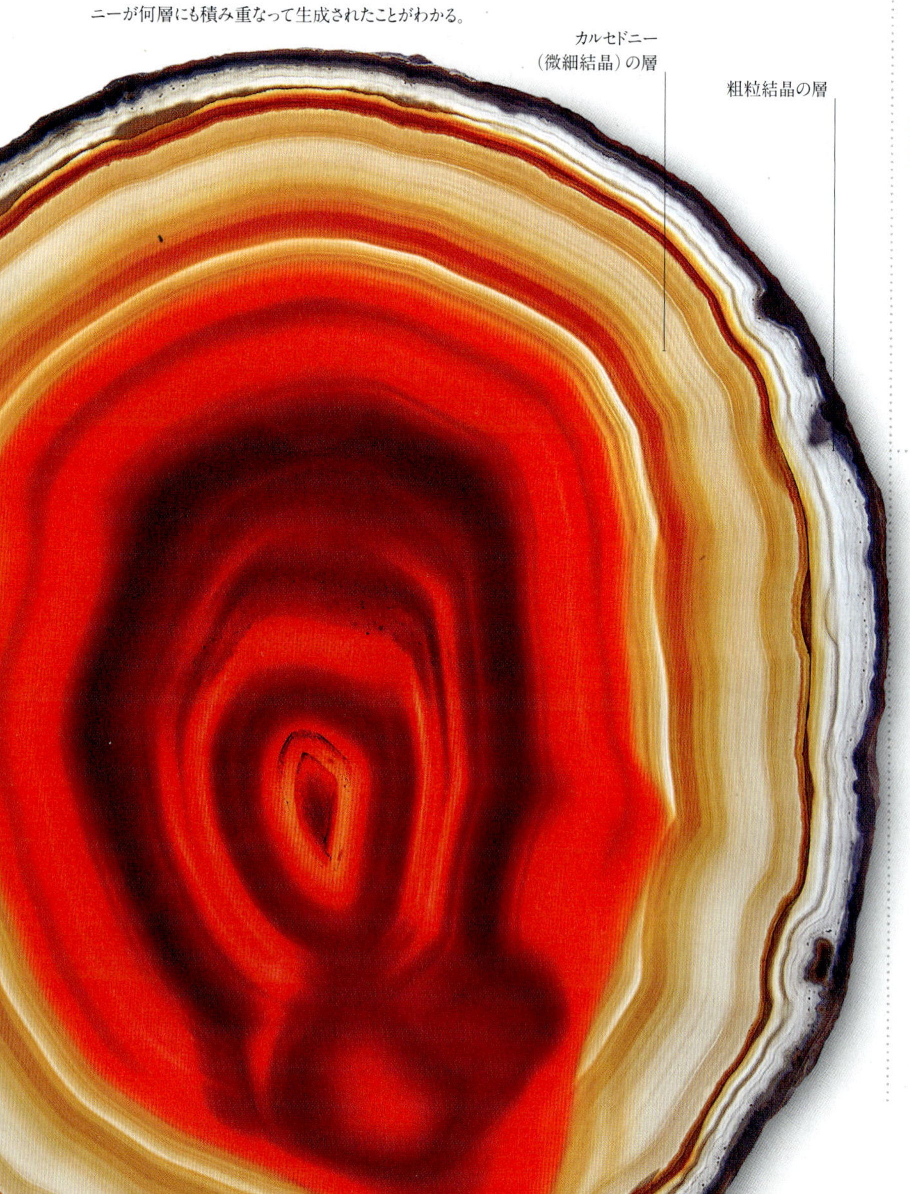

ブラジル産のアゲート | この断面からは、アゲートの生成の段階がわかる。空洞化した溶岩の内壁に粗粒の石英がつき、それからさまざまな色のカルセドニーが層をなして空洞を埋めていった。

光の回折

アイリスアゲートの切片 | このアゲートのカルセドニーの層はきわめて薄い。その薄さゆえに、回折格子の役割をはたし、虹色を生み出す。

アゲートの原石 | 表面がブドウの房の形をしている——球状の結晶が固まってブドウの房のように見える——標本。多くのタイプのアゲートに典型的に見られる層の形。

カット

複合石のカメオ | 色の薄い部分を削り、背景のモスアゲートに対して人物を浮き上がらせた標本。層をなすアゲートがカメオにすばらしい効果をもたらしている。

カボションカットされたモスアゲート | カボションカットを施すことによって鉱物のインクルージョンがはっきりわかる。インクルージョン（この標本ではクロライト／緑泥石）のために、石のなかでコケが増殖しているように見える。

仕立て

アゲートの器 | モスアゲートを削った浅い器。研磨された表面が複雑な模様を見せている。器のゆがんだ形は石の自然の形をうまく利用したものである。

色

染色（人工着色）したアゲート | アゲートは多孔質のため、染色が容易である。このように青く染色することが多く、赤や紫に染色することも一般的である。染色したアゲートと天然のものを見分けるのはむずかしい。

カボションカットされたファイヤーアゲート | カボションカットすることで、自然のイリデッセンス（光の変化や見る角度で虹のように色が変わる現象）が際立っているファイヤーアゲート。泡立ったような油脂様の外観は酸化鉄のインクルージョンによる。

色とりどりのネックレス | アゲートやローズクォーツや水晶を含むたくさんのクォーツ類の石からつくられた球状のビーズを組み合わせたネックレス。

シルバーにセットされたブローチ | 19世紀につくられたケルト様式のブローチ。このブローチに使われているアゲートはスコットランド北部の浜辺で採取されたものである。

中世には、アゲートを身につけると不眠が解消し、よい夢が見られるとされていた

モスアゲート | カボションカットされたこの標本で「コケ」に見えるものは、アゲートが生成されたあとで浸透した酸化鉄か酸化マンガンの染みである。

アゲートの種類

レースとファイヤー

ファイヤーアゲートは茶色から蜂蜜色の基盤と虹色のイリデッセンスを持つ奇変種のアゲートである。「ファイヤー」が現れるようにうまく適量の石をとり除かなければならないため、カットには細心の注意が必要だ。多角形のへりを持つ縞模様のアゲートは城塞（フォーティフィケーション）の平面図を連想させるため、一般にフォーティフィケーションアゲートと呼ばれる。ブラジル産のアゲートは角ばった同心円の縞模様を持ち、メキシコ産の「クレイジーレース」と呼ばれるレースアゲートは、色とりどりの渦巻き形の層を持つ。どちらもフォーティフィケーションアゲートである。

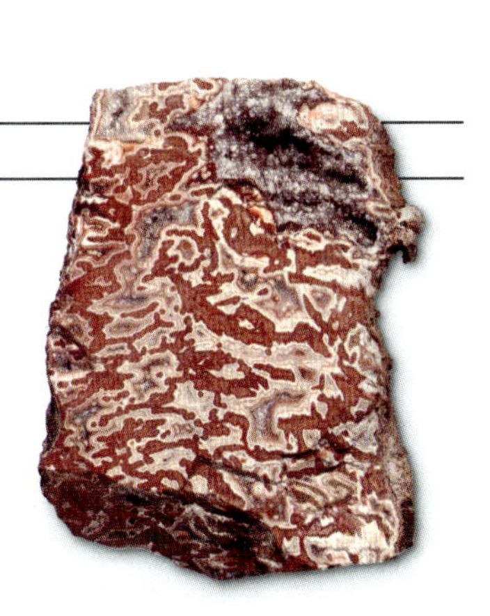

レースアゲートの原石 カットされていないメキシコ産のレースアゲート。特有の複雑な渦巻きや襞の模様を見せている。

オニキス（縞めのう）

Onyx

△ カボションカットされたカーネリアンオニキス。色とりどりの縞模様を見せている。

オニキスはカルセドニークォーツの一変種で、黒と白の縞模様の準宝石である。白と赤の縞模様を持つカーネリアンオニキスや、白と茶の縞模様を持つサードニクスも同じ変種である。「オニキス」という名前は正確には白と黒の縞模様の石だけを指すが、非公式にはすべての種類に使われている。オニキスは層になった部分を彫ると、色のコントラストが生まれるので、カメオやインタリオ（沈み彫り）によく使われる。流通している現代のオニキスの多くは、薄い色の層を持つカルセドニーを人工的に着色してつくられたものである。

鉱物名 石英

化学名：酸化ケイ素 | **化学式**：SiO_2
色：白の縞模様 | **晶系**：三方晶系 | **硬度**：7 | **比重**：2.7
屈折率：1.53-1.54 | **光沢**：ガラス光沢 | **条痕**：白色
産地：（オニキス）インド、南アメリカ。（サードとサードニクス）スリランカ、インド、ブラジル、ウルグアイ

原石

オニキスの原石 | いくつかの異なる色――主に白、灰色、茶色、紫色――の多数の縞模様を見せる質のよいオニキスの原石の標本。このような色の層はオニキスに彫刻を施すのに非常に望ましく、カメオに独特のコントラストを与える。（コラム参照）

研磨された板状のオニキス | 独特の印象的な色の縞模様を見せる高品質の板状のオニキス。カボションカットを施せばすばらしい宝石になる。

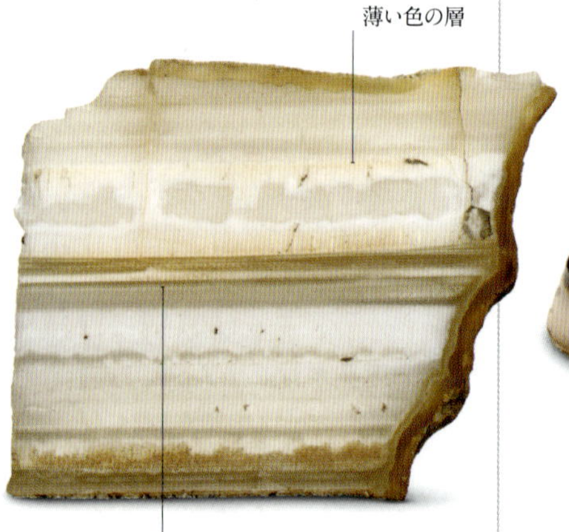

薄い縞模様の入った板状のオニキス | オニキスは必ずしもはっきりしたコントラストの縞模様が望ましいわけではない。この薄い縞模様も、すばらしい彫刻の素材となる。

カット

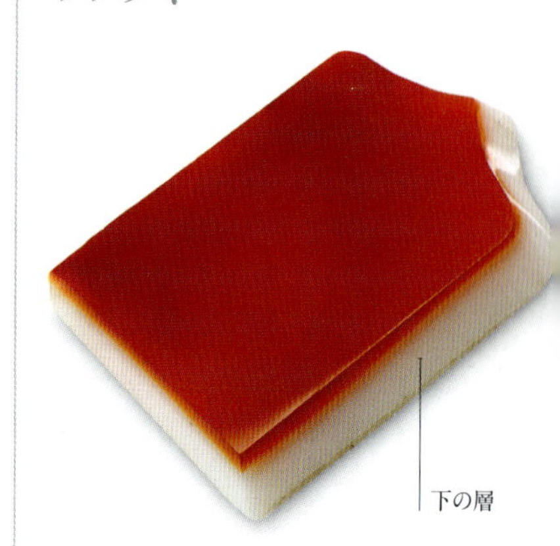

盾の形 | 平らにカットされた盾の形のオニキス。上部の層に対象を彫り、下の層を背景にしてカメオにしてもいい。

板状カット | くっきりとした縞模様のオニキスは宝石研磨職人に数多くの選択肢を与えてくれる。上部を平らにしたことではっきりしたコントラストを見せるオニキス。

ローマのカメオ

層とコントラスト

古代ローマ時代には、これまでつくられたなかでもっともすばらしいカメオのいくつかが生み出されている。さまざまな色や色調のサードニクスが素材として好まれた。多様な層の色のコントラストをうまく使ったローマの繊細な彫刻技術は比類なきものである。「ステートカメオ」と呼ばれることもある、並はずれてすばらしい一連のカメオは、皇帝アウグストゥスをモデルとしたもので、さまざまな形で皇帝の神々しさを表している。そのもっともすばらしいものの1つが、現在大英博物館におさめられているブラカス・カメオである。

ローマ時代のカメオ オニキスはローマ時代のカメオ職人が好んで使った素材だった。このカメオは皇后を表している。

仕立て

オニキスのブローチ | ダイヤモンドをちりばめた黒いオニキスの輪の横の部分に、ダイヤモンドをあしらったプラチナとピンクの珊瑚の棒をとりつけた、目をみはるほどすばらしいブローチ。

ドラゴン ミステリュー ウォッチ | 様式化したドラゴンをデザインしたカルティエのウォッチ。18金のホワイトゴールド、ファイヤーオパール、ダイヤモンド、珊瑚、エメラルドが、オニキスが使われている。

ジョージ王朝時代の印章 | 色のコントラストのはっきりした縞模様のオニキスを、凝ったデザインに彫刻したジョージ王朝時代の印章。ジョージ王朝時代の卓越した宝石研磨術を知る格好の標本といえる。

オニキスのリング | 黒い台形のオニキスをセットしたプラチナのリング。中央には大きなダイヤモンドを、クロスバーの部分にはたくさんの小さなダイヤモンドをあしらっている。

ゴールドとオニキスのペンダント | 複数の層を持つオニキスをセットしたゴールドのペンダント。オニキスには第2の層に届くようにモノグラムが彫りこまれている。下の赤い層が上の層をピンク色に見せている。

サードニクスのカメオ | 複数の層を持つサードニクスに古風な人物像を彫りこんだこのカメオは、彫刻家の傑作である。色の層が人物に濃淡をもたらしている。

オニキスとダイヤモンドのペンダント | めずらしい形にカットしたオニキスを爪留めし、そのまわりに21個のダイヤモンドを贅沢にちりばめたゴールドのペンダント。

**首につけたオニキスは
愛の熱を冷ますといわれている**

ジョージ・フレデリック・クンツ
鉱物学者

ゴールドと権力

ルネッサンス期のイタリアの金細工師と宝石細工師は、創意工夫に富む存在であり、権力を持つメディチ家の庇護のもと、その技術を芸術の域にまで高めた。メディチ家は老コジモの代に銀行業で隆盛をきわめただけでなく、政治の実権も握り、15世紀から18世紀初頭まで、事実上フィレンツェを支配していた。金細工が絵画や彫刻の一部となり、メディチ家の工房はルネッサンスの偉大な芸術家たちを数多く輩出した。そのなかにはフィリッポ・ブルネレスキ、サンドロ・ボッティチェリ、ベンベヌート・チェッリーニがいた。コジモ1世の息子でトスカーナ大公だったメディチ家のフランチェスコ1世は金属細工と宝石にとくに関心を抱いており、宝石仕立ての技術と職人の芸術性を向上させるため、ウフィッツィ宮殿に工房をしつらえた。

当然ながら、メディチ家の藏冠宝器はヨーロッパじゅうで有名になった。フランス国王アンリ2世との結婚に際して用意されたカテリーナ・デ・メディチの婚礼道具には、ヨーロッパ最大の滴型の真珠や、宝石彫刻師のバレリオ・ベッリが彫刻を施した、水晶をはめこんでつくった小箱も含まれていた。ベッリは、ルネッサンス期のローマ教皇レオ10世である、ジョバンニ・デ・メディチの庇護を受けていた。

ゴールドは宝であり、それを持つ者はこの世の望みをすべてかなえる

クリストファー・コロンブス
15世紀の探検家

金細工師の工房、アレッサンドロ・フェイ（通称「理髪師」）作　1572年
トスカーナ大公で芸術の保護者であったメディチ家のフランチェスコ1世（左端）がフィレンツェの宝石工房で父の王冠やその他の宝飾品を検分している。

まあ、憂鬱の神様に
よろしくご加護を
頼むといいさ。
それで仕立屋に玉虫色の
服をつくらせるってわけだ。
オパールさながらに
ころころ変わるあんたの
気分に合わせてね

ウィリアム・シェイクスピア
『十二夜』

ドラゴンのブローチ | 目をみはるほどすばらしいカルティエのプラチナのブローチ。ダイヤモンドをセットした体とエメラルドの目を持つドラゴンが、大きなオーストラリア産のオパールに巻きつき、彫刻を施したエメラルドの玉をかかげる姿を表している。

オパール

Opal

△ エチオピア産のオパール。明るい地色にフルスペクトルの遊色効果が見られる。

オパールはプレシャスオパールとコモンオパールの2つに分類できる。プレシャスオパールは、地色が白から黒っぽい色で、虹色の遊色効果が高く評価されている。コモンオパールは魅力的な濃い鮮やかな地色を持つが、遊色効果は見られない。どちらも硬化したシリカゲルからなり、通常極微小の細孔に5～10%の水分を含んでいる。プレシャスオパールは、透明なシリカ（酸化ケイ素）の球状微粒子が規則的に配列されたものである。大きさが揃ったシリカ微粒子の規則的な配列によって、光の回折が起こり、光がスペクトルの色に分けられて遊色効果が起こる。じっさいに現れる色は球状微粒子の大きさによって変わる。オパールはケイ酸分を含む水が、通常は堆積岩の隙間に入りこみ、低温で析出されてできる。大昔の主な産地は今のスロバキアのあたりだった。近年まではオーストラリアが主な産地で、今も骨や貝殻の化石がオパール化したプレシャスオパールは産出されているが、現在はエチオピアが宝石素材のオパールの主な産地である。

ファイヤーオパール

鉱物学的には、コモンオパールは透明から半透明で、ファイヤーオパールと呼ばれ、ふつう遊色効果を有さない。無色のオパールや不透明なオパールもコモンオパールで、宝石としての価値はない。ジェリーオパールと呼ばれることもあるファイヤーオパールは、黄色、オレンジ色、オレンジがかった黄色、赤などの豊かな色が高く評価されている。透明なファイヤーオパールはファセットをつけられ、それほど高価ではないシルバーのジュエリーに仕立てられることが多い。

鉱物名 蛋白石（オパル）

化学名：水和酸化ケイ素 **化学式**：$SiO_2 \cdot nH_2O$
色：無色、白、黄、橙、ローズレッド、緑、濃い青、黒
晶系：非晶質 **硬度**：5-6 **比重**：1.9-2.5
屈折率：1.37-1.52 **光沢**：ガラス光沢 **条痕**：白色

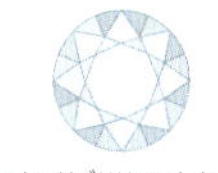

ラウンドブリリアントカット（ファイヤーオパール）　カボションカット

産地
1 アメリカ **2** メキシコ **3** ホンデュラス **4** エチオピア **5** インド **6** オーストラリア **7** ニュージーランド

オパールの宝飾品

19世紀のブレスレット | インドのジャイプールでつくられた、凝った装飾のゴールドのブレスレット。ファイヤーオパールやトルコ石、その他の貴重な宝石や準宝石があしらわれている。エナメルの装飾的なパネルが特徴的。

クジャクのブローチ | フランスの宝石細工師ジョルジュ・フーケによって1900年ごろにデザインされたゴールドのブローチ。オパールやガーネット、真珠やエナメルの装飾が施されている。その繊細で有機的ともいえるフォルムは、アールヌーボー様式特有のものである。

ローブリングのオパール | アメリカのネバダ州で見つかった、鮮やかな青と緑の閃光を見せる2585カラットのブラックオパール。土木技師のワシントン・A・ローブリングのコレクションの1つ。息子のジョン・A・ローブリング2世によって1926年にスミソニアン協会に寄贈された。

原石

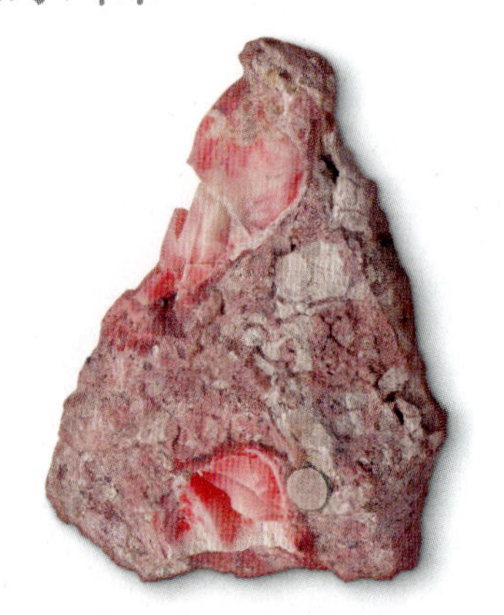

コモンオパール | オパールの大半は「並の（コモン）」オパールである――透明度もなければ、分散光もない。このピンクのコモンオパールは母岩に生成している。

オパールの塊 | オーストラリア産のプレシャスオパールの多くが塊で見つかっている。化石がオパール化したものもたまにある。この白い地色の塊はオーストラリアのクーバー・ペディ産である。

鉄岩に生成したオパール | オーストラリア産のプレシャスオパールのなかには、この標本のように鉄岩と同時に生成して層をなすものもある。

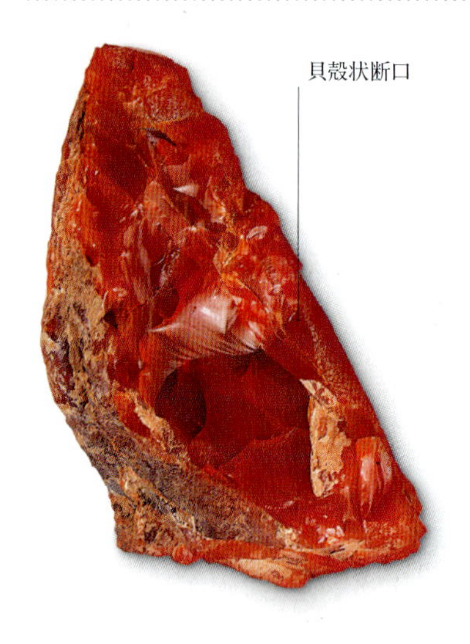

ファイヤーオパール | 透明か半透明の赤かオレンジ色のオパールは「ファイヤー」オパールと呼ばれる。この原石の標本はきれいな深い色を見せている。

鉄岩の表面を覆うオパール | オーストラリア産オパールのカラフルな標本。鉄岩を母岩として生成し、プレシャスオパールと黄色いコモンオパール―「ポッチオパール」―の混合石になっている。

「アイランドサンセット」オパール | オーストラリアのライトニング・リッジで発見された（p162-163参照）重さ28.10カラットの見事なブラックオパール。幅の広い滴形にカットされている。

カット

ボルダー（巨礫風（きょれきふう））オパール | 鉄岩にオパールの薄い層が混合した石をカボションカットしたもの。この混合石はボルダーオパールとして知られている。

ファセットをつけたオパール | （ジェリーオパールと呼ばれることもある）ファイヤーオパールのなかには、ファセットをつけるに足る透明なものもある。クッションブリリアントカットされたこのオレンジ色の石はメキシコ産のファイヤーオパールである。

エチオピア産のオパール | 近年、エチオピアで新たに発見された鉱脈で、かなりの量のプレシャスオパールが産出している。フリーフォームのカボションカットを施したオパール。

仕立て

古代からよく知られていたオパールは、「貴重な石」という意味のラテン語の「オパルス」からその名がついた

オパールのクジャクのブローチ | オーストラリア、ライトニング・リッジ産の32カラットのブラックオパールに、サファイヤ、ルビー、エメラルド、ダイヤモンドをあしらったハリー・ウィンストンのブローチ。

ピンクオパールのブレスレット | エチオピアのウェロー州産のカボションカットされたピンクオパールを29個あしらった、ヴァン クリーフ&アーペル制作の繊細なブレスレット。

オパールとガーネットのリング | 4.18カラットのカボションカットのオパールのまわりに、ビーズにしたり彫刻を施したりしたさまざまなガーネットや、ブリリアントカットのダイヤモンドをあしらった凝った装飾のリング。

ピンクオパールのリング | ピンクオパールをダイヤモンドとともに18金のピンクゴールドにセットした、遊び心あふれるカルティエのリング。このモチーフはアミュレット ドゥ カルティエ シリーズに何度か登場している。

ルイス・カムフォート・ティファニーのオパール | ある種のオパールは、非常に貴重なため、無駄が出ないように原石に沿った形でカットされる。いびつな形にカットされたこのブラックオパールもその1つ。

オパールのイヤリング | ダブルドームのペアのファイヤーオパールを、ダイヤモンドをちりばめた枝葉のリースで囲み、ダイヤモンドをあしらった吊りひもに下げたゴールドのイヤリング。

アーツ・アンド・クラフツのネックレス | カボションカットのブルーオパールとエメラルドとピンクトルマリンのネックレス。20世紀初頭にジョージーとアーサーのガスキン夫妻によって制作された。

ダブレットオパールのイヤリング | 4つのオパールを18金のホワイトゴールドにセットしたモダンなイヤリング。オパールのまわりには1.82カラットのダイヤモンドがあしらわれている。

ハレー彗星オパール | 1986年発見 | 1982.5カラット

ハレー彗星オパール

△ ハレー彗星オパールの全体像

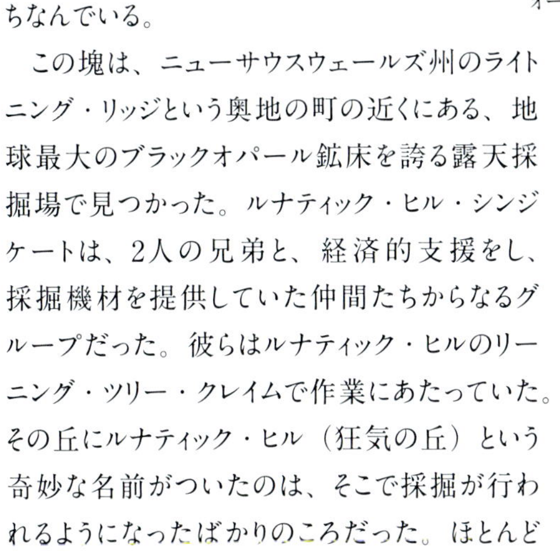

『ギネス世界記録』によると、およそ人のこぶし大のこの見事な石は、カットされていないブラックオパールとしては世界最大である。「ルナティック・ヒル・シンジケート」として知られる5人のオーストラリア人の探鉱者によって1986年11月に発見された。ハレー彗星オパールという名前は、石の発見時に、地球からは76年に一度しか見られない彗星が空に現れていたことにちなんでいる。

ハレー彗星オパール。アメリカ、ロサンゼルスで行われたボナムズのオークションで

この塊は、ニューサウスウェールズ州のライトニング・リッジという奥地の町の近くにある、地球最大のブラックオパール鉱床を誇る露天採掘場で見つかった。ルナティック・ヒル・シンジケートは、2人の兄弟と、経済的支援をし、採掘機材を提供していた仲間たちからなるグループだった。彼らはルナティック・ヒルのリーニング・ツリー・クレイムで作業にあたっていた。その丘にルナティック・ヒル（狂気の丘）という奇妙な名前がついたのは、そこで採掘が行われるようになったばかりのころだった。ほとんどの経験を積んだ探鉱者は、ほんの数十cm掘っただけで鉱石を見つけられる丘のふもとの浅い採掘場で作業を行っていた。丘のてっぺんから掘りはじめようとするのは頭のおかしなやつだけだとみな冗談を言い合った。何かを見つけるまで延々と掘りつづけなければならないからだ。それでも、1人の探鉱者がそれをはじめ、その信念が誰よりも大きな成功を生んだ。シンジケートはそうした骨の折れるやり方を継承し、努力のかいあって報われることになる。掘り進むこと20mの地点で、ハレー彗星オパールが見つかったからだ。

オパールはオーストラリア人にとって特別なものだ。国の宝石であり、ヨーロッパから移住者がやってくる前に伝承されていた数多くの伝説に登場する。アボリジニの神話では、夢の時代に平和の使者たる創造主が虹を渡って地上にやってきたそうだ。そして、彼の足が地面に触れた瞬間、石ころがオパールに変わり、虹色に輝いたという。

宝石にまつわる主な歴史

1705年-2013年

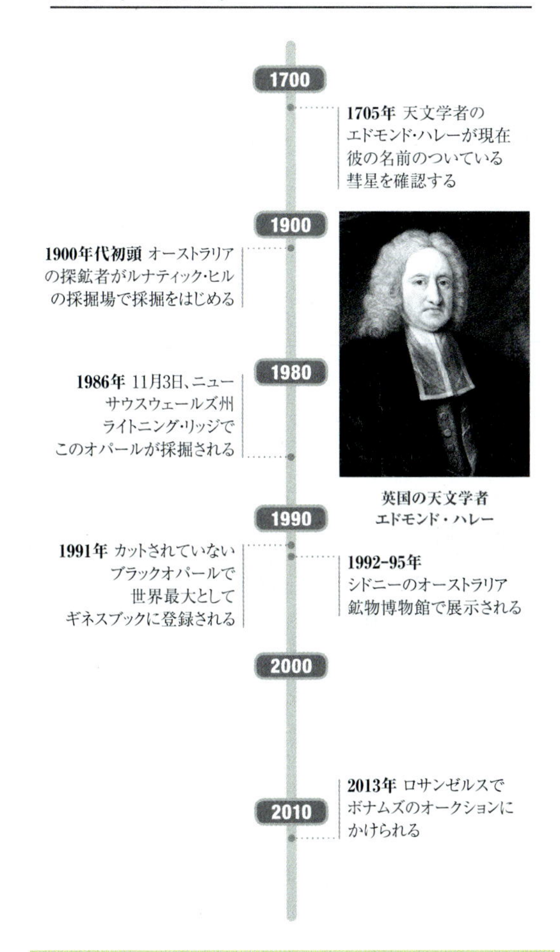

1700
1705年 天文学者のエドモンド・ハレーが現在彼の名前のついている彗星を確認する
1900
1900年代初頭 オーストラリアの探鉱者がルナティック・ヒルの採掘場で採掘をはじめる
1980
1986年 11月3日、ニューサウスウェールズ州ライトニング・リッジでこのオパールが採掘される
1990
1991年 カットされていないブラックオパールで世界最大としてギネスブックに登録される
1992-95年 シドニーのオーストラリア鉱物博物館で展示される
2000
2010
2013年 ロサンゼルスでボナムズのオークションにかけられる

英国の天文学者 エドモンド・ハレー

オーストラリアの奥地にあるオパールの採掘場。オパール採掘には通常、露天の技術が使われることがわかる。ここではオパールは地面を深く掘って坑道をつくるのではなく、地表近くから採掘される。

> **オパールは、ミルクのような雲がやわらかくした虹のかけらに見える**
>
> シャルル・ブラン
> 美術評論家

ムーンストーン（月長石）

Moonstone

△ 独特の青いシーン（ムーンストーン効果）のある石に肖像を彫ったカメオ

ムーンストーンは、アノーソクレースやその他の長石がオパールのような干渉色を持った変種で、何世紀にもわたって宝飾品に使われてきた。古代ローマ人はそれが月の光の固まったものだと信じており、この石を月の女神に結びつけた。ふつうナトリウムに富む長石とカリウムに富む長石が互層をなしてできるムーンストーンは、青か白のシーンを持っている。屈折率の異なる鉱物の細かい互層が光を分散したり反射したりするからだ。レインボームーンストーンとして流通している宝石は、正しくは無色のラブラドライト（曹灰長石、p169参照）に分類されるものである。

鉱物名 微斜長石

化学名：アルミノケイ酸ナトリウムカリウム
化学式：$(Na,K)(AlSi_3O_8)$ | **色**：無色、白 | **晶系**：三斜晶系
硬度：6 -6½ | **比重**：2.6 | **屈折率**：1.52-1.53
光沢：ガラス光沢 | **条痕**：白色
産地：インド、スリランカ、タンザニア、ケニア、ニュージーランド、オーストラリア、ノルウェー

原石

丸みを帯びた小石 | 水流の作用で摩耗し、所々穴のある表面がつや消しのガラスのように見えるムーンストーン。最高の宝石品質の石はこの形で見つかることが多い。

光が揺らめく石 | 長石のそれぞれの層が光を反射し、えもいわれぬ優美な輝きと揺らめきに、まばゆいイリデッセンスが加わった標本。

ムーンストーンの原石 | 典型的なイリデッセンスを見せるカットされていない大きなムーンストーン。細かい互層構造によって光の通り方が変わる。

カット

オーバルカボションカット | 高いドームとかすかなイリデッセンスを持つすばらしい品質のムーンストーン。ムーンストーンはシーンを引き出すためにカボションカットされることが多い。

カメオの彫刻 | ムーンストーンのイリデッセンスが彫刻に光と影を加え、深みを与えている標本。

色

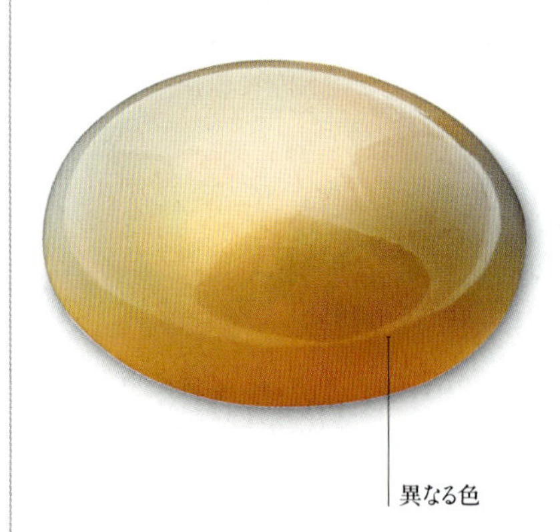

めずらしい色 | もとの色に加え、濃い蜂蜜色の部分があるカボションカットされた石。ムーンストーンの名前の由来である月の輝きに似た明るいイリデッセンスを持つ。

透明な青 | ほぼ透明な原石からカボションカットされた、並はずれてすばらしいムーンストーン。石に燃えるような輝きを与える青みがかったイリデッセンスを持つ。

仕立て

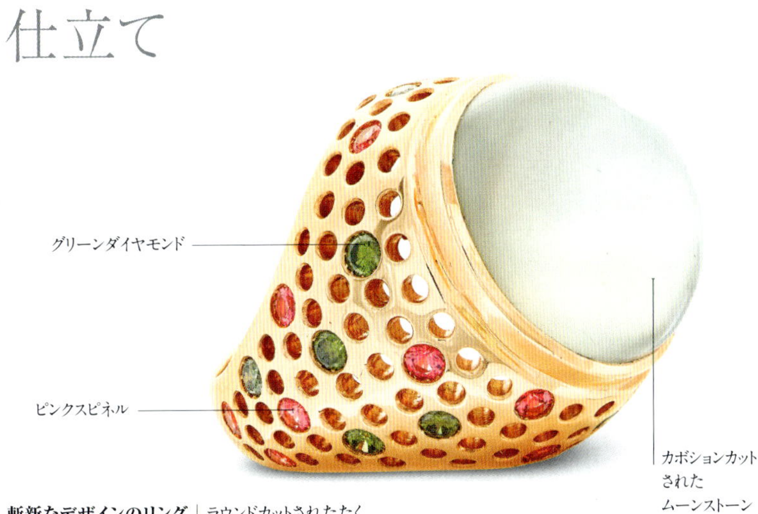

斬新なデザインのリング｜ラウンドカットされたたくさんの宝石をちりばめ、高いドーム形にカボションカットされたムーンストーンをトップにあしらった高さのあるリング。

カルティエのパリ ヌーベルバーグ コレクションのリング｜大きなムーンストーンと、サファイヤ、ダイヤモンド、カルセドニー、トルコ石、ラピス・ラズリ、アクアマリンをあしらったゴールドのリング。

ゴールドの十字架｜均一の白さを持つ6個のムーンストーンをカボションカットしてセットした十字架。豪華なゴールドの石座に映える。

カルティエのウォッチ兼ブローチ｜とりはずし可能なブローチ。エナメルのハスの花や魚をあしらい、宝石をちりばめたムーンストーンの空中庭園がとりつけられている。

月長石は
フロリダの州石である。
月面着陸したロケットが
そこから打ち上げられたことに
ちなんでいる——が、フロリダは
月長石の産地ではない

ヘアコーム｜1906年ごろにエラ・ネイパーが英国のアーツ・アンド・クラフツ様式でつくったスイレンの葉のヘアコーム。着色した角(つの)にムーンストーンをあしらっている。

光揺らめく色

石の内部の組織構造によって、光は入射した際に異なる層で跳ね返り、干渉を生む。その結果、表面や内部の色が揺らめいて見えるのである。揺らめく色はさまざまで、プレシャスオパールは遊色効果（プレイオブカラー）、サンストーンはアベンチュレッセンス、ムーンストーンはアデュラレッセンス、ラブラドライトはイリデッセンスが原因と考えられている。

プレシャスオパール
オパールの驚くべき遊色効果は、光を反射し、分散させるシリカゲルの球状微粒子によってもたらされる。

アクアマリン
透明な内部における光の交錯を最大限にするようカットされた、明るい青のアクアマリン。

ミスティックトパーズ
このタイプの宝石は革新的なもので、1990年代後半に考案された。ホワイトトパーズに化学的にコーティングを施すことで、人工的な色の効果を生み出している。石を傾けると色が変わる。

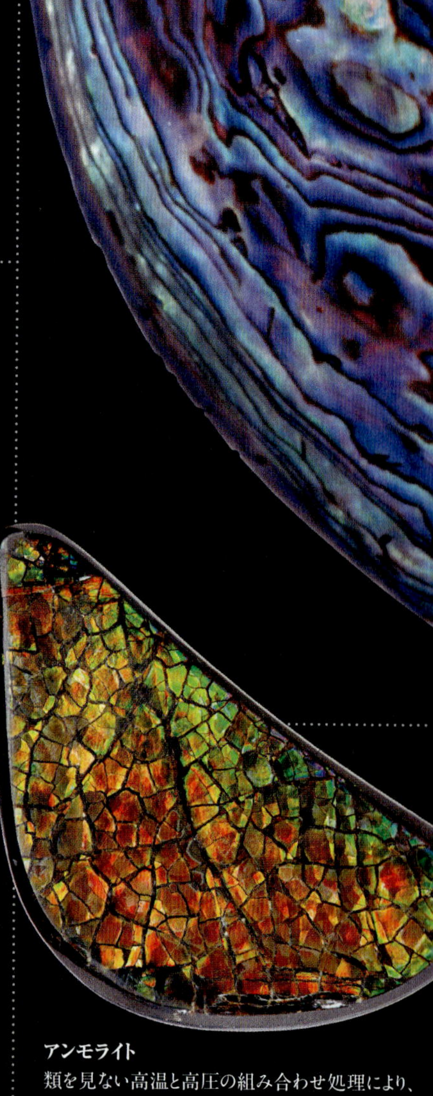

アンモライト
類を見ない高温と高圧の組み合わせ処理により、めずらしい生物起源の宝石でもあるこの化石にイリデッセンスの色合いが生み出される。

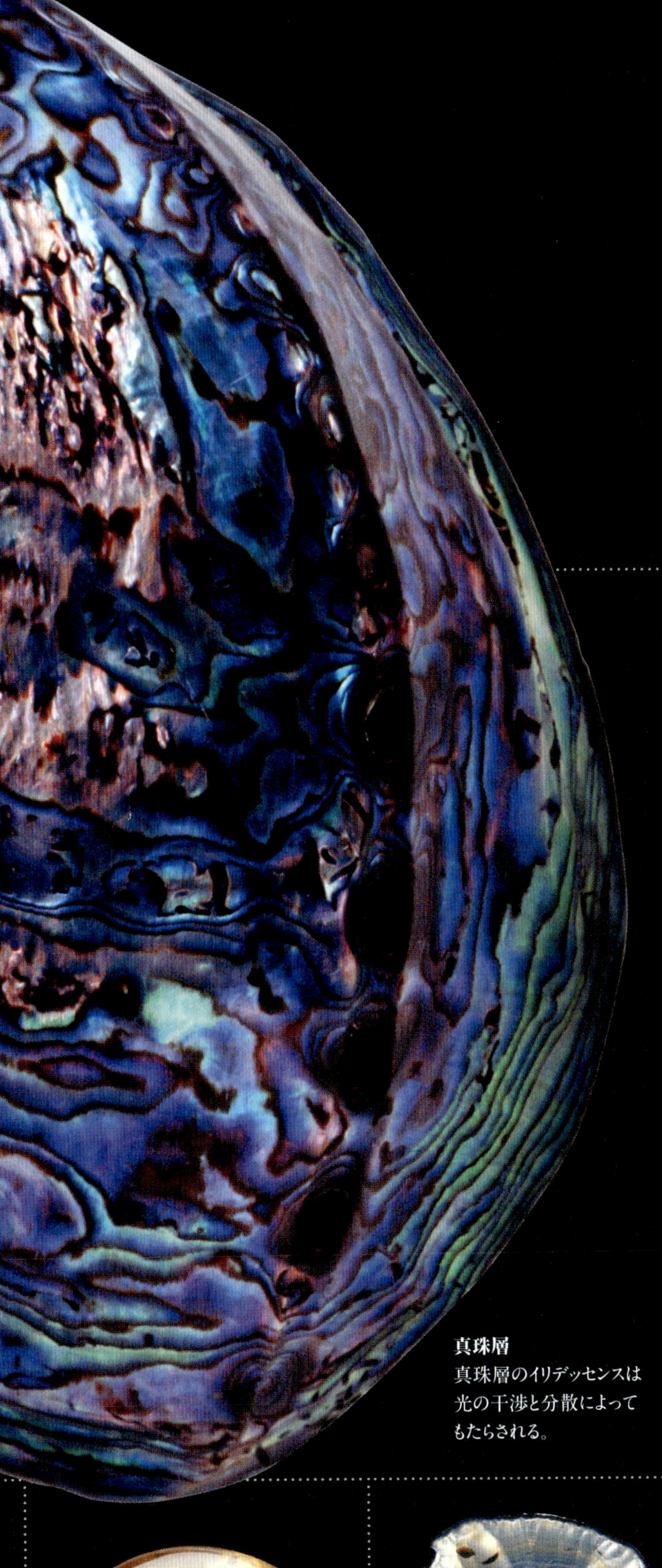

真珠層
真珠層のイリデッセンスは光の干渉と分散によってもたらされる。

サンストーン
この石のアベンチュレッセンスと呼ばれるきらきらとした仕上がりは、赤銅鉱や赤鉄鉱の微細なインクルージョンによる。

コモンオパール
コモンオパールはプレシャスオパール（左端）ほどの人気はないが、このように美しい色を表すこともある。

ムーンストーン
ムーンストーンは独特の層状構造によって光線を屈折させ、分散させることで、アデュラレッセンス（青色閃光）と呼ばれる効果を見せる。

ラブラドライト
ある角度から見ると、この長石は一般に閃光（シラー）効果（「きらめき」を意味するドイツ語より）として知られる虹色の光沢を放つ。

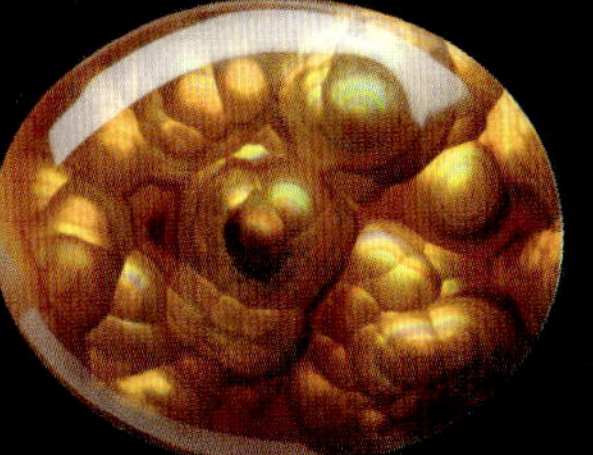

ファイヤーアゲート
石の内部で層をなすリモナイトあるいは酸化鉄とシリカが鮮やかな色を生み出している。

アイリスアゲート
虹のような「虹彩」の効果は、細かい縞模様を持つアゲートに背面から光をあてると得られる。

サンストーン（日長石(にっちょうせき)）

Sunstone

△ マーキスカットされたサンストーン。ヘマタイトのインクルージョンが光っている。

サンストーンは、鉱物の種類ではなく見た目からその名がついた宝石である。どのタイプの石も、平行に層をなす酸化鉄や銅の微量な平板状のインクルージョンによって特徴づけられ、それによってきらきら光る外観を持ち、赤みがかった輝きを見せることも多い。サンストーンを鉱物として分類すると、灰曹長石(かいそうちょうせき)（曹長石の1変種）か正長石（オルソクレース）となる。それ以外の長石も少量ながらサンストーンを生成する。灰曹長石のサンストーンがもっとも一般的である。

鉱物名（変種名） 灰曹長石(かいそうちょうせき)（オリゴクレース）

化学名：アルミノケイ酸ナトリウムカルシウム（オリゴクレース）
化学式：(Na,Ca) Al(Si,Al)$_3$O$_8$ | **色**：灰、白、橙がかった茶、黄
晶系：三斜晶系 | **硬度**：6 -6½ | **比重**：2.6-2.7
屈折率：1.53-1.55 | **光沢**：ガラス光沢 | **条痕**：白色
産地：アメリカ、ノルウェー、インド、カナダ、ロシア

ガラス光沢

赤鉄鉱の薄板状晶

灰曹長石 | 原石 | カットされていない灰曹長石のサンストーンの標本。赤鉄鉱の薄板状の結晶が平行に走り、特徴的なあたたかい輝きを生んでいる。

ブリリアントカットのファセット

ファンシーカット | カット | アメリカの国有コレクションであるオレゴン産のサンストーン。非常にすぐれたジュエリーアーティストのダリル・アレクサンダーとアイバン・ファムによって三角形にカットされた。

名人の作品 | カット | サンストーンの色の変化は名人の手によって引き出されることが、この作品によく表れている。ジュエリーアーティストのダリル・アレクサンダーによってカットされた「雪のひとひら」。

ファンシーカット | カット | アメリカのオレゴン州は宝石品質のオリゴクレースの一大産地である。銅のインクルージョンを持つオレゴン産のこのサンストーンは、有名な宝石細工師のラリー・ウィンによってカットされた。

サンストーン | カット | オーバルカットされた石。たくさんのインクルージョンがきらめく外観をもたらし、鉱物を宝石品質に引き上げている。

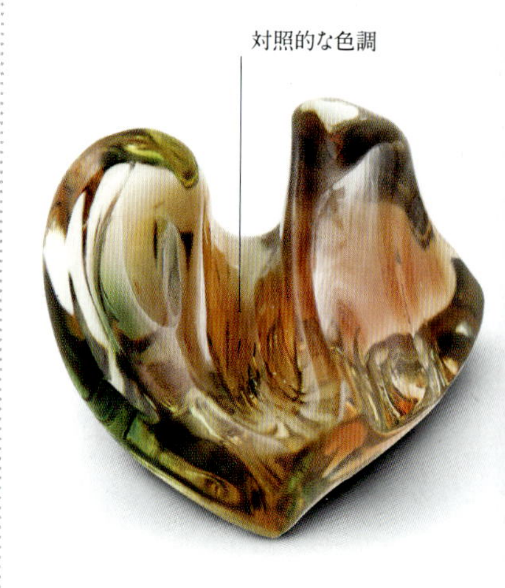

ハートの形 | 彫刻 | 彫刻的な宝石のカットを専門とするアメリカ人のネイオミ・サーナによってハート形に彫刻されたオレゴン産のサンストーン。

ラブラドライト

Labradorite

△ 曹灰長石の原石

灰長石の1亜種であるラブラドライトは、1770年にこの石がはじめて確認された場所であるカナダのラブラドール地方にちなんでその名がついた。宝石品質のラブラドライトは、破断面に現れる、青を基調とする豊かな虹色の遊色効果に特徴がある。この効果を持つ結晶はカボションカットされるか、彫刻に使われる。美しいイリデッセンスを持つ透明に近い石は南インドで産出する。完全に透明なラブラドライトも時折見つかり、黄色、オレンジ、赤、緑のものもある。

鉱物名（変種名） 曹灰長石

化学名：アルミノケイ酸ナトリウムカルシウム
化学式：$(Ca,Na)(Si,Al)_4O_8$ | **色**：青、灰、白 | **晶系**：三斜晶系
硬度：6－6½ | **比重**：2.7 | **屈折率**：1.56-1.57
光沢：ガラス光沢 | **条痕**：白色 | **産地**：マダガスカル、フィンランド、ロシア、メキシコ、アメリカ、カナダ（ラブラドール地方）

組み合わせの曹灰長石 | 原石 | 宝石品質の青い部分の層間にほかの長石が入りこんだ原石。

スクエアカボションカット | カット | きれいな青と金色と緑のシラーを見せるカボションカットされたラブラドライト。このような石はメキシコやアメリカで見つかる。

動物の彫刻 | 彫刻 | うまく調整すれば、ラブラドライトのシラーは彫刻物に深みと本物らしさを与える。鉱物の持つガラス光沢と相まって、シラーが彫刻の表面にカエルのぬるぬるとした肌を思わせる緑がかったつやを与えている。

カメオのペンダントヘッド | 彫刻 | ラブラドライトの層をうまく利用したカメオでは、角度によって青、緑、黄色、赤などの色が現れる。

イヤリング | 仕立て | いびつな丸い石を小さなダイヤモンドの列で囲んだ虹色のイヤリング。

シラー（閃光）

内側から照らされて

ラブラドライトのイリデッセンスは専門用語ではシラーと呼ばれる。もともとは単一種の高温型長石だったものが、冷えるあいだに内部で化学的分離が起こり、そこに生成した異なる種類の低温型長石の薄い層群によって光が散乱することで起こる。これらの積み重なった層群が回折格子の役割をはたし、光を色の成分に分離させる。その結果現れる色は層の厚さによって決まるが、ラブラドライトのもともとの色はふつう青か、暗灰色か、無色か、白である。フィンランド産の高品質のラブラドライトはスペクトロライトと呼ばれることもある。

印象的な色合い
すばらしいシラーを持つ曹灰長石の標本。

オーソクレーズ

Orthoclase

△ 希少な250カラットのイエローオーソクレーズの宝石。この大きさと透明度はめずらしい。

正長石のピンクの結晶は花崗岩に独特のピンク色を与える。宝石品質の石を生み出す重要な造岩鉱物でもある。黄色と無色の正長石のうち、透明度のあるものは収集家向けにファセットをつけられることもあれば、サンストーンと呼ばれる宝石になることもある（p168参照）。アデュラレッセンス（青色閃光）を持つ正長石の一種はムーンストーンと呼ばれる。それは正長石に曹長石の層が入りこんだ結果起こるものだ（p172参照）。黄色と白の石にも、カボションカットされると同じ効果が得られるものもある。

鉱物名 正長石（オルソクレース）

化学名：アルミノケイ酸カリウム | **化学式**：$KAlSi_3O_8$
色：無色、白、クリーム、黄、ピンク、茶色がかった赤 | **晶系**：単斜晶系
硬度：6 -6½ | **比重**：2.5-2.6 | **屈折率**：1.51-1.53
光沢：ガラス光沢 | **条痕**：白色 | **産地**：ミャンマー、スリランカ、インド、ブラジル、タンザニア、アメリカ、メキシコ

正長石の結晶 | 原石 | 自然の状態での正長石に特有のがっしりした形をよく見せている標本。

宝石品質の正長石 | 原石 | 水流による摩耗が見られる黄色がかった正長石。高い透明度を持つことが摩耗によりはっきりわかるようになった。

カボション | 色の種類 | 透明というよりは半透明なピンクのオーソクレーズは、ふつうこの石のようにカボションカットされ、魅力的な宝石となる。

ムーンストーン | カット | クッションブリリアントカットを施したムーンストーン（コラム参照）。多くのファセットをつけることで、独特の銀白色の質感が強調されている。

聖なるムーンストーン

伝説と信仰

オーソクレーズは、カボションカットされると白か銀色のアデュラレッセンスを見せる、ムーンストーンと呼ばれるいくつかの長石の1つである。これ以外にムーンストーン効果を発するのは、アノーソクレース、サニディン、アルバイト、オリゴクレースなどだ（p164, p172, p168参照）。ムーンストーンはインドでは情熱に火をつける聖なる石とされ、満月の晩に恋人どうしが石を口に入れると、2人の将来が占えるとされていた。11世紀のヨーロッパでは、ムーンストーンは恋人を仲直りさせる石と信じられており、16世紀のイングランドでは、エドワード6世に献上されたムーンストーンは月とともに満ち欠けするといわれていた。

カボションカットされたムーンストーン
カボションカットされ、特徴的なアデュラレッセンスを見せるムーンストーン。

後ろのファセットも見える
カットによる光の反射
テーブルから見たファセット

黄色い宝石 | カット | 宝石研磨職人はこの黄色いオーソクレーズに対し、そのすばらしい色と透明度を引き立たせるために長方形のステップカットを選んだ。

△ アマゾナイトの原石の標本

アマゾナイト

Amazonite

微斜長石は正長石と同様、アルミノケイ酸カリウムの長石類のなかでもっとも一般的である。青緑色から緑色の微斜長石は、アマゾンストーン、アマゾナイト、天河石（アマゾンせき）と呼ばれる。深緑色がもっとも人気の色だが、黄緑色から青緑色までさまざまあり、白いすじ模様を見せる。宝石品質の石はふつう不透明で、カボションカットされる。比較的もろいため、彫刻やビーズに使われることはめったにない。宝石品質のアマゾナイトはブラジルのミナス・ジェライス州、アメリカのコロラド州、ロシアのウラル山脈で見つかる。

鉱物名 微斜長石（びしゃちょうせき）（マイクロクリン）

化学名：アルミノケイ酸カリウム ｜ **化学式**：$KAlSi_3O_8$
色：白、淡い黄、緑、青緑 ｜ **晶系**：三斜晶系 ｜ **硬度**：6 -6½
比重：2.6 ｜ **屈折率**：1.51-1.54 ｜ **光沢**：ガラス光沢 ｜ **条痕**：白色
産地：ロシア、アメリカ、ブラジル

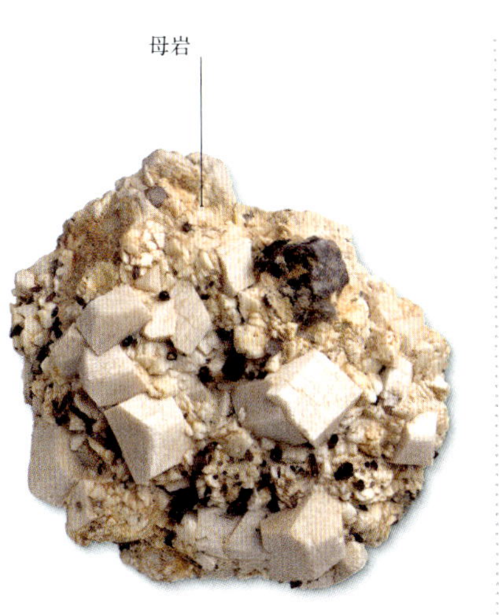

微斜長石の結晶｜原石｜母岩に生成した明るい色の角ばった微斜長石の結晶。

アマゾナイトの結晶｜原石｜すばらしい形状に成長した青緑色のアマゾナイトの結晶。対照的な色合いのピンクの微斜長石と絡み合って成長している。

「微斜長石」の「微斜」とは「小さな傾き」を意味するギリシャ語に由来する

アマゾナイトの切片｜色の種類｜深い青緑色をしたアマゾナイトの原石の切片。宝石に使うのにもっとも望ましいとみなされている色。

カボションカット｜色の種類｜カボションカットされ、研磨されたアマゾナイト。宝石素材にふさわしい上質のきめときれいなターコイズ色を見せている。

結晶群｜原石｜3つの鉱物からなる典型的なペグマタイトの集合体――青いアクアマリンと石英が微斜長石の結晶の上に生成している。

アルバイト

Albite

△ ブルッカイト／ブルック石の裾をとり囲む宝石品質の曹長石の結晶群

曹長石は主に造岩鉱物として重要であるが、宝石として使われるものもある。形よく生成したガラスのような結晶として見つかり、透明で宝石品質のものも少なくない。しかし、比較的やわらかくもろいため、ファセットをつけたものは収集家向けの品しか流通していない。オリゴクレース（p168参照）との混合物はペリステライトとして知られ、カボションカットされると青みがかったきれいなムーンストーン効果を見せる。無色の鉱物が生成されることがほとんどだが、黄色がかったものや、ピンク、緑のものもある。

鉱物名 曹長石

化学名：アルミノケイ酸ナトリウム | **化学式**：$NaAlSi_3O_8$
色：白、無、黄、緑 | **晶系**：三斜晶系
硬度：6 -6½ | **比重**：2.6-2.7 | **屈折率**：1.53-1.54
光沢：ガラス光沢、劈開面上で真珠光沢 | **条痕**：白色
産地：カナダ、ブラジル、ノルウェー

リチア電気石、石英、曹長石 | 原石 | ピンクがかった紫色の見事な電気石と透明な石英の母岩となっている曹長石の標本。

曹長石と電気石 | 原石 | 曹長石と石英の上に柱状のリチア電気石の結晶が生成した見事な標本。

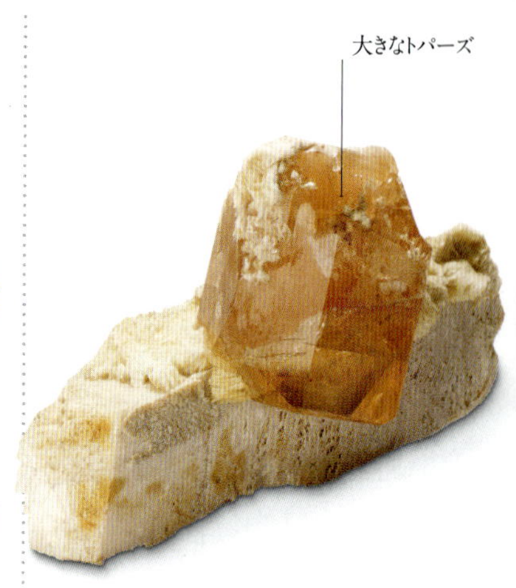

曹長石とトパーズ | 原石 | アフガニスタン産の雲のように白い曹長石の見事な標本。重さ0.5kgのトパーズの母岩となっている。

曹長石 | 原石 | すばらしい結晶群のなかで、ブロックのような特徴的な形に生成している白い曹長石の結晶。多くが双晶。

ミックスカットされたアルバイト | カット | キズのない青みがかった楕円形のアルバイトの宝石。クラウンをブリリアントカット、パビリオンをステップカットと、ミックスカットを施されている。

△ マーキスカットされたバイタウナイトの宝石

バイタウナイト

Bytownite

亜灰長石は斜長石の中でもっとも希少な変種である。斜長石ではほかに宝石品質の石として、曹灰長石、曹長石、灰曹長石がある。亜灰長石は大きく成長した結晶として見つかることはめったにないが、見つかれば、それは宝石にできる。宝石品質の石はふつうファセットをつけられ、透明な宝石は淡い黄色から薄い茶色までさまざまな色を見せる。メキシコ産の亜灰長石はゴールデン・サンストーンの名前で流通しているが、ほかの長石に分類されるサンストーンとは性質が異なる。

鉱物名（変種名） 亜灰長石（バイタウナイト）

化学名：アルミノケイ酸ナトリウムカルシウム
化学式：$(Ca,Na)(Al,Si)_2Si_2O_8$ ｜ **色**：白、灰、黄、茶
晶系：三斜晶系 ｜ **硬度**：6－6½ ｜ **比重**：2.7
屈折率：1.56-1.57 ｜ **光沢**：ガラス光沢から真珠光沢 ｜ **条痕**：白色
産地：メキシコ、スコットランド、グリーンランド、アメリカ、カナダ

母岩に生成した亜灰長石｜原石｜亜灰長石が個別の結晶を生成することは稀で、この標本のようにほかの斜長石と絡み合って見つかることが多い。

斜長石｜原石｜表面の条線は亜灰長石を含むすべての斜長石に特徴的である。

研磨されたバイタウナイト｜カット｜玄武岩中に生成し、タンブル研磨されたバイタウナイトの標本。めずらしい現象で、産地では「レイクランダイト」という名前をつけられている。

上質のバイタウナイト｜カット｜めずらしくキズがなく、クッションステップカットを施されたバイタウナイトの宝石。

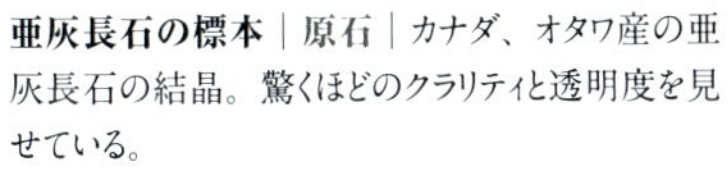

亜灰長石の標本｜原石｜カナダ、オタワ産の亜灰長石の結晶。驚くほどのクラリティと透明度を見せている。

ステップカットされた石｜カット｜並はずれて長いバイタウナイトの原石にエメラルドカットを施した、驚くほどすばらしい宝石。

バイタウナイトは隕石のなかに見つかる鉱物の1つである

デイビッド・ウェッブのライオンのブレスレット | ライオンをかたどった交差するブレスレット。ゴールドに彫刻を施したラピス・ラズリとダイヤモンドをはさみこんでつくられている。現代のアメリカのデザイナー、デイビッド・ウェッブの作品。

わが心臓は
心の家のなかでわがものであり、
わが胸は胸の家のなかで
わがものである。
わが心臓はわがもので、
われに満足している

紀元前 1550 年ごろ、ラピス・ラズリに刻まれたエジプトの死者の書 26 章より

ラピス・ラズリ(青金石)

Lapis lazuli

△ 豊かな青い色を持つ上質なラピス・ラズリの原石

6000年以上ものあいだ、人々はラピス・ラズリの濃い青い色に引きつけられてきた。夜空にまたたく星のような金粉のきらめきをしばしばともなうその青い色に。この石は、比較的希少性が高く、ふつう熱と圧力の産物として結晶性石灰岩のなかに生成する。濃い青い色はほぼ主成分のラズライトによるものだが、ほとんどのラピス・ラズリには黄鉄鉱と方解石も含まれ、ふつう方ソーダ石とアウイン／藍方石も多少含まれる。最高品質の石は濃い藍色で、白い方解石と真鍮のような黄色い黄鉄鉱の斑点をともなう。現代のラピス・ラズリの原石の多くは、もともとの産地であるアフガニスタンの鉱山（以下を参照）で産出されるが、より薄い青い石はチリで見つかる。産出量は少ないが、イタリア、アルゼンチン、ロシア、アメリカでも採掘される。

鉱物名 ラズライト(瑠璃)

化学名：アルミノケイ酸ナトリウムカルシウム
化学式：$Na_7Ca(Al_6Si_6O_{24})(SO_4)(S_3)\cdot H_2O$ | **色**：青
晶系：立方晶系 | **硬度**：5 -5½ | **比重**：2.4 | **屈折率**：1.5
光沢：無艶からガラス光沢 | **条痕**：青色

産地
1 アメリカ　2 チリ　3 アルゼンチン　4 イタリア　5 アフガニスタン　6 ロシア

歴史に登場するラピス・ラズリ

何世紀ものあいだ、ラピス・ラズリの鉱床として唯一知られていたのはアフガニスタンの人里離れた山中の谷にあるサリサング鉱山だけで、古代にはそこで産出されたラピス・ラズリが広く流通していた。ラピス・ラズリを含む古代エジプトの遺物は少なくとも紀元前3100年ごろのものが見つかっており、そこにはスカラベ（聖甲虫）、ペンダント、ゴールドやシルバーの象嵌、ビーズなどが含まれる。ラピス・ラズリの粉末は化粧品——マラカイトとともにアイシャドーの先駆けとして——や青い顔料として使われたり、薬にされたりしていた。古代エジプト以外では、シュメール人のプアビ女王の墓（紀元前2500年ごろ）から、ラピス・ラズリで豪華に装飾された多数のゴールドやシルバーの装身具が見つかっており、中国とギリシャでも、紀元前4世紀にはすでにラピス・ラズリの彫刻が行われていた。

ラピス・ラズリの宝飾品

古代エジプトのゴールドの胸飾り | ラピス・ラズリを彫刻した中央のスカラベが、太陽を象徴するゴールドの円板を支えている胸飾り。第21王朝のファラオ、アメンエムオペトのためにつくられたもので、タニスで見つかった。

17世紀の取っ手つき水差し | イタリア、フィレンツェのミゼローニの工房で1608年ごろに制作された水差し。2つの別個のラピス・ラズリを削ってつくられたものである。土台と首の部分と取っ手はゴールドの細工で、取っ手は天使の形になっている。

カルティエのパリ ヌーベルバーグ コレクションのリング | パリのカルティエ制作の18金のイエローゴールドのリング。カボションカットされたラピス・ラズリとクリソプレーズがそれぞれ9個セットされ、112個のブリリアントカットのダイヤモンドがあしらわれている。

原石

ラピス・ラズリの原石｜濃い青の部分と方解石の太い横断層からなり、黄鉄鉱をかなりの量内包しているラピス・ラズリの原石。カボションカットすれば、おもしろい宝石になる素材。

すじ模様の入った原石｜こぶしよりわずかに大きいぐらいのラピス・ラズリの原石。濃い青にすじ模様や金色にちりばめられた黄鉄鉱がアクセントとなっている。

ラピス・ラズリの原石｜ラピス・ラズリの原石のなかには、この標本のように黄鉄鉱がほとんど含まれていないものもある。象嵌を施す彫刻や小さなカボションカットの宝石に好んで使われる。

治療効果のある石

古代には治療に使われていたラピス・ラズリ

ギリシャの医者ディオスコリデスは55年ごろ、ラピス・ラズリがヘビの毒の解毒剤になると記している。それ以前にも、アッシリア人がラピス・ラズリを憂鬱な気分の治療に使っていた。古代ではほかにも、神の住む夜空に似た色であることから、身につけている人を邪悪なものから守ってくれる石と信じられていた。同様に、中世の専門書を見ると、「石を持って瞑想するとすばらしい黙考にふけることができる」と信じられていたことがわかる。また、古代の仏教徒にとってラピス・ラズリは心の平穏をもたらすものだった。

古代の治療薬　粉末のラピス・ラズリは「薬」として投与されることもあった。

カット

研磨されたラピス・ラズリ｜この楔形の標本のようにいびつな形に研磨されたラピス・ラズリは、ジュエリーに仕立てられていなくても装飾品として価値が高い。

ラピス・ラズリ用の模造品｜ギルソンによる模造品のカボションカット。均一な色で、不自然にちらばる黄鉄鉱に似せた斑点がある。

カボションカットされたチリ産のラピス・ラズリ｜古代のラピス・ラズリはアフガニスタン産だが、新世界の産地はチリである。チリ産のラピス・ラズリは、カボションカットされたこの石のように明るい色が多い。

仕立て

ラピス・ラズリのリング｜18金のゴールドのリングにセットされたスクエアカボションカットのラピス・ラズリ。きれいな色で、内包する明るい金色の黄鉄鉱が美しい。

古代のワシ｜紀元前2650年ごろのシュメール文明時代につくられたライオンの頭を持つワシ。ラピス・ラズリ、ゴールド、コッパー、ビチューメン（瀝青）でできている。

メハートの胸像｜古代エジプトの古王国（紀元前1539-紀元前1075年ごろ）のメハート――天の母――の頭部はラピス・ラズリとコッパーとゴールドでつくられている。

ラテン語の「サフィルス」はおそらくラピス・ラズリを指している。ラピス・ラズリはアラビア語で「天」や「空」を意味する「ラザワルド」から来ている

ゴールドの取っ手

方解石の脈模様

壺｜ろくろで丸く削ったラピス・ラズリの優美な壺。ゴールドの金具をつけ、土台と蓋の取っ手にガーネットをあしらっている。

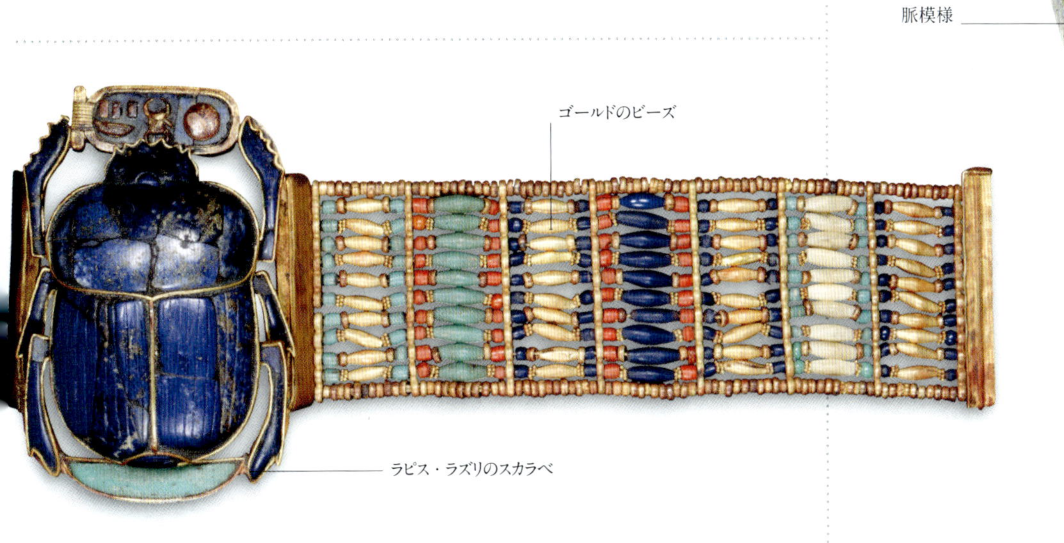

古代エジプトの腕飾り｜ツタンカーメンの墓から発掘されたビーズの腕飾り。アフガニスタン産のラピス・ラズリを彫り、トルコ石をあしらったスカラベが特徴的。

カフス｜ブルガリ作のゴールドとラピス・ラズリのカフス。セットされたラピス・ラズリは、金粉のようにきらめく黄鉄鉱を内包している。

ビクトリア朝時代の傑作｜19世紀半ばにつくられたゴールドのペンダント。中央にいくつものラピス・ラズリがあしらわれ、そのまわりを半分に割った真珠とラピス・ラズリのビーズがとり囲んでいる。

ティファニーのバングル｜いびつな形にカットしたラピス・ラズリをあしらったティファニーの18金のホワイトゴールドのバングル。1980年代の制作。

チェックのバングル｜マザーオブパールとブラックオニキスとラピス・ラズリをあしらった波形の18金のゴールドのバングル。1980年ごろのティファニーの制作。

古代エジプトの宝石

1923年、ツタンカーメンの純金の棺の蓋を持ち上げた考古学者のハワード・カーターは、紀元前5000年までさかのぼる古代エジプト文明への扉を開けることになった。エジプト王家の墓廟は神への崇拝を表すゴールドであふれ、死者の体の上には宝石が置かれていた。宝石は、ホルス神の月を象徴する目、ウジャトや、宗教的な象徴性を持つ動物をかたどったものが多かった。

ハゲワシの襟飾り
紀元前1559-紀元前1298年ごろ、シェン（短い棒のついた指輪）をつかむゴールドのハゲワシ。シェンは永遠の象徴だった。

ツタンカーメンの埋葬用黄金のマスク
紀元前1336-紀元前1327年ごろの、ラピス・ラズリとオブシディアン（黒曜岩）をはめこんだ黄金のマスク。ファラオが生まれ変われるようにその魂を守っているとされていた。

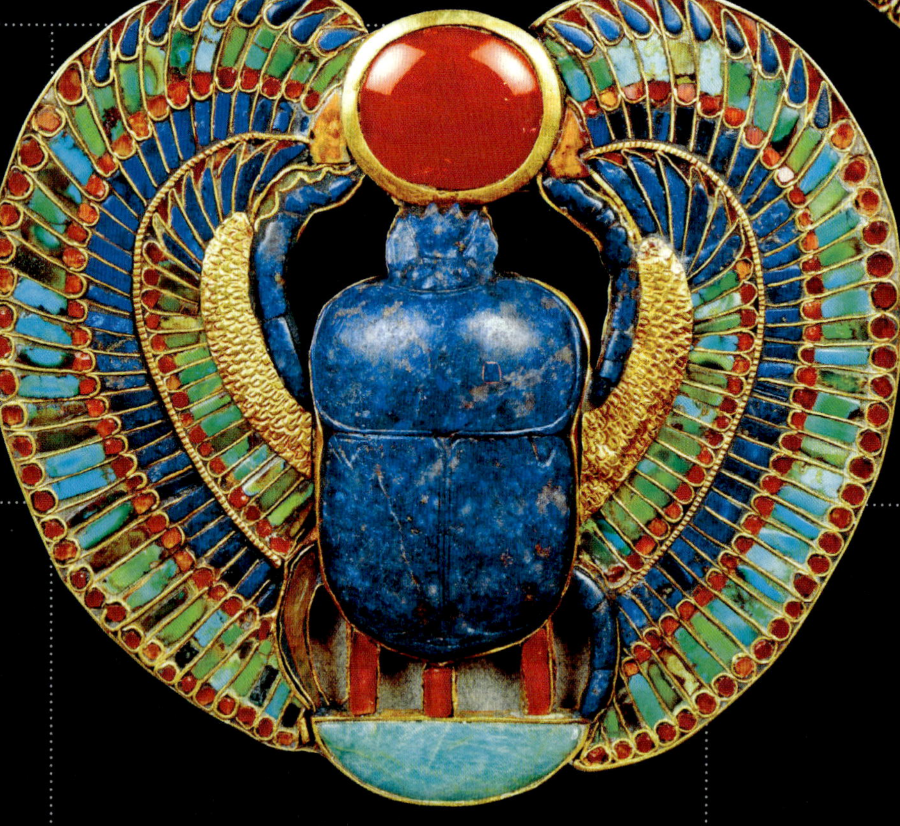

ゴールドの回転式指輪
魔除けのためにスフィンクスと記号を彫刻した石の部分が蝶番で回転式になっている指輪。

スカラベの胸飾り
スカラベをかたどり、ゴールド、ラピス・ラズリ、カーネリアン、トルコ石をあしらった胸飾り。紀元前1361-紀元前1352年ごろのもの。

スカラベ
ファイアンス（石英粉を原料とする彩釉陶器）を彫った紀元前644-紀元前322年ごろの腕飾り。愛する者の死を悼み、その心臓の上に置かれたものだろう。

ウジャトの胸飾り
ツタンカーメンのミイラの上で見つかった魔除けのお守り。ゴールドにガラスのペーストを塗りつけている。紀元前1370-紀元前1352年ごろのもの。

ウジャトのお守り
ジャスパー（碧玉）を彫ってつくったお守り。大まかに様式化されたウジャトの目の形。

ゴールドのオヌリスのお守り
紀元前570-紀元前26年の、エジプトの戦いの神オヌリスを表したお守り。

ハヤブサの襟飾り
エジプトでは、ハヤブサはホルス神の象徴だった。紀元前1980-紀元前1630年ごろにファイアンスのビーズでつくられた襟飾り。

シャビ族の使用人の小立像
紀元前1292-紀元前1190年ごろにつくられたこのようなファイアンスの小立像は裕福な人間の墓におさめられた。

牡牛の頭
ゴールドの石座にセットされた紀元前1010-紀元前656年ごろのラピス・ラズリの彫刻。牡牛神アピスを表している。

ソーダライト

Sodalite

△ オーバルカボションカットされた半透明のソーダライト

ソーダライトはラピス・ラズリ（p174-177参照）と混同されることもある。宝石としてしか使われない数少ない鉱物の1つでもあるが、方解石が網状に混じることも多く、ユニークな模様を持つため、彫刻家にも好まれる。ふつうはカボションカットされるが、カナダのモン・サン=イレール産の透明な石は、収集家向けにファセットをつけられたものが流通している。個体の重量が何kgにもなることがある。

鉱物名 方ソーダ石

化学名：塩化アルミノケイ酸ナトリウム
化学式：$Na_4Al_3Si_3O_{12}Cl$ | **色**：灰、白、青
晶系：立方晶系 | **硬度**：5½ -6 | **比重**：2.3
屈折率：1.48-1.49 | **光沢**：ガラス光沢から油脂光沢
条痕：白色から明るい青色
産地：ロシア、ドイツ、インド、カナダ、アメリカ

カットされていない方ソーダ石 | 原石 | 特有の白い脈模様がわずかに入ったきれいな青い方ソーダ石の原石。

岩石中の方ソーダ石 | 原石 | 別種の白い準長石がちりばめられた鮮やかな青い方ソーダ石の標本。

蛍光を発する方ソーダ石 | 色の種類 | このインド産の標本のように、紫外線をあてると、方ソーダ石の多くが蛍光を発する（p186-187参照）。

黄色の蛍光を発する方ソーダ石 | 色の種類 | 紫外線をあてると、産地によって方ソーダ石はちがう色で蛍光する（p186-187参照）。この標本はロシア産。

ソーダライトはナトリウム（ソーダ）の含有量が高いことに由来して1811年に名づけられた

カボションカット | カット | ソーダライトはほとんどがカボションカットされる。宝石研磨職人の技量によって最高の色と模様が引き出される。

ソーダライトのオーナメント | 彫刻 | ソーダライトは壊れやすいが、熟練した彫刻家の手にかかれば、めずらしい模様の石を彫刻したこのブタのように、魅力的でユニークな芸術作品へと姿を変える。

アウイン

Haüyne

△ 変則的なブリリアントカットを施されたアウイン

藍方石は、青い結晶がもっとも一般的だが、白、灰色、黄色、緑、ピンクのものもある。単結晶（一粒の結晶）が見つかることもあるが、ファセットをつけるのは非常にむずかしい。完璧な劈開（割れやすい平面）を有するため、粉々に打ち砕かないようにカットするのがむずかしいからだ。ファセットをつけるに足る透明度を持つ藍方石の結晶は小さく、そうした石はふつう5カラット以下である。

鉱物名 藍方石

化学名：硫酸アルミノケイ酸ナトリウムカルシウム
化学式：$Na_3Ca(Al_3Si_3O_{12})(SO_4)$
色：青、白、灰、黄、緑、ピンク　**晶系**：立方晶系　**硬度**：5½ -6
比重：2.4-2.5　**屈折率**：1.49-1.51
光沢：ガラス光沢から油脂光沢　**条痕**：青色から白色
産地：ドイツ、イタリア、アメリカ、セルビア、ロシア、モロッコ、中国

母岩に生成した結晶｜原石｜母岩中に多数含まれる、小さいが上質の透明な藍方石の結晶。

宝石素材の結晶｜原石｜母岩に生成した宝石素材の小さな藍方石の結晶群。濃い色を見せている。

キズのある宝石｜カット｜1カラット以上ある宝石品質のアウインは非常にめずらしいため、このようにわずかにキズのある原石からカットされたものも宝石として受け入れられる。

フランス科学に功績のあった72名の1人として、ルネ・アウイの名はエッフェル塔に刻まれている

ナポレオンお抱えの学者

結晶学の父

アウインはルネ=ジュスト・アウイ（アユイとも）(1743-1822）にちなんで名づけられた。アウイは、砕けた方解石の結晶のかけらが一定の角度で交わる直線に沿って割れているのを見て、結晶学に興味を抱くようになった。結晶が同一の小さな単位（ユニット）の集まりからなることを示した最初の人物でもある。（フランス革命での投獄を経て）1802年に、アウイはパリの自然史博物館の鉱物学の教授に任命された。ナポレオンの要請で、結晶学についての本も執筆している。

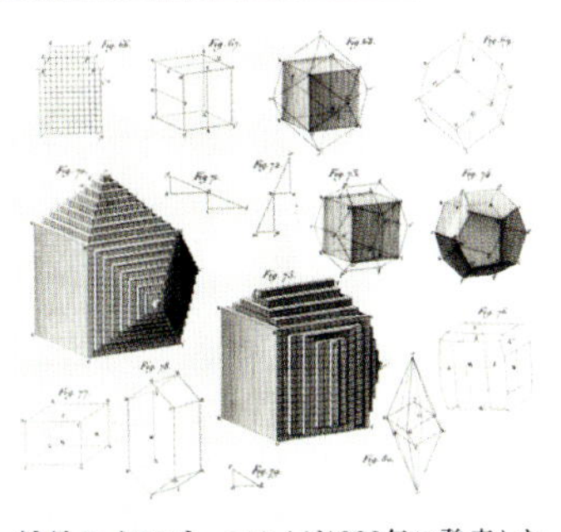

結晶のイラスト　アウイが1822年に発表した『結晶学論』の挿絵。

すばらしい色｜色の種類｜フローレス（無キズ）とはとうていいえないが、この0.82カラットのペアーシェイプのドイツの宝石は、目をみはるほどすばらしい色をしており、非常に価値が高い。

キアニ・クラウン | 32.5×19.5cm | 真珠、ルビー、エメラルド、ダイヤモンド | 1805年ごろのファトフ・アリ・シャー（1771-1834）の肖像画

キアニ・クラウン

△1796年にキアニ・クラウンをつくったアーガー・ムハンマド・ハーン・カージャール（この肖像画は1820年ごろのもの）

並ぶものなき王権の象徴であるキアニ・クラウンは、ペルシャの戴冠宝器の1つで、カージャール朝（1796-1925年）を通じて使われていた。強力な王権の象徴であると同時に、豪華な装飾と使われている真珠の数の多さも独特である。

王冠をかぶったモハンマド・アリ・シャー・カージャール（1892-1925）

王冠はとりはずし可能な羽根飾りを除いても高さ32cm、幅19.5cmある。土台は赤いベルベットで、そこに直径7-9mmほどの小さな真珠を1800個縫いつけてある。約300個のエメラルドが主に羽根飾りに使われているが、そのうちもっとも大きなものは80カラットもある。約1800個のルビーとスピネルもあしらわれているが、こちらはもっとも大きいものは120カラットである。王冠にはたくさんのダイヤモンドもちりばめられ、中央には23カラットのダイヤモンドが据えられている。

キアニ・クラウンはカージャール朝の創始者であるアーガー・ムハンマド・ハーンによって1796年につくられ、カージャール朝の第2の王となったファトフ・アリ・シャー（在位1797-1834年）によって一部つくり直された。ファトフ・アリ・シャーは、1000人の妻を持ち、100人を超える子を持ったことに加え、ペルシャ芸術を保護した王として有名である。ファトフ・アリ・シャー以外にも5人の王が戴冠式でこの王冠をつけた。

王冠はクーデターで権力を掌握したレザー・シャーの1926年の戴冠式にも登場したが、身につけられることはなかった。クーデターによってカージャール朝は終焉を迎え、最後の王であるアフマド・シャーはヨーロッパに逃亡した。レザーは新しい王冠の制作を命じ、キアニ・クラウンは博物館で展示されることになった。

王冠にまつわる主な歴史

1796年-1926年

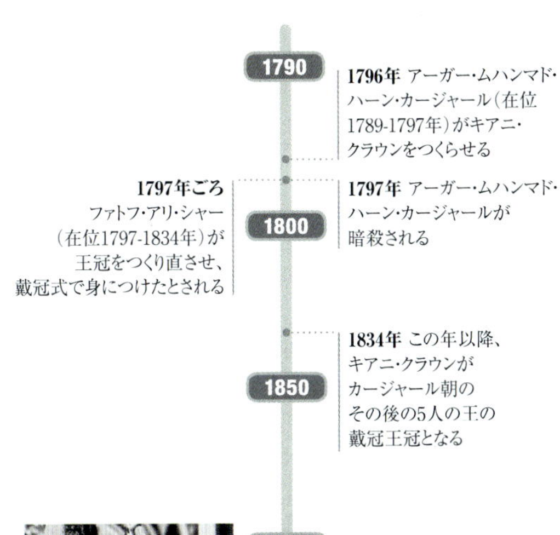
1790
1796年 アーガー・ムハンマド・ハーン・カージャール（在位1789-1797年）がキアニ・クラウンをつくらせる
1797年ごろ ファトフ・アリ・シャー（在位1797-1834年）が王冠をつくり直させ、戴冠式で身につけたとされる
1800
1797年 アーガー・ムハンマド・ハーン・カージャールが暗殺される
1834年 この年以降、キアニ・クラウンがカージャール朝のその後の5人の王の戴冠王冠となる
1850
1900
1926年 キアニ・クラウンがカージャール朝を倒したレザー・シャーの戴冠式に登場するが、身につけられることはなかった。その後王冠はテヘランのイラン国立博物館におさめられ、現在もそこで展示されている
1950
2000

新しい王冠をかぶったレザー・シャー

120カラットのスピネル
23カラットのダイヤモンド

キアニ・クラウンは、130年にわたり、イランの王権と宗教的権力の象徴であった。現在はテヘランの国立博物館で展示されている。

> **もっとも美しい色を組み合わせることにおいて……完璧な仕立てである**
>
> R・カー・ポーター
> 旅行作家。王冠について

スキャポライト
Scapolite

△ オーバルブリリアントカットを施した上質の黄色いスキャポライトの宝石

もともとは単一種の鉱物と信じられていた柱石だが、現在では構造が同じ鉱物のグループの総称である。しかし、宝石の流通においては、柱石グループのどの鉱物を宝石にカットしても「スキャポライト」と呼ぶ。はっきりとした多色性(たしきせい)で、角度を変えて見ると石の色が変化する。紫の石が濃い青や薄い青に見えたり、紫と黄色の石が淡い黄色と無色に見えたりする。カボションカットされたスキャポライトのなかには、シャトヤンシー――キャッツアイのような光のすじ――を見せるものもある。

鉱物族名 柱石(ちゅうせき)

化学名：塩化アルミノケイ酸ナトリウム・炭酸硫酸アルミノケイ酸塩カルシウム
化学式：$Na_4(Al_3Si_9O_{24})Cl$—$Ca_4(Al_6Si_6O_{24})(CO_3SO_4)$
色：無色、白、灰、黄、橙、ピンク | **晶系**：正方晶系
硬度：5-6 | **比重**：2.7-2.9 | **屈折率**：1.55-1.60
光沢：ガラス光沢から真珠光沢または樹脂光沢 | **条痕**：白色
産地：ミャンマー、カナダ、アメリカ、タンザニア

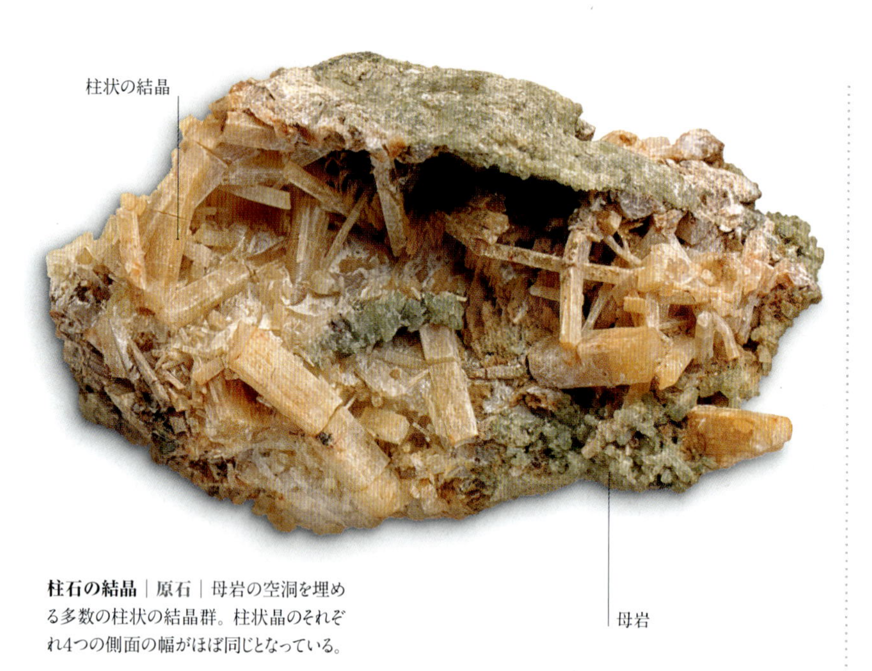

柱石の結晶 | 原石 | 母岩の空洞を埋める多数の柱状の結晶群。柱状晶のそれぞれ4つの側面の幅がほぼ同じとなっている。

青い結晶 | 原石 | 柱石はふつう変成岩に生成し、多様な色を見せる。このほぼ半透明の淡い青色の結晶は四角の柱状の形態をしている。

カボションカットのスキャポライト | カット | カボションカットされ、よく研磨されたスキャポライト。かすみがかったスミレ色で、鉱物のインクルージョンが見える。

クッションカットされた宝石 | 色の種類 | クッションカットされたスキャポライト。茶色がかった深い紫色が美しい。重さ2.95カラット。

ミックスカットを施されたスキャポライト | カット | 美しく澄んだ無色のスキャポライト。めずらしいミックスカットによって多数のファセットをつけられ、目をみはるほどの輝きを放っている。

ミュージアム・クオリティの石 | カット | 並はずれたクラリティと輝きを見せる113カラットの黄色いペアーシェイプのスキャポライト（実物大）。博物館・美術館のコレクションにふさわしい石。

スキャポライトのイヤリング | 仕立て | つや消しの水晶を彫って18金のゴールドの石座にセットした繊細なイヤリング。上部にペアーシェイプにカットした青いスキャポライトをあしらっている。

ポルサイト

Pollucite

△ ラウンドミックスカットされたポルサイトの宝石

1846年に発見されたポルクス石は、ギリシャ神話に登場する双子座の双子カストルとポルクスにちなんで名づけられた2種の鉱物の一方である（下のコラム参照）。ただ、もう一方のカストル石はのちに葉長石（ペタライト）と名前を変えた（p196参照）。ポルクス石は希少な成分を含む堆積物のなかでのみ見つかる。そこにはリチア輝石（スポジュメン）、葉長石、石英、燐灰石といったほかの鉱物も生成する。ファセットをつけるに足る透明度を持つ石は非常に小さいものが多いが、アフガニスタンのカムデシュでは直径60cmもある結晶が見つかっている。イタリアやアメリカでも産出する。

鉱物名 ポルクス石

化学名：水和アルミノケイ酸セシウム
化学式：$Cs(AlSi_2)O_6 \cdot nH_2O$ | **色**：無色、白、ピンク、青、紫
晶系：立方晶系 | **硬度**：6½ -7 | **比重**：2.7-3.0
屈折率：1.51-1.53 | **光沢**：ガラス光沢から油脂光沢
条痕：白色 | **産地**：アフガニスタン、イタリア、アメリカ

ポルクス石の原石 | 原石 | 水流で摩耗した原石の外見から、内部に宝石素材が隠れていることを見分けられるのは、卓越した宝石研磨職人のみである。

大きなポルクス石の塊 | 原石 | アメリカ、メイン州のバックフィールドで見つかった大きなポルクス石の塊の一部。形のよい結晶は希少で、とくに宝石として価値が高いとされる。

ミックスカット | カット | ペアーシェイプのポルサイトの宝石。クラウンには三角形のファセットをつけ、パビリオンには長方形のステップカットを施している。

八角形のステップカット | カット | 宝石のガラス光沢を引き出す長方形のクッションステップカットが、ポルサイトの淡い青の色合いを引き立てている。

めずらしいカット | カット | 特別な手法でカットされた2.69カラットの楕円形のポルサイト。輝きとこの上なくすばらしい桃色を引き立たせている。

カストルとポルクス

神話のなかの戦士たち

ギリシャとローマの神話において、カストルとポルクスは乗馬がうまいことでよく知られた双子の兄弟である。ローマ人はレギッルス湖畔の戦いで自分たちが勝利したのは、神話に登場する双子の助けがあったからだと信じ、フォロ・ロマーノのなかにカストルとポルクスを祀る寺院を建てた。毎年7月15日には、1800人ものローマの上級騎兵が、戦いでの勝利を記念して街を練り歩いた。

カストルとポルクス 双子をかたどった3世紀ごろのローマの小彫像。

ベニト石
アメリカ、カリフォルニア州で
見つかった標本。
短波紫外線を浴びると青く光る。

母岩に生成した石膏
蛍光は石膏にふつうに見られる。
フランスのパリで見つかった
この標本は豊かな黄色に蛍光する。

霰石
ピンク色に蛍光を発するイタリア、
シチリア産の標本。霰石は
黄色や青や緑にも蛍光を発する。

亜鉛鉱石
亜鉛の鉱物、珪亜鉛鉱、
フランクリン石、紅亜鉛鉱を
含む標本。珪亜鉛鉱と方解石が、
それぞれ、緑とピンク色に
蛍光している。

柱石
カナダ産のこの標本は
蛍光しているが、
すべての柱石が同じ
ように蛍光するわけではない。

方解石
柱状の結晶が青白く蛍光する標本。
含まれる微量元素がほかの蛍光色を
もたらすこともある。

含マンガン方解石
このアメリカ、アリゾナ州産の
標本のように、方解石の
多くが蛍光する。

蛍光鉱物

紫外線のもとで、不気味なサイケデリック（幻覚的）な色を発する結晶がある。1824年のフルオライト／蛍石の蛍光の発見により、その現象はフルオライトにちなんでフルオレッセンス（蛍光）と呼ばれるようになった。蛍光を発するかどうかは予測不可能である。蛍光を発するとされる鉱物のなかには、同じ産地のものでも蛍光を発しないものもあるからだ。紫外線の波長領域には幅があり、短波紫外線と長波紫外線の両方で蛍光を発する鉱物もあれば、そのどちらかでのみ蛍光を発する鉱物もある。

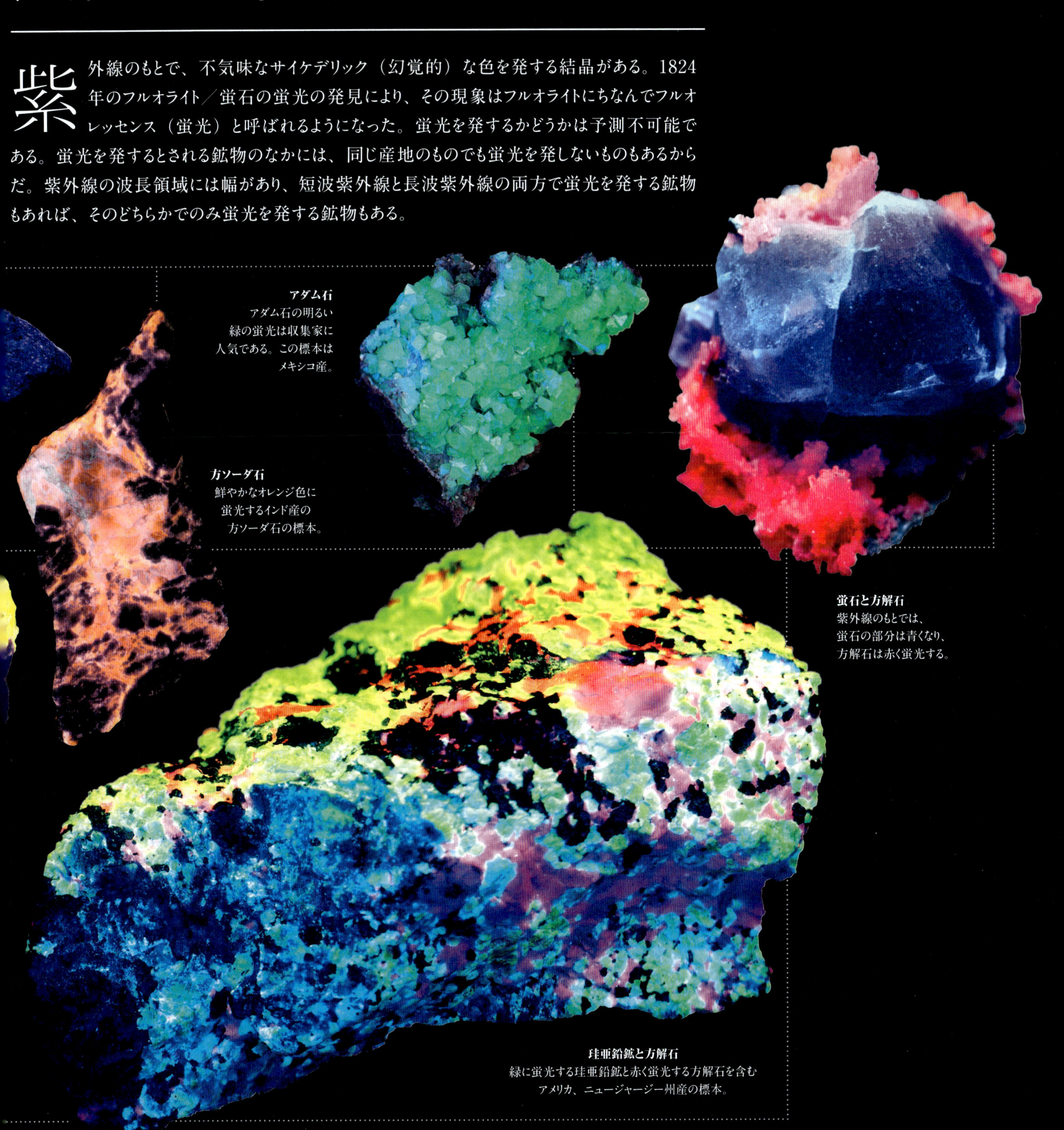

アダム石
アダム石の明るい緑の蛍光は収集家に人気である。この標本はメキシコ産。

方ソーダ石
鮮やかなオレンジ色に蛍光するインド産の方ソーダ石の標本。

蛍石と方解石
紫外線のもとでは、蛍石の部分は青くなり、方解石は赤く蛍光する。

珪亜鉛鉱と方解石
緑に蛍光する珪亜鉛鉱と赤く蛍光する方解石を含むアメリカ、ニュージャージー州産の標本。

インドの宝石

インドの歴史において何千年ものあいだ、宝石は美術品としてだけでなく、お守りや、社会的立場のしるしや、懐柔の手段としても、重要な役割を演じてきた。政治的、軍事的軋轢を生む元凶になることもあった――とくにムガル帝国時代（1526-1707年）には。初期の宝飾品は石のビーズからつくられていたが、紀元前1世紀のヒンドゥーの教典に、もとは太陽神スーリャのものだったシャマンタカと呼ばれる魔法の宝石についての記述がある。ゴールドを生み、それを持つ者を守るとされたその宝石は、貴族たちが手に入れようと争いを起こすほどだった。歴史家によれば、その宝石はダイヤモンド――おそらくはコ・イ・ヌール――で、今は英国戴冠宝器（p58-59参照）の一部となっている。

ダイヤモンドは、インドの社会では長いあいだもっとも人気の高い宝石だった。ヒンドゥー教の神クリシュナが恋人のラーダに、月夜に彼女の美しさを映すようにとダイヤモンドを贈ったとされている。伝説では、ダイヤモンドは雷が岩に落ちてできたとされており、癒やす力があると信じられていた。たとえば、裕福な人間は雷除けと虫歯予防になると信じてダイヤモンドの粉を歯に塗りつけていたそうだ。

宇宙全体が
宝石の首飾りとして
私の首に吊り下げられている

シュリ・クリシュナ
『バガバッド=ギーター』紀元前5世紀－紀元前2世紀

19世紀、若きクリシュナを描いた絵。
身分の低い牛飼いでありながら、笛に興じ、宝石で飾り立てた若きクリシュナが描かれている。凝った宝石が彼を神聖な存在へと押し上げ、宝石の輝きは太陽をもしのぐほどである。

サーペンティン

Serpentine

△ アメリカ、バーモント州ローエル産の蛇紋石の標本

サーペンティン（蛇紋石）は1種の鉱物の名前ではなく、同じ結晶構造と類似の外観でありながら多様な化学組成により白や黄色がかった色や緑や灰緑色を見せる、少なくとも16種類のマグネシウムのケイ酸塩鉱物からなるグループの総称である。蛇紋石はふつう微小な結晶が絡み合って塊をなした鉱物で、ヘビの皮膚に似たまだらのある見た目からその名がついた。宝石品質の蛇紋石はジェード（硬玉［翡翠］、軟玉やそのほかの翠玉）に似ていることが多く、カボションカットされる。やわらかく、彫りやすいので、彫刻にも使われる。産地は世界各地に広がっており、さまざまな地域に巨大な採掘場がある。

鉱物名 リザード石

化学名：水酸化ケイ酸マグネシウム | **化学式**：$Mg_3Si_2O_5(OH)_4$
色：白、灰、黄、緑、青緑 | **晶系**：単斜晶系、六方晶系
硬度：2½ | **比重**：2.5-2.6 | **屈折率**：1.53-1.57
光沢：蝋光沢、油脂光沢、絹糸光沢、樹脂光沢、土状、無艶
条痕：白色 | **産地**：世界各地

ハイグレードの蛇紋石 | 原石 | 半透明の緑の蛇紋石。ジェードと誤認される理由がよくわかる。

内部のひび

母岩

蛇紋石と白いクリソタイル | 原石 | クリソタイルは一般に「アスベスト／石綿」と呼ばれる鉱物の1つで、蛇紋石グループの一種でもある。

カボションカットのウィリアムサイト | カット | ウィリアムサイトは宝石に使われる蛇紋石鉱物の1つで、この標本のように、カボションカットするとユニークな模様を見せる。

新石器時代の彫刻 | 彫刻 | 紀元前2000年ごろのものと思われる不思議なサーペンティンの彫刻が英国北部の遺跡から見つかっている。

貝の彫刻 | 色の種類 | すばらしい貝殻の彫刻を施されたこの薄い緑の石のように、サーペンティンは多種多様な色で産する。

オーナメント用の石として採掘される蛇紋石は、サーペンティン大理石と呼ばれることもある

ボーエナイト（ボーエン石）のペンダント | 彫刻 | ボーエナイトは、蛇紋石グループの一員のアンティゴライトの一変種である。多くのサーペンティンと同様、ボーエナイトにも凝った彫刻が施せる。

ソープストーン（石鹸石）

Soapstone

△ 韓国産のソープストーンの「篆刻」（印章）

はるか有史以前から、ソープストーンは彫刻や装飾品や道具に利用されてきた。フリント（火打石）を除けば、人類にとってもっとも古い宝石細工の素材かもしれない。今日、半透明の薄い緑色をしたタルクソープストーンの彫刻が、中国で広く流通している。翡翠に似せるためにラッカー仕上げを施され、硬度を高め、色をよくしたものだ。ソープストーンという名称は、石鹸や油脂のような感触を持つ密度の高いさまざまな鉱物の塊を指すのに使われている。そのなかでももっとも広く知られているのが滑石である。目が詰まっていて純度の高い滑石はステアタイトと呼ばれ、彫刻の素材として人気である。ソープストーンとしては、葉蝋石（パイロフィライト）やサポナイトも知られる。

鉱物名 滑石（タルク）

化学名：水酸化ケイ酸マグネシウム ｜ **化学式**：$Mg_3Si_4O_{10}(OH)_2$
色：白、無色、緑、黄、茶 ｜ **晶系**：三斜晶系、単斜晶系 ｜ **硬度**：1
比重：2.6-2.8 ｜ **屈折率**：1.54-1.60
光沢：真珠光沢、油脂光沢、無艶 ｜ **条痕**：白色
産地：アメリカ、カナダ、ドイツ、中国

カットされていないステアタイト｜原石｜ステアタイトは高密度の滑石である。この原石のように、カラフルで半透明のものが最高級とされる。

滑石の標本｜原石｜アメリカ、コネティカット州ロクスベリー産のカットされていない滑石。彫刻に適した目の詰まった鉱物が含まれている。

ステアタイトのカップ｜彫刻｜古代都市ウルの遺跡から発掘された紀元前3000年ごろのステアタイトのカップ。サソリのレリーフが施されている。

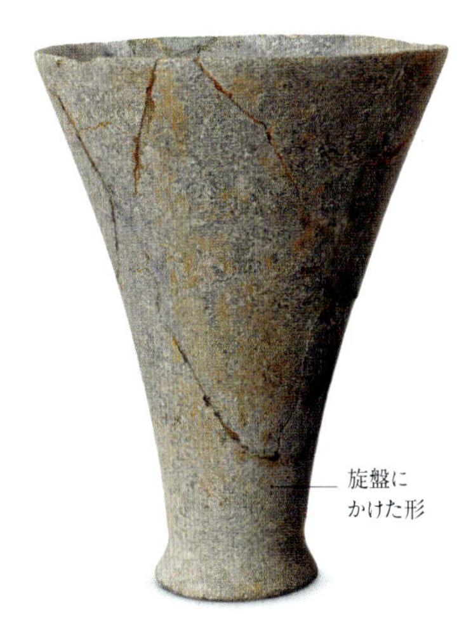

タンブラー｜彫刻｜ステアタイトを彫ってつくった古代のタンブラー。ステアタイトは紀元前3000年ごろ、ウルの職人にたくさん使われた。

サイのオーナメント｜彫刻｜ケニア産の研磨された動物の彫刻。ソープストーンは単純な道具で簡単に彫ったり刻んだりできるため、現代のトライバルアートでも人気の素材である。

古代から現代まで

歴史上のステアタイト

古代の中東地域において、ステアタイトは器、壺、印章、聖骨箱、影像などをつくるのに使われた。熱を均等に吸収して分散させるため、料理道具や煙草用のパイプにも格好の素材だった。古代の人々はステアタイトを彫って金属鋳造の型もつくった。今でもステアタイトはカナダやアラスカのイヌイットの人々によって鳥や動物の形に広く彫刻されている。

イヌイットの彫刻 ステアタイトと牙でできたフクロウの小彫像。カナダ北部のケープ・ドーセットで暮らすイヌイットの工芸家の手による彫刻。

ペツォッタイト

Pezzottaite

△ トラピッチェ構造を見せるめずらしいペツォッタイトの結晶

ペツォッタイトは2003年に新しい鉱物として正式に認められたばかりで、以前は赤いベリル（p236-241参照）の一種と考えられていた。アメリカのユタ州で見つかるベリルの結晶に似てはいるものの、化学組成が異なる上に、晶系も六方晶系のベリルとちがって、三方晶系である。それにもかかわらず、ラズベリルやラズベリーベリルとして流通してきた。ラズベリーレッドからオレンジレッド、ピンクまでの色がある。ほとんどのペツォッタイトの宝石は1カラットから2カラットと小さく、約10%がシャトヤンシー（内包する繊維状結晶によって生み出されたキャッツアイ効果）を見せる。

鉱物名 ペツォッタイト

化学名：ケイ酸セシウムリチウムベリリウムアルミニウム
化学式：$Cs(Be_2Li)Al_2Si_6O_{18}$
色：ラズベリーレッド、オレンジレッド、ピンク
晶系：三方晶系 | **硬度**：8 | **比重**：3.0-3.1
屈折率：1.60-1.62 | **光沢**：ガラス光沢 | **条痕**：白色
産地：アフガニスタン、マダガスカル

ペツォッタイトの原石 | 原石 | マダガスカルのアンバトビー鉱山で見つかったペグマタイトからとり出したペツォッタイトの結晶。8.40カラットの質のよい宝石品質の石で、六角形の外観を見せている。

ペツォッタイトの結晶 | 原石 | 独特の形を見せるペツォッタイトの結晶。「砂時計」形の結晶として知られ、魅力的なラズベリー色を見せる。

エメラルドカット | カット | エメラルドカットされた、0.71カラットのピンクがかったラベンダー色の質の高いペツォッタイト。その希少性から、ペツォッタイトはふつう小さい石もカットされる。

新しい発見

1つの鉱物にいくつもの名前

ペツォッタイトは最近数多く発見された宝石や鉱物の1つである。そうした宝石や鉱物は、たとえばゾイサイトの透明な青い変種（タンザナイトとして知られるようになった――p253参照）のように、すでによく知られている宝石の新たな変種であることが多いが、ペツォッタイトのように、まったく新しい鉱物種が見つかることもある。既存の鉱物の未知の変種が発見された例はほかにもある。たとえば、宝石品質のトルマリンは14の異なる鉱物種のグループを指すとされているが、そのすべてが今もトルマリンとして流通している。

針状のルチル（金紅石） ローズピンクのペツォッタイトの結晶に内包された、放射状の針状晶ルチル。

キャッツアイ | 色の種類 | カボションカットされた3.46カラットのマダガスカル産のペツォッタイト。豊かな色の石には、すばらしいシャトヤンシーが見える。

マダガスカル産のペツォッタイト | カット | ペツォッタイトがとれる数少ない鉱山の1つ、マダガスカルのフィアナランツォア州にあるアンバトビー鉱山で採掘された、4.15カラットの石。オーバルカットされている。

△ セピオライトの原石の標本

セピオライト
Sepiolite

セピオライトはドイツ語で「海の泡」を意味するメシャムという名前のほうが一般によく知られている。目の詰まった土や粘土のような石で、多孔質であることも多い。ふつう絡み合った繊維状の塊として見つかり、鉱物学的にはやわらかい鉱物だが、そうは思えないほどの耐久性を持つ。そのため、凝った彫刻を施すことができ、煙草用のパイプに加工されることが多い。メシャムセピオライトはとり出されたばかりのときはやわらかく、彫刻が容易だが、乾くにつれて硬くなる。流通しているセピオライトのなかでもっとも価値があるとされているのは、不定形の塊として見つかるトルコのエスキシェヒル近郊のセピオライト鉱山で発掘されるものである。

鉱物名 セピオライト（海泡石）

化学名：水酸化ケイ酸マグネシウム水和物
化学式：$Mg_4Si_6O_{15}(OH)_2 \cdot 6H_2O$ | **色**：白、灰、ピンクがかった色
晶系：直方晶系 | **硬度**：2 -2½ | **比重**：2.1-2.3
屈折率：1.52-1.53 | **光沢**：無艶から土状 | **条痕**：白色
産地：トルコ、アメリカ、イタリア、チェコ、スペイン

セピオライトの原石 | 原石 | 表面に極小の針状結晶が密集しているのがわかるセピオライトの標本。水に浮くほど軽い。

セピオライトの原石 | 原石 | 多孔質で軽いセピオライトが、密度の高い粘土のような性質だとわかる灰色の原石の標本。

メシャムのビーズ | 彫刻 | メシャムはパイプに加工されることが多いが、このすばらしいビーズのネックレスのような装身具も含め、基本的に何にでも加工できる。

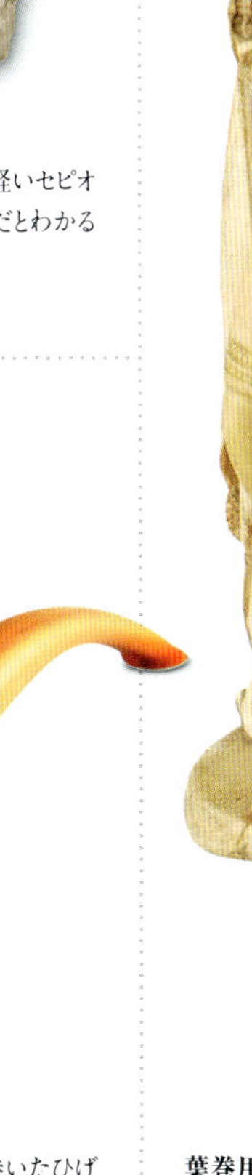

メシャムのパイプ | 彫刻 | ターバンを巻いたひげのある男性の頭部をかたどり、凝った彫刻を施した典型的なメシャムのパイプ。パイプの柄の部分は琥珀でつくられている。

葉巻用パイプ | 彫刻 | メシャムに凝った彫刻を施した葉巻用のパイプ。動物の足をかたどった脚をつけ、吸い口部分にシルバーを使っている。メシャムは多孔質の鉱物なので、使いこむと趣のある茶色に変化する。

朕は朕にとっても
ほかの者にとっても
永遠の謎でありたいのだ

バイエルン王ルートヴィヒ２世

ルートヴィヒ2世の懐中時計 | 1880年ごろ | ゴールド、ダイヤモンド、ルビー、トルコ石、エナメル

ルートヴィヒ2世の 懐中時計

△ 王のモノグラムの入った懐中時計のケースの表

19世紀の懐中時計で、表に王冠とモノグラムが入り、裏に馬の頭をかたどった装飾が施されたものは、ほぼすべてバイエルン王ルートヴィヒ2世のためにつくられたものであろう。ルートヴィヒ2世はいろいろと物議をかもした風変わりな人物で、奇妙な状況で命を落とした。

この懐中時計は1880年ごろ、ゴールド、エナメル、ダイヤモンド、ルビーを使って制作されたもので、揃いの鎖とフォブシールがついている。ケースの表は、金細工にダイヤモンドをちりばめた絡み合うようなルートヴィヒ2世のモノグラムと、その上にあしらわれた王冠で飾られている。ケースの裏は、シルバーの石座に馬の頭の形にダイヤモンドをパヴェセットし、目にルビーを据えた装飾がなされている。この凝った装飾はルートヴィヒ2世の馬への情熱を如実に表している。ざらっとした感じのゴールドの結び目をつなげた鎖には、トルコ石とダイヤモンドをバイエルンの紋章を示す樽の形にセットしたつなぎ目が4つつき、端にはカボションカットされたトルコ石から跳ね上がる馬をかたどったフォブシールがついている。

1864年から1886年の退位まで
バイエルン王国を治めた
ルートヴィヒ2世

ルートヴィヒ2世が王位についたのは弱冠18歳のときだった。若く見栄えのする王はバイエルン国民の人気を集めたが、国政にはあまり関心がなく、もっぱらおとぎの城さながらのノイシュバンシュタイン城のような壮麗な城をつくらせていた。王の家臣たちは1886年にルートヴィヒ2世が精神に異常をきたしたとして退位させ、6月12日に王をシュタルンベルク湖畔のベルク城に移した。翌日、王の遺体が世話役のフォン・グッデン医師の遺体とともに浅瀬で見つかった。身につけていた懐中時計は午後6時54分で止まっていた。死因は自殺による溺死とされたが、肺に水は入っておらず、真の死因はいまだ解明されていない。左のページの時計は——王が逝去時に携えていたものではないが——2007年にオークションにかけられた。

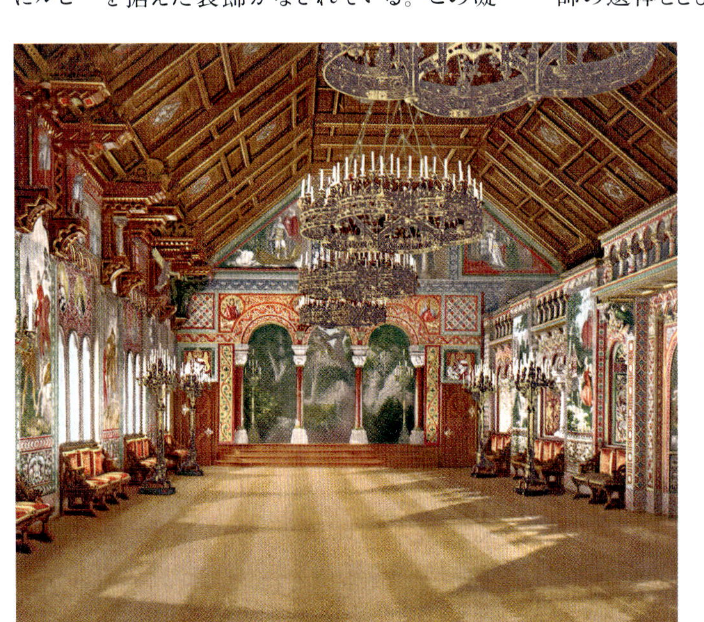

19世紀の壮麗な城であるノイシュバンシュタイン城の歌人の間は、今も観光客に公開されている。ルートヴィヒ2世の気に入りの部屋で、王がおおやけの目から姿を隠すためにつくられた。

懐中時計にまつわる主な歴史

1806年-2007年

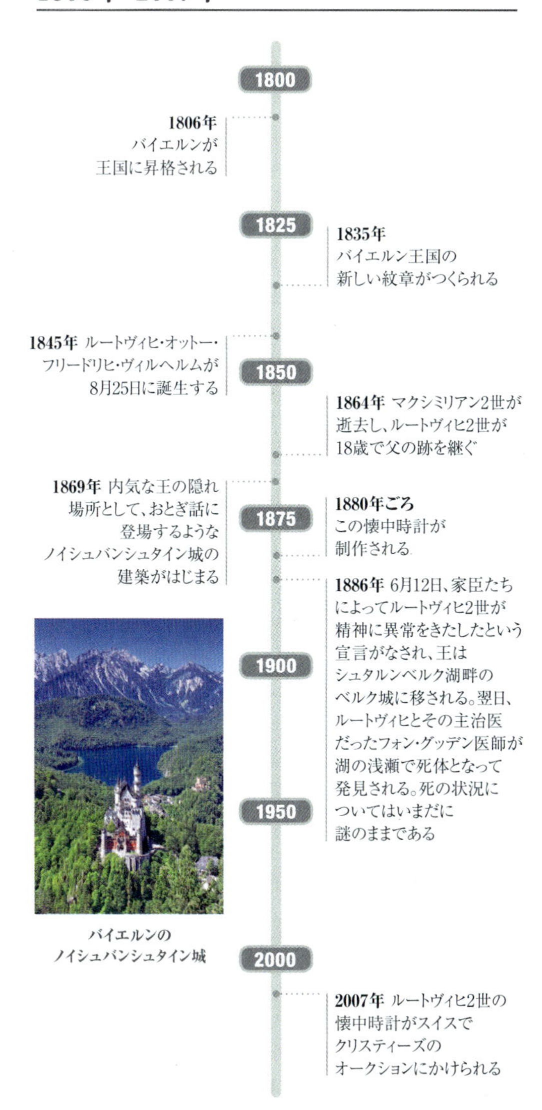

1800
1806年 バイエルンが王国に昇格される
1825
1835年 バイエルン王国の新しい紋章がつくられる
1845年 ルートヴィヒ・オットー・フリードリヒ・ヴィルヘルムが8月25日に誕生する
1850
1864年 マクシミリアン2世が逝去し、ルートヴィヒ2世が18歳で父の跡を継ぐ
1869年 内気な王の隠れ場所として、おとぎ話に登場するようなノイシュバンシュタイン城の建築がはじまる
1875
1880年ごろ この懐中時計が制作される
1886年 6月12日、家臣たちによってルートヴィヒ2世が精神に異常をきたしたという宣言がなされ、王はシュタルンベルク湖畔のベルク城に移される。翌日、ルートヴィヒとその主治医だったフォン・グッデン医師が湖の浅瀬で死体となって発見される。死の状況についてはいまだに謎のままである
1900
1950
2000
2007年 ルートヴィヒ2世の懐中時計がスイスでクリスティーズのオークションにかけられる

バイエルンの
ノイシュバンシュタイン城

クリソコーラ
Chrysocolla

△ オパール化したクリソコーラ。カボションカット

クリソコーラという名称は、ギリシャの哲学者テオプラストスによって紀元前315年にゴールドのはんだづけに使うさまざまな素材を指すことばとして使われた（コラム参照）。「ゴールド」を意味するギリシャ語の「クリソス」と、「にかわ」を意味する「コーラ」から来ている。クリソコーラは主に乾燥した地域でほかの銅鉱物が分解することによって生成する。石英やオパールのようなより硬度の高い鉱物と混じり合って成長し、弾力性のある宝石を生み出すことも多い。ふつうはカボションカットされ、半透明の豊かな青緑色のクリソコーラはとくに価値が高い。

鉱物名 珪孔雀石

化学名：水酸化ケイ酸銅水和物
化学式：$Cu_2H_2(Si_2O_5)(OH)_4 \cdot nH_2O$ | **色**：青、青緑 | **晶系**：直方晶系
硬度：2-4 | **比重**：1.9-2.4 | **屈折率**：1.58-1.64
光沢：ガラス光沢から土状 | **条痕**：淡い青色、褐色、灰色
産地：英国、イスラエル、メキシコ、チェコ、オーストラリア、コンゴ民主共和国、アメリカ

カットされていない珪孔雀石 | 原石 | 採掘されたばかりの珪孔雀石の原石。表面はごつごつしているが、おそらく高い宝石品質の素材が隠れている。

卵の形 | 彫刻 | 高さ44.5cmのクリソコーラのオーナメント。おそらくこの鉱物を彫刻してつくった卵としては世界最大だろう。

細かい彫刻を施した目

微妙に異なる色

漿果の彫刻

鳥のオーナメント | **彫刻** | ロナルド・スティーブンズの手による重さ69カラットの彫刻。鳥が漿果の上に止まっている姿を彫ったこの作品は、クリソコーラのオーナメントのなかでも最高傑作の1つである。

テオプラストス

クリソコーラの名づけ親

若いころにアテネにやってきたテオプラストスは、プラトンのもとで学んだ。植物についての著作から、植物学の父とされることが多いが、鉱物についても、同じぐらい重要な研究を行った。鉱物について書いた『石について』は、ルネッサンス期まで専門書として鉱物学者に利用されていた。テオプラストスは宝石と鉱物の系統分類を試みた最初の学者でもあり、その業績は後世の研究にとって代わられたとはいえ、現代の科学的な鉱物学の先駆者とみなすことができるだろう。

テオプラストス プラトンの弟子で、古代西洋世界ではじめて鉱物と岩石について著作を残した人物。

ペタライト
Petalite

△ クッションミックスカットされた上質のペタライト

ペタライトという名前は、葉のような薄い層に砕ける性質にちなみ、「葉」を意味するギリシャ語から来ている。ふつう小さな結晶が集まった塊として見つかり、個体の結晶として見つかることは稀である。大きな塊はカボションカットされることが多く、無色透明な石のみが収集家向けにファセットをつけられる。もろく、裂けやすい性質から、ファセットをつけるときは細心の注意を払わなければならず、壊れやすいためにジュエリーの仕立てには向かない。ファセットをつけるに足るペタライトは主にブラジルで見つかる。ブラジルは収集家向けの宝石の産地で、重さ50カラットの石が見つかることもある。

鉱物名 葉長石（ようちょうせき）

化学名：ケイ酸リチウムアルミニウム
化学式：$LiAlSi_4O_{10}$ | **色**：無色から灰色がかった白、ピンク、緑
晶系：単斜晶系 | **硬度**：6 -6½ | **比重**：2.4
屈折率：1.50-1.52 | **光沢**：ガラス光沢 | **条痕**：白色
産地：ブラジル、スウェーデン、イタリア、ロシア、オーストラリア、ジンバブエ、カナダ

めずらしい形 | 原石 | 複数の葉長石の結晶からなるすばらしい結晶群。自然の酸エッチングを受けているが、いくつか宝石品質の結晶を保っている。

カボションカット向けの原石 | 原石 | この原石は薄く切ってカボションカットに研磨される。ファセットをつけるにはより高い品質が必要。

研磨されたペタライト | 彫刻 | めずらしくいびつな形に彫刻されたペタライトの標本。研磨されてなめらかな仕上げになっている。

ステップカット | カット | 三角形にステップカットされた黄色いペタライト。もろい素材の破損を防ぐため、尖った角が削られている。

色の変化 | 色の種類 | ミャンマー産の希少な6.22カラットの石。自然光のもとではオリーブグリーンで、白熱電球光をあてると燃えるような赤に変化する。

化学成分のリチウムは葉長石からはじめて発見された。葉長石は今でもリチウムの重要な鉱石である

ミャンマー産のペタライト | カット | クッションカットされた25.20カラットのスモーキーブラウンのキズのないペタライト。ミャンマー産で、スミソニアン協会の宝石コレクションの一部。

プレーナイト
Prehnite

△ 母岩に生成したぶどうのようなぶどう石の結晶群

ぶどう石はふつう、粒状や球状、鍾乳石状をなす、細粒から粗粒までの結晶の集合体として見つかる。個々の結晶として判別できるぐらいの大きさのものは短柱状であることが多く、希少である。黄色がかった淡い茶色の繊維性の石は、カボションカットするとキャッツアイ効果を見せることもある。ファセットをつけられることもあるが、ぶどう石が透明であることはほとんどなく、ほぼ必ずくもっている。ファセットをつけられる石は小さいことが多く、収集家や博物館向けの品しか流通していない。半透明のぶどう石はオーストラリア産かスコットランド産で、そこではたまにほぼ透明の石が見つかることもある。

鉱物名 ぶどう石

化学名：水酸化ケイ酸カルシウムアルミニウム
化学式：$Ca_2Al_2Si_3O_{10}(OH)_2$ | **色**：緑、黄、褐色、白
晶系：直方晶系 | **硬度**：6 -6½ | **比重**：2.8-2.9
屈折率：1.61-1.67 | **光沢**：ガラス光沢 | **条痕**：白色
産地：カナダ、ポルトガル、ドイツ、日本、アメリカ、オーストラリア、スコットランド

ぶどう石の結晶 | 原石 | 母岩上に黄色みを帯びたぶどう石の単結晶を数多く含む標本。

スクエアカボションカット | 色の種類 | 薄い青のプレーナイトが見つかることは多くないが、スクエアカボションカットされたこの石のように、半透明の淡いパステルカラーを見せることもある。

ステップカットの石 | カット | ファセット用のプレーナイトはかなり希少で、ステップカットを施したこの石のように、カットしてもどこかくもっている。

スクエアクッションカット | カット | スクエアカットを施した緑のプレーナイトの宝石。くもりが謎めいた雰囲気をかもし出している。

ヘンドリク・フォン・プレーン大佐

プレーナイトを発見した人物

プレーナイトはヘンドリク・フォン・プレーン大佐（1733-1785）にちなんで名づけられ、南アフリカ東ケープ州のクラドックで1788年にはじめて記載された。プレーン大佐についての情報は乏しいが、1768年から1780年まで、喜望峰のオランダ植民地に駐留していた軍隊の司令官であり、ケープ植民地の総督だったとされている。

喜望峰海戦 南アフリカは、17世紀から18世紀にかけて、英国とオランダの軍事対立の場だった。

プレーナイトのビーズ | 仕立て | 繊細な研磨を加えたプレーナイトのビーズ。並はずれて高い透明度を見せる石を使っている。

フォスフォフィライト

Phosphophyllite

△ すばらしい色を持つファセット用のフォスフォフィライトの原石

フォスフォフィライトは希少な鉱物で、宝石としてはさらに希少であり、博物館や収集家に珍重されている。繊細な青みがかった緑の結晶はもっとも人気が高い。フォスフォフィライトはもろく、壊れやすいので、ファセットをつけるのはとてもむずかしい。カットできるだけの大きさの石が非常に貴重であるため、カットによって破損させるわけにはいかないという面もあり、宝石として希少である。最高級の結晶や、今あるファセットをつけられた石のほとんどは、すでに閉山したボリビアのポトシ鉱山で採掘されたものである。

鉱物名 燐葉石（りんようせき）

化学名：リン酸亜鉛水和物
化学式：$Zn_2(Fe^{2+}Mn^{3+})(PO_4)_2 \cdot 4H_2O$
色：無色から青みがかった深緑まで | **晶系**：単斜晶系
硬度：3 -3½ **比重**：3.1 | **屈折率**：1.59-1.62
光沢：ガラス光沢 | **条痕**：白色
産地：アメリカ、オーストラリア、ドイツ、ボリビア

結晶 | 原石 | 黄鉄鉱の母岩に生成した薄い青の燐葉石の結晶群。ファセットをつけるのに値するほど上質の宝石素材。

高品質の燐葉石 | 原石 | 希少な透明度とターコイズ色を持つファセット用の燐葉石。収集家の垂涎の的となるのはまちがいない。

めずらしい色 | 色の種類 | 格別にめずらしい色の燐葉石の平行連晶。宝石研磨職人が求めてやまない品質である。

エメラルドカット | カット | エメラルドカットされた明るい青緑色のフォスフォフィライトの宝石。並はずれたクラリティが価値を付与している。

エメラルドカット | カット | 並はずれた透明度を持つフォスフォフィライト。エメラルドカットによって、色と透明度がさらに増している。

フォスフォフィライトは「燐を含む」と「薄く剥がれる」を意味するギリシャ語に由来する

宝石産業

何千年ものあいだ、ダイヤモンドはきわめて希少なものだったが、1870年に南アフリカで巨大なダイヤモンド鉱山が見つかり、採掘がはじまったことで、人々が求めてやまない石が広く流通する可能性が増えただけでなく、現代的な宝石産業が起こるきっかけとなった。南アフリカの鉱山のおかげで、世界のダイヤモンドの産出量は1871年にはじめて年間100万カラットを超えた。1907年までに500万カラットに達し、20世紀のあいだ着実に増えつづけ、2000年には1億2600万カラットに達した。アンゴラ、コンゴ民主共和国、西アフリカ、ボツワナ、ロシア、オーストラリア、カナダなどの新しい鉱山が産出量を押し上げ、ダイヤモンドの流通量は増えつづけた。

豊富な流通量によって価格は下がるはずだったが、ダイヤモンドの生産者は自分たちの貴重な商品の価値を維持するためにすぐさま行動を起こした。南アフリカの鉱山を牛耳る英国のコングロマリット（複合企業）が1888年にデビアス・カルテルをつくり、産出から流通にいたる新たなダイヤモンドの取引の多くをコントロールすることになった。20世紀のダイヤモンドの取引は1999年にデビアスが方針変更するまでのあいだに、カルテルが需要と供給をコントロールすることでダイヤモンドの市場価格が比較的安定していった。また、「ダイヤモンドは永遠に」というデビアスのスローガンは、愛と結婚を象徴するダイヤモンドの価値を高めるのに一役買った。

消費者に強い印象を与える
ブランド名などなかった。
あったのは単純明快な
コンセプトだけだった

N・W・アイヤー
デビアスの広告代理人

南アフリカのデビアス鉱山でダイヤモンドの分類を行う作業員
1870年以前には、ダイヤモンドは主にインドやインドネシア、ブラジルの川底の堆積物から発見されていたが、その後地下の鉱脈から直接ダイヤモンドを採掘するデビアス鉱山が主要な鉱床となった。

エンスタタイト
Enstatite

△ タンブル研磨に適した塊状の頑火輝石

造岩鉱物として重要であるとともに、無色、淡い黄色、淡い緑色のエンスタタイトの主な商業的用途は宝石である。もっとも人気の高い石はエメラルドグリーンで、クロムエンスタタイトとして知られている。その緑色は微量含まれているクロムによるもので、名前の由来もそこにある。すべての色が比較的希少で、宝石品質の石はファセットをつけられたり、カボションカットされたりする。インドのマイソールではスターエンスタタイトが産出される。カナダではイリデッセンスを持つエンスタタイトがとれる。ミャンマーとスリランカの砂礫層からは、ファセット用の高品質の素材が産出される。

鉱物名 頑火輝石（がんかきせき）

化学名：ケイ酸マグネシウム | **化学式**：$Mg_2Si_2O_6$
色：無色、黄、緑、茶、黒 | **晶系**：直方晶系
硬度：5-6 | **比重**：3.2-3.9 | **屈折率**：1.65-1.68
光沢：ガラス光沢 | **条痕**：灰色から白色
産地：インド、カナダ、ミャンマー、スリランカ

頑火輝石の結晶 | 原石 | 柱状結晶がよくわかる頑火輝石の大型の標本。この鉱物が形のよい結晶として見つかることはめったにない。

原石の標本 | 原石 | 頑火輝石が造岩鉱物として生成することがよくわかる標本。カットや研磨は可能だが、宝石品質ではない。

研磨されたエンスタタイトの小石 | カット | 多様な色の模様——パッチワークのような模様——を見せる、タンブル研磨された不定形のエンスタタイト。ほかの鉱物と共生した形で見つかると、このような模様を見せることがある。

宇宙のエンスタタイト

太陽系形成期の鉱物

隕石のなかに頑火輝石を含むものがあることから、地球や太陽系を生み出した太陽系星雲で最初に生成されたケイ酸塩鉱物の1つではないかといわれている。球粒隕石と呼ばれる隕石の約10%に頑火輝石が含まれている。球粒隕石は粒状の鉱物の塊で、溶けて再結晶するだけの大きさの個体にならなかったものだ。太陽系の中心部近くではじめて生成した鉱物と考えられている。

石質鉄隕石（せきしつてついんせき）　球粒隕石として知られるこの鉄隕石の一種には、一定量の頑火輝石が含まれていることがある。

カボションカットされたエンスタタイトキャッツアイ | カット | エンスタタイトはカボションカットされると星彩やキャッツアイ効果を生む鉱物の1つである。

オーバルブリリアントカット | 色の種類 | 変則的なオーバルブリリアントカットを施した、透明度の高い上質の黄色いエンスタタイトの宝石。

ダイオプサイド

Diopside

△ エメラルドカットされたダイオプサイドの宝石

ダイオプサイトは火成岩のキンバーライトのなかからダイヤモンドとともに見つかる鉱物の1つで、ふつう濃い深緑色、薄い緑色、茶色、青、無色などの石として産出する。クロムによって豊かな緑色を見せるダイオプサイドは、クロムダイオプサイドとして知られ、価値の高い収集家向けの宝石としてのみファセットをつけられる。これほどやわらかくなければ、エメラルドに匹敵する人気を得たかもしれない。もう1つの豊かな色――マンガンによる青紫色――を持つ石がイタリアやアメリカで見つかっているが、それらの石はバイオレーンと呼ばれることもあり、収集家からの評価も高い。

鉱物名 透輝石（とうきせき）

化学名：ケイ酸カルシウムマグネシウム | **化学式**：$CaMgSi_2O_6$
色：白、淡い緑から深緑、青紫 | **晶系**：単斜晶系
硬度：5½－6½ | **比重**：3.2-3.4 | **屈折率**：1.66-1.72
光沢：ガラス光沢 | **条痕**：白色から淡緑色
産地：イタリア、アメリカ、ミャンマー、オーストリア、カナダ、パキスタン、スリランカ

透輝石の結晶 | 原石 | 多数の緑色柱状の透輝石の結晶が、石英の母岩に生成している標本。

バイオレーン | 原石 | 豊かな紫色の透輝石はバイオレーンと呼ばれることもある。カボションカットに適した塊状の原石。

ユニークなキズ | カット | この長方形のステップカットを施したダイオプサイドには数多くのキズがあるが、それが宝石に個性とユニークさを与えている。

変則的なブリリアントカット | カット | この豊かな色のダイオプサイドには横から見ると、クラウンにアッパーガードルファセットが、パビリオンには変則的なメインファセットが加えられている。

クロムダイオプサイド | 色の種類 | すっきりとしたエメラルドカットによって特別すばらしい色が引き出された深緑色のクロムダイオプサイドの宝石。

繊維状のダイオプサイドの結晶はカボションカットするとキャッツアイ効果を見せることがある

リング | 仕立て | 深緑色のダイオプサイドはもっとも人気の高い色だが、リングに仕立てられたこれらの揃いの石を見ればわかるように、薄い緑色の石にも独自の美しさがある。

ハイパーシーン(紫蘇輝石)

Hypersthene

△ 帯状組織のハイパーシーンの原石

ハイパーシーンという名前は宝石名としては残っているが、正式な鉱物の名前としては認められなくなった(今この名前はケイ酸塩鉱物の輝石のグループで頑火輝石と鉄珪輝石[フェロシライト]の1中間体を指すに過ぎない)。ハイパーシーンはふつう灰色や茶色や緑色で産する。宝石としては、赤鉄鉱や針鉄鉱を内包することによって起こる赤銅色のイリデッセンスを持つことで知られている。ファセットをつけるには色が濃すぎるため、カボションカットされることがもっとも多い。ファセットをつけると石がくもって見えることがよくあるが、色は濃くなる。

鉱物名 頑火輝石

化学名：含鉄ケイ酸マグネシウム
化学式：$(Mg,Fe)Si_2O_6$ | **色**：灰、茶、緑 | **晶系**：直方晶系
硬度：5½ - 6½ | **比重**：3.3-3.5 | **屈折率**：1.66-1.72
光沢：ガラス光沢 | **条痕**：白色
産地：インド、ドイツ、ノルウェー、グリーンランド

希少な高品質の結晶 | 原石 |
ハイパーシーンは母岩に生成したこの両頭結晶のように、きれいな形の結晶として生成することもある。

ハイパーシーンの塊 | 原石 | 原石のハイパーシーンは鉱物の角閃石(ホルンブレンド)に似ており、2つはよく混同される。ハイパーシーンのほうが硬度が高い。

タンブル研磨 | カット | すべての宝石同様、ハイパーシーンにも多くの等級がある。最下級の石はこの標本のようにタンブル研磨される。

一度宝石になれば、ずっと宝石

輝石か紫蘇輝石か?

科学機器の進歩によって、これまで知られていなかった鉱物の微妙な化学的差異が明らかになった。それによって、とくに視点の異なる科学と商業の分野で、命名法にも影響がおよんでいる。たとえば、現在ハイパーシーンは鉱物の輝石の一変種であると知られており、厳密な独立種としての名前は必要ないが、流通において「ハイパーシーン」はよく知られた宝石の名前なので、そのまま使われているといった具合だ。

科学的分析 ハイパーシーンを綿密に調べた結果、鉱物学的に再分類されることになった。

ファセットをつけたハイパーシーン | カット | ステップカットを施された希少なハイパーシーン。すばらしい色とクラリティを見せるものの、ファセットを加えるとくもって見える性質から、輝きには欠ける。欠けを防ぐため、四隅は丸く削られている。

葉の形のカボションカット | 彫刻 | 葉の形に削られたブロンザイト/古銅輝石。板状のインクルージョン(平らな薄い鉱物の結晶)によってかすかな金属光沢を見せている。

ブロンザイト（古銅輝石）

Bronzite

△ タンブル研磨され、典型的なブロンズ色を見せるブロンザイト

ブロンザイトはハイパーシーンと同様、鉄を含むエンスタタイトの一変種である。色は緑色か茶色で、シラー（金属閃光）があるため、ブロンズのように見える。宝石としてはふつうカボションカットされるが、彫刻を施されて小さなオーナメントに加工されることもある。かなりはっきりした繊維構造を見せるブロンザイトもあり、それをより目立たせると、キャッツアイに似た光彩を見せる（p84-85参照）。宝石としては、鉱物学的に近縁のハイパーシーンに比べると、流通は少ない。

鉱物名 頑火輝石

化学名：含鉄ケイ酸鉄マグネシウム
化学式：$(Mg,Fe)(Si_2O_6)$ | **色**：緑、茶、ブロンズ
晶系：直方晶系 | **硬度**：5½－6½ | **比重**：3.3-3.5
屈折率：1.66-1.72 | **光沢**：ガラス光沢 | **条痕**：白色から灰色
産地：インド、ドイツ、ノルウェー、グリーンランド

ブロンザイトの塊 | 原石 | 名前の由来となった、特有のブロンズ色の光沢が表面に見えるブロンザイトの原石の標本。

タンブル研磨されたブロンザイト | カット | タンブル研磨はブロンザイトのブロンズのような外観を引き出すのによく使われる方法である。

なめらかな表面の小石 | カット | 最高のブロンズ色が得られるかどうかは原石から判別できないこともある。この標本は研磨され、表面をなめらかに仕上げることで豊かな色を見せた。

ブロンザイトは研磨されたブロンズに似たその色から名づけられた

カボションカットのブロンザイト | カット | 長方形にカボションカットされたブロンザイト。欠けを防ぐために四隅が丸くされている。高いドームとなめらかな表面は、ブロンズのような外観と半透明感を引き出している。

模様、質感
インクルージョン（内包物

宝石のなかには、自然に美しい模様を持ち、巧みな研磨によって が引き立つものがある。アゲートや、ジャスパーのようなカルセド を含む石英類の多くが、自然に装飾的な特徴を持つことで有 ある。ほかにも、めずらしい表面の質感や、石の美しさを高めるインクルー ン（内包物）を持つ宝石がある。

燐灰石の結晶
内部に多数の小さなインクルージョンがある大きな燐灰石の結晶。あたかもひびが入っているように見える。

染色されたアゲート
鉱物のインクルージョンが見せる模様をよりはっきりさせるために染色され、カボションカットされたアゲート。

重晶石の結晶
平板状の重晶石の結晶の集合体はとげ状で表面が蝋のような質感である。

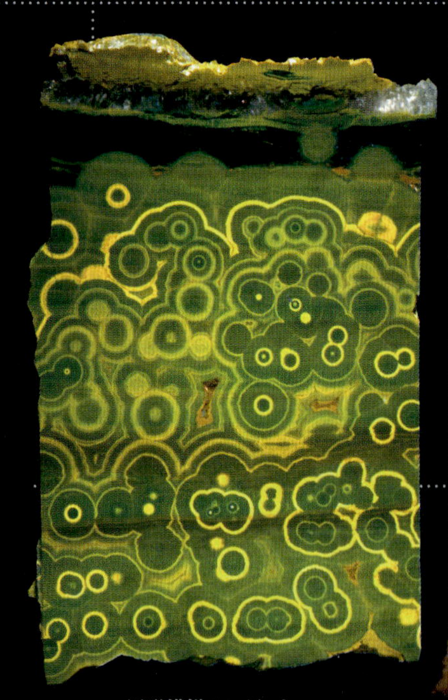

円形模様のアゲート
すばらしい円形模様を見せるカラフルなアゲートの研磨された断面。それぞれの小さな円の中心には「目」がある。

風景画のようなアゲート
自然に生成された風景画のような独特の模様。内包する酸化鉄のデンドライト／模樹石によるもの。

シェル（貝殻）
完璧な渦巻きの
幾何学模様を見せる、
目をみはるほど
すばらしい螺旋状の
シェル。

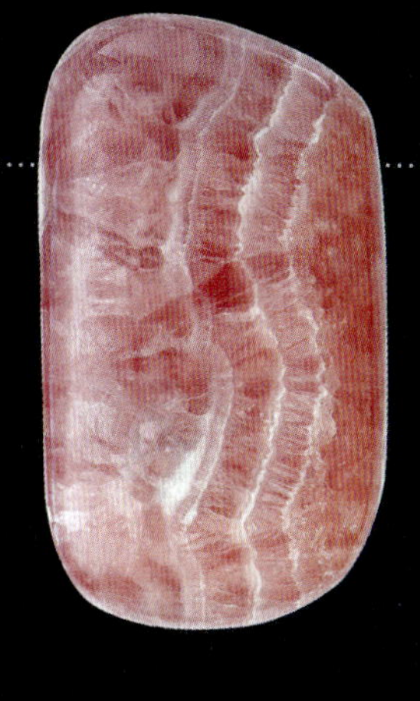

ロードクロサイト
自然の縞模様を見せる小石

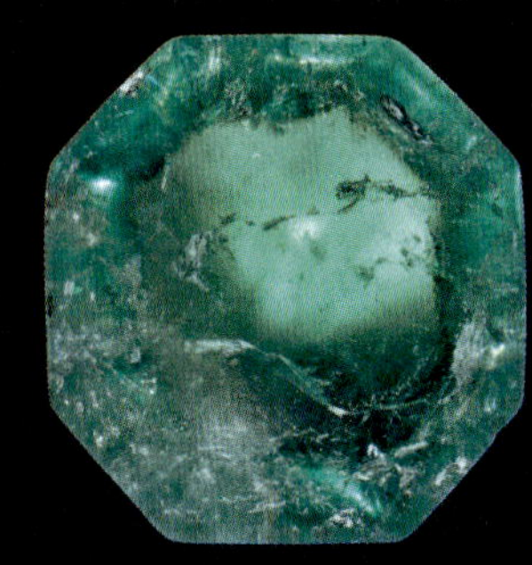

エメラルド
特有の小さなインクルージョンと
内部のひびがわかるカットされた
エメラルド。

ジャスパー
インクルージョンのヘマタイト／赤鉄鉱に
よってもたらされた赤っぽい模様。
インクルージョンの量のちがいが
模様に現れている。

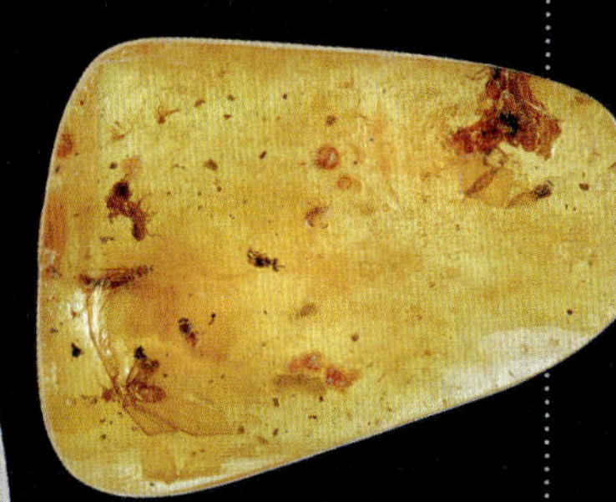

コーパル
コーパルは多種多様な小さな植物や
動物――ふつうは昆虫や葉など――
を内包することが多い。

ルチレイテッドクォーツ／針入り水晶
カボションカットされた透明な
水晶。研磨されたなめらかな
外観と多数の細かいルチルの
針状結晶が好対照をなしている。

アパッチアゲート
メキシコのランチョ・ラ・ピナータでのみ
見つかるアゲートの一種。
渦巻き状の襞模様と
鮮やかな色のコントラストを見せている。

ヒデナイト
Hiddenite

△ エメラルドカットされた、リチア輝石の一変種であるヒデナイト。

この石は、リチウム鉱物であるリチア輝石の緑色の変種で、発明家のトーマス・エジソンの依頼を受けてアメリカ、ノースカロライナ州でプラチナの鉱脈を探していた鉱物学者によって発見された。発見された場所での採掘は1890年代にはじまり、ヒデナイトはエメラルドと共生していたため、一時「リチアエメラルド」と呼ばれていた。ヒデナイトの結晶は小さく、長さ25mmを超えるものはめったにない。角度を変えると緑や青みがかった緑や黄色がかった緑に見え、強い多色性(たしきせい)を示す。

鉱物名 リチア輝石(きせき)（スポジュメン）

化学名：ケイ酸リチウムアルミニウム
化学式：$LiAlSi_2O_6$ ｜ **色**：緑、青緑、黄緑
晶系：単斜晶系 ｜ **硬度**：6½ -7 ｜ **比重**：3.0-3.2
屈折率：1.65-1.68 ｜ **光沢**：ガラス光沢
条痕：白色 ｜ **産地**：アメリカ、ブラジル、中国、マダガスカル

細長い結晶｜原石｜ヒデナイトではエメラルドグリーンのものが人気だが、もっと薄い緑色の結晶もファセットをつけてジュエリーに仕立てることがある。

片麻岩(へんまがん)に生成したヒデナイト｜原石｜片麻岩の母岩に生成した結晶。ふつう、ヒデナイトはペグマタイト（粗粒の石英と長石などからなる深成岩）のなかで見つかる。

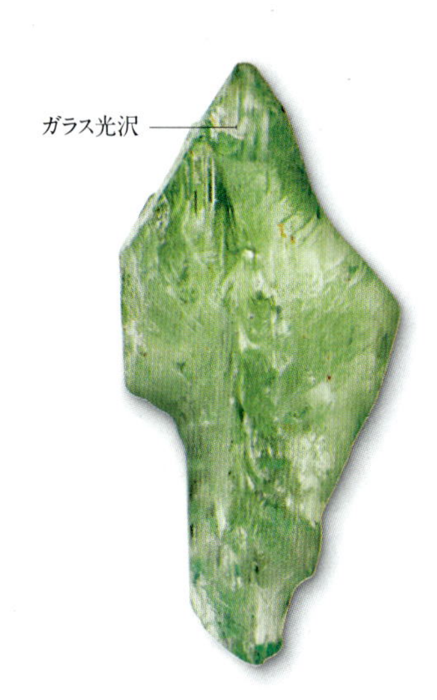

宝石品質の結晶｜原石｜透明度の高い淡い緑色のヒデナイトの原石。細長い形（右参照）にカットされることが多い。

ナベット｜カット｜ファンシーカットによって三角形と長方形の面をあわせ持つナベットにカットされた4.94カラットの石。ヒデナイトの結晶は細長くカットされることが多い。

ノースカロライナ州のホワイトプレインズにある小さな村落は、この鉱物が見つかってから、ヒデナイトと改名した

細長くカットされた宝石｜カット｜長方形のステップカットですっきりした輪郭のファセットを加えることによって、ヒデナイトの宝石の淡い青緑色が引き立っている。

ファセットをつけた長方形の宝石｜カット｜長方形にカットし、四隅を丸くした31.60カラットのアフガニスタン産のヒデナイト。すばらしい光沢とクラリティを見せており、この大きさは希少である。

クンツァイト
Kunzite

△ リチア輝石の一変種であるクンツァイトの、シザーズカットされた17カラットの宝石

クンツァイトは鉱物のリチア輝石のピンク色の変種である。1902年に石を記載したアメリカの鉱物学者G・F・クンツにちなんでその名がついた。ファセット用のクンツァイトは強い多色性を持つ——角度を変えて見ると、異なる地色を見せる。カットする際には、上部の平面から最高の色が見えるように慎重に角度を決めなければならない。加えて、クンツァイトは割れやすく、角度をまちがえると、細長く裂けてしまうことも多い。クンツァイトを含むリチア輝石はほぼすべてファセットをつけられる。

鉱物名 リチア輝石（スポジュメン）

化学名：ケイ酸リチウムアルミニウム
化学式：$LiAlSi_2O_6$ | **色**：ピンク | **晶系**：単斜晶系
硬度：6½ -7 | **比重**：3.0-3.2 | **屈折率**：1.65-1.68
光沢：ガラス光沢 | **条痕**：白色
産地：アフガニスタン、ブラジル、マダガスカル、アメリカ

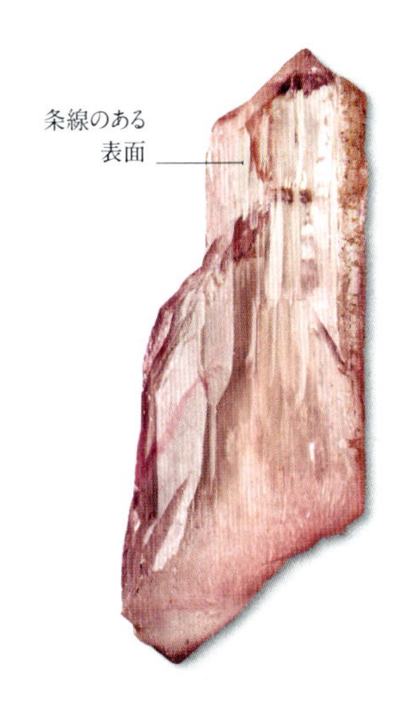

宝石品質のクンツァイトの結晶 | 原石 | すばらしい色と透明度を見せるクンツァイトの原石。カットすれば価値の高い上質の宝石になる。

細長く成長した結晶 | 原石 | 長さ11cmの結晶。カットすれば見事な宝石になる。色は濃くはないが、淡く繊細である。

ハート形のファンシーカット | カット | 最高級のクンツァイトを熟練の宝石研磨職人がカットすると、この高品質の標本のように、最高級の宝石となる。

クンツァイトのリング | 仕立て | ファセットをつけたクンツァイトのまわりをホワイトゴールドとダイヤモンドで囲んだリング。クンツァイトの宝石は、その色を引き立たせるために、まわりをホワイトゴールドとダイヤモンドで囲むことが多い。

クンツァイトのイヤリング | 仕立て | 18金のホワイトゴールドの石座に、ダイヤモンドと小さなピンクのサファイヤとともに、それぞれ2つのオーバルカットしたクンツァイトをあしらった吊りイヤリング。

ピカソのネックレス | 仕立て | パロマ・ピカソがデザインしたバロック真珠のネックレス。アフガニスタン産の396.3カラットのまばゆいクンツァイトがゴールドの石座にセットされ、アクセントにダイヤモンドがあしらわれている。

ファッションリーダーだが……
つけすぎた宝石の重みで
小柄な体がたわんでいる

デイジー・フェローズについて書かれた
〈デイリーメール〉の記事から

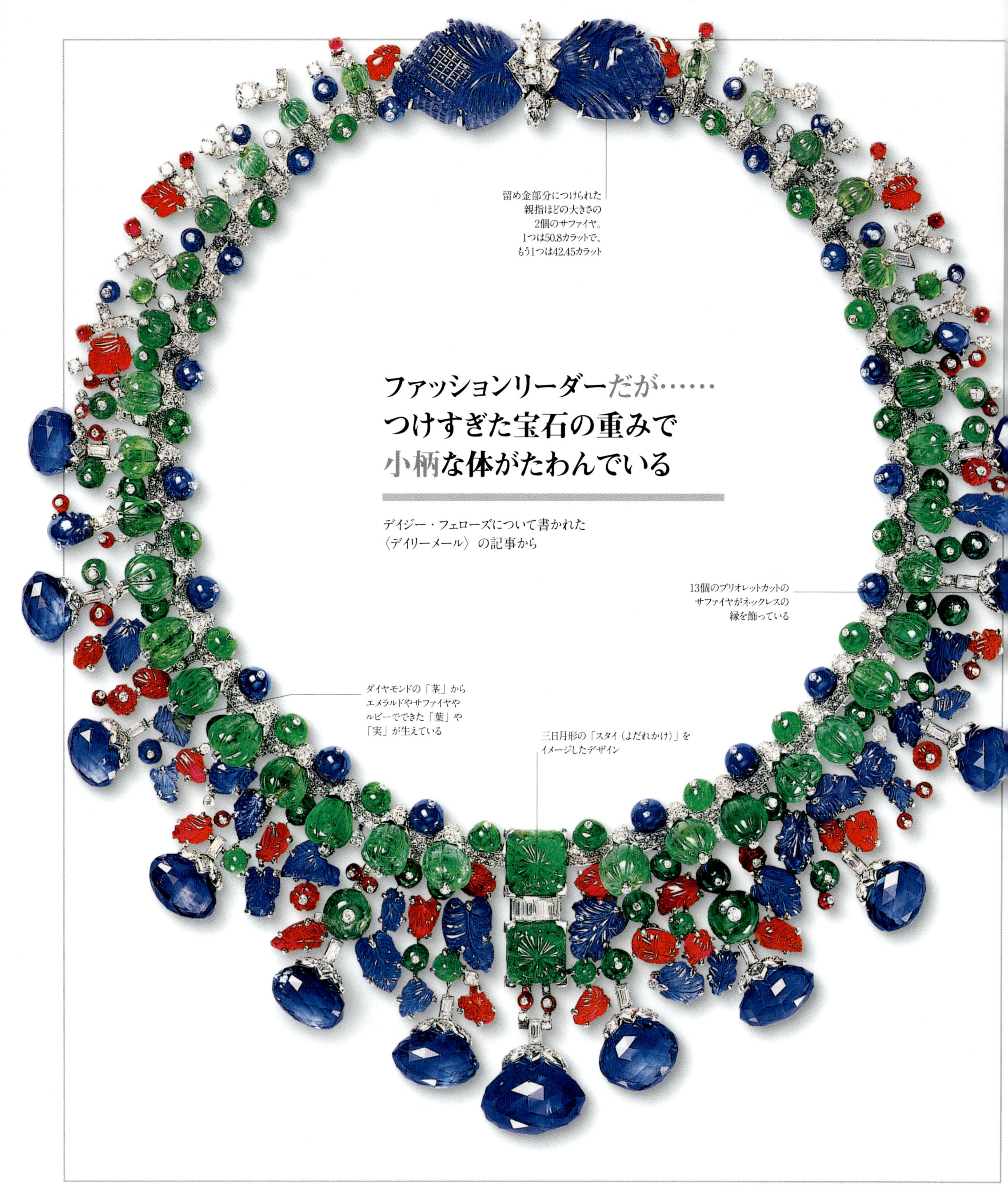

留め金部分につけられた
親指ほどの大きさの
2個のサファイヤ。
1つは50.8カラットで、
もう1つは42.45カラット
13個のブリオレットカットの
サファイヤがネックレスの
縁を飾っている
ダイヤモンドの「茎」から
エメラルドやサファイヤや
ルビーでできた「葉」や
「実」が生えている
三日月形の「スタイ（よだれかけ）」を
イメージしたデザイン

カルティエ製のトゥッティ フルッティ ネックレス｜1936年｜（開いたときの）長さ43cm｜ブリオレットカットのサファイヤ、ダイヤモンド、エメラルド、ルビー、プラチナ、ホワイトゴールド

トゥッティ フルッティ（すべて果物）の ネックレス

△ ネックレスにセットされたブリオレットカットのサファイヤ

このネックレスはカルティエがインドの宝石文化に影響を受けて制作した宝石のなかで、もっとも豪華なものの1つである。カラフルで異国情緒にあふれたネックレスは、上流階級に属するフランス系アメリカ人女性で莫大な財産の相続人であるデイジー・フェローズのために1936年に制作され、ジャズエイジの華やかさと豊かさを象徴する革新的な装いの先駆けとなった。当時、ネックレスのスタイルは「コリエー・ヒンドゥー（ヒンドゥーのネックレス）」として知られていたが、1970年代にカルティエがそれを「トゥッティ フルッティ（すべて果物）」と名づけ直した。カットされたカラフルな宝石がベリー類や葉や花に似ていることを強調するためだった。

カルティエがはじめてインド文化とのつながりを持ったのは、1901年にアレクサンドラ王妃（英国王エドワード7世の妻）からピエール・カルティエがネックレスの注文を受けたときだった。インドのドレスを3着贈られた王妃は、それらに合うネックレスを希望した。10年後、ピエールの弟のジャックがインド亜大陸へ赴いた。インド皇帝に即位するジョージ5世の戴冠式典への出席が目的だったが、手持ちの宝石をフランス式に仕立てたいと望む何人かのマハラジャと接触するためでもあった。

インドスタイルの帽子の飾り。ヴァン クリーフ&アーペルの制作

そうしたインドの宝飾品は西洋社会で大評判を巻き起こし、カルティエの顧客たちは同じような宝飾品を求めて店の前に列をなすようになった。デイジー・フェローズのネックレスのデザインは、カルティエがパトナのマハラジャのためにデザインした装身具が大まかなところでもとになっている。デイジーは当時、そのスキャンダラスな恋愛模様と贅沢をきわめたライフスタイルでゴシップ紙をにぎわせ、社交界の有名人だったが、純粋にファッションリーダーとして評価もされていた。コリエー・ヒンドゥーを仕立てるために、カルティエはデイジーがすでに所有していたネックレス1つとブレスレット2つから、785個の宝石を再利用し、さらに238個のダイヤモンドと8個のルビーを加えた。1936年に完成したネックレスは人気を博し、大成功をおさめた。

1951年ベネチアで開かれた祝賀仮装舞踏会でトゥッティ フルッティをつけたデイジー・フェローズ。「アフリカの女王」の仮装をしている。

宝飾品にまつわる主な歴史

1901年-1990年

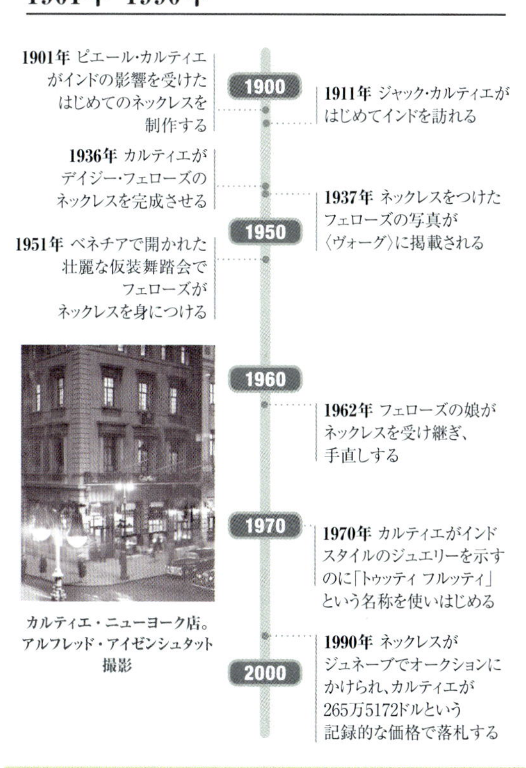

1901年 ピエール・カルティエがインドの影響を受けたはじめてのネックレスを制作する
1900
1911年 ジャック・カルティエがはじめてインドを訪れる
1936年 カルティエがデイジー・フェローズのネックレスを完成させる
1937年 ネックレスをつけたフェローズの写真が〈ヴォーグ〉に掲載される
1950
1951年 ベネチアで開かれた壮麗な仮装舞踏会でフェローズがネックレスを身につける
1960
1962年 フェローズの娘がネックレスを受け継ぎ、手直しする
1970
1970年 カルティエがインドスタイルのジュエリーを示すのに「トゥッティ フルッティ」という名称を使いはじめる
1990年 ネックレスがジュネーブでオークションにかけられ、カルティエが265万5172ドルという記録的な価格で落札する
2000

カルティエ・ニューヨーク店。アルフレッド・アイゼンシュタット撮影

いかがわしい記憶とともに輝く宝石

トゥッティ フルッティのネックレスについての〈ニューヨークタイムズ〉の記事

ジェード
Jade

△ もっとも典型的な色の研磨されたジェーダイト／翡翠輝石

ジェードと呼ばれる鉱物にはジェーダイト（硬玉）／翡翠輝石とネフライト（軟玉）／透閃石というまったく異なる2つの鉱物がある。外見もかなり異なり、ジェーダイトは細粒の結晶が絡み合った塊として生成するが、ネフライトのほうは繊維状の結晶として生成する。ネフライトはクリーム色か緑色の色調のみが流通しているのに対し、ジェーダイトのほうはほかにも多くの色をで産するが、純粋なものは白い。もっとも価値の高いものはクロムによって色のついたエメラルドグリーンの石で、インペリアルジェードと呼ばれる。ジェードという名前はスペイン語で「腰の石」という意味の「ピエドラ・デ・イハーダ」からつけられ、石が腎臓の病気を治すと信じられていたことに由来する。

鉱物名 翡翠輝石（ジェーダイト）

化学名：ケイ酸ナトリウム、鉄、アルミニウム
化学式：$NaAlSi_2O_6$ | **色**：白、緑、ラベンダー、ピンク、青（介在物により茶、橙、黄、赤、黒） | **晶系**：単斜晶系
硬度：6-7 | **比重**：3.2-3.4 | **屈折率**：1.64-1.69
光沢：亜ガラス光沢 | **条痕**：白色
産地：ミャンマー、日本

鉱物名 透閃石（トレモライト）

化学成分：水酸化ケイ酸カルシウムマグネシウム
化学式：$Ca_2Mg_5Si_8O_{22}(OH)_2$
色：白、灰、緑、ラベンダー、ピンク | **晶系**：単斜晶系
硬度：5-6 | **比重**：3.0 | **屈折率**：1.60-1.64
光沢：無艶から蝋光沢 | **条痕**：白色
産地：中国、ニュージーランド、ロシア

原石

切り出された塊 | きれいな色の内部の模様と砂糖をまぶしたような典型的なざらざらした質感を持つ、半透明の翡翠輝石の塊。ふつうこの状態の塊は、装飾品に彫刻されるか、いくつかに分けてカボションカットされる。

脈模様の入ったジェードの切片 | 黒っぽいジェードに入った白いすじがユニークなコントラストを生んでいる。緑色は含まれている鉄に起因する。

カット

オーバルカボションカットされたジェーダイト | 縦長でなめらかなドーム形にオーバルカボションカットされたジェーダイト。透明度と青緑色が引き立っている。

オルメカの翡翠

硬玉か軟玉か

オルメカ人はメソアメリカ人（メキシコと中南米の原住民）のなかで、最初にジェーダイト（硬玉）を発見して彫刻した人々である。16世紀後半まで、ヨーロッパのジェードは実質すべてネフライト（軟玉）だったが、16世紀後半、メキシコのアステカ族がそれと同じと思われる緑の石を貴重な石としていることがスペイン人によって明らかにされた。1863年にジェードの彫刻を分析してみると、その石は別のものであることがわかり、ジェーダイトと名づけられた。中国でネフライトが価値あるものとされているように、メソアメリカ人にとってもジェーダイトは価値のあるもので、ゴールド以上に貴重とされていた。

奉納された斧の頭 オルメカのジェーダイトでできた斧の頭。紀元前1200–紀元前400年ごろに彫刻された。

研磨された翡翠輝石の切片 | 翡翠輝石のラベンダー色の標本（微量成分のマンガンによるといわれている）。茶色の表皮は彫刻に生かすことができる。

カボションカットされたネフライト | ラウンドカボションカットされた石。大きさと色がよく揃っているので、まとめてジュエリーに仕立てられる。

仕立て

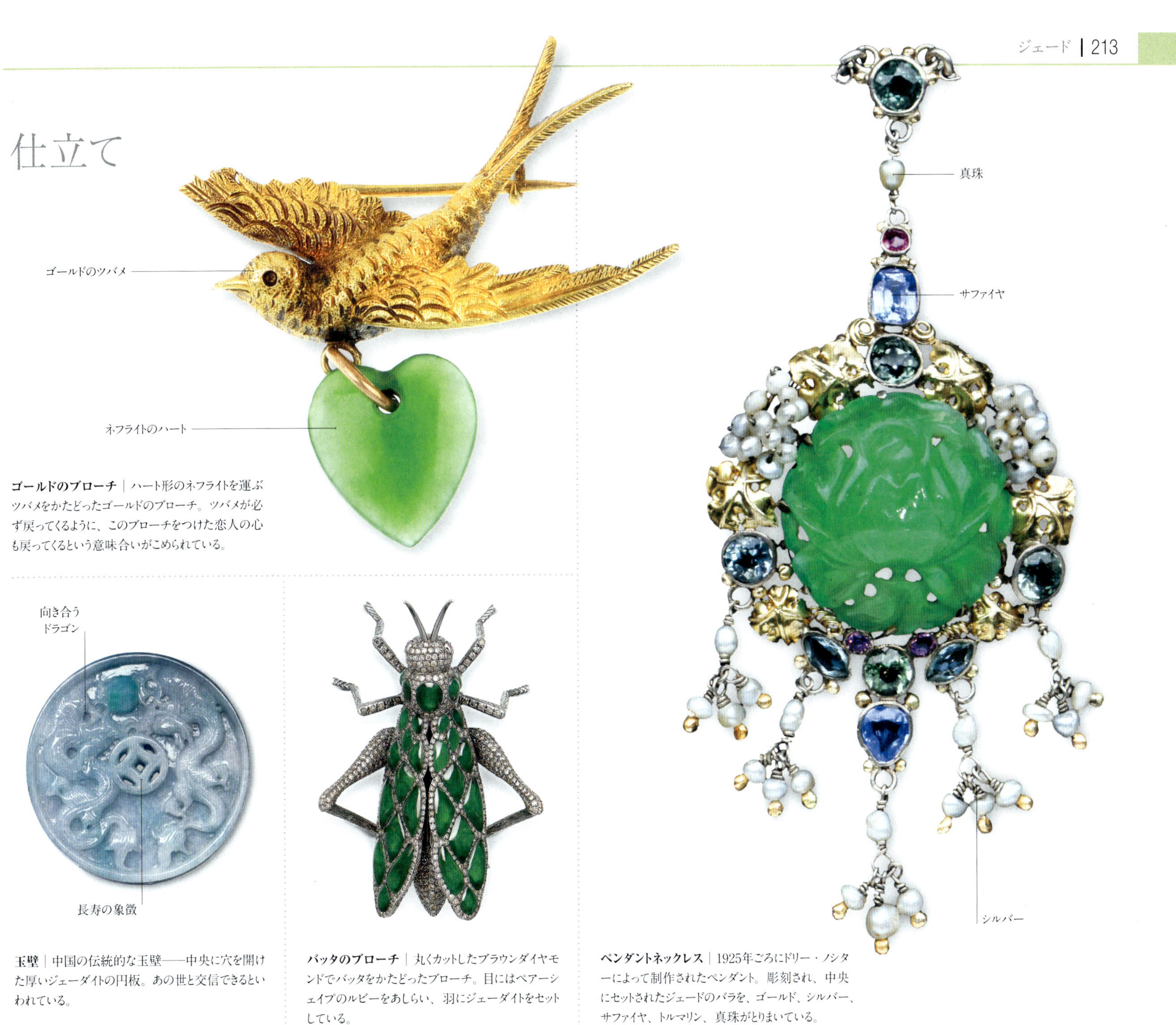

ゴールドのブローチ | ハート形のネフライトを運ぶツバメをかたどったゴールドのブローチ。ツバメが必ず戻ってくるように、このブローチをつけた恋人の心も戻ってくるという意味合いがこめられている。

玉璧 | 中国の伝統的な玉璧——中央に穴を開けた厚いジェーダイトの円板。あの世と交信できるといわれている。

バッタのブローチ | 丸くカットしたブラウンダイヤモンドでバッタをかたどったブローチ。目にはペアーシェイプのルビーをあしらい、羽にジェーダイトをセットしている。

ペンダントネックレス | 1925年ごろにドリー・ノシターによって制作されたペンダント。彫刻され、中央にセットされたジェードのバラを、ゴールド、シルバー、サファイヤ、トルマリン、真珠がとりまいている。

ネフライトのリング | カボションカットされた中間色のネフライトを、ダイヤモンドをセットした腕（シャンク）で囲んだホワイトゴールドの男性用リング。

ネフライトの器 | 薄く彫りあげたまだら模様のネフライトの器。ネフライトの色の幅はかぎられている——たいていはこのように、さまざまな緑の色合い。

寧為玉砕
不為瓦全
（玉砕を是とし、
瓦全を選ばず）

瓦となって全うする（筋を曲げて生きながらえる）よりも、玉（ジェード）のように美しく砕け散るほうがいいという意味の中国のことわざ

子どもとペットと鳥籠とともに描かれた女性の肖像画 | 18世紀初頭、清王朝（1644-1912年）

中国の鳥籠

△ 18 世紀の中国の皇帝、乾隆帝

宝石の花綵がつき、凝った装飾を施した中国のアンティークの鳥籠は、実用よりも装飾用で、すばらしい彫刻を施した素材と貴重な宝石からなり、裕福な家庭に優美な美しさをもたらしたと思われる。

鳥籠は高さ63cm、直径33cmで、彫刻を施した木でつくられている。土台部分は漆を塗った黒檀に骨と象牙が象嵌されていて、籠の部分は彫刻を施した象牙で装飾され、磁器の水飲みや餌入れの容器があり、琥珀や翡翠の飾りがついている。最初に制作されたのは中国の乾隆帝の時代（1735-1796年）で、その後1880-1910年ごろに手が加えられた。

17世紀ごろに鳥を飼うのがはやりとなり、18世紀には鳥籠が富と権力を誇示するための贅沢な部屋の飾りの1つとなった。中国では紀元前300年ごろから鳥を飼う習慣があり、中国の高貴な人々のあいだでは一般的な趣味だった。鳴き鳥がとくに価値あるものとされ、現代のステレオ装置さながらに、心地よい音楽をもたらすものとして、所有者とともに家のなかを移動するための鳥籠もあった。それどころか、装飾を施した鳥籠と鳥を外へ「散歩」に連れ出す所有者もいて、その慣習は今日までつづいている。鳥籠は鳥が止まり木をきつくつかむよう、軽く揺れるつくりになっている。そうして運動させ、きれいな羽を維持させようとしているのだ。

1930年代-1940年代の中国、北京で鳥籠に入れた鳥を外へ連れ出す人。ドイツのドキュメンタリー写真家ヘッダ・モリソンの撮影

1735-1796年ごろの制作と思われる清王朝時代の鳥籠。琥珀、翡翠、象牙、骨、漆を塗った黒檀で装飾されている。

中国では、「鳥籠を持つ人」は怠惰な人を意味する軽蔑的表現だった

鳥籠にまつわる主な歴史

1735年-1916年

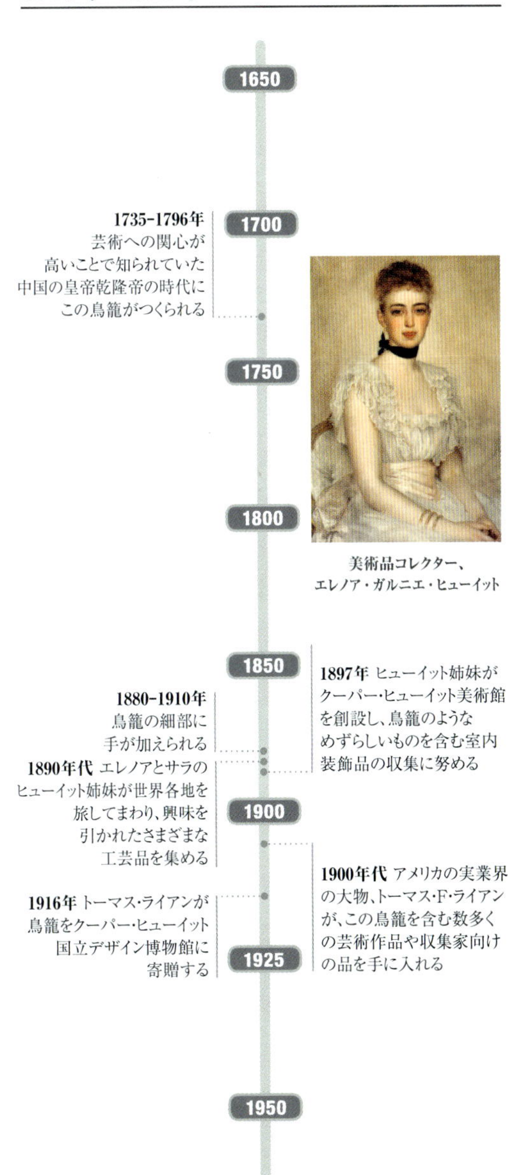

1650
1700
1735-1796年 芸術への関心が高いことで知られていた中国の皇帝乾隆帝の時代にこの鳥籠がつくられる
1750
1800
1850
1880-1910年 鳥籠の細部に手が加えられる
1890年代 エレノアとサラのヒューイット姉妹が世界各地を旅してまわり、興味を引かれたさまざまな工芸品を集める
1897年 ヒューイット姉妹がクーパー・ヒューイット美術館を創設し、鳥籠のようなめずらしいものを含む室内装飾品の収集に努める
1900
1900年代 アメリカの実業界の大物、トーマス・F・ライアンが、この鳥籠を含む数多くの芸術作品や収集家向けの品を手に入れる
1916年 トーマス・ライアンが鳥籠をクーパー・ヒューイット国立デザイン博物館に寄贈する
1925
1950

美術品コレクター、エレノア・ガルニエ・ヒューイット

ロードナイト
Rhodonite

△ タンブル研磨されたロードナイトの宝石

ロードナイトはギリシャ語で「バラ（薔薇）」を意味する「ロードン」から名づけられた。マンガンの資源でもあり、産地は比較的広い地域におよんでいるが、ふつうは準宝石や装飾用の石として採掘される。標準的な色はピンク色だが、黒いすじ模様の入った石も彫刻家や宝石研磨職人に好まれる。大きなロードナイトの塊はかなりの耐久性があるため、彫刻の素材として理想的である。宝石としてはカボションカットされることが多く、ビーズに加工されることもある。透明な結晶が見つかることもあるが、ファセットをつけるには細心の注意が必要で、収集家向けの品しか流通していない。

鉱物名 薔薇輝石（ばらきせき）

化学名：ケイ酸マンガン ｜ **化学式**：$MnSiO_3$
色：ピンクからローズレッド ｜ **晶系**：三斜晶系
硬度：5½-6½ ｜ **比重**：3.4-3.7 ｜ **屈折率**：1.72-1.76
光沢：ガラス光沢 ｜ **条痕**：白色
産地：ブラジル、カナダ、スウェーデン、ロシア、英国、アメリカ

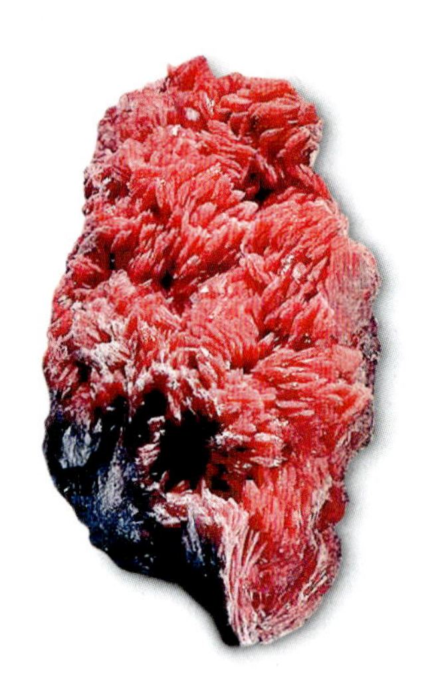

薔薇輝石の結晶｜原石｜母岩の上に大きく成長した薔薇輝石の結晶。このような結晶はめずらしい。

粒々の表面

薔薇輝石の原石｜色の種類｜典型的な粒状の形とすばらしい色を見せる最高品質の薔薇輝石の原石。

カボションカットされたロードナイト｜色の種類｜カボションカットされたこの石のように黒い脈やすじの模様を持つ素材を、ローズ単色の石よりも好む宝石研磨職人もいる。

きれいに磨き上げられたなめらかな表面

ロードナイトの箱｜彫刻｜黒い縞模様があり、クォーツの層があるロードナイトから削り出され、装飾的に仕上げられた見事な箱。

ロードナイトのクマ｜彫刻｜黒いすじの入ったロードナイトを彫刻し、サケをとらえるクマを表した彫像。ドイツの宝石研磨センターの制作。

黒い脈模様

薔薇輝石の並はずれて大きな結晶はたいていアメリカ、ニュージャージー州フランクリンで見つかっている

ステッキヘッド｜彫刻｜ロードナイトを彫刻してつくったステッキのヘッド。ゴールドにダイヤモンドをセットした王家のモノグラムが飾られている。

ラリマー

Larimar

△ タンブル研磨されたラリマーの宝石

ペクトライトはカナダ、英国、アメリカなど、広い地域で見つかっているが、宝石品質の結晶はかなり少ない。ファセットをつけられた希少な石でも内側に脈模様やくもった部分があることが多く、縞模様の入ったペルー産の石がカボションカットされることもある。宝石としてもっともよく使われる種類は、カリブ海諸島でしか見つからない青や青緑色のラリマーである。その他の外観のペクトライトは世界各地で見つかっているが、ラリマーほど独特の色を見せることはない(コラム参照)。ほとんどのペクトライトのジュエリーにはシルバーが使われるが、グレードの高いラリマーはゴールドの石座にセットされることもある。

鉱物名 ペクトライト（ソーダ珪灰石）

化学名：ケイ酸ナトリウムカルシウム | **化学式**：$NaCa_2Si_3O_8(OH)$
色：無色、白、青みがかった色、緑がかった色 | **晶系**：三斜晶系
硬度：4½ -5 | **比重**：2.8-2.9 | **屈折率**：1.59-1.64
光沢：亜ガラス光沢ときに絹糸光沢 **条痕**：白色
産地：ドミニカ、カナダ、英国、アメリカ、グリーンランド、ロシア

ラリマーの標本｜原石｜ラリマーの原石に特有の渦巻き模様と濃い色のすじがはっきりわかる標本。

ネックレス｜仕立て｜ラリマー特有の淡いパステルブルーの見事なビーズのネックレス。人気の秘密はこの色にある。

ハスの花のブローチ｜仕立て｜ダイヤモンドとサファイヤとともに、51.31カラットと19.72カラットの2個のラリマーをセットしたゴールドのブローチ。

研磨されたラリマー｜カット｜タンブル研磨されたラリマーの塊。濃い色や角ばったまだら模様を見せている。

ラリマーの小彫像｜彫刻｜ドミニカのサント・ドミンゴにあるラリマー博物館では、原石やこのような彫刻作品が数多く展示されている。

ラリマーの原産地

中央アメリカの海の石

ドミニカ共和国の住民はこの石を「青い石」と呼び、海から生まれた石と信じていた。ラリマーという現代的な名前は、1974年にミゲル・メンデスがつけたもので、彼の娘の「ラリッサ」という名前とスペイン語で「海」を表す「マール」を組み合わせ、「ラリマー」とした。メンデスと同行者が、バオルコ川が海にそそぎこむ浜辺で石をいくつか見つけたのがはじまりだった。一行はラリマーを探して川の上流へと向かい、鉱物の露頭（地表に露出している場所）を見つけた。そこが最初の採掘場のもととなった。

中央アメリカ ラリマーがはじめて見つかったドミニカを示す17世紀の地図。

デザイナー全盛期

宝石界では、19世紀後半に創造的な作品が次々に発表されはじめ、1930年代にピークを迎えた。南アフリカで新たに開かれた鉱山から豊富に供給された大きな宝石が流通しはじめたことも1つの要因である。これら大きな宝石にはより軽い石座が必要で、宝石細工師は新たなスタイルを生み出さなければならなくなったのだ。こうした状況を促進したもう1つの要因は、英国王妃アレクサンドラである。日々贅沢な宝石を身につけた王妃は、ベル・エポック——華やかで派手なファッションや宝石の時代——を象徴する存在だった。宝石のデザイナーにとっては理想的な時代といってよかった。

1930年代に名をあげたデザイナーのなかには、フランス人のデザイナー、ルネ・ラリック、カルティエ、モーブッサン、ボアヴァンがおり、宝石界で高い人気を誇るブランドとなった。ルネ・ボアヴァンは1890年にパリに工房をかまえたが、その独特の大胆なデザインの宝石が世に知られるようになるのは、1930年代にボアヴァンの妻のジャンヌが工房を切り盛りするようになってからだった。そのころ、ハリウッドでも、高級な宝石が盛んに買われ、世間の関心を引いた。マレーネ・ディートリッヒがモーブッサンにエメラルドとダイヤモンドのペアのブレスレットを注文し、その1つを1936年の映画『真珠の頚飾(くびかざり)』で身につけた。そうした引き立てもあり、モーブッサンは幸運をつかむことになった。

ダイヤモンドをとるか、
聖歌隊で歌うか、
どちらかだったの。
聖歌隊の負けだったわ

メイ・ウエスト
ハリウッドの女優

1933年の〈ヴォーグ〉に載ったジョルジュ・ルパープによるイラスト。
1930年代の主な宝石商——カルティエ、モーブッサン、ルネ・ボアヴァン——制作の宝石が描かれたイラスト。どの宝石商も設立されたのは19世紀だが、1930年代にハリウッドの力を借りて名声を博した。

△ 母岩に生成した見事な翠銅鉱の結晶

ダイオプテーズ

Dioptase

簡単に割れるやわらかい石でなければ、鮮やかな緑のダイオプテーズは、色からしてエメラルドに匹敵するすばらしい宝石になったことだろう。鉱物の収集家のあいだでは非常に人気だが、収集家向けに宝石にカットしたとしても、きわめてもろい性質で、衝撃に非常に弱く、超音波洗浄を行えば粉々に砕けてしまう。鉱物の標本ですら、扱いや保存に注意を払う必要がある。ダイオプテーズという名前は、結晶の透明度の高さに由来し、ギリシャ語の「見通す」ということばから来ている。

鉱物名 翠銅鉱（すいどうこう）（ダイオプテース）

化学名：ケイ酸銅水和物 | **化学式**：$CuSiO_3 \cdot H_2O$
色：エメラルドグリーンから青緑 | **晶系**：三方晶系
硬度：5 | **比重**：3.3 | **屈折率**：1.67-1.72
光沢：ガラス光沢 | **条痕**：青緑色
産地：カザフスタン、イラン、ナミビア、コンゴ民主共和国、アルゼンチン、チリ、アメリカ

石英上の翠銅鉱 | 原石 | 石英の母岩に生成した見事な翠銅鉱の結晶の標本。これを見れば、翠銅鉱が宝石学者だけでなく、鉱物の収集家のあいだでも人気な理由がわかる。

石英に生成した大きな結晶 | 原石 | 共生するプランシェアイト／プランシェ石により翠銅鉱のすばらしい結晶の形が引き立てられている。

ブローチ／ペンダント | 仕立て | ブローチとしてもペンダントとしても身につけられる宝石。14金のゴールドの石座に天然のダイオプテーズの結晶群をセットし、ダイヤモンドでアクセントをつけている。

最高にすばらしい結晶群 | 色の種類 | 目をみはるほどすばらしい翠銅鉱の結晶群。並はずれてきれいな結晶化と深い青緑色を見せている。

インクルージョンのある宝石 | カット | 多くのインクルージョンがあるものの、卓越したカット技術と豊かな色によって質のよい宝石になったダイオプテーズ。

エメラルドとまちがわれた翠銅鉱の結晶が1797年にロシア皇帝パーベル1世に献上された

鳥の巣のペンダント | 仕立て | 繊細な細工を施し、鳥の巣の形に仕立てたゴールドのペンダント。中央に天然のダイオプテーズの結晶群をセットしている。

△ 最高のグレードの杉石の原石

スギライト
Sugilite

杉石は1944年に発見されたが、鉱物として認められたのは1976年になってからである。塊か粒状で見つかることがほとんどで、結晶として見つかることは稀だ。結晶が生成されても、直径2cmに満たないほどに小さい。色は淡いピンクから濃いピンク、茶色がかった黄色、紫などで、深い紫色のものがもっとも価値が高いとされる。宝石として使われる場合はすべてカボションカットされるが、小石はタンブル研磨されることもある。スギライトは発見者の1人、日本人の岩石学者、杉健一にちなんで名づけられた。

鉱物名 杉石（すぎいし）

化学名：リチオケイ酸カリウムナトリウム
化学式：$KNa_2Fe_2(Li_3Si_{12})O_{30}$ | **色**：ピンク、茶がかった黄、紫
晶系：六方晶系 | **硬度**：5½－6½ | **比重**：2.7-2.8
屈折率：1.59-1.61 | **光沢**：ガラス光沢 | **条痕**：白色
産地：カナダ、日本、南アフリカ、イタリア

母岩のなかに生成した杉石 | 原石 | 鮮やかな色の宝石品質の杉石の層が岩の2層にはさまれているのがわかる標本。

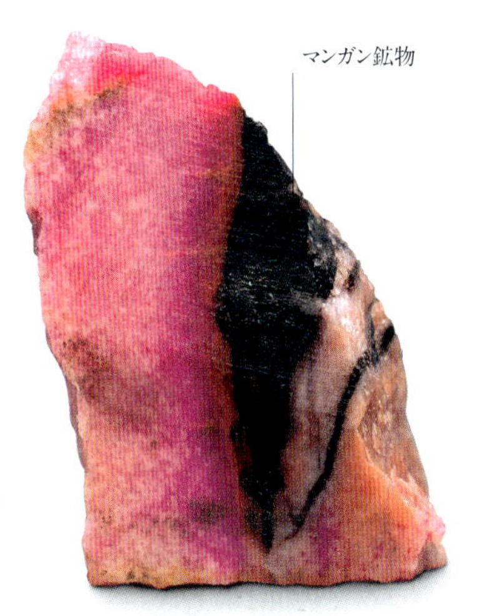

杉石の切片 | 原石 | 黒いマンガン鉱物を伴い、きれいな色を見せる杉石の切片。カボションカットにはもっともよい部分が使われる。

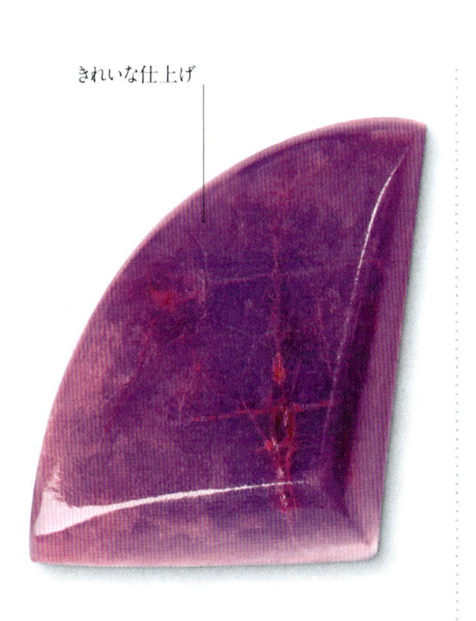

研磨された石 | カット | 研磨されたグレードの高いスギライト。カボションカットしてもよく、このまま収集家向けの上質の鉱物の標本としてもいい。

カボションカット | カット | オーバルカボションカットされた、高いドームを持つ細長い標本。たくさんの小さなインクルージョンがある。最高級の宝石品質のスギライトはふつうカボションカットされる。

めずらしい彫刻 | 彫刻 | 南アフリカ産のもっともグレードの高いスギライトを使ってドイツのイーダー・オーバーシュタインでつくられた彫刻。方解石の土台に立つ2羽のサギは、黄色のジャスパーのくちばしを持っている。

忘れられた宝石

杉石が鉱物と認められるまでの長い道のり

杉教授が1944年にはじめて杉石を見つけてから、同一種の鉱物が宝石の素材として発見されるまでのあいだには数十年の開きがある。日本で見つかった小さな黄色い結晶には宝石としての価値がなかったからだ。1955年、インドで濃いピンクの結晶が見つかり、それも杉石とされたが、カットできる石ではなかった。1975年になってようやく南アフリカのマンガン鉱山で豊かな紫色の「スギライト」の層が見つかり、流通する石が産出されるようになった。

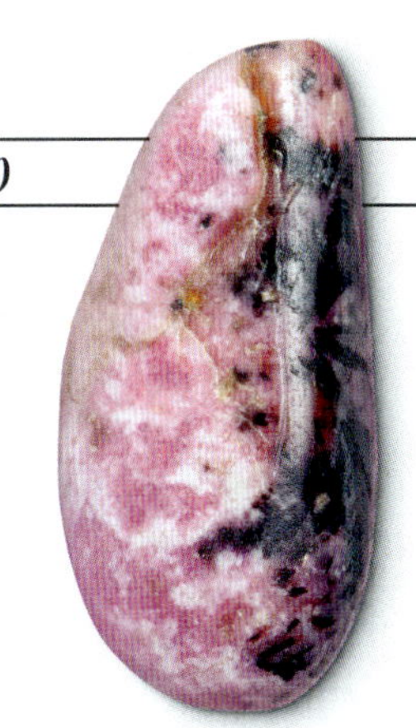
タンブル研磨された宝石 最高品質のスギライトは、このうえなくすばらしいカボションカットの宝石や彫刻に姿を変える。

アイオライト
Iolite

△ めずらしいラウンドステップカットを施されたアイオライトの宝石

宝石品質の青い菫青石(きんせいせき)はアイオライトとして知られている。その色にちなみ、「スミレ」という意味のギリシャ語から名づけられた。宝石としては多色性(たしきせい)を持つことがとくに有名である——ある角度からは濃い青に見え、別の角度からは黄色がかった灰色や青に見えるが、さらに角度を変えると無色に見える。ほぼ必ずファセットをつけられるが、もっともよい色を出すにはファセットをつける方位に注意しなければならない。アイオライトには「ウォーターサファイヤ」という別名もあるが、それもその色から名づけられた。

鉱物名 菫青石(きんせいせき)（コーディエライト）

化学名：含鉄ケイ酸アルミニウムマグネシウム
化学式：$(Mg,Fe)_2Al_4Si_5O_{18}$ | **色**：青 | **晶系**：直方晶系（擬六方晶系）
硬度：7 -7½ | **比重**：2.5-2.7 | **屈折率**：1.53-1.58
光沢：ガラス光沢 | **条痕**：白色
産地：スリランカ、インド、カナダ、ミャンマー、マダガスカル

母岩に生成したアイオライト | 原石 | 石英の母岩に宝石品質の黒っぽい小さなアイオライトの結晶が多数生成した標本。

オーバルブリリアントカット | カット | オーバルブリリアントカットされたアイオライト。きれいなサファイヤブルーで、まさに別名の「ウォーターサファイヤ」そのものといえる。

カボションカットされたアイオライト | カット | 必ずしもカボションカットに向く素材とはみなされないが、このように豊かな青い色を持つアイオライトをカボションカットすると、劇的な効果が得られる。

アイオライトの彫刻 | 彫刻 | アイオライトが彫刻の素材に使われることは稀である。このかわいらしい犬の彫像は重さ39.16カラットで、さまざまな宝石を使ってつくられた動物の彫刻シリーズの1つである。

アイオライトのイヤリング | 仕立て | 18金のイエローゴールドの石座の中央にステップカットしたアイオライトをセットし、ピンクのトルマリンを「花びら」に見立てた花のイヤリング。

アイオライトのたくさんの名前

昔の名前と今の名前

アイオライトは宝石の名前がどう進化するかわかるいい例である。「ウォーターサファイヤ」という名前は、たとえば、この石がスリランカやミャンマーで川砂利のなかから見つかるように、ふつう水のなかで見つかることに由来する。もう1つの古い名前は、石の多色性にちなみ、「2色の石」という意味のギリシャ語から名づけられたダイクロアイトである。しかし、アイオライトは昔、さらに別の名前で呼ばれていた。フィンランド総督だったロシア軍将校ファビアン・スタインハイルにちなみ、スタインハイライトと呼ばれていたのだ。スタインハイルはこの鉱物が石英とは異なるものであることに最初に気づいた人物である。

スリランカの情景 スリランカのケラニ川を描いた絵。川砂利のなかに宝石品質のアイオライトが見つかった産地。

ベニトアイト
Benitoite

△ 藍色のベニトアイトの宝石

ベニト石は1906年にカリフォルニアのサン・ベニト川の近くで発見され、川の名前からその名がついた。水銀と銅の鉱床を探していた探鉱者が、偶然青く輝く結晶を見つけ、サファイヤと勘違いしたものといわれている。もっともきれいな青い色は結晶を横から見たときに得られる。そのため、カットされる石の大きさはかぎられ、3カラットを超えるものはめったにない。また、ベニト石は光の分散が並はずれて強い。「七色の分散光」はダイヤモンドのそれに近いが、石の色の濃さのせいでわからないことが多い。

鉱物名 ベニト石(せき)

化学名：ケイ酸バリウムチタン ｜ **化学式**：$BaTiSi_3O_9$
色：青、無色、ピンク ｜ **晶系**：六方晶系
硬度：6 -6½ ｜ **比重**：3.7 ｜ **屈折率**：1.76-1.80
光沢：ガラス光沢 ｜ **条痕**：白色
産地：アメリカ、ベルギー、日本

カットされていないベニト石 ｜ 原石 ｜ 重さ5カラットを超えるベニト石の原石が見つかることはほとんどない。この並はずれて質のよい標本は重さ7カラット近くある。

ベニト石の結晶 ｜ 原石 ｜ この標本のベニト石の結晶は宝石品質とはいえないが、ベニト石にはよくあるように、方解石が付着している。

上質の宝石 ｜ カット ｜ ブリリアントカットによって、深い色合いと自然の分散光が引き立てられたベニトアイトの宝石。

チョウのブローチ ｜ 仕立て ｜ ベニトアイトがカリフォルニアの州石になったことを祝ってつくられたブローチ。青と無色のベニトアイトをセットし、目には熱処理したオレンジ色のベニトアイトをあしらっている。

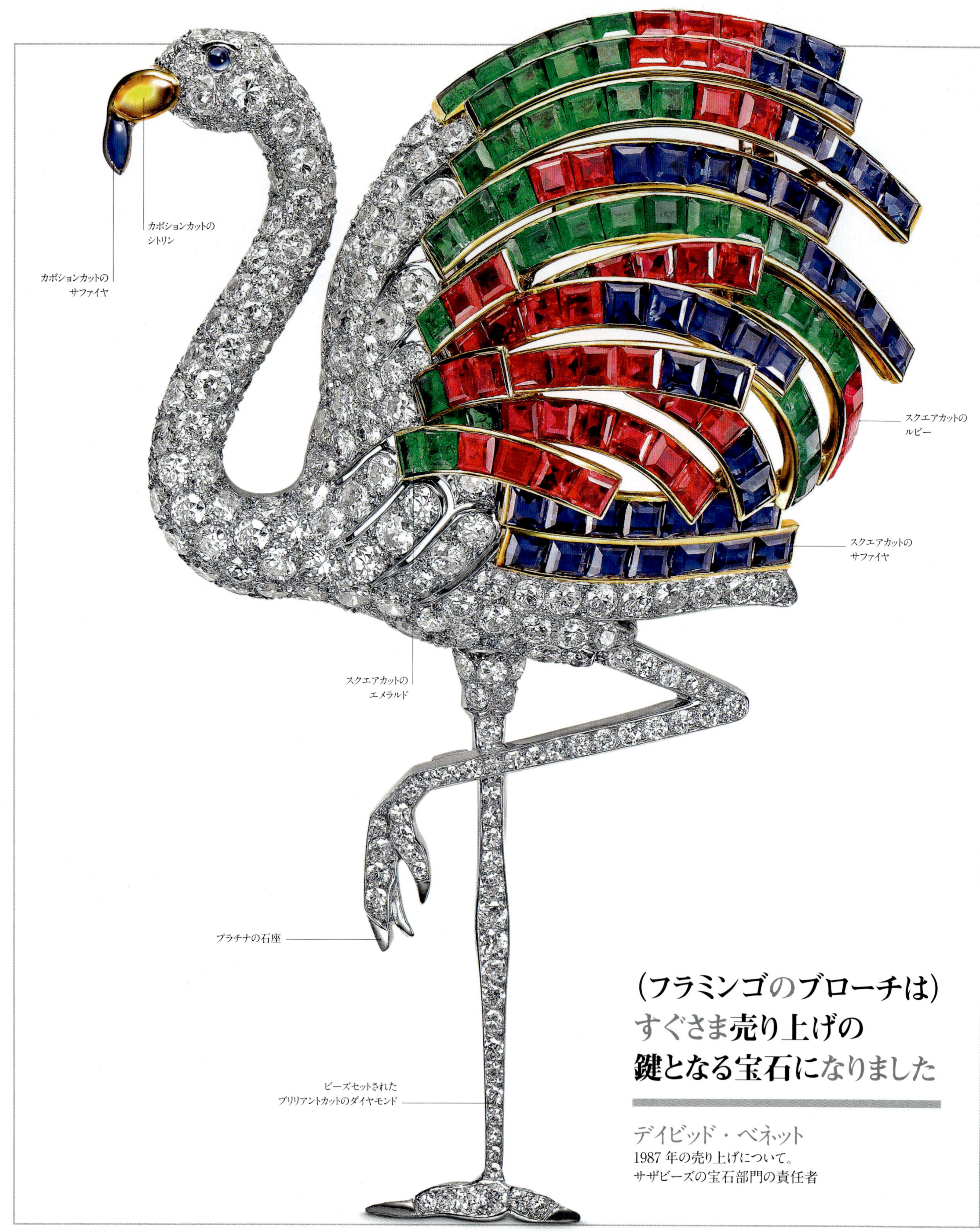

（フラミンゴのブローチは）すぐさま売り上げの鍵となる宝石になりました

デイビッド・ベネット
1987 年の売り上げについて。
サザビーズの宝石部門の責任者

カルティエのフラミンゴのブローチ | 1940年ごろ | 96.5×95.9mm | ダイヤモンド、エメラルド、ルビー、サファイヤ、シトリン、ゴールド、プラチナ

ウィンザー公爵夫人のカルティエの フラミンゴのブローチ

△ のちにウィンザー公爵夫人となるウォリス・シンプソン、1936年

このカルティエのフラミンゴは、ウィンザー公爵によってウォリス・シンプソンのために注文された。彼がそのために英国王位をあきらめた女性である。これは彼女にささげられた数多くの宝石のなかでもっとも有名なものの1つである。

ウィンザー公爵夫人の結婚20周年記念にエメラルドとルビーを使ってカルティエが制作したブローチ

サイズを整え、ブリリアントカットしたダイヤモンドをプラチナとイエローゴールドの石座にパヴェセットし、フラミンゴのきらめく体を生み出している。羽と尾にはステップカットしたエメラルド、ルビー、サファイヤをあしらっている。目にはカボションカットのサファイヤ（ファセットをつけるのではなく、研磨した宝石）を1つ据え、くちばしはカボションカットしたシトリンとサファイヤで表している。

アメリカ社交界の花形ウォリス・シンプソンは、1934年にのちの英国王エドワード8世から関心を寄せられたときには、最初の夫と離婚して、シンプソンを2度目の夫としていた。エドワードがなんとしても彼女と結婚すると心を決めたため、国王ジョージ5世が崩御すると重大な問題が生じた。王位につくと同時にエドワードは英国国教会の首長となったのだが、英国国教会は離婚した人間の再婚を認めていなかったからだ。シンプソン夫人と別れることができず、エドワードは1936年に退位して、新国王となった弟のジョージ6世から「ウィンザー公爵」の称号を与えられることになった。

エドワードは結婚して3年後に妻のためにフラミンゴのブローチを注文し、その材料として彼女のネックレスの1つとブレスレット4つを、パリのカルティエのデザインの責任者だったジャンヌ・トゥーサンに提供した。トゥーサンは共同デザイナーのピーター・ルマルシャンとともに、提供された宝石を使い、1940年にフラミンゴのジュエリーを完成させた。

公爵はウィンザー公爵夫人となった妻にその年の誕生祝いとしてブローチを贈り、ブローチは彼女が所有するなかでもっとも貴重な宝飾品の1つとなった。ウィンザー公爵夫人の死後、宝石は個人の収集家の手に渡り、2013年にカルティエの展示会に登場した。

ウィンザー公爵夫人のためにカルティエがさまざまな宝石とダイヤモンドでつくったブレスレット。

宝飾品にまつわる主な歴史

1934年-2013年

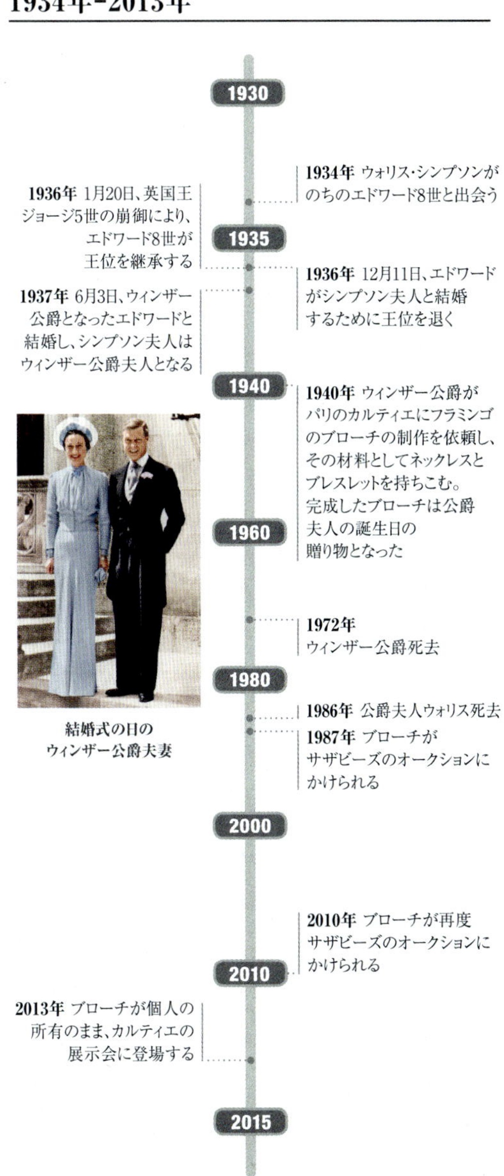

1930
1934年 ウォリス・シンプソンがのちのエドワード8世と出会う
1936年 1月20日、英国王ジョージ5世の崩御により、エドワード8世が王位を継承する
1935
1936年 12月11日、エドワードがシンプソン夫人と結婚するために王位を退く
1937年 6月3日、ウィンザー公爵となったエドワードと結婚し、シンプソン夫人はウィンザー公爵夫人となる
1940
1940年 ウィンザー公爵がパリのカルティエにフラミンゴのブローチの制作を依頼し、その材料としてネックレスとブレスレットを持ちこむ。完成したブローチは公爵夫人の誕生日の贈り物となった
1960
1972年 ウィンザー公爵死去
1980
1986年 公爵夫人ウォリス死去
1987年 ブローチがサザビーズのオークションにかけられる
2000
2010年 ブローチが再度サザビーズのオークションにかけられる
2010
2013年 ブローチが個人の所有のまま、カルティエの展示会に登場する
2015

結婚式の日のウィンザー公爵夫妻

ブルガリのジェンマ・ウォッチ | おそらくはジュエリーウォッチの最高峰といえるこの贅沢な18金のピンクゴールドの腕時計の前面には、トルマリン、ダイヤモンド、アメシストがあしらわれている。バンド部分にもトルマリンのビーズとブリリアントカットのダイヤモンドが使われている。

アメリカの先住民は何世紀ものあいだ、ピンクと緑のトルマリンを葬儀の際のお悔やみの品に用いていた

トルマリン
Tourmaline

△ ファセットをつけた7.79カラットのインディコライトトルマリンの側面

トルマリンは、さまざまな組成のホウ酸塩ケイ酸塩鉱物の一族だが、どれも基本的結晶構造は同じである。トルマリングループには、リチア電気石（エルバイト）、苦土電気石（ドラバイト）、鉄電気石（ショール）を含む30を超える鉱物種がある。しかし、鉱物種の名前は化学成分にもとづくものの、宝石の名前は鉱物種名に関係なく、色にもとづいて決められている。インディコライト（藍）、アクロアイト（無色）、ルーベライト（ピンク、赤）などである。結晶はふつう鉛筆のような柱状に成長し、断面は角のとれた三角のような形をしている。母岩とは異なり、トルマリンは風化に耐え、水流により運ばれて砂礫として堆積されることも多い――シンハラ語で「宝石の砂礫」を意味するトゥラマリに由来する名がついた理由もそこにある。

色の種類

結晶の色と化学成分に単純な相互関係はない。宝石品質のトルマリンのほとんどは鉱物種としてはリチア電気石に属し、ふつうは緑色だが、ほかの多様な色で生成することもある。エメラルドグリーンがかなり希少で価値が高く、18世紀まではエメラルドと混同されていた。もっとも印象的なトルマリンは「ウォーターメロン」トルマリンと呼ばれる、色が層をなす石である。この石の断面を見ると、中央が赤かピンクで、そのまわりを緑がとり囲んでいる。もっとも深い色が見えるのは、どの石も上から見下ろしたときなので、原石をカットして宝石にするときには、正しい方位からカットすることが重要である。

鉱物名 リチア電気石

化学名：水酸化ホウ酸ケイ酸ナトリウムリチウムアルミニウム
化学式：$Na(Li_{1.5}Al_{1.5})Al_6(BO_3)_3[Si_6O_{18}](OH)_3(OH)$
色：多種多様　**晶系**：三方晶系　**硬度**：7　**比重**：2.9-3.1
屈折率：1.62-1.65　**光沢**：ガラス光沢　**条痕**：白色

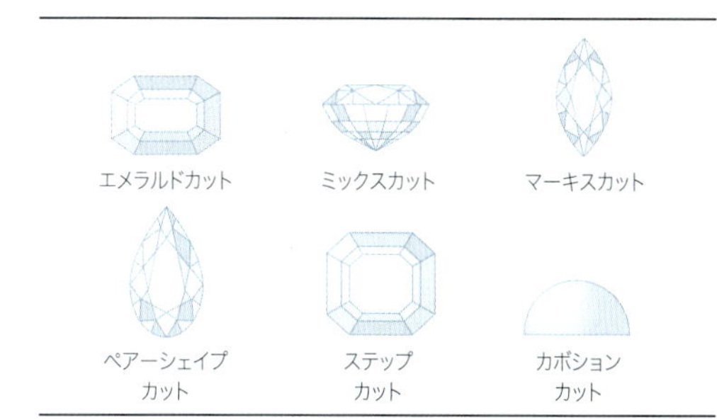

産地
1 アメリカ **2** ブラジル **3** チェコ **4** イタリア **5** ナイジェリア **6** ナミビア **7** アフリカ南東部 **8** マダガスカル **9** アフガニスタン **10** パキスタン **11** スリランカ **12** オーストラリア

トルマリンの宝飾品

ゴールドとトルマリンのネックレス | 合計約100カラットのペアーシェイプのトルマリンをあしらった18金のゴールドのネックレス。アクセントにブリリアントカットのダイヤモンドをちりばめている。

トルマリンの斑点

ティファニーのブローチ | ティファニーのためにジーン・シュランバーゼーが制作した、きめのある18金のゴールドのブローチ。サンショウウオをかたどった体に、長方形にカットされたトルマリンがあしらわれ、足にはダイヤモンドが、目にはカボションカットされたトルコ石が使われている。

カルティエのイヤリング | ランの花をかたどった凝ったデザインのイヤリング。18金のゴールドに、ファセットをつけたピンクトルマリン、ピンクサファイヤ、ロードライトガーネット、24個のダイヤモンドをセットし、仕上げにブリオレットカットしたローズクォーツをあしらっている。

原石

黄緑色の原石 | 黄緑色はエルバイトのもっとも一般的な色だが、ファセット用のこの標本はふつうよりも若干黄色みが強い。

インディコライトの原石 | 青はトルマリンにはわりとめずらしい色で、インディコライトと呼ばれる。薄い青から藍色まで色合いには幅がある。これはとくにすばらしい色をした原石。

色の層 | トルマリンは同心円の色の層をなすことがある。中央がピンクで外側が緑の場合、ウォーターメロントルマリンと呼ばれる。

種類

アクロアイト | 長方形にクッションブリリアントカットされた12.24カラットのアクロアイト。無色のトルマリンはアクロアイトと呼ばれる。

インディコライト | このキズのない7.79カラットのインディコライトの宝石は六角形のミックスカットを施されている。

パライバトルマリン | パライバトルマリンが宝石として流通しはじめたのは比較的最近である。銅を含むため、ネオンのような輝きを見せる。これは緑色の標本。

ドラバイト | 茶色のトルマリンはドラバイトと呼ばれるが、ふつうはファセット用の石ではない。クッションミックスカットされたこのドラバイトは例外的にすばらしい。

ルーベライト | 赤やピンクレッドのトルマリンはルーベライトと呼ばれる。色合いは淡いピンクからショッキングレッドまである。エメラルドカットを施されたこのルーベライトが典型的な色である。

黄緑色のトルマリン | トリリオンカットを施された上質の宝石。不思議なことに、黄緑色のトルマリンには色による名前がつけられていない。

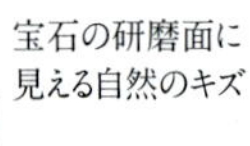

黄緑色のトルマリン | ブリリアントカットされた、黄色よりも緑の色が強い4.20カラットのトルマリン。いくつか自然のキズが見られる。

ウォーターメロントルマリン | エメラルドカットされたこの石のように、2つの層にわたってファセットをつけられるだけ幅のあるウォーターメロントルマリンが見つかることもたまにある。

ショール | タンブル研磨されたショール。ショールは黒いトルマリンで、どれも不透明である。宝石としてはトルマリンのなかで、もっとも価値が低い。

仕立て

ブルガリのチェルキイヤリング | 驚くほどすばらしい18金のゴールドのイヤリング。グリーントルマリン、ペリドット、ブルートパーズ、ロードライトガーネット、シトリン、ダイヤモンドがあしらわれている。

トカゲのブローチ | カルティエの動物をモチーフにしたシリーズの1つ。13.71カラットのトルマリンキャッツアイを主石に、サファイヤとダイヤモンドが添えられている。

カルティエのネックレス | パリ ヌーベルバーグ コレクションのネックレス。18金の凝った細工のピンクゴールドの石座に、15個のトルマリン、14個のアクアマリン、12個のアメシスト、9個のスピネル、27個のブリリアントカットのダイヤモンドなど、パステルカラーの石がセットされている。

イエローゴールドのイヤリング | オーバルカットした深い赤のトルマリンをイエローゴールドの石座にセットし、まわりをカットしたダイヤモンドで囲んだ美しいイヤリング。

ゴールドのリング | めずらしい仕立ての19金のゴールドのリング。三角形にカスタムカボションカットされた淡いピンクのトルマリンがベゼルセットされている。

ブルガリのブレスレット | ブルガリ制作の贅沢なブレスレット。ダイヤモンドとカボションカットされたエメラルド、ルビー、アメシスト、ピンクトルマリンがあしらわれている。

アーツ・アンド・クラフツのブローチ | 1912年にジョージーとアーサーのガスキン夫妻によって制作されたブローチ。ブルーオパール、ピンクトルマリン、シルバー、ゴールドが使われている。

**「トルマリン」の化学式は
鉱物の成分をわかりやすく
記したというよりも、
中世の医者が書いた処方箋のようだ**

ジョン・ラスキン
芸術家、美術評論家

十字架

球体

アーチ部分

あちこちに
散りばめられたエメラルド

アタワルパ・エメラルド

ゴールドの基部

アンデスの王冠 | 1590年ごろ | 高さ34.5cm、外周52cm、重さ2.18kg　アタワルパ・エメラルド：15.8×16.2mm | 18−22金のゴールド、450個以上のエメラルド

アンデスの王冠

△ アタワルパ・エメラルド。王冠の中央に据えられた石

アンデスの王冠は見事な宗教的宝飾品である。世界ではじめて、一連のエメラルドが1つの工芸品にセットされた例でもある。16世紀にスペイン人の職人の手によってポパヤン（現コロンビア）で制作された。インカのゴールドを略奪しに来たスペインの征服者たちはこの地域一帯にヨーロッパの疫病をもたらし、1590年、伝染性の強い天然痘が猛威をふるった。ポパヤンの信心深い人々は聖母マリアに救済を祈り、奇跡的にポパヤンは天然痘の流行を免れた。人々はマリアに感謝し、大聖堂のマリア像のためにすばらしい王冠をつくることにした。

インカ帝国の最後の皇帝でアタワルパ・エメラルドの所有者だったアタワルパ

王冠のうち、最初につくられたのは最上部の球体と十字架である。残りは年々信徒たちの寄付によって加えられていった。中央に据えられているのはアタワルパ・エメラルドで、インカ帝国の最後の皇帝にちなんでその名がついた。アタワルパがスペインの征服者、フランシスコ・ピサロに敗北して奪われたエメラルドだといわれている。王冠をつけたマリア像は年に一度、聖週間の山車行列のときに町を引きまわされたが、その豪華さについての噂がすぐに広まったため、宝石泥棒から王冠を守る目的で、教会は地元の名士たちを集めて「無原罪の聖母奉仕団」と呼ばれる秘密組織をつくった。問題が起こりそうだと見ると、団員たちは王冠をばらばらにし、それぞれの部分をジャングルに隠した。

奉仕団は王冠を無事に守っていたが、1936年、地元の聖職者が新しい病院と孤児院をつくるために王冠を売り払ってしまった。買ったのはアメリカの宝石商のシンジケートで、当初は王冠に使われている宝石をばらばらにして売るつもりでいたが、1939年に開催された万国博覧会で展示されたこともあって世間の注目を集めたため、その決断はくつがえされた。現在王冠はもとの姿のまま、アメリカ、ニューヨークのメトロポリタン美術館で展示されている。

ペルーの絵画に描かれた聖母マリア。1680年ごろ。アンデスがスペインに征服されたのちの初期のキリスト教信仰にとって、聖母マリアは重要な象徴となった。

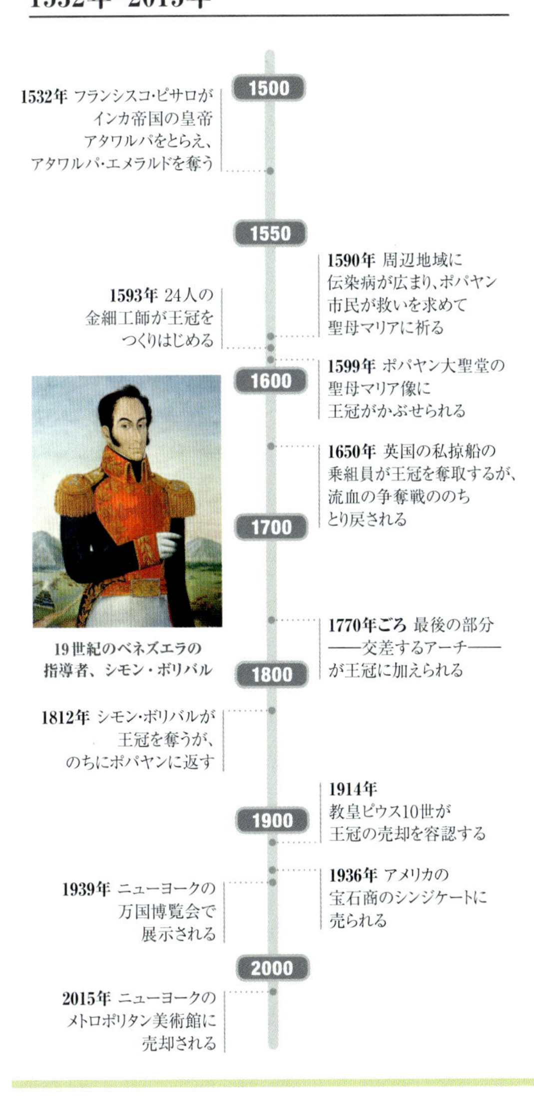

王冠にまつわる主な歴史
1532年-2015年
1500
1532年 フランシスコ・ピサロがインカ帝国の皇帝アタワルパをとらえ、アタワルパ・エメラルドを奪う
1550
1590年 周辺地域に伝染病が広まり、ポパヤン市民が救いを求めて聖母マリアに祈る
1593年 24人の金細工師が王冠をつくりはじめる
1600
1599年 ポパヤン大聖堂の聖母マリア像に王冠がかぶせられる
1650年 英国の私掠船の乗組員が王冠を奪取するが、流血の争奪戦ののちとり戻される
1700
1770年ごろ 最後の部分——交差するアーチ——が王冠に加えられる
1800
1812年 シモン・ボリバルが王冠を奪うが、のちにポパヤンに返す
1914年 教皇ピウス10世が王冠の売却を容認する
1900
1936年 アメリカの宝石商のシンジケートに売られる
1939年 ニューヨークの万国博覧会で展示される
2000
2015年 ニューヨークのメトロポリタン美術館に売却される

19世紀のベネズエラの指導者、シモン・ボリバル

（その王冠は）**希少性と豊かさゆえに並はずれた価値を持つ**

ロンダ・カスル
メトロポリタン美術館学芸員

エメラルド

Emerald

△ その名も「エメラルド」カットを施したエメラルドの宝石

最大の人気を誇る宝石の1つであるエメラルドは、ベリル／緑柱石の一変種で、豊かな緑色をしており、火成岩や変成岩や堆積岩のなかから発見される鉱物である。そのほとんどが多数のインクルージョンや内部のキズを持ち、そうした欠陥がそれぞれの石に個性を与えている。ジュエリーにする場合、割れやすいこの石は「エメラルド」カットされることがふつうである。長方形のステップカットの4隅を切り落とし小さなファセットを加えたもので、エメラルドの特徴的な緑色を最大限美しく見せ、外から加えられるダメージと内から起こるひずみを防ぐ。

鉱物名 緑柱石（りょくちゅうせき）（ベリル）

化学名：ケイ酸ベリリウムアルミニウム
化学式：$Be_3Al_2Si_6O_{18}$ | **色**：エメラルドグリーンから緑、黄緑から青
晶系：六方晶系 | **硬度**：7½ -8 | **比重**：2.6-2.9
屈折率：1.57-1.61 | **光沢**：ガラス光沢 | **条痕**：白色
産地：コロンビア、ザンビア、ブラジル、ジンバブエ

原石

コロンビア産のエメラルド | 整った形に成長した豊かな緑色の六角形のエメラルドの結晶。クルミほどの大きさがあり、コロンビアのサンタフェ・デ・ボゴタに集積された。

エメラルドの原石 | 内部のひびに沿って赤みがかった染みがあるエメラルドの標本。それを頼りに宝石としての適性を見極めることができる。

カット

追加のファセット | 八角形のステップカットを施したエメラルド。パビリオンに追加のファセットを加え、とくにひどいキズをとり除いている。

合成エメラルド | ペアーシェイプの合成エメラルド。天然のエメラルドと同じ結晶構造を持つが、ずっと安い価格で購入できる。

エメラルドカット | この八角形の石は比較的キズが多いが、定番の形に研磨してロスを最小限にしている。

仕立て

バレリーナ | 美しいホワイトゴールドのバレリーナのクリップ。エメラルドのスカートにダイヤモンドの裾飾りがついている。ヴァン クリーフ&アーペル制作。

エメラルドの十字架 | 総重量24カラットの11個のエメラルドをセットしたすばらしいホワイトゴールドの十字架。エメラルドのまわりをディマントイドがとりまいている。

フッカー・エメラルド | 重さ75.47カラットの世界最大級のエメラルド。1911年にティファニーが購入。もともとはティアラにセットされていたが、その後プラチナのブローチに仕立てられた。

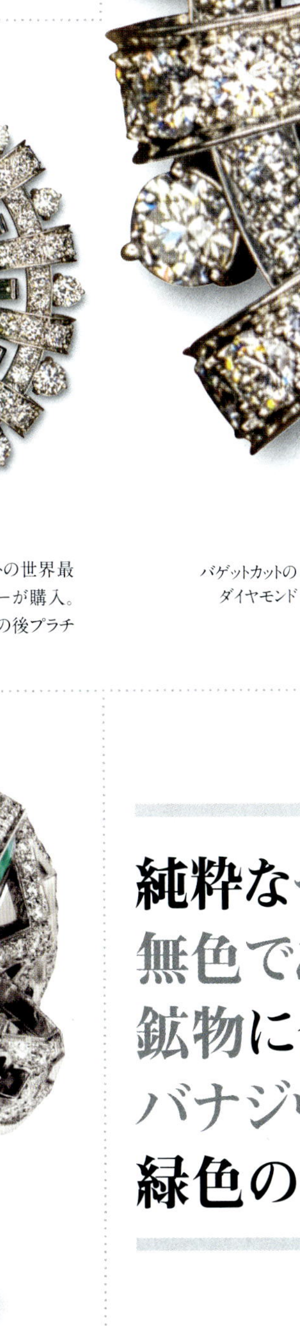

カルティエを代表するマスコット | 1914年カルティエ制作のホワイトゴールドのパンテール リング。エメラルドと545個のブリリアントカットのダイヤモンドをあしらったリングは定番のデザインとなった。

**純粋なベリルは
無色である。
鉱物に含まれるクロムや
バナジウムによって
緑色のエメラルドとなる**

ペルシャの支配者、ナーディル・シャーの肖像画。1740年ごろ | トプカピの短剣を受けとるはずだった人物

トプカピの エメラルドの短剣

△ スルタン・マフムード。短剣をつくらせた人物

この名高いエメラルドの短剣は、トルコのイスタンブールにあるトプカピ宮殿博物館で一番人気の展示品である。こうした宝飾品のなかでもっとももすばらしいものの1つであるのはまちがいないが、短剣がトプカピ宮殿で展示されることになったいきさつには流血や裏切りが切り離しがたく結びついている。

短剣は18世紀なかばのイスタンブールで、オスマン帝国の皇帝、マフムード1世がお抱えの職人につくらせたもので、ペルシャの支配者だったナーディル・シャーを懐柔するための贈り物になるはずだった。のちに「ペルシャのナポレオン」として知られるようになったナーディル・シャーは、その地域で最強の軍隊の司令官で、オスマン帝国とのあいだでも激しい戦争をくり広げたばかりだった。

1746年に両国は和平を結び、贈り物を交換することになった。マフムードが用意した贈り物のなかにこの豪華な短剣も含まれていた。それは抜け目のない選択だった。というのも、ナーディルが宝石を好むことはよく知られていたからだ――インド遠征の際にもコ・イ・ヌール・ダイヤモンド（p58-59参照）を含む数多くの宝石を略奪した。

トプカピの短剣。エメラルドとダイヤモンドがセットされたゴールドの短剣

短剣には柄の部分に大きなエメラルドがあしらわれている。イスラム世界でもエメラルドはとても価値が高く、珍重されていた。これらのエメラルドはコロンビアのムゾー鉱山で産出されたものと考えられている。上部と下部にセットされた大きなエメラルドはペアーシェイプで、中央のエメラルドは長方形にクッションカットされており、柄のてっぺんにつけられた八角形のエメラルドは持ち上げると時計が現れる仕組みになっている。柄と鞘はダイヤモンドをセットしたゴールドからなり、エナメルと真珠層の装飾が施されている。

ナーディル・シャーが短剣を目にすることはなかった。贈り物が届く前に、就寝中に暗殺されてしまったからだ。その知らせを受けて贈り物を運んでいた一隊は自国に戻り、短剣はトプカピ宮殿に置かれることになった。今もそこで展示されている。1964年、短剣の強盗計画を描いたフィクション映画『トプカピ』が公開され、ピーター・ユスチノフがアカデミー賞助演男優賞をとると、短剣への世間の関心が高まった。

短剣にまつわる主な歴史

1739年-1964年

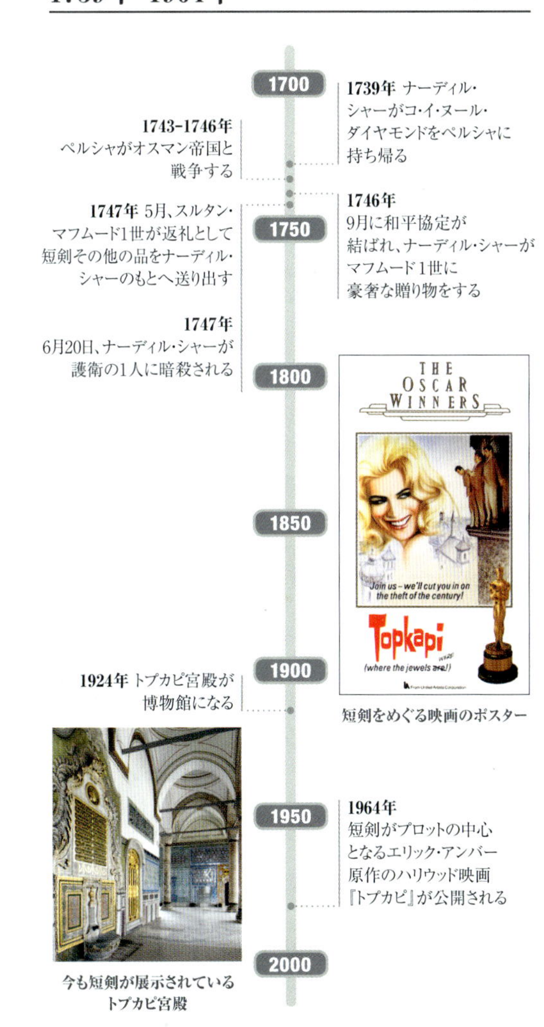
1700
1739年 ナーディル・シャーがコ・イ・ヌール・ダイヤモンドをペルシャに持ち帰る
1743-1746年 ペルシャがオスマン帝国と戦争する
1750
1746年 9月に和平協定が結ばれ、ナーディル・シャーがマフムード1世に豪奢な贈り物をする
1747年 5月、スルタン・マフムード1世が返礼として短剣その他の品をナーディル・シャーのもとへ送り出す
1747年 6月20日、ナーディル・シャーが護衛の1人に暗殺される
1800
THE OSCAR WINNERS
Join us – we'll cut you in on the theft of the century!
Topkapi
(where the jewels are!)
1850
1900
1924年 トプカピ宮殿が博物館になる
1950
1964年 短剣がプロットの中心となるエリック・アンバー原作のハリウッド映画『トプカピ』が公開される
2000

短剣をめぐる映画のポスター

今も短剣が展示されているトプカピ宮殿

エメラルドをセットした柄。てっぺんを開けると、ゴールドの時計が現れる。

有名なイスタンブールの短剣で、世界でもっとも価値の高いエメラルドが4つついている

1964年の映画『トプカピ』より

古代エジプト文明においてエメラルドは生命と豊かさの象徴とみなされていた

ペンダント | 女性を乗せたヒッポカムポス（海馬）をかたどった19世紀のスペインのペンダント。カボションカットのエメラルドをあしらった海馬の体は、4つの真珠がついた鎖に吊るされている。カルトゥーシュ（飾り板）にはエメラルドがセットされ、真珠が吊り下げられている。

アクアマリン　モルガナイト
Aquamarine Morganite

△ 八角形のステップカットを施した質のよいアクアマリン。すばらしいクラリティを見せている。

自然に生成するなかでもっとも美しい宝石のいくつかはベリルである。内包物のないベリルは無色だが、おそらくもっともよく知られているのは、アクアマリンやエメラルドなど、色のついた種類だ。ベリルという名称もギリシャ語で「緑の石」を意味するベリロスから来ている。無色のベリルはゴシェナイトとして知られ、クラリティが高いため、中世後期には眼鏡の先駆けとなったもののレンズをつくるのに使われていた。

ベリルの色

ベリルの着色は内部から起こり、その色は含有される微量成分によって異なる。それが石の名前に反映されることもある。たとえば、エメラルドの緑色は含まれる微量（痕跡量）のクロムによるものだ。モルガナイトは、マンガンの存在によりピンク色や赤みの強いライラック色、ピーチ色、オレンジ、ピンクがかった黄色などの石となり、その結晶はときに、底の部分が青で中央はほぼ無色、末端部分はピーチ色かピンク色というように、帯状の模様を見せることもある。ほとんどの場合ファセットをつけられ、黄色とオレンジの石はピンクの色みを強めるために熱処理されることもある。マンガンは、レッドエメラルドやスカーレットエメラルドと呼ばれることもある、希少な赤いベリルを生み出す化学的要因ともなる。アクアマリン（「海の水」という意味）の青や緑、かつてはヘリオドール（ギリシャ語で「太陽」を意味するヘリオスから）と呼ばれたイエローベリルやゴールデンベリルの黄色は、微量の鉄によるものだ。緑がかった青いアクアマリンは青みを増すために熱処理されることが多い。現在、ヘリオドールは黄緑色の石のみを指す。

鉱物名 緑柱石（ベリル）

化学名：ケイ酸ベリリウムアルミニウム｜**化学式**：$Be_3Al_2Si_6O_{18}$
色：無色、赤、青、緑、黄色｜**晶系**：六方晶系
硬度：7½ -8｜**比重**：2.6-2.9｜**屈折率**：1.57-1.61
光沢：ガラス光沢｜**条痕**：白色

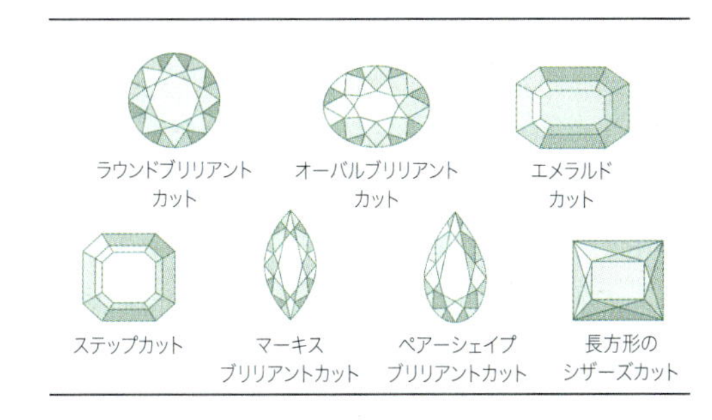

産地
1 アメリカ **2** コロンビア **3** ブラジル **4** アイルランド **5** ノルウェー **6** スウェーデン **7** ドイツ **8** オーストリア **9** 南アフリカ **10** ザンビア **11** モザンビーク **12** マダガスカル **13** ロシア

ベリルの宝飾品

ファベルジェの卵｜カルル・ファベルジェが制作した豪奢な卵（p278-279参照）。細工したゴールド、プラチナ、シルバーに、アクアマリンとダイヤモンドをセットし、すばらしいゴールドの船の模型をなかにおさめている。

カルティエのクリップブローチ｜プラチナにダイヤモンドをセットしたクリップブローチ。1935年にカルティエによってデザインされた。17世紀か18世紀初頭にインドで花の形に彫られためずらしいエメラルドがあしらわれている。

アクアマリンのブローチ｜英国の宝石・金細工師のジョン・ドナルドによって1967年に制作されたゴールドのブローチ。めずらしいカットを施したアクアマリン――一部にファセットをつけ、一部をカボションカットしている――をセットしている。石のまわりには筒状に細工したゴールドをあしらっている。

原石

アクアマリンの
結晶

柱状の結晶｜柱状のアクアマリンの結晶が母岩に多数生成したすばらしい標本。

アクアマリンの結晶｜一般に緑柱石の結晶はどの色のものもかなり平板な末端面を持つものが多いが、この標本の末端の結晶面は並はずれて大きい。

きれいに生成した
結晶面

アクアマリンの
結晶

母岩

典型的な結晶｜まだ母岩を多少残している宝石品質のアクアマリンの結晶。末端面が平らで、典型的な柱状である。

ゴシェナイトの結晶｜クラリティの高い六角形のずんぐりとしたゴシェナイトの結晶。ゴシェナイトは内部が無色で、きれいな幾何学的な形をしている。

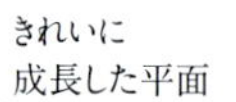

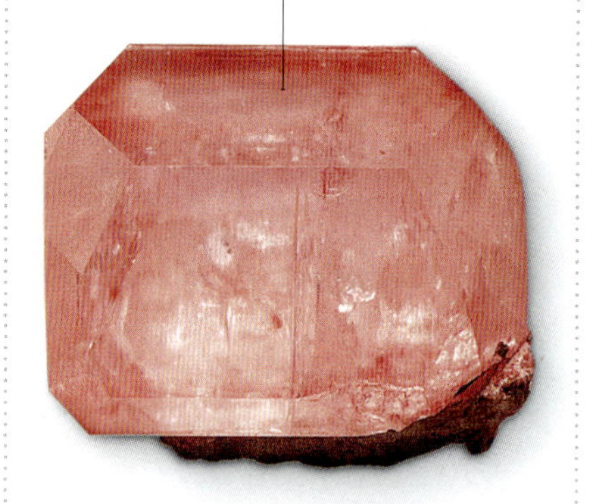

モルガナイトの結晶｜モルガナイトはピンクの緑柱石である。ほかの緑柱石同様、形よく成長した結晶として見つかる。

赤い緑柱石の
結晶

レッドベリル｜結晶が生成されることが稀で、されたとしても小さいため、ファセット用の赤い緑柱石は非常に希少である。このアメリカ、ユタ州産の結晶は流紋岩を母岩としている。

エメラルドの結晶｜英国のオックスフォード大学所蔵の標本。エメラルドはベリルのなかでも代表的な宝石である。

ゴールデンベリル｜黄色い緑柱石はゴールデンベリルと呼ばれる。後ろの母岩が透けてはっきり見えることから、この結晶の驚くほどのクラリティがよくわかる。

カットと色

ブラジル産のモルガナイトの結晶には重さ25kgに達したものもある

ファセットをつけたアクアマリン | 大きな石の輝きを際立たせるためには標準的でないカットを用いる。このどっしりとした25.70カラットのアクアマリンに施したカットは「ポルトガル」カットとして知られている。

エメラルドカットのアクアマリン | エメラルドカットされた淡い緑の美しい標本。アクアマリンは、青か緑の色を帯びる。

エメラルド | カボションに研磨し、平らなファセットもつけた八角形のエメラルド。石の中央のキズの少ない部分を引き立たせるためのデザイン。

ファセットを施したヘリオドール | スクエアクッションカットされたヘリオドール。色と輝きを増すためにいくつもの種類のファセットを組み合わせている。

ゴシェナイト | 変則的なエメラルドカットを施されたゴシェナイトの宝石。まったくの無色だが、写真に撮ると青く見えることもある。

モルガナイト | 淡いピンク色のモルガナイトの宝石。ローズピンクや赤っぽいピンクの多いモルガナイトのなかでは、淡い色といえる。

レッドベリル | 重さ約1カラットのレッドベリル。それでも宝石素材が希少なこの石としては、かなり大きい石といえる。ブリリアントカットされ、インクルージョンもごくわずかだ。

仕立て

さまざまな宝石をあしらったネックレス | ファセットをつけたベリル、アクアマリン、ペリドット、ダイヤモンドをセットした豪奢なホワイトゴールドのネックレス。ダイヤモンドをセットしたつなぎの部分は鎖を交差させた形に仕立てられている。

ゴールデンベリルとアメシストのイヤリング | ファセットを施したアメシストと金色のベリルをセットした、コリーン・B・ローゼンブラット作の華やかなホワイトゴールドのイヤリング。金色のベリルの総重量は7.15カラット。

パリ ヌーベルバーグ コレクションのネックレス | モルガナイトのカルトゥーシュから、真珠とファセットを施した66個のスピネルを吊り下げた18金のゴールドのネックレス。

イヤリング | 繊細な細工を施したシルバーとゴールドにモルガナイトとルビーとダイヤモンドをセットした三角形のイヤリング。

青いタッセルのネックレス | ラウンドカットしたアクアマリンとシャンパンダイヤモンドをセットしたゴールドの円錐体から、ファセットをつけたアクアマリンのカスケード（滝）を吊り下げたためずらしい仕立て。

グリーンベリルのリング | 八角形にカットした22.35カラットの淡いグリーンベリルをセットしたリング。両側に5つずつブリリアントカットのダイヤモンドがあしらわれている。

アクアマリンのイヤリング | 4つのカボションカットのアクアマリン、28個のオーバルカットのサファイヤ、38個のブリリアントカットのダイヤモンドをセットした18金のイエローゴールドのイヤリング。

マクシミリアン・エメラルド | モダンなプラチナのリングにセットされた21.04カラットのエメラルド。かつてはハプスブルク家出身でメキシコ皇帝となったマクシミリアン所有のリングにセットされていた。

リング | クッションカットしたモルガナイトを中央に据えたゴールドのリング。末広がりにサイズが大きくなるよう真珠やスピネルがあしらわれている。

目をみはるほどすばらしい扇型のブローチ | 18金のゴールドを細工した扇形のブローチ。先が開いている扇の羽根には、アクセントにブリリアントカットのダイヤモンドがあしらわれている。ブローチと大きなファンシーカットのイエローベリルの石は、とりはずし可能。

ゴールデンベリルのリング | エメラルドカットされた28.15カラットの大きな金色のベリルをあしらったプラチナのリング。

ゴールデンベリルのイヤリング | 18金のゴールドを渦巻き形に仕立てたイヤリング。ダイヤモンドをあしらい、それぞれ約8カラットの金色の滴形のベリルを吊り下げている。

アクアマリンとダイヤモンドのリング | 中央に重さ7.32カラットのアクアマリンを据え、まわりを2.20カラットのダイヤモンドで囲んだ14金のホワイトゴールドの驚くほどすばらしいリング。

オウムのブローチ | ダイヤモンドをセットしたオウムがトルマリンの宝石に止まっているブローチ。カルティエのファウナ&フローラ コレクションの1つ。エメラルドの「目」が特徴的。

ゴールデンベリルのイヤリング | 1940年ごろにつくられたイヤリング。ドレスクリップとしても使える。ダイヤモンド、ルビー、長方形にカットされたペアのゴールデンベリルがセットされている。

鉱物としての緑柱石は、現代の世界でもっとも重要な金属の1つであるベリリウムの資源である

ドム・ペドロ・アクアマリン | 1980年代 | 高さ35cm、土台の直径10cm | 10,363カラット、オベリスク形

ドム・ペドロ・アクアマリン

△ この宝石をカットした宝石アーティストのベルンド・ムーンシュタイナー

ドム・ペドロは知られているなかで世界最大のアクアマリンである。ブラジルのミナス・ジェライス鉱山地域にあるペドラ・アズールで、3人のガリンペイロ（個人探鉱者）によって発見された巨大な結晶からつくられたものだ。しかし、ガリンペイロたちはその石をどうするか決める前に、石を落としてしまい、結晶は3つに砕けた。そのうち最大のもの——長さ60cm、重さ27kgのもの——が最終的にドム・ペドロへと姿を変えた。

当初からその結晶を維持するために奮闘した人物がいた。純粋に利益だけを追求するならば、小さな宝石にカットして売るのがもっとも利益があがるやり方で、石の最初の所有者となったブラジル人はそのつもりだった。しかし、この結晶がドイツの宝石商、ユルゲン・ヘンの知るところとなり、実物を見るや、その並はずれた大きさとクラリティと色に感銘を受けた彼は、投資家のコンソーシアムを組織した。そして結晶を買って南ドイツにある宝石細工で有名なイーダー・オーバーシュタインへと輸送すると、友人の宝石アーティスト、ベルンド・ムーンシュタイナーのところへ結晶を持ちこんだ。ムーンシュタイナーが結晶を真に驚嘆すべき宝石に変えてくれるとわかっていたからだ。

ドム・ペドロ・アクアマリンの全体像

先祖代々の宝石研磨職人であるムーンシュタイナーは、「ファンタジーカットの父」として知られ、標準的な平らなファセットをつける代わりに、溝やうまい具合にゆがめたファセットをデザインにとり入れている。ムーンシュタイナーはそのアクアマリンの結晶に手作業で6カ月以上も時間をかけ、先の尖った菱形のカットをいくつも加えていった。その結果、内部から輝きを発しているように光を反射する、このオベリスクのようなすばらしい宝石の彫像ができあがった。アクアマリンがブラジル産であることに敬意を表し、ムーンシュタイナーは作品を19世紀にブラジルを支配した2人の皇帝にちなんでドム・ペドロと名づけた。

母なる自然が
大きく美しくこしらえたものを、
われわれが小さくするわけにはいかない

ユルゲン・ヘン
宝石商

宝石にまつわる主な歴史

1822年-2012年

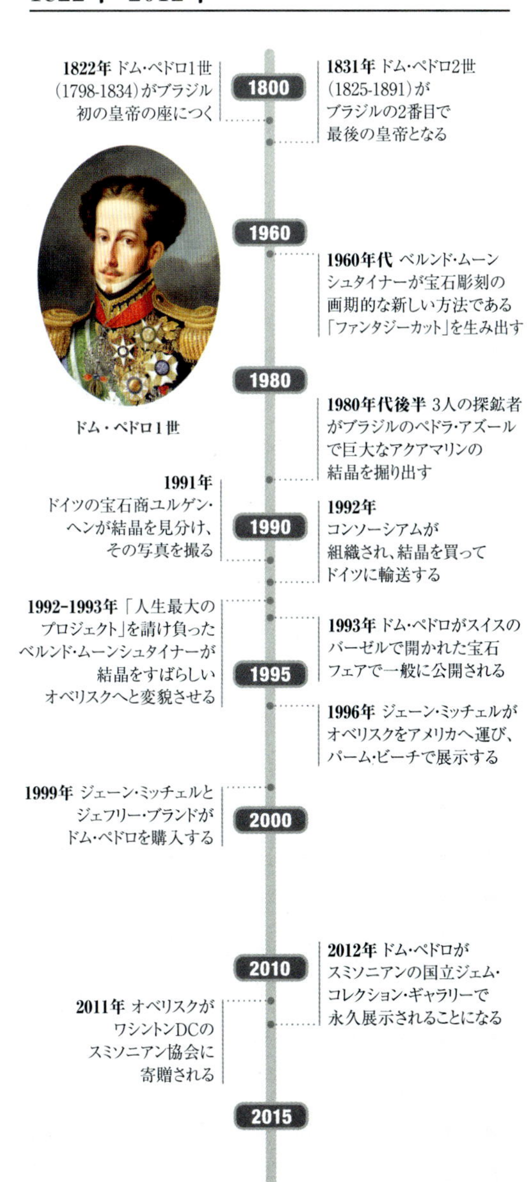

1800
1822年 ドム・ペドロ1世（1798-1834）がブラジル初の皇帝の座につく
1831年 ドム・ペドロ2世（1825-1891）がブラジルの2番目で最後の皇帝となる
ドム・ペドロ1世
1960
1960年代 ベルンド・ムーンシュタイナーが宝石彫刻の画期的な新しい方法である「ファンタジーカット」を生み出す
1980
1980年代後半 3人の探鉱者がブラジルのペドラ・アズールで巨大なアクアマリンの結晶を掘り出す
1991年 ドイツの宝石商ユルゲン・ヘンが結晶を見分け、その写真を撮る
1990
1992年 コンソーシアムが組織され、結晶を買ってドイツに輸送する
1992-1993年「人生最大のプロジェクト」を請け負ったベルンド・ムーンシュタイナーが結晶をすばらしいオベリスクへと変貌させる
1993年 ドム・ペドロがスイスのバーゼルで開かれた宝石フェアで一般に公開される
1995
1996年 ジェーン・ミッチェルがオベリスクをアメリカへ運び、パーム・ビーチで展示する
1999年 ジェーン・ミッチェルとジェフリー・ブランドがドム・ペドロを購入する
2000
2010
2012年 ドム・ペドロがスミソニアンの国立ジェム・コレクション・ギャラリーで永久展示されることになる
2011年 オベリスクがワシントンDCのスミソニアン協会に寄贈される
2015

現代的な彫刻

宝石彫刻はファセットを一歩超えている。石を三次元の形にカットすることもあるからだ。宝石には装飾的な線を刻む彫刻を施すこともできる。まずは高品質で、彫刻の際に削りとっても大丈夫な大きさの石を選ぶ必要がある。彫刻を施した宝石はそのまま彫刻作品とすることもできれば、ジュエリーに仕立てることもできる。

水晶の香水瓶
アメシストとゴールドの栓はベルンド・ムーンシュタイナー(p243参照)の息子であるトム・ムーンシュタイナーによって制作された。

代表的な彫刻
この大胆なデザインの水晶の彫刻も宝石アーティストのトム・ムーンシュタイナーの作品である。

サマースノー(ツルバラ)の花をかたどったイヤリング
アリス・チコリーニが彫刻したイヤリング。ゴールド、パヴェセットのダイヤモンド、アメシスト、水晶、ローズクォーツがあしらわれている。

トルマリンのリング
ムーンシュタイナー制作のリング。彫刻した9.11カラットのトルマリンをイエローゴールドの石座にセットしたもの。

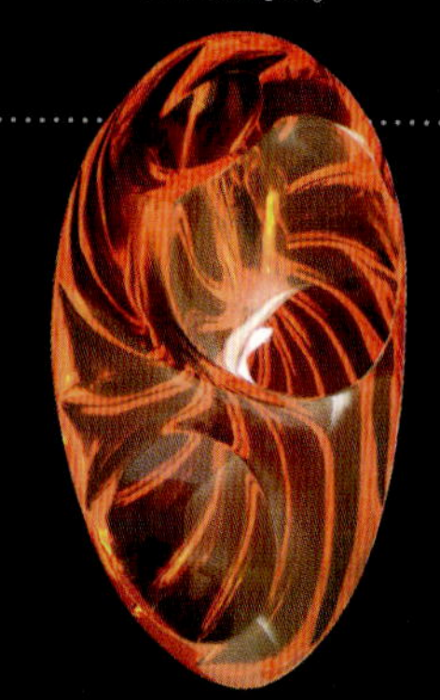

渦巻き模様のメキシコ産のオパール
マイケル・ダイバーによる彫刻。流れるようなフリーフォームカットを施した299.45カラットのオパール。

ブシュカール・リング
彫刻を施したマンダリンガーネット、
ツァボライト、タンザナイト、
カボションカットしたオパール、
ブリリアントカットのダイヤモンドを
あしらったカルティエのリング。

サウスウェスト・サンセット
自然に結合して生成した2つの鉱石を利用した
4.43カラットのシェリス・コティエール・シャンクの
作品。ローズクォーツの母岩に生成した
アメトリンを彫刻している。

18カラットのゴールドのピン
特徴的な色合いのボリビア産のアメトリンを
彫刻したピン。ゴールドにセットし、
ダイヤモンドをちりばめている。

シュロの葉の彫刻
重さ287.68カラットのボリビア産のアメトリンを
カットし、幾何学的な形と有機的な形が
混在するデザインに仕上げた作品。

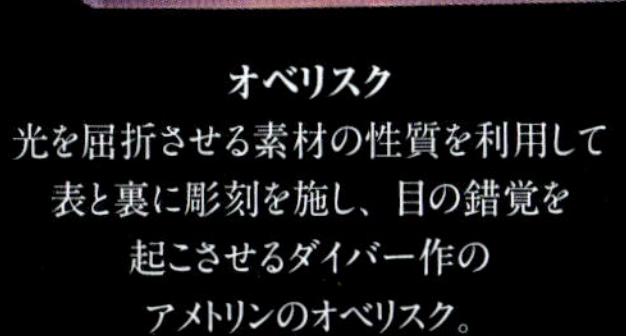

オベリスク
光を屈折させる素材の性質を利用して
表と裏に彫刻を施し、目の錯覚を
起こさせるダイバー作の
アメトリンのオベリスク。

ダンビュライト
Danburite

△ 透明なダンブリ石の単結晶

ガラスのような柱状のダンブリ石の結晶はトパーズに似ているが、劈開がほとんどないので区別できる。ダンブリ石という名前は、1839年にはじめて個別の鉱物として発見されたアメリカ、コネティカット州のダンベリーにちなんでいる。ふつうは無色だが、琥珀色、黄色、灰色、ピンク、黄色がかった茶色の石もある。ダンブリ石は宝石にカットされ、ファセットをつけられることもあれば、カボションカットされることもあるが、ふつうは収集家向けの石とみなされている。大きな宝石品質のダンブリ石がロシアのダルネゴルスクで見つかっており、その結晶は長さ30cmにも達するものだった。

鉱物名 ダンブリ石

化学名：ホウ酸ケイ酸カルシウム
化学式：$CaB_2Si_2O_8$ | **色**：無色、黄、ピンク、黄色がかった茶
晶系：直方晶系 | **硬度**：7 -7½ | **比重**：2.9-3.0
屈折率：1.63-1.64 | **光沢**：ガラス光沢から油脂光沢 | **条痕**：白色
産地：スイス、ロシア、ミャンマー、スロバキア、アメリカ、メキシコ、マダガスカル、タンザニア

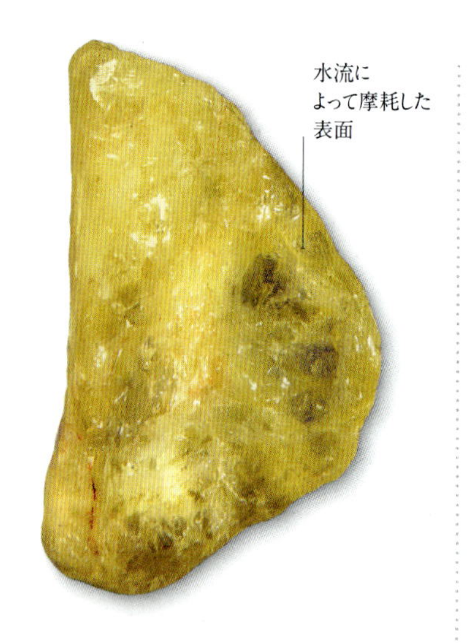

黄色い原石 | 原石 | 水流で摩耗した重さ約23カラットの原石。黄色い原石が大量に見つかっているタンザニア産。

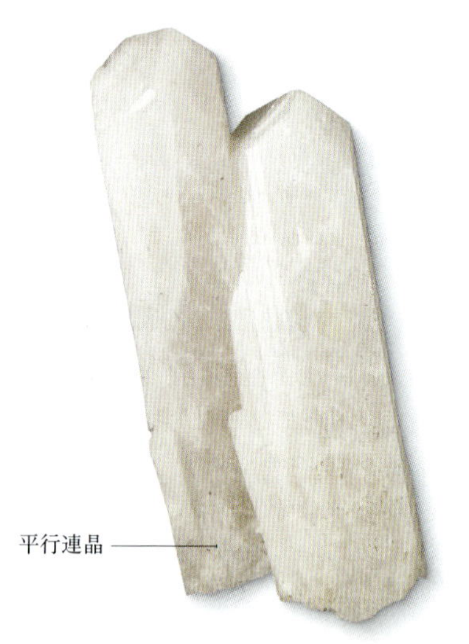

メキシコ産のダンブリ石 | 原石 | メキシコ、サン・ルイス・ポトシ産の白い連晶。完璧な柱状で典型的な結晶末端。

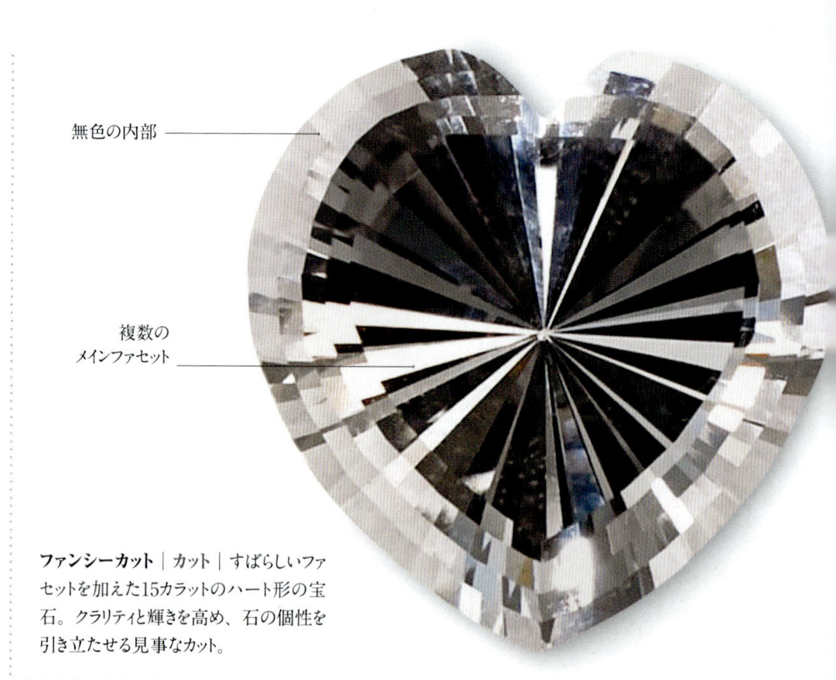

ファンシーカット | カット | すばらしいファセットを加えた15カラットのハート形の宝石。クラリティと輝きを高め、石の個性を引き立たせる見事なカット。

ダンベリーの鉱物地帯

ニューイングランドの宝石地帯

アメリカ、コネティカット州のフェアフィールド郡にあるダンベリーという小さな町は、何kmにもおよび50種類以上の鉱物を産出するその地域の鉱物帯の中心地である。褶曲、断層、変成など、複雑な地質構造を持つ地域で、豊かな鉱物の産地となった。ダンブリ石の産出に加え、ジルコン、重晶石、天青石、ムーンストーン、チタン石、透輝石、ルチル、石榴石、石英、黄鉄鉱の重要な産地でもある。

ダンブリ石の結晶 コネティカット州のダンベリーで見つかった鉱物は町の名前にちなんで名づけられた。

ラウンドブリリアントカット | カット | ラウンドブリリアントカットされたキズのないのダンビュライトの宝石。ダンビュライトはその輝きとクラリティがトパーズに匹敵する。

ミックスしたイヤリング | 仕立て | ファセットを加えたメキシコ産のダンビュライトのイヤリング。ミャンマー産のカボションカットされたピンクのトルマリンとのコントラストがきいている。

アキシナイト
Axinite

△ エメラルドカットされたメキシコ産のアキシナイト

斧石は鉄斧石、マンガン斧石など4つの鉱物種の仲間を指す。原石では実質見分けがつかず、結晶構造も同一である。アキシナイト／斧石の名称はギリシャ語で「斧（アックス）」を意味するアキシンから来ており、結晶が鋭く硬いことに由来する。もっとも一般的な色は濃い茶色で、色の種類は灰色から青みがかった灰色、濃い蜂蜜色、茶灰色、金色がかった茶色、ピンク、青紫色、黄色、オレンジ、赤までさまざまである。欠けやすいので、ふつうファセットをつけられるのは収集家向けの品だけである。斧石は圧電性で焦電気性である。つまり、圧力を加えたり、急速に加熱したり冷却したりすると、静電気を帯びる。

鉱物名 鉄斧石（てつおのいし）

化学名：ホウケイ酸カルシウム、鉄、アルミニウム
化学式：$Ca_2FeAl_2(BSi_4O_{15})(OH)$ | **色**：濃い茶、灰、青灰、濃い蜂蜜色、茶灰、金茶、ピンク、青紫、黄、橙、赤 | **晶系**：三斜晶系
硬度：6½-7 | **比重**：3.2-3.3 | **屈折率**：1.67-1.70
光沢：ガラス光沢 | **条痕**：白色から淡茶色 | **産地**：アメリカ、ロシア、オーストラリア、メキシコ、フランス、スリランカ

斧石の原石 | 原石 | きれいな色とクラリティを持つファセット用の斧石の原石。特徴的な板状の結晶の形を保っている。

母岩中の斧石 | 原石 | 母岩に数多く生成した赤茶色の斧石の結晶。典型的な西洋斧の頭部の形を見せている。

斧石の結晶 | 原石 | それぞれ典型的で完璧な斧石の形を見せる2つの結晶。特定の面角で結合して成長している。

柱状の結晶 | 原石 | 斧石は斧のような薄く硬い刃の形の結晶で見つかることが多いが、この標本のようにどっしりとした塊をなすこともある。

端面

クッションカット | カット | クッションステップカットされたアキシナイト。一方の端に自然のインクルージョンがあるが、それでも宝石としての価値は高い。

オーバルカットされた青いアキシナイト | 色の種類 | オーバルブリリアントカットされた、並はずれたクラリティとすばらしい色を見せる石。ほとんどのアキシナイトは金色がかった茶色か赤みを帯びた茶色なので、この色はかなりめずらしい。

メキシコ産のアキシナイト | 色の種類 | クッションカットされたアキシナイトの宝石。典型的な赤みを帯びたオレンジ色をしている。重さは4.29カラットで、高い透明度を持つ。

宝石を買う

産業革命が起こり、人々の宝石の買い方は変化した。宝石の多くはまだ手作業でつくられていたが、大量生産の普及によって、宝飾品も新たに出現した中産階級に手の届くものとなったのだ。大勢のデザイナーたちがはじめて一般大衆に宝石を売る店を開いた。アールヌーボー運動の広がりとともに、宝石を必ずしもその価値だけで求めるのではなく、美的感覚を満足させるものとして利用することに関心が寄せられるようになって、なおさら宝石が手に入りやすくなった。

このことはパリのデザイナー、ジョルジュ・フーケの作品からもわかる。彼はロワイヤル通りに壮麗な店を開き、一般の人々に贅沢な買い物の体験を提供した。アルフォンス・ミュシャの手による豪華な内装は、フーケの制作した宝飾品の数々と完璧に調和がとれていた。宝飾品はドーム形のショーケースに陳列され、宝石を引き立たせるためにはっきりしてはいるが光沢のない色を使った店内になっていた。

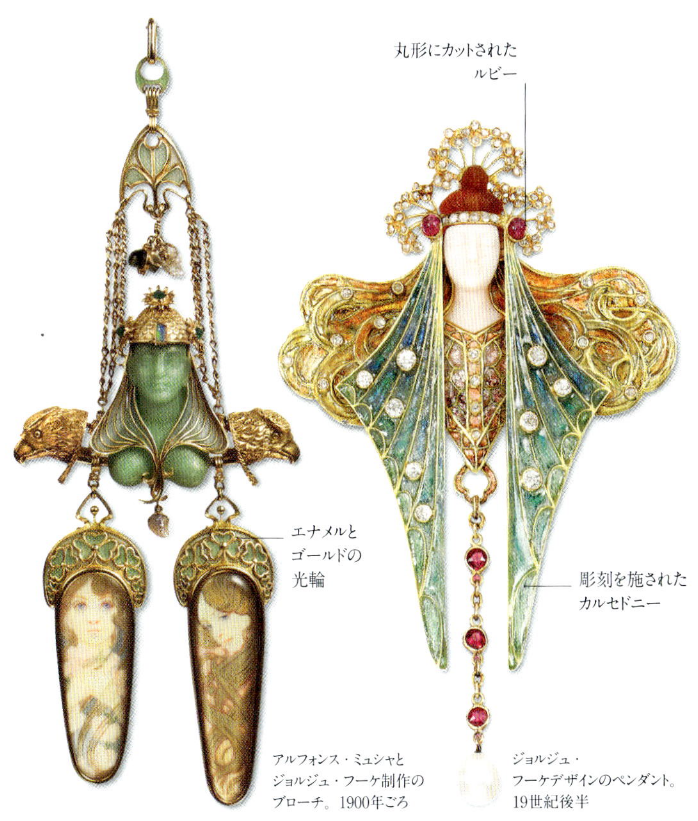

アルフォンス・ミュシャとジョルジュ・フーケ制作のブローチ。1900年ごろ

ジョルジュ・フーケデザインのペンダント。19世紀後半

アルフォンス・ミュシャの手による店の内装は、自然の美しさを称えるデザインとなっている。鮮やかな色のステンドグラスのパネルが壁を飾り、2つの見事なクジャクの彫刻が店内を見渡している。曲線と、宝石と調和する色に満ちた店内は、フーケの作品を完璧に引き立たせている。

アイドクレース
Idocrase

△ クッションブリリアントカットされたアイドクレース

ベスビアナイトはかつてアイドクレースと呼ばれていた鉱物の新たな名称である——透明な宝石品質のベスビアナイトは今もアイドクレースと呼ばれている。結晶はふつう緑か薄い淡黄緑色に生成するが、ほかの色も数多く見つかる。ベスビアナイトは結晶中にさまざまな成分をとりこんでいる。たとえば、スウェーデンのラングバン産のビスマスを含むめずらしいベスビアナイトは、鮮やかな赤い色をしている。銅を含む緑がかった青いベスビアナイトは、シプリンと呼ばれる。

鉱物名 ベスブ石（ベスビアナイト）

化学名：水酸化ケイ酸カルシウムアルミニウム、鉄、マグネシウム
化学式：$(Ca,Na)_{19}(Al,Mg,Fe)_{13}(SiO_4)_{10}(Si_2O_7)_4(OH,F,O)_{10}$
色：黄、茶、緑、赤、黒、青、紫 | **晶系**：正方晶系または単斜晶系
硬度：6-7 | **比重**：3.3-3.4 | **屈折率**：1.70-1.75
光沢：ガラス光沢から樹脂光沢 | **条痕**：白色
産地：イタリア、ロシア、アメリカ

ベスビアナイトの結晶 | 原石 | 黄緑色のベスビアナイトの大きな結晶群。宝石品質でファセットをつけるのに向く透明な素材。

タンブル研磨 | カット | アイドクレースは、グロシュラー／灰礬石榴石が混じったものも含め、タンブル研磨されることが多い。

半透明のアイドクレース | カット | ファセットをつけるに足るほど透明度の高くないアイドクレースは、このように魅力的なカボションにカットされる。

「カリフォルナイト」という別名で流通しているのは、ジェードのような塊のベスビアナイトである

カボションカットされた濃い緑色の石 | 色の種類 | このように濃い緑色で不透明なアイドクレースは、過去にはカリフォルニアジェードとして流通していた。

ネックレス | 仕立て | カボションカットしたアイドクレースをセットし、カボションカットした青いムーンストーンでアクセントをつけたゴールドのネックレス。

濃い茶色のアイドクレース | カット | エメラルドカットされた印象的な石。数多くのインクルージョンが落ち着いた色を生み出している。

エピドート
Epidote

△ オーバルステップカットされたエピドートの宝石。高い透明度を持つ

変成岩や花崗岩類に生成する鉱物としては豊富で広く知られているが、宝石としての知名度はあまり高くない。透明な結晶として形よく生長することが多く、異なる角度から見ると、緑のさまざまな色合いに変化し、強い多色性（たしきせい）を見せる。ファセットをつける際には、その角度を十分考える必要がある。完全な劈開（へきかい）により割れやすく、ファセットをつけた石もジュエリーに仕立てるには向かず、収集家向けの品が流通しているのみである。

鉱物名 緑簾石（りょくれんせき）

化学名：水酸化ケイ酸カルシウムアルミニウム鉄
化学式：$Ca_2(Al_2Fe)(Si_2O_7)(SiO_4)O(OH)$ **色**：ピスタチオグリーン、ピンクと緑のまだら模様（ユナカイト） **晶系**：単斜晶系 **硬度**：6-7
比重：3.3-3.5 **屈折率**：1.73-1.77 **光沢**：ガラス光沢
条痕：白色から灰色がかった色 **産地**：ミャンマー、フランス、ノルウェー、ペルー、アメリカ、パキスタン

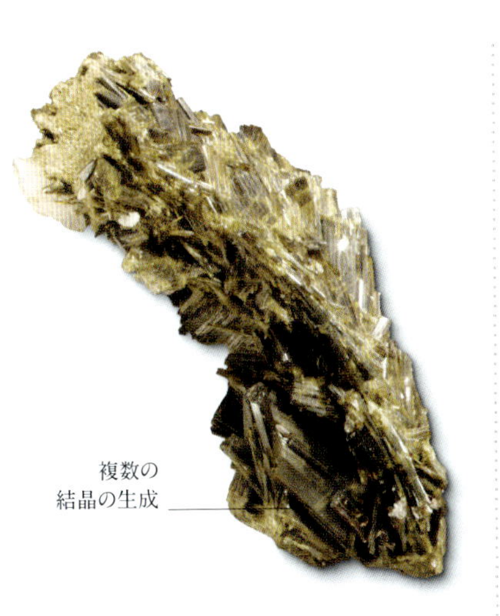

母岩中の緑簾石｜原石｜石英の母岩に長く薄い緑簾石の結晶群が生成した細長い標本。

ピスタチオグリーンの緑簾石｜原石｜ペルー産の長い柱状の緑簾石の結晶群。ペルーは緑簾石の一大産地である。

宝石品質の結晶｜原石｜形よく成長した透明な緑簾石の結晶群。ファセットをつけるに足るすばらしい宝石品質の素材。

まだら模様のユナカイト｜色の種類｜この標本のように、緑簾石に長石が混合して生成した石は、タンブル研磨されてユナカイトとして売られることもある。

茶色のエピドート｜色の種類｜茶色のエピドートはめずらしく、この長方形にステップカットされた石のように、ファセットをつけた宝石はさらに希少である。

ユナカイト

カラフルな種類

ユナカイトはピンクの正長石、緑の緑簾石、そしてふつうは無色の石英からなる変質花崗岩である。緑簾石花崗岩とも呼ばれる。緑とピンクのさまざまな色合いで見つかるが、ふつうはまだら模様になっている。研磨してビーズやカボションカットにしたり、卵や球体や動物の彫刻に使われたりする。ユナカイトのなかには長石が含まれないものがあり、それはエピドサイト（球顆（きゅうか）緑簾岩）と呼ばれ、やはりビーズやカボションにしたりして利用される。

多種多様なビーズ カラフルな準宝石のビーズを連ねたものを吊るした店。中央上部にユナカイトのビーズがある。

コーネルピン
Kornerupine

△ 長方形のステップカットを施した、緑がかった茶色の質のよいコーネルピン

コーネルピンは希少なホウケイ酸鉱物で、デンマークの地質学者、アンドレアス・ニコラウス・コーネルプにちなんで名づけられた。トルマリンに似た柱状の結晶を生成することもあり、茶、緑、黄から、無色までのさまざまな色で見つかるが、そのなかでもエメラルドグリーンの石と青い石がもっとも価値が高いとされる。ファセットをつけられる石はまだ比較的少ない。ファセットをつける場合は、最高の色を引き出すために、テーブル面が結晶の柱面（柱状晶の側面）と平行になるよう、角度に細心の注意を払う必要がある。

鉱物名 コーネルピン

化学名：ホウケイ酸マグネシウム－アルミニウム
化学式：$(Mg,Fe^{2+},Al,\square)_{10}(Si,Al,B)_5O_{21}(OH,F)$ | **色**：緑、白、青
晶系：直方晶系 | **硬度**：6-7 | **比重**：3.3-3.4 | **屈折率**：1.66-1.69
光沢：ガラス光沢 | **条痕**：白色
産地：マダガスカル、スリランカ、カナダ、グリーンランド、ノルウェー、ロシア

コーネルピンの標本 | 原石 | ミャンマー、モゴック産でファセット用のコーネルピンの原石。小さいが品質はすばらしい。

コーネルピンの結晶 | 原石 | 母岩と結合した数多くのコーネルピンの柱状結晶からなる標本。

カボションカットした青いコーネルピン | カット | カボションカットしたタンザニア産の4.38カラットの青いコーネルピン。内部にキズはあるが人気は高い。

ケニア産のコーネルピン | カット | 濃い緑色のケニア産のコーネルピン。キズがないとはとうていいえないが、大胆なエメラルドカットを施すことで美しく見せている。

コーネルピンは、1884年にはじめて名前がつけられ、記載されたが、宝石品質の石が最初に見つかったのは、それからほぼ30年も過ぎてからだった

シザーズカット | カット | クラリティと輝きを引き立たせるためにシザーズカットを施したキズのないコーネルピンの宝石。

オーバルブリリアントカット | カット | コーネルピンは非常に希少な石のため、破損した部分を修繕したこの7.43カラットのスリランカ産の標本のように、内部の多少のキズは許容の範囲内である。

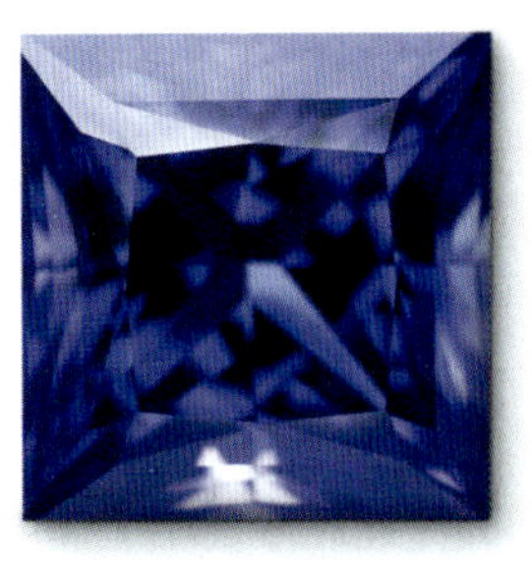

タンザナイト

Tanzanite

△ ミックスカットされたタンザナイトの宝石

ゾイサイト（灰簾石）という鉱物種名はとくによく知られているわけではないかもしれないが、その宝石質の変種であるタンザナイトは収集家のあいだで人気がある。ライラックブルーからサファイヤブルーで産するタンザナイトは、タンザニアで発見されたことからその名がついた。タンザナイトの結晶は強い多色性を示し、見る角度によって灰色や紫や青に見える。また、ピンクの灰簾石は、今のノルウェーあたりにあった古代の島、チュールにちなみ、チューライト／桃簾石（変種名）と呼ばれている。ふつうの灰簾石は塊状で、彫刻を施されて飾り石やビーズにされたり、カボションカットされたりする。

鉱物名 灰簾石（ゾイサイト）

化学名：水酸化ケイ酸カルシウムアルミニウム
化学式：$Ca_2Al_3(Si_2O_7)(SiO_4)O(OH)$
色：青、ピンク、白、薄い茶、緑、灰 ｜ **晶系**：直方晶系 ｜ **硬度**：6-7
比重：3.2-3.4 ｜ **屈折率**：1.69-1.73 ｜ **光沢**：ガラス光沢
条痕：白色 ｜ **産地**：タンザニア、ノルウェー、イタリア、スペイン、ドイツ、スコットランド、日本

カットされていないチューライト ｜ 原石 ｜ 明るいピンク色と目の詰まった質感を見せるチューライトの原石。彫刻に使ったり、カボションカットしたりするのに向いている。

タンザナイトの原石 ｜ 原石 ｜ すばらしい色と透明度を見せるタンザナイトの原石。本来の結晶の形もかなり残されている。

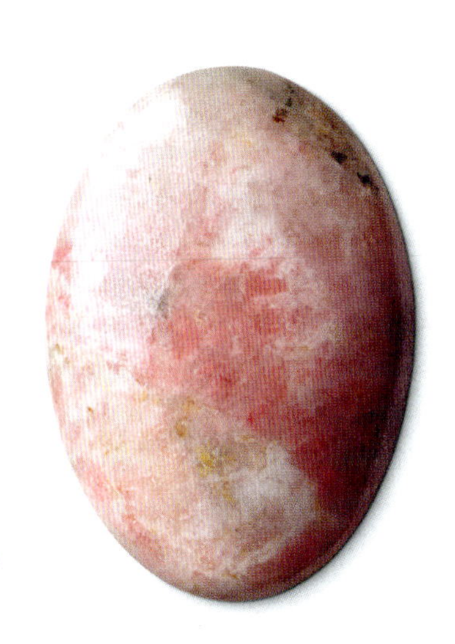

カボションカットされたチューライト ｜ カット ｜ 低いドーム形にカボションカットされた、繊細なピンク色のチューライト。チューライトは淡くやわらかい色を見せることが多い。

大きなタンザナイト ｜ カット ｜ 5カラット以上あるタンザナイトの宝石はめずらしい。三角形にブリリアントカットされたこの目をみはるほどすばらしい宝石は15.34カラットある。

クッションカットされた
タンザナイト

ブリリアントカットされた
ダイヤモンド

クラスターリング ｜ 仕立て ｜ 重さ5.46カラットのクッションカットのタンザナイトをセットし、ブリリアントカットのダイヤモンドでまわりを囲んだリング。両脇の透かし細工の部分にはバゲットカットのダイヤモンドをあしらっている。

灰簾石のなかのルビー

自然に生じた模様

ルビーが混在する鮮やかな緑の灰簾石はアニュライトと名づけられている。鮮やかな赤いルビーはいびつな形をしていて、数㎜から数㎝まで大きさもばらばらのものが、緑の灰簾石の塊のなかに不規則に散らばっていることが多い。こうしたルビーは宝石品質とはいえないが、その色が灰簾石の緑と好対照をなす。ルビーがいいアクセントとなるため、彫刻やオーナメント用の石として人気である。

緑に映える赤　鮮やかな赤いルビーが緑の灰簾石にくっきりと映える標本。

ペリドット
Peridot

△ 研磨されたペリドットの小石

「ペリドット」はフランス語で、おそらくは「宝石」を意味するアラビア語のファリダットに由来すると思われる。この宝石品質の苦土橄欖石の変種は、3500年以上も前から採掘されている――古代地中海文明においては、紅海のザバルガッド島（現在のセントジョンズ島）がペリドットの主な産地だった。ギリシャ人とローマ人はその島をトパゾスと呼んでおり、そこでとれた石を「トパーズ」と名づけたが、トパーズとはまったく関係のない石だった。ペリドットの色は金色がかった淡い緑から、茶色がかった緑まであるが、濃い緑の石がもっとも価値が高い。

鉱物名 苦土橄欖石（橄欖石、オリビン）

化学名：ケイ酸マグネシウム | **化学式**：$(Mg,Fe)_2SiO_4$
色：淡い緑から茶がかった緑 | **晶系**：直方晶系
硬度：7 | **比重**：3.3 | **屈折率**：1.64-1.69
光沢：ガラス光沢から油脂光沢 | **条痕**：白色
産地：中国、ミャンマー、ノルウェー、アメリカ、スペイン領カナリア諸島、オーストラリア、シエラレオネ

原石

カット

結晶 | 主要な産地であるパキスタンのナラン近郊、サパット産の結晶。ペリドットはたいていの場合、乾燥した地域や年代の新しい岩体から見つかる。

ミックスカット | 輝きを最大限引き出すために、クラウンにはシザーズカット、パビリオンにはステップカットと、ミックスカットを施した濃い緑色のペリドット。

ファセットをつけた滴形の石 | このように薄い緑のペリドットは、色を深め、透明度を最大限に高めるためにたくさんのファセットをつけられることが多い。

ラウンドカットし、ファセットをつけた石 | ペリドットは複屈折なので、上から見ると石の裏のファセットが二重に見え、色が深みを増す。

仕立て

エドワード7世時代のペンダント｜20世紀初頭につくられた、葉と花をかたどったゴールドのペンダント。たくさんの真珠とダイヤモンドの中央にオーバルブリリアントカットのペリドットがあしらわれ、もう1つが吊り下げられている。

シグネット（小印つきの）リング｜鮮やかな色の大きなペリドットを中央の石座にセットし、そのまわりを小さなダイヤモンドで囲んだ目をみはるほどすばらしいゴールドのリング。

リング｜3つのペリドットの部分と対比させるようにゴールドで囲んだダイヤモンドをはめこんだ、めずらしいアシンメトリーのデザインのリング。

イモムシのブローチ｜珊瑚にペリドットを組み合わせ、引き立て合う対照的な色を最大限に生かした風変わりなブローチ。さらに目にはダイヤモンドをあしらっている。

ゴールドのペンダント｜八角形のステップカットを施したキズのない濃い緑色のペリドット。まわりをダイヤモンドで囲み、ダイヤモンドをちりばめた吊るし輪をつけている。

この石を持たない
8月生まれは、
愛されない
孤独な人生を送る
といわれている

8月の誕生石ペリドットについての
古くからの言い伝え

ネックレス｜ペリドットのビーズを糸に通して束ね、ねじって質感のある太い縄状にし、ゴールドの留め金をつけたネックレス。

ペリドットとエメラルド

歴史上の緑の宝石

ペリドットは長いあいだ、同じ緑色の有名な宝石と混同され、比較されてきた。クレオパトラのエメラルドのコレクションとされていたものは、今はペリドットだと考えられており、古代ローマ人は薄暗い光すらとらえるペリドットを「夕べのエメラルド」と呼んだ。何世紀ものあいだ、ドイツのケルンにある「東方の三博士」の豪奢な聖遺物箱のてっぺんに飾られた200カラットのペリドットもエメラルドだと思われていた。

東方の三博士の聖遺物箱　聖堂を模した聖遺物箱のてっぺんに飾られた5つの大きなペリドットも、かつてはエメラルドだと思われていた。

ミャンマー、ヤンゴンのシュエダゴン・パゴダ | 6-10世紀ごろの建造 | 金のプレートを張り、ダイヤモンド、ルビー、サファイヤ、その他の貴重な宝石をセットしてある。

シュエダゴン・パゴダ

△ ミャンマーのシュエダゴン・パゴダにあるブッダの彫像

ミャンマー最大の都市ヤンゴンにあるシュエダゴン・パゴダは、ブッダの八房の髪の毛をその他の遺物といっしょにおさめるために建造された仏塔である。もっとも神聖な仏教の仏塔の1つであり、ゴールドのプレートと貴重な宝石を使って建てられていることから、もっとも豪奢な仏塔の1つでもある。

高さ99mのパゴダは街を見下ろす丘の上にそびえたっている。下の部分は8688枚の金のプレートで覆われ、上部には1万3153枚のプレートが使われている。仏塔のてっぺんは高すぎて地面からははっきり見えないほどだが、そこには5448個のダイヤモンドと、2317個のルビーとサファイヤとその他の宝石があしらわれ、1065個のゴールドの鐘が据えられている。塔の先端には76カラットの巨大なダイヤモンドがとりつけられている。

仏塔は陽光を浴びると目もくらむほどで、夜に照明をあてると金色に光る。2600年前に建造されたものといわれており、そうだとすれば世界最古の仏塔だが、実際はもっと最近の6世紀から10世紀の建造であることを示す証拠が見つかっている。伝説によると、バルキン（現在のアフガニスタン）出身の商人だった2人の兄弟がゴータマ・ブッダに出会い、髪を8房授けられたという。2人はそれをのちにビルマへ持ちこむと、当時その地を支配していたオッカラパ王の援助を受けてシングッタラの丘へ向かった。そこにはゴータマに先んじたブッダたちの3つの遺物も同じく祭られていた。遺物は膝が埋まるほどの宝石であふれた部屋に置かれて石の覆いをかけられ、そのまわりに仏塔が建てられて墓所とされた。それ以来、仏塔は改築され、荒らされては修復されてきたが、そのあいだずっと人々の崇拝を集める場所でありつづけた。

シュエダゴン・パゴダとその前にあるダンマゼーディーの大きな鐘。かつては世界一大きな鐘とみなされていた。鐘はその後ビルマのヤンゴン川で行方不明になった

ゴールドのプレート

ダイヤモンドとルビーとサファイヤとその他の宝石で飾られた仏塔の先端。

シュエダゴンはその大きさと、美しさと、気高さで、街を圧倒している

ウィン・ペ
作家・アーティスト

仏塔にまつわる主な歴史

6世紀-2012年

500

6世紀-10世紀 ビルマの一部族であるモン族によって仏塔が建てられる

1300年代 放置されていた仏塔がモン族の王ビンニャー・ウーによって高さ18mの仏塔に改築される

1400年代 女王ビンニャー・タウが仏塔を高さ40mに改築し、奴隷にその維持を命じる

1485年 ダンマゼーディー王が重さ300tの大きな鐘を寄贈する

1500

1600

1608年 ポルトガル人の冒険家フィリペ・デ・ブリトー・イ・ニコテが鐘を奪うが、鐘はヤンゴン川に沈む

1700

1768年 地震により、仏塔の最上部が崩れ落ちる。シンビューシン王がのちにそれを高さ99mに改築する

1800

1824年 第一次英緬戦争のさなか、英国がパゴダを占拠し、略奪と破壊行為が横行する

1852年 第二次英緬戦争時に英国が再度パゴダを占拠する

1900

政治家で革命家のアウン・サン将軍

1946年 アウン・サン将軍が仏塔前で群衆にスピーチを行い、英国からの独立を主張する

1988年 アウン・サン将軍の娘、アウン・サン・スー・チーが仏塔前で50万人の人々に向けて民主主義を求めるスピーチを行う

2000

2010

2012年 1988年以来となるシュエダゴン・パゴダ祭りが開かれ、参拝者が集う

西ゴート族のワシのブローチ | スペイン南西部で見つかった2つのブローチ。6世紀ごろ、金メッキしたブロンズにガーネット、アメシスト、ガラスをセットしてつくられたもの。両肩にマントを留めるのに使われていたと思われる。

水晶

クロワゾネ

金メッキされたブロンズの石座

ペンダントを吊るす輪。ペンダントは見つかっていない

ガーネット
Garnet

△ ラウンドブリリアントカットされたアルマンディン

ガーネットは赤いと思われがちだが、オレンジ、ピンク、緑、黒、濃い蜂蜜色のものもある。どの石榴石の鉱物種も類似した物理特性と結晶形を持つが、それぞれ化学組成が異なる。石榴石には15種以上もの鉱物種があり、そのうち主に宝石に使われるものは以下の6種類である――パイロープ（苦礬石榴石）、アルマンディン（鉄礬石榴石）、スペサルティン（満礬石榴石）、グロシュラー（灰礬石榴石［ヘソナイトとツァボライトを含む］）、アンドラダイト（灰鉄石榴石［ディマントイドを含む］）、ウバロバイト（灰クロム石榴石）。多種多様な色と化学成分で見つかるものの、石榴石は基本的に――多少変則的なものもあるが――正十二面体のよく成長した結晶として見つかることが多いので、見分けるのは容易である。「ガーネット」という名前は、「粒、種」を意味するラテン語のグラナトゥスからつけられたもので、形や大きさや色が、ザクロの鮮やかな赤い種皮に似ている結晶があることに由来すると思われる。

古くから象嵌に使われていた

ガーネットは遅くとも青銅器時代には宝石として使われていた。とくにクロワゾネ製法で、ゴールドでかたどった枠内を埋めるのに使われていた。単にガーネットクロワゾネと呼ばれることも多い製法である。これをガーネットの仕立ての最高点と考える人も多く、アングロサクソン時代のイングランドのサットン・フーや、スタッフォードシャーの発掘品（p264-265参照）のなかに見ることができる。あまり知られていないが、石榴石は研磨材としてサンドブラストのシリカ砂の代用品としても利用されている。また、鋼鉄やその他の素材を高圧の噴射水流でカットする際にも使われる。石榴石の紙やすりは白木の仕上げに家具職人に好んで使われている。

鉱物族名 石榴石

化学名：ケイ酸カルシウムアルミニウム、ケイ酸鉄アルミニウム、ケイ酸カルシウム鉄など **化学式**：$A_3B_2(SiO_4)_3$ *A*: Ca, Fe, Mg, Mn など *B*: Al, Fe, Cr, V など **色**：黒、茶、黄、緑、赤、紫、橙、ピンク **晶系**：立方晶系 **硬度**：6½-7½ **比重**：3.6-4.3 **屈折率**：1.72-1.94 **光沢**：ガラス光沢 **条痕**：白色

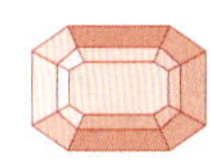
エメラルドカット

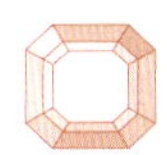
ステップカット

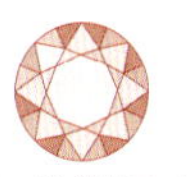
ラウンドブリリアントカット

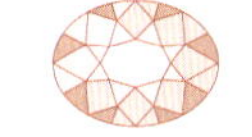
オーバルブリリアントカット

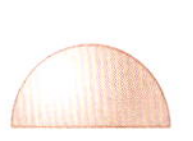
カボションカット

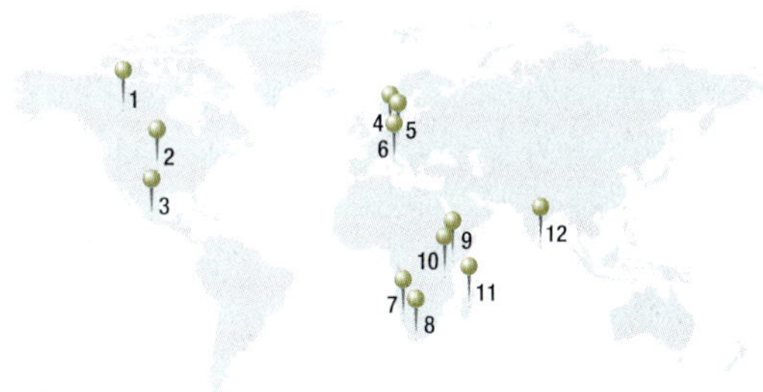

産地
1 カナダ 2 アメリカ 3 メキシコ 4 ドイツ 5 チェコ 6 イタリア 7 ナミビア 8 南アフリカ 9 ケニア 10 タンザニア 11 マダガスカル 12 スリランカ

ガーネットの宝飾品

アンティークのヘアピン | ボヘミア（現在のチェコの一部）産のパイロープをセットしたゴールドのヘアピン。ビクトリア朝時代の制作と思われる。パイロープという名称は、ギリシャ語で「火のような」という意味のピロポスから。

コウノトリのペンダント | カボションカットされた大きく豪華なガーネットをセットし、バロック真珠でアクセントをつけた1900年ごろのゴールドのペンダント。向き合うコウノトリをかたどっている。コウノトリは清らかさと再生の象徴とされることが多い。

ファベルジェのタツノオトシゴのブローチ | 海草がからみついたタツノオトシゴをかたどったブローチ。緑のディマントイド、ツァボライト、アレキサンドライト、トルマリン、サファイヤ、ダイヤモンドをあしらっている。

原石

母岩中の鉄礬石榴石｜雲母片岩の母岩中に多数生成した典型的な正十二面体の鉄礬石榴石の結晶。

メラナイト（灰鉄石榴石の変種）｜灰鉄石榴石の質のよい結晶。正八面体から変形した正十二面体を示している。

灰礬石榴石｜灰礬石榴石はピンクか緑が多いが、それ以外の色で見つかることもある。母岩中のこの結晶は濃いピンクレッドである。

灰クロム石榴石｜母岩上に生成した皮殻状の灰クロム石榴石の結晶集合体。緑の灰クロム石榴石は石榴石族のなかでも希少性が高い。

ヘソナイト｜鮮やかな色のヘソナイトの結晶群からなる標本。非公式に「シナモンストーン」と呼ばれる黄ザクロ石は、オレンジがかった茶色で産する灰礬石榴石の一変種である。

正十二面体の
ヘソナイトの結晶

種類

ブリリアントカットされたグロシュラー｜マリ産の原石。典型的なラウンドブリリアンカットを施したキズのない薄い緑のグロシュラー。

ディマントイド｜灰鉄石榴石の緑の変種であるディマントイド。オーバルブリリアントカットされ、ファセットをつけられている。ディマントイドとは「ダイヤモンドに似た」という意味で、その輝きに由来して名づけられた。

ディマントイド｜標準的なラウンドブリリアントカットを施したディマントイド。灰鉄石榴石の緑の変種だが、この石は黄色みを帯びている。

グロシュラー｜グロシュラーは多様な色で見つかる。クッションミックスカットしたこの標本は、淡い緑色を見せている。

ディマントイドの緑｜ディマントイドの緑は、黄緑色から、三角形のファンシーカットを施されたこの石のような豊かな深緑色まで、さまざまである。

色が変化するガーネット｜1990年にマダガスカルで見つかったばかりのこのガーネットは、パイロープとスペサルティンの中間体で、青緑から紫へ色が変化する。

アジアの部族のなかには、血のような赤い色が殺傷能力を高めると信じ、ガーネットをマスケット銃の弾丸に使う者もいる

スペサルティン | オーバルブリリアントカットされたスペサルティンの宝石。カットされると、ヘソナイトと混同されることもあるスペサルティンは、現在は豊富に見つかるようになり、昔ほどの希少性はなくなった。

インクルージョンによって独特の魅力が増している

シナモンハート | 「シナモンストーン」と呼ばれることもあるヘソナイトをハート形にミックスカット。多数含まれる気泡状の包含物を、ファセットによって魅力的に強調している。

ヘソナイト | グロシュラーの一変種、ヘソナイト。ラウンドミックスカットを施され、並はずれて豊かな深い色を見せている。

パイロープ | ペアーシェイプカットされたパイロープの標本。深い赤い色のパイロープはルビーと混同されることもある。

マラヤガーネット | パイロープとスペサルティンが混合したガーネット。クッションブリリアントカットされたこの宝石のように、豊かな色を見せることが多い。

アルマンディン | 長方形のクッションミックスカットを施されたガーネット。豊かな赤紫色のものは、最高級のジェムクオリティのアルマンディンとみなされる。

仕立て

アルマンディンのリング | ホワイトゴールドのリングにセットされたアルマンディン。めずらしいチェッカー模様のファセットをつけられ、シトリンに囲まれている。

ツァボライトとサファイヤのリング | オーバルカットのツァボライトを中央にセットした14金のゴールドのリング。両脇に2つのホワイトサファイヤをあしらっている。

ツァボライトのネックレス | ペアーシェイプの大きなツァボライトを大きさの順に14個あしらった豪華なネックレス。総重量30.79カラット。ツァボライトはガーネットグループでも、もっとも希少でもっとも価値の高い石の1つである。

アンティークのイヤリング | 1890年ごろにつくられたアンティークのイヤリング。クッションカットのヘソナイトの下にペアーシェイプカットのヘソナイトを吊り下げ、どちらもダイヤモンドで囲んでいる。

カルティエのリング | パリ ヌーベルバーグ コレクションの18金のホワイトゴールドのリング。カルセドニー、ガーネット、トルマリン、ダイヤモンド、アクアマリンをあしらっている。

トリオブローチ | 3つの部分からなるブローチ。それぞれ中央にオーバルカットのガーネットをセットし、そのまわりを三葉をかたどったルビーとダイヤモンドで囲んでいる。

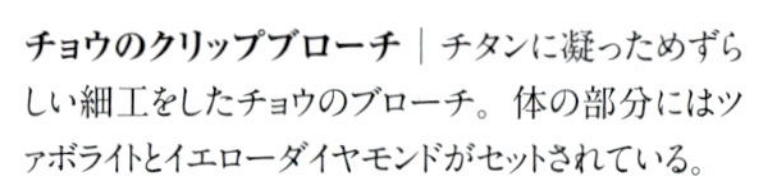

カクテルリング | よく見ると、何十ものローズカットのガーネットが花の形にぎっしりとセットされている見事なホワイトゴールドのカクテルリング。

チョウのクリップブローチ | チタンに凝っためずらしい細工をしたチョウのブローチ。体の部分にはツァボライトとイエローダイヤモンドがセットされている。

ガーネットのロケット | 1852年に英国でつくられたアンティークのロケット。凝った細工を施したハート形のゴールドがカボションに研磨されたガーネットを囲んでいる。

アンティークの十字架 | ビクトリア朝時代のシルバーの十字架。ローズカットされた10個の大きめのガーネットをたくさんの小さなローズカットのガーネットが囲んでいる。

ロードライトとダイヤモンドのブローチ | 長方形と正方形にカットした血のように赤いロードライトをセットした、目をみはるほどすばらしいアールデコ調のブローチ。1930年ごろの制作。

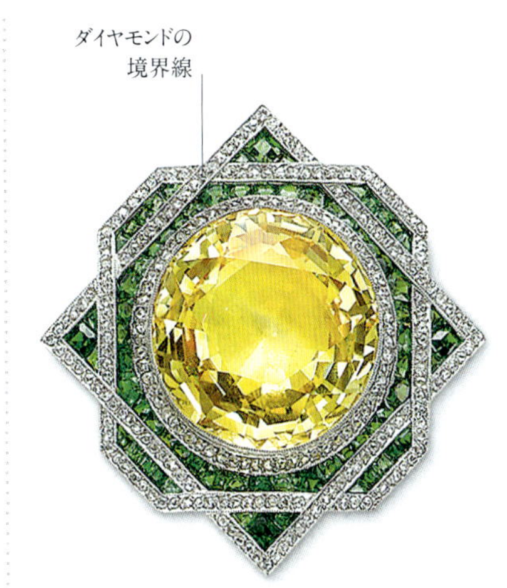

ベルエポックのペンダントブローチ | 1910年ごろにつくられたブローチ。イエローサファイヤを緑のディマントイドで囲んでいる。

ディマントイドのカニのブローチ | カニをかたどった鮮やかな18金のゴールドのブローチ。ディマントイドをパヴェセットし、オールドカットのダイヤモンドをあしらっている。

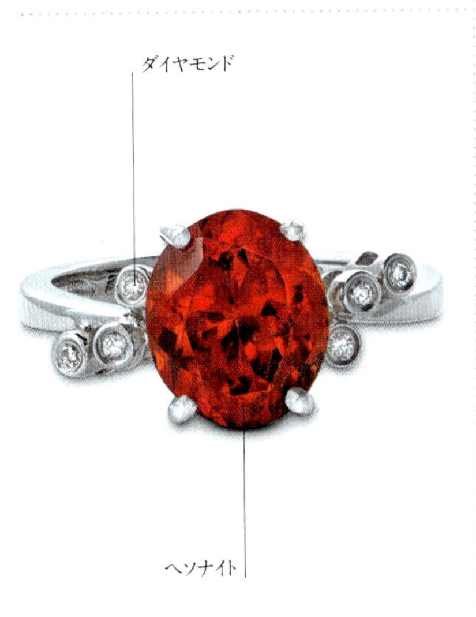

ヘソナイトとプラチナのリング | オーバルカットされたヘソナイトをセットしたプラチナのリング。両脇に結び目の形にセットしたダイヤモンドをあしらっている。

カルティエのリング | パリ ヌーベルバーグ コレクションの18金のゴールドのリング。120個のイエローガーネットとイエローサファイヤをセットしている。

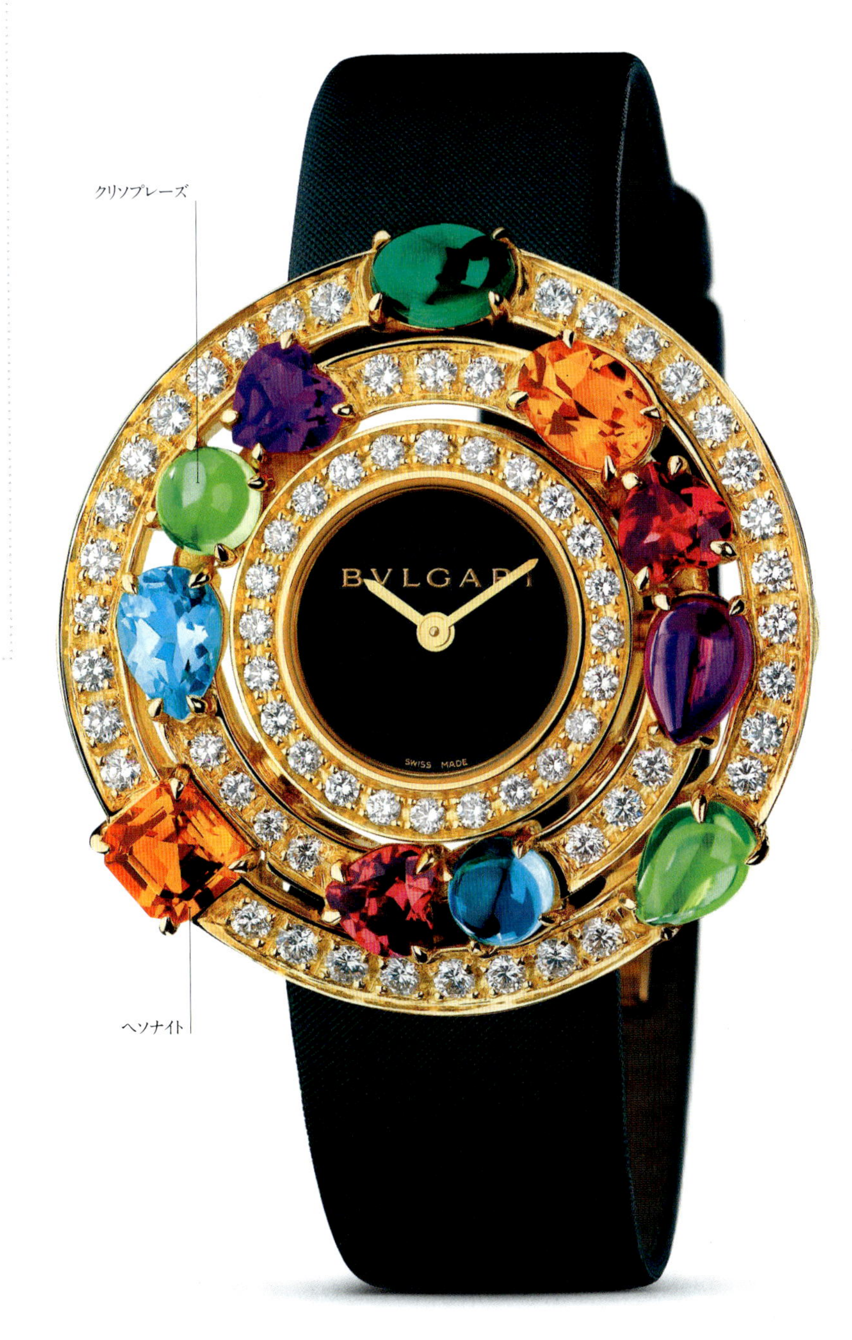

スペサルティンのペンダント | プラチナにオーバルカットのスペサルティンをセットしたペンダント。14個のラウンドカットのダイヤモンドでまわりを囲み、1個のダイヤモンドを吊り下げている。

ブルガリの腕時計 | 18金のゴールドの腕時計。ダイヤモンドを三重の輪にセットし、アメシスト、アクアマリン、クリソプレーズ、トルマリン、2個のヘソナイトをあしらっている。

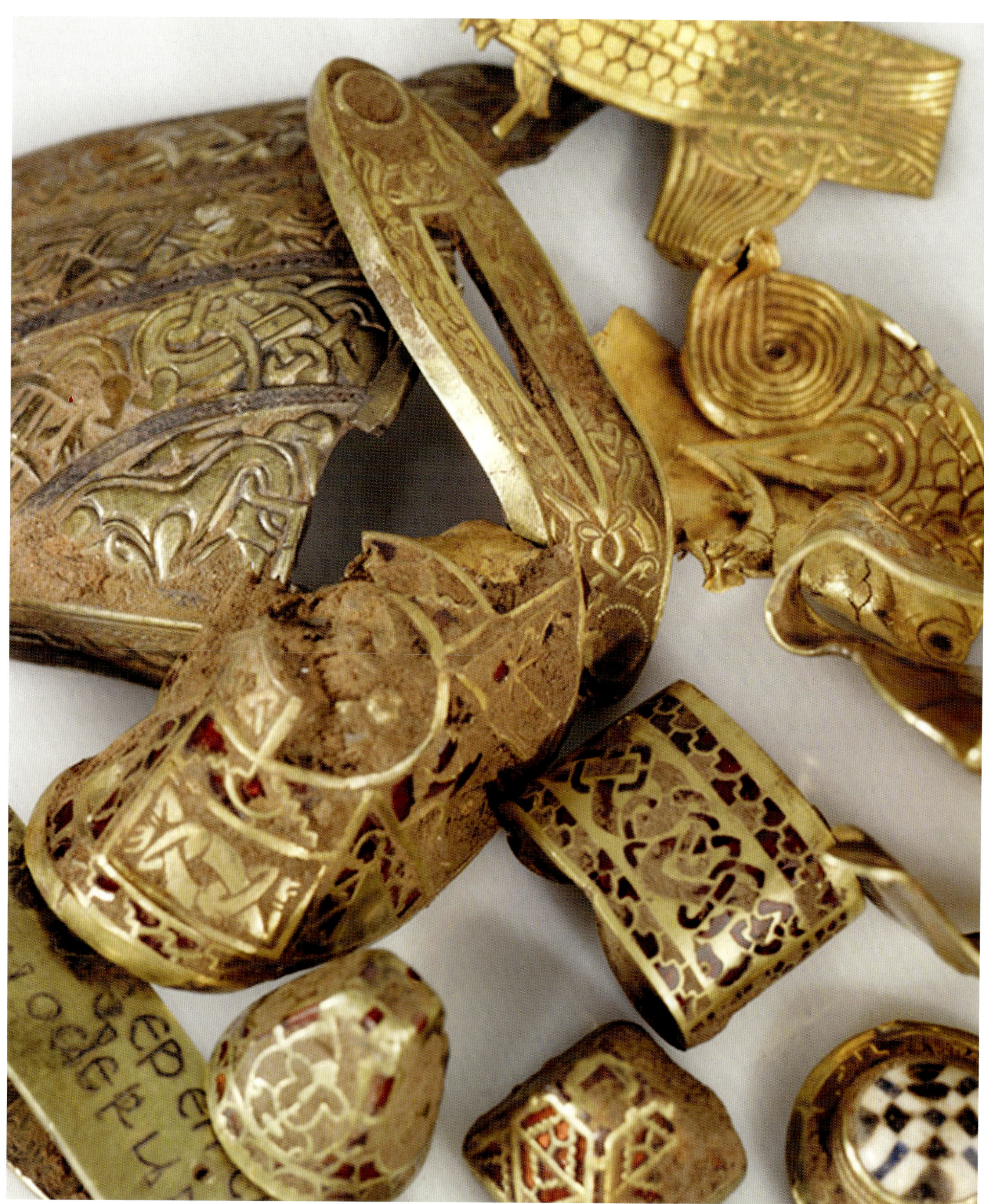

スタッフォードシャーの発掘品｜6世紀ごろ｜5kg以上のゴールド、1.4kgのシルバー、3500個のガーネット｜英国の古代ローマ道沿いの草原で発見された

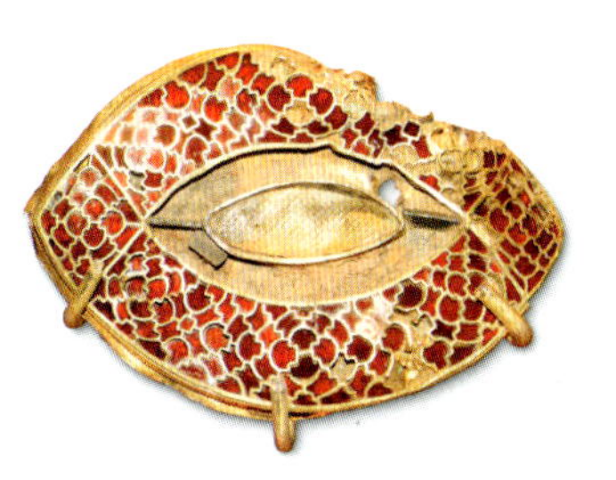

スタッフォードシャーの発掘品

△ より大きな遺物についていたゴールドとガーネットの飾り

2009年7月のある夏の日、金属探知が趣味のテリー・ハーバートは、英国のスタッフォードシャー、ハマーウィッチ村の近くにある田園地帯に出かけた。地元の農家のフレッド・ジョンソンから彼の土地を調べる許可はとってあった。そしてその日一日が過ぎるころ、ハーバートは豪奢な細工を施した何千ものゴールドとシルバーのかけらを掘り起こしていた。

地表から指1本の深さに埋まっていた見事な細工の金属類は、のちにバーミンガム大学の考古学者によってアングロサクソン人のゴールドとしては世界最大の発掘品であることが確認された。ハーバートとジョンソンは発掘した品々をバーミンガムとストーク=オン=トレントの博物館に330万ポンド（約500万ドル）で売り、手に入れた金をふたりで山分けした。2012年に行われた現地での発掘調査で、貴重な遺物がさらに見つかり、アングロサクソン人の鎧や武器や兵服の遺物は、全部で4000点以上にのぼった。遺物保護活動家たちは80点以上の柄頭（つかがしら）（剣の柄の端につける釣り合いおもり）を復元した。発掘されたなかでもっとも重要な遺物の1つは、アングロサクソン人兵士のシルバーの兜で、英国で5つしか見つかっていないものの1つである。兜は直径1cmにも満たない1500個もの金メッキされたシルバーの薄片を集めて修復が行われた。スタッフォードシャーの発掘品は、細い金線をきつくコイル状に巻いて金線細工の渦巻きの模様に使うといった、並はずれて高い技術を見せる細工品が多い。ほかにも、赤いガーネットや、青いローマガラスやアングロサクソンガラスを象嵌（ぞうがん）してつくられたものがある。博物館の遺物保護活動家たちは発掘品を「戦士の財宝」と名づけた。

剣の柄のゴールドの飾り。細い金線をコイル状にし、結び目模様に使っている細かい装飾

発掘された遺物の1つ。クロワゾネの手法を用い、ゴールドとガーネットでつくられている。

主よ、立ち上がってください。あなたの敵は打ち散らされ、あなたを憎む者どもは、あなたの前から逃げ去りますように

スタッフォードシャーの発掘品の１つ、金メッキされたシルバーの細片に刻印されたラテン語聖書の一節

発掘品にまつわる主な歴史

5世紀-2013年

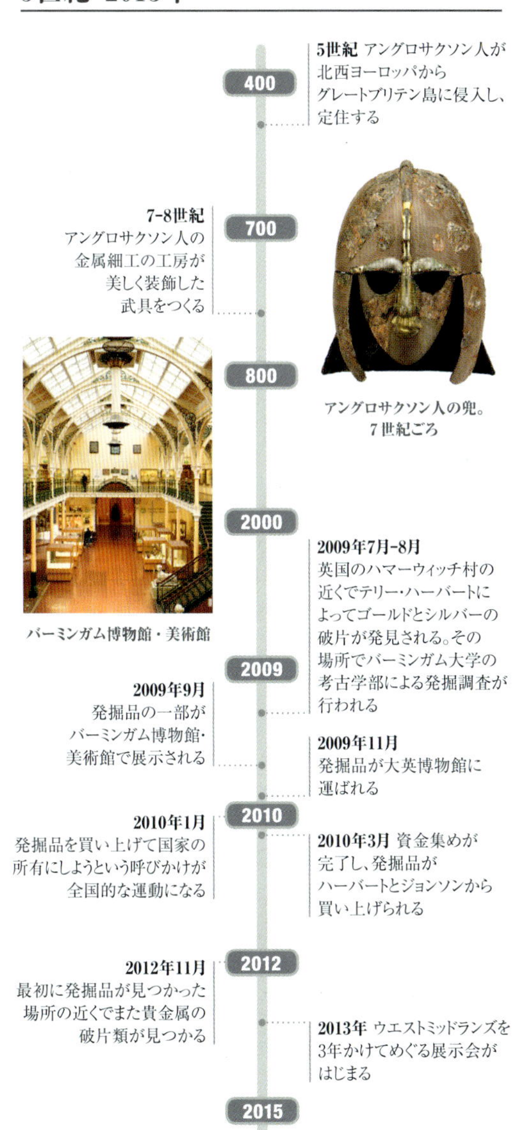

400
5世紀 アングロサクソン人が北西ヨーロッパからグレートブリテン島に侵入し、定住する
700
7-8世紀 アングロサクソン人の金属細工の工房が美しく装飾した武具をつくる
アングロサクソン人の兜。7世紀ごろ
800
バーミンガム博物館・美術館
2000
2009年7月-8月 英国のハマーウィッチ村の近くでテリー・ハーバートによってゴールドとシルバーの破片が発見される。その場所でバーミンガム大学の考古学部による発掘調査が行われる
2009
2009年9月 発掘品の一部がバーミンガム博物館・美術館で展示される
2009年11月 発掘品が大英博物館に運ばれる
2010
2010年1月 発掘品を買い上げて国家の所有にしようという呼びかけが全国的な運動になる
2010年3月 資金集めが完了し、発掘品がハーバートとジョンソンから買い上げられる
2012
2012年11月 最初に発掘品が見つかった場所の近くでまた貴金属の破片類が見つかる
2013年 ウエストミッドランズを3年かけてめぐる展示会がはじまる
2015

分散光と輝き

宝石のなかには強い光をあてると「7色の分散光（ファイヤー／ディスパージョン）」を発するものがある。光が宝石に入射すると、プリズムと同様に、光を構成する色が分散するからだ。光の分散が大きければ大きいほど分散光も顕著になる。屈折率（p23参照）は分散と深く関連する。また、動かしたときにきらりと輝くきらめき（シンチレーション）や輝き（ブリリアンス）が強い宝石もある。なかでもダイヤモンドは分散の度合いが高く、きらめきや輝きでも高く評価されている。しかし、屈折率が低くても、別の理由で高い評価を得ている宝石はある。

ダイヤモンド 屈折率：2.41-2.44
カットされたダイヤモンドは非常に高い屈折率と分散を誇り、宝石は特別な輝きときらめきを持つ。

スファレライト 屈折率：2.36-2.37
スファレライトはファセットをつけるのがきわめてむずかしいが、カットされた石は高い屈折率とすばらしい分散光を持つ。

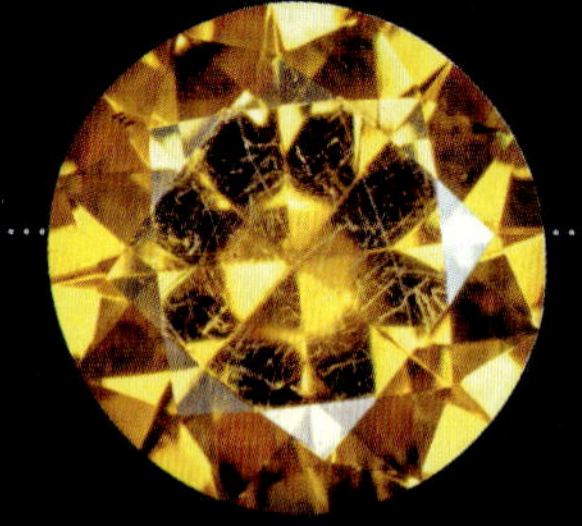

シーライト 屈折率：1.92-1.93
ファセットをつけたシーライトは希少であるが、カットするとすばらしい光の分散を見せる。

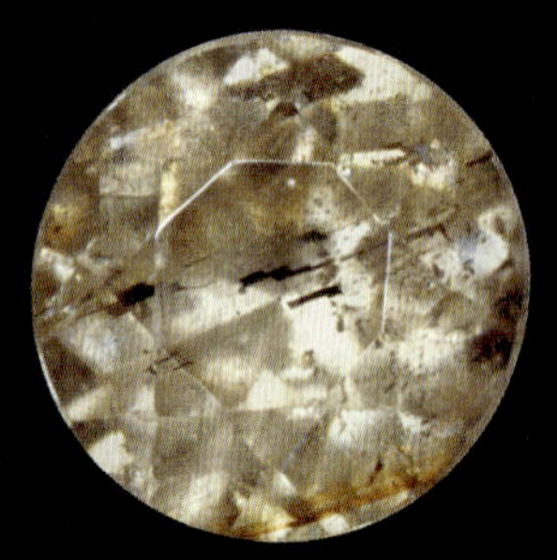

カシテライト 屈折率：2.00-2.10
カシテライトは多色性（たしきせい）で、方向により異なる色を見せる。

ディマントイド 屈折率：1.85-1.89
灰鉄石榴石のなかで、もっとも人気の種類。光の分散はダイヤモンド以上である。

ジルコン 屈折率：1.81-2.02
高い屈折率を持ち、すばらしい光の分散を見せるジルコンは分散光と輝きという点でダイヤモンドに匹敵する。

スフェーン 屈折率：1.84-2.11
透明なスフェーンの結晶は自然のままですばらしい分散光と輝きを持つ。

ジェーダイト 屈折率：1.65–1.68
ジェーダイトにはさまざまな色の種類があり、純粋なジェーダイトは白い。光の分散はあまり強くない。

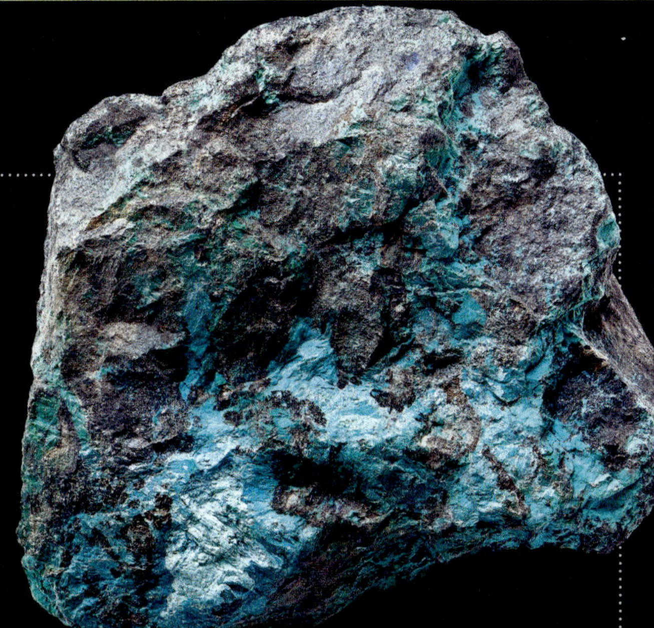

珪孔雀石 屈折率：1.46–1.57
クリソコーラはふつう青緑色の塊で見つかる。分散光と輝きはかなり弱い。

ルビー 屈折率：1.76–1.78
最高級のルビーは鮮やかな赤い色とともにすばらしい輝きを持つ。

オニキス 屈折率：1.54–1.55
オニキスは白い縞模様の入った黒か茶色で、光の分散はだいぶ抑制される。

方ソーダ石 屈折率：1.48
透明なソーダライトは希少で、屈折率は低いが、質のよい宝石はカットも可能だ。

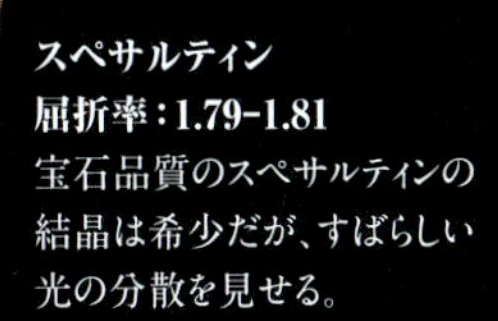

スペサルティン
屈折率：1.79–1.81
宝石品質のスペサルティンの結晶は希少だが、すばらしい光の分散を見せる。

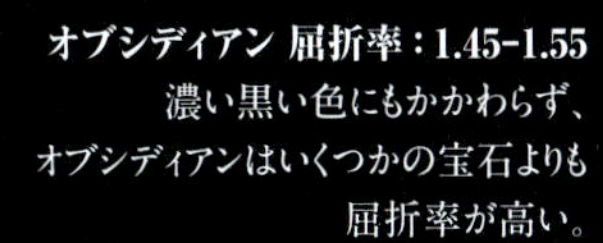

オブシディアン 屈折率：1.45–1.55
濃い黒い色にもかかわらず、オブシディアンはいくつかの宝石よりも屈折率が高い。

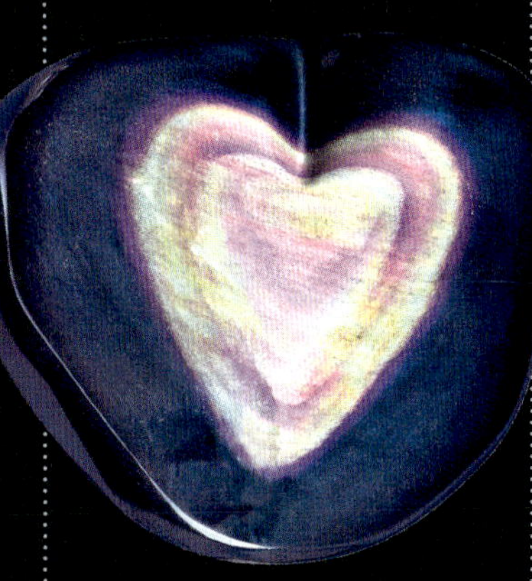

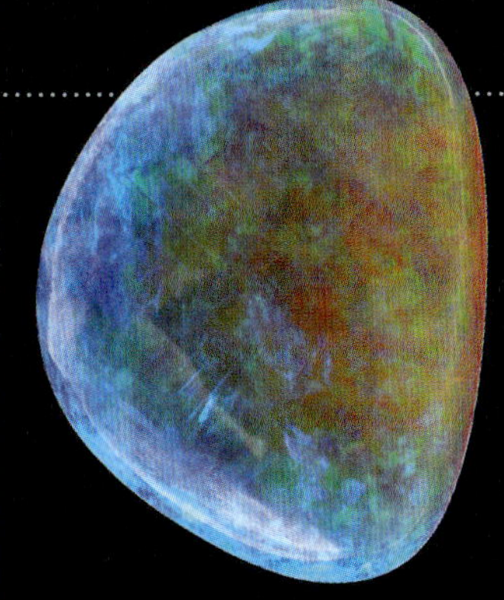

オパール 屈折率：1.37–1.52
オパールは特徴的な遊色効果を持つ。それは微小なシリカ粒による光の回折がもたらすものだ。

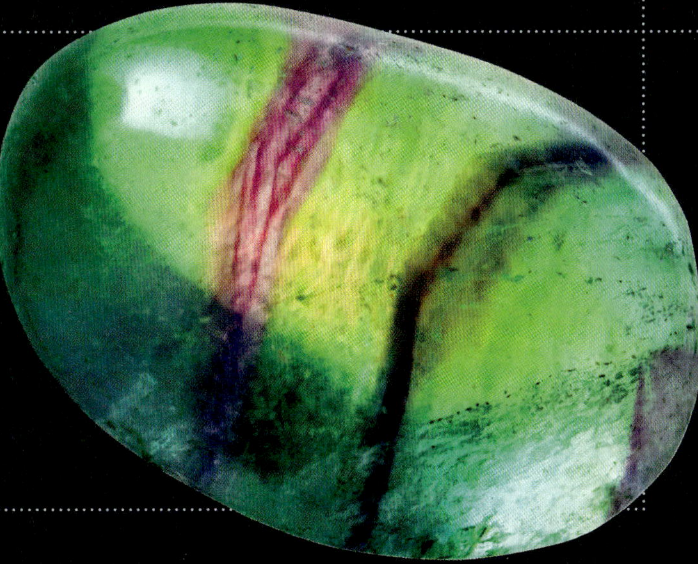

蛍石 屈折率：1.43
すべての鉱物のなかでもっとも幅広い色の種類を持つ鉱石の1つであるフルオライトだが、輝きは控えめである。

ジルコン
Zircon

△ クッションカットされた10カラットのミャンマー産ジルコン

ジルコンの鉱物のなかには、44億年前に生成されたものもあり、地球最古の鉱物として知られている。高い屈折率と分散光を持つカラフルな宝石である。無色のジルコンはルミネッセンスと虹色の分散光で知られ、かつてはダイヤモンドの代替品としてジュエリーに仕立てられていた。鮮やかな青いジルコンは、より一般的な茶色の石を加熱処理して生み出されたものだ。ジルコンはウランとトリウムの微量元素を含むことがあり、この自然の放射能が結晶構造を乱し、色、密度、屈折率や複屈折の変化をもたらす。

鉱物名 ジルコン（風信子石（ヒヤシンスせき））

化学名：ケイ酸ジルコニウム | **化学式**：$ZrSiO_4$
色：赤みがかった茶、黄、緑、青、灰、無色 | **晶系**：正方晶系
硬度：7½ | **比重**：4.6-4.7 | **屈折率**：1.93-2.02
光沢：ガラス光沢からダイヤモンド光沢 | **条痕**：白色
産地：オーストラリア、ミャンマー、カンボジア、タンザニア

原石

ジルコンの結晶 | ジルコンの結晶はさまざまな種類の母岩中に産する。ペグマタイトに生成したこの結晶はジルコンの典型的な産状。

典型的な結晶 | ジルコンに典型的な、きれいな両錐の正方柱状の赤みがかった茶色の標本。

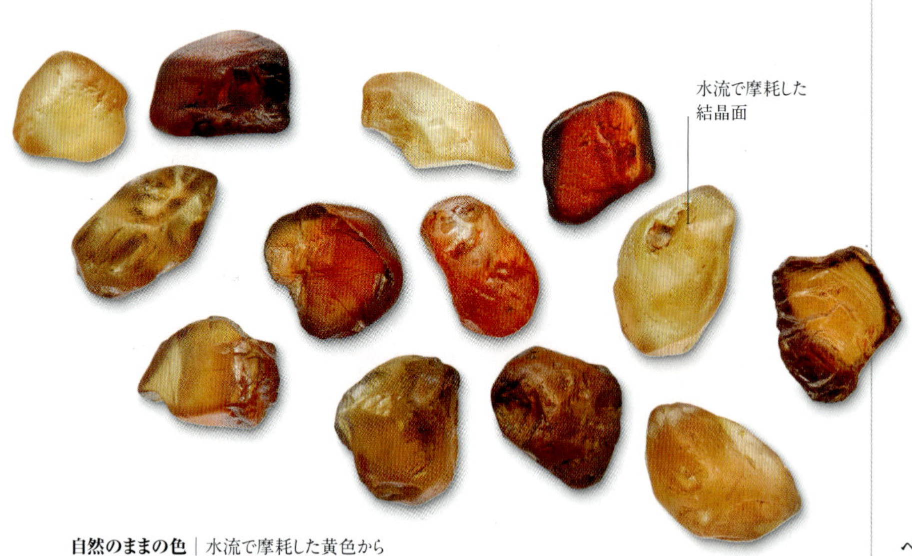

自然のままの色 | 水流で摩耗した黄色から赤茶色のジルコンの結晶。自然の状態で発見された標本にこれだけの色の種類があることを示している。

色とカット

ペアーシェイプカットされた青いジルコン | 色を濃くするために加熱処理された重さ15カラットの見事なジルコン。ペアーシェイプカットされ、顕著な複屈折によりはっきりしたダブリングを見せている。

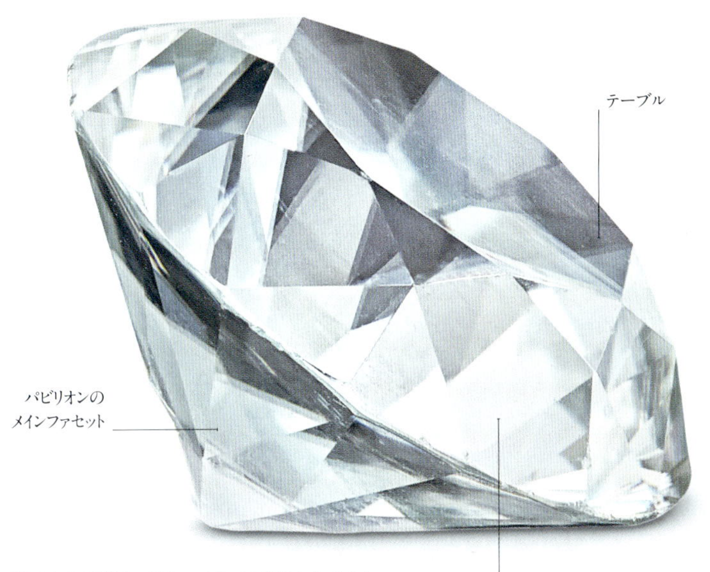

側面｜典型的なブリリアントカットを施された7.28カラットの無色のジルコン。側面から見ると、多くの異なるファセットが見え、この鉱物の屈折率の高さがわかる。

仕立て

青いジルコンのリング｜宝石デザイナーのカリーナ・ブレッツ制作のリング。10.60カラットの青いジルコンをホワイトゴールドにセットし、ダイヤモンドで囲んでいる。

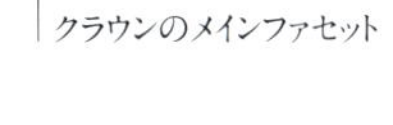

シャンパン色｜ブリリアントカットされ、非常にめずらしいやわらかい色を見せる宝石。おそらくは加熱処理への予期せぬ反応と思われる。

変わる色｜茶色のジルコンを加熱処理しても必ずしも鮮やかな濃い青に変わるわけではない。ファセットをつけたこの標本のように、ほぼ透明の非常に好ましいミディアムブルーに変化するものもある。

透かし細工のブローチ｜丸形にカットした淡青色のジルコンを中央に集めてセットした渦巻き形のゴールドのブローチ。アクセントにルビーとダイヤモンドをあしらっている。

驚くほどすばらしいジルコンのイヤリング｜ホワイトゴールドに鮮やかな青いジルコンをセットした魅力的なイヤリング。それぞれトップにイエローサファイヤをあしらい、完璧な仕上がりになっている。

青い宝石｜ステップカットされたきれいな青いジルコン。深いパビリオンが加熱処理に特有の青い色を見せている。

自然の状態｜ジルコンのなかには加熱処理されないものもある。この石は自然の赤みがかった茶色の状態のままエメラルドカットされている。

透明なジルコンは ダイヤモンドに似ているが、見分けはつく。ジルコンには複屈折が見られるが、ダイヤモンドには見られないからだ

レオニッラ・バリアティンスカヤ公女の肖像画、1843年 | 20世紀初頭のブラック・オルロフ・ダイヤモンドの所有者とされる人物。呪いの噂が生まれる一因となった。

ブラック・オルロフ・ダイヤモンド

△ オルロフ家のナジェージュダ・ペトローブナ。ダイヤモンドの所有者の１人とされる

ブラック・オルロフ・ダイヤモンドは「ブラフマーの目」としても知られているが、その独特の色と、持ち主に悪運をもたらすという呪いの伝説で有名である。

何百ものダイヤモンドとともにセットされたブラック・オルロフ・ダイヤモンド

ブラック・オルロフの色は実際は黒ではなく、ガンメタルと同じ暗灰色である。195カラットの原石がのちにクッションカットされて67.50カラットの宝石になった。今はペンダントに仕立てられて、葉をモチーフにした800個の小さなダイヤモンドに囲まれ、124個の小さなダイヤモンドがセットされたプラチナのネックレスに吊り下げられている。

ダイヤモンドがどんな歴史をたどってきたかははっきりしない。もともとはインドの神ブラフマーの彫像の目だったが、旅の修行僧に盗まれてから呪われた石になったといわれている。1932年にアメリカ人のダイヤモンド商J・W・パリスがその石を買って売りに出したとされているが、彼はそのすぐあとにニューヨークの高層ビルから身を投げて死んだ。その後、呪いの伝説によると、ロシア貴族の娘であるレオニッラ・バリアティンスカヤが1947年、石を手に入れたあとにローマで身を投げて命を落としたそうだ。そしてその1カ月後、石の新たな所有者となったナディア・ビエギン・オルロフもローマの建物から身投げして亡くなった。

ほかの多くの「呪われた宝石」同様、真偽のほどはおおいに議論の余地がある。ブラック・オルロフの出所の話は、インドの神像から盗まれ、めぐりめぐってオルロフ伯爵の手に渡った、オルロフ・ダイヤモンドのそれに、おかしなほど似ている。パリス氏の飛び降り自殺は記録に残っておらず、「ナディア・ビエギン=オルロフ」は歴史に名が刻まれている人物ではない。石を所有したとされる実在の貴族の女性の1人、レオニッラは、1918年に101歳で亡くなっており、ブラック・オルロフの名前の由来となったオルロフ姓を持つナジェージュダ・ペトローブナは1988年、90歳ほどで亡くなっている。呪いは根拠のないものかもしれないが、ブラック・オルロフの神秘性を高めるのにおおいに貢献している。

呪いがすでに解けているのはたしかです……

J・デニス・ペティメザス
2004-2006 年の所有者

旅の修行僧に彫像の宝石の目を盗まれて以来、宝石に恐ろしい呪いをかけたといわれているヒンドゥーの神ブラフマー。

宝石にまつわる主な歴史

1800年代以前-2006年

年代不詳 インドのポンディシェリのヒンドゥー寺院にあったブラフマー像の目から修行僧によってダイヤモンドが盗まれ、宝石に呪いがかけられたとされる

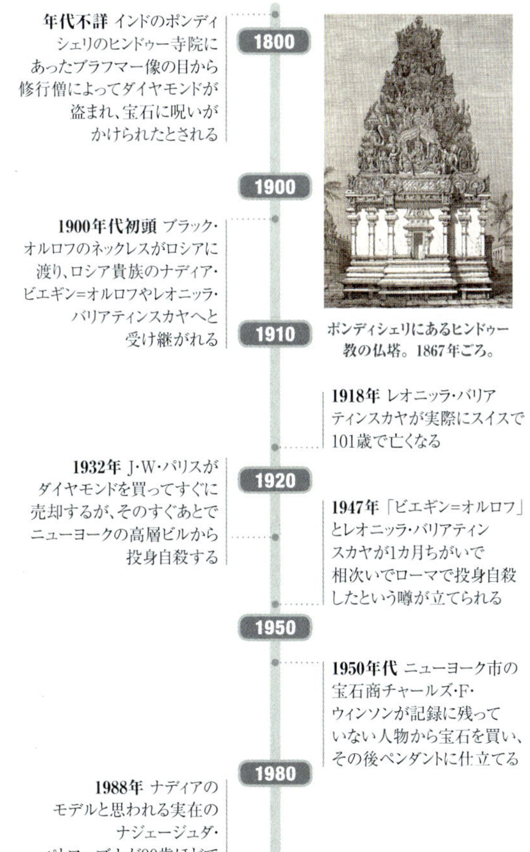

ポンディシェリにあるヒンドゥー教の仏塔。1867年ごろ。

1900年代初頭 ブラック・オルロフのネックレスがロシアに渡り、ロシア貴族のナディア・ビエギン=オルロフやレオニッラ・バリアティンスカヤへと受け継がれる

1918年 レオニッラ・バリアティンスカヤが実際にスイスで101歳で亡くなる

1932年 J・W・パリスがダイヤモンドを買ってすぐに売却するが、そのすぐあとでニューヨークの高層ビルから投身自殺する

1947年 「ビエギン=オルロフ」とレオニッラ・バリアティンスカヤが1カ月ちがいで相次いでローマで投身自殺したという噂が立てられる

1950年代 ニューヨーク市の宝石商チャールズ・F・ウィンソンが記録に残っていない人物から宝石を買い、その後ペンダントに仕立てる

1988年 ナディアのモデルと思われる実在のナジェージュダ・ペトローブナが90歳ほどでスイスで亡くなる

1995年 ダイヤモンドがオークションで氏名不詳のコレクターに150万ドルで競り落とされる

2004年 ダイヤモンド商のJ・デニス・ペティメザスが氏名不詳の個人収集家からダイヤモンドを手に入れる

2006年 ロンドンの自然史博物館でこの宝石を目玉に開かれていた「ダイヤモンド展」が盗難予告を受け、早期に終了する

トパーズ

Topaz

△ 形よく成長したトパーズの結晶

かつて黄色の宝石はすべてトパーズとみなされていたことがある。もしくは、トパーズはみな黄色い石だと考えられていた。しかし、どちらも真実ではない。黄色のトパーズもあるが、無色、青、緑、シェリー色もあり、もっとも価値が高いのはピンクの石である。トパーズの光の分散はかなり高く、光を色の成分に分ける。そのため、無色のトパーズはダイヤモンドに似ていて、混同されることもよくある。それだけでなく、青いトパーズはアクアマリンとほとんど見分けがつかない。流通している石のかなりの数に色を変えるための加熱や放射線照射による処理が施されている。

鉱物名 トパーズ（黄玉）

化学名：フッ化ケイ酸アルミニウム
化学式：$Al_2SiO_4(F,OH)_2$ | **色**：黄、金、橙、ピンク、緑、青、無色
晶系：直方晶系 | **硬度**：8 | **比重**：3.5-3.6
屈折率：1.61-1.64 | **光沢**：ガラス光沢 | **条痕**：白色
産地：ブラジル、ロシア、ドイツ、ナイジェリア、アフガニスタン、アメリカ、パキスタン、日本

原石

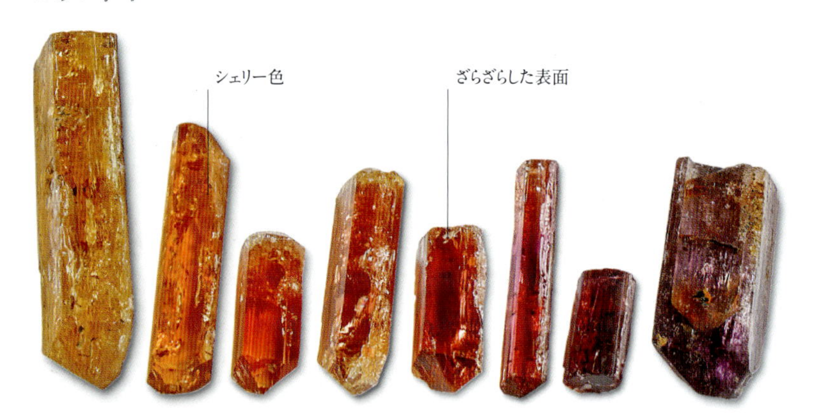

結晶 | 宝石品質のトパーズの結晶。黄色やシェリー色からほぼ赤に近い濃い色まではっきりとした色のグラデーションが見られる。これらの結晶の外見からは内側の透明度はよくわからない。

ペグマタイトの母岩に生成したトパーズ | ペグマタイトを母岩にきれいに結晶化した明るい青のトパーズ。ペグマタイトはしばしばトパーズの母岩になる。

ブラジル産のトパーズ | 宝石研磨職人にとって夢のような、豊かな赤茶色とすばらしい透明度を持つ上質のブラジル産のトパーズの結晶。

巨大宝石としてのトパーズ

重量級の宝石

トパーズは断面が菱形の形のよい柱状の結晶で見つかる。宝石品質のほとんどの鉱物が水流で摩耗した小石として堆積物のなかで見つかるが、生成したままの場所で非常に大きな結晶として見つかるものも数多くある。現存の世界最大のトパーズの結晶は271kgある。1980年代には、ブラジル産の原石からカットされ、ファセットをつけられた2万2892.5カラット（4.6kg）の宝石が生まれた。

シェリートパーズの結晶 すばらしい形と色をした柱状の結晶。シェリートパーズの世界最大の産地である、ブラジル、ミナス・ジェライスのオウロ・プレット産。

茶色のトパーズ | 茶色がかった宝石品質のトパーズの原石。表面が明るく透明なため、内部のキズがわかる。

カット

仕立て

ファンシーカット｜ハート形のブリリアントカット――もっともむずかしいカットの1つ――を施された12.77カラットのブルートパーズ。宝石研磨職人の最高級の技量がわかる。

インペリアルトパーズ｜オーバルミックスカットされたインペリアルトパーズ。クラウンに三角形のファセット、パビリオンに長方形のファセットを加え、すばらしい効果を生み出している。

エメラルドカット｜エメラルドカットを施した55.68カラットの大きな宝石。深い色を見せているが、天然のトパーズに熱処理と放射線照射を加えて得た色と思われる。

アンティークの装身具セット｜1830年ごろに制作されたネックレス、ペンダント、ブレスレット、イヤリングのセット。揃いのオーバルカットを施されたトパーズとシトリンがセットされている。ペンダントはとりはずしてブローチとしても身につけられる。

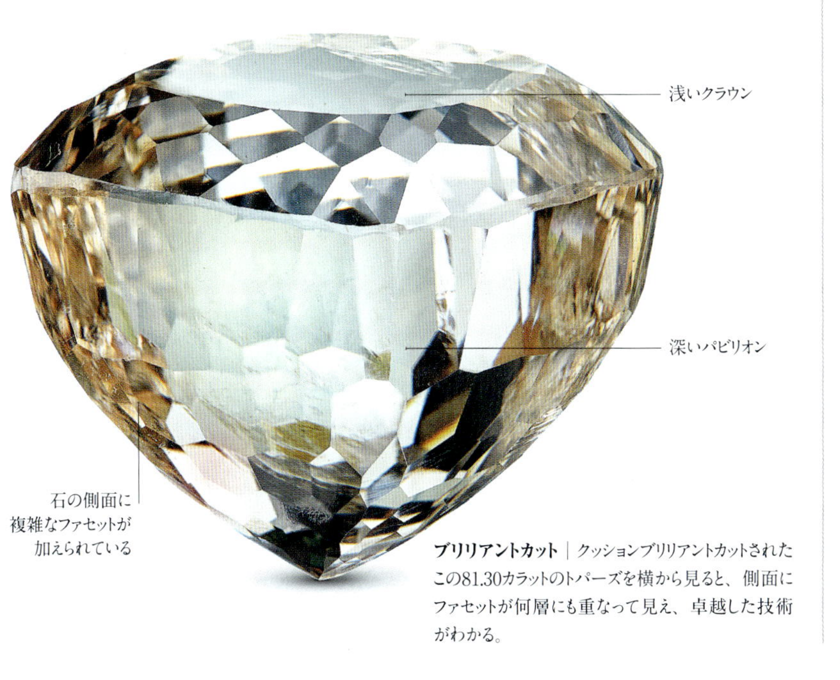

ブリリアントカット｜クッションブリリアントカットされたこの81.30カラットのトパーズを横から見ると、側面にファセットが何層にも重なって見え、卓越した技術がわかる。

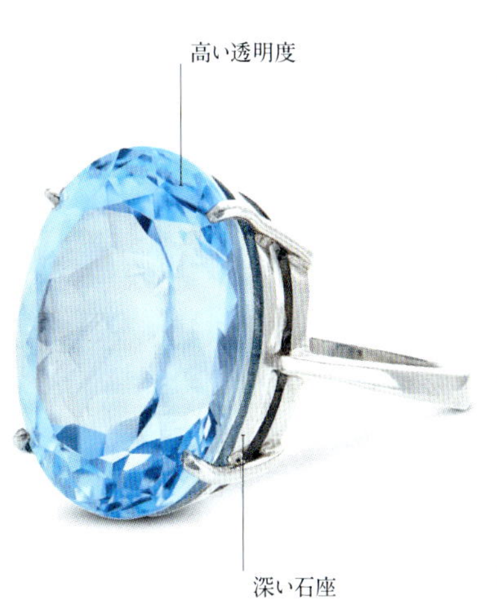

オーバルカットされたブルートパーズのリング｜ホワイトゴールドのリングに仕立てられたオーバルブリリアントカットのブルートパーズの宝石。特別深い石座仕立てになっている。

古代、「トパーズ」という名はまちがってペリドットの結晶に対して使われていた

アンダリュサイト
Andalusite

△ 母岩中の紅柱石の塊状結晶群

アンダリュサイトの結晶は多色性(たしきせい)がある。つまり、角度を変えて見ると、異なる色に見える。その名称ははじめて発見されたスペインのアンダルシア地方にちなむ。シリマナイトやカイアナイトと密接な関係のケイ酸アルミニウムである。この2つとは同じ化学成分を持つが、結晶構造が異なる。驚くほど美しいが、宝石としてはあまり知られていない。アンダリュサイトは不透明か半透明であることが多く、透明の石はきわめて稀である。

鉱物名 紅柱石(こうちゅうせき)

化学名：ケイ酸アルミニウム | **化学式**：Al_2SiO_5
色：ピンク、茶、白、灰、紫、黄、緑、青
晶系：直方晶系 | **硬度**：6½ - 7½ | **比重**：3.1-3.2
屈折率：1.63-1.64 | **光沢**：ガラス光沢 | **条痕**：白色
産地：ベルギー、オーストラリア、ロシア、ドイツ、アメリカ

切断面 | 原石 | キャストライト（空晶石(くうしょうせき)）と呼ばれる紅柱石の一変種。先の尖った細長い結晶が十文字の形に集まっている。

カボションカットされたなめらかな石 | カット | 典型的な十文字形の双晶を見せる上質の標本。キャストライトはタンブル研磨されて丸い宝石に加工されることが多い。

八角形のステップカット | カット | 八角形のステップカットを施された上質の宝石。大胆なカットによってきれいな黄褐色が引き立てられている。

オーバルカット | カット | オーバルステップカットによって並はずれたクラリティと輝きが引き立てられた淡い黄色のアンダリュサイトの宝石。

紅柱石の厚板 | 原石 | 十文字形の模様をつくる紅柱石で、これもキャストライトの一例。

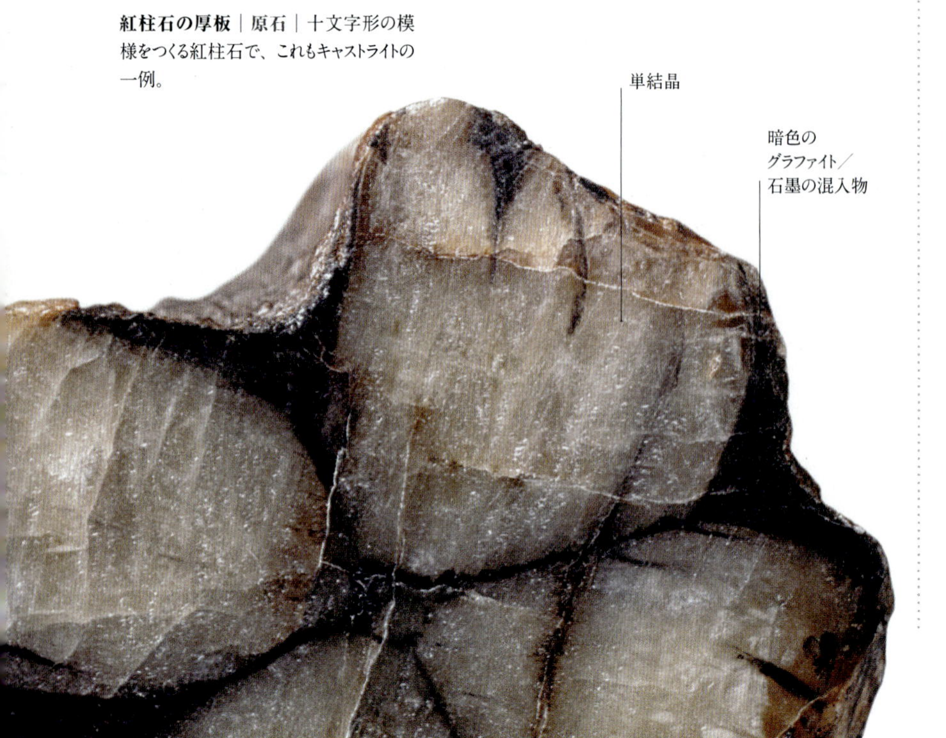

アンダリュサイトは「見抜く石」として知られている

アンダリュサイトのリング | 仕立て | 独特のアシンメトリーに仕立てられたリング。オーバルカットしたアンダリュサイトの宝石を流れるような形にセットしたダイヤモンドで囲んでいる。

スフェーン
Sphene

△ 母岩に典型的な楔形に生成したチタン石の結晶

スフェーン（ギリシャ語で「楔(くさび)」という意味）という宝石名を持つチタン石は、片麻岩や片岩のような火成岩や変成岩を母岩として生成することが多い。結晶は半透明か透明である。産地は数多く、赤みがかった茶色、灰色、赤、黄色、緑の単斜晶系の結晶として見つかる。「燃え立つような」色は、光の分散と屈折率の高さによる。宝石として使われるほか、顔料に使われる二酸化チタンの資源でもある。

鉱物名 チタン石(せき)（タイタナイト、楔石(くさびいし)）

化学名：ケイ酸カルシウムチタン | **化学式**：$CaTiSiO_5$
色：黄、緑、茶、黒、ピンク、青 | **晶系**：単斜晶系 | **硬度**：5 -5½
比重：3.5-3.6 | **屈折率**：1.84-2.11
光沢：ダイヤモンド光沢から油脂光沢 | **条痕**：白色 | **産地**：ヨーロッパ、マダガスカル、カナダ、アメリカ、ブラジル、ロシア、パキスタン

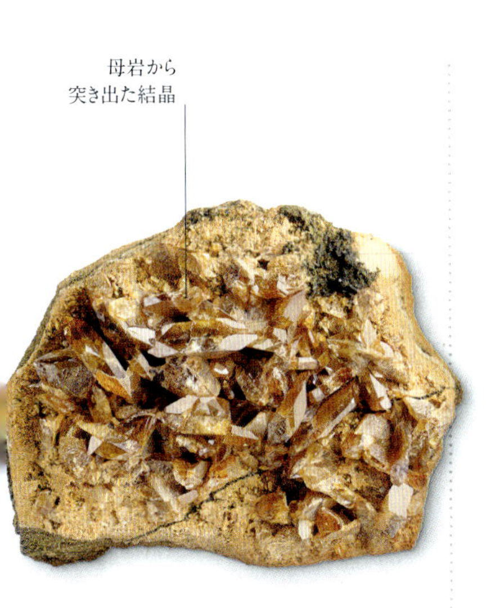

母岩に生成した結晶 | 原石 | 収集家向けのすばらしい標本。菱形のチタン石の結晶が母岩の表面を覆っている。

ファセットをつけたオーバルカット | カット | 見事なファセットをつけたオーバルブリリアントカットのスフェーン。自然の濃い黄色がファセットに密な印象を与えている。

長方形のスフェーン | 色の種類 | 長方形にステップカットを施された宝石。鉄の成分が低いために透明度の高い黄緑色をしている。

スフェーンを仕立てたチョウ | 仕立て | マダガスカル産の上質なスフェーンの宝石を11個使って仕立てたチョウのブローチ。ブリリアントカットしたスフェーンが、サファイヤの目を持つ18金のゴールドのチョウに輝きを与えている。

シリマナイト

Sillimanite

△ オーバルブリリアントカットされ、すばらしい透明度を見せるシリマナイト

主に産業用の鉱物だが、透明なシリマナイトはファセットをつけると魅力的な宝石になる。繊維状の結晶が撚り合わさった形状のフィブロライトと呼ばれるシリマナイトは、カボションカットされる。長細いガラスのような柱状か、ずんぐりした柱状の結晶を産する。青と紫が宝石としてはもっとも価値が高い。シリマナイトははっきりとした多色性で、角度を変えると、黄色がかった緑や、濃い緑色や、青に見える。変成岩中に生成することが多い。

鉱物名 珪線石

化学名：酸化ケイ酸アルミニウム | **化学式**：Al_2OSiO_4
色：無色、青、黄、緑、紫 | **晶系**：直方晶系 **硬度**：6½ - 7½
比重：3.2-3.3 | **屈折率**：1.66-1.68
光沢：ガラス光沢から亜ダイヤモンド光沢 | **条痕**：白色
産地：ミャンマー、インド、チェコ、スリランカ、イタリア、ドイツ、ブラジル、アメリカ

繊維状の岩 | 原石 | 典型的な繊維状の珪線石の標本。宝石品質の珪線石が見つかることは稀である。

母岩中の珪線石 | 原石 | 白雲母の母岩に含有されている針状の細長い珪線石の結晶。

ファセットをつけたシリマナイト | 色の種類 | クラウンにブリリアントカットを施したミャンマー産の宝石。青みがかった紫と淡い黄色が見え、この石の多色性をよく表している。

オーバルカットの大きな石 | カット | 重さ21カラット以上ある、ブラジル産の並はずれて大きなシリマナイト。黄色がかった緑の色を引き立たせるためにファセットを加えられている。

クッションミックスカット | カット |
巧みなファセットを加えられたシリマナイトの宝石。キズがなく透明である。

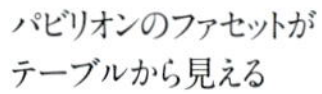

シリマナイトに施されるカットはカボションカット、エメラルドカット、シザーズカットがもっとも一般的である

カボションカットされ、キャッツアイ効果を見せる石 | カット | このフィブロライトのように繊維状の結晶を生成するシリマナイトは、カボションカットされるとキャッツアイ効果を見せることがある。

デュモルティエライト
Dumortierite

△ タンブル研磨された豊かな色合いのデュモルティエライト

もっとも価値が高いとされるデュモルティエライトの色は藍色から紫である。小さな結晶として見つかることもあるが、大きな塊で見つかることが多く、カボションカットの宝石にされたり、彫刻に使われたりする。結晶は赤から青、紫に色が変化する多色性（たしきせい）を示し、稀ではあるが、収集家向けにファセットをつけられることもある。デュモルティエライトは、ペグマタイトや、アルミニウムを豊富に含む変成岩や、貫入する花崗岩から発生したホウ素を含む蒸気によって変成した岩を母岩とする。

鉱物名 デュモルティエ石（せき）

化学名：酸化ホウ酸ケイ酸アルミニウム
化学式：$Al_7(BO_3)(SiO_4)_3O_3$ | **色**：青、紫、茶、緑
晶系：直方晶系 | **硬度**：7-8½ | **比重**：3.2-3.4
屈折率：1.66-1.72 | **光沢**：ガラス光沢 | **条痕**：白色
産地：アメリカ、マダガスカル、日本、カナダ、スリランカ、南アフリカ、イタリア

母岩中のデュモルティエ石 | 原石 | 白っぽい茶色の母岩に映える濃い青のデュモルティエ石の針状結晶。

デュモルティエ石の塊 | 原石 | 鮮やかな青い色のデュモルティエ石の原石。カボションカットすると好ましい宝石になる。

タンブル研磨された宝石 | 色の種類 | タンブル研磨された石でも、なめらかでつやのある仕上げによって引き立てられた濃い色で、石の価値を高められている。

オーバルカボションカット | カット | 高いドーム形にカボションカットされたデュモルティエライト。内包する白い鉱物のすじが石に質感と独特の魅力を与えている。

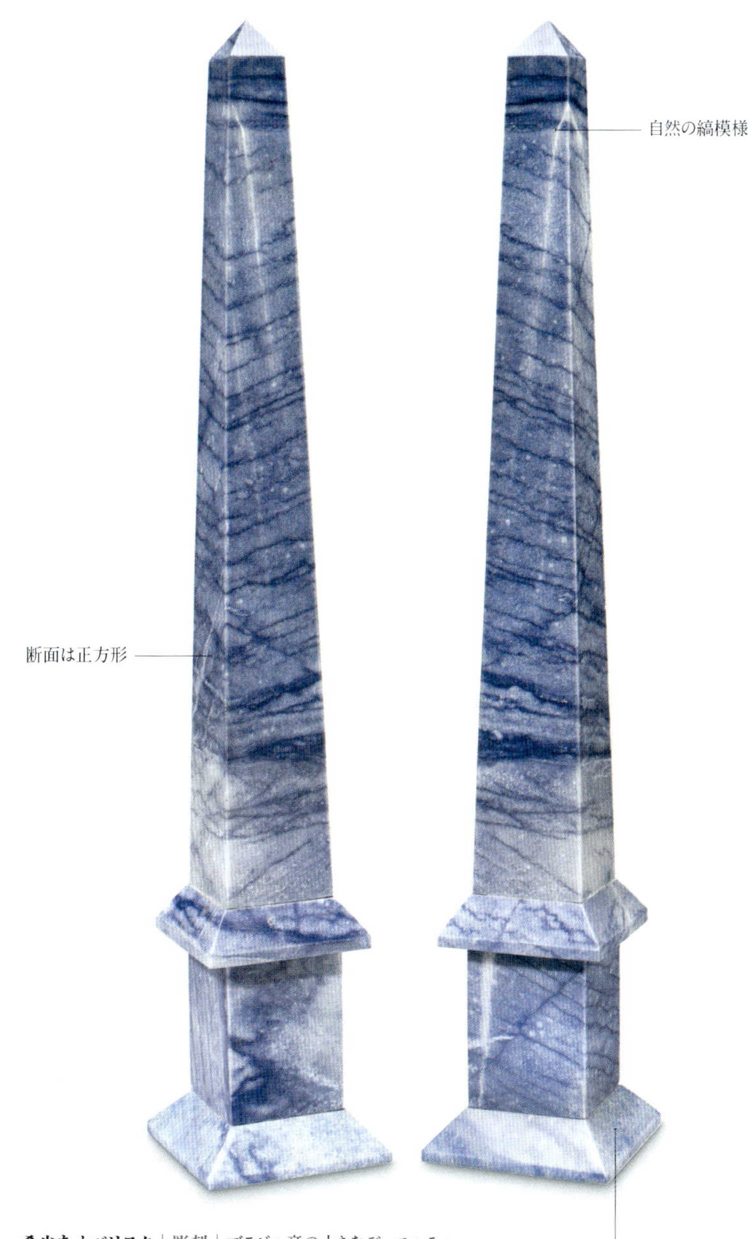

希少なオベリスク | 彫刻 | ブラジル産の大きなデュモルティエライトの塊からカットされ、室内用のオーナメントに彫刻された驚くほどすばらしい高さ71cmの対のオベリスク。原石の縞模様の色合いがカットによって最大限引き立てられている。

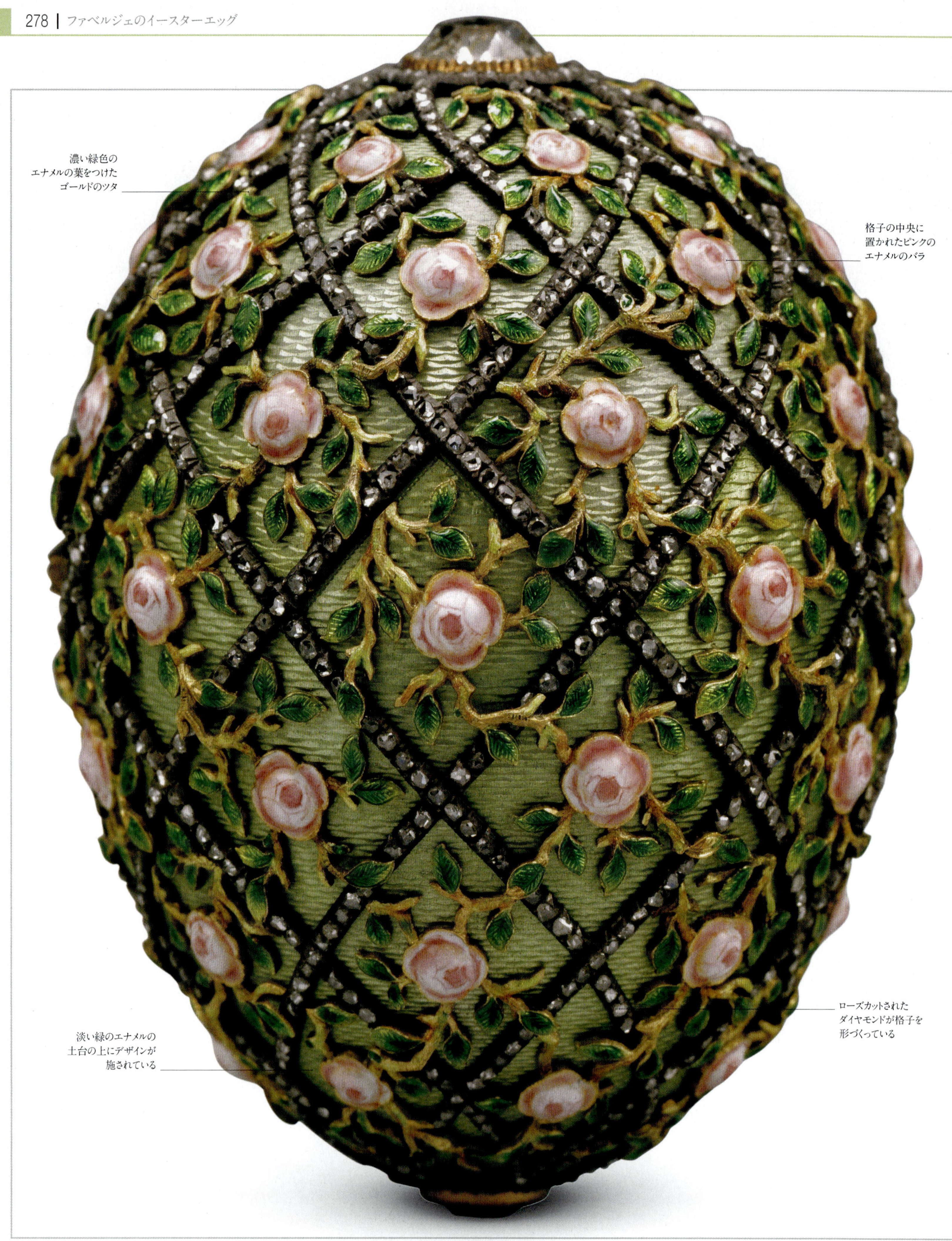

バラ格子の卵 | 1907年 | 77×59cm | ゴールド、エナメル、ダイヤモンド

ファベルジェの イースターエッグ

△ 戴冠式の卵。アレクサンドラ皇后の戴冠馬車のレプリカ（写真手前）がなかにおさめられていた

ロシア正教会にとって、イースター（復活大祭）は暦の上でもっとも重要な祭日である。大斎のあいだの断食を経て、信徒たちは祭りが最高潮に達するイースターの日曜日を心待ちにする。その日はそれまで禁じられていた食べ物の1つである卵を交換する日で、卵は本物の卵に模様を描いたものから、女性への贈り物としてつくられた工芸品の卵まであった。そのなかでもっとも贅をこらしたものは、カルル・ファベルジェがロシアの皇后たちのために制作した、宝石で飾った卵だった。

アールヌーボー様式の谷間のユリの卵。 ニコライ2世からアレクサンドラ皇后への贈り物

ファベルジェがインペリアルエッグをはじめてデザインしたのは、1885年にアレクサンドル3世が皇后への贈り物を注文したときだった。ファベルジェははじめから、単に高価な宝石で美しく飾り立てただけの卵をつくるつもりはなかった。驚きのなかに驚きを隠して皇帝と皇后を喜ばせようと決めていた。そこでエナメルを塗った簡素なヘン・エッグ（雌鶏の卵）のなかに黄身を仕立て、そのなかに小さなゴールドの雌鶏を入れた。雌鶏はさらに開けることができ、そこには2つの驚きが待っていた——なかにダイヤモンドのミニチュアの王冠とルビーのペンダントが入っていたのだ。

ヘン・エッグが大成功をおさめると、ファベルジェは毎年同様の贈り物の制作を依頼された。それは皇室の伝統のようなものになり、ロシア革命が起こるまで30年以上にもわたってつづいた。そのなかでも最高傑作はおそらく、新たに皇后となったアレクサンドラへの贈り物として注文された戴冠式の卵だろう。なかから現れた「サプライズ」は戴冠式で使われた馬車の完璧なミニチュアで、卵自体の色合いは皇后のドレスの色を反映していた。それから10年後の1907年4月、皇后は最初で唯一の息子アレクセイの誕生を記念したバラの格子の卵を受けとる。ピンクのエナメルのバラとローズカットのダイヤモンドの格子で装飾された卵は、なかにダイヤモンドのネックレスと幼い皇太子アレクセイの肖像画が入っていた。

宝飾品にまつわる主な歴史

1793年-2013年

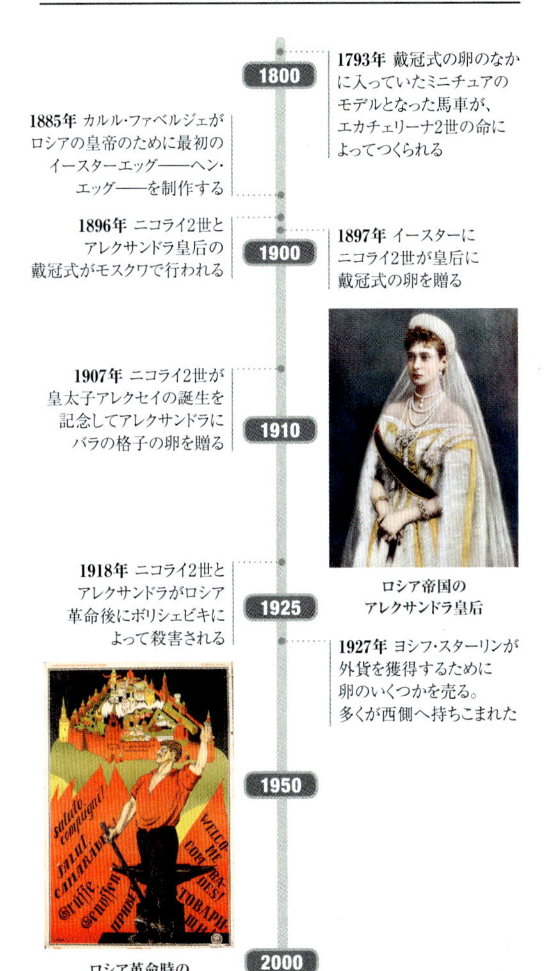

1800
1793年 戴冠式の卵のなかに入っていたミニチュアのモデルとなった馬車が、エカチェリーナ2世の命によってつくられる
1885年 カルル・ファベルジェがロシアの皇帝のために最初のイースターエッグ——ヘン・エッグ——を制作する
1896年 ニコライ2世とアレクサンドラ皇后の戴冠式がモスクワで行われる
1900
1897年 イースターにニコライ2世が皇后に戴冠式の卵を贈る
1907年 ニコライ2世が皇太子アレクセイの誕生を記念してアレクサンドラにバラの格子の卵を贈る
1910
ロシア帝国のアレクサンドラ皇后
1918年 ニコライ2世とアレクサンドラがロシア革命後にボリシェビキによって殺害される
1925
1927年 ヨシフ・スターリンが外貨を獲得するために卵のいくつかを売る。多くが西側へ持ちこまれた
1950
ロシア革命時のボリシェビキのポスター
2000
2013年 ファベルジェの卵の世界最大のコレクションの所有者であるビクトル・ベクセルベルクがサンクトペテルブルクにファベルジェ美術館を開く
2007年 1920年に「ファベルジェ」という名前の権利を失ったファベルジェ家の子孫が、再集結してファベルジェ・ブランドを立ち上げる
2015

ロシアのサンクトペテルブルクにあったカルル・ファベルジェの工房。 1910年ごろの写真。カルルと弟のアガトンは生産量を増やすために事業を拡大した。

ムッシュー・ファベルジェの作品はこれ以上はあり得ないほどに完璧だった

1900年のパリ万国博覧会で展示されたファベルジェの卵についての論評

カイアナイト
Kyanite

△ めずらしく厚みのある宝石品質の藍晶石の原石

色はふつう青か灰青色で、それらの色が一粒の単結晶のなかで入り混じったり、層をなしたりしていることの多い藍晶石だが、緑、オレンジ、無色のものもある。結晶は細長く平たい刃状で、曲がっていることが多く、放射状や柱状の集合体として見つかることもある。粘土に富んだ堆積岩の変成作用で産し、雲母片岩、片麻岩を母岩として熱水石英脈とともに生成する。最近まで宝石素材とはみなされていなかったが、この数十年のあいだに透明の素材が見つかった。カットされた石は色の濃さでサファイヤに匹敵する。

鉱物名 藍晶石（らんしょうせき）

化学名：酸化ケイ酸アルミニウム | **化学式**：Al_2OSiO_4
色：青、緑、橙、無色 | **晶系**：三斜晶系
硬度：5½ -7 | **比重**：3.5-3.7 | **屈折率**：1.71-1.73
光沢：ガラス光沢 | **条痕**：白色
産地：ブラジル、スイス、アメリカ

豊かな青い色をした刃状の藍晶石 | 原石 | 片岩中の刃状の藍晶石の標本。最高にすばらしい濃い青をしている。

刃状の藍晶石の結晶 | 原石 | 母岩中の宝石素材の標本。典型的な藍晶石は比較的薄い刃状の結晶として生成する。

カイアナイトの球体 | 彫刻 | 宝石研磨職人の技量がはっきりわかる球体の彫刻。青い藍晶石がよりやわらかいカルサイト中にある。

オーバルカットされた上質の宝石 | 色の種類 | カイアナイトらしいどこまでも深い青とはいえないものの、オーバルブリリアントカットされたこの宝石はミャンマー産のサファイヤに近い色をしている。

イヤクリップ | 仕立て | オーバルカットされた豊かな青のカイアナイトをセットして、花をかたどったイヤクリップ。それぞれ小さなダイヤモンドが縁を囲んでいる。

スタウロライト
Staurolite

△ 片岩中に生成したロシア産の十字石。十文字の双晶を見せている。

十字石は鉄とアルミニウムの水酸化ケイ酸塩鉱物である。雲母片岩や片麻岩やアルミニウムを豊富に含む変成岩中に、ガーネット、トルマリン、カイアナイト、シリマナイトとともに生成する。色は赤みを帯びた茶色、黄色がかった茶色、黒に近い茶色があり、ふつうは断面が六角形や菱形の柱状に成長する。十字石（スタウロライト）という名前は、十字に交わる双晶を形成することにちなみ、ギリシャ語で「十字」という意味の「スタウロス」と「石」という意味の「リトス」から来ている。十字に交わる結晶は宗教的な宝飾品としてシルバーにセットされて使われることが多い。

鉱物名 十字石（じゅうじせき）

化学名：ケイ酸アルミニウム
化学式：$Fe^{2+}{}_2Al_9Si_4O_{23}(OH)$ | **色**：茶 | **晶系**：単斜晶系
硬度：7 –7½ | **比重**：3.7-3.8 | **屈折率**：1.74-1.75
光沢：亜ガラス光沢から樹脂光沢 | **条痕**：無色から灰色
産地：アメリカ、フランス、ブラジル

十字石と藍晶石の標本 | 原石 | 白雲母片岩を母岩として生成したこの標本のように、十字石と藍晶石は同じ岩中に生成することが多い。

宝石品質の結晶

十字石を含む片岩 | 原石 | 濃い茶色の宝石品質の結晶。十字石はふつう雲母片岩の母岩中に生成する。

小さな十字石の結晶

球体の彫刻 | 彫刻 | 長石と雲母の母岩に小さな結晶が生成しているめずらしい原石を彫刻した球体。原石はロシアのコラ半島産。

十字石の双晶 | 原石 | 双晶により、典型的な十字の幾何学的な線を見せる十字石の結晶の標本。

双晶 | 原石 | 母岩から分離された十字石の双晶。こうした結晶はペンダントに仕立てられることが多い。

フェナカイト
Phenakite

△ 母岩中に形よく成長した大きな宝石品質のフェナク石の結晶

フェナカイトという名前は、「欺く者」を意味するギリシャ語に由来する（コラム参照）。無色の石もあるが、半透明の灰色や黄色の石が多く、淡いローズレッドのものもたまに産する。高温のペグマタイトや雲母片岩中に生成し、クォーツ、クリソベリル、アパタイト、トパーズを伴うこともよくある。結晶は主に菱面体をつくり、短角柱状に成長することもある。透明の結晶は収集家向けにファセットをつけられる。屈折率はトパーズよりも高く、輝きはダイヤモンドに迫る。

鉱物名 フェナク石（せき）

化学名：ケイ酸ベリリウム | **化学式**：Be_2SiO_4
色：無色、白 | **晶系**：三方晶系 | **硬度**：7½ -8
比重：2.9-3.0 | **屈折率**：1.65-1.67
光沢：ガラス光沢 | **条痕**：白色
産地：ロシア、ノルウェー、フランス、アメリカ

大きな結晶 | 原石 | 完璧な結晶形を見せる大きな一粒の単結晶。底の部分に母岩が付着している。

ブラジル産のフェナカイト | カット | 重さ29.80カラットのブラジル産の目をみはるほどすばらしいフェナカイト。ファンシースクエアカットで層をなすような多数のファセットをつけている。

キズのない内部

テーブルから見えるファセット

ミャンマー産のフェナカイト | カット | オーバルブリリアントカットされた無色の25.57カラットのフェナカイト。ミャンマー産のきわめて上質な石で、縦の長さは約3cmある。

フェナク石と石英

大いなる欺き

フェナク石は人を欺く石として知られ、そのことが名前の由来となったが、それも根拠のないことではない。見た目も特性も無色の石英との区別がむずかしいのだ。鉱物学者は2つの鉱物を見分けるのにさまざまな方法を用いる。比重（クォーツが2.7と若干低く、フェナク石は3.0である）や、硬度（フェナク石のほうが若干高い）を調べたりもする。硬度については、石英の表面にフェナク石でこすり傷をつけてみて確認することもできる。

透明な石英の結晶 水晶の原石の標本。フェナク石と混同される可能性がある。

ユークレイス

Euclase

△ 重さ46.2カラットのユークレイスの単結晶。コロンビア、チボー産。

ユークレイスはベリリウムとアルミニウムのケイ酸塩鉱物である。ふつう白か無色だが、淡い緑や、淡い青から藍色まで多様な色で産する。藍色のものがとくに人気が高い。結晶は条線のある柱状で、結晶の端面が複雑な形をしていることが多い。塊状や繊維状で見つかることもある。ファセットをつける石としては、淡いものから濃いものまで、アクアマリン色のものが好まれるが、ほかの色の石もカットされる。宝石の素材に使われることはあまり多くなく、主に収集家向けの品が流通している。ユークレイスはギリシャ語で「よく」という意味の「ユー」と「割れる」という意味の「クラシス」から名づけられた。完璧な平滑面に割れること（劈開(へきかい)）に由来する。

鉱物名 ユークレイス

化学名：水酸化ケイ酸ベリリウムアルミニウム
化学式：$BeAlSiO_4(OH)$ ｜ **色**：無色、白、青、緑
晶系：単斜晶系 ｜ **硬度**：7½ ｜ **比重**：3.0–3.1 ｜ **屈折率**：1.65–1.68
光沢：ガラス光沢 ｜ **条痕**：白色
産地：ブラジル、アメリカ

柱状の無色のユークレイスの結晶｜原石｜完璧な柱状に成長したユークレイスの単結晶。内部に黄色がかった色が見えるが、色の分類としては無色である。

母岩を伴う標本｜原石｜黄鉄鉱が散在する石英の母岩に生成した青いユークレイスの結晶。宝石素材であるだけでなく、標本としてもすばらしい。

八角形の宝石｜カット｜深いステップカットを施された無色のユークレイス。暗色のインクルージョンが多数含まれているが、なおも価値は高い。

ブラジル産の石｜カット｜エメラルドカットを施され、中間色の青緑色をした石。ブラジル、ミナス・ジェライス産。

クッションカットされたユークレイス｜カット｜やはりブラジル産のクッションカットされた7.17カラットの宝石。灰色がかった青い色をしている。

ナポレオンのダイヤモンドのネックレス | 1811年制作 | 幅約20cm | 総重量263カラットの234個のダイヤモンドをあしらったネックレスが描かれた、オーストリアのマリー＝ルイーズの肖像画

ナポレオンの ダイヤモンドのネックレス

△ 皇帝ナポレオン1世。フランソワ・ジェラールによる肖像画（部分）。1805-1815年ごろ

フランスのナポレオン1世が息子の誕生を祝い、1811年に妻のオーストリア皇女マリー＝ルイーズのために注文したこのネックレスには、234個のダイヤモンドがあしらわれている。一連の鎖には28個のマインカット（ブリリアントカットの初期のスタイル）のダイヤモンドがセットされており、そこから9個のペアーシェイプのダイヤモンドと10個のブリオレットカット（滴形のカット）のダイヤモンドが吊り下げられている。

ナポレオンは跡継ぎを産めなかったジョゼフィーヌ皇后と離婚し、オーストリア皇女マリー＝ルイーズと1810年に結婚した。結婚から1年待たずに息子が生まれ、ナポレオンはすぐにパリの宝石商ニト・エ・フィスに37万6274フランのネックレスを注文した。それは皇后が1年間に使える皇室の予算に匹敵する金額だった。マリー＝ルイーズは何度かそのネックレスをつけて肖像画におさまり、亡くなるまでネックレスを手放さなかった。

1914年にネックレスを受け継いだポルトガルのマリア・テレサ

その後、ポルトガルの王女マリア・テレサがネックレスを受け継いだが、1929年に売却を決心し、「タウンゼンド大佐」と「プリンセス・バロンティ」という2人の代理人を立てた。ネックレスは45万ドルで売りに出されたが、株式市場が暴落したばかりの経済情勢のなか、その金額は非現実的だった。代理人たちは価格を10万ドルに下げ、買い手にネックレスが本物であることを保証するためにマリア・テレサの文無しの甥の息子で、ハプスブルク家出身のレオポルド大公に協力をあおいだ。結局ネックレスには6万ドルで買い手がついたが、代理人とレオポルド大公は経費として5万3730ドルの支払いを求めた。マリア・テレサは訴訟を起こしてネックレスをとり戻し、レオポルドは刑務所送りとなった。しかし、「タウンゼンド」は逮捕を逃れ、その正体は今も不詳である。

ナポレオンのネックレス。 大きなダイヤモンドが47個あしらわれている。

ペアーシェイプのダイヤモンドのうち4個には23個の小さなダイヤモンドをあしらっている。

0個のブリオレットカットのダイヤモンド

9個のペアーシェイプカットのダイヤモンドの1つ

宝飾品にまつわる主な歴史

1811年-1962年

1800

1811年3月 ナポレオンとマリー＝ルイーズの息子、ナポレオン・フランソワ＝ジョゼフ・シャルルが誕生する

1811年6月 ナポレオンが息子の誕生を祝い、ネックレスを注文する

1850

1847年 マリー＝ルイーズが亡くなり、ネックレスがオーストリア大公妃のゾフィーに受け継がれる。イヤリングにするためにネックレスから2個のダイヤモンドがはずされ、その後行方不明となる

1872年 ゾフィーが死去し、ネックレスがその息子でオーストリア皇帝のフランツ・ヨーゼフ、オーストリア大公のルートヴィヒ・ビクトル、カール・ルートヴィヒに受け継がれる

1900

1914年 カール・ルートヴィヒの死後、ネックレスが彼の3番目の妻だったポルトガルのマリア・テレサの手に渡る

ポール＝ルイ・ワイラーとその妻。1965年、パリ国立高等美術学校にて

1920

1929年 マリア・テレサがネックレスの売却を試みるが、売却金を詐取しようとするたくらみがあり、結局ネックレスをとり戻す

1940

1944年 マリア・テレサ死去

1948年 ハプスブルク家がネックレスをフランスの実業家ポール＝ルイ・ワイラーに売却する

1960

1960年 ハリー・ウィンストンがワイラーからネックレスを購入し、のちにマージョリー・メリウェザー・ポストに売る

1962年 ポストがネックレスをスミソニアン協会に寄贈する。ネックレスは今もワシントンDCの国立自然史博物館で展示されている

1980

13個の……ダイヤモンドがタイプIIa（ほぼ完璧に純粋）で……宝石のすばらしい由来とも矛盾しない

E・ガイヨ博士とJ・ポスト博士
スミソニアン国立自然史博物館

5月――エメラルド
西洋の誕生石の伝統は、エメラルドなどの12の貴石に記述がある聖書に由来する

4月――ダイヤモンド
現代において4月の誕生石とされているダイヤモンドは、4月生まれの人の人間関係を改善するともいわれている。

2月――アメシスト
気高さとワインと結びつけられるアメシストは現代においても古代においても2月の誕生石である。

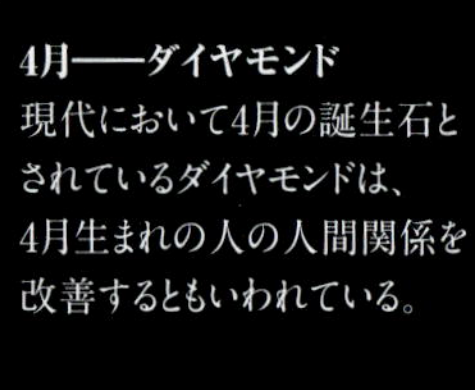

3月――アクアマリン
1952年、アクアマリンが3月の誕生石とされた。穏やかな心をもたらすとされている。

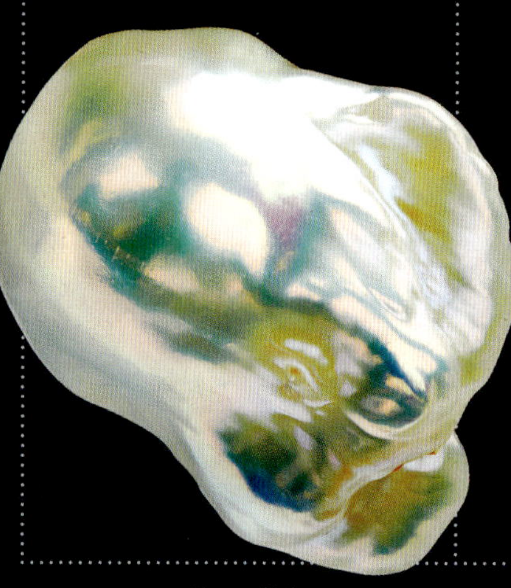

6月――真珠
純粋さを表す真珠は6月のもっとも伝統的な誕生石だが、ムーンストーンとアレキサンドライトも6月の誕生石として知られている。

1月――ガーネット
ガーネットは現代の西洋社会同様、古代アーユルベーダの伝統医術においても1月の石とされていた。

幸運を呼ぶ誕生石

昔から、12の星座はそれぞれ宝石と結びつけられてきた。宝石はその星座のもとに生まれた人間の性格に共鳴し、幸運をもたらすとされている。のちに宝石は星座よりも誕生月に結びつけられるようになった。どの社会においても主な宝石が使われるのは同じだが、どの宝石が何月に結びつけられるかは社会によって異なる。ここでは現代のヨーロッパ社会における結びつきを示したが、3月の石がブラッドストーンにであったり、真珠の代わりにムーンストーンが6月の石だったりもする。8月の幸運の石がサードニクス、11月の石がトパーズ、12月の誕生石がトルコ石の場合もある。

ルビーはそれを持つ者に健康と富と陽気な性格をもたらす

古いヒンドゥーの言い伝えから

7月——ルビー
ルビーは現代においても歴史的にも7月の誕生石である。情熱をかき立てるとされている。

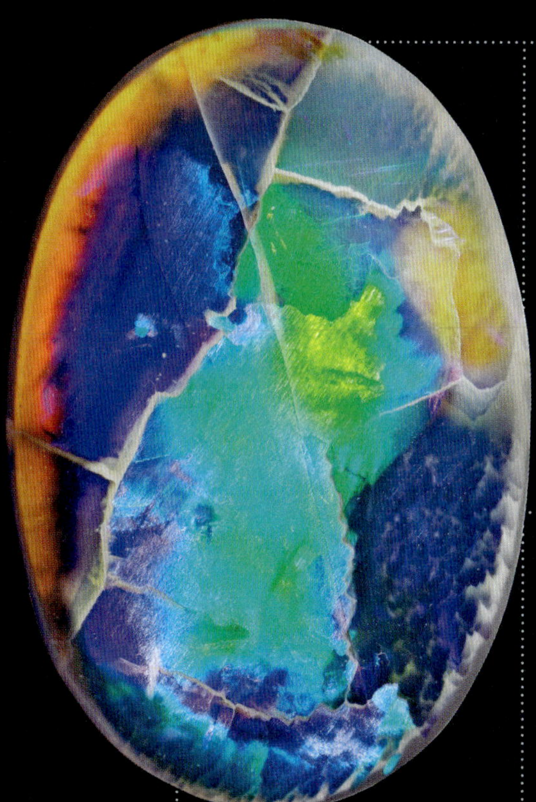

10月——オパール
オパールは1912年にアメリカ宝石商組合によって10月の誕生石に指定された。

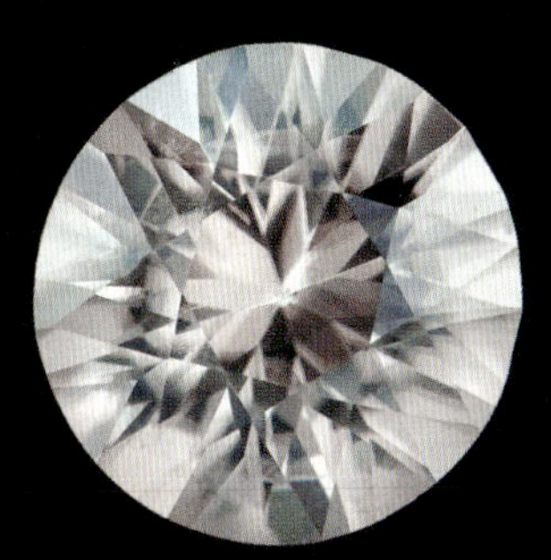

12月——ジルコン
ジルコンは1952年に12月の誕生石の1つとして、ラピス・ラズリに代わって指定された。

11月——シトリン
いくつかのほかの月の石と同様に、比較的最近の1952年にアメリカ宝石商組合などの提唱によって11月の誕生石に指定された石。

8月——ペリドット
19世紀までは8月の誕生石はサードニクス、カーネリアン、ムーンストーン、トパーズなどさまざまだった。

9月——サファイヤ
サファイヤは愛する者を妬みや害から守るとされている。牡牛座の誕生石でもある。

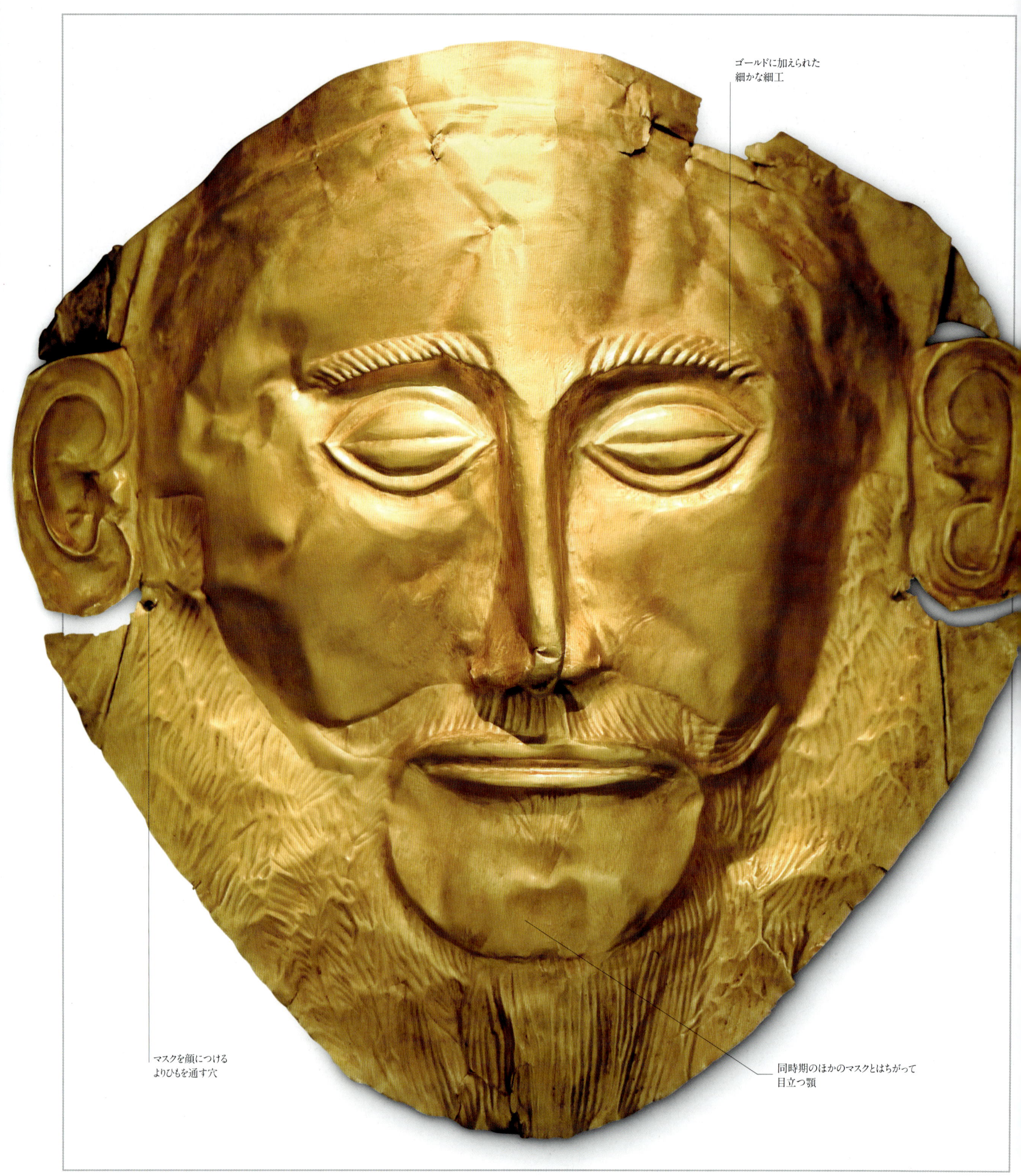

アガメムノンのマスク | 紀元前1500年ごろ | 打ち出し細工された黄金のマスク | ミケーネの円形墓群Aの5号墓にあった墓穴で発見された。

アガメムノンの マスク

△ 1633年ごろ、絵画に描かれたアガメムノン

黄金のデスマスクであるアガメムノンのマスクは、世界でもっとも有名で、もっとも激しい議論を巻き起こした考古学的発掘物である。1876年に、ギリシャのミケーネにあった墓群で死体の顔を覆っているのが発見された。

厚いゴールドの板を木型に打ちつけて成形し、ひげのある男性の顔を表している。眉やひげの細かい部分は鋭い道具を使ってつけ加えられたものだ。これを発見した考古学者のハインリヒ・シュリーマンは、伝説上の王であり、古代トロイアを攻撃したことで有名な「アガメムノンの顔をのぞきこむことになった」と主張した。のちに、墓群の見つかった場所がトロイアであることは確認されたものの、紀元前1500年ごろのものと思われるその墓群が、トロイア戦争よりもほぼ3世紀も前のものであるとわかって、シュリーマンの主張は論破された。しかし、アガメムノンのマスクという呼称は変更されず、アテネの国立考古学博物館は真の考古学的発見としてそれを受け入れている。マスクは現在も博物館で人気を集める展示品である。

しかし、批評家たちは、ひげがあること、耳介が離れていること、はっきりした眉があることなど、このマスクの特徴が同じ墓群で見つかった同時期のほかのマスクの特徴とまったく一致しないと指摘する。シュリーマンはそれ以前にほかの墓所で発見した遺物に「味つけ」をしたのではないかと疑われたこともあったため、ここでも模造品をそこに仕込んだか、古代のマスクに手を加えたのではないかと誹謗中傷された。

典型的な古代ギリシャのデスマスク

マスクがつくられた年代を調べるよう何度か要請がなされてきた——古代のゴールドには不純物が含まれており、そうした不純物の金属は年月とともに腐食するため、つくられた年代を知る手がかりになるのだ。しかし、アテネの国立考古学博物館はマスクについての疑念を根拠のないものとみなしている。このマスクは、古代の遺物として驚くほどすばらしいのはもちろん、貴金属の加工品のなかで、世界でもっとも興味をかき立てられるものであることに変わりはない。

私はアガメムノンの顔をのぞきこむことになった

ハインリヒ・シュリーマン
マスクの発見についてギリシャの新聞社に送った電報

トロイア戦争の情景を描いた16世紀のイタリアのフレスコ画。アガメムノンがトロイア人をだますために送りこんだトロイアの木馬が描かれている。その策が功を奏し、アガメムノンはトロイアを手に入れた。

黄金のマスクにまつわる主な歴史

紀元前1500年ごろ-1983年

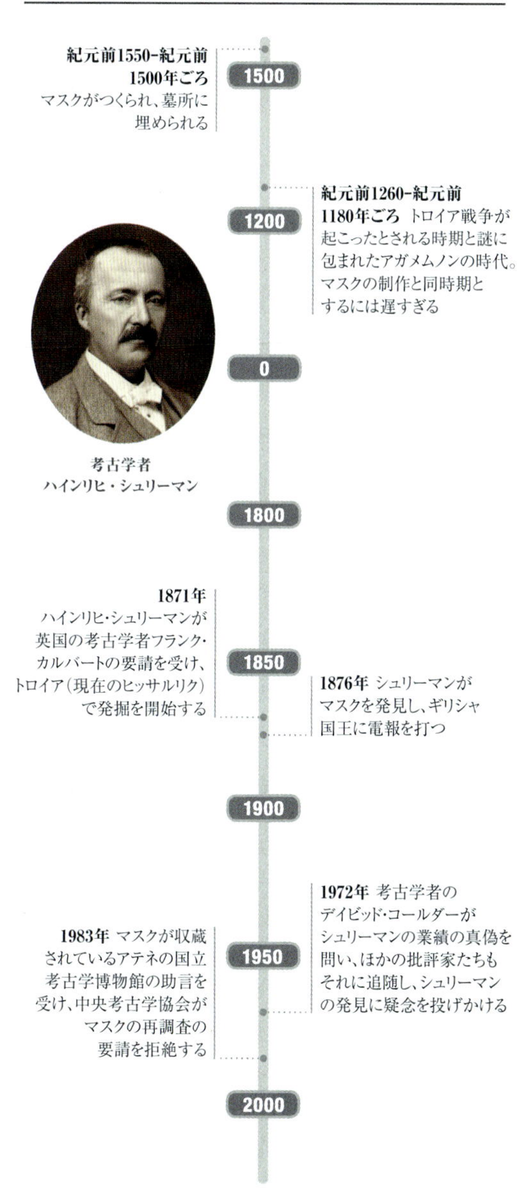

紀元前1550-紀元前1500年ごろ マスクがつくられ、墓所に埋められる
1500
紀元前1260-紀元前1180年ごろ トロイア戦争が起こったとされる時期と謎に包まれたアガメムノンの時代。マスクの制作と同時期とするには遅すぎる
1200
0
考古学者
ハインリヒ・シュリーマン
1800
1871年 ハインリヒ・シュリーマンが英国の考古学者フランク・カルバートの要請を受け、トロイア(現在のヒッサルリク)で発掘を開始する
1850
1876年 シュリーマンがマスクを発見し、ギリシャ国王に電報を打つ
1900
1972年 考古学者のデイビッド・コールダーがシュリーマンの業績の真偽を問い、ほかの批評家たちもそれに追随し、シュリーマンの発見に疑念を投げかける
1983年 マスクが収蔵されているアテネの国立考古学博物館の助言を受け、中央考古学協会がマスクの再調査の要請を拒絶する
1950
2000

生体起源の宝石

ダイヤモンドをセットした「剣」

真珠の「体」

バロック真珠

キャニングの宝飾品｜ゴルゴンの首を掲げる男の人魚をかたどったイタリア、ルネッサンス期のペンダント。エナメルを施したゴールドにブリスター真珠（貝殻内でドーム状に形成された真珠）をセットして人魚の「体」を表し、まわりにルビー、テーブルカットのダイヤモンド、バロック真珠をあしらっている。

日本では、5000年以上前から、真珠の採取を行っている

真珠（パール）
Pearl

△ イリデッセンスを見せる球状の真珠

真珠は海産のウグイスガイ類や、淡水産のイシガイ類といった二枚貝類によってつくられる、天然の宝石である。ほかの軟体動物が「真珠」をつくることもあるが、それらは真珠層からなるものではないので価値が低い。真珠層は軟体動物の軟組織にごくわずかな刺激が加わることで分泌される。微粒子を中心に同心円をなして重なる真珠層が光波を回折することで独特のイリデッセンスを生み出す。真珠の色は本体の色とテリで表される。もっとも一般的な本体の色は白だが、色の幅は広い。テリは真珠の表面にかすかに現れるように思える色を指す。

天然と養殖

自然につくられる天然真珠は希少で価値が高い。真珠採取のダイバーたちは、何百という真珠貝を開けて真珠を見つけ出す。バーレーンやオーストラリアではダイバーによる天然真珠の採取が今も行われているが、今日の真珠は多くが養殖で、それによって価格が抑えられている。養殖真珠は殻からつくられた丸いビーズなど人工の核を真珠貝や川真珠貝に入れ、まわりに真珠層を生成させるやり方でつくられる。淡水真珠は、川真珠貝が一度に20個もの真珠をつくるため、安価である。それに対し、より小さな海棲真珠貝は1個しか生成しない。海水真珠の価値は地域によって異なり、南洋真珠はその大きさからもっとも高い。次にタヒチ産の黒真珠がつづき、もっとも一般的なアコヤ養殖真珠が一番低い。

化学名：炭酸カルシウム
色：白、ピンク、銀、クリーム、茶、緑、青、黒、黄
硬度 2½-4½ | **比重**：2.6-2.9
屈折率：1.52-1.69 | **光沢**：真珠光沢

産地
1 日本沿岸 **2** 中国沿岸 **3** オーストラリア沿岸

真珠の宝飾品

ローマ時代のイヤリング | 3世紀に普及していたスタイルでつくられた豪華なローマ時代のイヤリング。カボションカットのガーネットをゴールドの石座にセットし、5個の真珠を吊り下げている。

ホープ・パール | ホープ・ダイヤモンド（p62-63参照）のかつての所有者の1人で19世紀の宝石収集家、ヘンリー・ホープが入手した450カラットのバロック真珠。白からブロンズ色を見せる真珠にゴールドとエナメルの王冠をかぶせている。

バロダ・ネックレス | もとはインドのバロダのマハラジャ、カンデー・ラーオ・ガーイクワード所有の7連のネックレスだったものを、20世紀半ばに小ぶりに仕立て直したネックレス。それでも世界でもっとも価値の高い真珠のネックレスである。

未加工の素材

マザーオブパール｜真珠をつくる二枚貝の殻の内側の層はマザーオブパールと呼ばれ、真珠と同じ成分である。霰石と繊維状タンパク質のコンキオリンの複合物質で、真珠層と呼ばれる。この標本の内側にも虹色の輝きを持つ真珠層が見られる。

コンクパール｜真珠を産出する貝のうち、クイーンコンク（ピンクガイ）はもっとも希少である。その真珠はこの濃いピンクの真珠のように独特の外見をしている。

バロック真珠｜完璧に丸い真珠がもっとも好ましいとする人もいる一方、この黒真珠のようないびつな真珠が宝石細工師にひらめきを与えてくれることもある。

白い淡水バロック真珠｜一風変わった金細工の宝飾品のメインの宝石にできそうな白いバロック真珠。

淡水真珠｜海水真珠とまったく変わらない組成と光沢を持つ淡水真珠。古代の人々にとってはより手に入れやすかった。

パラワン・プリンセス

世界第2の大きさの真珠

フィリピンのパラワン島沿岸で見つかったパラワン・プリンセスは、重さ2.27kg、カラットでいうと1万1340カラットあり、世界第2の大きさを誇る真珠である。巨大な二枚貝であるオオジャコガイが生み出したこの真珠は、真珠層からなるものではなく、光沢にも欠けているため、宝石としての価値があるとはみなされていない。それでも、2009年に30万ドルから40万ドルの値がついた。

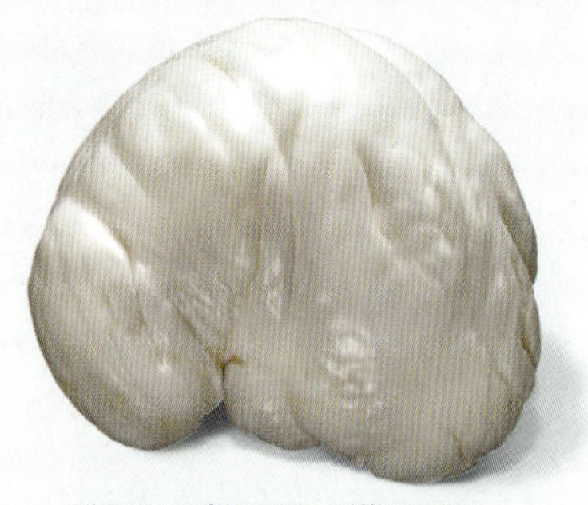

パラワン・プリンセス 形状が人間の脳にそっくりで気味が悪いという人もいる。

養殖真珠｜4つの養殖真珠。養殖された環境によって異なる色を産する。

仕立て

ゴールドと真珠のピン｜中央に大きな真珠をセットし、8つの頂点を持つ星形に仕立てたゴールドのピン。頂点のそれぞれに真珠をあしらい、真珠で「光線」も表している。

バロック真珠のネックレス｜バロック真珠を使ったヴァン クリーフ&アーペルのネックレス。ダイヤモンドをセットしたゴールドのビーズのネックレスから、11個の滴形の真珠を吊り下げている。

多色づかいの真珠のイヤリング｜18金のホワイトゴールドのペンダントイヤリング。3つの異なる色の滴形の真珠を、ダイヤモンドをセットした石座から吊り下げている。

古代エジプトの女王クレオパトラは真珠を酢に溶かして飲んでいたという

アレッシオ・ボッシのブレスレットリング | 数多くのタヒチ産の養殖真珠、クッションカットした2つのタンザナイト、カラーレスダイヤモンド、イエローダイヤモンドをあしらった、めずらしいブレスレットリング。手首から指へつなげて装着する。ネックレスとブレスレットのセット（下段右）と揃いになっている。

カルティエのトリニティリング | 目を引く白、ゴールド、ピンクの淡水養殖真珠を集めてあしらったカルティエのトリニティリング。ダイヤモンドをパヴェセットしたホワイトゴールドとイエローゴールドの輪が組み合わさったデザインになっている。

真珠のブローチ | ダイヤモンドをセットした「葉」から3つの滴形の真珠が吊り下がるデザインになっているホワイトゴールドのブローチ。

フォーチュン リーブス コレクションのリング | 白い南洋養殖真珠をセットしたミキモトの18金のホワイトゴールドのリング。ダイヤモンドをちりばめた「クローバー」も華を添えている。

黒真珠のネックレス | ヨーコ・ロンドン制作の黒真珠のネックレス。タヒチ産の養殖黒真珠から銀色がかった真珠、銀色のオーストラリア産の南洋養殖真珠へとグラデーションになっている。

アレッシオ・ボッシのネックレスとブレスレットのセット | ブレスレットリング（上段左）と揃いになっており、タンザナイトとダイヤモンドでアクセントをつけたネックレスとブレスレットのセット。二連になっている部分がとりはずしてブレスレットにできる。

ラ・ペレグリーナ | 25.5×17.9mm | 50.56 カラット（もとは 55.95 カラット）| 1544 年に描かれたイングランド女王メアリーの肖像画で女王が身につけているネックレスに吊り下げられている

ラ・ペレグリーナ

△ 滴形をした 50 カラットの天然真珠、ラ・ペレグリーナ

世界最大の天然真珠というわけではないが（世界最大は「老子の真珠」）、ほぼ完璧な滴形と輝く白い光沢を持つラ・ペレグリーナは、過去500年でもっとも有名な宝石の1つである。真珠の名を高めたもう1つの理由は、その所有者の系譜にある。16世紀のイングランド女王メアリー1世が身につけ、19世紀初頭にナポレオンの弟ジョゼフに略奪され、女優のエリザベス・テイラーの所有にもなった。

スペイン貴族とインカの高貴な女性とのあいだに生まれた16世紀のペルーの作家、インカ・ガルシラソ・デ・ラ・ベガによると、この真珠は1550年代はじめにパナマで漁業奴隷として働いていたアフリカ人が見つけたそうだ——見返りにその奴隷は自由の身となった。当時世界最大とみなされていたその真珠は、スペイン王フェリペ2世への贈り物としてスペインに運ばれ、スペインの戴冠宝器の1つとなった。「もっとも太い部分は大きなハトの卵ほどもあった」とデ・ラ・ベガは書いている。非常に希少なその真珠は、ラ・ペレグリーナ（巡礼者）と名づけられた。フェリペ王はその真珠をネックレスに吊るし、婚約者のメアリー・チューダー（のちのイングランド女王メアリー1世）に贈った。メアリーの死後、ラ・ペレグリーナはスペインに戻され、代々王家の人間が身につけたが、1813年、ジョゼフ・ボナパルトに奪われてしまった。真珠はのちに英国で見つかり、1969年、俳優のリチャード・バートンが妻のエリザベス・テイラーのために購入した。あるとき、彼女の愛犬が真珠を口にくわえたといわれているが、幸い、ラ・ペレグリーナはキズがつくことなく難を逃れた。

エリザベス・テイラーが選んだデザインに仕立てられたラ・ペレグリーナ

真珠にまつわる主な歴史

1513年-2011年

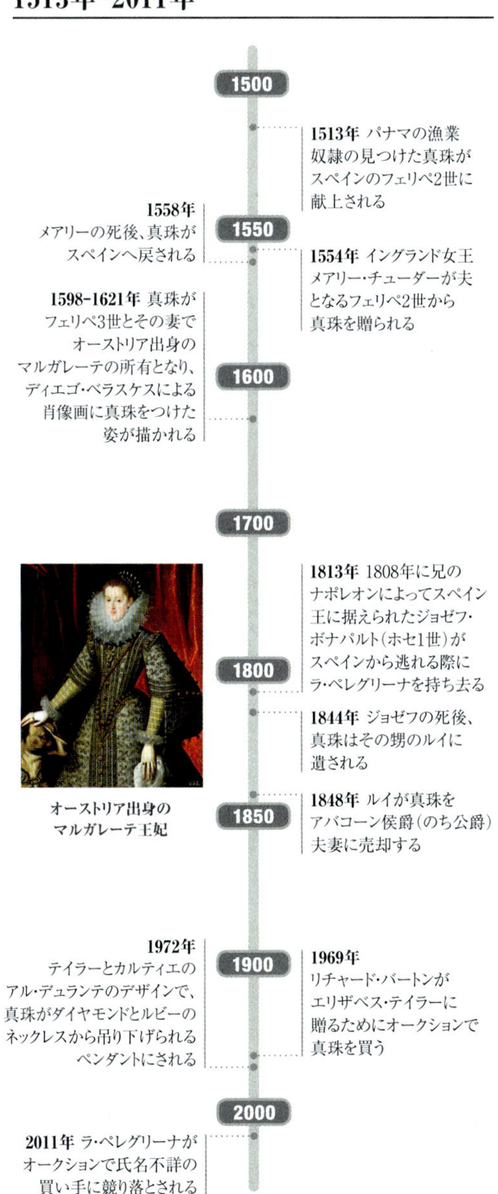

1500
1513年 パナマの漁業奴隷の見つけた真珠がスペインのフェリペ2世に献上される
1558年 メアリーの死後、真珠がスペインへ戻される
1550
1554年 イングランド女王メアリー・チューダーが夫となるフェリペ2世から真珠を贈られる
1598-1621年 真珠がフェリペ3世とその妻でオーストリア出身のマルガレーテの所有となり、ディエゴ・ベラスケスによる肖像画に真珠をつけた姿が描かれる
1600
1700
1813年 1808年に兄のナポレオンによってスペイン王に据えられたジョゼフ・ボナパルト（ホセ1世）がスペインから逃れる際にラ・ペレグリーナを持ち去る
1800
1844年 ジョゼフの死後、真珠はその甥のルイに遺される
オーストリア出身のマルガレーテ王妃
1850
1848年 ルイが真珠をアバコーン侯爵（のち公爵）夫妻に売却する
1972年 テイラーとカルティエのアル・デュランテのデザインで、真珠がダイヤモンドとルビーのネックレスから吊り下げられるペンダントにされる
1900
1969年 リチャード・バートンがエリザベス・テイラーに贈るためにオークションで真珠を買う
2000
2011年 ラ・ペレグリーナがオークションで氏名不詳の買い手に競り落とされる

『1000日のアン』の登場人物の1人としてラ・ペレグリーナを身につけたエリザベス・テイラー

うれしくって、
ぼうっとなって、
顔が赤くなって、
大声をあげたくなったわ

エリザベス・テイラー
ラ・ペレグリーナを受けとって

△ クモガイの貝殻

シェル（貝殻・甲羅）
Shell

貝殻は軟体動物の外殻で、生体細胞とはちがい、主に無機成分（いわゆるミネラル）の分泌物よりなる。貝殻は身につける装飾品として使われるばかりでなく、とくにタカラガイは通貨として使われ、長い歴史がある。鼈甲はそれとは異なる成分からなる――装飾に使われる平らな甲羅は人間の爪や髪と同じタンパク質であるケラチンを主成分としている。鼈甲は、今は保護種となったタイマイの甲羅を使ってつくられる。天然のプラスチックといってよく、加熱して形を変えることができる。

貝殻

化学名：炭酸カルシウム
色：白、ピンク、銀、クリーム、茶、緑、青、黒、黄
硬度 3-4 | **比重**：2.60-2.78
屈折率：1.52-1.66 | **光沢**：真珠光沢 | **条痕**：白色
産地：世界各地

ピンクガイ（コンク貝）｜未加工｜成長すると大きさが30cmほどにもなる。北アメリカやカリブ海諸島の先住民族たちは、道具をつくるのに貝殻の一部を使っていた。

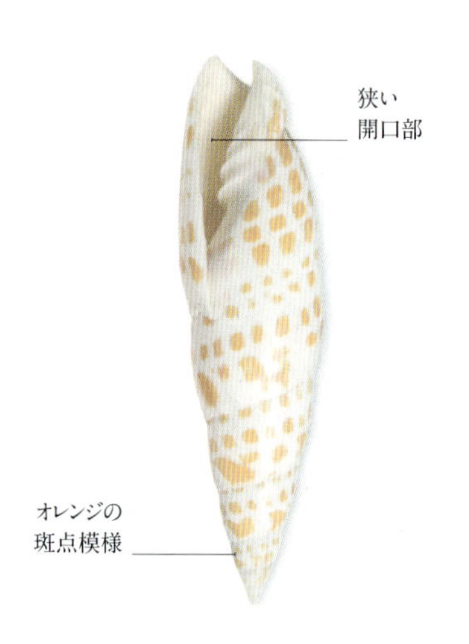

チョウセンフデガイ｜未加工｜大きな海産巻貝、チョウセンフデガイの殻。これは、司教がかぶる冠に似ているといわれている。

シェルの水差し｜仕立て｜イタリア、フィレンツェの銀器博物館所蔵のすばらしい水差し。オウムガイの殻を、金メッキしたシルバーの台座にセットし、真珠、ルビー、トルコ石をあしらっている。

鼈甲の飾り櫛｜仕立て｜装飾を施した鼈甲の持ち手に模造真珠をつけた飾り櫛。今は禁止されているものの、鼈甲はかつて有機宝石として使われていた。

貝殻は昔から、一種の通貨としてさまざまな文明で使われてきた

マザーオブパール（真珠層）

Mother-of-pearl

△ 真珠層のある貝殻中の黒真珠

真珠層は軟体動物――海産のウグイスガイ類や、淡水産のイシガイ類といった二枚貝類――の内側に生成する物質に与えられた名称である。真珠を形成する物質でもある。イリデッセンスが評価され、ジュエリーや衣服、建築、芸術に装飾的に使われる。顕微鏡で見ると、重なり合うレンガのような構造をしているため、科学者の関心も高い。衝撃を広く分散させて吸収できる構造のため、弾力性のある物質をつくるのに応用できるからだ。

化学名：炭酸カルシウム、リン酸カルシウム、非晶質シリカ
色：全色 | **硬度** 3½
比重：2.7-2.9
屈折率：1.53-1.68 | **光沢**：油脂光沢から真珠光沢
産地：世界各地

模様のある貝殻

アコウガイ | 未加工 | 南アフリカ産のアコウガイは1000年前からトライバルアートに使われている。通貨として利用されることもあった。

真珠層に覆われている

オウムガイ | 未加工 | 驚くほどすばらしい大きなオウムガイの標本。イリデッセンスを持つ美しい真珠層に覆われている。

自然のイリデッセンス

マザーオブパールのビーズ | カット | 繊細な仕上げによって自然のつやを見せる平らな楕円形のビーズ。マザーオブパールが装飾品の素材として人気の理由がよくわかる。

マザーオブパールをはめこんでいる

マザーオブパールのペンダント | 仕立て | 窓をかたどったマザーオブパールに合成サファイヤとダイヤモンドをあしらった美しいペンダント。

真珠層で覆われた貝殻 | 未加工 | すばらしいイリデッセンスを持つ貝殻。見る角度によっていくつもの異なる色が現れる。

多様な色

アジアの美術

マザーオブパールと漆

8世紀から19世紀には、アジアのさまざまな文化において、漆を塗ったすばらしいマザーオブパールの装飾品（螺鈿（らでん））が生み出されてきた。小箱から大きなついたてにいたるまで多々あり、さまざまな宗教的・文化的モチーフが表されている。煮て真珠層をはがし、それを細かくカットしたもので図案を形づくり、その上に樹脂の一種である漆を何層も塗りつける。漆が固まって覆うことで、プラスチックのような仕上がりとなる。

漆のついたて 鳥と花を細かく描いた螺鈿のついたて

**収集家は……
月がほしいといって
泣く子どものような
ものかもしれない**

ファーディナンド・ロスチャイルド男爵

オウムガイのカップ | 1550年ごろの組み立て | 26.1×17.0×10.3cm; 重さ845g | 彫刻を施したオウムガイを金メッキのシルバーにセットしている。

オウムガイのカップ

△ 内部の小室がはっきりわかるオウムガイの断面

この非常に美しい宝飾品は、「ワッデスドンの遺贈」と呼ばれるファーディナンド・ロスチャイルド男爵の遺物コレクションのなかで、もっともすばらしいものの1つである。小室のあるアジア産の美しいオウムガイを、西洋の職人が恐ろしい海の怪物をかたどったゴブレットに仕立てたものだ。貝殻はおそらく中国の広州市産で、表面にはすでにドラゴンの彫刻が施されていた。ヨーロッパではこの種の貝殻は、ポルトガル人が広州と交易をはじめた16世紀はじめになって手に入るようになった異国風のめずらしいものだった。この宝飾品を仕立てた西洋の芸術家は不詳だが、専門家はイタリアのパドバでつくられたものと確信している。カップの装飾には、素材を表す海のものと、中国と西洋両方の文化の影響を受けているものがある。たとえばドラゴンは中国の伝承で海中の洞窟に棲むとされ、雨をもたらすものとしてあがめられていた。一方で、ここに表された怪物は当時のヨーロッパの地図に描かれている怪物にも似ている。そしてこの幼児はのちに海の怪物から乙女を救うことになるヘラクレスである――揺り籠の中でヘビを殺している姿からそうとわかる。

金メッキしたシルバーに巻貝をセットしたカップの一例。1700年ごろドイツで制作される。

この種の宝飾品は、ルネッサンス期の収集家たちに大人気で、珍品を集めた博物陳列棚に並べられていた。それは豪奢でめずらしいものを飾る棚で、収集家が富と知識に恵まれ、世界に通じていることを誇示するためのものだった。カップの所有者だったロスチャイルド男爵は、自宅のワッデスドン・マナーに新設した喫煙室でルネッサンス期の流行を復活させようと考えた。そうして自宅に招いたビジネスのパートナーたちに夕食後にすばらしい遺物のコレクションを披露し、彼らを驚かせるのを好んだ。ロスチャイルドはのちに部屋のコレクションのすべてを、そのままの状態で保存するという条件で大英博物館に寄贈した。

ほかの贅沢な所有物とともにオウムガイのカップが描かれた1689年の静物画（ヴァニタス）。富のはかなさを象徴する絵。

> これは……
> **途方もないやり方で世界地図をつくっているようなものだ**
>
> エドマンド・ドゥ・ヴァール
> 作家・芸術家。ワッデスドンの遺贈の宝飾品について

宝飾品にまつわる主な歴史

1513年-2015年

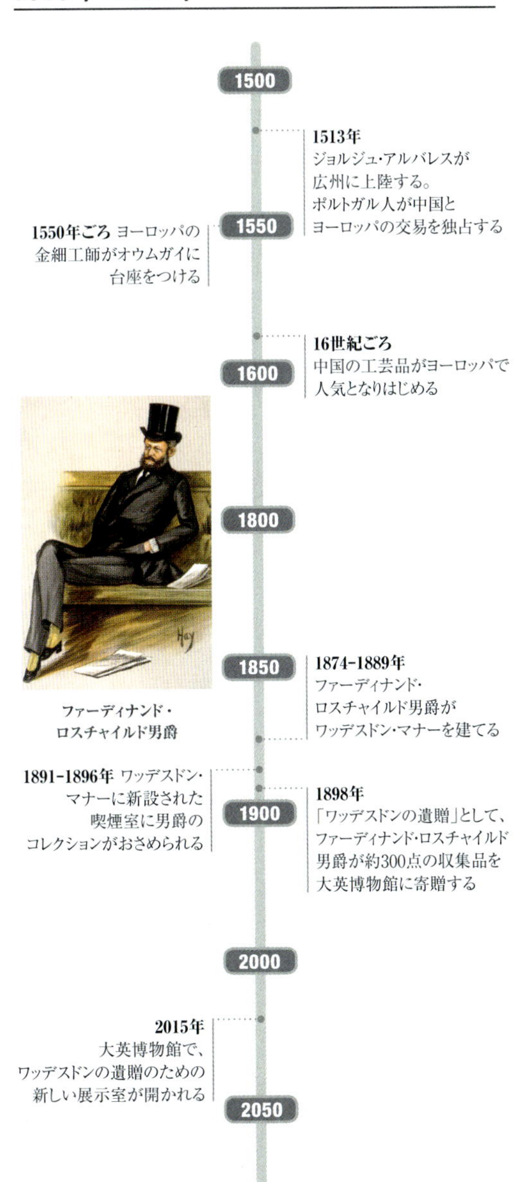

1500
1513年 ジョルジュ・アルバレスが広州に上陸する。ポルトガル人が中国とヨーロッパの交易を独占する
1550
1550年ごろ ヨーロッパの金細工師がオウムガイに台座をつける
16世紀ごろ 中国の工芸品がヨーロッパで人気となりはじめる
1600
1800
1850
1874-1889年 ファーディナンド・ロスチャイルド男爵がワッデスドン・マナーを建てる
1891-1896年 ワッデスドン・マナーに新設された喫煙室に男爵のコレクションがおさめられる
1900
1898年 「ワッデスドンの遺贈」として、ファーディナンド・ロスチャイルド男爵が約300点の収集品を大英博物館に寄贈する
2000
2015年 大英博物館で、ワッデスドンの遺贈のための新しい展示室が開かれる
2050

ファーディナンド・ロスチャイルド男爵

社交界

ヨーロッパの貴族たちはいつの時代も高級宝石商の一番の得意先だったが、20世紀に入り、ヨーロッパが戦争や政治的な混乱によって荒廃すると、宝石商たちは新たな大口顧客へと目を向けた——アメリカの映画スターや著名人、莫大な財産を受け継いだ女性たちへと。新たな顧客たちは使える金額が大きいだけでなく、創造的な視野も持っていた。あり余るほどの資産を持つ高級ジュエリーの顧客は流行を生む存在でもあったのだ。ジャンヌ・トゥーサンは1933年からカルティエの高級ジュエリーの主任デザイナーを務め、彼女が注文を受けた人物には、熱心な顧客だったウォリス・シンプソンや、小売業者ウールワースの一族であるバーバラ・ハットンなど、当時の社交界の中心的存在だった女性たちがいた。

カルティエやその他の昔からある宝石商と競うように、ハリー・ウィンストンが1932年にニューヨークに自分の宝石工房を開き、あっと驚くような宝石の数々を生み出して名を高めた。1944年には、宝石商としてアカデミー賞女優（主演女優賞のジェニファー・ジョーンズ）にはじめてダイヤモンドを貸し出し、ハリウッド映画界や社交界における名声を確固たるものにした。その他の有名な顧客のなかには、リチャード・バートン、エリザベス・テイラー（p297参照）、ジャクリーン・ケネディがいる。

みな目を丸くすることでしょう。それ相応の見返りがあるということです

ハリー・ウィンストン
宝石商

ダイヤモンド王　ハリー・ウィンストンはすばらしい宝石を提供し、その輝きを最大限引き立たせるようなデザインに仕立てることで、アメリカの上流社会の女性たちの心をつかんだ。宝石自体にデザインを決めさせろという彼のモットーは、1930年代の高級ジュエリーの世界の基準となった。

人形壺の蓋。コヨーテ階級のトルテカ人の戦士を表している | 10世紀から12世紀 | 高さ13.5cm | 鉛釉土器、マザーオブパール、骨

マザーオブパールの コヨーテ

△ メソアメリカの風と知識の神、ケツァルコアトル

この魅力的で印象的な工芸品は、メソアメリカのトルテカ文明期（900-1150年ごろ）につくられた人形壺（人や動物をかたどった壺）の蓋である。この蓋は、人間の姿をしたケツァルコアトル神を表したものとする説もあるが、コヨーテの頭部を模してつくられ、その口から人間が顔を出すデザインになっているトルテカ人の戦士の兜を表しているとみなすのがより一般的である。

粘土で型をつくったところに彫刻したマザーオブパールと骨をはめこむ凝った細工を施したこの蓋からは、職人の高い技量がうかがえる。ここに表されているのは、トルテカ人の軍事階級の1つであるコヨーテ階級の戦士の兜で、階級のなかにはワシ階級やジャガー階級もあった。こうした兜は軍隊での階級を示すだけでなく、物質世界と動物の魂の世界を結ぶものを表してもいる。戦士たちは動物の体を真似た装いをすることもあった。

この遺物はかつてトルテカ帝国の首都だったトゥーラ（現在のメキシコ）で見つかった。アステカ人の前にその地を支配していたトルテカ人は好戦的な人々で、軍事力をもってその地域を支配していた。宗教は彼らの生活において重要な役割をはたしており、神の怒りを鎮めるための人身御供が信仰の重要な一部となっていた。トゥーラでそれが行われていた証拠に、ツォンパントリと呼ばれる、いけにえとなった人々の頭蓋骨を並べた棚がある。さらには、3つのチャクモール像も見つかっている。器を持って寝そべる戦士の彫像で、その器は人間の心臓やその他の臓器を入れて神にささげるためのものだったという。

コヨーテの頭飾りをつけたアメリカ先住民の肖像写真
コヨーテは多くの文化において力の象徴だった

トルテカ時代のチャクモール像。 トルテカの宗教儀式には人身御供があった。これらの彫像は、人間の臓器を神にささげるためにつくられた。

遺物にまつわる主な歴史

250年-1970年

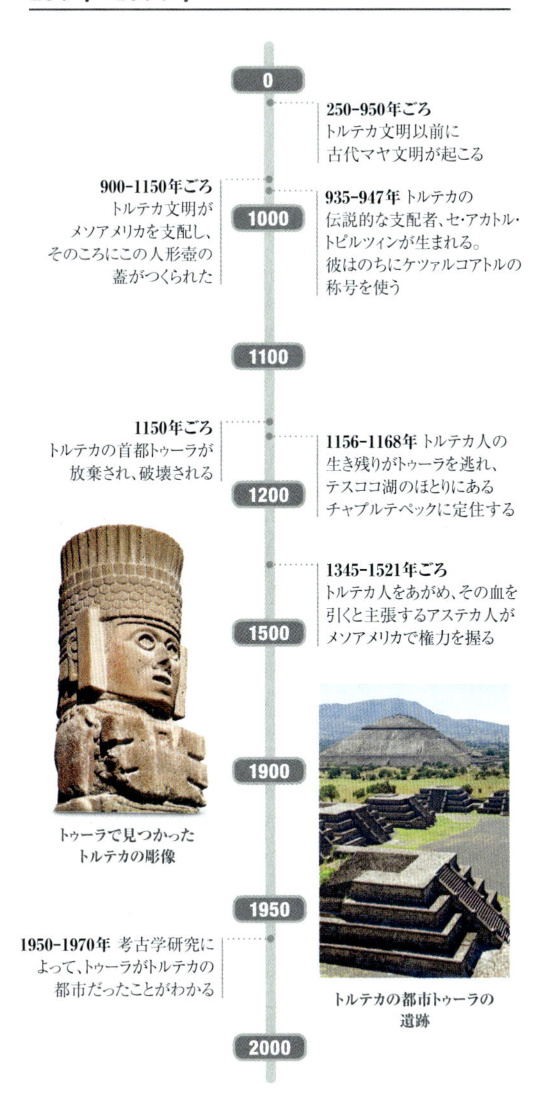

0
250-950年ごろ トルテカ文明以前に古代マヤ文明が起こる
900-1150年ごろ トルテカ文明がメソアメリカを支配し、そのころにこの人形壺の蓋がつくられた
1000
935-947年 トルテカの伝説的な支配者、セ・アカトル・トピルツィンが生まれる。彼はのちにケツァルコアトルの称号を使う
1100
1150年ごろ トルテカの首都トゥーラが放棄され、破壊される
1156-1168年 トルテカ人の生き残りがトゥーラを逃れ、テスココ湖のほとりにあるチャプルテペックに定住する
1200
1345-1521年ごろ トルテカ人をあがめ、その血を引くと主張するアステカ人がメソアメリカで権力を握る
1500
1900
トゥーラで見つかったトルテカの彫像
1950
1950-1970年 考古学研究によって、トゥーラがトルテカの都市だったことがわかる
トルテカの都市トゥーラの遺跡
2000

> **トルテカ文明の何より驚くべき点は、芸術への深い愛である**
>
> ルイス・スペンス
> 作家

△ 木目模様を見せるジェットの薄い板

ジェット（黒玉）
Jet

ジェットは樹木が化石化して固まったことによってできた褐炭の一種である——有機物質からなり、石炭同様、可燃性が高い。その色はジェットブラックと呼ばれ、あせることはない。研磨された表面は鏡として使うこともでき、じっさいに中世にはそのようにして使われていた。琥珀と同じく、摩擦を加えると静電気を帯びるため、魔除けとして人気で、「黒い琥珀」と呼ばれることもある。最高品質のジェットは英国のホイットビー産で、ナンヨウスギ科の樹木——モンキーパズルツリーとしても知られるチリマツ——の流木からできたと考えられている。

化学名：炭素
色：褐色、黒、稀に真鍮色のパイライトのインクルージョン
硬度 2½ -4
比重：1.3 | **屈折率**：1.66
光沢：蝋光沢 | **条痕**：黒から褐色
産地：英国、スイス、フランス、アメリカ、カナダ、ドイツ

原石

ジェットの塊 | 目の詰まった最高級のジェットの宝石に特有の、半金属光沢を見せる高品質のジェットの塊。光沢は自然の木目を見せる表面でも、平らな切断面でもわかる。

未加工のジェット | 浜辺で採取されたジェットの標本——ジェットは浜辺で採取されることが多い。若干茶色がかった色と本来の木目模様を見せている。

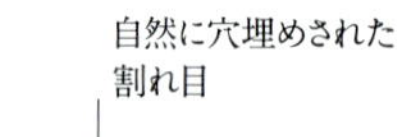

ホイットビー産のジェット | 自然に穴埋めされた破損部分がわかる未加工のジェットの塊。英国北部沿岸地方のホイットビー産。ホイットビーはジェットの産地として有名である。

カット

オーバルカボションカット | オーバルカボションカットを施し、研磨していくつかの平面をつけたジェット。ファセットをつけたように見える。

ジェットのビーズ | アンティークのジェットのビーズ。手作業でファセットを加え、穴を開けたもの。カットすることによって生じた内部のひずみが時とともに表面に現れ、ひびができている。

喪に服す装い

ジェット——喪に服すときの装身具

ジェットは青銅器時代から使われてきたが、ビクトリア朝時代に広く普及した。それは夫のアルバート公の死を悼み、喪に服す意味でジェットを身につけることを広めた英国のビクトリア女王に負うところが大きい。ホイットビー産のジェットが宮殿で唯一身につけることを許された宝石だったため、その流行はすぐさま宮殿以外にも広がり、人気が高まった。

ビクトリア女王 英国国民の人気を集めた女王が、治世のあいだ、ジェットの装身具の流行に一役買った。

仕立て

ビクトリア朝時代のイヤリング | ジェットに深く細かいカットを施して花をかたどったビクトリア朝時代のイヤリング。ジェットが彫刻に向く素材であることがよくわかる。

ネックレス | よく研磨し、手作業でファセットをつけたビーズと、フリーフォームカットの石をあしらったモダンなネックレス。どの石も上質のジェットに特有の半金属光沢を見せている。

イヤリング（凝った彫刻…）: **イヤリング** | ゴールドをあしらった矢形のビクトリア朝時代の見事なイヤリング。彫刻にぴったりのジェットの特性がよく現れている。

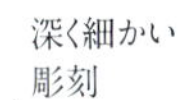

バラの彫刻 | 凝った彫刻を施したジェットのブローチ。彫刻の技量だけでなく、素材の美しさもよくわかる。

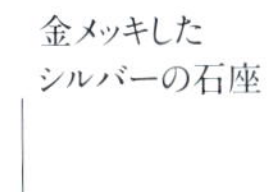

三つ葉のブローチ | ロジェ・ジャン・ピエールのデザインによるブローチ。金メッキのシルバーの石座にセットしたスワロフスキーの濃いピンクとくすんだピンクのクリスタルガラスが、ファセットをつけた長方形のジェットを引き立てている。

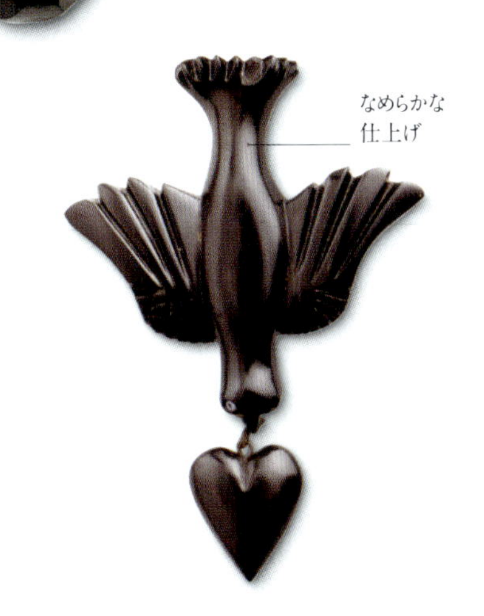

ペンダント | ハトがくちばしでハートを運んでいる姿をかたどったジェットの立体的なペンダント。研磨によってなめらかな見た目のすばらしい仕上がりになっている。

ビーズのネックレス | トルコ産のジェットのビーズを使ったネックレス。両面にふくらみを持たせて丸くした形が、研磨による輝きを引き立たせている。ジェットはよくネックレスに使われる。

ネイティブアメリカンのワシ | ネイティブアメリカンの装身具には広くジェットが使われているが、シルバーにジェットをセットして翼にトルコ石を飾ったこのワシは特別すばらしい。

ジェットは1万年前の新石器時代から、装飾品をつくるのに使われてきた

コーパル
Copal

△ 半透明の金色のコーパルの塊。ニュージーランド産

コーパルは木の樹脂が半化石化したものだが、同様に樹脂からできた琥珀とは区別される。琥珀が何百万年もかけて生成される一方、コーパルは10万年以下とずっと若いからだ。そのため、コーパルは安価でより普及しており、よく琥珀の代替品に使われる。昔から香としてたかれ、とくにメソアメリカのマヤ文明においては神への供物だった。その後、ヨーロッパでは、とくに19世紀から20世紀にかけて、天然のニスの原料として重宝された。

化学名：炭素化合物
色：薄いレモンイエローから橙
硬度：2–3 | **比重**：1.1
屈折率：1.54 | **光沢**：樹脂光沢 | **条痕**：無
産地：マレーシア、フィリピン、アフリカ、コロンビア、ニュージーランド

林床コーパル | 原石 | つぶれた球状のコーパルの標本。林床にたまった樹脂からできたもの。

宝石品質のコーパル | 色の種類 | 宝石品質のコーパル。薄い蜂蜜色から濃い蜂蜜色までさまざまに異なる色合いを見せている。

ドミニカ産のコーパル | カット | 驚くほどすばらしいドミニカ産の研磨されたコーパル。なかにハエやクモやカがとらわれている。

メキシコや中央アメリカでは、発汗小屋（スウェット・ロッジ）で行われる儀式でコーパルが今も香としてたかれている

コーパルの薄片 | 原石 | きれいに残った昆虫を含むコーパルの薄い薄片。産地がマダガスカルであることで有名な標本。

なかにとらわれた昆虫 | カット | 研磨されたコーパルの標本。琥珀と同じように、なかにとらわれた昆虫や花粉や種が点在している。

アンスラサイト(無煙炭)

Anthracite

△ 半金属光沢を見せる無煙炭の標本

アンスラサイトはほぼ完全に炭素だけを成分とする、もっとも純粋でもっとも炭化した石炭である。瀝青炭同様、有機物からなるが、もっと古く、圧縮度も高い。さわってもまったく手に跡が残らないほどである。ビーズや彫刻の素材としても使われるが、主な用途は燃料である。火はつきにくいものの、一度火がつくと、大量の熱を発し、ゆっくりと燃える。アンスラサイトは煙の出ない小さな青い炎を上げて燃えるため、室内で使う燃料として最適であるが、価格が高いため、産業界で広く使われることはない。

化学名：炭化水素
色：メタリックブラック
硬度：2½-3 **比重**：1.4
屈折率：1.64-1.68 **光沢**：半金属光沢 **条痕**：無
産地：ロシア、ウクライナ、北朝鮮、南アフリカ、ベトナム、英国、オーストラリア、アメリカ

目の詰まった無煙炭｜原石｜無煙炭に特徴的な高い密度がわかる標本。金属光沢に近い光沢を見せるのも特徴的である。

明るい光沢｜原石｜並はずれて明るい光沢と母岩のインクルージョンを見せる、でこぼこした表面の無煙炭。

破石｜原石｜無煙炭は硬く砕けやすいため、この標本のように表面が砕けて鋭い角のある塊になることも多い。

対照的な標本｜原石｜上の標本は瀝青炭、つまり、ふつうに家庭で使われる石炭である。一方下の標本は無煙炭からなる。

風雨にさらされた無煙炭｜原石｜風雨にさらされると、この標本のように、無煙炭の外側の層が酸化して崩れる。

研磨されたアンスラサイト｜カット｜いびつな形のアンスラサイト。研磨するとシーン（光沢）を見せ、ジェットの代用品として使われることもある理由がわかる。

ゆっくり燃える

セントレーリアの鉱山火事

アメリカ、ペンシルベニア州のセントレーリアにある無煙炭の鉱山では、何十年ものあいだ、地下の火事がつづいている。火事が起こったのは1962年だが、1981年に12歳の少年が火事によって足もとの地面に開いた穴——もっとも深いところで深さ46mある穴——に落ちたときに世間の関心を集めた（少年はいとこがロープを使って助け出し、命に別状はなかった）。火はまだ燃えつづけており、セントレーリアは今はゴーストタウンになっている。

セントレーリアの火事　古い採掘場で無煙炭が燃えているのが、地上に開いた穴からわかる。

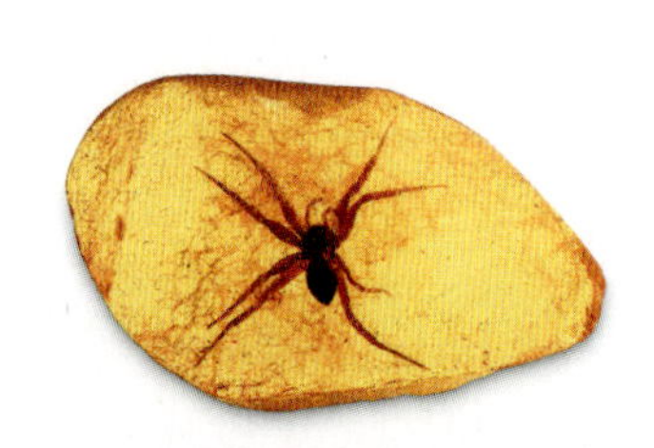

△ 研磨されたクモ入り琥珀

琥珀（こはく）
Amber

有史以前の木の樹脂が化石化した琥珀は、バルト海地域で多く見られるが、ほかのいくつかの地域でも発見されている。本物の琥珀の多くは約2500万年から6000万年の古さのもので、大昔に絶滅した植物や昆虫の入った標本は、小さなタイムカプセルの役割をはたすこともあり、そうした琥珀は価値が高い。ギリシャ人は毛皮や毛織物でこすると琥珀が静電気を帯びることに気がついた。ギリシャ語で琥珀をエレクトロンというが、それが「電気（エレクトリシティ）」の語源となった。琥珀は密度が低く、海水に浮くので、海辺で見つかることが多い。

化学名：含酸素炭化水素
色：白、黄、橙、赤、茶、青、黒、緑
硬度：2 -2½ | **比重**：1.0-1.1 | **屈折率**：1.54
光沢：樹脂光沢 | **条痕**：白色
産地：東ヨーロッパ、ドミニカ、アメリカなど

原石

琥珀の原石 | 琥珀の原石の多くがそうだが、不透明な表面に隠された内部が透明で輝いているのがわかる標本。

割れた原石 | 自然の状態で見つかる琥珀にはよくあることだが、割れたことで、つやのないざらざらした外見の下に上質の琥珀が隠れているのがわかる塊。

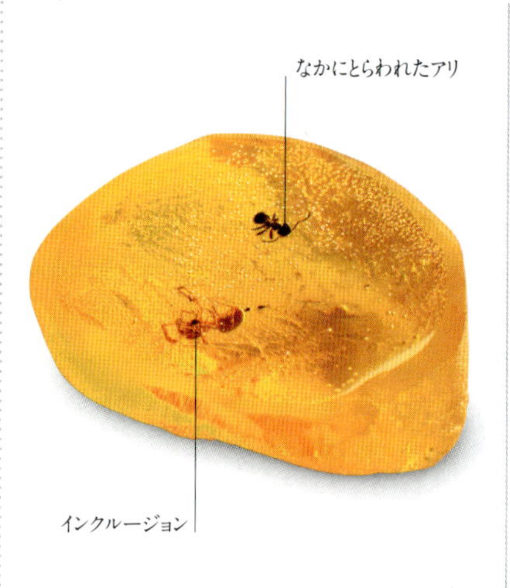

透明な琥珀 | 昆虫やその他のインクルージョンがはっきりわかる透明な琥珀。自然の作用でなめらかな表面になっている。

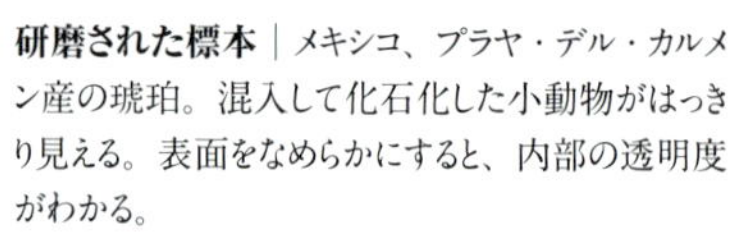

研磨された標本 | メキシコ、プラヤ・デル・カルメン産の琥珀。混入して化石化した小動物がはっきり見える。表面をなめらかにすると、内部の透明度がわかる。

カット

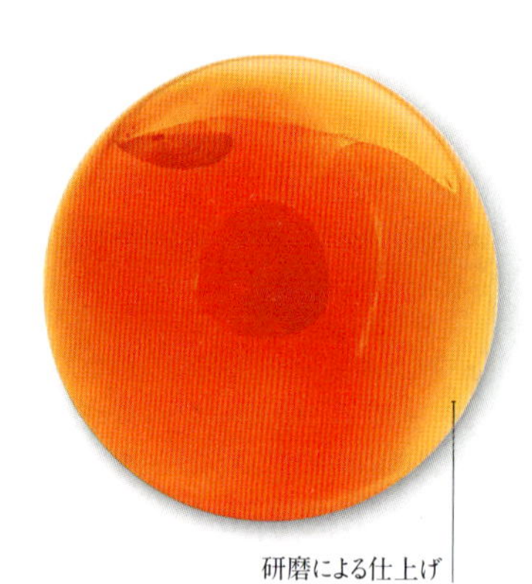

琥珀の球体 | きれいに研磨された球体のビーズ。不透明で濃いオレンジ色をしている。バルト海の南東の沿岸で見つかった。

ファセットをつけた琥珀 | 琥珀はきわめてもろいため、めったにファセットをつけられることはない。エメラルドカットされたこの2.36カラットの緑の琥珀を見れば、宝石研磨職人の並はずれた技量がわかる。

仕立て

琥珀のネックレス | 細長くカットし、研磨した琥珀のビーズを扇のようにセットした重量感のあるネックレス。たくさんの小さなインクルージョンがある。琥珀は軽いので、このような大きなジュエリーに仕立てるのに向いている。

水中を描いたペンダント | 魚をモチーフにした作品で知られるルイス・フォーシュによって1930年ごろにドイツで制作されたペンダント。カボションカットした琥珀をシルバーにセットしている。

イヤリング | インクルージョンのある2つの琥珀を滴形にカボションカットし、シルバーのフレームにセットして仕立てたイヤリング。

琥珀のリング | 宝石品質の琥珀をシルバーの石座にセットしたリング。なかに閉じこめられたたくさんの気泡や有機物のインクルージョンがわかる。

悲嘆に暮れる神々

神話における琥珀

古代ギリシャ神話のなかにも琥珀についての記述がある。半神半人のパエトーンは太陽神である父の火の馬車を走らせているときに馬車を制御できなくなり、地上に大火災を起こしてしまう。馬車を止めるためにゼウスは稲妻の矢(サンダーボルト)を放ってパエトーンの命を奪い、その体を川に落とした。川のニンフたちがパエトーンの体を岸辺に埋め、パエトーンの姉妹である3人のヘリアデスがそこで昼も夜も泣きつづけた。結局、悲しむ彼女たちの体には木のように根が生え、その涙は固まって滴形の琥珀となった。

ヘリオスの馬車に乗るパエトーン
パエトーンとヘリアデスの神話を描いたギリシャの器

琥珀の間（レプリカ） | 1701-1716 年制作（オリジナル） | 6t 以上の琥珀を使用（オリジナルのパネル） | 彫刻を施し、金箔で裏打ちした琥珀のパネル、水晶、ジャスミンの木材、ジェード、オニキスを使ったモザイク

ロシアの琥珀の間

△ 南の壁に飾られたプロイセンの紋章

琥珀の間の運命は現代における大きな謎の1つである。この絢爛豪華な部屋はもともと1701年にプロイセン王のフリードリヒ1世の命でつくられた。琥珀のパネルに贅沢な彫刻を施し、準宝石やフィレンツェ製のモザイクを使って5つの情景を表している。ドイツ人の彫刻家アンドレアス・シュリューターとデンマーク人の琥珀の専門家ゴットフリート・ウルフラムが共同で作業にあたった。1716年、琥珀のパネルは、プロイセンを訪問した際にそれをいたく気に入ったロシア皇帝のピョートル大帝に献上された。琥珀の間はサンクトペテルブルクに設置され、1755年までそこに置かれたが、女帝のエリザベータが自分の宮殿に合うよう部屋を広げて設計し直させた。

琥珀に彫刻を施した王冠の形の装飾品

琥珀の間はその後ずっとロシアの国家的財産だったが、第二次世界大戦中にドイツ軍に略奪され、解体された。奪われたパネルは27個の木箱に詰められ、バルト海沿岸にあるケーニヒスベルク城に運ばれた。パネルの行方はそこで途絶えている。その後、連合軍の爆撃か、城の火事かで破壊されたと思われ、終戦時には行方がわからなくなっていた。ロシアのサンクトペテルブルクで琥珀の間のレプリカが完成したのは2003年のことである。

トレジャーハンターたちはオリジナルのパネルの捜索をあきらめず、パネルについては空想を膨らませたさまざまな説が出まわるようになった。ナチスが地下の塹壕に埋めたと信じる者がいれば、ヒトラーの死体とともに埋められたという者もいる。パネルが見つかったという話も周期的に出まわる。2015年、ポーランド人のトレジャーハンターたちがナチスの略奪品を積んでいたと思われる武装した列車がポーランドのクションシュ城近くのトンネルに埋まっているのを突き止めた。同じ年、ドイツの財宝探しのグループがチェコとの国境近くにあるドイチュノイドルフの銅鉱山を捜索した。どちらもパネルの発見にはいたらず、宝探しはつづいている。

琥珀の間にまつわる主な歴史

1701年-2003年

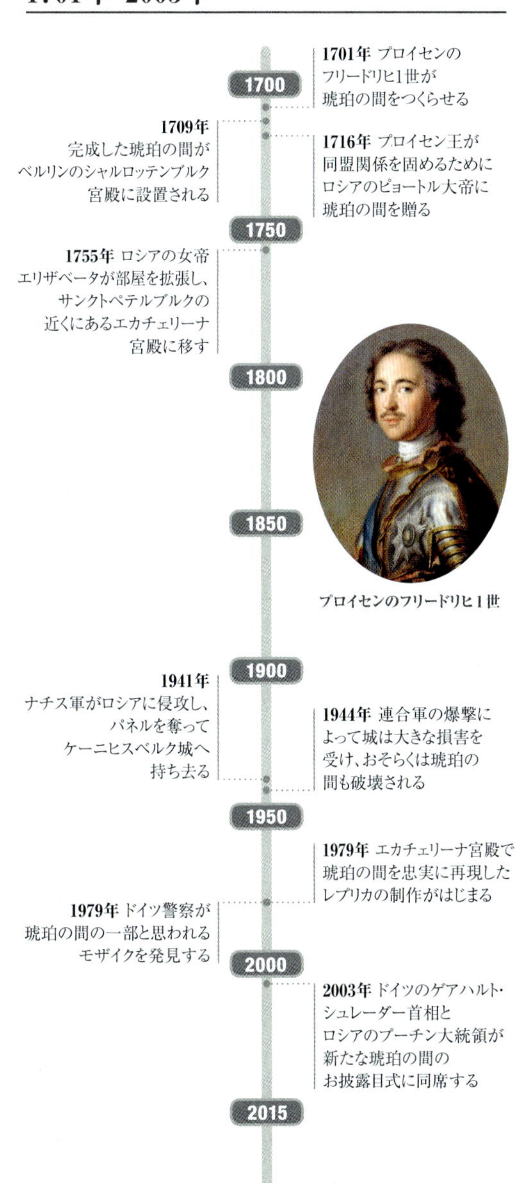

1700
1701年 プロイセンのフリードリヒ1世が琥珀の間をつくらせる
1709年 完成した琥珀の間がベルリンのシャルロッテンブルク宮殿に設置される
1716年 プロイセン王が同盟関係を固めるためにロシアのピョートル大帝に琥珀の間を贈る
1750
1755年 ロシアの女帝エリザベータが部屋を拡張し、サンクトペテルブルクの近くにあるエカチェリーナ宮殿に移す
1800
1850
1900
1941年 ナチス軍がロシアに侵攻し、パネルを奪ってケーニヒスベルク城へ持ち去る
1944年 連合軍の爆撃によって城は大きな損害を受け、おそらくは琥珀の間も破壊される
1950
1979年 エカチェリーナ宮殿で琥珀の間を忠実に再現したレプリカの制作がはじまる
1979年 ドイツ警察が琥珀の間の一部と思われるモザイクを発見する
2000
2003年 ドイツのゲアハルト・シュレーダー首相とロシアのプーチン大統領が新たな琥珀の間のお披露目式に同席する
2015

プロイセンのフリードリヒ1世

再建された琥珀の間で、琥珀の象嵌（ぞうがん）テーブルに載せられた、凝った装飾を施した基部を持つロココ調の時計

琥珀の間は、ドイツにとってもロシアにとっても心情的に非常に大きな意味を持つ

フリードリヒ・シュパット
再建プロジェクトに寄付を行った法人、ルールガスの会長

珊瑚(さんご)
Coral

△ 地中海産のベニサンゴ

ベニサンゴ、アカサンゴを含む、(赤い)宝石珊瑚は、熱帯から温帯域(ベニサンゴは地中海、アカサンゴは沖縄から相模湾までの日本沿岸で採取される)の海で見つかる。宝石珊瑚は耐久性が高く、魅力的なピンクから赤の色合いを見せるため、ほかの珊瑚(イシサンゴやヒドロサンゴなど)よりも価値が高い。海底に棲む小さなポリプ(イソギンチャク様のもの)が連なったサンゴ類は、炭酸カルシウムを分泌して、樹状の骨格をつくる。宝石珊瑚はこのうちカルサイトでできた硬い骨格をつくるものであり、骨格を加工して宝石となす。その枝は細いものが多いので、宝石の素材にはふつう太い分岐部分が使われる。珊瑚は有史以前から装飾に使われてきた。

化学名:炭酸カルシウム
色:淡いピンク(エンジェルスキン)、橙、赤、白
硬度:3½ | **比重**:2.6-2.7
屈折率:1.48-1.66 | **光沢**:ガラス光沢、蝋光沢 | **条痕**:白色
産地:日本やマレーシア沿岸の水温の高い海、地中海、アフリカ沿岸

未加工の素材

天然の珊瑚 | 宝石に使うのに最適な場所は、枝が分かれる根本の太い部分か、枝のもっとも広い部分である。それでもあまり大きくないことが多い。この未加工の珊瑚(イシサンゴ、宝石にはならない)は幅6cm。

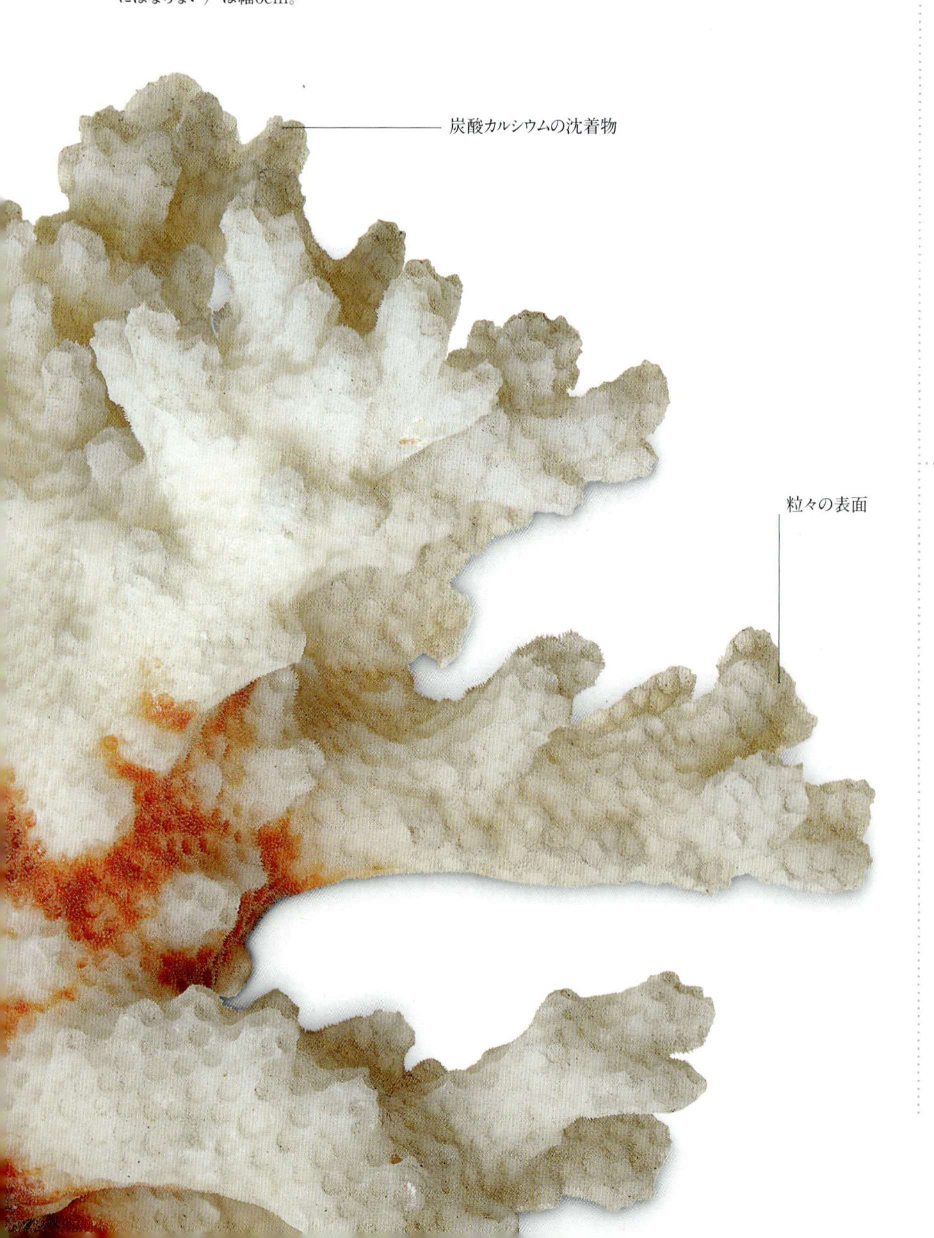

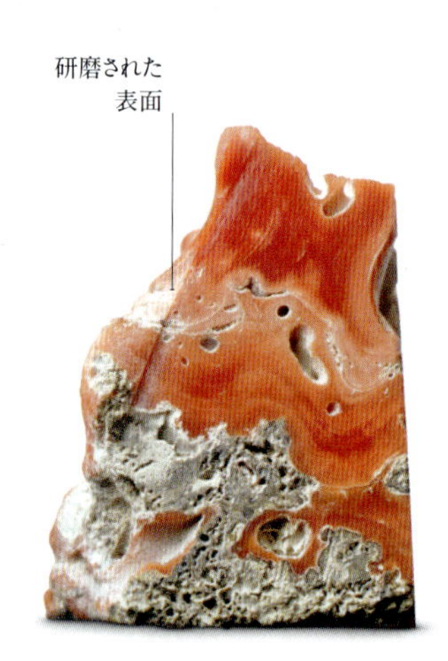

赤珊瑚の切片 | 複雑な層をなす珊瑚の構造がよくわかる断面。採取したときはつやがないが、研磨すると輝きを見せる。

枝状の赤珊瑚 | カットされていない天然の珊瑚。縦に入った筋(溝筋)は典型的な模様で、自然の木目に似ている。

カット

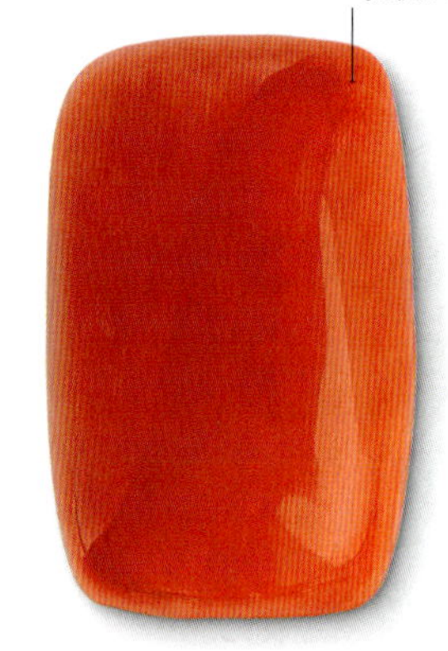

細長くカボションカットされた珊瑚 | やわらかく不透明なため、珊瑚はカボションカットされることが多い。カボションカットされた石を研磨すると、色を最大限引き立たせることができる。

オーバルカボションカット | シンプルな形にカボションカットすることで色が引き立てられた珊瑚。淡いピンクからサーモンピンクのものは、「エンジェルスキン」と呼ばれることが多い。

仕立て

珊瑚のリング｜「エンジェルスキン」の珊瑚をバラの花びらの形に彫刻してセットしたゴールドのリング。赤みの差した色が本物のバラに似ている。

珊瑚のイヤリング｜濃い色の赤珊瑚に繊細な彫刻を加え、揃いのバラの形にした小さなピアス。

カエデの葉のピン｜楕円形と滴形にカボションカットしたさまざまな大きさの珊瑚を、縁がぎざぎざの「葉」の形に合わせてセットした金メッキのピン。

珊瑚の彫刻｜珊瑚は子どもたちを守ってくれると信じられている。この小さな彫刻は身につけるお守りとして贈られたものだったのかもしれない。

ハミングバードのブローチ｜珊瑚の翼と尾を伸ばして飛び立とうとしているハミングバードのブローチ。宝石商クチンスキーが1975年ごろに制作。ダイヤモンド、ゴールド、マザーオブパール、エメラルドもあしらわれている。

古代、珊瑚は邪悪な目から身を守るためのお守りとして身につけられていた

ヘビのブローチ｜彫刻を施した30個の珊瑚をつなげ、節のあるヘビをかたどった19世紀後半のブローチ。ヘビは曲がりくねった枝に巻きついている。

ゴルゴンの血

血塗られた誕生の神話

ギリシャ神話の英雄ペルセウスは、ゴルゴン（怪物の三姉妹）の1人で、見た相手を石に変えてしまうメドゥーサの首をとった。それから、とった首を使って海の怪物ケートスを石に変えた——死してなおメドゥーサの目にはその力があったのだ。その後ペルセウスが首を川岸に置くと、メデゥーサの血が川に流れこみ、海草を真っ赤な珊瑚に変えた。珊瑚はギリシャ語でゴルゲイアというが、それはゴルゴンにちなんでいる。

まなざしで人を殺す 紀元前2世紀-紀元前1世紀のバクトリア（現在のアフガニスタンとタジキスタン）の珊瑚の彫刻。メドゥーサがモチーフになっている。

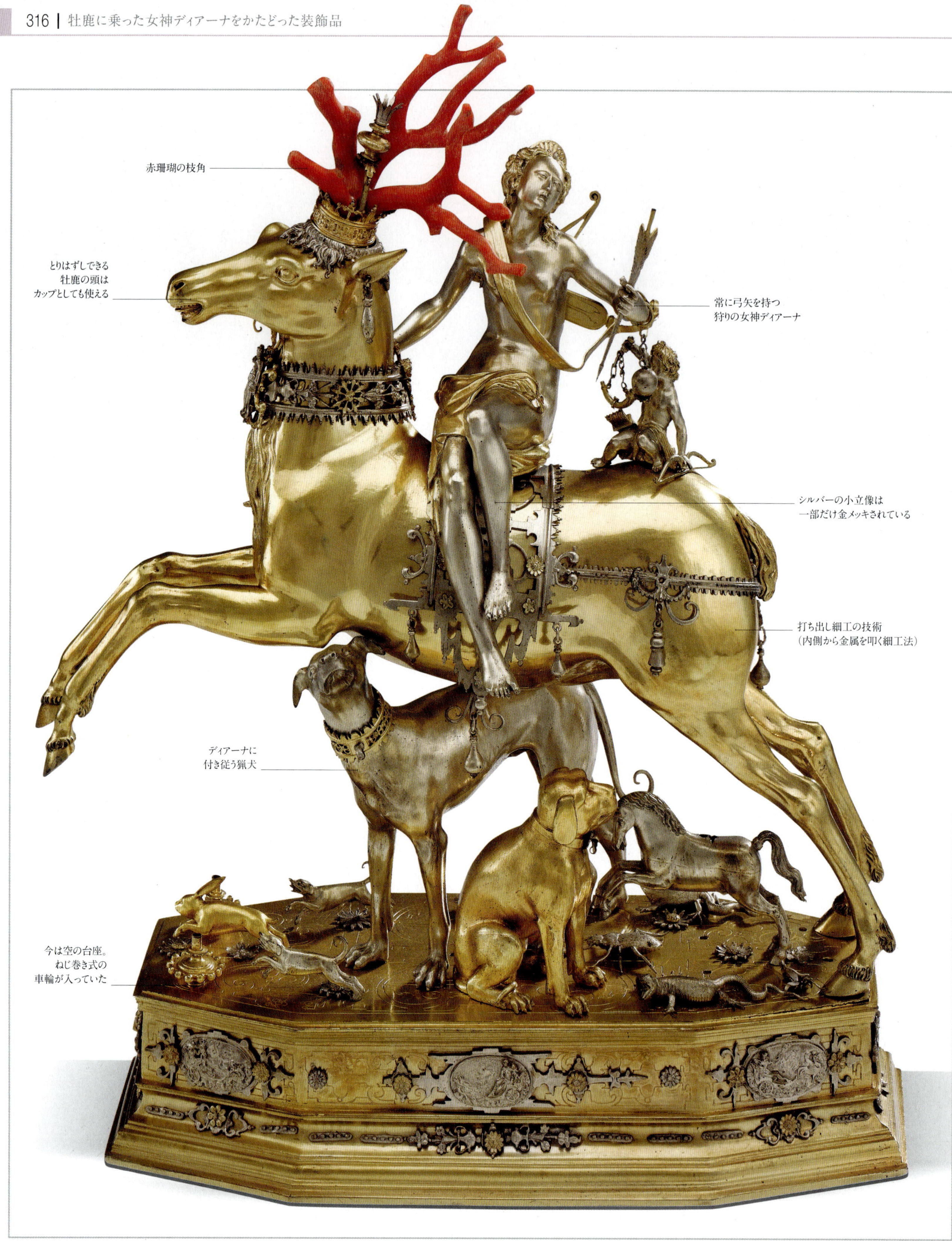

牡鹿に乗った女神ディアーナ | 17 世紀 | 高さ 32.5cm | 部分的に金メッキされたシルバー、珊瑚、打ち出し細工

牡鹿に乗った 女神ディアーナをかたどった 装飾品

△ バイエルン、アウクスブルクのマテウス・バールバウム作の祭壇飾り

狩りの女神ディアーナをかたどったこの小立像は、単なるテーブルの装飾ではなく、17世紀のパーティーのお遊びに使われた飲み物の容器兼機械人形である。

高さ32.5cmのこの小立像は、部分的に金メッキされた打ち出し細工でつくられており、赤珊瑚が牡鹿の枝角に見立てられている。牡鹿に乗り、2頭の猟犬を連れた古代ローマの女神ディアーナを表したもので、おそらくはバイエルン、アウクスブルクの金細工師、マテウス・バールバウムかその一派の手によるものだろう。小立像の台座には、横の鍵穴に鍵を入れて巻けばゼンマイ仕掛けで動く車輪がおさめられていたが、今は失われている。この機械人形を晩餐会でテーブルの上に置き、ねじを巻いて手を離せば、車輪が動いて人形は何度か気まぐれな方向転換をしてから、客の誰かの前で止まる。空洞になっている牡鹿の体の部分には家の主によってワインが入れられており、機械人形が目の前で止まった客は、とりはずせる牡鹿の頭をカップにして、それを飲むよう求められた。

ドイツのエルツ城に残っている、ディアーナをかたどった別の機械人形

こうしたゼンマイ仕掛けの小立像は1600年代や1700年代には人気だったことがわかっている。「牡鹿に乗ったディアーナ」はアウクスブルクの名高い金細工師たちに好まれたテーマだった。同様の小立像が30ほど残っており、どれもみなアウクスブルクの金細工師のうちの3人の手によるものである。おそらくそうした小立像を最初につくったのはバールバウムだろう。同時期にディアーナをかたどってつくられたその他の小立像には、ドイツのエルツ城に残っている機械人形のように、牡鹿の容器は男性用で、もっと小さな猟犬の体が女性用のワインを入れるために空洞になっているものもある。カップとカップは鎖でつながれており、男女は顔を近づけてワインを飲まなければならなかったようだ。

ニューヨークのマジソン・スクエア・ガーデンにある建物の塔のてっぺんに1925年まで立っていたディアーナの銅像。撤去された日には見物人が黒山の人だかりとなった。

小立像にまつわる主な歴史

1590年-2000年代

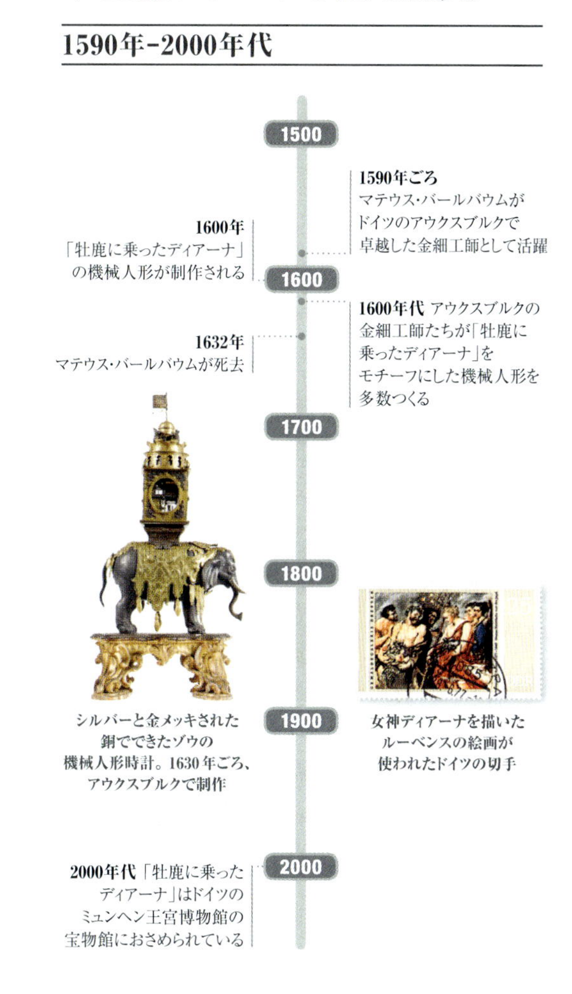

1500
1590年ごろ マテウス・バールバウムがドイツのアウクスブルクで卓越した金細工師として活躍
1600年 「牡鹿に乗ったディアーナ」の機械人形が制作される
1600
1600年代 アウクスブルクの金細工師たちが「牡鹿に乗ったディアーナ」をモチーフにした機械人形を多数つくる
1632年 マテウス・バールバウムが死去
1700
1800
1900
2000
2000年代 「牡鹿に乗ったディアーナ」はドイツのミュンヘン王宮博物館の宝物館におさめられている

シルバーと金メッキされた銅でできたゾウの機械人形時計。1630年ごろ、アウクスブルクで制作

女神ディアーナを描いたルーベンスの絵画が使われたドイツの切手

アウクスブルクで もっとも生産的な金細工工房の1つ

マテウス・バールバウムの工房についての『グローブ装飾百科』の説明

△ 珪化木の切片。長さ30cm

ピーナッツウッド（珪化木）

Peanut wood

テレードウッドとも呼ばれるピーナッツウッドは珪化木の一種である。白い卵形の模様の入った化石化した木で、ピーナッツ入りの豆板に似ている。約1億2000万年前に主にオーストラリアに自生していた針葉樹からできたもので、ユニークな外見は古代の海洋生物がもたらしたものだ。木を食べるフナクイムシ類（テレード）が針葉樹の流木に穴を開け、その後流木は海底に沈んだ。やがて小さなプランクトンの外殻からなる白い堆積物が木を覆い、木に開いた穴が濃縮されたケイ酸塩で埋まって、木が化石化するときに白い筒状の模様となった。

化学名：酸化ケイ素（白い部分）、酸化鉄（色のついた部分）
色：茶、灰、緑に白い模様
硬度：6½ -7 | **比重**：2.5-2.9
屈折率：1.54 | **光沢**：ガラス光沢
産地：オーストラリア

カットされていないピーナッツウッド | 原石 | 西オーストラリア州ガスコイン地域産のどっしりとしたピーナッツウッドの原石。白い部分と黒っぽい部分が同じぐらいの分量で好対照をなしている。

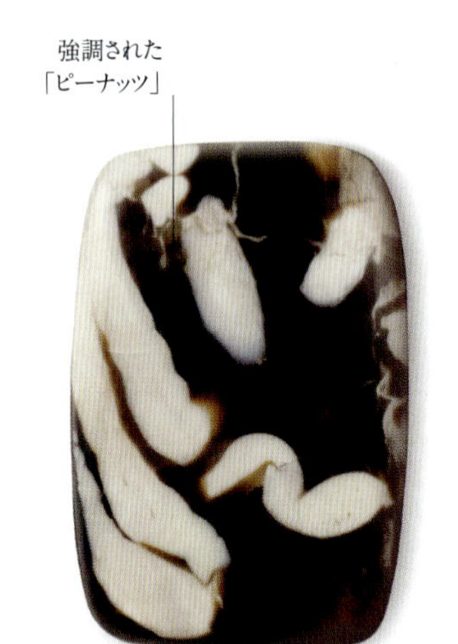

角を丸くしたカボションカット | カット | 長方形にカボションカットしたピーナッツウッド。「ピーナッツ」に沿ってカットし、模様を強調している。

ラウンドカボションカット | カット | 立体的に見えるめずらしい模様を引き立たせるようにカットした丸い宝石。「ピーナッツ」の形がとくにはっきりしている。

トカゲのオーナメント | 彫刻 | 模様を芸術的に生かすと、ピーナッツウッドは彫刻の素材としてほかに類を見ないほどにすばらしい。一種のカルセドニーであるため、硬く、耐久性があり、磨くとよくつやが出る。

ブレスレット | 仕立て | カボションカットされた6個のオーストラリア産のピーナッツウッドをベゼルセットしたシルバーのブレスレット。アクセントにファセットをつけた同じ色合いのスモーキークォーツをあしらっている。

△ めずらしいアンモナイトの化石群

アンモライト
Ammolite

アンモライトは約6600万年前、恐竜とほぼ同時期に絶滅した軟体動物であるアンモナイトの貝殻の外套膜からできたものだ。色は虹色に変化し、すべてのスペクトル色があるが、緑と赤がもっとも一般的で、金と紫は希少である。世界各地で見つかるが、採掘が行われているカナダのアルバータ産のものがもっともすばらしい。アルバータ州で暮らすカナダの先住民のブラックフット族はそれをイニスキン——スイギュウの石——と呼ぶ。この石が狩りの際に仕留められる近さまでスイギュウをおびき寄せてくれると信じていたからだ。

化学名：炭酸カルシウム
色：すべてのスペクトル色——赤、橙、黄、緑、青、藍、紫
硬度：3½－4 | **比重**：2.75-2.85
屈折率：1.52-1.68 | **光沢**：ガラス光沢
産地：カナダ、アメリカ

螺旋状のアンモナイト | 原石 | 典型的な螺旋と節を見せるアンモナイト、ダクティロセラスの化石。2億年前のジュラ紀のもの。

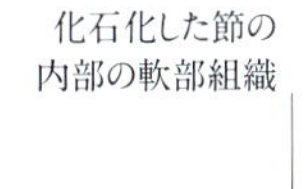

並はずれてよく保たれた標本 | 原石 | 英国でジュラ紀のオックスフォード粘土層から見つかったアンモナイト、コスモセラス・ダンカニの化石。化石化した軟部組織もわかる。

縦割りのアンモナイト | カット | 縦割りされ、研磨されたオキシノチセラスアンモナイトの化石。内部の仕切りが方解石で埋められているのがわかる。

アンモライト | カット | 長さが最大で33mmある重さ23.7カラットのアンモライトの宝石。アンモナイトの化石化した外側の貝殻の一部。

ヘビ石 | 彫刻 | ヘビを石に変えたという聖ヒルダの伝説をもとに、近代の宝石研磨職人はアンモナイトにヘビの頭を彫刻するようになった。

ヘビかヒツジか

動物とのつながり

アンモナイトはヒツジの角に形が似ていることからその名がついた。1世紀ごろのローマの著述家で博物学者、大プリニウスがヒツジの角を持つとされていたエジプトの神アンモーン（アムン）にちなんで、貝をアンモニス・コルニュア（「アモンの角」）と名づけたのだ。中世のヨーロッパでは、ヘビ石とか、大蛇石と呼ばれ、聖パトリックかホイットビーの聖ヒルダのような聖人によって石にされたヘビだと信じられていた。

ヒツジの頭を持つエジプトの神アンモーン
このステレ（石板）は墓石として使われていたと思われる。

岩石宝石と岩石

モルダバイト（モルダウ石）

Moldavite

△ オーバルブリリアントカットし、ファセットをつけたモルダバイト

モルダバイトは、1500万年前に現在のバイエルン州リースの近くに衝突した隕石が、その地にあった砂岩を溶かしたことで形成された。この物質は大きな隕石が地球に衝突したときにできる天然ガラス、テクタイトの一種である。衝突の衝撃で地球の岩石が溶けて空中に飛び散り、瞬時に冷えてガラス化したものだ。テクタイトはほぼすべての大陸で見つかるが、モルダバイトはリースの隕石衝突のクレーターで見つかったもののみを指す。ふつうはオリーブグリーンからつやのない緑がかった黄色を呈し、大きさは1mmにも満たないものから数cmのものまでさまざまである。

岩石名 テクタイト

化学名：含アルミニウム酸化ケイ素
化学式：$SiO_2(+Al_2O_3)$ | **色**：モスグリーン、緑がかった黄色
晶系：非晶質 | **硬度**：5½ | **比重**：2.40
屈折率：1.48-1.54 | **光沢**：ガラス光沢
条痕：白色 | **産地**：ドイツ、チェコ

紡錘形 | 原石 | 溶けて空中を飛翔するあいだに、モルダバイトはさまざまな形になったと思われる。紡錘形と呼ばれるこの細長い形もその1つ。

モルダバイトの標本 | 原石 | どっしりとした大きなモルダバイトの標本。隕石衝突の衝撃でクレーターから飛散したモルダバイトが瞬時に冷えたことがわかる。

印象的な形 | 原石 | モルダバイトのなかには、クレーターから飛散した際にまだ液状だったものもあった。そのため、この標本のように「飛び散った」形のまま薄く固まるものもあった。

ファセットをつけたモルダバイト | カット | フリーフォームカットでファセットをつけた特別濃い緑のモルダバイトの宝石。これはパビリオン側から見た石。

すばらしい透明度 | カット | 宝石のモルダバイトのなかには、このブリリアントカットの例のように、非常に透明で高い反射を示すものもある。

モルダバイトという名前は、チェコのモルダウテインという町の名前に由来する

ウマの頭 | 彫刻 | ウマの頭をかたどったモルダバイトの彫刻。自然のままの表面を残し、たてがみに見立てている。

オブシディアン
Obsidian

△ タンブル研磨されたオブシディアン

オブシディアンは天然の火山ガラスで、鉱物の結晶が生成するいとまもなく溶岩が瞬時に固まってできたものだ。どんな化学成分のものでもオブシディアンであるというわけではなく、流紋岩に近い化学組成（シリカ［酸化ケイ素］分約8割、アルミナ［酸化アルミニウム］分約1割、その他アルカリなど約1割）のマグマから生成される。漆黒のものが一般的だが、内包物によって赤や茶のものも生成される。小さな気泡のインクルージョンが金色のシーンを生み出すこともある。雪花黒曜岩では、割れた表面に現れる明るい色のクリストバライト／クリストバル石・方珪石の針状結晶が雪片のように見える。

岩石名 黒曜岩

化学名：酸化ケイ素 | **化学式**：SiO_2 他
色：黒、赤、茶 | **晶系**：非晶質 | **硬度**：5-6
比重：2.3-2.6 | **屈折率**：1.45-1.55
光沢：ガラス光沢 | **条痕**：白色
産地：ヨーロッパ、北アメリカ、南アメリカ、オーストラリア、日本

メキシコ産の黒曜岩 | 原石 | メキシコの中央高地産の黒い黒曜岩。宝石品質で高い反射を見せている。

雪花黒曜岩 | 原石 | この種の黒曜岩が冷えるときに、白いクリストバル石の雪片のような結晶が生成され、独特の模様を生み出す。

虹模様のオブシディアン | カット | シーンを持つオブシディアン（右参照）同様、虹模様のオブシディアンも他の鉱物の小さな板状体を含み、研磨するとイリデッセンスを生じる。

シーンを持つオブシディアン | カット | 生成の途中でオブシディアン内にあるほかの鉱物の板状体がシーンをもたらし、研磨するとこのように見える。

ネコの彫刻 | 彫刻 | オブシディアンはガラスに似てこわれやすいが、細心の注意を払って彫刻すれば、雪花黒曜岩でつくったこの物いいたげな顔のネコの彫刻のように、魅力的なオーナメントを生み出すことができる。彫刻の表面は研磨されて強いシーンを示している。

オブシディアンの刃

古代の切削道具

オブシディアンが割れると、その先端は外科用の鋼鉄のメス以上に鋭い刃となることがある。古代、オブシディアンはよく物を切る道具や武器に加工されて使われた。広い地域で売買される貴重な石でもあった。石器時代から、先コロンブス期のメソアメリカ文明、古代エジプト文明、ネイティブアメリカンの時代、その他の文明を通して使われつづけていた。

オブシディアンの槍先と短剣 パプアニューギニアのアドミラルティ諸島で1900年ごろにつくられたもの。色を塗った取っ手の部分も残っている。

ライムストーン
Limestone

△ 石灰岩にきれいに残ったプテロダクティル（翼竜）の化石

石灰岩は主に炭酸カルシウムからなり、その組成によって砕屑状、結晶状、粒状、塊状をなす。堆積岩である石灰岩のほとんどは、穏やかな海水中で海洋生物が死に、貝殻や珊瑚が細かく砕けて沈殿物になって生成する。その沈殿物の鉱物結晶は続成作用により石灰岩へと固められるのである。石灰岩は多くの古代彫刻に使われ、建築資材、道路の基盤、ペンキの白い顔料やフィラー、プラスチック、歯磨き粉などに日常的に使われている。

岩石名 石灰岩

岩石の種類：海洋性、生物性、堆積性（化学性）
化石：海水と淡水の無脊椎生物 ｜ **主な鉱物**：方解石
わずかに含まれる鉱物：霰石、苦灰石／ドロマイト、菱鉄鉱、石英、黄鉄鉱 ｜ **色**：白、灰、ピンク ｜ **表面**：細かいきめから中程度のきめ、角張ったものから丸みを帯びたもの
産地：世界各地

ライムストーンの彫像｜彫刻｜2世紀ごろのパルミラで細かい彫刻を施してつくられた墓所の彫像。高浮き彫りされた胸像の女性は、首飾り、腕輪、ブローチ、指輪で豪華に身を飾っている。このような彫像はローマ時代を通して制作されていた。

化石を含む岩｜原石｜外肛動物の化石を含むこの標本のような石灰岩は、切り出されて研磨され、建物の外装の仕上げに使われることが多い。

淡水の石灰岩｜原石｜ふつう石灰岩は海水中に生成するが、化石を含むこの標本のように淡水中に生成することもある。

スフィンクス｜彫刻｜ギザの大スフィンクスと同じく、この小さなスフィンクスも、石灰岩を彫刻したものである。スフィンクスがつくられた古代には彫刻用の素材として好まれていた。

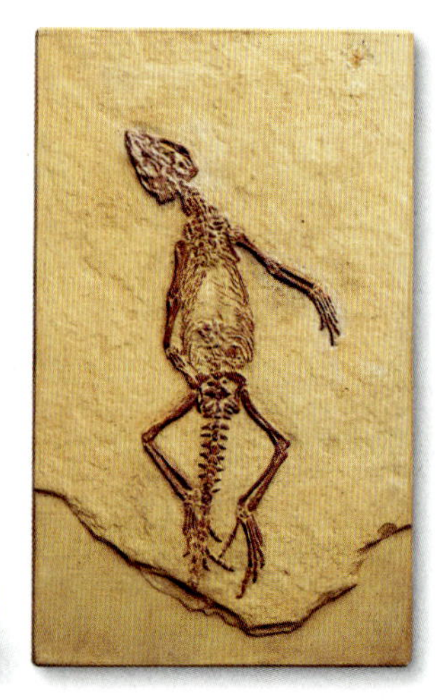

爬虫類の化石｜カット｜ジュラ紀の爬虫類の化石。細粒のライムストーンは化石の保存には最高の環境となる。

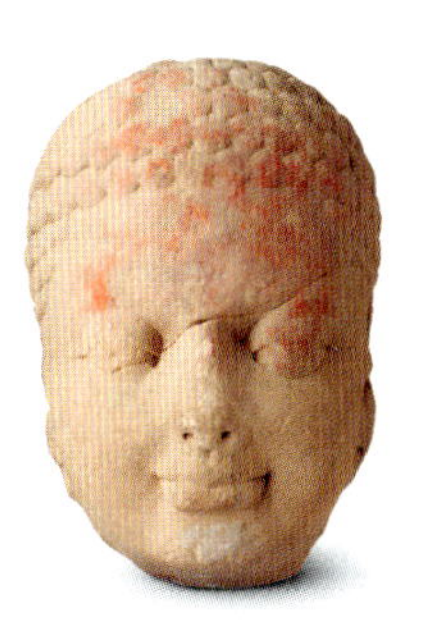

サンドストーン
Sandstone

△ 砂岩を彫ってつくられた、釈迦涅槃像の頭部

砂岩は世界各地で採取されており、堆積岩ではもっとも一般的なものの1つである。構成する鉱物、岩石、有機物は風化によって砂ほどの微小な粒子となったもので、それらが長い時間をかけて固まる。砂岩はおおむね石英と長石の砂粒のような結晶粒子が固まったものだ。砂岩にはあらゆる色が見られるが、ふつうは茶、黄、赤、灰色、ピンク、白である。何世紀にもわたって彫刻や建築に使われてきた素材だ。

岩石名 砂岩［堆積性］

化石：脊椎動物、無脊椎動物、植物
主な鉱物：石英、長石 ｜ **わずかに含まれる鉱物**：シリカ鉱物、炭酸カルシウム鉱物（方解石・霰石） ｜ **色**：クリームから赤
表面：細かいきめから中程度のきめ。角ばったものから丸みを帯びたもの
産地：世界各地

きめの粗い表面 | 原石 | 粒間の物質が風化で失われたために表面が粗くなっている、赤錆色の砂岩。

大きな砂岩 | 原石 | 層面に沿って水平に割れれば、上質の彫刻の素材となる大きな砂岩。

多彩な層

層をなす砂岩 | 原石 | 微妙に波打つ層面を平面に切ると、この標本のように砂の「絵」が現れる。

インドの彫像 | 彫刻 | 1-2世紀ごろのインドで赤いサンドストーンに施された凝った彫刻。着彩前にゲッソー（膠と混ぜ合わせて下地に塗る石膏）でコーティングしてある。

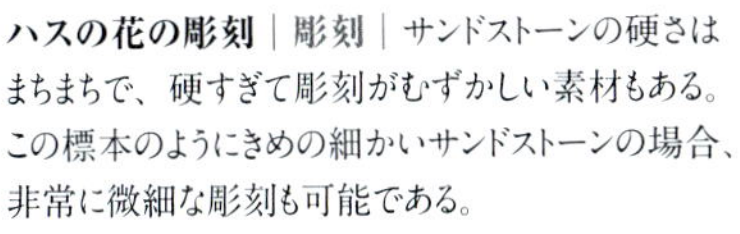

ハスの花の彫刻 | 彫刻 | サンドストーンの硬さはまちまちで、硬すぎて彫刻がむずかしい素材もある。この標本のようにきめの細かいサンドストーンの場合、非常に微細な彫刻も可能である。

細かい彫刻を施された花のつぼみ

ペトラ

バラの都市

ヨルダン南西部に位置するペトラは、ピンクのサンドストーンの断崖を彫ってつくられた遺跡として名高い。サンドストーンの豊かなバラ色にちなんで「バラ色の都市」と呼ばれている凝った彫刻の墓所や神殿群は、紀元前300年ごろ、ペトラがナバテア王国の首都だったころにつくられた。ペトラのもっとも有名な神殿は「宝物殿」という意味のアル‐ハズナで、装飾的な正面の壁を持つ建物へは、両側を高さ80mの絶壁に囲まれた狭い峡谷を1km以上も通っていかなければならない。

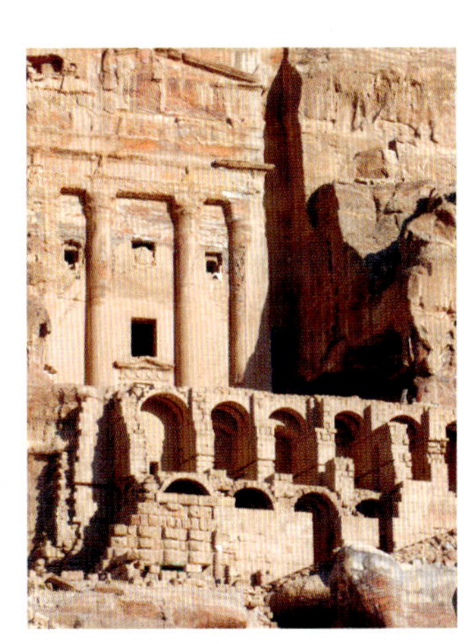

バラ色の柱 装飾的な柱を持つ墓所の正面の壁はサンドストーンを彫ってつくられたものである。

ライオンの中庭に面した宮殿の内部 | 14世紀 | サンドストーン、化粧漆喰、木材 | スペイン、グラナダ市、宮殿都市アルハンブラで発見

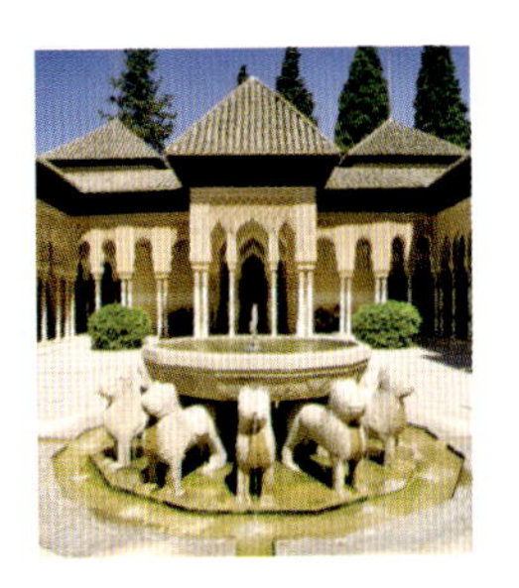

スペインの アルハンブラ宮殿

△ ライオンの中庭

スペインのグラナダにあるアルハンブラ宮殿は、赤い粘土や砂利からなるレンガを積んだ独特の景観で、遠くからもそれとわかる。アルハンブラという名前は「赤い城塞」という意味である。宮殿の内部には、サンドストーンや化粧漆喰や木材を使った驚くほどすばらしい石細工や装飾が施されている。サンドストーンは昔から重要な建材の1つで、建材としても、彫刻の素材としても、その耐久性は堆積岩のなかで随一だ。化粧漆喰は壁の上塗りをしたり、型に入れて装飾品をつくったりするのに使われる上質の漆喰である。アルハンブラではサンドストーンと化粧漆喰をいっしょに使うことで、あたたかい輝きと豊かな質感に満ちた内装が生み出されている。

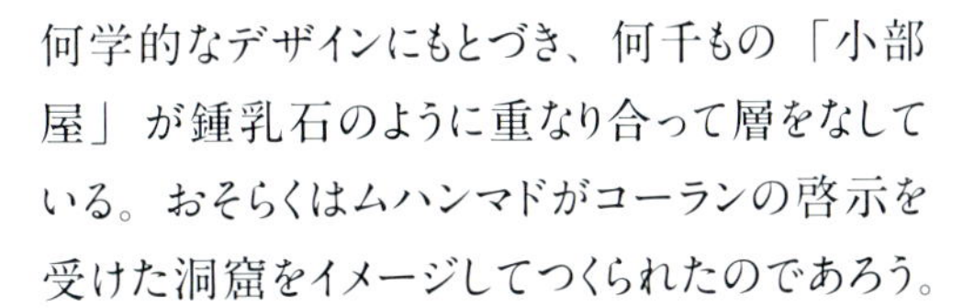

1890年代のアルハンブラを表した版画

もっとも栄えた時期には、アルハンブラは要塞であり、宮殿だったが、その後は兵舎や監獄として使われ、流浪の民ロマの居住地となって荒れはてた広間を家畜がうろつくこともあった。19世紀になると、ロマン派の芸術家たちがかつての栄光にインスピレーションを受け、宮殿を再発見した。そのなかでも有名な訪問者は、『リップ・バン・ウィンクル』の作者であるワシントン・アービングで、アービングは宮殿の二姉妹の間についての物語を創作した。2人のイスラム教徒の王女がそれぞれキリスト教徒の捕虜と恋に落ち、1人は恋人と駆け落ちし、もう1人は宮殿に残ってさみしいひとり身を貫くという話である。実際の名前の由来はもっと無味乾燥で、「二姉妹」は床に敷石として使われている2つの大きな大理石のことを指す。この広間はスルタンの妃が子供たちと暮らしていた居住部分の一部だった。広間で目を引くのは、中央のムカルナスのドームだ。ムカルナスとは層をなす凝ったデザインのアーチ天井のことで、色をつけた化粧漆喰でできている。幾何学的なデザインにもとづき、何千もの「小部屋」が鍾乳石のように重なり合って層をなしている。おそらくはムハンマドがコーランの啓示を受けた洞窟をイメージしてつくられたのであろう。

二姉妹の間の天井。下から見たムカルナスのドームの内部。化粧漆喰でできたハチの巣のような模様。

夢を見ているとしか思えない

ワシントン・アービング
作家

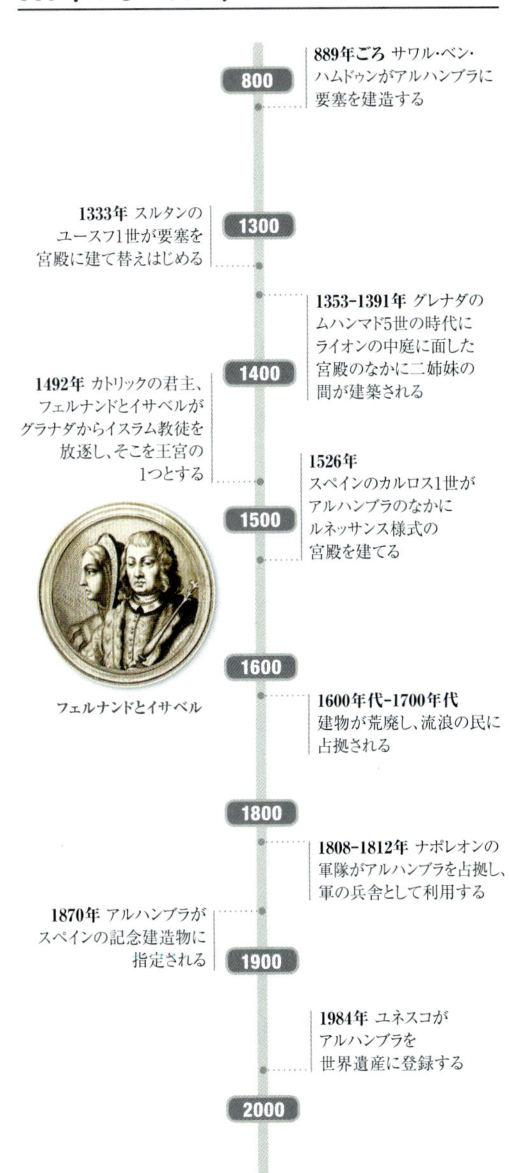

宮殿にまつわる主な歴史
889年ごろ-1984年
800
889年ごろ サワル・ベン・ハムドゥンがアルハンブラに要塞を建造する
1300
1333年 スルタンのユースフ1世が要塞を宮殿に建て替えはじめる
1353-1391年 グレナダのムハンマド5世の時代にライオンの中庭に面した宮殿のなかに二姉妹の間が建築される
1400
1492年 カトリックの君主、フェルナンドとイサベルがグラナダからイスラム教徒を放逐し、そこを王宮の1つとする
1526年 スペインのカルロス1世がアルハンブラのなかにルネッサンス様式の宮殿を建てる
1500
1600
1600年代-1700年代 建物が荒廃し、流浪の民に占拠される
1800
1808-1812年 ナポレオンの軍隊がアルハンブラを占拠し、軍の兵舎として利用する
1870年 アルハンブラがスペインの記念建造物に指定される
1900
1984年 ユネスコがアルハンブラを世界遺産に登録する
2000

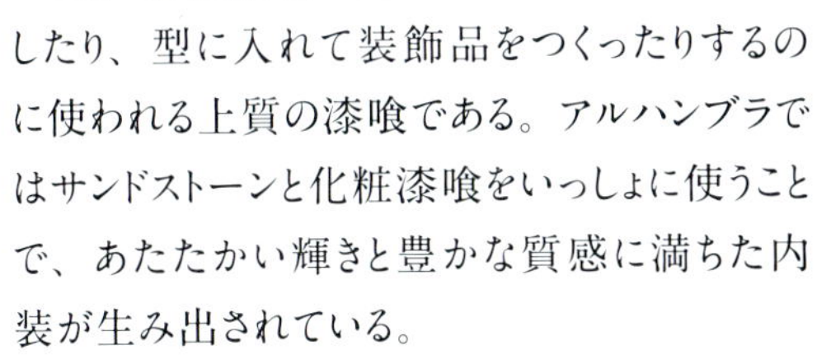

フェルナンドとイサベル

マーブル
Marble

△ 砕けて再度固まった角礫岩質大理石

石灰岩や苦灰岩を原岩とする粒状の岩石である大理石は、方解石や苦灰石の粒子がからみあった塊からなる。純粋な大理石は白い。ほかの種類は色や鉱物の混合物からそれぞれの呼び名がついている。こうした混合物はもとの石灰岩に入りこんで薄い層をなすことが多く、縞模様や渦巻き模様をつくることがある。脈模様やその他の模様は、原岩にひびが入ったり砕けたりしたときに、隙間を方解石やその他の鉱物が埋めることでつくられる。

岩石名 大理石［変成岩］

温度：高い
圧力：低から高 | **主な鉱物**：方解石
わずかに含まれる鉱物：透輝石、透閃石、アクチノ閃石
色：白、ピンク | **表面**：細かいきめから粗いきめ
原岩：石灰岩、苦灰石

大理石の標本｜原石｜ハイアロフェンの結晶と黄鉄鉱を内包した、苦灰岩質の大理石の標本。

模様をなすインクルージョン

大理石の球体｜彫刻｜研磨してきれいに仕上げられた模様のある球体。インクルージョンによる「トラの縞」が引き立っている。

大理石の彫刻作品｜彫刻｜きれいな白い色の大理石を彫刻した作品。シンプルな彫刻によってなめらかな曲線が強調されている。

大理石の彫像｜彫刻｜半透明の大理石を使って19世紀初頭のイタリアでつくられたスケールの大きな彫像。レスリングをする人たちを表し、岩の形をした土台の上に彫られている。制作者のすばらしい技量となめらかな仕上げによって、半透明の素材のよさが際立っている。古代ローマのブロンズ像にインスピレーションを受けて制作された作品。

御影石(みかげいし)

Granite

△ 典型的なピンク色の花崗岩。石英、長石、雲母を含んでいる

ピンク、白、灰色、黒のまだら模様の装飾用の石として知られる花崗岩は、地球の陸地を構成する岩石のなかでもっとも一般的な深成岩である。花崗岩に含まれる3つの主な鉱物は長石、石英、白雲母——もしくは黒雲母——である。その3つの主な鉱物のうち、もっとも多いのは長石で、石英（p132-139参照）もふつう10%以上含まれる。花崗岩は少なくとも4000年ほど前から彫刻や建築に好んで使われてきた。それが入手可能な場所ならば、強度と耐久性にかんがみ、寺院の建材から、石臼の材料まで、さまざまな用途に適した素材として第一に選ばれる石だった。日本では一般的に「御影石」という石材名で流通しているが、これは本来「御影（現・神戸市東灘区御影）で採れた花崗岩」に使われていた一種のブランド名が一般化したものである。

岩石名 花崗岩(かこうがん)［火成岩］

主な鉱物：カリ長石、斜長石、石英、雲母
わずかに含まれる鉱物：普通角閃石
色：白、薄い灰、灰、ピンク、赤
表面：中程度のきめから粗いきめ

母岩の御影石 | 原石 | リチア電気石の結晶を伴う御影石の母岩。花崗岩はさまざまな宝石の原石の母岩となることが多い。

花崗閃緑岩(かこうせんりょくがん) | 原石 | 花崗閃緑岩に近い標本。石材の「御影石」には、組成によってさまざまな色や手触りのものがある。

微斜長石を含む丸石 | 原石 | 組成に大量の微斜長石(びしゃちょうせき)を含むことでピンク色をした花崗岩の丸石。

御影石 | カット | 「白御影」として売られ、キッチンカウンターの天板などに使われる素材だが、組成は花崗閃緑岩に近い。

御影石のビーズ | 彫刻 | 彫るとこのビーズのような模様を生み出す御影石に古代の人々は引きつけられた。黒い部分は普通角閃石(ふつうかくせんせき)。

「黒御影石」 | カット | キッチンカウンターの天板に使われる素材。日本では「黒御影」として流通しているが、実際の組成は閃緑岩に近い。

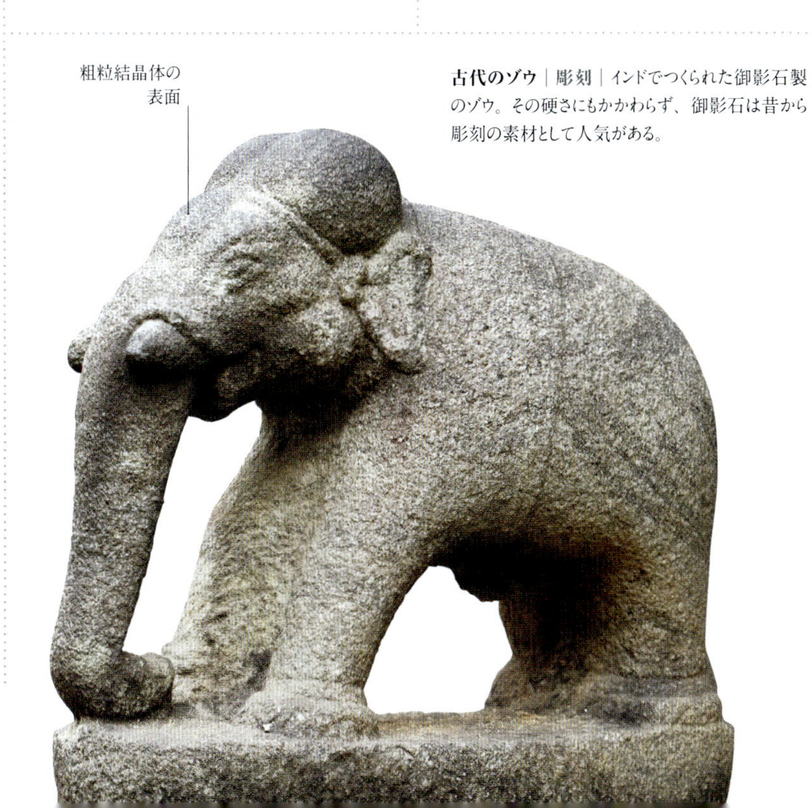

古代のゾウ | 彫刻 | インドでつくられた御影石製のゾウ。その硬さにもかかわらず、御影石は昔から彫刻の素材として人気がある。

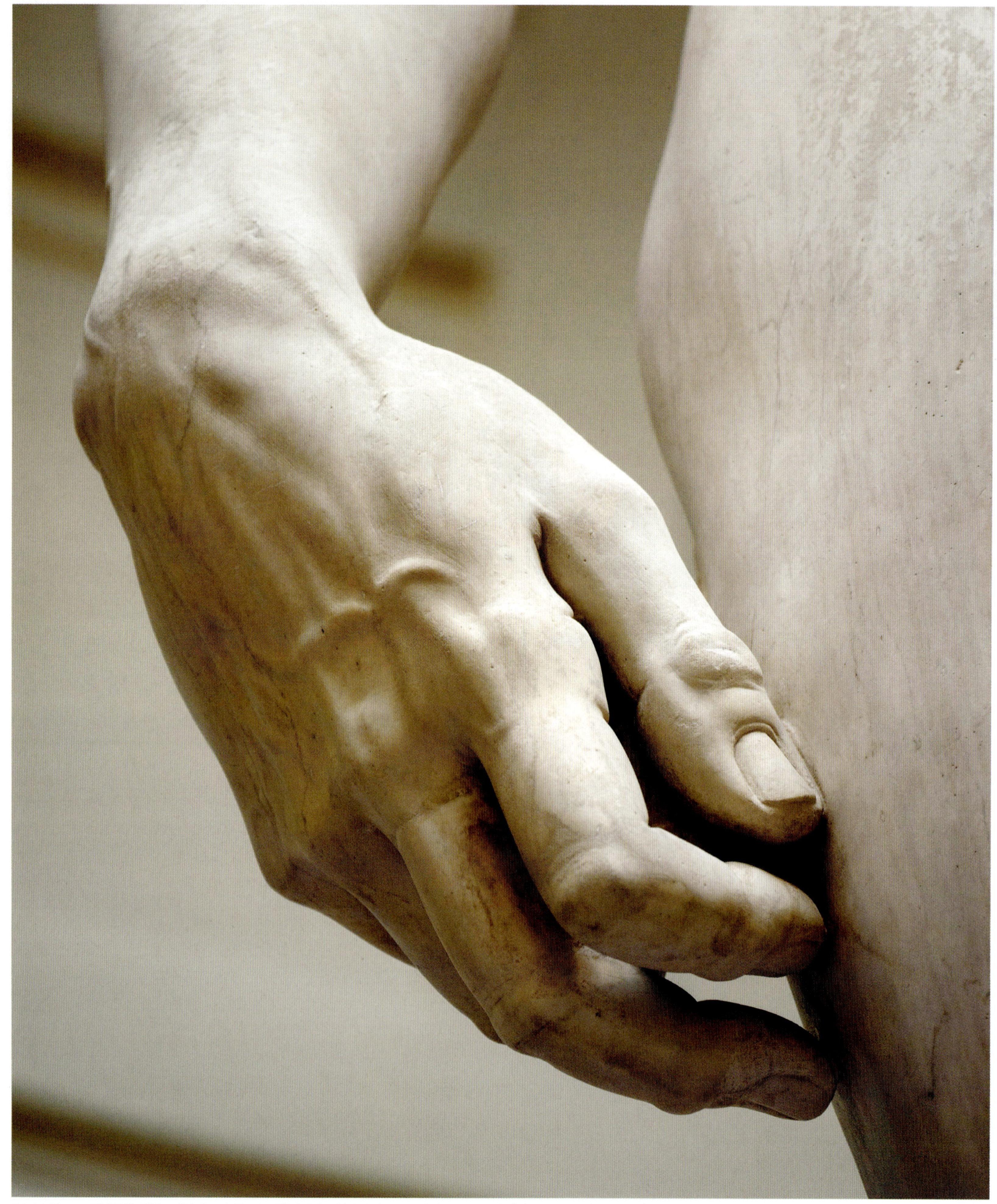

ミケランジェロのダビデ像（体との釣り合いからしてわざと大きくつくられた手のアップ） | 1501-1504年 | 高さ5.16m、重さ5660kg | 密度の高いカッラーラの大理石

ミケランジェロの ダビデ像

△ミケランジェロ（1475-1564）の肖像画

ルネッサンス期を代表する作品の1つで、異論はあるが、歴史上の最高傑作の1つでもあるミケランジェロのダビデ像は、男性の体の構造をそのまま表した点でも、スケールの大きさでも、ユニークな題材の扱い方においても、ほかに類を見ない作品である。彫像は、聖書に登場するペリシテ人の巨人戦士ゴリアテを倒した、ユダヤの少年ダビデをかたどっている。密度の高い大理石を彫ってつくられた像は高さ5m以上、重さ5.5t以上ある。片手には投石器を持ち、もう一方には石を持っている。ミケランジェロの彫像は、ゴリアテが表されていない点や、ダビデの勝利を描くのではなく、戦いに備える姿を表している点で、それまでに例がないものだった。浮き出た手の血管、張りつめた首の筋肉、じっと一点を見つめるまなざしなどを途方もないスケールで表し、戦いの前のダビデの緊張をとらえたところに、ミケランジェロの類まれな才能が現れている。当時の人々はこの彫像を見て驚嘆したが、ただ1人、フィレンツェの市政長官ピエロ・ソデリーニは鼻が大きすぎると指摘した。ミケランジェロはソデリーニの目の前でそれを修正した振りをし、隠し持っていた削り屑を払い落とした。

ゴリアテの首を持つダビデ。
1600年ごろのカラバッジョ一派の作品。
勝利の瞬間を描いた典型的なもの

彫像はフィレンツェ大聖堂の控え壁に置かれることになっていた。並はずれて頭部と手が大きく表されているのも、設置場所を考えてのことだったのかもしれない。正面の下から見たときに釣り合いがとれて見えるようにしたというわけだ。しかし、レオナルド・ダ・ビンチやボッティチェリも加わっていたフィレンツェの協議会は、この作品が大聖堂の控え壁に飾るにはあまりにすばらしい（そして重い）と考え、結局彫像はシニョリーア広場にある市庁舎の前に設置された。そこに置かれたことには政治的に大きな意味があった。ダビデ像の視線がローマの方角へ向けられていたからだ――像はメディチ家の支配から解放されたばかりのフィレンツェを象徴するものだった。

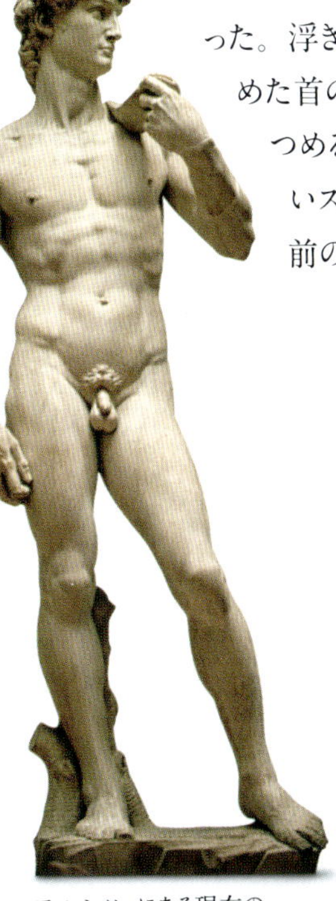

フィレンツェにある現在のダビデ像

ミケランジェロのダビデ像を見たならば、ほかの作品は、存命の彫刻家のものにせよ、故人のものにせよ、それ以上目にする必要はない

ジョルジオ・バザーリ
画家であり、芸術家の伝記作家だった人物（1511-1574）

ダビデ像にまつわる主な歴史

1400年-2014年

1400

1400年 フィレンツェ市当局が大聖堂の控え壁に旧約聖書を題材にした彫像を12体飾ることを計画する

1464年 アゴスティーノ・ディ・ドゥッチオがダビデ像の制作を依頼され、巨大な大理石の塊が用意される

1466年 アゴスティーノが脚部と胴体をつくりはじめたところで、理由は不明ながら制作を中止する

1476年 アントニオ・ロッセリーノが制作を引き継ぐが、すぐに契約を解除される

1500

1500年 当局が彫像を仕上げるために彫刻家を見つける決断をする

1501年8月 弱冠26歳のミケランジェロが契約を勝ちとる

1501年9月 ミケランジェロが彫像の制作にとりかかる

1504年1月 フィレンツェの協議会が完成したダビデ像を大聖堂の控え壁には設置しないと決める

1504年6月 ダビデ像がシニョリーア広場（ベッキオ宮殿）へ運ばれる

1800

1873年 ダビデ像が保護のためにフィレンツェのアカデミア美術館に移される

1900

1910年 かつてダビデ像が置かれていた場所にレプリカが設置される

1939-45年 爆撃から守るため、彫像にレンガの囲いがかけられる

第二次世界大戦中、レンガで守られていた彫像

1991年 観覧客の1人がハンマーで彫像に打ちかかり、左足の爪先を砕く

2000

2010年 イタリアの文化省がダビデ像の所有権を主張し、フィレンツェ市と対立する

2010

2014年 彫像を支える切株と脚部に微細な亀裂が見られ、懸念が広がる

記録破りの宝石

大きく、美しく、ほぼ完璧――世界的な記録破りの宝石のほとんどが備えている特徴だ。王家の宝物庫や有名な博物館におさめられている宝石もあれば、最近地中から見つかったばかりのものもある。新しいものから名のあるものまで、大きさや品質で記録を打ち立てた宝石をここに集めてみた。

デビアス・ダイヤモンド
パティヤーラーの首飾り（p90-91参照）のメインの石であったイエローダイヤモンド。

ルカパダイヤモンド
希少なタイプIIaの品質と鑑別された、ほぼ無キズなダイヤモンドの原石。

スウィート・ジョゼフィーヌ
クッションカットされた16.08カラットのスウィート・ジョゼフィーヌ。2015年に2850万ドルの値がつき、ピンクダイヤモンドのこれまでの販売価格の記録を破った。

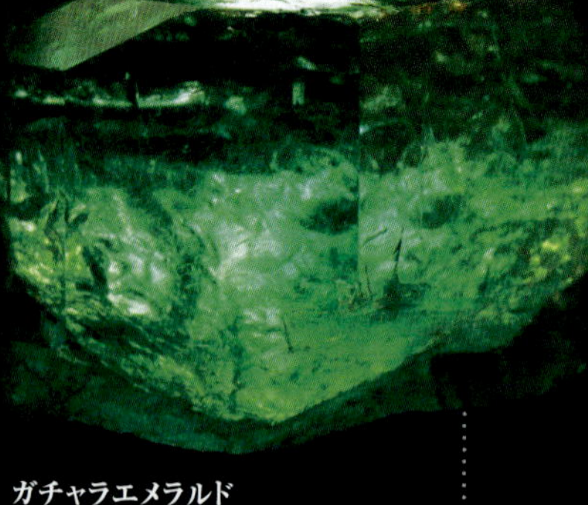

ガチャラエメラルド
カットされていない世界最大のエメラルドの1つ。ガチャラエメラルドは重さ858カラット。

カルメン・ルチアのルビー
独特の美しい色とクラリティを持つ23.1カラットのビルマ（現ミャンマー）産のルビー。

アダムの星
世界最大のブルースターサファイヤ。2015年にスリランカのラトゥナプラで発見された。

オリンピックオーストラリスオパール
オリンピックオーストラリスオパールは99%純粋な宝石品質で、世界でもっとも価値の高いオパールである。

パライバスターオブザオーシャン
2013年にカウフマン・ドゥ・スイスによってジュエリーに仕立てられた世界最大のパライバトルマリン。

東洋のブルージャイアント
1907年の発見以来、世界最大という記録を保持しているサファイヤ。

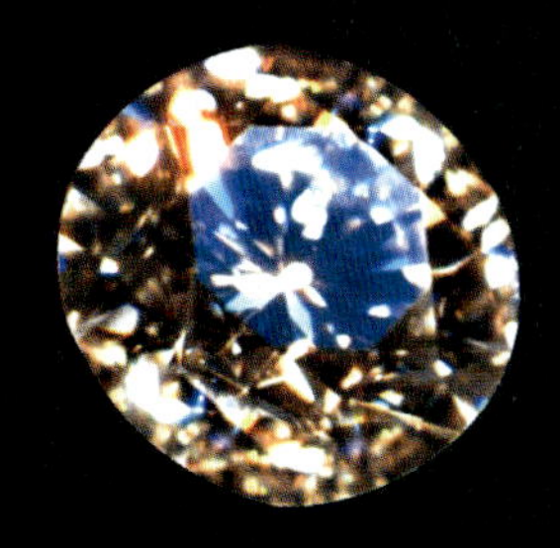

ストローンワグナーダイヤモンド
ストローンワグナーダイヤモンドは、AGS（アメリカン・ジェム・ソサエティ）のグレードで最上級とされている。

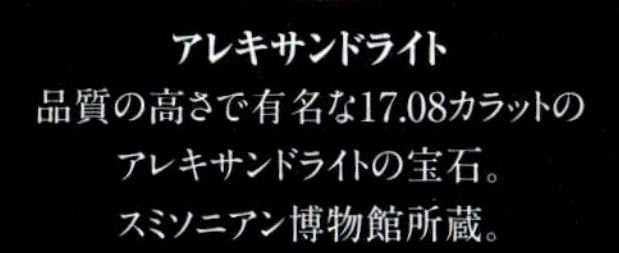

アレキサンドライト
品質の高さで有名な17.08カラットのアレキサンドライトの宝石。スミソニアン博物館所蔵。

現代のジュエリーブランド

19世紀半ばからつづけられてきた宣伝広告活動が功を奏し、消費者のジュエリーに対する概念は変わった。もはやジュエリーは宝石の品質や貴金属の含有量や希少性だけで価値が決まる単なる流動資産ではなくなった。その価値にはブランドも関係するようになったのだ。ジュエリーはリングや時計だけに留まらず、フレグランスやホームウエア、文化や芸術、特別なスポーツのイベントやレッドカーペットの上を歩く有名人までを網羅する、独自のライフスタイルを象徴するものとして消費者に提示されるようになった。

アメリカではティファニーが先鞭をつけ、1845年にそうした傾向を反映した最初のジュエリー・カタログである『ブルー・ブック』を出版した。色のテーマをより強く打ち出すために、1878年にはテーマカラーの青をパッケージや宣伝に用いるようになり、それがブランドイメージの一部となった。一方、カルティエはヨーロッパの王族とのつながりを利用し、特権的で洗練されたブランドイメージを生み出そうとした。レ マスト ドゥ カルティエというライフスタイルを提案するシリーズも発表し、ブランドの高級イメージを固めるためにポロの試合のスポンサーを務めたりもした。高級ブランドのヴァン クリーフ&アーペルから大衆的なパンドラにいたるその他のブランドも、同様の方法で消費者に向けてみずからのブランドイメージを発信しつづけている。

自分のジュエリーを栄誉の記念品だと思ったことはないわ……つかのま美の番人になっただけのことよ

エリザベス・テイラー
女優

パンテール ドゥ カルティエのウォッチ　遊びが好きで、たくましく、優美さと力と豪奢さを象徴するヒョウは、カルティエの贅沢な腕時計の多く――右はその一例――やパンテール ドゥ カルティエシリーズのほかの装飾的なジュエリーのデザインにとり入れられてきた。

5

カラーガイド

カラー ガイド

ここでは宝石を主な色にもとづいて、おおまかにグループ分けしている。複数の色を持つものについては、文中にその色を記した。

Diamond
ダイヤモンド | p52–57参照 | 無色、白から黒、黄、ピンク、赤、青、茶。透明から不透明で、ダイヤモンド光沢。

Quartz (Namibian)
ナミビア産の水晶 | p132–139参照 | 無色、黄、ピンク、緑。透明から不透明で、ガラス光沢。

Quartz (rutilated)
針入り水晶 | p132–139参照 | 無色で、金色、赤、緑の針状のルチルを含む。ガラス光沢を帯び、透明。

Quartz (rock crystal)
水晶 | p132–139参照 | 天然は無色。ガラス光沢で、透明。

Satin spar
繊維石膏 | p123参照 | 無色、白、黄、薄い茶。半透明で、亜ガラス光沢または真珠光沢。

Pollucite
ポルサイト | p185参照 | 無色または灰色、青、紫。透明から不透明までの幅がある。ガラス光沢。

Danburite
ダンビュライト | p246参照 | 無色から黄、茶、ピンクまでの幅がある。透明で、ガラス光沢から油脂光沢。

Celestine
セレスティン | p121参照 | 無色、白、赤、緑、青、茶で産する。透明から半透明でガラス光沢。

Amblygonite
アンブリゴナイト | p117参照 | 無色、白、黄、ピンク、茶、緑、青。透明で、ガラス光沢か真珠光沢。

Phenakite
フェナカイト | p282参照 | 無色、黄、ピンク、緑、青。透明から半透明で、ガラス光沢。

Tourmaline (achroite)
トルマリン（アクロアイト） | p226–229 | トルマリンの1種。無色でガラス光沢。透明から半透明または不透明。

Albite
アルバイト | p172参照 | 無色、緑、青、黒。ガラス光沢または真珠光沢で、透明のものから不透明のものまである。

Euclase
ユークレイス | p283参照 | 無色、白、青、緑。透明から半透明で、ガラス光沢。

Platinum
プラチナ | p44–45参照 | 貴金属の1つで、銀白色。金属光沢を帯び、不透明。

Silver
シルバー | p42–43参照 | 一般的な貴金属の1つで、銀白色。酸化により黒くなる。金属光沢を帯び、不透明。

Pyrite
黄鉄鉱 | p66参照 | 天然では銀色または薄い黄銅色で産する。金属光沢を帯び、不透明。

Pearl
真珠 | p292–295参照 | 白、クリーム色、黒、青、黄、緑、ピンクのものが見られる。不透明で、真珠光沢。

Marble
大理石 | p328 | 不透明な石で、色には広い幅がある。紫、赤、青、白の脈状模様を見せる。光沢は無艶、真珠、または亜金属。

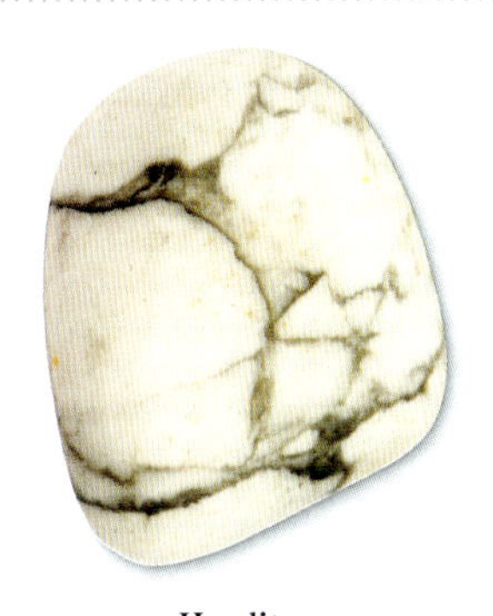

Howlite
ハウライト | p127参照 | オフホワイトで産し、しばしば灰色や黒のクモの巣状の模様を伴う。不透明で、亜ガラス光沢。

Petalite
ペタライト | p197参照 | 色には無色からピンク、黄までの幅がある。ガラス光沢で、透明。

Quartz
アベンチュリン（石英） | p134参照 | 灰色、緑、赤茶、金茶。半透明から不透明で、ガラス光沢。

Quartz (chatoyant)
クォーツキャッツアイ | p137参照 | 灰色がかった色で、弱いキャッツアイ効果が見られる。半透明で、油脂光沢。

Bytownite
バイタウナイト | p173参照 | 黄または緑がかった茶。透明または半透明で、ガラス光沢または真珠光沢。

Quartz (smoky)
スモーキークォーツ | p137参照 | 透きとおった茶で、薄い色から濃い色まである。ガラス光沢を帯び、透明から不透明。

Chrysoberyl (alexandrite)
アレキサンドライト　クリソベリル | p84–85参照 | 透明から半透明で、ガラス光沢。宝石では多色性を見せる。

Jet
ジェット | p306–307参照 | 濃い茶から深い黒までの幅がある。不透明で、光沢は蝋光沢。

Garnet (melanite)
メラナイト（灰鉄石榴石の変種） | p258–263参照 | 深い黒で、ガラス光沢。半透明または不透明。

Onyx
オニキス | p154–155参照 | 黒オニキスは黒い。白い帯模様が見られることもある。ガラス光沢を示し、不透明。

Tourmaline (schorl)
ショール | p226–229参照 | 黒、青黒、茶黒。半透明か透明で、ガラス光沢。

Obsidian
黒曜石 | p323参照 | 半透明で、ガラス光沢。色には黒から青み、マホガニー色、金色、孔雀緑などまでの幅がある。

Anthracite
アンスラサイト（無煙炭）｜p309参照｜不透明で、黒から鋼銀色までの幅がある。亜金属光沢を呈する。

Peanut wood
ピーナッツウッド｜p318参照｜化石化した樹木で、濃い茶から黒。白からクリーム色のピーナツ大の卵形模様がある。ガラス光沢。

Enstatite
エンスタタイト｜p202参照｜茶、灰色、白、緑、黄で、半透明か不透明。ガラス光沢で、灰色のすじが見られる。

Epidote
エピドート｜p251参照｜茶、ピスタチオグリーン、黄、緑がかった黒。ガラス光沢。

Axinite
アキシナイト｜p247参照｜茶、黄がかった緑、緑、青がかった緑、青。透明で、ガラス光沢。

Bronzite
ブロンザイト｜p205参照｜茶か緑がかった色で、透明、半透明、または不透明。ガラス光沢。

Hypersthene
ハイパーシーン｜p204参照｜濃い黒みから黒茶または黒緑。ガラス光沢を帯び、透明から不透明。

Copper
コッパー｜p48–49参照｜茶から赤銅色。錆びると黒または緑に変わる。不透明で、金属光沢。

Agate
アゲート（めのう）｜p152–153参照｜赤、黄、緑、赤がかった茶、白、青がかった白で、さまざまな縞模様を見せる。ガラス光沢を帯び、半透明から不透明。

Rutile
ルチル｜p94参照｜亜ダイヤモンド光沢から亜金属光沢を帯び、茶、赤、淡黄、淡青、紫、黒。透明のものから不透明のものまである。

Chalcedony (sard)
サード｜p146–147参照｜茶がかった赤で、ほぼ不透明。蝋光沢。

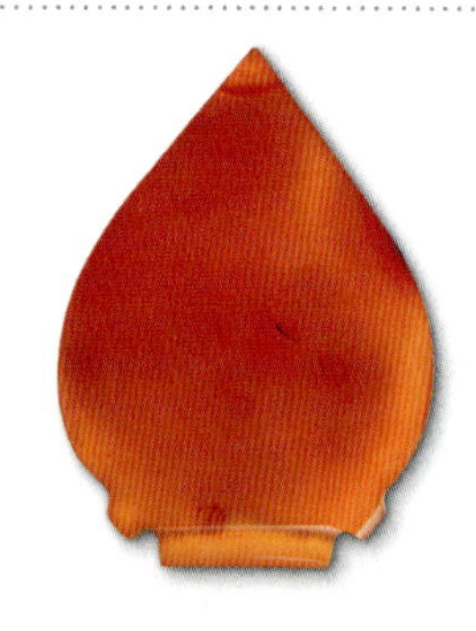

Chalcedony (carnelian)
カーネリアン（紅玉髄）｜p146–147参照｜茶がかった赤から橙を帯び、半透明か不透明。蝋光沢か樹脂光沢。

Fire opal
ファイヤーオパール｜p158–161参照｜赤、橙、黄のオパール。ガラス光沢で、透明のものから半透明、不透明なものまである。

Chalcedony (jasper)
ジャスパー（碧玉）｜p146–149参照｜あらゆる色を示すが、もっとも一般的なのは赤がかった色で、たいていは縞や斑点模様がある。ガラス光沢で、不透明。

Calcite
カルサイト｜p98参照｜透明から不透明で、橙、白、黄み、ピンク、青み、無色。ガラス光沢。

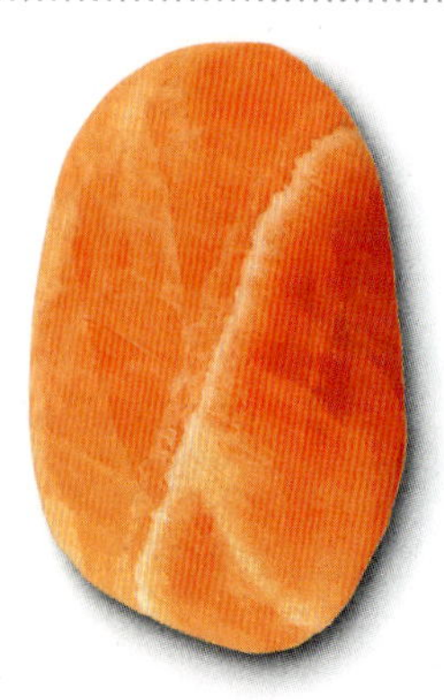

Aragonite
アラゴナイト｜p99参照｜一般に帯模様があり、赤み、黄、白、緑み、青み、紫。透明から不透明で、ガラス光沢から樹脂光沢。

Onyx
カーネリアンオニキス | p154–155参照 | 茶がかった赤、白または黒の縞模様がある。半透明で、ガラス様。

Amber
琥珀 | p310–311参照 | 黄、白、赤、緑、青、茶、黒で産する。透明から不透明で、樹脂光沢。

Tourmaline (dravite)
ドラバイト | p226–229参照 | 濃い黄、黄茶、茶がかった黒。ガラス光沢で、透明から不透明。

Cassiterite
カシテライト | p88参照 | ふつう縞模様のある茶や黒。ダイヤモンド光沢から金属光沢を帯び、透明から不透明。

Quartz (citrine)
シトリン | p137参照 | 薄い黄から濃い黄、または金茶。透明から半透明で、ガラス光沢。

Baryte
バライト | p120参照 | 黄、無色、白、茶、灰色、黒で、赤や青や緑がかっている。透明から不透明で、ガラス光沢から樹脂光沢、ときに真珠光沢。

Copal
コーパル | p308参照 | さまざまな濃淡の黄、白、赤、緑、青、茶、黒。透明から不透明で、樹脂光沢。

Scheelite
シーライト | p126参照 | 黄、黄がかった白、無色、灰色、橙、茶。透明で、ガラス光沢からダイヤモンド光沢。

Scapolite
スキャポライト | p184参照 | 黄、ローズピンク、紫、無色。透明で、ガラス光沢から真珠光沢または樹脂光沢を帯びる。

Gold
ゴールド | p36–39参照 | 特徴のある豊かな金色。金色が淡く、白っぽい黄色に見えるものもある。不透明で、金属光沢。

Garnet (topazolite)
トパゾライト | p258–259参照 | 黄から黄茶で、透明のものから半透明のものまである。ガラス光沢。

Andalusite
アンダリュサイト | p274参照 | 黄がかった緑から緑、茶、ピンク、無色で、ガラス光沢。透明から不透明

Sphene
スフェーン | p275参照 | 黄、緑、茶、またはそれらの混合。透明から不透明で、ダイヤモンド光沢から油脂光沢。

Beryl (heliodor)
ヘリオドール | p240–241参照 | 緑みを帯びた黄金色。透明から不透明で、ガラス光沢。

Brazilianite
ブラジリアナイト | p116参照 | 緑、黄がかった緑、または金がかった色。ガラス光沢を帯び、透明。

Apatite
アパタイト | p118参照 | 透明で、色には黄から緑、無色、青、紫まで広い幅がある。ガラス光沢、蝋光沢。

Tourmaline (elbaite)
エルバイト | **p227参照** | 緑、黄、赤、橙、無色、青で、透明か半透明。ガラス光沢または樹脂光沢。

Chrysoberyl
クリソベリル | **p84–85参照** | ガラス光沢で、さまざまな濃淡の緑、金色、黄、赤、茶をで産する。透明から不透明。

Garnet (andradite)
アンドラダイト | **p258–263参照** | 透明から半透明で、緑、黄、黒、無色で産する。亜ダイヤモンド光沢またはガラス光沢。

Prehnite
プレーナイト | **p198参照** | 緑みまたは油っぽい黄がかった色で産する。半透明で、ガラス光沢か真珠光沢。

Serpentine
サーペンティン | **p190参照** | 緑、黄がかった緑、黄茶、赤茶、黒で、蝋光沢、油脂光沢、絹糸光沢、樹脂光沢、土状、無艶。半透明から不透明。

Moonstone
ムーンストーン | **p164–165参照** | 緑、無色、白、乳白色または青の光沢色、茶、赤。透明か半透明で、ガラス光沢。

Jadeite
ジェーダイト | **p212–213参照** | 緑のものがもっとも価値が高いが、ほかの色でも産する。亜ガラス光沢を帯び、半透明から不透明。

Chalcedony (chrysoprase)
クリソプレーズ | **p146–149参照** | 緑または黄がかった緑で、半透明から不透明。ガラス光沢。

Fluorite
フルオライト | **p96–97参照** | 透明から不透明で、緑、無色、黄、ピンク、赤、茶、青、紫。ガラス光沢。

Variscite
バリサイト | **p104参照** | 緑から黄緑、青緑までの幅がある。半透明から透明で、ガラス光沢から蝋光沢。

Diopside
ダイオプサイド | **p203参照** | さまざまな濃淡の緑、黄、無色、茶、黒。透明から不透明で、ガラス光沢。

Peridot
ペリドット | **p254–255参照** | 緑、黄緑、茶緑で、ガラス光沢から油脂光沢を帯び、透明。

Hiddenite
ヒデナイト | **p208参照** | ガラス光沢を帯び、さまざまな濃淡のエメラルドグリーン、黄緑、緑黄で産する。透明。

Common opal
オパール | **p158–161参照** | 色には広い幅があるが、もっとも一般的なのは緑。蝋光沢から樹脂光沢で、半透明から不透明。

Serpentine
サーペンティン | **p190参照** | 緑、黄がかった緑、白、黄茶、赤茶、黒で、蝋光沢、油脂光沢、絹糸光沢、樹脂光沢、土状、無艶。半透明から不透明。

Malachite
マラカイト | **p107参照** | とても濃い緑で、帯模様が見られる。光沢にはガラスから絹糸、無艶までの幅がある。不透明。

Garnet (demantoid)

ディマントイド | p258–63参照 | 緑から黄がかった緑のガーネットで、透明。ダイヤモンド光沢も帯びる。

Tourmaline (watermelon)

ウォーターメロントルマリン | p226–229参照 | 中心が赤やピンクで、縁が緑。ウォーターメロン（スイカ）の名はこの色合いにちなむ。透明で、ガラス光沢。

Vesuvianite (idoclase)

アイドクレース | p250参照 | 緑、黄がかった緑、黄がかった茶、紫。透明から半透明で、ガラス光沢から樹脂光沢。

Chrysoberyl (cat's eye)

クリソベリルキャッツアイ | p84–85参照 | 緑がかった黄から黄茶。キャッツアイ効果で光の帯が出る。不透明で、ガラス光沢。

Moldavite

モルダバイト | p322参照 | 濃い緑から茶緑色。半透明から透明で、ガラス光沢を帯びる。

Kornerupine

コーネルピン | p252参照 | 透明で、ガラス光沢を帯びる。緑から青緑、茶と緑のいり混じった色までの幅がある。

Ammolite

アンモライト | p319参照 | 緑や赤を中心とする遊色のモザイク模様を見せる。ガラス光沢で、不透明。

Boulder opal

ボルダーオパール | p158–161参照 | あらゆる色を含んだ遊色を見せる。ガラス光沢を帯び、透明から不透明。

Chalcedony (bloodstone/heliotrope)

ブラッドストーン | p146–151参照 | 濃緑色の地に血の滴りのような模様がある。半透明から不透明で、蝋光沢。

Tourmaline (indicolite)

インディコライト | p226–229参照 | 濃い青から青のトルマリン。透明から不透明で、ガラス光沢を帯びる。

Chrysocolla

クリソコーラ | p196参照 | 緑から青で、脈状や斑点状の模様がある。ガラス光沢から土状、不透明。

Dioptase

ダイオプテーズ | p220参照 | ガラス光沢を見せ、鮮やかで濃いエメラルドグリーン、または青がかった緑。

Emerald (synthetic)

合成エメラルド | p232–233参照 | 色にはエメラルドグリーンからいくらか黄がかった緑までの幅がある。ガラス光沢で、透明から半透明。

Microcline (amazonite)

アマゾナイト | p171参照 | 青から緑のこともあるが、ふつう白から淡黄やサーモンピンク。ガラス光沢で、半透明から不透明。

Smithsonite

スミソナイト | p105参照 | ガラス光沢か真珠光沢を帯び、青、白、黄、橙、茶、緑、灰色、ピンク。半透明から不透明。

Turquoise

トルコ石 | p110–11参照 | 薄い青から緑がかった青で、クモの巣状の内包物が見られることがある。蝋光沢で、半透明から不透明。

Tourmaline (paraiba)
パライバトルマリン｜p226–229参照｜ミントグリーンからスカイブルー、サファイヤブルー、紫。透明で、ガラス光沢。

Beryl (goshenite)
ゴシェナイト｜p236–241参照｜無色のベリル。ガラス光沢で、透明のものから半透明のものまである。

Chalcedony
カルセドニー（玉髄）｜p146–149参照｜クォーツの1種で、あらゆる色が見られる。蝋光沢を帯び、半透明のものから不透明のものまである。

Quartz (milky)
ミルキークォーツ｜p136参照｜白くくもったクォーツ。半透明と不透明のものがあり、ガラス光沢を見せる。

Phosphophyllite
フォスフォフィライト｜p199参照｜青緑から無色で産する。半透明で、ガラス光沢。

Pectolite
ラリマー｜p217参照｜亜ガラス光沢、ときに絹糸光沢で、薄い青、薄い緑、無色、灰色を呈する。透明または半透明。

Lazulite
ラズーライト｜p119参照｜青白から濃い青または緑青で、ガラス光沢を帯びる。透明、半透明、不透明いずれもある。

Topaz
トパーズ｜p272–273参照｜青、無色、黄、茶み、緑、ピンク、赤、紫。ガラス光沢で、透明。

Beryl (aquamarine)
アクアマリン｜p236–241参照｜青または緑がかった青のベリル。ガラス光沢を帯び、透明から半透明。

Zircon
ジルコン｜p268–269｜青、緑、黄、茶、赤、無色で、透明から半透明。ダイヤモンド光沢からガラス光沢を帯びることもある。

Tourmaline (indicolite)
インディコライト｜p228–229参照｜青から濃い青のトルマリン。透明から不透明で、ガラス光沢を帯びる。

Azurite
アズライト｜p106参照｜アズールブルーか濃い青。透明、半透明、不透明いずれもあり、ガラス光沢。

Benitoite
ベニトアイト｜p223参照｜青、紫、ピンク、無色。透明または半透明で、ガラス光沢、亜ダイヤモンド光沢、ダイヤモンド光沢を帯びる。

Iolite (or cordierite)
アイオライト｜p222参照｜たいていは青紫で産する。ガラス光沢を帯び、透明か半透明。

Haüyne
アウイン｜p181参照｜アズールブルー、緑青色、青白色。ガラス光沢から油脂光沢、透明、半透明、不透明いずれもある。

Sapphire
サファイヤ｜p70–73参照｜さまざまな青のほか、ほぼあらゆる色で産する。光沢は亜ダイヤモンド光沢から真珠光沢。透明から不透明。

Kyanite
カイアナイト | p280参照 | ガラス光沢で、青、緑、茶、黄、赤、無色。透明のものから半透明のものまである。

Tanzanite
タンザナイト | p253参照 | さまざまな濃淡のサファイヤブルー、アメシスト色、紫で産する。透明で、ガラス光沢を帯びる。

Lapis lazuli (imitation)
ラピス・ラズリ用の模造品 | p174–177参照 | 本物は際立って深い青、紫、緑がかった青。無艶からガラス光沢で、不透明。

Labradorite
ラブラドライト | p169参照 | 暗灰色か黒灰色の地に、見る角度で色が変わる「ラブラドレッセンス（黄金、青、緑、紫、銅色）」を呈する。ガラス光沢を帯び、透明から不透明。

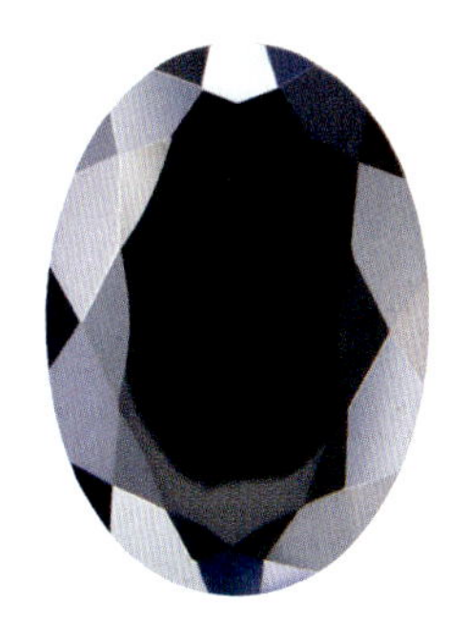

Hematite
ヘマタイト | p86参照 | 黒、鋼灰色のほか、部分的に赤みを帯びたものもある。金属光沢、土状、不透明。

Dumortierite
デュモルティエライト | p277参照 | 濃い青、青紫、赤茶、または無色。半透明のものから不透明のものまである。ガラス光沢。

Sodalite
ソーダライト | p180参照 | ガラス光沢か油脂光沢を帯び、青または青紫。透明、半透明、不透明いずれもある。

Quartz (amethyst)
アメシスト | p136参照 | 紫、淡い赤紫のクォーツ。ガラス光沢を帯び、透明から不透明。

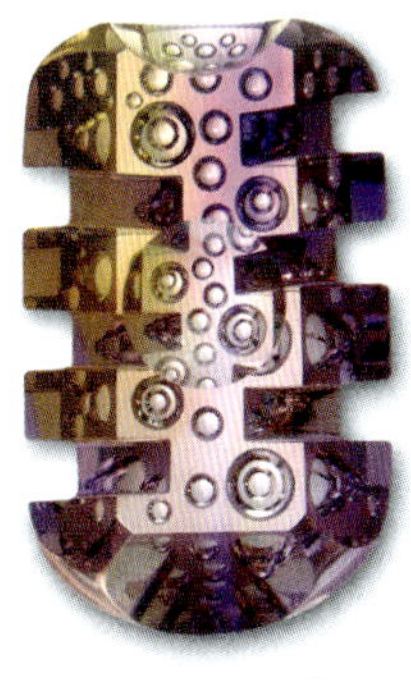

Quartz (ametrine)
アメトリン | p138参照 | 紫のアメシスト。アメシスト同様、ガラス光沢で、透明から不透明。

Sugilite
スギライト | p221参照 | 紫か紫赤で、樹脂光沢を帯びる。透明、半透明、不透明いずれもある。

Thulite
チューライト | p253参照 | ピンクから赤のゾイサイト。しばしば白や灰色の斑点がある。ガラス光沢で、不透明。

Fluorite (blue John)
ブルージョン | p96–97参照 | 紫と白の帯模様が入ったガラス光沢。透明のものから半透明のものまである。

Beryl (red)
レッドベリル | p236–241参照 | 赤から紫赤のベリル。透明から半透明で、ガラス光沢。

Tourmaline (rubellite)
ルーベライト | p226–229参照 | とても濃い赤からピンクがかった赤。ガラス光沢を帯び、透明から不透明。

Ruby
ルビー | p76–77参照 | 赤、深紅、ピンクがかった色で産し、ダイヤモンド光沢から、ガラス光沢を帯びる。透明から不透明。

Spinel
スピネル | p80–81参照 | 赤、ピンク、橙、青、紫、青緑で見つかる。透明で、ガラス光沢を見せる。

Cuprite
キュプライト | **p89参照** | カーマインレッドか暗灰色で、半透明。ダイヤモンド光沢、亜金属光沢の輝きを放つ。

Sphalerite
スファレライト | **p.67参照** | 赤黄、黄、緑、茶、黒で、ダイヤモンド光沢や樹脂光沢を帯びる。透明から不透明。

Garnet (almandine)
アルマンディン | **p258–263参照** | 赤から赤紫のガーネット。透明で、ガラス光沢を帯びる。

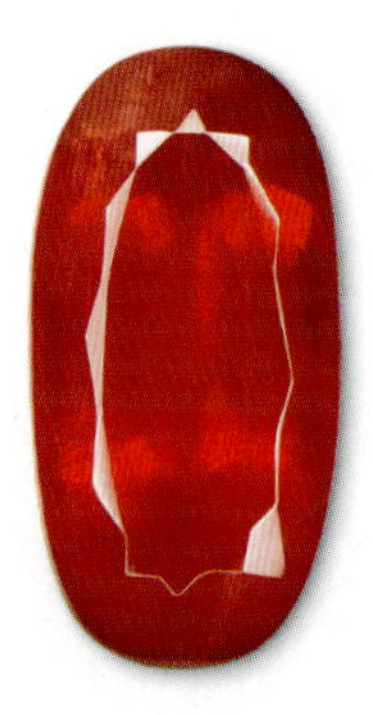

Rhodochrosite
ロードクロサイト | **p100参照** | ピンクから赤で、ガラス光沢か、樹脂光沢を呈する。透明度は透明。

Coral
珊瑚 | **p314–315参照** | 赤、ピンク、白、橙、青、茶で産する。半透明のものから不透明のものまであり、ガラス光沢、蝋光沢。

Rhodonite
ロードナイト | **p216参照** | 赤、灰赤、橙で、ガラス光沢。透明、半透明、不透明いずれもある。

Sunstone
サンストーン | **p168参照** | 赤や茶がかった色か、金茶。内包物がきらきらと金属のように輝くアベンチュリン効果が見られる。半透明から不透明で、ガラス光沢。

Orthoclase
オーソクレーズ | **p170参照** | 黄か無色で産する。ガラス光沢を帯び、透明。

Diaspore
ズルタナイト | **p95参照** | ピンク、緑がかった茶、無色、白、黄、青み。ガラス光沢を帯び、透明から半透明。

Thulite
チューライト | **p253参照** | 赤紫、緑、茶、青がかった緑で、ガラス光沢。透明、半透明、不透明いずれもある。

Pezzottaite
ペツォッタイト | **p192参照** | ローズレッドからピンクで、ガラス光沢。透明のものから半透明のものまである。

Quartz (rose)
ローズクォーツ | **p136参照** | 強いピンクから淡いピンクまでのものがあり、ガラス光沢で、半透明。

Taaffeite
ターフェアイト | **p87参照** | ピンク、紫、無色、淡緑、青み、赤。ガラス光沢で、透明。

Beryl (morganite)
モルガナイト | **p236–41参照** | やわらかいピンクから紫またはサーモンピンク。透明で、ガラス光沢。

Kunzite
クンツァイト | **p209参照** | ピンクから紫がかった色を見せ、ガラス光沢で、透明。

Sillimanite
シリマナイト | **p276参照** | さまざまな濃淡の青、緑、灰緑、茶色み、無色で、ガラス光沢から亜ダイヤモンド光沢を帯び、透明から不透明。

Cerussite
セルッサイト | p101参照 | ダイヤモンド光沢からガラス光沢を帯び、黄、茶色み、無色、白、青緑、灰色、黒。透明から不透明。

Granite
花崗岩 | p329参照 | 色にはピンクから白、灰色までの幅があり、光沢は無艶。不透明。

Seashell
シェル | p298参照 | 白、灰色、銀色、黄、青緑、ピンク、赤、茶、銅色、黒で、真珠光沢を帯び、半透明から不透明。

Mother of pearl
真珠層 | p299参照 | 見る角度で変わる紫、青、緑のほか、ほぼあらゆる色を呈する。油脂光沢から真珠光沢で、半透明から不透明。

Limestone
石灰岩 | p324参照 | ふつう白だが、茶、黄、赤、青、黒、灰色も呈する。無艶で、不透明。

Alabaster
アラバスター | p122参照 | 白で、亜ガラス光沢から真珠光沢。透明度には半透明から不透明までの幅がある。

Staurolite
十字石 | p281参照 | 赤がかった茶または黒で、亜ガラス光沢から樹脂光沢を帯びる。ふつう半透明で、ときに透明。

Soapstone
ソープストーン | p191参照 | 不透明で、真珠光沢、油脂光沢を帯びときに無艶。色には緑みから黄み、白、緑がかった茶、赤みまでの幅がある。

鉱物の色は特定の波長の光を吸収したり、反射したりすることで生じる

6
鉱物と岩石

鉱物

項目は地学の標準的な分類に従った。鉱物種が多いケイ酸塩鉱物については、亜級（サブクラス）に分けた。

元素鉱物

ダイヤモンド DIAMOND

晶系 立方晶系 ｜ **化学式** C
色 無色〜全色
結晶形 正八面体、立方体
硬度 10 ｜ **劈開** 完全
光沢 ダイヤモンド光沢
条痕 なし ｜ **比重** 3.4–3.5
透明度 透明から不透明
屈折率 2.42

地球でもっとも硬い鉱物で、炭素だけでできている。ずば抜けた硬さは炭素原子の結びつき方ときわめて均質な原子配列によるもの。したがってダイヤモンドの結晶はふつう、とても整った形となり、正八面体や、稜が丸まりわずかに盛り上がった平面で構成される立方体である。結晶は透明から半透明、不透明まである。色も無色から黒まであり、茶と黄がもっとも一般的。希少な透明で無色や薄い青の結晶は通常、宝石としてカットされる。赤と緑は昔からもっとも稀な宝石とみなされているが、オレンジと紫はさらにめずらしく価値も高い。青のダイヤモンドも希少なものの1つ。ダイヤモンドの色は放射線照射や加熱処理で人工的に変えることができる。

自然白金（プラチナ） PLATINUM

晶系 立方晶系 ｜ **化学式** Pt
色 白、銀灰、鋼 ｜ **結晶形** 立方体
硬度 4–4½ ｜ **劈開** なし ｜ **断口** 不定形
光沢 金属光沢 ｜ **条痕** 鋼灰色 ｜ **比重** 21.5
透明度 不透明

記録に残る最初の白金の発見は、1500年代のスペインの新大陸の征服者たちにより、コロンビアのピント川にある砂金鉱床でのことである。発見者たちは自分たちが見つけた金属を不純な銀と思いこみ、「プラチナ（少量の銀）」と名づけた。それでも白金は白金とは認識されずに何千年も使われ続けてきた。結晶体は稀で、岩石のなかの堆積した平らなまたは小さな粒として見つかり、大きな塊が見つかることはめったにない。ふつう自然白金は鉄、イリジウム、ロジウム、パラジウムなどの金属を含み合金となっている。ジュエリーでの利用は20世紀初頭までさかのぼるが、現在は装飾用より工業用として重要。石油精製の分子転換触媒や自動車の排気ガス浄化触媒として利用されている。さらに最近は、白金化合物が化学療法に使われるようにもなった。

自然白金のナゲット（砂粒より大きい小塊）

自然銀 SILVER

晶系 立方晶系 ｜ **化学式** Ag
色 銀 ｜ **結晶形** 立方体 ｜ **硬度** 2½–3
劈開 なし ｜ **断口** 不定形
光沢 金属光沢 ｜ **条痕** 銀白色
比重 10.1–11.1
透明度 不透明

自然界に広く存在するものの、ほかの金属と比べると希少な部類に入る。はっきりした結晶形が現れることは稀だが、自然銀はおぼろげな立方体、針金状の塊、鱗片状や樹枝状など、特徴的な形を見せる。展性と延性は金属のなかで金に次いで優れる。元素記号Agは「銀」を意味するラテン語による。このラテン語は「白」や「輝き」を意味するサンスクリット語に由来する。世界の銀の大半は鉛や銅、亜鉛の製錬で生じた副産物として回収されたものである。それでも銀鉱床は商業的に重要。現代では、銀は装飾用より工業用として重要といえる。

ひげ状の自然銀

自然銅 COPPER

晶系 立方晶系 ｜ **化学式** Cu
色 赤銅 ｜ **結晶形** 塊状
硬度 2½–3
劈開 なし ｜ **断口** 不定形
光沢 金属光沢 ｜ **条痕** 赤銅色
比重 8.9 ｜ **透明度** 不透明

きれいに結晶化したものは立方体や十二面体をなし、樹枝状となることが多い。自然銅は銅を含む溶液と鉄を含む鉱物との反応で生成されるようである。英名は「キプロスの金属」を意味するラテン語に由来する。そのラテン語が短縮され、さらに転訛した。おそらく人類が初めて使った金属であり、紀元前8000年ごろの新石器時代に石の代わりに使われはじめた。工業用資源となる自然銅は大きな塊で、その重さは最大で数トンに達する。電導性に優れることから電気機器にもっぱら用いられる。腐食の進行が遅いので、屋根の材料にも使われる。

自然金 GOLD

晶系 立方晶系
化学式 Au ｜ **色** 黄金
結晶形 正八面体、正十二面体、樹枝状
硬度 2½–3 ｜ **劈開** なし
断口 不定形 ｜ **光沢** 金属光沢
条痕 黄金色 ｜ **比重** 19.3
透明度 不透明

きれいな正八面体や正十二面体結晶で見つかることは稀で、シダ状や粒状、鱗状の塊として見つかることが多い。ほとんどの火成岩には微量の金が含まれている。ただしきわめて小さい粒子として分散しているので、目には見えない。アメリカ、カリフォルニア州ではかつて長さ約2.5cmの結晶が見つかり、オーストラリアでは90kg以上の塊がいくつも採取されている。金（ゴールド）は化学的にきわめて安定しているので、めったにほかの元素と化合したり反応したりしない。そのおかげで色あせることがなく、金細工は何千年経っても、もとの輝きを保つことができる。金の色や輝きはたいへん美しい。その美しさに魅了された古代人は、太陽を模してできた金属が金であると考えた。金はきわめて展性に優れ、たいていは比較的純粋な形で見つかる。どれも品質がよく、たいへん高い価値を持つ。少なくとも6000年前のエジプトやメソポタミアではすでに金が利用されていた。当時の金はほぼすべて、砂鉱床（堆積作用で粒状の鉱物が川床に溜まった場所）で採取されたものだった。

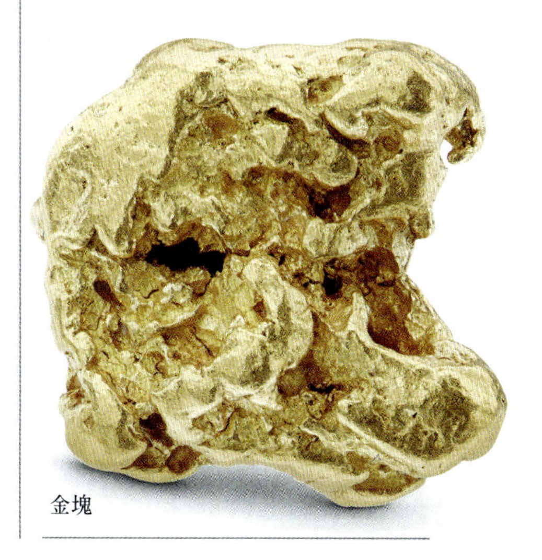
金塊

硫化鉱物

針銀鉱 ACANTHITE

晶系 単斜晶系 | **化学式** Ag_2S | **色** 黒
結晶形 擬立方体 | **硬度** 2–2½
劈開 不明瞭 | **断口** 亜貝殻
耐性 可切（ナイフで切ることができる）
光沢 金属光沢 | **条痕** 黒色 | **比重** 7.2–7.4
透明度 不透明

硫化銀の1つで、もっとも重要な銀鉱石。熱水鉱床で自然銀や濃紅銀鉱、淡紅銀鉱、方鉛鉱などの硫化鉱物を伴い産出する。針銀鉱は通常、立方体ないし正八面体の結晶の輝銀鉱（硫化銀の高温形態）から低温形態への相転移により結晶化する。学名は「針」を意味するギリシャ語に由来し、針状に伸びた結晶を表わしている。ほとんどの銀鉱床で見つかる。1859年にアメリカ、ネバダ州で発見されたコムストック・ロードはきわめて大きな銀の鉱床で、針銀鉱も豊富に産出していた。その豊富な鉱産で、国の造幣局は銀貨の鋳造のためだけに、近隣のカーソン市に支所を開設したほどである。

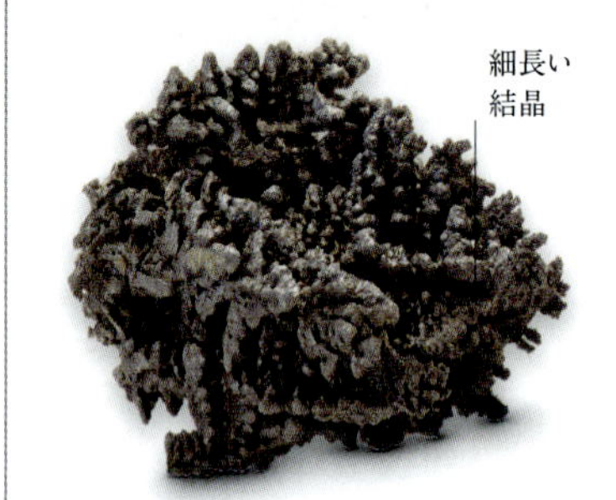

針銀鉱の標本

輝銅鉱 CHALCOCITE

晶系 単斜晶系 | **化学式** Cu_2S
色 暗鉛灰 | **結晶形** 短柱状、厚板状
硬度 2½–3 | **劈開** 不明瞭 | **断口** 貝殻
光沢 金属光沢 | **条痕** 暗鉛灰色
比重 5.5–5.8 | **透明度** 不透明

銅のもっとも重要な資源の1つ。不透明で、暗い灰から黒色。金属光沢を帯び、ふつう塊状で見つかる。稀に短い柱状や板状で産出する。六角板状の双晶をなすこともある。変質して自然銅やほかの銅鉱石に変化する。硫化鉱物の級（クラス）に属し、斑銅鉱など他の銅鉱物の変質生成物として比較的低い温度で生成する。変質（二次鉱物）はもとの鉱物と比べ、銅の含有量が増えることが多い。学名は銅を意味するギリシャ語に由来する。良質の結晶標本はロシアとイングランドのコーンウォールで見つかっている。重要な鉱床はアメリカ、オーストラリア、チリ、チェコ、ペルー、ロシア、スペインにある。

柱状の輝銅鉱結晶

斑銅鉱。その鮮やかな色彩から「ピーコック・オア」とも呼ばれる。

◁斑銅鉱 BORNITE

晶系 直方晶系 | **化学式** Cu_5FeS_4
色 赤銅、茶 | **結晶形** 塊状 | **硬度** 3
劈開 弱い | **断口** 粗面から貝殻
光沢 金属光沢 | **条痕** 灰黒色
比重 4.9–5.3 | **透明度** 不透明

もっともカラフルな鉱物の1つで、銅と鉄と硫黄からなる。銅の主な原料である。割れた表面はくすんでいるが、しばらくすると紫、青、赤の鮮やかな玉虫色を帯び、鳩の首回りの干渉色になぞらえ、「ピーコック・オア（鳩鉱石）」と呼ばれる。はっきりした結晶として現われることはあまりないが、結晶は擬立方体、正十二面体、正八面体になり、湾曲した面やざらざらした面を持つことが多い。ふつうは密なあるいは粒状の塊状で産する。おもな生成場所は、熱水鉱脈と接触変成帯。学名はオーストリアの鉱物学者イグナーツ・フォン・ボルン（1742-1791）にちなむ。鉱石の色合いから、「パープルカッパー・オア（紫銅鉱石）」とか「バリエゲーテッドカッパー・オア（雑色銅鉱石）」などとも呼ばれる。天然の色はさまざまな濃淡の赤銅色、褐銅色ないしブロンズ色（錆びていない青銅=銅メダルの色）。石英、黄銅鉱、白鉄鉱、黄鉄鉱などの鉱物とともに産出する。主な鉱床はタスマニア、チリ、ペルー、カザフスタン、カナダのほか、アメリカのアリゾナ州とモンタナ州ビュートにある。良質な結晶はイングランドの鉱床で見つかっている。

閃亜鉛鉱（スファレライト）SPHALERITE

晶系 立方晶系 ｜ **化学式** ZnS
色 黄緑、赤、茶、黒 ｜ **結晶形** 四面体、十二面体 ｜ **硬度** 3½–4 ｜ **劈開** 6方向に完全
断口 貝殻 ｜ **光沢** 樹脂光沢からダイヤモンド光沢、金属光沢 ｜ **条痕** 黄褐色から淡黄色
比重 3.9–4.1 ｜ **透明度** 不透明から透明
屈折率 2.36–2.37

亜鉛の硫化鉱物。学名は「あてにならない」を意味するギリシャ語に由来する。さまざまな形で産出し、ほかの鉱物とまちがわれやすいことからその名がついた。純粋な閃亜鉛鉱は無色だが、むしろ珍しい。たいていは鉄を含み、色は鉄の含有量に従って薄緑がかった黄から茶や黒まである。閃亜鉛鉱は亜鉛鉱石のなかでもっとも一般的で、かつもっとも重要。隕石や月の岩石にも少量見つかっている。

閃亜鉛鉱の結晶

方鉛鉱 GALENA

晶系 立方晶系 ｜ **化学式** PbS ｜ **色** 鉛灰
結晶形 立方体、切頭八面体
硬度 2½–3 ｜ **劈開** 完全 ｜ **断口** 亜貝殻
光沢 金属光沢 ｜ **条痕** 鉛灰色
比重 7.2–7.6 ｜ **透明度** 不透明

鉛を含む鉱物は60種類以上知られているが、鉛の資源としてはもっとも重要なのが鉛の硫化物である方鉛鉱である。方鉛鉱は鉛のほかに少量の銀、亜鉛、銅、カドミウム、ヒ素、アンチモン、ビスマスをしばしば含む。結晶はたいてい立方体か切頭八面体（正八面体の各頂点を切ったような形）になり、2.5cmを超えることもある。鉛の製錬はとても簡単で、焚き火のなかに入れて熱するだけである。あとは冷めるのを待って、灰のなかから鉛をとり出せばよい。紀元前6500年ごろのものと推定される鉛の染みがトルコで発見されており、最初に製錬された金属は鉛だったと考えられる。銀を含むことから、銀の鉱石としても採掘される。古代ローマの鉛の棒には銀をとり除いていたことを示す「銀抜き」という文字が刻まれているものも見られる。産地は広範囲にわたるが、主な鉱床はセルビア、イタリア、ロシア、カナダ、メキシコ、ドイツ、イングランド、オーストラリア、ペルーにある。

方鉛鉱の立方体結晶

ペントランド鉱 PENTLANDITE

晶系 立方晶系 ｜ **化学式** $(Ni,Fe)_9S_8$
色 青銅黄 ｜ **結晶形** 塊状 ｜ **硬度** 3½–4
劈開 なし ｜ **断口** 貝殻 ｜ **光沢** 金属光沢
条痕 青銅褐色 ｜ **比重** 4.6–5.0 ｜ **透明度** 不透明

ニッケルと鉄からなる硫化鉱物。鉱物名は1856年、発見者であるアイルランドの科学者ジョゼフ・ペントランドにちなんでつけられた。不透明で、黄色の金属光沢。褐色に変質変色する。ニッケルの主要な原料であり、ほぼ必ず硫化鉄の磁硫鉄鉱が混ざっている。黄銅鉱や黄鉄鉱などそのほかの硫化鉱物が混ざっていることも多い。結晶は微小で、おもに塊状か粒状である。ふつうシリカに乏しい岩石のなかに見つかる。隕石からも見つかっている。ニッケルの一大産地、カナダ、オンタリオ州サドバリのニッケルは、隕石由来と考えられている。比較的広く産するが、鉱産資源は少ない。産出量が多いのはロシア、南アフリカ、カナダ、ノルウェー、アメリカ。

青銅色（ブロンド）のペントランド鉱

銅藍 COVELLITE

晶系 六方晶系 ｜ **化学式** CuS
色 藍から黒 ｜ **結晶形** 葉片
硬度 1½–2 ｜ **劈開** 底面に完全
断口 粗面 ｜ **光沢** 亜金属光沢から樹脂光沢
条痕 鉛灰から黒色、輝反射
比重 4.6–4.7 ｜ **透明度** 不透明

コベリンともいわれる。希少な銅の硫化鉱物。一般に塊状で見つかるが、結晶をなすときは薄い六角板状になる。とくに薄いものは曲げられる。色は藍色で、紫の金属光沢をしていることが多い。ふつう黄銅鉱、輝銅鉱、斑銅鉱など、ほかの銅の硫化鉱物の変質物（二次鉱物）として産する。その際、他の鉱物の表面を覆う形で生成することが多い。コベリンの名は1832年、最初にこの鉱物を記載したイタリア人ニコラス・コベッリにちなんでつけられた。稀に火山の噴火口に産することがあり、コベッリが採取したのもベスビオ山の噴火口でだった。ドイツ、オーストリア、セルビア、アメリカで見つかる。

銅藍の厚板状結晶

硫カドミウム鉱 GREENOCKITE

晶系 六方晶系 ｜ **化学式** CdS
色 黄から橙 ｜ **結晶形** 角錐状
硬度 3–3½
劈開 明瞭、不完全 ｜ **断口** 貝殻
光沢 ダイヤモンド光沢から樹脂光沢
条痕 黄色、橙色、赤茶色
比重 4.8–4.9
透明度 ほぼ不透明から半透明

稀なカドミウムの硫化物で、カドミウムの重要な原料。カドミウムは中性子を吸収する性質を持ち、原子炉の制御棒の素材に欠かせない金属である。結晶は角錐状のほか、柱状や板状にもなる。土状の皮膜も見られる。かつては「カドミウム黄土」と呼ばれ、毒性が認識されるまでは、黄の顔料に使われていた。方解石、黄鉄鉱、石英、ぶどう石、黄銅鉱、銀星石といっしょに見つかることが多い。産地はスコットランド、チェコ、アメリカなど。学名は本鉱を発見した英国の将校グリーノック卿にちなんで1840年に命名された。

土状の硫カドミウム鉱の被膜

磁硫鉄鉱 PYRRHOTITE

晶系 単斜晶系 ｜ **化学式** Fe_7S_8
色 青銅黄 ｜ **結晶形** 塊状
硬度 3½–4½
劈開 なし ｜ **断口** 亜貝殻から粗面
光沢 金属光沢 ｜ **条痕** 暗灰黒色
比重 4.6–4.7 ｜ **透明度** 不透明

鉄の硫化鉱物の1つ。鉄と硫黄の原子比は変わるが、硫黄に対し鉄が若干少ない。磁鉄鉱に次いでもっとも一般的な磁性鉱物であり、その点でほかの多くの似たような真鍮様の硫化鉱物とは異なる。たいてい塊状か粒状で産するが、多くの地域できれいな六角板状の結晶でも見つかっている。マグマ中での結晶分化作用（重い鉱物が結晶化しつつある相対的に軽い融体のマグマの底に沈む作用）が生じた場所で見つかることが多い。産地はロシア、アメリカ、ルーマニア、ドイツ、オーストラリア、カナダ、日本。

擬六角板状の結晶

辰砂 CINNABAR

晶系 三方晶系 | **化学式** HgS | **色** 深紅
結晶形 三角形 | **硬度** 2–2½ | **劈開** 完全
断口 亜貝殻から粗面
光沢 ダイヤモンド光沢から無艶
条痕 紅色 | **比重** 8–8.2
透明度 透明から不透明

水銀の硫化鉱物であり、水銀の主要な資源である。鮮やかな深紅から灰色がかった暗い赤色をしていて、ふつう、塊状か粒状の集合体、または岩石の表面を覆う粉状皮膜で産する。結晶で現われるのは稀。年代の新しい火山岩の鉱脈や熱水泉周囲の鉱床で黄鉄鉱、白鉄鉱、輝安鉱といっしょに見つかることが多い。スペインのアルマデンでは2000年以上前から採掘されている。アルマデンは継続的に採掘されている鉱床では、世界最古とまではいかないが、もっとも古いものの1つである。現在も採掘され、良質の結晶を産出している。学名は「竜の血」を意味するアラビア語とペルシャ語からつけられた。鉱床はペルー、イタリア、スロベニア、ウズベキスタン、アメリカのカリフォルニア州にある。辰砂からとられた水銀は19世紀から20世紀初頭まで、金の抽出に利用された。それが古い鉱山地帯の水銀汚染の原因になっている。

塊状の辰砂

鶏冠石 REALGAR

晶系 単斜晶系 | **化学式** AsS
色 深紅から橙黄 | **結晶形** 粒状 | **硬度** 1½–2
劈開 良好 | **断口** 貝殻
光沢 樹脂光沢から油脂光沢
条痕 深紅から橙黄色 | **比重** 3.5–3.6
透明度 亜透明から不透明

ヒ素の硫化鉱物である。朱色をしていて、「ルビー硫黄」とも「ヒ素のルビー」とも呼ばれる。形のはっきりした結晶で見つかるのはめずらしいが、結晶の場合には、縦に条線が走った短柱状をなす。薄い皮殻状で現われることもある。学名も「鉱山を覆う粉」を意味するアラビア語に由来する。英語で残された最古の記録は1390年代までさかのぼる。鶏冠石の標本は長期間光にさらされると崩れ、不透明な黄色の粉に変わる。この粉は主に雄黄である。雄黄同様、鶏冠石は噴火口や熱水泉、間欠泉の周囲で見つかる。そのことはヒ素を含むほかの鉱物の風化物も同様である。

深紅の鶏冠石結晶

紅砒ニッケル鉱 NICKELINE

晶系 六方晶系
化学式 $NiAs$ | **色** 赤銅
結晶形 塊 | **硬度** 5–5½
劈開 なし | **断口** 貝殻から粗面
光沢 金属光沢 | **条痕** 黒色
比重 7.5–7.8 | **透明度** 不透明

ニッケルのヒ化物で、約44%のニッケルと約56%のヒ素からなる。淡い赤銅色で黒っぽい曇りがあるが、磨かれた部分は白く、強く黄みを帯びたピンクの色調である。めったに結晶体にはならず、ふつう塊状か粒状で見つかる。学名は1832年、フランスの鉱物学者フランソワーズ・シュルピス・ブドンによって、含有するニッケルにちなんでつけられた。中世には、この鉱物には抽出できない銅が含まれ、精錬しようとすると病気になると信じられ、「悪魔の銅」と呼ばれていた。ほかのニッケル鉱物と同じ鉱床で見つかるほか、銅や銀を含む鉱脈鉱床でも見つかる。ヒ素を多く含むので、ニッケルの原料にされることはほとんどない。主要な鉱床はドイツのハルツ山地、カナダのオンタリオ州とノースウェスト準州、日本、メキシコ、イラン、アメリカ、ロシア、オーストラリアにある。

塊状の紅砒ニッケル鉱

黄銅鉱 CHALCOPYRITE

晶系 正方晶系 | **化学式** $CuFeS_2$
色 真鍮黄 | **結晶形** 四面体
硬度 3½–4
劈開 明瞭 | **断口** 粗面
光沢 金属光沢 | **条痕** 緑黒色
比重 4.1–4.3 | **透明度** 不透明

銅と鉄の硫化鉱物である。新鮮な破断面は不透明で、真鍮黄色をしているが、時間とともにくすんだ虹色に変わる。結晶——外観は四面体——の大きさはときに10cmに達する。ふつうは塊状の集合体をなし、ときにブドウ状でも現われる。銅の含有量はさほど豊富ではないが、広く分布し、産出量が圧倒的に多いので、もっとも重要な銅の資源になっている。学名は「銅」を意味するギリシャ語と「黄鉄鉱(pyrite)」を組み合わせたもの。高温から中温の熱水鉱脈で見つかる。スペインのティント川では、古代ローマ時代からこの鉱物が採掘され続けている。重要な鉱床はアメリカ、イングランド、タスマニア、ドイツ、カナダ、スペイン、日本にある。

黄銅鉱の結晶

針ニッケル鉱 MILLERITE

晶系 三方晶系 | **化学式** NiS | **色** 真鍮黄
結晶形 針状 | **硬度** 3–3½ | **劈開** 完全
断口 粗面 | **光沢** 金属光沢
条痕 緑がかった黒色 | **比重** 5.3–5.6
透明度 不透明

ニッケルの硫化鉱物で、密集したものは重要なニッケルの資源になる。結晶は真鍮黄色の針状晶として、硫黄に富む石灰岩や苦灰岩の隙間に現われる。ほかのニッケル鉱物の変質物(二次鉱物)として生成することもある。結晶は自立する単結晶や、束状、絡み合う、あるいは放射状の集合体となる。また塊状でも見つかり、表面の酸化膜で虹色を帯びることが多い。鉄とニッケルの隕石にも含まれるほか、イタリアのベスビオ山の表層にも凝集している。この鉱物は1845年に英国の鉱物学者ウィリアム・ハロウズ・ミラーによって発見され、学名はその名からとられた。重要な鉱床はオーストラリア、アメリカ、カナダ、イタリア、ドイツ、ベルギー、ニューカレドニアにある。

針ニッケル鉱の針

黄錫鉱 STANNITE

晶系 正方晶系 | **化学式** Cu_2FeSnS_4
色 黒 | **結晶形** 塊状 | **硬度** 3–4
劈開 不明瞭 | **断口** 粗面
光沢 金属光沢 | **条痕** 黒色
比重 4.3–4.5 | **透明度** 不透明

銅と鉄とスズの硫化鉱物。ときに亜鉛や微量のゲルマニウムも含まれる。色は鋼灰から鉄黒。結晶体で見つかるのは稀だが、その場合にはふつう正八面体状である。しばしば錫石、黄鉄鉱、安四面銅鉱、黄銅鉱とともにスズ鉱脈で見つかる。約4分の1のスズを含み、スズの資源になる。学名は「スズ(錫)」を意味するラテン語による。重要な産地はイングランド、カナダ、タスマニア、オーストラリア、ボリビア、チェコ、ロシア、アメリカ。

ニュージーランド北島ワイオタプのシャンパンプールにできた雄黄と輝安鉱の鉱床

輝安鉱 STIBNITE

晶系 直方晶系 | **化学式** Sb_2S_3
色 鉛灰から鋼灰、黒
結晶形 柱状
硬度 2 | **劈開** 完全 | **断口** 亜貝殻
光沢 金属光沢
条痕 鉛灰から鋼灰色
比重 4.6–4.7 | **透明度** 不透明

アンチモンの硫化鉱物で、アンチモナイトとも呼ばれる。色は鉛灰から鋼灰で、ときに黒色で、表面の酸化膜により干渉色を帯びることがある。結晶は長い柱状になり、しばしば柱面と平行に深い条線が走る。塊状でも見つかる。アンチモンの主要資源で、学名はラテン語にちなむ。鶏冠石、方鉛鉱、黄鉄鉱などとともに産することが多い。

輝安鉱

△雄黄（オーピメント・石黄）ORPIMENT

晶系 単斜晶系
化学式 As_2S_3 | **色** 黄
結晶形 塊状、葉片状
硬度 1½–2 | **劈開** 完全
断口 粗面 | **光沢** 樹脂光沢
条痕 淡黄色 | **比重** 3.5
透明度 透明から半透明

深い橙黄色をしたヒ素の硫化鉱物である。ほぼ必ず鶏冠石とともに産する。ふつう薄いあるいは葉片状の板状結晶か粉状、または柱のような塊状集合体で見つかる。はっきりとした結晶ができるのはめずらしいが、結晶体の場合には、直方晶系の外観をした短柱状となる。低温熱水鉱脈、熱水泉鉱床、噴火口の周囲で見つかる。鶏冠石などヒ素を含む鉱物の変質物（二次鉱物）として産することもある。学名は「金色の顔料」を意味するラテン語による。何世紀ものあいだ、画家たちが入手できる数少ない鮮やかな黄色の顔料の1つだった。毒性がたいへん強いが、中国ではかつて薬として使われていた。光にさらされつづけると分解し粉になる。広く産するが、有名な産地はロシアのサハ共和国、アメリカのネバダ州ナイ郡、ルーマニアのコパルニク、トルコのハッキャリ、日本の北海道、ドイツのザンクトアンドレアスベルク、ペルーのキルビルカ鉱山、中国の貴州省。

黄鉄鉱の塊の表面上の正八面体の黄鉄鉱の結晶（アメリカ、トライステート）

△黄鉄鉱 PYRITE

晶系 立方晶系
化学式 FeS_2 | **色** 真鍮黄
結晶形 立方体、正八面体、五角十二面体
硬度 6–6½ | **劈開** なし | **断口** 貝殻
光沢 金属光沢 | **条痕** 暗緑灰から暗褐色
比重 5.0–5.2 | **透明度** 不透明

鉄の硫化鉱物で、「愚者の黄金」として知られる。色は真鍮黄色。自然金にははるかに及ばないが、比較的密度が高い。ふつう立方体となるが、正八面体や五角十二面体で見つかることもめずらしくない。結晶面にはしばしば深い条線が走る。塊状、粒状、団塊状でも産する。学名は「火」を意味するギリシャ語にちなむ。これは鉄で叩くと火花を発する性質があるためである。大きな鉱床で見つかることが多いので、鉄の資源になる可能性もあるが、ほかの鉱物のほうが製鉄により適している。工業用の硫酸の資源として使われてきた。

輝蒼鉛鉱 BISMUTHINITE

晶系 直方晶系 | **化学式** Bi_2S_3
色 鉛灰から錫白
結晶形 短柱状から針状
硬度 2–2½ | **劈開** 完全 | **断口** 粗面
光沢 金属光沢 | **条痕** 鉛灰色
比重 6.8 | **透明度** 不透明

ビスマスの硫化鉱物で、比較的希少。結晶構造はアンチモンとヒ素の硫化物（それぞれ、輝安鉱と雄黄）に関連しており、柱状から針状の結晶をなす。結晶はしばしば縦に長く伸び、条線が走る。見つかることが多いのは、葉片状や繊維状の塊である。高温の熱水鉱脈や花崗岩のペグマタイト（マグマの結晶化の最終段階で形成される火成岩）のなかで生成する。ときに自然ビスマスやほかの硫化鉱物とともに産する。ビスマスの重要な資源でもある。凝固時の変形（伸び）がほとんど無いビスマスは、精密鋳造業の要望に応えるビスマス合金の製造などで、主要な工業用金属の1つになっている。ビスマスのはんだは融点が低いので、自動スプリンクラーのヘッド部分や圧縮ガスシリンダーの安全プラグなど、火災対策設備に用いられる。ビスマス化合物は皮膚感染症の治療薬や整腸剤としても使われている。

輝蒼鉛鉱

ハウエル鉱 HAUERITE

晶系 立方晶系 | **化学式** MnS_2
色 赤褐から褐黒 | **結晶形** 正八面体
硬度 4 | **劈開** 完全
断口 亜貝殻から粗面
光沢 ダイヤモンド光沢から亜金属光沢
条痕 赤褐色 | **比重** 3.4–3.5 | **透明度** 不透明

マンガンの硫化鉱物である。正八面体や切頭正八面体（十四面体）の結晶のほか、球状や塊状の集合体でも見つかる。色は赤褐色暗褐色。現在のスロバキアにあたる地域で1846年に発見され、オーストリアの地質学者、ヨゼフ・リッター・フォン・ハウエルとフランツ・リッター・フォン・ハウエルに献名された。硫黄に富む場所で自然硫黄、鶏冠石、石膏、方解石とともに産する。産地はアメリカのテキサス州、ロシアのウラル山脈、イタリアのシチリア島など。

ハウエル鉱の連晶

輝コバルト鉱 COBALTITE

晶系 直方晶系 | **化学式** CoAsS
色 銀白、ピンク
結晶形 擬立方体または五角十二面体
硬度 5½ | **劈開** 底面に完全
断口 貝殻または粗面
光沢 金属光沢
条痕 灰がかった黒色 | **比重** 6.0–6.4
透明度 不透明

コバルトとヒ素の硫化鉱物で、主成分のコバルトを置き換え、最大10%の鉄や、不定量のニッケルを含む。鋼灰色から赤みがかった銀白色。結晶はピンクだが、粒状

か塊状の集合体で見つかるのがふつう。「コバルトグラッセ」とも呼ばれる。これはコバルトを含み、主要鉱石であることから1832年につけられた呼び名である。高温の熱水鉱床や接触変成帯で産する。硝酸に溶ける。ガスタービン内部の部品など、強度と耐熱性の両方が求められる所ではコバルト合金が必需品である。有名な産地はカナダのオンタリオ州、スウェーデンのトゥナベリ、ドイツのジーガーラント、ノルウェーのスクッテルド、オーストラリアのニューサウスウェールズ州、アメリカのコロラド州、メキシコのソノラ州、モロッコのボウ・アゼール。

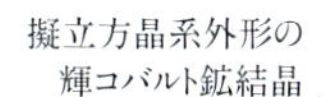

擬立方晶系外形の
輝コバルト鉱結晶

輝コバルト鉱の結晶

輝水鉛鉱 MOLYBDENITE

晶系 六方晶系 | **化学式** MoS_2
色 鉛灰 | **結晶形** 厚板状、柱状
硬度 1–1½ | **劈開** 完全
断口 粗面 | **光沢** 金属光沢
条痕 緑ないし青灰色
比重 4.7–4.8
透明度 不透明

モリブデンの硫化鉱物で、初めは鉛と思われていた。その誤解から、学名は「鉛」を意味するギリシャ語にちなみ名づけられた。1778年、スウェーデンの科学者カール・シューレ（灰重石の学名にその名が冠されている）によって誤解が正され、未知の元素を含む独立した鉱物であることがわかったが、1782年まで金属そのものは分離されなかった。青灰色のたいへんやわらかい金属光沢の鉱物で、六角板状晶のほか、鱗片状、散在状の集合体をなす。潤滑性の質感の結晶は、石墨（グラファイト）と混同されることもあるが、比重ははるかに高く、金属光沢がより強い。輝水鉛鉱が主要な資源となるモリブデンは強靭さ、頑丈さ、硬さ、耐食性を合金に与え、高温電気炉の発熱体によく使われている。また電球のフィラメントの支持材など、電気機器にも用いられる。花崗岩やペグマタイト、高温の熱水鉱脈、接触変成鉱床で見つかる。鉱業的規模の鉱床は日本、イングランド、タスマニア、カナダ、ノルウェー、アメリカにある。酷似する石墨とは隣に並べて見比べないと、なかなか見わけがつかない。

層をなした輝水鉛鉱の塊

硫砒鉄鉱 ARSENOPYRITE

晶系 単斜晶系 | **化学式** FeAsS
色 銀白から鋼灰 | **結晶形** 柱状
硬度 5–6 | **劈開** 明瞭、不明瞭
断口 粗面 | **光沢** 金属光沢
条痕 暗灰色 | **比重** 5.9–6.2
透明度 不透明

鉄とヒ素の硫化鉱物で、代表的なヒ素鉱物。結晶はよく双晶をなし、ほかの晶系の外観を持つ。粒状や塊状でも見つかる。ヒ素を含むほかの鉱物同様、熱すると、ニンニク臭を放つ。この臭気は有毒である。金や錫石などとともに見つかることが多い。学名はヒ素と黄鉄鉱の学名を合わせたもの。かつてはドイツ語名であるミスピッケルとも呼ばれた。割れたばかりの表面は銀白から鋼灰色だが、風化により茶系やピンク系の色調に変わる。広く産出する鉱物で、有名な産地はドイツ、メキシコ、オーストラリア、ポルトガル、アメリカ、カナダ、それにイングランドのコーンウォールである。

硫砒鉄鉱

白鉄鉱（マーカサイト）MARCASITE

晶系 直方晶系 | **化学式** FeS_2
色 淡青銅黄 | **結晶形** 厚板状、柱状
硬度 6–6½ | **劈開** 明瞭
断口 貝殻 | **光沢** 金属光沢
条痕 暗灰色、暗褐色
比重 4.8–4.9 | **透明度** 不透明

鉄の硫化物。黄鉄鉱と同一の化学組成を持つが、異なる晶系で結晶化する。不透明で、淡い銀色がかった黄色。ただし空気にさらされると錆びて、黒ずむ。さまざまな結晶形で現われる。とくに双晶をなし、湾曲し、束状の集合体はニワトリのとさかに似た形状となる。繊維状結晶が放射状に並んだ団塊状でもよく見つかる。頁岩や粘土、石灰岩、白亜を下方に貫いた酸性溶液によって生成し、地表近くの浅い所で産する。白鉄鉱製といわれていた宝飾品の素材が、実際には赤鉄鉱や黄鉄鉱だったということがある。

白鉄鉱の結晶

シルバニア鉱 SYLVANITE

晶系 単斜晶系 | **化学式** $AuAgTe_4$
色 銀白から淡い黄
結晶形 柱状、厚板状、刃状
硬度 1–2 | **劈開** 完全
断口 粗面 | **光沢** 金属光沢
条痕 灰色 | **比重** 8–8.3 | **透明度** 不透明

金と銀のテルル化鉱物である。テルル化鉱物は硫化鉱物と同じ鉱物クラス（級）に入るが、硫化鉱物より希少で、なかでもシルバニア鉱はもっとも重要。色は鋼灰色から白色。結晶は複雑な柱状をつくり、箱形ないし刃形のものはしばしば双晶をなす。双晶はときに木や文字の形に見えることがあり、それらは「グラフィック（図形的）テルル」と呼ばれる。ほかの金のテルル化鉱物とともに産することが多い。稀に、金鉱床を構成するほど豊富に産することがある。光に弱いので、明るい光を浴びると、くすんでしまう。重要な鉱床はカナダ、西オーストラリア、スウェーデン、ニュージーランド、アメリカにある。

「グラフィックテルル」といわれるシルバニア鉱

グローコドート鉱 GLAUCODOT

晶系 単斜晶系 擬直方晶系
化学式 $CoFeAs_2S_2$ | **色** 灰から白
結晶形 柱状 | **硬度** 5 | **劈開** 完全、明瞭
断口 粗面 | **光沢** 金属光沢 | **条痕** 黒色
比重 6.0 | **透明度** 不透明

コバルトと鉄とヒ素の硫化鉱物。鉱物名は、青いガラスの着色に使われる鉱物であることにちなみ、「青」を意味するギリシャ語からとられた。コバルトと鉄の比は1：1が基本で、微量のニッケルが原子置換により含まれる。不透明で灰色から錫白色を帯び、たいてい結晶外形が見えない塊状で見つかる。結晶体で現われるときは柱状をなし、十字に貫入し合った双晶で見つかることが多い。高温の熱水鉱脈で産し、しばしば黄鉄鉱や黄銅鉱を伴う。産地はチリのバルパライソ県ワスコ（グローコドート鉱は1849年にここで初めて発見された）、スウェーデンのトゥナベリ、カナダのオンタリオ州コバルト、アメリカのニューハンプシャー州フランコニア、オレゴン州サンプター。

柱状のグローコドート鉱結晶

硫塩鉱物

雑銀鉱 POLYBASITE

晶系 単斜晶系
化学式 $Cu(Ag,Cu)_6Ag_9Sb_2S_{11}$ | **色** 鉄黒
結晶形 擬六角板状 | **硬度** 2–3
劈開 不完全 | **断口** 粗面 | **光沢** 金属光沢
条痕 黒色 | **比重** 6.1–6.4
透明度 不透明

銀と銅のアンチモンからなる硫塩鉱物である。少量のヒ素がアンチモンを置換している。鉄黒色の六角の形状が見てとれる板状結晶をなし、たいてい深い条線が走っている。塊状でも見つかる。低い温度で溶ける。自然銀や、輝銀鉱や方鉛鉱などの銀や鉛の硫化鉱物や硫塩鉱物とともに見つかる。学名は含まれる多種の卑金属（ベースメタル）に対して、「多くの」と「ベース（基本）の」という意味のギリシャ語に由来する。重要な産地はドイツ、チェコ、ホンジュラス、メキシコ、アメリカ。

鉄黒色の雑銀鉱

硫砒銅鉱 ENARGITE

晶系 直方晶系 | **化学式** Cu_3AsS_4
色 暗灰から鉄黒
結晶形 厚板状、柱状
硬度 3 | **劈開** 完全 | **断口** 粗面
光沢 金属光沢 | **条痕** 黒色
比重 4.4–4.5 | **透明度** 不透明

銅のヒ素硫塩鉱物。鋼灰色や暗紫灰色。結晶はふつう厚板状または偏平の柱状で、ときに擬六角板状や異極像（両端の形が異なる結晶）となる。星形の多重双晶ができることもある。塊状や粒状でも見つかる。光にさらされると、光沢はくすみ、銀灰色金属光沢から黒に変わることが多い。黄銅鉱、銅藍、斑銅鉱、方鉛鉱、黄鉄鉱、閃亜鉛鉱を産する鉱脈や交代鉱床で生成する。学名enargiteは劈開が完全であることに由来し、「明瞭」を意味するギリシャ語からとられた。有名な産地はアメリカ、台湾、ペルー、イタリアのサルデーニャ島、セルビア、チュニジア、ナミビア。

条線が走った硫砒銅鉱の結晶

▷安四面銅鉱 TETRAHEDRITE

晶系 立方晶系
化学式 $(Cu,Fe)_{12}Sb_4S_{13}$
色 明灰から暗灰 | **結晶形** 正四面体、塊状
硬度 3–4 | **劈開** なし
断口 亜貝殻から粗面 | **光沢** 金属光沢
条痕 茶から黒色、深紅
比重 4.9–5.0 | **透明度** 不透明

銅と鉄のアンチモン硫塩鉱物。少量の亜鉛、銀、水銀を含むことが多い。ありふれた鉱物で、おそらく硫塩鉱物のなかでもっともありふれている。化学的かつ構造的に砒四面銅鉱に関連する。結晶構造中でアンチモンをヒ素に置き換えると、砒四面銅鉱になる。鉱物名ははっきりとした正四面体の結晶を示すことに由来する。色は鋼灰色から金属光沢の黒色ないし真鍮色。たいていは塊状や粒状で見つかる。方鉛鉱、黄鉄鉱、黄銅鉱、重晶石、斑銅鉱、石英とともに金属を含む鉱脈で産することが多い。主な鉱床はアメリカ、ドイツ、ペルー、オーストラリア、ルーマニアにある。

砒四面銅鉱 TENNANTITE

晶系 立方晶系
化学式 $(Cu,Fe)_{12}As_4S_{13}$
色 鋼灰から黒 | **結晶形** 正四面体、擬立方体
硬度 3–4½ | **劈開** なし
断口 亜貝殻から粗面 | **光沢** 金属光沢
条痕 黒色 | **比重** 4.6–4.8 | **透明度** 不透明

銅と鉄のヒ素硫塩鉱物。学名は1819年の命名で、英国の化学者スミソン・テナントの名からとられた。安四面銅鉱に化学的かつ構造的に関連し、ときに同様の結晶外形（正四面体）となる。塊状や粒状でも見つかる。蛍石、重晶石、方鉛鉱、石英、黄銅鉱、閃亜鉛鉱とともに産する。重要な産地はドイツ、スイス、アメリカにある。砒四面銅鉱から精錬した金属はヒ素を含むため、純粋な銅より硬い。この鉱物の発見により、先史時代の人類の青銅器時代への道筋になったと考えられている。

砒四面銅鉱の結晶

ステファン鉱 STEPHANITE

晶系 直方晶系 | **化学式** Ag_5SbS_4
色 鉄黒 | **結晶形** 短柱状から板状
硬度 2–2½ | **劈開** 不完全
断口 亜貝殻から粗面
光沢 金属光沢 | **条痕** 鉄黒色
比重 6.2–6.5 | **透明度** 不透明

銀のアンチモン硫塩鉱物で、脆銀鉱や黒い銀鉱石とも呼ばれる。結晶は短柱状だが、塊状や粒状でも見つかる。色は鉄黒。採集時には光沢や輝きがあるが、光にさらされるとすぐにくすむ。一般に少量で見つかるが、十分な大きさであれば、銀の重要な資源になる。相当量がアメリカ、メキシコ、カナダ、イングランド、ノルウェー、ロシア、ボリビアで発見されている。鉱物名は1845年、ハプスブルク=ロートリンゲン家のオーストリア大公ステファン・フランツ・ビクトルに敬意を表してつけられた。

ステファン鉱の結晶

安四面銅鉱の結晶

濃紅銀鉱 PYRARGYRITE

晶系 三方晶系
化学式 Ag_3SbS_3 | **色** 深赤
結晶形 柱状、偏三角面体（両錐体）
硬度 2½–3 | **劈開** 明瞭
断口 貝殻から粗面 | **光沢** 金属光沢
条痕 紫赤色 | **比重** 5.8
透明度 半透明

銀のアンチモン硫塩鉱物で、銀の主な資源である。ルビーシルバーやダークレッドシルバーとも呼ばれる。ふつう灰色がかった黒。薄い破片や小さな結晶は透過光によって深いルビー赤色に見え、鉱石の俗名の由縁となっている。学名は「火」と「銀」を意味するギリシャ語の組み合わせによる。濃い赤色も光に曝されると黒ずむ。淡紅銀鉱（この鉱物もルビーシルバーと呼ばれる）などの銀鉱物や方鉛鉱、閃亜鉛鉱、安四面銅鉱とともに生成する。もっとも良質の標本はハルツ山地で見つかっている。

濃紅銀鉱の結晶

車骨鉱 BOURNONITE

晶系 直方晶系 | **化学式** $PbCuSbS_3$
色 鋼灰 | **結晶形** 短柱から厚板状
硬度 2½–3 | **劈開** 不明瞭
断口 亜貝殻から粗面 | **光沢** 金属光沢
条痕 鋼灰色 | **比重** 5.7–5.9
透明度 不透明

鉛と銅のアンチモン硫塩鉱物。黒い集合体や塊状で見つかる。貫入型双晶は、はめ歯歯車のような外観をしていることから、はめ歯歯車鉱石という俗称を持ち、和名「車骨鉱」の由来となっている。広く分布し、方鉛鉱、閃亜鉛鉱、黄銅鉱、黄鉄鉱とともに産する。とくに見事な標本が採取されているのは、直径2.2cm以上の結晶も発見されているドイツのハルツ山地である。またイングランドのコーンウォールでも見事な標本が出ている。産地はほかにイタリア、フランス、ボリビア、ペルー、カナダ、オーストラリア、ルーマニア、ギリシャ、日本、アメリカ。学名はフランスの鉱物学者J・L・デュ・ブルゾンからとられた。

柱状の車骨鉱の結晶

ブーランジェ鉱 BOULANGERITE

晶系 単斜晶系 | **化学式** $Pb_5Sb_4S_{11}$
色 青がかった鉛灰 | **結晶形** 長柱状から針状
硬度 2½–3 | **劈開** 良好
断口 粗面 | **光沢** 金属光沢
条痕 灰褐色から灰色 | **比重** 5.8–6.2
透明度 不透明

鉛のアンチモン硫塩鉱物。鉛灰色で、もろく、やわらかくて、密度が高い。熱水鉱脈やその他の環境に産する。変形する針状や柱状、あるいは繊維状や塊状にもなる。ときに、細かい毛の塊のような形でも見つかることもあり、羽毛状の鉱石 “plumosite” とも呼ばれる。鉱物名は1837年、フランスの鉱山技師シャルル・ブーランジェの名からつけられた。少量を産出する鉱床は広く分布し、ドイツ、カナダ、メキシコ、スウェーデン、フランス、チェコ、アメリカにある。鉱量が多ければ、鉛鉱石として使われる。

ブーランジェ鉱の標本

淡紅銀鉱 PROUSTITE

晶系 三方晶系 | **化学式** Ag_3AsS_3
色 緋、灰 | **結晶形** 柱状、偏三角面体（両錐体）
硬度 2–2½ | **劈開** 明瞭
断口 貝殻から粗面
光沢 ダイヤモンド光沢から亜金属光沢
条痕 朱色 | **比重** 5.5–5.7
透明度 半透明

銀のヒ素硫塩鉱物。紅色がかった朱色をしており、ライトレッドシルバーやルビーシルバーという鉱石の俗名がある。結晶は柱状、菱面体、偏三角面体で現われる。光に敏感で、強い光にさらされると、透明な緋色が不透明な灰色に変わる。塊状でも見つかる。銀の重要な資源であり、他種の銀鉱物や方鉛鉱、方解石とともに産する。有名な産地はチリのチャナルシリョ、ドイツのザクセン、アメリカのアイダホ州、メキシコのチワワ州。銀のアンチモン硫塩鉱物である濃紅銀鉱と類縁で、学名は、濃紅銀鉱とは別の鉱物であることを化学分析で明らかにしたジョゼフ・プルーストの名からとられた。

結晶体の淡紅銀鉱

毛鉱 JAMESONITE

晶系 単斜晶系 | **化学式** $Pb_4FeSb_6S_{14}$
色 鋼灰から暗鉛灰 | **結晶形** 針状、繊維状
硬度 2–3 | **劈開** 良好
断口 粗面から貝殻 | **光沢** 金属光沢
条痕 灰がかった黒色 | **比重** 5.6–5.8
透明度 不透明

鉛と鉄のアンチモン硫塩鉱物。マンガンを含むこともある。暗灰色の金属光沢をした鉱物で、針状ないし繊維状の結晶をつくり、ときに塊状で現われる。毛状の形をなす硫化鉱物の1つ。ほかの硫塩鉱物とともに鉱脈で生成するほか、石英鉱脈で菱マンガン鉱、苦灰石や方解石などの炭酸塩鉱物とともに産する。発見されたのは1825年、学名はスコットランドの鉱物学者ロバート・ジェイムソンにちなむ。少量で広く産し、最良質の標本はメキシコ、セルビア、ルーマニア、イングランド、ボリビアで見つかっている。

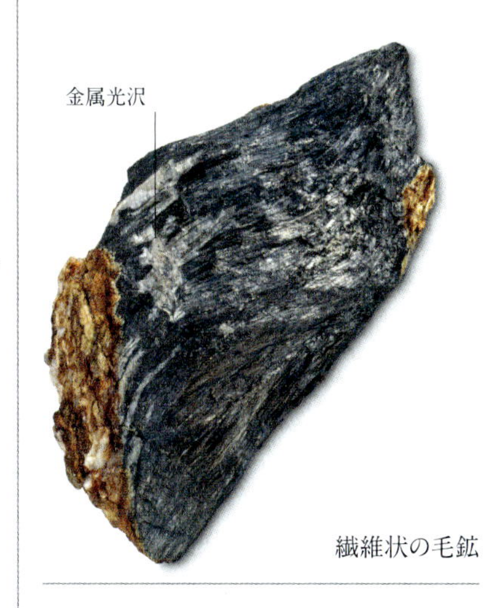

繊維状の毛鉱

ジンケン鉱 ZINKENITE

晶系 六方晶系 | **化学式** $Pb_9Sb_{22}S_{42}$
色 鋼灰 | **結晶形** 偏平柱状晶、針状、繊維状、塊状 | **硬度** 3–3½ | **劈開** 不明瞭
断口 粗面 | **光沢** 金属光沢
条痕 鋼灰色 | **比重** 5.3 | **透明度** 不透明

鉛のアンチモン硫塩鉱物。針状の結晶が平行あるいは放射状に並んだ集合体をなす。毛髪様の繊維状結晶が、塊状や毛玉状となって見つかる。ほかの硫塩鉱物とともに石英中に産する。鉱物名はドイツの鉱物学者で鉱山地質学者のヨハン・カール・ルートヴィヒ・ジンケンの名からとられた。最良質の標本はフランス、ドイツ、ボリビア、オーストラリア、カナダ、ルーマニア、アメリカで見つかっている。

ジンケン鉱の結晶

酸化鉱物

チタン鉄鉱 ILMENITE

晶系 三方晶系 | **化学式** $FeTiO_3$ | **色** 鉄黒
結晶形 厚板状 | **硬度** 5–6 | **劈開** なし
断口 貝殻 | **光沢** 金属光沢から亜金属光沢
条痕 黒色 | **比重** 4.5–5 | **透明度** 不透明

鉄とチタンの酸化鉱物で、チタンの主要な資源になる。学名は発見地であるロシアのイルメンスキ山地からとられた。結晶はふつう厚板状を見せる。塊状や拡散した粒状集合体でも現われる。不透明で、金属光沢の灰黒色を帯び、しばしば磁鉄鉱や赤鉄鉱と連晶をなす。よくダイヤモンドとともにキンバーライトのなかから見つかるほか、その他の火成岩からも少量産出する。鉱脈やペグマタイトでも見つかる。磁鉄鉱やルチルなどの重い鉱物とともに砂礫に濃集することもある。

チタン鉄鉱の結晶

灰チタン石（ペロブスカイト）PEROVSKITE

晶系 直方晶系
化学式 $CaTiO_3$ | **色** 黒、茶、黄
結晶形 変形立方体 | **硬度** 5½
劈開 不完全
断口 亜貝殻から粗面
光沢 ダイヤモンド光沢、金属光沢
条痕 灰色から白色
比重 4.0–4.3 | **透明度** 不透明

カルシウムとチタンの酸化鉱物。チタンとカルシウムがそれぞれニオブとセリウムで置き換わることがある。直方晶系だが、立方体や正八面体の結晶をつくる。色は黒や茶、黄で、光沢は色による。アルカリ苦鉄質岩（マグネシウムや鉄に富む火成岩）や石灰質（カルシウムに富む）スカルン（変成岩鉱体の一種）なかで生成する片岩や接触変成岩でも産する。主要な鉱床はグリーンランドにあり、8cmに達する大きな結晶が見つかっている。イタリア、ドイツ、カナダ、アメリカも有名な産地である。学名は1839年、ロシアの鉱物学者ペロブスキーにちなんでつけられた。

灰チタン石の結晶

ナバホの砂岩層に凝固した赤鉄鉱

赤鉄鉱（ヘマタイト）HEMATITE

晶系 三方晶系 | **化学式** Fe_2O_3
色 黒、灰、銀色、赤、茶
結晶形 菱面体、擬立方体、柱状、板状、繊維状
硬度 5–6 | **劈開** なし
断口 亜貝殻から粗面 | **光沢** 金属光沢から無艶
条痕 赤色から赤褐色
比重 5.1–5.3 | **透明度** 不透明

鉄の酸化物。やわらかくて細かい粒状から、硬くて密な結晶体まで、さまざまな形態で産する。やわらかい粉状のものはレッドオーカー（弁柄・紅殻に相当）と呼ばれ、昔から赤色の顔料に使われている。結晶体を粉砕したものはリュージュと呼ばれ、ガラスや宝飾品の研磨剤に用いられる。金属光沢の強い輝きを放つ鋼灰色の結晶には「鏡鉄鉱」の名がついている。花のような結晶をつくることもあり、それは「鉄のバラ」と呼ばれる。もっとも重要な赤鉄鉱の鉱床は、堆積性起源で、堆積層と、変成した堆積物がある。

コランダム（鋼玉）CORUNDUM

晶系 三方晶系 | **化学式** Al_2O_3
色 無色、灰、褐、赤、橙、黄、緑、青、紫
結晶形 柱状、両錐状、樽形状、板状、菱面体
硬度 9 | **劈開** なし
断口 貝殻から粗面
光沢 ダイヤモンド光沢からガラス光沢
条痕 白色 | **比重** 4.0–4.1
透明度 透明から半透明 | **屈折率** 1.76–1.77

アルミニウムの酸化鉱物。ダイヤモンドに次いで地球上で2番目に硬い鉱物である。結晶は粗く、先細りになった樽形の六角柱状か、六角両錐状。閃長石やペグマタイト、高度変成岩中で生成する。重く、風化にたいへん強いので、水流により砂利のなかに集まることも多い。不透明なものは白色か、灰色や茶色で、研磨剤として使われる。透明で宝石質のものは、赤（ルビー）、ピンクオレンジ（パパラチア）、無色、青、緑、黄、橙、青紫、ピンク（サファイヤ）といった色がある。ルビーの色はピンクサファイヤの色とひと続きになっていて、そのなかで色みの濃いものだけがルビーとみなされる。キャッツアイ効果やスター効果が見られるルビーやサファイヤには、研磨すると光を反射する顕微鏡サイズのルチルが網の目状に含まれている。鉱物名コランダムは「ルビー」を意味するサンスクリット語からとられたようである。

岩石中にある赤いコランダムの結晶

氷 ICE

晶系 六方晶系
化学式 H_2O | **色** 無色、白
結晶形 板状、柱状、樹枝状、塊状
硬度 1½ | **劈開** なし
断口 貝殻状 | **光沢** ガラス光沢
条痕 白色 | **比重** 0.9
透明度 透明から半透明
屈折率 1.31

水素の酸化鉱物で、地球表面上に露出するもっとも豊富な鉱物である。結晶は、雪としてはめったに7mm以上にならないが、氷河中では巨大な塊になり、個々の結晶体が45cmに達することもある。結晶はそのほかに樹枝状、樹木状、骸晶状、柱面の中央がくぼんだ柱状、不定方向の無数の氷結晶からなる同心円構造の円柱や円錐状（雹やつらら）で現われる。ふつう無色。白く見えるのは、気泡によるものである。氷の結晶相は少なくとも9種類あり、わずかな圧力や温度の差で異なる相になる。硬度は結晶構造や純度、温度で変化する。北極のように極端に低温の環境では長石と同じ硬度になり、　石を浸食するほどである。固体ではない水や、地質作用でできていない氷は鉱物とはみなされない。

サイコロ状の氷
（人工的な氷で鉱物とはみなされない。）

紅亜鉛鉱 ZINCITE

晶系 六方晶系
化学式 ZnO
色 橙黄から深紅
結晶形 塊状集合体
硬度 4–5 | **劈開** 完全 | **断口** 貝殻
光沢 樹脂光沢 | **条痕** 橙黄色
比重 5.4–5.7
透明度 ほぼ不透明

亜鉛の酸化鉱物。橙黄から深紅。結晶体となることは稀だが、異極像の錐状結晶となることがある。ふつうは塊状や粒状の集合体で見つかる。希少な鉱物だが、産地では豊富に産する。主に亜鉛鉱床で副成分鉱物として採掘される。この鉱物が生成される鉱脈や割れ目から、ほかの亜鉛鉱物類が風化によりとり去られると、（比較的風化に強い）紅亜鉛鉱の結晶が見つかる。もっとも重要な産地はアメリカのニュージャージー州フランクリンとナミビアのツメブである。どちらの産地でも亜鉛の資源になっている。

紅亜鉛鉱の標本

赤銅鉱（キュプライト）CUPRITE

晶系 立方晶系 | **化学式** Cu_2O
色 鮮赤、ルビー赤、紫赤から暗赤色
結晶形 正八面体、立方体、正十二面体
硬度 3½–4 | **劈開** 明瞭 | **断口** 粗面
光沢 ダイヤモンド光沢、亜金属光沢
条痕 褐赤色 | **比重** 6.1–6.2
透明度 透明からほぼ不透明

銅の酸化物で、代表的な銅鉱石。結晶は立方体、正八面体、正十二面体またはそれらの組み合わせで現われる。暗色の結晶は内部反射によって赤色を帯びている。光にさらされると、表面は暗い灰色に変わる。1845年に初めて記載された鉱物で、学名は銅を含むことにちなみ、銅を意味するラテン語からとられた。

磁鉄鉱 MAGNETITE

晶系 立方晶系 | **化学式** Fe_3O_4 | **色** 黒
結晶形 正八面体 | **硬度** 5½–6½
劈開 なし | **断口** 貝殻から粗面
光沢 金属光沢か亜金属光沢 | **条痕** 黒色
比重 5.2 | **透明度** 不透明

スピネル族に属する鉄の酸化鉱物で、もっとも広く分布する酸化鉱物の1つである。ほかのスピネル属の鉱物同様、ふつうは正八面体の結晶をつくるが、ときどき変則的な十二面体でも現われる。見た目は赤鉄鉱に似る。ただし赤鉄鉱には磁力がなく、赤い条痕がある。結晶体として産するほか、塊状や粒状の集合体でも見つかり、黒い砂鉄として濃集していることもある。火成岩や変成岩、硫化鉱物の鉱脈のなかに産する。強い天然の磁石であり、方位磁石の針の磁化（鉄などに磁性を持たせること）に最初に使われたと思われる。鉄の主な資源の1つである。

スピネル（尖晶石）SPINEL

晶系 立方晶系 | **化学式** $MgAl_2O_4$
色 無色、赤、黄、朱、青、緑、黒
結晶形 正八面体 | **硬度** 7½–8
劈開 なし | **断口** 貝殻から粗面
光沢 ガラス光沢 | **条痕** 白色
比重 3.6–4.1 | **透明度** 透明から半透明
屈折率 1.72

マグネシウムとアルミニウムの酸化鉱物。スピネルは鉱物名であると同時に、同じ結晶構造を持つ酸化鉱物の族名でもある。スピネル族には亜鉛スピネル、フランクリン鉱、クロム鉄鉱などが含まれる。スピネル族の鉱物はふつうガラス様の硬い正八面体結晶として産する。また粒状や塊状集合体としても現われる。さまざまな色が見られるが、もっとも一般的なのは青、紫、赤、ピンク。玄武岩、キンバリー岩、橄欖岩など鉄とマグネシウムに富んだ（苦鉄質の）火成岩、アルミニウムに富んだ片岩（変成岩の1つ）、接触変成作用を受けた石灰岩から見つかる。スピネルの主な用途は宝石である。風化に耐え、川や海などでの水流の砂利のなかに集まっており、宝石の原石もほぼそこで採取される。産地はミャンマー、スリランカ、マダガスカル、アフガニスタン、パキスタン、オーストラリア。

スピネルの結晶

フランクリン鉱 FRANKLINITE

晶系 立方晶系 | **化学式** $ZnFe_2O_4$
色 鉄黒 | **結晶形** 正八面体 | **硬度** 6
劈開 なし | **断口** 貝殻から粗面
光沢 金属光沢 | **条痕** 赤褐色
比重 5.0–5.2 | **透明度** 不透明

亜鉛と鉄の酸化鉱物で、スピネル族の1種。ふつう正八面体の結晶をつくるが、稜縁が丸まっていることが多い。塊状や粒状の集合体にもなる。母岩中に散らばった小さい黒い結晶として現われ、正八面体の結晶面が見えることもある。単結晶が大きく成長することはめったにない。変成した石灰岩や苦灰岩の亜鉛鉱床で生成し、たいていは珪亜鉛鉱、石榴石、薔薇輝石などの鉱物を伴う。鉱物名はアメリカ、ニュージャージー州のフランクリン鉱山で発見されたことに由来する。産地はほかにドイツ、スウェーデン、ルーマニア。

正八面体のフランクリン鉱

クロム鉄鉱 CHROMITE

晶系 立方晶系 | **化学式** $FeCr_2O_4$
色 暗褐、黒
結晶形 正八面体、塊状集合体
硬度 5½ | **劈開** なし | **断口** 粗面
光沢 金属光沢 | **条痕** 茶褐色
比重 4.5–4.8 | **透明度** 不透明

鉄とクロムの酸化鉱物で、スピネル族の1種。結晶体は稀だが、正八面体になる。ふつうは塊状か、レンズ状あるいは角材状の集合体になっているか、粒状や線状に散らばっている。色は暗茶褐色から黒で、マグネシウムやアルミニウムを含むことがある。マグネシウムや鉄に富んだ火成岩中に粒の形で拡散しているか、それらの岩石からできた風化堆積物のなかに集まっている状態でもっともよく見つかる。ときどきほぼクロム鉄鉱だけで厚い堆積層をなしていることもある。そのような岩石はクロム鉄鉱岩として知られもっとも重要なクロム鉱石になる。クロム鉄鉱岩の産地は南アフリカのブッシュベルド複合鉱床帯、アメリカ、モンタナ州のスティルウォーター複合鉱床帯。クロム鉄鉱はダイヤモンド中に含有物（インクルージョン）として見つかることもある。

クロム鉄鉱の団塊（ノジュール）

クリソベリル（金緑石）CHRYSOBERYL

晶系 直方晶系 | **化学式** $BeAl_2O_4$
色 緑、黄、茶 | **結晶形** 板状、短柱状
硬度 8½ | **劈開** 明瞭
断口 粗面から貝殻状 | **光沢** ガラス光沢
条痕 白色 | **比重** 3.7–3.8
透明度 透明から半透明 | **屈折率** 1.74–1.76

ベリリウムとアルミニウムの酸化鉱物。ダイヤモンド、コランダムに次いで硬く、耐久性に優れる。結晶体をつくることもめずらしくなく、典型的な色は黄や緑、茶色である。双晶を3組重ね、トライリング（三輪）と呼ばれる六角形の輪郭をつくり出すこともある。耐久性により、風化した母岩からそのままこぼれ落ち、川底の砂利のなかで見つかる。比重が大きいので、川底に集まりやすい。ふつうは花崗岩や花崗岩ペグマタイト、雲母片岩中で生成する。宝石質の変種がいくつかあり、なかでも光源により色が変わるアレキサンドライトとクリソベリルキャッツアイは有名である。クリソベリルキャッツアイは平行に並んだ針状の含有物（インクルージョン）を含んでいて、カボションに磨かれると、それらが猫の目のような光を映し出す。

クリソベリルキャッツアイ

錫石 CASSITERITE

晶系 正方晶系 | **化学式** SnO_2
色 茶から暗茶褐 | **結晶形** 柱状
硬度 6–7 | **劈開** 不明瞭
断口 亜貝殻から粗面
光沢 ダイヤモンド光沢から金属光沢
条痕 白色、淡灰褐色 | **比重** 6.9–7.1
透明度 透明から不透明 | **屈折率** 2.0–2.1

スズの酸化鉱物。学名は「スズ」を意味するギリシャ語による。結晶は深い条線のある柱状や角錐状で、双晶もふつうに現われる。塊状集合体でも見つかり、腎臓状の集合体は「木錫」、水に流されて堆積したものは「流錫」と呼ばれる。純粋なものは無色だが、微量の鉄を含むことで、茶や黒色を帯びる。花崗岩に伴う熱水鉱脈で、鉄マンガン重石などのタングステン鉱物や輝水鉛鉱、電気石（トルマリン）、トパーズなどとともに産出する。風化に強く、比較的重いので、母岩から浸食で削りとられると、川底や砂浜に集まる。見事な結晶はポルトガル、イタリア、フランス、チェコ、ブラジル、ミャンマーで採取されている。スズのほぼ唯一の資源である。

亜鉛スピネル GAHNITE

晶系 立方晶系 | **化学式** $ZnAl_2O_4$
色 暗緑または青 | **結晶形** 正八面体
硬度 7½–8 | **劈開** 不明瞭 | **断口** 貝殻
光沢 ガラス光沢 | **条痕** 灰色 | **比重** 4.4–4.6
透明度 半透明からほぼ不透明
屈折率 1.80

亜鉛とアルミニウムの酸化鉱物で、スピネル族の1種。ほかのスピネル族鉱物と同様、正八面体の結晶になり、粒状や塊状の集合体をつくる。色は暗青、青緑、灰、黄、黒、茶。花崗岩、ペグマタイト、片岩、片麻岩、接触変成した石灰岩の副成分鉱物。風化に強く、川床に集まる。学名は、スウェーデンの科学者J・G・ガーンの名にちなんで1807年につけられた。良質の結晶標本はアメリカ、スウェーデン、フィンランド、オーストラリア、ブラジル、メキシコで出ている。

青い亜鉛スピネルの標本

軟マンガン鉱 PYROLUSITE

晶系 正方晶系 | **化学式** MnO_2
色 鋼灰から黒 | **結晶形** 塊状集合体
硬度 6–6½ | **劈開** 完全 | **断口** 粗面
光沢 金属光沢から土状
条痕 黒色または暗青色 | **比重** 5.0–5.2
透明度 不透明

一般的なマンガンの酸化鉱物。めったに結晶体では現われず、ふつう薄い灰色から黒の塊状集合体で産する。金属光沢の皮膜状、皮殻状、繊維状、団塊（ノジュール）をなす。結晶は、不透明な柱状になる。菱マンガン鉱などのマンガン鉱物の変質物（二次鉱物）として、酸素に富んだ環境でのみ生成し、沼、湖、海で見つかる。海洋底には、マンガン団塊が微生物作用の結果として、または海流でできた鉱床として、広く分布する。ガラスや鉄鋼、船のスクリューに使われる耐塩水性のマンガン青銅鋼の製造に使われるマンガンの主要な鉱物資源である。

軟マンガン鉱の結晶

鋭錐石（アナターゼ）ANATASE

晶系 正方晶系 | **化学式** TiO_2
色 茶、淡黄、赤茶、黒、藍
結晶形 両錐形（尖鋭八面体） | **硬度** 5½–6
劈開 完全 | **断口** 亜貝殻
光沢 ダイヤモンド光沢から金属光沢
条痕 白色から淡黄色 | **比重** 3.8–4.0
透明度 透明からほぼ不透明
屈折率 2.48–2.56

3種あるチタンの酸化鉱物の1種。ほかの2種はルチルと板チタン石。鋭錐石は「オクタヘドライト（八面体の石）」と呼ばれたこともある。つねに単独で、小さな尖った結晶体として見つかる。縦長の八面体をした結晶は硬く、きらきらと輝く。色は茶、黄、藍、緑、灰、淡紫、黒。多くはないが、短柱状や柱状にもなる。学名は、縦長の形にちなみ、「伸長」を意味するギリシャ語から1801年につけられた。しばしば蛍石、チタン鉄鉱、エジリン輝石、板チタン石とともに産する。

鋭錐石の結晶

板チタン石 BROOKITE

晶系 直方晶系 | **化学式** TiO_2
色 茶、黄褐、赤褐、暗褐、鉄黒
結晶形 板状 | **硬度** 5½–6
劈開 不明瞭 | **断口** 亜貝殻から粗面
光沢 金属光沢からダイヤモンド光沢
条痕 白色、淡灰色、黄白色
比重 4.1–4.2 | **透明度** 透明から不透明
屈折率 2.58–2.70

鋭錐石、ルチルとともに3種あるチタンの酸化鉱物の1種。ほぼつねに鉄をある程度含み、ニオブが混ざることもある。結晶は長い板状で、ときに角錐状をなす。ふつうは茶だが、赤、黄茶、黒も見られる。結晶形の整った結晶は5cmにも達する。熱水鉱脈、接触変成岩、堆積鉱床で見つかる。学名は、英国の結晶学者H・J・ブルックスにちなんで1825年につけられた。

曹長石上の板チタン石

▷ルチル（金紅石）RUTILE

晶系 正方晶系 | **化学式** TiO_2 | **色** 赤褐、赤
結晶形 長柱状 | **硬度** 6–6½ | **劈開** 良好
断口 貝殻から粗面 | **光沢** ダイヤモンド光沢から亜金属光沢 | **条痕** 淡褐色から黄褐色
比重 4.2–4.3 | **透明度** 透明から不透明
屈折率 2.61–2.90

鋭錐石、板チタン石とともに3種類あるチタンの酸化鉱物の1種である。単結晶はふつう細い針状か柱状で、黄または赤がかった茶、暗い茶色または黒色。格子状の組織をなすことも多い。石英の結晶中にとりこまれたルチルは黄金色の針状結晶となる。花崗岩、ペグマタイト、片麻岩、片岩の副成分鉱物として見つかるほか、鉱脈で産する。重いので、漂砂鉱床にも集まる。微細な方位の揃った含有物（インクルージョン）として他種の鉱物のなかに入っていることが多い。ローズクォーツやルビー、サファイヤの星状光彩はルチルによるものである。鉱物名は「赤」または「輝き」を意味するラテン語に由来する。

水晶のなかに入ったルチルの針状結晶

ジルコンを伴う、ピッチブレンドになった閃ウラン鉱

△閃ウラン鉱 URANINITE

晶系 立方晶系 | **化学式** UO_2
色 鉄黒、暗茶褐、灰、緑
結晶形 ブドウ状集合体、腎臓型集合体、コロフォーム（球状集合体）
硬度 5–6 | **劈開** なし
断口 粗面から亜貝殻
光沢 亜金属、油脂状、無艶
条痕 暗茶褐色 | **比重** 7.5–10.6
透明度 不透明

ウランの酸化鉱物で、ウランの主要な鉱石である。色は黒から茶がかった黒、暗灰、あるいは緑色系。塊状で産するものはピッチブレンドと呼ばれる。ブドウ状や粒状の集合体としても産する。正八面体ないし立方体になるはずの結晶体はさほど見られない。ウランを含むほかの鉱物や希土類鉱物といっしょにペグマタイト中で生成する。ただしそれらの鉱物はウランの資源にはあまりならない。また高温の熱水鉱脈では錫石や硫砒鉄鉱とともに産出し、中温の熱水鉱脈ではピッチブレンドを形成する。カルノー石など、ほかのウラン鉱に風化変質することもある。それらは砂岩や礫岩中に見つかり、重要なウラン鉱石になる。学名は1792年、含有成分にちなんでつけられた。見事な結晶はスペインのコルドバ、ドイツのザクセン、メキシコのチワワ州、アメリカのメイン州トップシャムで見つかっている。高い放射能の鉱物で、扱いや保管には注意が必要。ピエール・キュリーとマリ・キュリーの先駆的な放射線の研究は、閃ウラン鉱の鉱石から抽出したラジウムを使って行われた。

フェルグソン石 FERGUSONITE

晶系 正方晶系 | **化学式** $YNbO_4$
色 黒から暗茶褐 | **結晶形** 柱状、両錐形
硬度 5½–6½ | **劈開** 貧弱
断口 亜貝殻 | **光沢** ガラス光沢から亜金属
光沢 | **条痕** 茶色、黄褐色
比重 5.6–5.8 | **透明度** 不透明

19世紀のスコットランドの鉱物学者で政治家のロバート・ファーガソンにちなんで命名された鉱物で、さまざまな希土類元素を含むニオブの酸化鉱物。希土類元素の多くは置き換わりうる。もっとも多く含有する希土類にもとづいて鉱物種名がついている。たとえば、イットリウムがもっとも多いイットリウムフェルグソン石は、フェルグソン石の中でもっとも一般的で、セリウムフェルグソン石はセリウムを主体希土類元素とする。単斜晶系の多形、ベータフェルグソン石もあり、こちらにはネオジムがもっとも多いネオジムベータフェルグソン石も知られている。フェルグソン石にはニオブに換わりタンタルが含まれているものもある。ほかの希土類の酸化鉱物同様、希土類の大量抽出を可能にするほど1か所にかたまって産することはめったにない。それでも希土類金属はハイブリッドカーの強力磁石やLED照明の蛍光体まで、幅広い商業分野で用いられている。結晶は針状、柱状、ピラミッド状で、黒から茶がかった黒色。不透明で、薄い縁は透明。ふつう花崗岩ペグマタイトに産出し、漂砂鉱床でも見つかる。モナズ石、ガドリン石、タレン石、ユークセン石、褐簾石、ジルコン、黒雲母、磁鉄鉱を伴う。広く分布するが、産出量はどこも少ない。有名な鉱床は日本の愛媛県今治

市（旧伯方村）、スウェーデンのイッテルビーにある。

長石中のフェルグソン石

ロマネシュ鉱 ROMANÈCHITE

晶系 単斜晶系 | **化学式** $(Ba,H_2O)_2Mn_5O_{10}$
色 鉄黒から鋼灰 | **結晶形** 塊状集合体、ブドウ状集合体 | **硬度** 5–6 | **劈開** なし
断口 粗面 | **光沢** 亜金属光沢から無艶
条痕 黒色、暗褐色 | **比重** 4.7 | **透明度** 不透明

バリウムとマンガンの酸化鉱物で、硬マンガン鉱（サイロメレン）の主要構成鉱物である。ロマネシュ鉱と硬マンガン鉱は同一鉱物種の別名と誤認されることもあるが、硬マンガン鉱は鉱物種ではなく、純度の低いロマネシュ鉱ということでもない。硬マンガン鉱は複数の鉱物の混合物なので特定の構造を持たない。マンガンの重要な資源であるロマネシュ鉱は硬くて黒く、しばしばブドウ状集合体をなす。赤鉄鉱、重晶石、軟マンガン鉱とともに見つかり、ヨーロッパ、アメリカ、ブラジルで産する。

ブドウ状のロマネシュ鉱

サマルスキー石 SAMARSKITE

晶系 直方晶系
化学式 $(Y,Fe,U)(Nb,Ta,Ti)O_4$
色 黒 | **結晶形** 偏平柱状 | **硬度** 5–6
劈開 不明瞭 | **断口** 貝殻
光沢 ガラスから樹脂光沢 | **条痕** 暗赤褐色から黒色 | **比重** 5.0–5.7 | **透明度** 不透明

希土類元素とニオブの複酸化鉱物。各種の希土類元素を含み、イットリウムとイッテルビウムをもっとも含む種、イットリウムサマルスキー石とイッテルビウムサマルスキー石の2種が知られている。鉄やウランなどが希土類を、タンタルやチタンなどがニオブを置き換え複雑な化学組成を示す。黒色で不透明だが、表面は茶色や黄褐色に変質していることが多い。結晶は不透明の短柱状で、長方形の断面を持つ。薄い切片は半透明。ふつう希土類を含む花崗岩ペグマタイトから見つかり、放射能を持つ。イットリウムはカラーテレビの赤色蛍光体、光学ガラス、特殊セラミックに利用される。人工合成されたイットリウム・アルミニウム・ガーネット（YAG）はダイヤモンドの代用石になる。

虹色の光沢（イリデッセンス）を帯びたサマルスキー石

鉄コルンブ石 COLUMBITE-(Fe)

晶系 直方晶系 | **化学式** $(Fe,Mn)(Nb,Ta)_2O_6$
色 黒から暗茶褐 | **結晶形** 短柱状、板状
硬度 6–6½ | **劈開** 明瞭 | **断口** 亜貝殻から粗面 | **光沢** 金属光沢 | **条痕** 暗赤色から黒色 | **比重** 5.2–6.7 | **透明度** 半透明から不透明 | **屈折率** 2.29–2.40

鉄とニオブの酸化鉱物。鉄のニオブ酸塩ともとらえることができる。鉄に換わりマンガンかマグネシウムが主成分となったマンガンコルンブ石、苦土コルンブ石も知られている。タンタルによるニオブの置換が進んだものは、鉄タンタル石、マンガンタンタル石、苦土タンタル石と、鉱物名が変わり別種扱いになる。これらの鉱物は同一の結晶構造を持つほか、それぞれの中間的な化学組成を持ち、成分の割合もほぼ完全に連続した変動を見せる。両鉱物とも花崗岩や花崗岩ペグマタイト、砂鉱床で見つかる。鉄コルンブ石、マンガンコルンブ石、以上の2種より稀な苦土コルンブ石の3種をしてコルンブ石族を、同様にタンタル石族をそれぞれ構成している。ユークセン石などとともに、コルンブ石・ユークセン石族を構成する。鉄コルンブ石の色は茶か黒で、塊状集合体で見つかるほか、粒状のこともある。結晶は厚板状か短柱状で、しばしば虹色（イリデッセンス）を帯びている。複雑な面を持つものや先端が丸まったものも見られる。鉄コルンブ石は工業用の鉱物として重要なタンタルとニオブの貴重な資源である。タンタルやニオブは合金にすると強度を高められる。産地はグリーンランド、ドイツ、イタリア、フランス、スウェーデン、ギリシャのほか、ジンバブエ、南アフリカ、ウガンダのペグマタイト地帯。

コルンブ石

水酸灰パイロクロア PYROCHLORE

晶系 立方晶系 | **化学式** $(Ca,Na)_2(Nb,Ti)_2O_6(OH,F)$
色 茶から黒 | **結晶形** 正八面体 | **硬度** 5–6
劈開 不明瞭 | **断口** 亜貝殻から粗面
光沢 ダイヤモンド光沢から樹脂光沢 | **条痕** 淡褐色
比重 5.1–5.2 | **透明度** 透明から不透明

カルシウムとニオブの水酸化酸化鉱物。カルシウムの水酸化ニオブ酸塩ともとらえられる。カルシウムをナトリウム、鉛、希土類などで置き換えた同構造の鉱物種とともにパイロクロア族を構成し、ニオブをタンタルで置き換えたマイクロライト族、チタンで置き換えたベタファイト族、アンチモンで置き換えたロメアイト族などとともにパイロクロア超族（スーパーグループ）を形成する。パイロクロアの起源は、ノルウェーのスターバンで見つかり、1826年に初めて記載されたことに始まる。鉱物名パイロクロアは標本によっては熱すると緑色に変わることから、火と緑を意味するギリシャ語からとられた。鉱物種の違い（主成分の違い）や微量成分の影響で、橙、赤褐色、茶、黒色など多様な色を持ち、結晶はふつう正八面体になる。塊状や粒状の集合体でも見つかる。しばしばウランやトリウムを含むもので、放射能を持つこともある。特定の火成岩やペグマタイトに産出するほか、ケイ酸分に乏しい岩石で少量生成する。ジルコン、燐灰石、磁鉄鉱とともに見つかることが多い。ニオブの主な資源である。ニオブは消費電力の少ない電気機器に使われるほか、単体またジルコニウムとの合金で原子炉炉心の被覆管材に用いられる。有名な産地はロシアのベシュノボルゴルスク、タンザニアのムベヤ、アメリカのコロラド州セント・ピーターズ・ドーム、ノルウェーのブレビク、スウェーデンのアルノ、カナダのオカ州、ケベック州、オンタリオ州。

パイロクロアの標本

苦土ターフェ石（マグネシオターフェアイト） MAGNESIOTAAFFEITE

晶系 六方晶系 | **化学式** $Mg_3Al_8BeO_{16}$
色 無色、薄紫、淡緑、淡青、淡紅
結晶形 板状、柱状 | **硬度** 8–8½
劈開 不完全 | **断口** 貝殻 | **光沢** ガラス光沢
条痕 白色 | **比重** 3.6 | **透明度** 透明
屈折率 1.72–1.77

ベリリウム、マグネシウム、アルミニウムの酸化鉱物。比較的新しい鉱物で、1945年に発見された。色は淡い紫、緑、サファイヤブルー。外形や硬度や密度など、構造的にスピネルと似た所がある。この2N2S形のほかに6N3S形のポリタイプ（積層規則の違いなど構造単位の組み合わせが異なる変種）があり、6N3S形にはマグネシウムを鉄で置き換えた鉄ターフェ石（フェロターフェアイト）が知られる。宝石質の苦土ターフェ石は礫岩中に見つかり、地質学的起源はベリリウムを含む花崗岩と苦灰岩質石灰岩との接触変成作用でできたスカルンやスピネル－金雲母片岩（マグネシウムとアルミニウムに富んだ片岩）中と考えられている。スリランカ、中国、南オーストラリアで見つかっている。

苦土ターフェ石

水酸化鉱物

▽ベーム石（ベーマイト）BÖHMITE

晶系 直方晶系 | **化学式** AlO(OH) | **色** 白、淡灰褐 | **結晶形** 板状、短柱状、豆状集合体
硬度 3½ | **劈開** 良好 | **断口** 粗面 | **光沢** ガラス状、土状 | **条痕** 白色 | **比重** 3.0–3.1
透明度 透明から不透明 | **屈折率** 1.64–1.67

アルミニウムの水酸化酸化鉱物。ギブス石（ギブサイト）、ダイアスポアに次いでアルミニウム鉱石のボーキサイトの主要構成鉱物。ボーキサイトはアルミニウムの唯一の資源であることから、世界でもっとも重要な鉱石の1つ。白ないしは淡色の鉱物で構成される岩石だが、石英や粘土鉱物に加え、有色の赤鉄鉱や針鉄鉱など鉄の酸化鉱物により着色し、全体はクリーム色、橙、ピンク、赤を帯びている。組織構造を持たずやわらかくてすぐにつぶれてしまうもの、中身が密に詰まった固い豆状のもの、多孔質（スポンジのように隙間が多い）ながら頑丈なもの、層状をなしたものがある。浅くてかなり広い鉱床で産する。とくに、アルミニウムに富んだ岩石が高温多湿の気候で著しく風化している場所で生成しやすい。構成鉱物の特定には鉱物学的、化学的に高度な技術を要することがある。オーストラリア、ジャマイカ、ブラジル、ギニア産が世界の産出量の大半を占める。

ダイアスポア DIASPORE

晶系 直方晶系 | **化学式** AlO(OH)
色 白、灰、黄、薄紫、ピンク | **結晶形** 薄板状
硬度 6½–7 | **劈開** 完全、明瞭
断口 貝殻 | **光沢** ガラス光沢
条痕 白色 | **比重** 3.2–3.5
透明度 透明から半透明
屈折率 1.68–1.75

アルミニウムの水酸化酸化鉱物。色は白、灰がかった白、無色、緑がかった灰、薄い茶、黄色み、薄紫、ピンク。結晶は薄い板状、伸びた角材状、柱状、針状。塊状や拡散した粒状の集合体でも見つかる。多色性が強く、見る角度によってさまざまな色——青紫からアスパラガスの緑やプラムの赤まで——を見せる。比較的広く産し、片岩や大理石などの変成岩中に生成する。たいていはコランダム、水マンガン鉱、スピネルとともに見つかる。ボーキサイトやアルミニウム質粘土に含まれ、とくにボーキサイトでは主要構成物であることが多い。鉱物名は強く熱されたときの割れ方にちなみ、「発散」を意味するギリシャ語からとられた。大きな鉱床は日本の本州、ポーランドのヨルダヌフ、ロシアのウラル、アメリカのノースカロライナ州、メイン州、カリフォルニア州にある。

暗赤のダイアスポア

赤泥状のボーキサイト（フランス、ブーシュ=デュ=ローヌ県ガルダンヌ）

水滑石 BRUCITE

晶系 三方晶系
化学式 $Mg(OH)_2$
色 白、淡緑、灰、青
結晶形 板状 ┆ **硬度** 2½
劈開 完全 ┆ **断口** 粗面
光沢 蝋光沢からガラス光沢/真珠光沢
条痕 白色 ┆ **比重** 2.4
透明度 透明
屈折率 1.56–1.60

マグネシウムの水酸化鉱物。学名は1824年、アメリカの鉱物学者アーチボルド・ブルースの名にちなんでつけられた。ふつう白だが、淡い緑、灰、青も見られる。マンガンがマグネシウムをある程度置換し、黄や赤に着色する。結晶はたいていやわらかく、蝋光沢ないしガラス光沢の、柱状あるいは、板状晶の集合体、塊状、繊維状、粒状集合体で産する。変種ネマライトは繊維状ないし短冊状の見事な大きな結晶をつくる。ロシアのウラル山脈では例外的に透明な結晶が産する。片岩などの変成岩中や、低温の熱水鉱脈にできた大理石や緑泥石片岩中に見つかる。方解石、霰石、菱苦土鉱、滑石とともに見つかることも多い。医療用の酸化マグネシウムの原料になるほか、融点が高いことから、工業用途では炉の内張りに使われる。また、熱すると電気を発する焦電体でもある。酸に溶けやすい。産地はカナダのオンタリオ州、アメリカのカリフォルニア州、ニューヨーク州、ニュージャージー州、ペンシルベニア州、オーストリア、イングランド、ロシア、スウェーデン、トルコ。

水滑石の結晶

針鉄鉱 GOETHITE

晶系 直方晶系 ┆ **化学式** FeO(OH)
色 黒褐、黄褐から赤褐 ┆ **結晶形** 柱状、板状
硬度 5–5½ ┆ **劈開** 完全 ┆ **断口** 粗面
光沢 ダイヤモンド光沢、金属光沢から無艶、土状 ┆ **条痕** 黄褐色、黄橙色
比重 3.8–4.3 ┆ **透明度** 半透明から不透明
屈折率 2.26–2.52

鉄の水酸化酸化鉱物で、とてもありふれた鉱物。黒色が一般的だが、微量成分しだいで茶がかった黄、赤がかった茶、暗い茶色になる。鉄は最大5%までマンガンに置き換わる。結晶はいろいろな形態で現われる。縦に条線の走った不透明な黒い柱状、繊維状の結晶が放射状に並んだベルベットのようなしなやかな表面の集合体、平らな板状や鱗片状、鍾乳状、泡のような形状の塊状も、束状、微小な結晶の皮膜状のこともある。鉄鉱床の「焼け」と呼ばれる露頭で、磁鉄鉱や黄鉄鉱、菱鉄鉱などの鉄鉱物の風化物として生成する。学名は1806年、鉱物の研究に熱心だったドイツの文豪ヨハン・ウルフガング・ゲーテの名からつけられた。良質な標本はイングランドのコーンウォール、フランスのシャイヤック、ロシアのウラルで採取されている。

針鉄鉱の結晶

ギブス石（ギブサイト） GIBBSITE

晶系 単斜晶系 ┆ **化学式** $Al(OH)_3$ ┆ **色** 無色、白、灰、淡緑、淡赤 ┆ **結晶形** 板状、層状集合体、塊状集合体 ┆ **硬度** 2½–3½ ┆ **劈開** 完全
断口 粗面 ┆ **光沢** 真珠光沢からガラス光沢
条痕 白色 ┆ **比重** 2.3–2.4
透明度 透明 ┆ **屈折率** 1.57–1.59

アルミニウムの水酸化鉱物。ふつう白だが、微量成分により灰、緑、黄色系に着色する。結晶は板状で、六角の特徴が明瞭なこともある。基本的には熱帯や亜熱帯で、アルミニウムに富んだ鉱物からシリカ（ケイ酸塩成分）が溶脱した変質物（二次鉱物）として産する。ボーキサイトの主要構成鉱物になることが多い。アルミニウムの重要な資源である。鉱物名は1822年、鉱物収集家ジョージ・ギブスの名からつけられた。イエール大学の鉱物コレクションはギブスのコレクションをもとにしている。ギブス石構造はしばしば粘土鉱物の結晶構造の構成因子になることでも、興味深い鉱物である。

塊状のギブサイト

水マンガン鉱 MANGANITE

晶系 単斜晶系 ┆ **化学式** MnO(OH)
色 鋼灰から鉄黒 ┆ **結晶形** 柱状
硬度 4 ┆ **劈開** 完全、完全 ┆ **断口** 粗面
光沢 亜金属光沢 ┆ **条痕** 赤褐色から黒色
比重 4.3–4.4 ┆ **透明度** 不透明
屈折率 2.25–2.53

マンガンの水酸化酸化鉱物。不透明で金属光沢の暗灰または黒色。結晶は直方体の柱状――端面は平らか、丸みがあるのが典型――で、たいてい束をなし、柱面に縦に条線が走る。塊状や粒状の集合体で現われると、軟マンガン鉱などほかのマンガン鉱物との区別はむずかしい。低温の熱水鉱床で重晶石、方解石、菱鉄鉱とともに産する。温泉のマンガン鉱床や、浅い海や湖や沼の鉱床でも見つかる。鉱物名は1772年以来たびたび変わったが、1827年、成分にもとづいた今の名に落ち着いた。マンガン鉱石としては軟マンガン鉱、ロマネシュ鉱に次いで重要。

条線が顕著な水マンガン鉱の結晶

鱗鉄鉱 LEPIDOCROCITE

晶系 直方晶系
化学式 FeO(OH)
色 赤、赤褐
結晶形 板状、雲母状、繊維状、塊状集合体、羽毛状集合体、放射状集合体
硬度 5 ┆ **劈開** 完全
断口 粗面
光沢 土状、ときに亜金属光沢または無艶
条痕 橙色
比重 4.0–4.1
透明度 不透明
屈折率 1.94–2.51

鉄の水酸化物である針鉄鉱や赤金鉱とともに褐鉄鉱（リモナイト）の構成鉱物である。褐鉄鉱は色は黄、茶がかった黄、橙茶で、鉄の水酸化物や酸化物の微粒子の集合体。結晶体ではなく微粉末が鍾乳状や土状に固まったもの。鉄の水酸化鉱物のほかに、赤鉄鉱や粘土などの不純物も含む。鉄鉱物の酸化による二次鉱物として、また、海や沼沢地の沈殿物として生成する。英名limoniteは沼沢地に産することにちなみ、「湿地」を意味するギリシャ語からとられた。沼鉄鉱と呼ばれる変種が沼沢地では見つかる。顔料（黄土色、黄褐色、褐色）としての利用は、古代エジプトの時代までさかのぼる。古代には鉄鉱石としても採掘された。

シエナ色（黄褐色）の褐鉄鉱

ハロゲン化鉱物

岩塩 HALITE

晶系 立方 | **化学式** NaCl
色 無色、白 | **結晶形** 立方体
硬度 2½ | **劈開** 完全
断口 貝殻状
光沢 ガラス光沢 | **条痕** 白色
比重 2.1–2.2
透明度 透明から半透明
屈折率 1.54

ナトリウムの塩化鉱物、つまり食塩である。結晶はふつう立方体になるが、結晶面の中央より端のほうが早く成長し、面の中央がくぼんだ形になる「骸晶」をつくることもある。多くは無色、白色または灰色だが、橙、茶、鮮青や紫も見られる。橙は赤鉄鉱の含有物(インクルージョン)によるもので、青と紫は結晶構造の欠陥による色である。ふつう粗い結晶の塊として産するほか、岩塩のように塊状や層状の集合体として見つかる。海水が干上がってできた大きな鉱床が世界に広く分布する。大規模な鉱山はドイツ、オーストリア、フランス、ボリビア、アメリカにある。調味料のほかに、石鹸やガラスの製造に使われるソーダ灰や琺瑯の釉の原料になる。

母岩上の岩塩の結晶

カリ岩塩 SYLVITE

晶系 立方晶系 | **化学式** KCl
色 無色から白 | **結晶形** 立方体
硬度 2 | **劈開** 完全 | **断口** 粗面
光沢 ガラス光沢 | **条痕** 白色
比重 2.0 | **透明度** 透明
屈折率 1.49

1823年にイタリアのベスビオ山で発見されたカリウムの塩化鉱物で、世界の主要な鉱物資源の1つ。毎年、カリ肥料などのカリウム化合物の原料にするため、何百万トンという規模で採掘されている。結晶は立方体、八面体、またはそれらの組み合わせでも現われるが、皮殻状、粒状、塊状の集合体で見つかることが多い。純粋なものは無色から白または灰がかった色だが、微量成分によって青や黄、紫、赤色も帯びる。岩塩や石膏といっしょに厚い鉱層をなしている。学名sylviteは昔の消化促進塩の薬品名からとられた。アメリカ南西部やカナダに大規模な鉱床がある。

粒状のカリ岩塩

塩化銀鉱 CHLORARGYRITE

晶系 立方晶系 | **化学式** AgCl
色 真珠灰、淡緑、白、無色
結晶形 立方体、ふつう塊状集合体
硬度 2½ | **劈開** 不明瞭
断口 亜貝殻状
光沢 樹脂光沢からダイヤモンド光沢、蝋光沢
条痕 白色 | **比重** 5.5–5.6
透明度 透明からほぼ不透明
屈折率 2.07

銀の塩化鉱物。ふつう塊状や柱状の集合体で見つかる。結晶体は無色から黄色の立方体。角状の塊にもなることから、角銀鉱という呼び名もある。ほかの銀鉱物同様、光に敏感。光にさらすと、茶や紫に変わる。自然銀や銀の硫化鉱物、硫塩鉱物の変質物(二次鉱物)として生成する。産地はドイツ、チェコ、ボリビア、アメリカ。学名は、「淡い緑」を意味するギリシャ語と「銀」を意味するラテン語から。

皮殻状の塩化銀鉱

角水銀鉱(甘汞) CALOMEL

晶系 正方晶系 | **化学式** HgCl
色 白、無色、黄灰、淡灰 | **結晶形** 板状
硬度 1½ | **劈開** 良好 | **断口** 貝殻状
光沢 ダイヤモンド光沢 | **条痕** 淡黄白色
比重 7.0–7.2 | **透明度** 透明からほぼ不透明
屈折率 1.97–2.66

水銀の塩化鉱物で、学名は甘い味にちなみ(ただし毒性がある)、「美しい」や「蜂蜜」を意味するギリシャ語からとられた。色は白または黄がかった白。やわらかく、水銀を含むので重い。和名はhorn quicksilverまたはhorn mercury(角の水銀)との俗称に対応する。結晶体は板状、柱状、角錐状だが、ふつう皮殻状や塊状の集合体で見つかる。水銀の毒が知られていなかった16世紀から20世紀初頭までは、農薬として使われた。また下剤や消毒薬、梅毒の治療薬に用いられた歴史もある。現在も工業用の水銀の資源である。

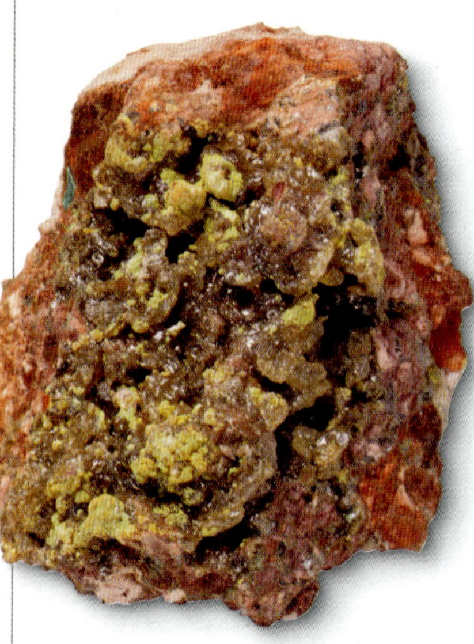

皮殻状の角水銀鉱

氷晶石 CRYOLITE

晶系 単斜晶系 | **化学式** Na_3AlF_6
色 無色、白 | **結晶形** 擬立方体
硬度 2½ | **劈開** なし | **断口** 粗面
光沢 ガラス光沢から油脂光沢
条痕 白色 | **比重** 3.0
透明度 透明から半透明 | **屈折率** 1.34

ナトリウムとアルミニウムのフッ化鉱物で、おそらく現代の世界でもっとも重要な鉱物の1つ。かつてはアルミニウムの主要な原料だった。ふつう無色か白で、ときに茶、黄、赤茶、黒。結晶体で現われるのは稀で、たいてい粗い粒状か塊状の集合体をつくる。アルミニウムはケイ素(シリコン)に次いで地殻に豊富な元素だが、単離された金属として見つかることはめったになかった。それが1886年、溶解した氷晶石にアルミ酸化物(ボーキサイトなど)を溶かし、電気を流すと、金属アルミニウムが分離することがわかった。天然の氷晶石は少なく、アルミニウムの大量生産には足りないので、地球上に潤沢にあるハロゲン化鉱物の蛍石から合成氷晶石のフッ化ナトリウムアルミニウムが生産されている。

塊状の氷晶石

▷蛍石 FLUORITE

晶系 立方晶系 | **化学式** CaF_2
色 無色、白、紫、青、緑、黄、橙
結晶形 立方体、八面体 | **硬度** 4
劈開 完全 | **断口** 亜貝殻状から粗面
光沢 ガラス光沢 | **条痕** 白色
比重 3.2–3.6
透明度 透明から半透明
屈折率 1.43–1.45

カルシウムのフッ化鉱物で、重要な工業用鉱物である。きれいな立方体や八面体の結晶をよくつくり、さまざまな色を帯びる。紫、緑、黄が一般的だが、色のもとになる微量元素を含まないものは無色透明になる。カルシウムの2割程度までセリウムやイットリウムで置き換わる。しばしば同一の結晶粒で帯状の色の変化が見られる。塊状や粒状の集合

体で見つかることもある。フッ化水素酸の製造やハイオクタン燃料の触媒など、工業用途は多岐にわたる。

カーナル石 CARNALLITE

晶系 直方晶系 | **化学式** $KMgCl_3 \cdot 6H_2O$
色 無色、乳白
結晶形 擬六方柱状、塊状から粒状集合体
硬度 2½ | **劈開** なし | **断口** 貝殻状
光沢 油脂光沢 | **条痕** 白色 | **比重** 1.6
透明度 半透明から不透明
屈折率 1.46–1.50

カリウムとマグネシウムの水和塩化鉱物で、カリ肥料の原料になる鉱物の1つ。白か無色だが、赤鉄鉱や針鉄鉱の混入により赤みや黄みを帯びる。空気中から水分を吸収し、融ける（潮解）ので、めったに結晶はつくらない。ふつう塊状から粒状の集合体で現われる。ほかのカリウムやマグネシウムの鉱物とともに、塩鉱床の上層に生成する。カリウムとマグネシウム両方の資源として採掘される。

粒状のカーナル石

アタカマ石 ATACAMITE

晶系 直方晶系 | **化学式** $Cu_2Cl(OH)_3$
色 明緑、暗緑 | **結晶形** 柱状から針状、繊維状 | **硬度** 3–3½ | **劈開** 完全
断口 貝殻状 | **耐性** 脆弱 | **光沢** ダイヤモンド光沢からガラス光沢 | **条痕** 青リンゴ色
比重 3.8 | **透明度** 透明から半透明
屈折率 1.83–1.88

銅の水酸化塩化鉱物。鉱物名はチリのアタカマ砂漠で発見され、初めて記載されたことによる。結晶体は明るい色調か暗い色調のエメラルドグリーンで、ふつう細い柱状か厚板状。柱面に沿って条線が走り、端はくさび形をしている。塊状、繊維状、粒状の集合体でも見つかる。塩分に富んだ乾燥した場所で、ほかの銅鉱物が風化した二次鉱物として産する。海底のブラックスモーカー（黒色噴出口）鉱床でも見つかる。青銅や銅合金の表面にできる錆の主な成分でもある。たとえば、ニューヨークの自由の女神像の緑色も、銅合金の腐食で生じたアタカマ石の色である。

アタカマ石の結晶

微量元素によって青緑色を帯びた蛍石

炭酸塩鉱物

トロナ TRONA

晶系 単斜晶系
化学式 $Na_3(HCO_3)(CO_3)\cdot 2H_2O$
色 無色から灰、黄白
結晶形 柱状、板状、針状、塊状集合体
硬度 2½–3 ｜ **劈開** 完全
断口 粗面から亜貝殻状 ｜ **光沢** ガラス光沢
条痕 白色 ｜ **比重** 2.1–2.2
透明度 透明から半透明 ｜ **屈折率** 1.41–1.54

ナトリウムの含水重炭酸塩。結晶体は稀にしかないが、長柱状、厚板状、繊維状。ふつう塩湖の層状鉱床で岩塩、石膏、ホウ砂、苦灰石、グラウバー石、カリ岩塩とともに塊状集合体で見つかる。鉱山坑道の壁面や砂漠地域の土壌中で粉状の層をなすこともある。世界最大と目される鉱床は、アメリカ、ワイオミング州スイートウォーターにある。そのほかの産地はチャド、メキシコ、モンゴル、カナダ、リビア、チベット。鉱物名は「塩」を意味するアラビア語の省略形に由来する。

トロナの原石

霰石（アラゴナイト）ARAGONITE

晶系 直方晶系 ｜ **化学式** $CaCO_3$
色 無色、灰、淡黄、淡赤、緑
結晶形 柱状、針状 ｜ **硬度** 3½–4
劈開 明瞭 ｜ **断口** 亜貝殻状
光沢 ガラス光沢
条痕 白色 ｜ **比重** 2.9–3.0
透明度 透明から半透明
屈折率 1.53–1.69

カルシウムの炭酸塩鉱物。方解石とは結晶構造はちがうが、化学組成は同じ。色は白、無色、灰、黄、緑、青、赤、薄紫、茶。結晶は厚板状、柱状、針状で、端部が錐状あるいは「のみ」の刃状に尖っていることが多い。よく双晶をなし、しばしば六角の外形になる。筒状や放射状の集合体でも現われる。鉱床の酸化帯、熱水泉鉱床、鍾乳洞でふつうに見つかる。珊瑚そっくりの集合体になることもあり、それは「山珊瑚」と呼ばれる。海の貝や真珠の殻の多くはこの霰石構造の炭酸カルシウムでできている。

菱亜鉛鉱（スミソナイト）SMITHSONITE

晶系 三方晶系 ｜ **化学式** $ZnCO_3$
色 白、青、緑、黄、茶、ピンク、無色
結晶形 菱面体、偏三角面体、ブドウ状集合体
硬度 4–4½ ｜ **劈開** 完全
断口 粗面から貝殻状
光沢 ガラス光沢から真珠光沢
条痕 白色 ｜ **比重** 4.3–4.5
透明度 半透明から不透明 ｜ **屈折率** 1.62–1.85

亜鉛の炭酸塩鉱物で、多彩な色を帯びる。ブドウ状、鍾乳状、ハチの巣状の集合体（ドライボーンという俗称がある）で見つかることがもっとも多い。結晶体は稀だが、たいてい菱面体になり、表面はふつう湾曲している。亜鉛鉱床の酸化帯ではかなりありふれた鉱物で、しばしば亜鉛鉱石として採掘される。古代の冶金で、真鍮の成分である亜鉛は、菱亜鉛鉱から得ていたと考えられている。

菱鉄鉱 SIDERITE

晶系 三方晶系 ｜ **化学式** $FeCO_3$
色 黄褐色から暗茶褐色 ｜ **結晶形** 菱面体
硬度 4–4½ ｜ **劈開** 完全
断口 粗面から亜貝殻状
光沢 ガラス光沢から真珠光沢
条痕 白色 ｜ **比重** 3.7–3.9
透明度 半透明 ｜ **屈折率** 1.63–1.88

鉄の炭酸塩鉱物。学名sideriteは「鉄」を意味するギリシャ語からとられた。マンガンを含むと、黒くなる。方解石と同じ結晶構造を持ち、同様の菱面体の結晶をつくる。結晶面は湾曲していることが多い。偏三角面体や厚板状、柱状の結晶になることもある。ただ、ふつうは塊状や粒状の集合体で見つかる。たいていは浅い場所で産出する。頁岩、粘土、炭層などの薄い堆積岩中で生成し、成分はこれら周囲の堆積物に関連することが多い。

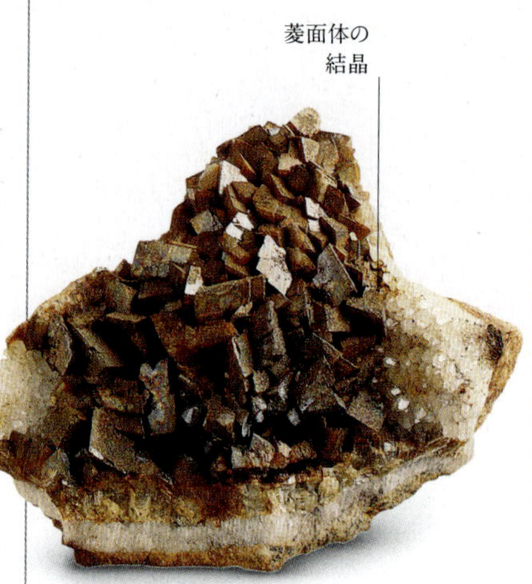

母岩上の菱鉄鉱

菱苦土鉱 MAGNESITE

晶系 三方晶系 ｜ **化学式** $MgCO_3$
色 白、明灰、淡黄、淡褐 ｜ **結晶形** 塊状集合体 ｜ **硬度** 4–4½ ｜ **劈開** 完全 ｜ **断口** 貝殻状 ｜ **光沢** ガラス光沢 ｜ **条痕** 白色
比重 2.9–3.1 ｜ **透明度** 透明から半透明
屈折率 1.51–1.70

マグネシウムの炭酸塩鉱物。学名magnesiteは主成分のマグネシウムに由来する。ふつう白か灰色だが、マグネシウムの一部が鉄に置き換わると、黄や茶色にもなる。塊状、繊維状、粒状の集合体で産する。結晶体で見つかることは稀だが、その場合は菱面体か柱状をなす。橄欖岩などのマグネシウムに富んだ岩石の変質作用や、マグネシウムを含む溶液と方解石との反応によって生成する。石灰岩や滑石片岩または緑泥石片岩中にもできる。主な産地はオーストラリアとブラジル。隕石ALH84001や火星表面からも検出されている。

母岩中の菱苦土鉱の結晶

菱マンガン鉱（ロードクロサイト）RHODOCHROSITE

晶系 三方晶系
化学式 $MnCO_3$
色 ローズピンク、茶、灰
結晶形 菱面体 ｜ **硬度** 3½–4
劈開 完全 ｜ **断口** 粗面
光沢 ガラス光沢から真珠光沢
条痕 白色 ｜ **比重** 3.7
透明度 透明から半透明
屈折率 1.59–1.82

マンガンの炭酸塩鉱物。マンガンの一部はたいていカルシウムや鉄と置き換わっている。マグネシウムを含むこともある。ローズピンクが典型色だが、茶や灰色にもなる。結晶は菱面体や偏三角面体となりやすいが、それよりも塊状集合体で見つかることが多い。鍾乳状では、さまざまな濃淡のピンクの縞模様が発達する。中温の熱水鉱脈や、高温の変成鉱床で見つかるほか、堆積性マンガン鉱床で変質物（二次鉱物）として産する。学名は1800年、「ローズ色」を意味するギリシャ語からつけられた。

▷方解石（カルサイト）CALCITE

晶系 三方晶系
化学式 $CaCO_3$
色 無色、白
結晶形 板状、菱面体
硬度 3 ｜ **劈開** 完全
断口 亜貝殻状
光沢 ガラス光沢
条痕 白色
比重 2.7
透明度 透明から半透明
屈折率 1.48–1.66

カルシウムの炭酸塩でもっとも一般的な鉱物。炭酸塩鉱物は70種以上知られているが、地殻では方解石、苦灰石、菱鉄鉱の3種が圧倒的に多い。方解石は結晶形の多様さと美しさで有名。しばしば双晶をなし、とりわけチョウのような形の双晶は目を見張る。尖った偏三角面体と菱面体の結晶には「犬牙状」、平たい菱面体の結晶には「釘頭状」という名がついている。透明度の高い結晶もめずらしくなく、偏光フィルターに使われる。劈開は顕著で、たやすく菱面体に割れる。結晶体の形状はとても見事だが、たいていは石灰岩や大理石として塊状集合体で見つかる。繊維状、団塊状、鍾乳状、土状の集合体でも現われる。主に沈殿物として生成するが、変成鉱床、熱水鉱脈、火成岩中にも産する。

カールズバッド洞窟の方解石鉱床（アメリカ、ニューメキシコ州カールズバッド洞窟群国立公園）

毒重土石 WITHERITE

晶系 直方晶系 | **化学式** $BaCO_3$
色 白、無色、黄、茶、緑
結晶形 擬六角両錐状、短柱状
硬度 3–3½ | **劈開** 明瞭
断口 粗面 | **光沢** ガラス光沢
条痕 白色 | **比重** 4.2–4.3
透明度 透明から半透明
屈折率 1.53–1.68

バリウムの炭酸塩鉱物。白か無色で、黄や茶や緑の色みを帯びることがある。結晶は柱状や角錐状になるが、よく双晶をなす。そのため六角板状や、2つの角錐を底面で合わせたような両角錐状になる。短ないし長柱状や板状にもなり、柱面に条線が走る。繊維状、円筒状、粒状、塊状の集合体も見られる。バリウムを含むので、比較的重く感じる。重晶石に次いで一般的なバリウム鉱物である。良質の結晶はアメリカのイリノイ州とカリフォルニア州で産出する。商業的な産出量があるのは、日本、イングランド、フランス、トルクメニスタン。

方鉛鉱を伴った毒重土石の双晶

ストロンチアン鉱 STRONTIANITE

晶系 直方晶系 | **化学式** $SrCO_3$
色 無色、灰、緑、黄、赤
結晶形 針状、柱状 | **硬度** 3½–4
劈開 良好 | **断口** 粗面、亜貝殻状
光沢 ガラス光沢 | **条痕** 白色
比重 3.7–3.8 | **透明度** 透明から半透明
屈折率 1.52–1.67

ストロンチウムの炭酸塩鉱物で、ふつう無色から灰色だが、淡い緑、黄、黄茶から赤みを帯びたものもある。結晶は針状や槍状のほか、放射状の集合体に成長することもある。粒状や塊状の集合体にもなる。低温の熱水鉱脈で生成する。晶洞や堆積岩中の凝固物からも見つかる。ストロンチウムの主な資源であり、砂糖の精製や花火の赤色に使われる。鉱物名は1791年、原記載産地であるスコットランドのストロンチアンにちなんでつけられた。産地はほかにドイツ、カナダ、インド、アメリカのカリフォルニア州。

半透明、針状のストロンチアン鉱の結晶

苦灰石 DOLOMITE

晶系 三方晶系
化学式 $CaMg(CO_3)_2$
色 無色、白、クリーム、淡茶褐色、ピンク
結晶形 菱面体、板状 | **硬度** 3½–4
劈開 完全 | **断口** 亜貝殻状
光沢 ガラス光沢 | **条痕** 白色
比重 2.8–2.9
透明度 透明から半透明
屈折率 1.50–1.68

カルシウムとマグネシウムの炭酸塩鉱物で、白、淡い茶、ピンク色をしている。結晶面が湾曲した菱面体の結晶や、鞍状の集合体をつくる。粗い粒状、細かい粒状、塊状、（稀に）繊維状の集合体にもなる。代表的な炭酸塩鉱物3種のうちの1種で、炭酸塩岩の重要な造岩鉱物で、苦灰岩の主要構成鉱物でもある。化学的沈殿のほか、マグネシウム溶液の作用により石灰岩の交代作用や、大理石や滑石片岩などマグネシウムに富んだ変成岩中、あるいは鉛・亜鉛・銅鉱石を伴う熱水鉱脈中により産する。学名はフランスの鉱物学者D・ドゥ・ドロミューにちなむ。

母岩上の苦灰石

重土方解石 BARYTOCALCITE

晶系 単斜晶系 | **化学式** $BaCa(CO_3)_2$
色 白、淡灰、淡緑、淡黄 | **結晶形** 柱状
硬度 4 | **劈開** 完全 | **断口** 粗面から亜貝殻状
光沢 ガラス光沢から樹脂光沢
条痕 白色 | **比重** 3.7
透明度 透明から半透明 | **屈折率** 1.53–1.69

学名はその化学組成、バリウムとカルシウムの炭酸塩、に基づく。色は無色、白、灰み、緑み、黄みを帯びることも。結晶は短柱状から長柱状になり、ふつう柱面に条線がある。塊状集合体でも見つかる。熱水が石灰岩に染みこんでいる場所など、熱水鉱脈で生成する。重晶石、毒重土石、方解石とともに見つかることが多い。産出量は少ないが、バリウム鉱石でもある。イングランドのカンブリア地方では長さ5cmの結晶が見つかっている。産地はほかにスウェーデン、シベリア。1824年、カンブリアで発見・記載された。

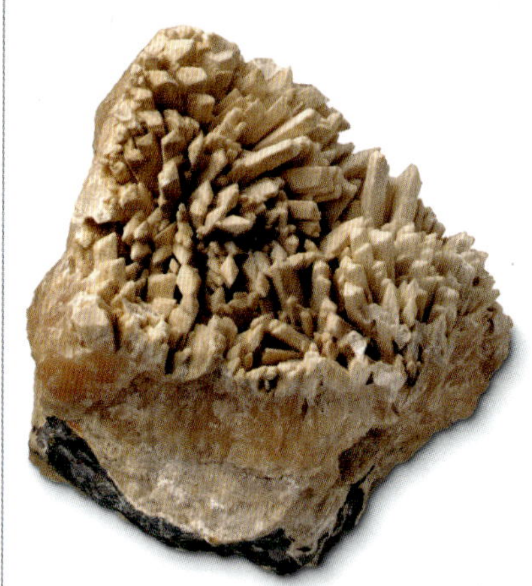

石灰岩上にできた柱状の重土方解石の結晶

白鉛鉱（セルッサイト）CERUSSITE

晶系 直方晶系 | **化学式** $PbCO_3$
色 白、灰、青から緑 | **結晶形** 板状、柱状
硬度 3–3½ | **劈開** 良好 | **断口** 貝殻状
光沢 ダイヤモンド光沢からガラス光沢
条痕 白色 | **比重** 6.6
透明度 透明から半透明 | **屈折率** 1.80–2.08

鉛の炭酸塩鉱物で、厚板状、柱状、両角錐状、針状、擬六角形など、さまざまな形の結晶になる。青や緑の色相は微量置換成分として銅が含まれることを物語っている。鉛鉱物、とくに方鉛鉱や硫酸鉛鉱が炭酸水に反応することで生成する。方鉛鉱に次いで一般的な鉛鉱石である。産地はオーストラリア、ボリビア、スペイン、ナミビア、アメリカ。学名は「鉛白（顔料）」を意味するラテン語にちなむ。収集家にとっての宝石である。

藍銅鉱（アズライト）AZURITE

晶系 単斜晶系
化学式 $Cu_3(CO_3)_2(OH)_2$
色 藍青から暗青 | **結晶形** 板状、柱状
硬度 3½–4 | **劈開** 完全
断口 貝殻状 | **光沢** ガラス光沢から亜ダイヤモンド光沢、無艶、土状
条痕 青色 | **比重** 3.7–3.9
透明度 透明から半透明
屈折率 1.73–1.84

濃い青色をした銅の水酸化炭酸塩鉱物。柱状や厚板状の結晶のほか、たいてい45以上、最大では100を超える多様な結晶面から構成される形状となる。また塊状、鍾乳状、ブドウ状の集合体としても見つかる。銅鉱床で銅鉱物と炭酸水が反応することで生成する。良質の標本はアメリカ、フランス、メキシコ、チリ、オーストラリア、ロシア、モロッコ、ナミビアで産する。学名はラピス・ラズリと同じ語源を持ち、「青」を意味するペルシャ語に由来する。

アンケル石 ANKERITE

晶系 三方晶系
化学式 $CaFe(CO_3)_2$
色 淡黄褐色、黄、白 | **結晶形** 菱面体
硬度 3½–4 | **劈開** 完全 | **断口** 亜貝殻状
光沢 ガラス光沢から真珠光沢 | **条痕** 白色
比重 2.9–3.1 | **透明度** 半透明
屈折率 1.51–1.75

カルシウムと鉄の炭酸塩鉱物で、構造中に不定量の鉄の一部がマグネシウムやマンガンで置き換えられている。色は含まれるさまざまな元素の量による。結晶は苦灰石に似た菱面体をつくる。塊状や粗い粒状の集合体でも現われる。蛍光性を持つものもある。鉄を含んだ液体に石灰岩や苦灰石が反応することで生成する。標本は日本、カナダ、ナミビア、南アフリカ、オーストリア、アメリカなどで見つかる。鉱物名は1825年、オーストリアの鉱物学者M・J・アンケルの名にちなんでつけられた。

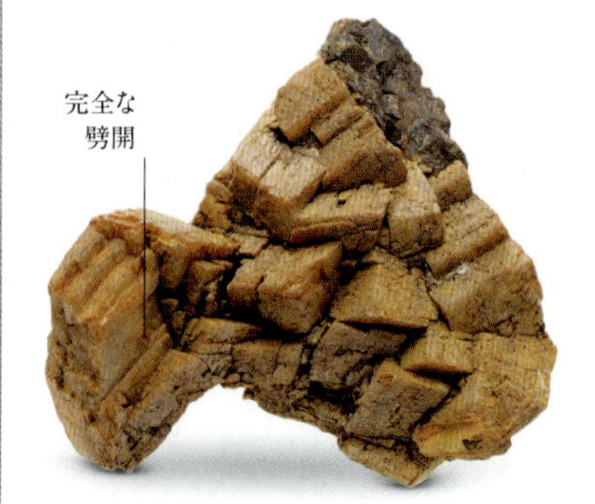

アンケル石の菱面体結晶

▽孔雀石（マラカイト）MALACHITE

晶系 単斜晶系 **化学式** $Cu_2CO_3(OH)_2$
色 緑 **結晶形** 針状、塊状またはブドウ状集合体 **硬度** 3½-4 **劈開** 完全 **断口** 亜貝殻状から粗面 **光沢** ダイヤモンド光沢からガラス光沢、繊維状晶では絹糸光沢
条痕 淡緑色 **比重** 3.9-4.1
透明度 半透明 **屈折率** 1.65-1.91

緑色をした銅の水酸化炭酸塩鉱物。ふつうブドウ状や皮殻状の集合体で産し、内側は放射状の繊維状結晶で構成されていることが多い。繊細な繊維状結晶の集合体や、緑色の濃淡の縞模様のある鍾乳状集合体としても見つかる。単結晶はめずらしいが、その場合には短柱状や長柱状をなす。銅鉱床の変質帯で、しばしば藍銅鉱に伴われて産出する。上質の結晶の産地は、コンゴ民主共和国。孔雀石は装飾品としての需要もあり、コンゴ民主共和国は装飾用の孔雀石の一大供給国でもある。宝石品質の原石の産地はほかには南オーストラリア州、モロッコ、アメリカのアリゾナ州、フランスのリヨン。ロシアのウラル山脈ではかつて重さ51tの巨大な塊が採取された。ただ現在は、ウラル山脈の孔雀石はすでに掘り尽くされている。

水亜鉛銅鉱 AURICHALCITE

晶系 単斜晶系 **化学式** $(Zn,Cu)_5(CO_3)_2(OH)_6$
色 空（明青）、淡青緑 **結晶形** 針状
硬度 2 **劈開** 完全 **断口** 粗面
光沢 絹糸光沢から真珠光沢 **条痕** 淡青緑色
比重 3.9-4.0 **透明度** 透明から半透明
屈折率 1.65-1.76

亜鉛の炭酸塩鉱物で、亜鉛の一部が銅で置き換えられている。針状から繊維状の結晶が、放射状、ブドウ状、ビロードのような皮殻状の集合体をなすことが多い。結晶の大きさはめったに数mmを上回らない。塊状や筒状の集合体にもなる。銅と亜鉛鉱床の酸化帯で生成する。学名は1839年、「金色の銅」を意味するラテン語からつけられた。産地はアメリカ西部、日本の山口県、メキシコのチワワ州、フランスのシェシー、ナミビアのツメブ。

褐鉄鉱の母岩にできた水亜鉛銅鉱の結晶

ホスゲン石 PHOSGENITE

晶系 正方晶系 **化学式** $Pb_2(CO_3)Cl_2$
色 白、黄、茶、緑 **結晶形** 柱状
硬度 2½-3 **劈開** 明瞭 **断口** 貝殻状
光沢 ダイヤモンド光沢
条痕 白色 **比重** 6.0-6.3
透明度 透明から半透明
屈折率 2.11-2.15

希少な鉛の炭酸塩鉱物。色は白から緑または茶まで多様。結晶は短柱状のほか、それほど多くはないが、厚板状。ときどき、めずらしいらせん状の結晶群をつくることもある。塊状や粒状の集合体でも見つかる。ほかの鉛鉱物の変質物（二次鉱物）として地表で生成する。産地はイタリア、タスマニア、オーストラリア、イングランド、アメリカ。命名は1841年で、炭素と酸素と塩素を含むことにちなみ、同じ元素の化合物の塩化カルボニルの別称ホスゲンからとられた。

孔雀石のブドウの房状集合体

リン酸塩、ヒ酸塩、バナジン酸塩鉱物

▽モナズ石(せき)（モナザイト）MONAZITE

晶系 単斜晶系 | **化学式** $(Ce,La,Nd,Sm)PO_4$
色 赤褐色、黄褐色、緑褐色 | **結晶形** 板状、柱状
硬度 5–5½ | **劈開** 明瞭 | **断口** 貝殻状から粗面
光沢 樹脂光沢、蝋光沢、ガラス光沢
条痕 白色 | **比重** 4.6–5.7
透明度 半透明 | **屈折率** 1.77–1.86

希土類元素のリン酸塩鉱物であるモナズ石には、もっとも多く含まれる希土類元素によって鉱物種に分類され、4種が知られている。それぞれの学名は根本名に最多希土類元素の元素記号を組み合わせて表わされる。もっとも一般的なのは、セリウムを多く含むセリウムモナズ石である。柱状や板状の結晶をつくり、黄から赤ないし緑がかった茶から茶、またはほぼ白をしている。ほかの3種はランタンモナズ石、ネオジムモナズ石、サマリウムモナズ石である。モナズ石は花崗岩や片麻岩に副成分鉱物として含まれるほか、ペグマタイトや割れ目充填鉱脈にも生成する。砂状になったものは川や海の流れによって1か所に集まり、鉱床を形成することがある。

ゼノタイム XENOTIME

晶系 正方晶系 | **化学式** YPO_4
色 黄褐色から赤褐色 | **結晶形** 柱状
硬度 4–5 | **劈開** 良好 | **断口** 粗面
光沢 ガラス光沢から樹脂光沢
条痕 淡茶色 | **比重** 4.4–5.1
透明度 透明から不透明 | **屈折率** 1.72–1.83

イットリウムのリン酸塩鉱物。構造中のイットリウムはしばしばエルビウムやイッテルビウムなどの重希土とかなり置き換わる。一般的なイットリウムゼノタイムに加えて、イッテルビウムゼノタイムも知られている。結晶はガラス光沢を帯びた柱状をなし、バラの花弁状集合体で見つかることもある。火成岩やペグマタイトの副成分鉱物として生成し、大きな結晶でも産出する。有名な産地は日本、スウェーデン、ノルウェー、ドイツ、ブラジル、マダガスカル、アメリカ。鉱物名は「むなしい栄誉」を意味するギリシャ語からとられた。これはゼノタイムに含まれるイットリウムが新しい元素とまちがわれて、1832年に記載されたことにちなむ。

集合体の上にできた錐状のゼノタイムの結晶

母岩にできたモナズ石の結晶

カルノー石 CARNOTITE

晶系 単斜晶系
化学式 $K_2(UO_2)_2(VO_4)_2{\cdot}3H_2O$ | **色** 黄
結晶形 微粉状、細粒状 | **硬度** 2
劈開 完全 | **断口** 雲母様
光沢 真珠光沢、土状、無艶 | **条痕** 黄色
比重 4.7–4.9 | **透明度** 半透明から不透明
屈折率 1.75–1.95

カリウムとウラニル（ウランと酸素からなる陽イオン原子団）の水和バナジン酸塩鉱物。色は明るい黄からレモンイエロー、または緑がかった黄。ふつう粉状か、微小結晶の塊状、分散した粒子状、皮殻状の集合体で見つかる。結晶体はめずらしいが、板状、菱面体、短冊状になる。純粋なものはウランを約53％含み、高い放射能を持つ。またバナジウムを約12％含むほか、ラジウムもわずかに含む。ウランとバナジウムの鉱物の変質物（二次鉱物）としてもっぱら砂岩中の隙間に生成し、化石化した植物の表面に分散したり、凝集したりしている。鉱床はアメリカ南西部、ウズベキスタン、コンゴ、オーストラリアにある。

赤茶色の砂岩の表面を覆う黄色粉状のカルノー石

燐灰ウラン鉱 AUTUNITE

晶系 正方晶系 | **化学式** $Ca(UO_2)_2(PO_4)_2{\cdot}10\text{–}12H_2O$ | **色** レモンイエローから淡緑
結晶形 板状 | **硬度** 2–2½ | **劈開** 完全
断口 粗面 | **光沢** ガラス光沢から真珠光沢
条痕 淡黄色 | **比重** 3.1–3.2
透明度 半透明から透明 | **屈折率** 1.55–1.58

カルシウムとウラニル（ウランと酸素からなる陽イオン原子団）の水和リン酸塩鉱物。結晶は長方形か八角形の輪郭を持つ。また、粗粒の集合体としても産するが、鱗片状や皮殻状の集合体として見つかるほうが多い。ふつう閃ウラン鉱など、ウラン鉱物の変質物（二次鉱物）として生成する。熱水鉱脈やペグマタイト中にも産出する。紫外線のもとで鮮やかな黄緑の蛍光を発することから、収集家のあいだで人気の高い鉱物である。ただしウランを含み、放射能があるので、被曝を最小限とするよう、保管や取り扱いに気をつけなくてはならない。密閉容器に入れておくと、放射性ガスのラドンが充満するので、容器を開けるときには換気が必要。学名はフランスのオータンで発見されたことにちなむ。

燐灰ウラン鉱の薄板状の双晶

藍鉄鉱 VIVIANITE

晶系 単斜晶系 | **化学式** $Fe_3(PO_4)_2{\cdot}8H_2O$
色 無色、酸化変質により緑または青に変化
結晶形 柱状、偏平柱状 | **硬度** 1½–2
劈開 完全 | **断口** 繊維状
光沢 ガラス光沢、土状
条痕 白色、酸化変質により青色に変化
比重 2.6–2.7 | **透明度** 透明から半透明
屈折率 1.58–1.68

鉄の水和リン酸塩鉱物。新鮮な露頭では無色だが、空気に触れると酸化し、青、青緑、藍色に変色する。結晶は細長く、柱状、厚い刃状になる。丸まったり腐食し、放射状、皮殻状、土状、粉状、塊状、繊維状の集合体になることもある。鉄鉱石やリン酸塩鉱物の風化帯、花崗岩ペグマタイト中に広く産する。新しい土壌や堆積物、化石表面の変質物被膜にも見られる。アメリカやブラジルで例があるように、ペグマタイト中に大きな結晶ができることもある。

藍鉄鉱の結晶の集合

燐銅ウラン石 TORBERNITE

晶系 正方晶系
化学式 $Cu(UO_2)_2(PO_4)_2{\cdot}12H_2O$
色 明緑 | **結晶形** 板状 | **硬度** 2–2½
劈開 完全 | **断口** 粗面
光沢 ガラス光沢から亜ダイヤモンド光沢
条痕 淡緑色 | **比重** 3.2–3.7
透明度 透明から半透明
屈折率 1.58–1.59

銅とウラニル（ウランと酸素からなる陽イオン原子団）の水和リン酸塩鉱物で、色は明るい緑、エメラルドグリーン、ネギの緑、草の緑。代表的なウラン鉱物の1つであり、産出量の少ないウラン鉱石でもある。放射能を持つので、保管と扱いには細心の注意が必要。結晶は薄板状で、よく正方形の輪郭をしている。雲母のような葉片状、束状の集合体、あるいは鱗片状の被膜としても現われる。ウランや銅を含む鉱床の酸化帯で、閃ウラン鉱などウラン鉱物の変質物（二次鉱物）として生成する。コンゴ民主共和国、チェコ、イングランドのコーンウォール、オーストラリアでは傑出した結晶が採取されている。学名は1793年、スウェーデンの鉱物学者トルビョルン・ベリマンにちなんでつけられた。

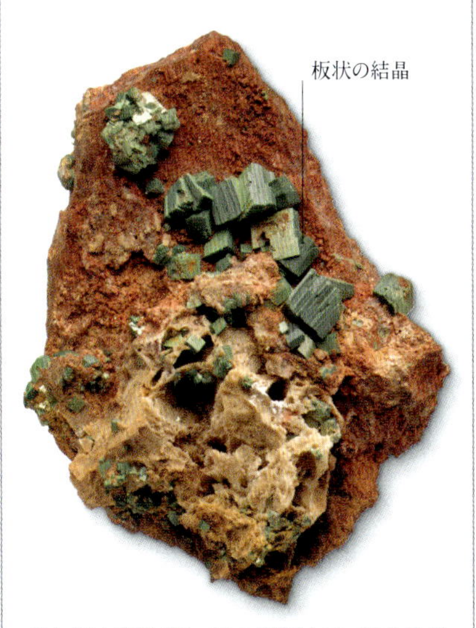

鉄に富んだ母岩にできた燐銅ウラン石の結晶

コバルト華 ERYTHRITE

晶系 単斜晶系
化学式 $Co_3(AsO_4)_2{\cdot}8H_2O$
色 紅紫 | **結晶形** 柱状から針状、刃状
硬度 1½–2½ | **劈開** 完全 | **断口** 粗面
光沢 亜ダイヤモンド光沢からガラス光沢
条痕 淡紅 | **比重** 3.1
透明度 透明から半透明 | **屈折率** 1.62–1.70

コバルトの水和ヒ酸塩。紫がかったピンク色は、コバルトを含むことを暗示する。この鉱物が銀の鉱床を探す重要な目印になるので、探鉱者には「コバルトの花」として知られ、和名の元ともなっている。色は深紅から桃色までの幅があり、色が薄いほどコバルトと置換したニッケルの含有量が多い。きれいな結晶体をつくることは稀だが、放射状や球体のふさ状の集合体になることが多い。母岩表面に粉状の被膜としても見つかる。コバルトとニッケルとヒ素の鉱床の酸化帯で産する。良質の標本はカナダ、モロッコで出ている。産地はほかにアメリカ南西部、メキシコ、フランス、チェコ、ドイツ、オーストラリア。

モロッコ産コバルト華の針状結晶

バリシア石（バリサイト） VARISCITE

晶系 直方晶系
化学式 $AlPO_4{\cdot}2H_2O$
色 淡緑から青リンゴ
結晶形 潜晶質の集合体 | **硬度** 4–5
劈開 良好 | **断口** 粗面
光沢 ガラス光沢から蝋光沢
条痕 白色 | **比重** 2.5–2.6
透明度 不透明
屈折率 1.55–1.59

アルミニウムの水和リン酸塩鉱物。色には淡い緑からエメラルドグリーン、青緑、無色までの幅がある。めったに結晶体とはならず、顕微鏡でしか見えないことが多い。たいてい潜晶質ないし粒子状の塊状、脈状、皮殻状、団塊状の集合体で見つかる。アメリカのネバダ州産の標本には、バリシア石を基質として黒い網目模様が入ったものもある。鉱床地表付近の空隙で、リンに富んだ水がアルミニウムに富んだ岩石に作用することで生成する。燐灰石や銀星石、玉髄、さまざまな鉄の水酸化鉱物をよく伴う。鉱物名は発見地であるドイツのフォクトラントの旧名バリシアに由来する。産地はオーストリア、チェコ、オーストラリア、ベネズエラ、アメリカのノースカロライナ州、ユタ州、アリゾナ州。

スコロド石 SCORODITE

晶系 直方晶系 | **化学式** $FeAsO_4{\cdot}2H_2O$
色 淡緑、茶、青、黄
結晶形 錐状、板状、柱状 | **硬度** 3½–4
劈開 不完全 | **断口** 亜貝殻状
光沢 ガラス光沢から樹脂光沢または蝋光沢
条痕 白色 | **比重** 3.1–3.3
透明度 透明から半透明 | **屈折率** 1.74–1.82

鉄の水和ヒ酸塩鉱物。色は照明の種類によって変わり、淡いネギの緑から、灰がかった緑、レバーの茶、淡い青、紫、黄、淡い灰、無色まで見られる。太陽光のもとでは青緑になるが、白熱光のもとでは青がかった紫から灰色がかった青に見える。薄い部分を透かした場合（透過光）では、無色から淡い緑または茶色になる。結晶は厚板状や短柱状にもなるが、たいていは正八面体のような両錐状のとなり、多数の変形した結晶面で構成されることが多い。母岩を覆う微小結晶の被膜としてよく見られるが、多孔質や土状になったり、塊状集合体に大きくなることもある。鉱物名は、熱するとニンニク臭を放つことから、「ニンニク臭」を意味するギリシャ語からとられた。きれいな結晶はドイツやブラジルのミナスジェライス州で産する。

スコロド石の結晶の集合体

ヘルデル石 HERDERITE

晶系 単斜晶系
化学式 $CaBePO_4F$ | **色** 無色、淡緑
結晶形 柱状、板状 | **硬度** 5–5½
劈開 不完全 | **断口** 亜貝殻状
光沢 ガラス光沢 | **条痕** 白色 | **比重** 3.0
透明度 透明から半透明 | **屈折率** 1.55–1.62

カルシウムとベリリウムのフッ化リン酸塩鉱物。色は無色から黄、緑までの幅がある。結晶は短柱状で現われる。擬直方や擬六方の形態を示すことや、繊維状結晶の楕円体集合体や放射状集合体をつくることもある。標本によっては紫外線照射により深い青色の蛍光を発する。主に花崗岩ペグマタイト中で、石英、曹長石、トパーズ、電気石を伴って生成する。ドイツ、フィンランド、ロシア、アメリカをはじめ、多くの場所で見つかる。原記載の1828年、ドイツ、ザクセンの採鉱官ジグムント・アウグスト・ヴォルフガング・ヘルデルにちなんで命名された。

ヘルデル石の結晶

クリノクレース CLINOCLASE

晶系 単斜晶系
化学式 $Cu_3(AsO_4)(OH)_3$ | **色** 暗緑青
結晶形 偏平柱状、短冊状、針状
硬度 2½–3 | **劈開** 完全 | **断口** 粗面
光沢 ガラス光沢、真珠光沢 | **条痕** 青緑色
比重 4.3–4.4 | **透明度** 亜透明から半透明
屈折率 1.76–1.90

銅の水酸化ヒ酸塩鉱物。ヒ素の一部がリンで置き換わることがある。結晶は暗緑や青色で、偏平な柱状か短冊状。単体の結晶としても、バラの花弁状の集合体としても現われる。繊維状組織の皮殻状あるいは皮膜状の集合体をなすものも見られる。銅の硫化鉱物を含む鉱床の酸化帯で生成する。産地はアメリカ、オーストラリア、フランス、ナミビア、ドイツ、オーストリア、ロシア、コンゴ民主共和国。鉱物名は、斜めの面に割れることにちなみ、「傾く」と「割れる」を意味するギリシャ語からとられた。

オリーブ銅鉱とともに成長したクリノクレースの結晶

トリプライト TRIPLITE

晶系 単斜晶系
化学式 $(Mn,Fe,Mg)_2PO_4(F,OH)$
色 暗茶から栗茶 | **結晶形** 粗粒の塊状集合体
硬度 5–5½ | **劈開** 良好 | **断口** 粗面から亜貝殻状 | **光沢** ガラス光沢から樹脂光沢
条痕 白色から茶色 | **比重** 3.5–3.9
透明度 半透明 | **屈折率** 1.64–1.70

マンガンのフッ化リン酸塩鉱物だが、たいていの標本ではマンガンの一部が鉄やマグネシウムに置き換わっている。色は栗茶、赤がかった茶、赤、サーモンピンク。変質により、暗褐色から黒色に変化する。薄い部分を透かしたとき（透過光）は、淡黄褐色から暗赤褐色。結晶はふつうとても粗いが、はっきりした形状にはならない。もっとも典型的なのは、団塊状や塊状の集合体。複雑な帯状組織の花崗岩ペグマタイトや、スズの熱水鉱脈で生成する。藍鉄鉱や燐灰石、電気石、閃亜鉛鉱、黄鉄鉱、石英を伴うこともある。鉱物名は三方向に直角に割れる性質にちなみ、「3」を意味するギリシャ語からとられた。

イングランド、コーンウォール産の
トリプライトの塊状の集合体

ブラジル石（ブラジリアナイト） BRAZILIANITE

晶系 単斜晶系
化学式 $NaAl_3(PO_4)_2(OH)_4$ | **色** 黄、黄緑
結晶形 等方に両端が尖った短柱状
硬度 5½ | **劈開** 良好 | **断口** 貝殻状
光沢 ガラス光沢 | **条痕** 白色 | **比重** 3.0
透明度 透明 | **屈折率** 1.60–1.62

ナトリウムとアルミニウムの水酸化リン酸塩鉱物。比較的めずらしい鉱物で、大半はシャトルーズイエロー（明るい薄黄緑色）から淡い黄色をしている。しばしばきれいな長短の条線のある柱状結晶をつくり、球状や放射状の繊維状結晶の集合体でも見つかる。リン酸に富んだ花崗岩ペグマタイト中で、しばしば白雲母、曹長石、電気石、燐灰石を伴って産する。鉱物名は発見地で主要産地でもあるブラジルにちなむ。ただ、ブラジルより量は少ないが、アメリカでも産出はある。

アンブリゴン石（アンブリゴナイト） AMBLYGONITE

晶系 三斜晶系 | **化学式** $LiAlPO_4F$
色 白、淡黄、淡紅、淡青、淡緑 | **結晶形** 短柱状、塊状集合体 | **硬度** 5½–6 | **劈開** 完全
断口 粗面から亜貝殻状 | **光沢** ガラス光沢から油脂光沢、劈開面で真珠光沢
条痕 白色 | **比重** 3.0–3.1
透明度 透明から半透明 | **屈折率** 1.57–1.61

リチウムとアルミニウムのフッ化リン酸塩鉱物。結晶は表面が粗い短柱状をなすことが多い。たいていは半透明の白い大きな塊状集合体で見つかる。宝石の原石になるものはふつう黄色、緑がかった黄色、またはライラック色。ペグマタイトの脈にリチウムを含むほかの鉱物といっしょに産する。宝石の原石は曹長石などの長石とまちがわれやすい。リチウムとリンの重要な資源であり、割合的には少ないが宝石にもなる。ジンバブエとアメリカでは花崗岩ペグマタイトから大量の結晶が産出する。

燐銅鉱 LIBETHENITE

晶系 直方晶系 | **化学式** $Cu_2PO_4(OH)$
色 緑 | **結晶形** 短柱状 | **硬度** 4
劈開 不完全 | **断口** 貝殻状から粗面
光沢 ガラス光沢 | **条痕** 淡緑 | **比重** 3.8–4.0
透明度 半透明 | **屈折率** 1.70–1.79

希少な銅の水酸化リン酸塩鉱物。短いか、いくらか細長い柱状の美しい結晶をつくる。条線が走る。色は薄いオリーブグリーンから濃いオリーブグリーン。リンがヒ素に置き換わった鉱物がオリーブ銅鉱で、燐銅鉱とオリーブ銅鉱とは化学組成（リンとヒ素の比率）が連続的に変動する一連の系列（連続固溶体）をなすと考えられている。銅鉱床の酸化帯で、しばしば孔雀石や藍銅鉱とともにに生成する。産地はロシア、イングランド、アメリカ。1823年、スロバキアのルビエトバで発見された。学名は発見地のドイツ語名からとられている。

母岩上の燐銅鉱の結晶

母岩で成長した緑色のオリーブ銅鉱の結晶（拡大写真）

△オリーブ銅鉱 OLIVENITE

晶系 単斜晶系
化学式 $Cu_2AsO_4(OH)$
色 オリーブグリーン、茶緑、黄、灰白
結晶形 柱状 | **硬度** 3 | **劈開** 不明瞭
断口 貝殻から粗面
光沢 ダイヤモンド光沢 | **条痕** 緑色から茶色
比重 4.3–4.5 | **透明度** 半透明から不透明
屈折率 1.75–1.87

銅の水酸化ヒ酸塩鉱物。色は通常オリーブグリーンだが、茶がかった緑、藁のような黄、灰がかった白色もある。結晶は短柱から長柱状。ときどき端がくさび状になったきらきらと輝く小さな結晶も見つかる。結晶には針状や厚板状もあり、また塊状、繊維状、粒状の集合体にもなる。銅鉱床の酸化帯で産し、しばしば孔雀石、翠銅鉱、藍銅鉱を伴う。鉱物名はオリーブグリーンをしていることにちなむ。産地はナミビア、オーストラリア、ドイツ、ギリシャ、チリ、アメリカ。

アダム石 ADAMITE

晶系 直方晶系
化学式 $Zn_2AsO_4(OH)$
色 黄、緑、ピンク、紫
結晶形 板状、柱状 | **硬度** 3½ | **劈開** 良好
断口 亜貝殻状から粗面
光沢 ガラス光沢 | **条痕** 白色
比重 4.4 | **透明度** 透明から半透明
屈折率 1.71–1.77

亜鉛の水酸化ヒ酸塩鉱物。亜鉛がほかの元素と置き換わることで多彩な色を見せる。銅と置き換われば、濃度に応じて黄や緑になり、コバルトと置き換われば、ピンクや紫になる。無色や白は稀。結晶の形は細長く厚板状で、球状に近いほど丸みを帯びることもある。バラの花弁状や、放射状に並んだ結晶が球状の集合体になることもある。亜鉛やヒ素の鉱床の酸化帯で産し、しばしば藍銅鉱、菱亜鉛鉱、ミメット鉱、褐鉄鉱を伴う。商業用途はないが、光沢のある色鮮やかな結晶は収集家のあいだでたいへん人気が高い。きれいに結晶化した標本はチリ、ナミビア、メキシコ、ドイツ、イタリア、フランス、アメリカで採取されている。たいていは蛍光性が顕著で、産地によって差があるが、緑色に光る。

短波長紫外線のもとに置かれたアダム石

アメリカ、ニューメキシコ州アルバカーキのトルコ石

◁トルコ石 TURQUOISE

晶系 三斜晶系
化学式 $CuAl_6(PO_4)_4(OH)_8{\cdot}4H_2O$
色 青、緑 | **結晶形** 板状、塊状集合体
硬度 5–6 | **劈開** 完全 | **断口** 粗面、亜貝殻状
光沢 ガラス光沢、蝋光沢から無艶
条痕 白色 | **比重** 2.8–2.9
透明度 ふつう不透明
屈折率 1.61–1.65

銅とアルミニウムの水酸化リン酸塩鉱物。色はスカイブルーから緑で、鉄と銅の含有量比で変わる。結晶体として現われるのは稀で、透明な平行四辺形の板状の結晶は小さく、2mmを超えることは少ない。ふつうは皮殻状や団塊状または脈状の微晶質の集合体として産する。主に乾燥した環境で見つかる。おそらく燐灰石や銅の硫化鉱物の分解物から生成すると思われ、地下水によって岩の割れ目に沈殿する。鉱物名の由来は、いくつもの場所で採取された本鉱が最初、トルコ経由でヨーロッパに持ちこまれたため、とされる。学名は「トルコの」を意味するフランス語。イラン産のスカイブルーのトルコ石は最上質のものとみなされ、何世紀にもわたり採掘されている。イランではもともとホラーサーン地方のネイシャプルが産地。産地はほかに北アフリカ、オーストラリア、シベリア、イングランド、ベルギー、フランス、ポーランド、エチオピア、メキシコ、チリ、中国、アメリカ。

緑鉛鉱 PYROMORPHITE

晶系 六方晶系 | **化学式** $Pb_5(PO_4)_3Cl$
色 緑、黄、橙、茶 | **結晶形** 柱状
硬度 3½–4 | **劈開** 不明瞭
断口 粗面から亜貝殻状 | **光沢** 樹脂光沢
条痕 白色 | **比重** 6.7–7.1
透明度 亜透明から半透明 | **屈折率** 2.05–2.06

鉛の塩化リン酸塩鉱物。ミメット鉱とは、リンとヒ素を入れ替えた関係にあり、化学組成（リンとヒ素の比率）が連続的に変動する一連の系列（連続固溶体）をなす。色は暗緑から黄緑、さまざまな濃淡の茶、蝋光沢の黄、黄橙。結晶は単純な六角柱状か、柱面が膨らんだ樽状、柱面がくぼんだ糸巻き状、または多孔質になる。鉛鉱床の酸化帯で、白鉛鉱、菱亜鉛鉱、褐鉛鉱、方鉛鉱、褐鉄鉱とともに産する。鉛の鉱石としては主流ではないが、収集家のあいだではとても人気の高い鉱物でもある。学名は、火の玉のような溶融体が、冷えるとともに結晶化する様から、ギリシャ語の「火」と「形成」からつけられた。

緑鉛鉱の結晶

ミメット鉱 MIMETITE

晶系 六方晶系
化学式 $Pb_5(AsO_4)_3Cl$
色 淡い黄から黄がかった茶
結晶形 柱状、針状、塊状集合体
硬度 3½–4 | **劈開** 不明瞭
断口 貝殻状から粗面 | **光沢** 樹脂光沢
条痕 白色 | **比重** 7.1–7.3
透明度 亜透明 | **屈折率** 2.13–2.15

鉛の塩化ヒ酸塩鉱物。色はさまざまな濃淡の黄、橙、茶で、ときに緑または無色。結晶は太い樽状の六角柱状か、丸い塊状集合体になる。粒状、厚板状、針状の集合体でも見つかる。鉱物名は緑鉛鉱に似ていることにちなみ、「模倣者」を意味するギリシャ語からとられた。本鉱のヒ素がリンに置き換わった鉱物が緑鉛鉱である。鉛鉱床の酸化帯や、鉛とヒ素がともに存在する場所で生成する。上質の標本の産地はメキシコのチワワ州、ドイツのザクセン、オーストラリアのブロークンヒル、アメリカのアリゾナ州。ナミビアのツメブでは6.4 × 2.5cmの大きさの単結晶が見つかっている。

ミメット鉱の柱状結晶

ユークロイア石（ユークロアイト） EUCHROITE

晶系 直方晶系
化学式 $Cu_2(AsO_4)(OH){\cdot}3H_2O$
色 エメラルドグリーン | **結晶形** 短柱状
硬度 3½–4 | **劈開** 不明瞭
断口 粗面から亜貝殻状 | **光沢** ガラス光沢
条痕 緑色 | **比重** 3.4
透明度 透明から半透明 | **屈折率** 1.70–1.73

銅の水和水酸化ヒ酸塩鉱物で、色はガラス光沢を帯びたネギの緑から鮮やかなエメラルドグリーン。結晶は短柱状か厚板状をなし、長いものは2.5cmにもなる。母岩の空隙でたくさんの小さな結晶が成長し、空隙の表面を覆っていることがある。希産種に属し、銅を含む熱水鉱床の酸化帯で、しばしばオリーブ銅鉱、藍銅鉱、孔雀石とともに産する。鉱物名は1823年、「美しい色」を意味するギリシャ語からつけられた。産地は発見地であるスロバキアなど。ブルガリアとギリシャに重要な鉱床がある。アメリカ、モンタナ州ミズーラ近郊の銅鉱山地帯クレイマー・クリークでは、雲母片岩の空隙中に産出する。

短柱状のユークロアイトの結晶（スロバキア産）

褐鉛鉱 VANADINITE

晶系 六方晶系 | **化学式** $Pb_5(VO_4)_3Cl$
色 橙赤、黄、赤褐
結晶形 六角柱状、六角板状 | **硬度** 3
劈開 なし | **断口** 粗面
光沢 亜ダイヤモンド光沢 | **条痕** 白、淡黄色
比重 6.8–7.0 | **透明度** 透明から半透明
屈折率 2.35–2.42

鉛の塩化バナジン酸塩鉱物で、比較的めずらしい種。少量の鉛がカルシウム、亜鉛、銅と置き換わりうる。構造中のバナジウムをすべてヒ素で置き換わることもあり、ヒ素がバナジウムを上回るとミメット鉱と別種扱いになる。色は主に明るい赤か橙赤だが、ときに茶、赤茶、灰、黄、無色のこともある。結晶はふつう短柱状だが、六角錐状や、へこみのある柱状になることもある。丸い塊状や皮殻状の集合体でも見つかる。酸化した鉛を含む鉱床で産し、しばしば方鉛鉱、重晶石、モリブデン鉛鉱、褐鉄鉱を伴う。バナジウムの資源である。また独特な色をしていることから、収集家にも人気が高い。上質な標本の産地はアメリカの多くの地域、ブラジルのミナスジェライス州、メキシコのチワワ州、モロッコのミブラーデン、スコットランドのリードヒルズ、ナミビアのツメブ。

滑らかな表面をした典型的な褐鉛鉱の結晶

燐灰石（アパタイト） APATITE

晶系 六方または単斜晶系
化学式 $Ca_5(PO_4)_3(F,OH,Cl)$
色 海緑色、紫、青、淡紅、黄、茶、白、無色など
結晶形 短柱状から長柱状、板状
硬度 5 | **劈開** 不明瞭
断口 貝殻状から粗面
光沢 ガラス光沢、蝋光沢
条痕 白色 | **比重** 3.1–3.2
透明度 透明から半透明 | **屈折率** 1.63–1.65

燐灰石は一連のカルシウムリン酸塩鉱物のグループ名である。フッ素を多く含むものはフッ素燐灰石、水酸化物イオンを多く含むものは水酸燐灰石と呼ばれる。人間の骨や歯の主成分も、炭酸水酸燐灰石といい、燐灰石グループに入る。本グループの鉱物はすべて共通の結晶構造を持ち、ふつう、ガラスのような透明で形の整った結晶体で産出する。塊状や団塊の集合体でも見つかる。しばしば鮮やかな色となる。さまざまな火成岩の副成分鉱物であり、ペグマタイト中や高温の熱水鉱脈に生成する。大理石などの変成岩鉱床でも産する。カナダでは200kgもの結晶が見つかっている。産地はほかにアメリカ、メキシコ、ナミビア、ロシア。

▽銀星石 WAVELLITE

晶系 直方晶系
化学式 $Al_3(PO_4)_2(OH)_3 \cdot 5H_2O$
色 緑、白、黄、茶、青、黒 | **結晶形** 針状、繊維状、放射状の集合体 | **硬度** 3½–4
劈開 完全 | **断口** 亜貝殻状から粗面
光沢 ガラス光沢から樹脂光沢 | **条痕** 白色
比重 2.4 | **透明度** 半透明 | **屈折率** 1.52–1.56

アルミニウムの水和水酸化リン酸塩鉱物で、典型的な放射状を見せる鉱物である。色はふつう緑色だが、白から緑がかった白、緑黄、黄がかった茶、ターコイズブルー、茶、黒までさまざま。ときに部分により異なる色を持つ。めったに単結晶にならないが、短柱状から長柱状、細長い短冊状になり、柱面に条線が走る。たいていは直径3cmほどまでの球形をした、半透明の放射状に配置された結晶の集合体で見つかる。皮殻状や鍾乳状のこともある。アルミニウムに富んだ変成岩の割れ目や褐鉄鉱中、リン酸塩岩の鉱床で生成する。稀だが熱水鉱脈でも産する。学名は1805年、発見者であるイギリス人医師ウィリアム・ウェーベルにちなんでつけられた。産地はヨーロッパでは、フランス、チェコのボヘミア地方、イングランドのデボン州北部にあるハイダウンズ採石場、アイルランドのコーク州トラクトンにあるラハラン採石場、ドイツのテューリンゲン州ロネブルクにあるリヒテンベルク鉱山。ボリビア、ポトシ県リャリャグアのシグロ・ベインテ鉱山では大きなクリーム色の標本が採取されている。アメリカではアーカンソー州の複数の場所で、良質の標本が産出する。ペンシルベニア州では黄と緑の大きな球形の結晶が、カリフォルニア州のスレート山では深緑の結晶がそれぞれ見つかっている。

粘板岩上にできた銀星石の針状結晶の放射状集合体(イングランド、デボン州産)

天藍石（ラズーライト）LAZULITE

晶系 単斜晶系 **化学式** $MgAl_2(PO_4)_2(OH)_2$
色 青 **結晶形** 両錐状 **硬度** 5½–6
劈開 不明瞭 **断口** 粗面 **光沢** ガラス光沢
条痕 白色 **比重** 3.1–3.2 **透明度** 透明から半透明 **屈折率** 1.61–1.66

マグネシウムとアルミニウムの水酸化リン酸塩鉱物。ケイ酸塩鉱物にラピス・ラズリの成分であるlazurite（青金石・ラズライト）という似た学名の鉱物があるので、混同しないよう注意が必要。色はアズールブルー、スカイブルー、青みがかった白から青緑。結晶は角錐状に尖り、塊状集合体でも見つかる。石英に富んだ珪質岩の高度変成作用で生成するほか、石英脈、ペグマタイト中に産する。産出には石英、紅柱石、ルチル、藍晶石、コランダム、白雲母、葉蠟石、デュモルティエライト、電気石、緑柱石を伴う。学名は「青い石」を意味するドイツ語に由来する。重要な産地はスイス、オーストリア、ブラジル。北米では、アメリカのカリフォルニア州ホワイト山地、ニューハンプシャー州ニューポート、ノースカロライナ州チャウダーズ山、ジョージア州グレーブズ山、カナダのユーコン準州フィトン山で産する。ファセットをつけられる品質のものは稀だが、見つかったものは、彫刻を施されたり、タンブル研磨されたり、ビーズなどの装飾品に仕立てられたりする。多色性があり、見る角度によって青にも白にも見える。

石英の母岩にできた天藍石の結晶

毒鉄鉱 PHARMACOSIDERITE

晶系 立方晶系
化学式 $KFe_4(AsO_4)_3(OH)_4·6–7(H_2O)$
色 緑、黄 **結晶形** 立方体 **硬度** 2½
劈開 不完全から良好 **断口** 粗面
光沢 ダイヤモンド光沢から油脂光沢
条痕 淡緑黄色 **比重** 2.8–2.9
透明度 透明から半透明 **屈折率** 1.66–1.70

カリウムと鉄の水和水酸化ヒ酸塩鉱物。さまざまな色合いの緑や茶や黄色をしており、オリーブグリーンから、蜂蜜色、黄茶、暗茶、ヒヤシンスの赤、茶赤、草の緑、エメラルドグリーンまで見られる。結晶は斜めに条線の入った立方体で、大きさはたいてい数mm以下である。熱水鉱床に産するほか、硫砒鉄鉱などのヒ酸塩鉱物の変質物（二次鉱物）としても生成する。学名は主成分のヒ素の毒性にちなみ、ギリシャ語の「毒、薬」と「鉄」を組み合わせられた。最初の発見地はイングランドのコーンウォール。ほかにドイツ、ギリシャ、イタリア、アルジェリア、ナミビア、ブラジル、アメリカのユタ州、ニュージャージー州、アリゾナ州で産出する。

毒鉄鉱の立方体の結晶

デュフレノア石 DUFRÉNITE

晶系 単斜晶系
化学式 $Ca_{0.5}Fe^{2+}Fe^{3+}{}_5(PO_4)_4(OH)_6·2H_2O$
色 暗緑 **結晶形** 短冊状、束状、ブドウ状集合体
硬度 3½–4½ **劈開** 完全 **断口** 繊維状
光沢 ガラス光沢から絹糸光沢 **条痕** 黄緑色
比重 3.1–3.5 **透明度** 亜半透明から不透明
屈折率 1.81–1.93

鉄とカルシウムの水和水酸化リン酸塩鉱物。色は緑がかった茶、緑黒、暗緑、オリーブグリーンで、酸化すると茶色に変わる。結晶体で現われることは比較的稀だが、その場合には端が丸まった束状集合体になる。ふつうはブドウ状か皮殻状の集合体で見つかる。金属鉱脈の風化帯や鉄鉱石鉱床で変質物（二次鉱物）として生成する。希少な鉱物であり、ほかの希産種とともに産出することが多い。そのぶん収集家からの注目度は高い。有名な産地はドイツのベストファーレン州ヒルシュベルク、イングランドのコーンウォール、フランスのユーリョ、アメリカのニューハンプシャー州、アラバマ州チェロキー郡、南アフリカのブッシュマンランド。またポルトガル、オーストラリア、アルゼンチンでも産する。鉱物名は1833年、フランスの鉱物学者アレクサンドル・ブロンニャールによって、パリ国立高等鉱業学校の鉱物学の教授ピエール・アルマン・デュフレノアにちなんでつけられた。

針鉄鉱上にできたブドウ状のデュフレノア石

チルドレン石 CHILDRENITE

晶系 直方晶系
化学式 $FeAl(PO_4)(OH)_2·H_2O$
色 褐色、黄褐色、白、暗褐色
結晶形 両錐状から柱状、針状 **硬度** 5
劈開 不明瞭 **断口** 亜貝殻状から粗面
光沢 ガラス光沢 **条痕** 白色 **比重** 3.2
透明度 半透明 **屈折率** 1.64–1.69

鉄とアルミニウムの水和水酸化リン酸塩鉱物で、半透明の茶または黄色をしている。鉄と置き換わるマンガンの量が増えたピンクの鉱物は、曙光石という同構造の別種である。チルドレン石のほうが曙光石より密度が高い。結晶は柱面に条線のある角錐状か短柱状、または厚板状になる。放射状、ブドウ状、繊維構造の皮殻状、塊状の集合体でも見つかる。ほかのリン酸塩鉱物の変質物（二次鉱物）として生成しているようである。産地はアメリカのメイン州、サウスダコタ州のカスター、イングランドのデボン州とコーンウォール、ドイツ、ブラジルのミナスジェライス州。最初の発見地はイングランド、デボン州にあるジョージ・アンド・シャーロット鉱山で、1823年、イギリス人鉱物学者ジョン・ジョージ・チルドレンにちなんで命名された。

石英上にできた柱状のチルドレン石の結晶

葉銅鉱 CHALCOPHYLLITE

晶系 三方晶系
化学式 $Cu_{18}Al_2(AsO_4)_4(SO_4)_3(OH)_{24}·36H_2O$
色 青緑 **結晶形** 板状
硬度 2 **劈開** 完全 **断口** 粗面
光沢 真珠光沢からガラス光沢
条痕 淡緑色
比重 2.4–2.7
透明度 透明から半透明
屈折率 1.55–1.68

銅とアルミニウムの水和水酸化硫酸塩ヒ酸塩鉱物。鮮やかな青緑色で、学名は主成分の銅と葉片状の外観から、ギリシャ語の「銅」と「葉」の組み合わせによる。結晶は六角形の板状のほか、バラの花弁状、微小結晶の層状、塊状の集合体にもなる。広く分布する鉱物で、銅の熱水鉱床の変成帯で産する。藍銅鉱、孔雀石、ブロシャン銅鉱、赤銅鉱、クリノクレースを伴うことが多い。バロー石と近縁種で、一方、板状のスパング石と混同されることがある。ただし本鉱には緑の条痕と特徴的な結晶形があり、それらを見れば、同定をまちがうことはない。水酸化物イオンと水分子の量がきわめて多く、どの標本でも水や水酸化物が成分全体の半分以上を占めている。多色性があり、見る角度によって青緑にも、ほとんど無色にも見える。ドイツで採取された石によって最初に記載され、1847年に命名された。光沢の強さ、魅力的な鮮やかな色、バラの花弁状に並ぶ六角形の結晶の美しさから、収集家の垂涎の的になっている。イングランド南西部のホイール・ゴーランドとコーンウォールが代表的な産地で、ウェールズでもときどき産する。産地はほかに、フランスのアルザスとラングドック＝ルシヨン、ドイツ（模式標本［最初に発見された標本］がフライベルクの鉱山アカデミーに保管されている）、オーストリア、ロシア、ナミビア、チリ、アメリカのユタ州、アリゾナ州アンテロープ区のマジュバ・ヒル鉱山。

母岩上の葉銅鉱の結晶

ホウ酸塩鉱物、硝酸塩鉱物

曹灰硼石（ウレキサイト）ULEXITE

晶系 三斜晶系
化学式 $NaCaB_5O_6(OH)_6 \cdot 5H_2O$ | **色** 無色、白
結晶形 針状、繊維状、団塊状集合体
硬度 2½ | **劈開** 完全 | **断口** 粗面
光沢 ガラス光沢、絹糸光沢 | **条痕** 白色
比重 2.0 | **透明度** 透明から半透明
屈折率 1.49–1.52

ナトリウムとカルシウムの水和水酸化ホウ酸塩鉱物。綿玉のような、団塊状、球状、またはレンズ状の集合体で見つかる。それほど多くないが、繊維状結晶が平行した密な脈状をなすこともあり、そうすると自然の光ファイバーとして働き、結晶の一方の端から他方へ光が伝達される。そのため「テレビ石」の異名を持つ。放射状もしくは目の詰まった集合体をなすこともある。乾湖（プラヤ）など、乾燥地帯の水の干上がった場所で生成することが多く、チリ、アルゼンチン、カザフスタンの乾燥した平原や、アメリカのカリフォルニア州デスバレーのクレーマー区で産出する。しばしば硬石膏、コールマン石、グラウバー石に伴われる。ホウ素に富んだ液体から生成することから、ホウ素の主要な資源になる。ガラスや陶磁器の釉薬、化学肥料、石鹸の添加物、硬水軟化剤に使われている。鉱物名は、本鉱を分析したドイツの化学者ゲオルゲ・ルートヴィヒ・ウレックスの名から1850年につけられた。

カリフォルニアのホウ素鉱床から採取されたウレックス石の切片

方硼石 BORACITE

晶系 直方晶系 | **化学式** $Mg_3B_7O_{13}Cl$
色 無色、白から灰、緑 | **結晶形** 擬立方体、十二面体 | **硬度** 7–7½ | **劈開** なし
断口 貝殻状から粗面 | **光沢** ガラス光沢
条痕 白色 | **比重** 3.0
透明度 亜透明から半透明 | **屈折率** 1.66–1.67

ガラス様のマグネシウムのホウ酸塩鉱物。ふつう白から灰色で、マグネシウムを置き換える鉄の量が増えると、薄い緑色を帯びる。結晶はほぼ立方体で、塊状の集合体にもなる。硬石膏、石膏、岩塩の堆積岩鉱床に埋まった結晶として見つかる。鉱物名に示されているとおり、ホウ素の小規模な資源でもある。産地はタイのコラート台地、ドイツのシュタースフルト、ハノーファー、リューネベルク、イングランドのクリーブランド、フランスのリュネビル、ポーランドのイノブロツワフ、アメリカのミズーリ州、ルイジアナ州。

ドイツ、ザクセンで採取された方硼石の結晶

灰硼石（コールマン石）COLEMANITE

晶系 単斜晶系
化学式 $CaB_3O_4(OH)_3 \cdot H_2O$
色 無色、白 | **結晶形** 短柱状 | **硬度** 4–4½
劈開 完全、明瞭 | **断口** 粗面から亜貝殻状
光沢 ガラス光沢からダイヤモンド光沢
条痕 白色 | **比重** 2.4
透明度 透明から半透明 | **屈折率** 1.59–1.61

カルシウムの水和水酸化ホウ酸塩鉱物。無色、白、黄がかった白、灰で、短柱状、団塊状、粒状、粗い塊状集合体で現われる。鉱床ではふつう塊状をしているが、長さ20cmの単結晶も見つかっている。大きな内陸湖が干上がった場所で、蒸発堆積岩中に産し、硼砂や曹灰硼石などほかのホウ酸塩鉱物にとって代わる。鉱床は数mの厚さになることもある。耐熱ガラスはホウ素化合物の添加によってつくられている。ホウ素化合物はガラスに耐熱性だけでなく、化学的耐性や電気絶縁性などの性質を与えることができる。そのようなガラスの一例に、PYREX®の商標で販売されているものがあげられる。学名は、本鉱が最初に発見されたカリフォルニア州の鉱山の所有者ウィリアム・コールマンにちなんで1884年につけられた。

灰硼石の結晶の集合体

カーン石 KERNITE

晶系 単斜晶系
化学式 $Na_2B_4O_6(OH)_2 \cdot 3H_2O$ | **色** 無色
結晶形 柱状、厚板状、塊状集合体
硬度 2½ | **劈開** 完全 | **断口** 裂片状
光沢 ガラス光沢、絹糸光沢、無艶
条痕 白色 | **比重** 1.9 | **透明度** 透明
屈折率 1.45–1.49

ナトリウムの水和水酸化ホウ酸塩鉱物。無色か白色だが、ふつう表面は脱水により変質した不透明な白色のチンカルコニス石（ナトリウムの水和ホウ酸塩鉱物）に覆われている。結晶体で現われることは比較的稀だが、しばしば長さ60～90cmの大きな結晶をつくる。過去には最大で240×90cmの結晶が発見されている。塩湖鉱床ではほかのホウ酸塩鉱物を伴い脈状や不規則な塊状で産するほか、頁岩中にもできる。アメリカ国内で使われるホウ素の大半は、カリフォルニア州カーン郡（鉱物名の命名起源）とインヨ郡のホウ素鉱床で採掘されている。世界の主な産地はアルゼンチンのカタマルカ州とサルタ州、トルコのキルカ。

繊維状の塊をなしたカーン郡産カーン石

ハウ石（ハウライト）HOWLITE

晶系 単斜晶系 | **化学式** $Ca_2B_5SiO_9(OH)_5$
色 白 | **結晶形** 偏平柱状、団塊状集合体
硬度 3½ | **劈開** なし | **断口** 平滑
光沢 亜ガラス光沢 | **条痕** 白色
比重 2.6 | **透明度** 半透明から不透明
屈折率 1.60–1.61

カルシウムの水酸化ホウケイ酸塩鉱物。ふつう、団塊状の集合体になるが、ときにカリフラワーに似た形にもなる。塊は白く、灰色や黒のほかの鉱物の細脈（細い線状の脈）が、クモの巣状に塊全体に広がっていることも多い。単結晶は無色か白、または茶色の偏平柱状になるが、めったに現れず、カーン石や硼砂など他のホウ酸塩鉱物とともに産する。鉱物名は、発見者であるカナダの化学者、地質学者、鉱物学者ヘンリー・ハウにちなんで1868年につけられた。染色するとトルコ石に似るので、トルコ石と偽って売られている場合もある。多量の出鉱があるのは、アメリカのカリフォルニア州デスバレーのクレーマー区とサン・バーナディーノ郡。カナダのノバスコシア州とニューファンドランド島、メキシコのマグダレナ、ドイツのザクセン、ロシアの南ウラル、トルコのススルルクでも産出する。

▷硼砂 BORAX

晶系 単斜晶系
化学式 $Na_2B_4O_5(OH)_4 \cdot 8H_2O$
色 無色 | **結晶形** 柱状 | **硬度** 2–2½
劈開 完全 | **断口** 貝殻状 | **光沢** ガラス光沢から土状 | **条痕** 白色 | **比重** 1.7
透明度 透明から半透明 | **屈折率** 1.45–1.47

ナトリウムの水和水酸化ホウ酸塩鉱物。色は白、灰、淡緑、淡青。無色のものは外気にさらされて脱水すると、チョークに似たチンカルコニス石に変わる。結晶は短柱状か厚板状だが、鉱山では主に塊状の集合体で産する。干上がった砂漠の湖の底で生成する蒸発鉱物で、産出には岩塩やほかのホウ酸塩鉱物、蒸発残留の硫酸塩鉱物や炭酸塩鉱物が伴う。容易に熔融して無色のガラスとなる。工業用のホウ素化合物の主要な原料である。冶金では、製鉄や鋳造の際の酸化金属スラグの融剤に使われたり、熔接やはんだの融剤に用いられる。世界の供給量の約半分はアメリカのカリフォルニア州南部にあるサールズ湖の湖水表面の硼砂の膜状析出物や高濃度の湖水から産出されている。産地はほかに、カリフォルニア州ボロン、トルコ、アルゼンチンのカウチャリ塩湖、インドのヒマラヤ地方のラダックとカシミール、カザフスタンのインデル。

ボリビア、アルティプラーノ高原にあるラグーナ・コロラダ塩湖の硼砂鉱床（白い部分）

硫酸塩、クロム酸塩、タングステン酸塩、モリブデン酸塩鉱物

重晶石 BARYTE

晶系 直方晶系 | **化学式** $BaSO_4$
色 無色、白、灰、青、緑、淡褐色
結晶形 板状、柱状 | **硬度** 3–3½
劈開 完全 | **断口** 粗面 | **光沢** ガラス光沢から樹脂光沢、ときに真珠光沢 | **条痕** 白色
比重 4.5 | **透明度** 透明から半透明
屈折率 1.63–1.65

バリウムの硫酸塩鉱物で、バリウムの主要な資源である。厚板状や柱状が一般的だが、繊維状や、塊状、鍾乳状、団塊状の集合体にもなる。バラの花弁状の集合体は「砂漠のバラ」と呼ばれる。透明の青い結晶はアクアマリンに似る。アメリカのコロラド州では希少な濃い金色の重晶石が採取されている。鉛と亜鉛鉱脈には副成分鉱物としてよく見られる。石灰岩などの堆積岩中、石灰岩の風化でできた粘土鉱床、火成岩の空隙に生成する。

「砂漠のバラ」と呼ばれるバラの花弁状をした重晶石の結晶

天青石（セレスティン）CELESTINE

晶系 直方晶系 | **化学式** $SrSO_4$
色 無色、白、淡青、淡緑、淡赤、淡茶
結晶形 板状 | **硬度** 3–3½
劈開 完全 | **断口** 粗面
光沢 ガラス光沢、真珠光沢
条痕 白色 | **比重** 4.0
透明度 透明から半透明
屈折率 1.62–1.63

セレスタイトとも呼ばれるストロンチウムの硫酸塩鉱物。構造中のストロンチウムはバリウムと限度なく置き換わる。しばしば収集価値の高い、淡い青色の美しい透明の結晶をつくる。長さは75cm以上に達することが知られている。繊維状や、塊状、団塊状の集合体でも見つかる。石灰岩、苦灰岩、砂岩などの堆積岩中に生成する。ときに熱水鉱床でも産する。アメリカのカリフォルニア州には3mから6mもの厚さの鉱層がある。収集向きの標本はマダガスカル、メキシコ、イタリア、カナダ、アメリカで産出する。

硫酸鉛鉱 ANGLESITE

晶系 直方晶系 | **化学式** $PbSO_4$
色 無色から白、黄、緑、青
結晶形 短柱状、板状 | **硬度** 2½–3
劈開 良好、明瞭 | **断口** 貝殻状
光沢 ダイヤモンド光沢から樹脂光沢、ガラス光沢 | **条痕** 白色 | **比重** 6.4
透明度 透明から不透明
屈折率 1.88–1.89

鉛の硫酸塩鉱物。少量の鉛は、バリウムと置き換わることがある。色は無色から白、淡灰、黄、緑、青で、紫外線のもとではしばしば黄色に蛍光を発する。結晶は板状、柱状、擬菱面体、角錐状まで多様な形で産し、結晶の長手方向に条線が見られることもある。結晶の形は、同じような構造をした重晶石や天青石に似る。モロッコのトゥイシットでは長さ80cmの巨晶が見つかっている。塊状集合体で現われることもめずらしくない。鉛鉱床の酸化帯によく産出する。方鉛鉱の変質物（二次鉱物）であり、硫化鉱物の酸化で生じた硫酸溶液と、方鉛鉱が反応することで生成する。ときどき変質していない方鉛鉱が結晶の中心部に残っていることもある。

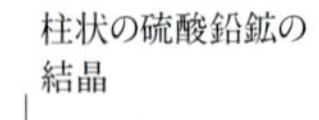

母岩上にできた硫酸鉛鉱の結晶

グラウバー石 GLAUBERITE

晶系 単斜晶系
化学式 $Na_2Ca(SO_4)_2$
色 灰、淡黄、無色、淡赤
結晶形 柱状、板状 | **硬度** 2½–3
劈開 完全、不明瞭 | **断口** 貝殻状
光沢 ガラス光沢から蝋光沢
条痕 白色 | **比重** 2.8
透明度 透明から半透明
屈折率 1.52–1.54

ナトリウムとカルシウムの硫酸塩鉱物。色はふつう灰色で、黄色がかることもある。表面が白い粉状のナトリウム硫酸塩鉱物に変質することがある。結晶は柱状、厚板状、両錐状、またはそれらの形の複合体をなし、どの場合にも端は丸みを帯びている。さまざまな環境で産するが、主に海や塩湖で蒸発によって生成する。玄武岩質の火成岩の空隙や、火山の噴気口に見つかることもある。鉱物名は1808年、グラウバー塩に似ていることからつけられた。グラウバー塩の名の由来になったのは、ドイツの錬金術師ヨハン・グラウバーである。グラウバー石の結晶はしばしば方解石や石膏など、ほかの鉱物に置き換わる。

両錐状のグラウバー石の結晶

硬石膏 ANHYDRITE

晶系 直方晶系 | **化学式** $CaSO_4$
色 無色、白、淡赤、淡青、淡紫、淡褐色、明灰色 | **結晶形** 板状、塊状集合体
硬度 3½ | **劈開** 完全、良好
断口 粗面から裂片状
光沢 ガラス光沢、真珠光沢
条痕 白色 | **比重** 3.0
透明度 透明から半透明
屈折率 1.57–1.62

石膏と同じカルシウムの硫酸塩鉱物である。個々のはっきりした結晶体になることはあまりないが、厚板状になる。スイスの産地からは長さ10cmの結晶が見つかっている。ふつうは塊状か粗い結晶の集合体で産する。湖や内海の蒸発でできる鉱床の主要鉱物の1つである。たいていは塩鉱床で石膏や岩塩とともに産する。重要な造岩鉱物であり、学名は、「水を伴わない」という意味のギリシャ語に由来する。より一般的な、結晶構造中に水を含む鉱物の石膏に比べると産出はだいぶ少ない。湿った環境では石膏に変わる。

ドイツで採取された硬石膏

緑礬 MELANTERITE

晶系 単斜晶系 | **化学式** $FeSO_4 \cdot 7H_2O$
色 白、無色、淡緑、淡青緑 | **結晶形** 擬正八面体、両錐状、鍾乳状、団塊状集合体
硬度 2 | **劈開** 完全 | **断口** 貝殻状
光沢 ガラス光沢 | **条痕** 白色 | **比重** 1.9
透明度 透明 | **屈折率** 1.47–1.49

銅の硫酸塩鉱物である胆礬に似た鉄の水和硫酸塩鉱物。ふつう色は無色から白だが、鉄を置き換える銅の量が増えると、緑や青になる。結晶体で現われるのは稀だが、短柱状か擬正八面体となる。たいていは塊状の集合体をしている。黄鉄鉱、白鉄鉱などの鉄の硫化鉱物の酸化によって生成し、古い鉱山では同一の物質がしばしば作業場の木製構造物に固まっている。また、黄鉄鉱を含む岩石の変成帯、とくに乾燥した地域でも見つかる。石炭や褐炭の鉱床にも産する。

典型的な塊状の緑礬の団塊

アメリカのニューメキシコ州ホワイトサンドにある、宇宙からも見えるほど広大な石膏の砂漠

胆礬 CHALCANTHITE

晶系 三斜晶系
化学式 $CuSO_4 \cdot 5H_2O$
色 青 | **結晶形** 柱状、針状、繊維状、霜柱状、鍾乳状、皮膜状集合体 | **硬度** 2½
劈開 完全 | **断口** 貝殻状
光沢 ガラス光沢から樹脂光沢
条痕 白色 | **比重** 2.3
透明度 透明 | **屈折率** 1.51–1.54

青い硫酸塩として知られた銅の水和硫酸塩鉱物。孔雀のような鮮やかな青色が特徴的だが、緑がかることもある。天然の結晶体は比較的稀。ふつう細い脈状、塊状、鍾乳状の集合体で現われる。黄銅鉱などの銅の硫化鉱物の酸化で生成し、銅鉱床の酸化帯に産する。この硫酸銅は水に溶けるので、古い鉱山では坑内水から作業場の木の構造物や壁に皮膜状やつらら状に析出している。学名は「銅の花」を意味するギリシャ語に由来する。

胆礬の結晶

△石膏 GYPSUM

晶系 単斜晶系 | **化学式** $CaSO_4 \cdot 2H_2O$
色 無色、白、淡褐色、黄、ピンク
結晶形 柱状、板状 | **硬度** 1½ -2
劈開 完全 | **断口** 裂片状
光沢 亜ガラス光沢から真珠光沢
条痕 白色 | **比重** 2.3
透明度 透明から半透明
屈折率 1.52–1.53

カルシウムの水和硫酸塩鉱物。色は無色か白だが、微量成分を含むと薄い茶、灰、黄、緑、橙を帯びる。しばしばよく成長した結晶体となり、さまざまな形で見つかる。単結晶は傾きの著しい平行四辺形の輪郭をした厚板状や刃状、湾曲したヒツジの角状になる。学名は「白亜」や「漆喰」、「セメント」を意味するギリシャ語からとられた。海水の蒸発でできた広大な鉱床で、硬石膏や岩塩など、ほかの同様に生成した鉱物とともに産する。変種がいくつかあり、それぞれに名がついている。透明石膏（セレナイト：学術的にはまったく別の、亜セレン酸塩を指す）はしばしば透明の剣状の結晶をなし、その長さはときに10mに達する。繊維石膏（サテンスパー）は平行に並ぶ繊維状の結晶の集合体をつくり、絹糸光沢を帯びている。雪花石膏（アラバスター）は細粒の塊状集合体の変種である。バラの花弁状をした結晶は「砂漠のバラ」と呼ばれる。双晶にもよくなり、特徴的な「燕尾状」や「魚尾状」の形は「矢羽根状」とも呼ばれる。世界中で広く産するが、先進的鉱山はアメリカ、カナダ、オーストラリア、スペイン、フランス、イタリア、イングランドにある。

ブロシャン銅鉱の針状結晶

瀉利塩（エプソム石）EPSOMITE

晶系 直方晶系
化学式 $MgSO_4 \cdot 7H_2O$ | **色** 無色、白
結晶形 針状、繊維状、皮殻状集合体
硬度 2–2½ | **劈開** 完全 | **断口** 貝殻状
光沢 ガラス光沢、絹糸光沢 | **条痕** 白色
比重 1.7 | **透明度** 半透明
屈折率 1.43–1.46

エプソマイトよりもエプソム塩という名でよく知られている。マグネシウムの水和硫酸塩鉱物。柱状のような結晶体は稀。繊維状の結晶が皮殻状ないしウールのような皮膜状、または塊状の集合体を形成する。海水、塩湖の湖水、湧き水中などミネラル成分の溶液中に産する。イングランドのサリー州エプソム近郊の泉で最初に発見され、学名は1805年、その地名にちなんでつけられた。石炭中や、マグネシウムに富んだ岩石の風化部分、硫化物鉱床の酸化帯で皮殻状集合体として見つかる。

繊維状の瀉利塩

◁ブロシャン銅鉱 BROCHANTITE

晶系 単斜晶系 | **化学式** $Cu_4SO_4(OH)_6$
色 エメラルドグリーンから青緑
結晶形 短柱状から針状 | **硬度** 3½–4
劈開 完全 | **断口** 粗面から亜貝殻状
光沢 ガラス光沢 | **条痕** 淡緑色
比重 4.0-4.1 | **透明度** 半透明
屈折率 1.73–1.80

銅の水酸化硫酸塩鉱物。針状または柱状結晶をつくり、稀に長さは数mmを超える。ブドウ状、皮殻状の集合体、微粒子の塊としても見つかる。銅鉱床の酸化帯、特に乾燥地帯に生成する。ふつう藍銅鉱、孔雀石などの銅鉱物に伴われる。ナミビアのツメブ、アメリカのアリゾナ州で見事な標本が産出している。鉱物名はフランスの地質学者で鉱物学者のA・J・M・ブロシャン・ドゥ・ビリエに由来する。

明礬石 ALUNITE

晶系 三方晶系
化学式 $KAl_3(SO_4)_2(OH)_6$
色 無色、白、淡黄
結晶形 擬立方体、板状、柱状、繊維状、粒状ないし塊状集合体 | **硬度** 3½–4
劈開 完全 | **断口** 貝殻状
光沢 ガラス光沢、真珠光沢 | **条痕** 白色
比重 2.6–2.9 | **透明度** 半透明
屈折率 1.57–1.59

アルミニウムとカルシウムの水酸化硫酸塩鉱物。アルムストーン（アルミ石）の俗称がある。不純物を含まなければ無色、白や淡い灰色だが、黄、赤から赤茶もある。結晶体で見つかることは稀だが、面角がほぼ90°の菱面体、つまり擬立方体をなす。カリウムに富んだ火山岩中で、脈状や、置換型の塊状集合体で産する。火山の噴気口付近でも見つかる。白い微粒子が塊状の集合体になった場合には、石灰岩や苦灰岩にとてもよく似る。土状の塊のときは、石英やカオリナイト質粘土と混ざり合っていることが多い。大規模な鉱床はウクライナ、スペイン、オーストラリアにある。

青針銅鉱 CYANOTRICHITE

晶系 直方晶系
化学式 $Cu_4Al_2SO_4(OH)_{12}{\cdot}2H_2O$
色 青 | **結晶形** 針状、繊維状 | **硬度** 2–3
劈開 なし | **断口** 粗面 | **光沢** 絹糸光沢
条痕 淡青色 | **比重** 2.7–2.9
透明度 透明から半透明
屈折率 1.59–1.66

銅とアルミニウムの水和水酸化硫酸塩鉱物。色はスカイブルーからアズールブルーで、針状結晶や繊維状結晶の集合体をつくる。皮殻状でも見つかる。アルミニウムと硫酸イオンに富んだ風化環境下での、銅の鉱化作用の酸化生成物である。しばしばブロシャン銅鉱、葉銅鉱、オリーブ銅鉱、藍銅鉱、孔雀石を伴う。学名は色と針状の結晶にちなみ、ギリシャ語の青と毛を組み合わせた。主な産地はフランス、ルーマニア、アメリカ。

青針銅鉱の針状結晶

紅鉛鉱 CROCOITE

晶系 単斜晶系 | **化学式** $PbCrO_4$
色 橙、赤 | **結晶形** 柱状、針状
硬度 2½–3 | **劈開** 明瞭
断口 貝殻から粗面 | **光沢** ガラス光沢
条痕 橙黄色 | **比重** 5.9–6.1
透明度 透明から半透明
屈折率 2.29–2.66

鉛のクロム酸塩鉱物。つねに鮮やかな橙から赤色で現われる。もっとも目を引く鉱物の1つである。結晶は細長い柱状で、正方形の断面を持つ。多孔質や中空なこともある。ふつうは放射状や、不規則に絡み合った複合体となる。粒状や塊状集合体にもなる。鉛鉱床の酸化帯で、なかおつクロムの供給源になる低シリカ火成岩がある場所で生成する。生成にそのような条件を必要とすることから、産出はたいへん稀である。タスマニア島では長さが7.5-10cmにもなる格別の結晶が採取されている。

タスマニアで採取された柱状の紅鉛鉱の結晶

マンガン重石 HÜBNERITE

晶系 単斜晶系 | **化学式** $MnWO_4$
色 赤褐色、黄褐色 | **結晶形** 柱状、板状、刃状
硬度 4–5½ | **劈開** 完全 | **断口** 粗面
光沢 亜金属光沢、ダイヤモンド光沢から樹脂光沢 | **条痕** 黄色から赤褐色
比重 7.1-7.3 | **透明度** 透明から半透明
屈折率 2.17–2.32

マンガンのタングステン酸塩鉱物。ふつう赤がかった茶色をしている。結晶は短柱状から長柱状、または平たい厚板状になり、条線が走る。平行連晶や放射状の集合体になることもある。鉄とマンガンが互いに置き換わりうる鉄とマンガンの固溶体系列のマンガンの端成分側（マンガンが多い）の1種。鉄を多く含むものは鉄重石と呼ばれる。鉄とマンガンの一連の系列は総じて鉄マンガン重石（ウォルフラマイト）と呼ばれ、特に鉱業界では鉄マンガン重石を主要鉱石鉱物とするタングステン鉱を指すのに使われている。良質の標本はペルーとアメリカのコロラド州で産出する。

石英の上にできたマンガン重石の結晶

鉄重石 FERBERITE

晶系 単斜晶系
化学式 $FeWO_4$
色 黒 | **結晶形** 柱状、板状、刃状
硬度 4–4½ | **劈開** 完全
断口 粗面 | **光沢** 亜金属光沢、金属光沢、ダイヤモンド光沢
条痕 暗褐色から黒色
比重 7.5-7.6 | **透明度** 不透明
屈折率 2.26–2.41

鉄のタングステン酸塩鉱物。結晶は黒く、細長い柱状か平たい板状で、くさび形をしている。条線があることも多い。花崗岩ペグマタイト中や、高温の熱水鉱脈で産する。鉄とマンガンが置き換わりうる鉄マンガン重石（ウォルフラマイト）系列のマンガンよりも鉄を多く含む側の鉱物種。鉄よりマンガンが多いと、マンガン重石になる。良質の標本は日本、韓国、ルワンダ、ポルトガル、ルーマニアで出る。ミャンマーやチェコでも産する。

チェコのチノベチ産の鉄重石の結晶

モリブデン鉛鉱 WULFENITE

晶系 正方晶系 | **化学式** $PbMoO_4$
色 黄、橙、赤 | **結晶形** 正方板状
硬度 2½–3 | **劈開** 明瞭
断口 亜貝殻状から粗面
光沢 亜ダイヤモンド光沢から油脂光沢
条痕 白色 | **比重** 6.5–7.5
透明度 透明から半透明
屈折率 2.28–2.41

鉛のモリブデン酸塩鉱物。さまざまな色を帯び、結晶はふつう薄い正方形の板状か、四辺が斜めに縁取りされた正方形の厚板状で現われるが、塊状や粒状集合体でも見つかる。鉛とモリブデン鉱床の酸化帯で、白鉛鉱や褐鉛鉱、緑鉛鉱などとともに生成する。輝水鉛鉱に次いで産出量の多いモリブデン鉱物である。見栄えのする結晶がよく見つかり、ときに長さ10cmのものも出る。色鮮やかでシャープな形の結晶は、収集家のあいだで人気が高い。

アメリカ、アリゾナ州で採取されたモリブデン鉛鉱の結晶

灰重石（シーライト）SCHEELITE

晶系 正方晶系 | **化学式** $CaWO_4$
色 無色、白、灰、黄、茶、緑 | **結晶形** 擬正八面体、両錐状 | **硬度** 4½–5 | **劈開** 明瞭
断口 粗面から亜貝殻状 | **光沢** ガラス光沢からダイヤモンド光沢 | **条痕** 白色
比重 5.9–6.3 | **透明度** 透明から半透明
屈折率 1.92–1.94

カルシウムのタングステン酸塩鉱物。結晶はふつう両錐状。不規則な塊状をしていると見つけにくいが、短波長の紫外線のもとではほとんどの標本が鮮やかな青がかった白色の蛍光を発する。アメリカのアリゾナ州では重さ7kgの不透明の結晶が採取されている。変成鉱床の接触部や高温の熱水鉱脈のほか、ときに花崗岩ペグマタイトでも生成する。自然金といっしょに産することもあり、地質学者が金鉱床を探すときには、蛍光を発する本鉱はよい目印になる。タングステンの主要な資源でもある。

ケイ酸塩鉱物：テクトケイ酸塩鉱物

▽石英 QUARTZ

晶系 三方晶系 | **化学式** SiO_2 | **色** 無色、淡紅、黄、緑、青、紫、茶、黒 | **結晶形** 多様 **硬度** 7 | **劈開** なし | **断口** 貝殻状 | **光沢** ガラス光沢 | **条痕** 白色 | **比重** 2.7 | **透明度** 透明から不透明 | **屈折率** 1.54–1.55

二酸化ケイ素である石英は、世界中で産し、シリカ（酸化ケイ素）に富む変成岩、堆積岩、火成岩のほとんどすべてから見つかる。長石とともに地殻でもっともありふれた鉱物である。石英には結晶質（結晶の粒がはっきりわかるもの）と隠微晶質（顕微鏡を使わないと見えないほど微小な結晶の集合体）の2種類がある。結晶質の石英はふつう無色透明（水晶）か、白色半透明（乳水晶・ミルキークォーツ）、ピンク色で半透明（薔薇石英・ローズクォーツ）、薄紫または紫色で透明から半透明（紫水晶・アメシスト）、くすんだ淡茶色で透明から半透明（煙水晶・スモーキークォーツ）、黄または赤がかった茶色で透明から半透明（黄水晶・シトリン）、青色（まだ名称は定まっていない）などである。それらはほとんど六角柱状や角錐状となるが、ローズクォーツの結晶は微細で、結晶体は稀にしか産出しない。内包物が見られる場合もあり、針入り水晶（ルチルクォーツ）には針状になったチタン鉱物のルチルが含まれている。この針状の結晶は放射状になることも、不規則に散らばっていることもある。また数本だけのことも、石を不透明にするほど多量のこともある。ルチルの針はふつう金色だが、赤っぽい色や、明るい場所以外では黒く見える濃い赤色をしている場合もある。アベンチュリンは、均一な方位に揃った他種の鉱物の微細な内包物による内部反射できらきらと輝いて見える石英である。微晶質と隠微晶質の石英とは、結晶粒が顕微鏡で見える程度のもの（微晶質）と、顕微鏡でも見えないほど小さいもの（潜晶質）である。もっとも純粋な隠微晶質の石英は玉髄（カルセドニー）と呼ばれる。玉髄は白色だが、しばしば石英結晶の粒間に他種鉱物の微小結晶が介在し、それによってさまざまな色を帯びる。色のある玉髄の多くには名前がつけられている。明瞭な縞模様があるものは、めのう（アゲート）。赤色で半透明のものは、カーネリアン（紅玉髄）。鉄のケイ酸塩鉱物によって全体に不透明な暗緑色をし、鮮やかな赤いジャスパー（碧玉）の斑点模様がついたものは、ブラッドストーン（血玉髄、ヘリオトロープ）。粒間に介在するニッケル鉱物によって青リンゴ色をした半透明のものは、クリソプレーズ（緑玉髄）。茶色のものは、サード。縞模様があるサードは、サードニクス。ジャスパー、チャート、フリントの3種は、不透明で、細粒または緻密な微量成分の混ざった隠微晶質の石英である。

石英の変種、アメシストの結晶

蛋白石（オパル）OPAL

晶系 非晶質 | **化学式** $SiO_2 \cdot nH_2O$
色 無色、白、黄、橙、ローズレッド、黒、暗青
外形 塊状 | **硬度** 5–6 | **劈開** なし
断口 貝殻状 | **光沢** ガラス光沢
条痕 白色 | **比重** 1.9–2.5
透明度 透明から半透明
屈折率 1.37–1.52

蛋白石はシリカゲル（酸化ケイ素）が固まってできたもので、1μm（1000分の1mm）に満たない小さい孔があいていて、ふつう、そこに5-10%の水をとりこんでいる。大半は不透明な黄や赤色をしたコモンオパールである。コモンオパールにはほぼ無構造のものから、部分的に結晶質のものまで見られる。プレシャスオパールはもっとも結晶性の低い蛋白石で、透明の微小な球体シリカが規則的に配列してできている。シリカ球体の正確な配列と適正な大きさに応じて、光の干渉が起こり、遊色効果が生まれる。蛋白石は広く分布し、純粋なものは無色になる。比較的低温のシリカ含有循環水から生成し、団塊状、鍾乳状、細い脈状、皮殻状など、ほぼどんな岩石中にも生成する。蛋白石はケイ藻土など、多くの堆積物の重要な構成物である。

鉄鉱石の空隙にできたオパール

正長石（オルソクレース）ORTHOCLASE

晶系 単斜晶系
化学式 $KAlSi_3O_8$
色 無色、白、クリーム、黄、ピンク、茶赤
結晶形 短柱状 | **硬度** 6–6½ | **劈開** 完全
断口 亜貝殻状から粗面
光沢 ガラス光沢 | **条痕** 白色
比重 2.5–2.6 | **透明度** 透明から半透明
屈折率 1.51–1.53

カリウムのアルミノケイ酸塩鉱物。アルカリ長石のカリウムに富む側の端成分鉱物である。純粋な正長石は稀で、たいてい構造中にナトリウムをいくらか含む。色は無色、白、ピンク、クリーム、淡黄、茶がかった赤。明確な短柱状で現われるほか、塊状の集合体にもなる。重要な造岩鉱物であり、花崗岩の主要構成鉱物である。花崗岩の特徴的なピンク色は、正長石のピンクの結晶による。世界中で産し、カリウムやシリカに富んだ火成岩、ペグマタイト、片麻岩中に大量に含まれている。学名は割れ方にちなみ、「まっすぐ」という意味のギリシャ語からとられた。氷長石は無色または白の正長石。ムーンストーンは正長石と他種の長石からなるオパール様の変種で、正長石と曹長石の互層組織（それぞれが交互に層状に重なる組織）により生じるつやのある青や白色をしている。

ハイアロフェン HYALOPHANE

晶系 単斜晶系
化学式 $(K,Ba)(Al,Si)_4O_8$
色 無色、白、淡い黄、淡いピンク
結晶形 柱状 | **硬度** 6–6½
劈開 完全、良好 | **断口** 貝殻状
光沢 ガラス光沢 | **条痕** 白色
比重 2.6–2.8 | **透明度** 透明から半透明
屈折率 1.52–1.55

微斜長石と重土長石（セルシアン）の中間組成の長石で、カリウムに富みバリウムを含むアルミノケイ酸塩鉱物。ほかの長石と比べると産出は少ない。色は無色、白、淡黄、淡いピンクから濃いピンク。結晶はたいてい透明なガラス様の柱状でその姿は氷長石に似たり正長石のような短柱状である。ガラス様の塊状にもなる。化学的にその成分は正長石やセルシアン（バリウムの長石）の中間体である。接触変成帯のマンガン鉱床で、しばしば薔薇輝石、満礬石榴石、緑簾石、方沸石とともに産する。産地は日本、スウェーデン、ウェールズ、スイス、オーストラリア、ニュージーランド、ボスニア、アメリカ。透明でガラス様の結晶をつくることにちなみ、「ガラスのように見える」という意味のギリシャ語から命名。

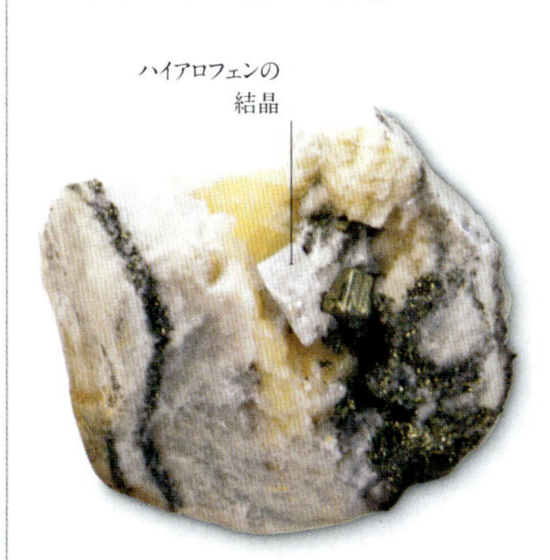

スイスの苦灰岩大理石中にできたハイアロフェンの結晶

玻璃長石（サニディン）SANIDINE

晶系 単斜晶系
化学式 $(K,Na)AlSi_3O_8$
色 無色、白 | **結晶形** 厚板状
硬度 6–6½ | **劈開** 完全、良好
断口 貝殻状から不規則
光沢 ガラス光沢 | **条痕** 白色 | **比重** 2.6
透明度 透明から半透明 | **屈折率** 1.52–1.53

カリウムとナトリウムのアルミノケイ酸塩鉱物。高温型のカリ長石類。一連のカリウム長石からナトリウム長石への系列の1員。結晶はふつう短柱状か厚板状で、正方形の断面を持ち、50cmの長さに達することが知られている。粒状や劈開する（平面的に割れやすい）塊状でも見つかる。広く分布し、高温低圧の変成岩中のほか、流紋岩、響岩（フォノライト）、粗面岩など、長石や石英に富んだ火山岩中で生成する。黒い黒曜岩中に針のような白い結晶が球状の塊になったものはとくに有名で、「雪花黒曜岩」と呼ばれる。サニディンのなかにはムーンストーン（月長石）に分類されるものもある。

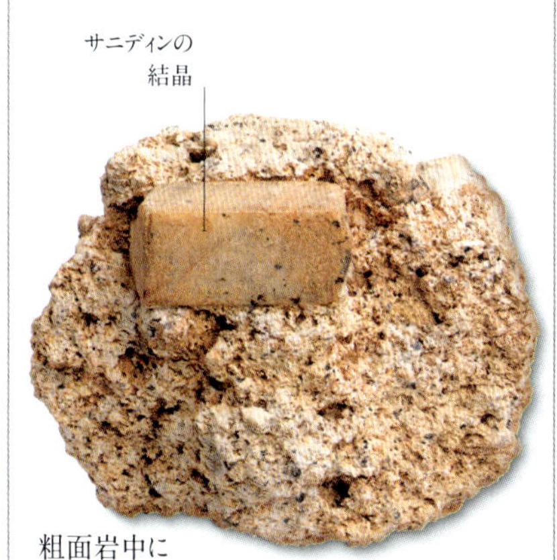

粗面岩中に
きれいに成長した柱状のサニディンの結晶

重土長石（セルシアン）CELSIAN

晶系 単斜晶系 | **化学式** $BaAl_2Si_2O_8$
色 白、無色、黄
結晶形 短柱状から長柱状、針状
硬度 6–6½ | **劈開** 完全、良好
断口 粗面 | **光沢** ガラス光沢
条痕 白色 | **比重** 3.1–3.5
透明度 透明から半透明
屈折率 1.58–1.60

バリウムのアルミノケイ酸塩鉱物で、普遍的とはいえない長石鉱物の1種。よく双晶をなし、無色か、白や黄色をしている。表面はガラス様で光沢がよいことが多い。氷長石に似た短柱状である。分離した塊としても見つかる。マンガンとバリウムに富んだ変成岩中に、しばしば透輝石、毒重石、石英とともに産する。産地はスウェーデン、日本、ウェールズ、オーストラリア、ナミビア、アメリカのカリフォルニア州フレズノ郡とサンタクルーズ郡。鉱物名は温度の単位を考案したスウェーデンの博物学者アンデシュ・セルシウス（1701–1744）に由来する。

カリフォルニア州フレズノ郡ビッグ・クリークで
採取された重土長石

氷長石（アデュラリア）ADULARIA

晶系 単斜晶系 | **化学式** $KAlSi_3O_8$
色 無色、白、黄、ピンク、赤がかった茶
結晶形 短柱状 | **硬度** 6–6½
劈開 完全、良好 | **断口** 貝殻状から粗面
光沢 ガラス光沢 | **条痕** 白色
比重 2.5–2.6 | **透明度** 透明から半透明
屈折率 1.51–1.53

カリウムとアルミニウムのケイ酸塩鉱物。厳密には独立した鉱物種ではなく、正長石の秩序化した（原子配列の規則性が高くなった）低温相、または部分的に無秩序化した（原子配列の規則性が低くなった）微斜長石を指す。結晶はさまざまな色を帯び、ガラス様の柱状になる。塊状、粒状のほか、隠微晶質の形でも現われる。スイスのアデュラー山など、山地の低温熱水鉱脈で生成する。英名はこの山の名からとられた。結晶片岩の空隙でも見つかる。有名な産地は片岩中に産するアルプスと、大きな透明の結晶が出るマダガスカル島のベトロカ。

緑閃石の母岩上にできた氷長石の結晶

微斜長石（マイクロクリン）
MICROCLINE

晶系 三斜晶系 | **化学式** $KAlSi_3O_8$
色 白、淡黄 | **結晶形** 短柱状 | **硬度** 6–6½
劈開 完全、良好
断口 貝殻状から粗面
光沢 ガラス光沢、無艶 | **条痕** 白色
比重 2.6 | **透明度** 透明から半透明
屈折率 1.51-1.54

正長石、玻璃長石とともにカリ長石と総称される。もっとも一般的な長石の1つで、色は無色、白、クリームから淡黄、サーモンピンクから赤、鮮やかな緑から青緑。結晶は短柱状または厚板状。相当の大きさになることがあり、花崗岩ペグマタイトから生成した単一の結晶が重さ数t、長さ数十mにも達する。花崗岩、花崗閃緑岩、閃長岩など、長石に富んだ岩石にもっともふつうに含まれている鉱物である。花崗岩ペグマタイトや、片岩、片麻岩中などの変成岩中からも見つかる。

アマゾナイト（天河石）

曹微斜長石（アノーソクレース）
ANORTHOCLASE

晶系 単斜晶系 | **化学式** $(Na,K)AlSi_3O_8$
色 無色、白 | **結晶形** 柱状 | **硬度** 6
劈開 完全、良好 | **断口** 貝殻状から粗面
光沢 ガラス光沢 | **条痕** 白色 | **比重** 2.6
透明度 透明から半透明 | **屈折率** 1.5

独立の鉱物種ではなく、曹長石よりの玻璃長石との中間体にあたるアルカリ長石。結晶は柱状または厚板状をなし、しばしば幾重にも双晶をつくる。塊状、粒状でも見つかる。層状に結晶化するため、相互に直角に交わる細い線状の文様が見える。またこの積層構造のおかげで、青や緑や金色のシラー（閃輝色）と呼ばれる独特の色みを帯びることから、カボションカットされて、ムーンストーンと呼ばれる宝石にも仕立てられる。全体の色は白、無色、クリーム、ピンク、淡黄、灰、緑。ラルビカイトと呼ばれる閃長岩の1種は、シラーを帯びた本鉱の結晶を含んだもので、装飾的な建物や壁面の材料としてたいへん珍重されている。広く分布するが、とくに良質の標本はアメリカのコロラド州、ノルウェーのラルビク、スコットランドのファイフ州で産する。産地はほかにスコットランド、ケニヤ、ニュージーランド、オーストラリア、シチリア島、南極。

アノーソクレース

曹長石（アルバイト）ALBITE

晶系 三斜晶系 | **化学式** $NaAlSi_3O_8$
色 白、無色 | **結晶形** 厚板状 | **硬度** 6–6½
劈開 完全、良好 | **断口** 貝殻状から粗面
光沢 ガラス光沢から真珠光沢 | **条痕** 白色
比重 2.6-2.7 | **透明度** 半透明
屈折率 1.53-1.54

ナトリウムの長石。学名は通常の色にちなみ、「白」を意味するラテン語に由来する。無色、黄、ピンク、緑にもなる。斜長石（曹長石［ナトリウムの長石］と灰長石［カルシウムの長石］の系列）とアルカリ長石（曹長石［ナトリウムの長石］と微斜長石などのカリ長石との系列）それぞれの系列でナトリウムが多い成分の長石である結晶は厚板状か薄板状で、ガラス光沢を帯び、もろい。塊状や粒状の集合体にもなる。ペグマタイトのほか、長石や石英に富んだ火成岩（花崗岩、閃長岩、流紋岩など）中に広く産する。また低温の変成岩中にも見つかる。地質的には、造岩鉱物として重要である。

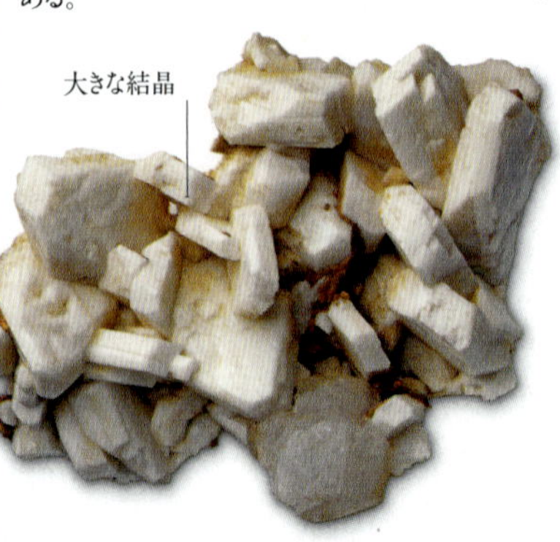

曹長石の結晶

灰曹長石（オリゴクレース）
OLIGOCLASE

晶系 三斜晶系 | **化学式** $(Na,Ca)Al(Si,Al)_3O_8$
色 灰、白 | **結晶形** 厚板状、塊状集合体
硬度 6 | **劈開** 完全 | **断口** 貝殻状から粗面
光沢 ガラス光沢 | **条痕** 白色 | **比重** 2.6
透明度 透明から半透明 | **屈折率** 1.54–1.55

ナトリウムに富みカルシウムに乏しい、斜長石のなかでもっとも一般的な中間体変種。色は灰、白、赤、緑み、黄色み、茶、無色。ふつう塊状か粒状集合体で見つかるが、厚板状の結晶もつくる。花崗岩と花崗岩ペグマタイトのほか、閃緑岩や流紋岩など、長石や石英に富んだ火成岩中に産する。また変成岩では、高温で変成した片岩や片麻岩中にできる。英名は1826年、アウグスト・ブライハウプトによってつけられた名で、ギリシャ語の「小さい」と「壊れる」による。曹長石より不規則に割れると考えられていたことにちなむ命名である。もっとも大きくて形もいい結晶はノルウェーのアーレンダールで花崗岩中の脈から見つかっている。

灰曹長石の標本

中性長石（アンデシン）ANDESINE

晶系 三斜晶系 | **化学式** $(Na,Ca)Al(Si,Al)_3O_8$
色 灰、白 | **結晶形** 厚板状、塊状 | **硬度** 6–6½
劈開 完全 | **断口** 亜貝殻状から粗面 | **光沢** 亜ガラス光沢から真珠光沢 | **条痕** 白色 | **比重** 2.7
透明度 透明から半透明 | **屈折率** 1.54–1.56

ナトリウムにやや富みカルシウムがやや少ない斜長石の中間体亜種で、曹長石と灰長石の中間でやや曹長石に近い化学組成を持つ。色は白、灰、緑、黄、赤。塊状なす傾向にあり、岩石に凝固した粒状でも現われる。自形結晶をつくることはめずらしいが、つくる場合はきれいな形になる。ただ、2.5cmを超えることは稀。英名はその安山岩溶岩中に豊富に含まれていることからアンデス山脈にちなむ。閃緑岩や閃長岩など、そのほかの火成岩中にも見つかる。よく石英、黒雲母、普通角閃石、磁鉄鉱とともに産する。

亜灰長石（バイタウナイト）
BYTOWNITE

晶系 三斜晶系
化学式 $NaAlSi_3O_8$—$(Ca,Na)(Al,Si)_2Si_2O_8$
色 灰、白 | **結晶形** 短柱状から厚板状
硬度 6–6½ | **劈開** 完全
断口 粗面から亜貝殻状
光沢 ガラス光沢から真珠光沢 | **条痕** 白色
比重 2.7 | **透明度** 透明から半透明
屈折率 1.56–1.57

カルシウムにやや富みナトリウムにやや乏しい斜長石。斜長石での最希産種。色は白、灰、黄、茶。バイタウナイトと呼ばれる宝石は淡い麦藁色から薄い茶色を帯びる。形よく成長した結晶は比較的少ないが、短柱状や厚板状になることもある。鉄とマグネシウムに富んだ火成岩（貫入岩、噴出岩）中に生成する。石質隕石からも見つかっている。英名は発見地であるカナダのバイタウン（現オタワ）に由来する。産地はカナダ、メキシコ、スコットランド、グリーンランド、アメリカ。

灰長石（アノーサイト）ANORTHITE

晶系 三斜晶系
化学式 $CaAl_2Si_2O_8$
色 白、灰、ピンク | **結晶形** 短柱状
硬度 6–6½ | **劈開** 完全
断口 貝殻状から粗面
光沢 ガラス光沢 | **条痕** 白色
比重 2.7–2.8 | **透明度** 透明から半透明
屈折率 1.57–1.59

カルシウムの長石で、曹長石成分を最大10%含む。斜長石のカルシウムに富む端成分。白、灰色、赤色を帯びた白色で、もろく、ガラス様の結晶。短柱状に成長するほか、塊状や粒状集合体でも見つかる。マグネシウムと鉄に富んだ岩石（貫入岩、噴出岩）や接触変成岩、コンドライト隕石の主要構成鉱物である。月の高地の大半は、灰長石を主成分とする斜長岩（アノーソサイト）によって形成されている。

岩石の母岩上にできた灰長石の結晶

霞石（ネフェリン）NEPHELINE

晶系 六方晶系 | **化学式** $(Na,K)AlSiO_4$
色 白、灰、黄、赤茶 | **結晶形** 六角柱状
硬度 5½–6 | **劈開** 不明瞭
断口 亜貝殻状
光沢 ガラス光沢から油脂光沢 | **条痕** 白色
比重 2.6 | **透明度** 透明から不透明
屈折率 1.53–1.54

ナトリウムとカリウムのアルミノケイ酸塩鉱物。もっとも普遍的な準長石（長石と沸石の中間の化学組成を持つ鉱物群）。ふつう白色だが、しばしば黄色みや灰色みを帯びる。また含有物（インクルージョン）に応じて無色や白、灰、黄、赤茶にもなる。だいたい塊状で見つかるが、結晶で現われる場合には、ふつう六角柱状をなし、ときにさまざまな柱状や角錐状を見せる。大きな結晶はたいてい粗面で、形のよいものは稀。鉄とマグネシウムに富む火成岩の典型的な構成鉱物で、スピネル、灰チタン石、橄欖石とともに産することがある。霞石閃長岩などの火成岩では、普通輝石やエジリン輝石といっしょに見つかることが多い。

霞石

▷曹灰長石 LABRADORITE

晶系 三斜晶系
化学式 $(Ca,Na)(Si,Al)_4O_8$
色 青、灰、白 | **結晶形** 薄板状から薄膜状
硬度 6–6½ | **劈開** 完全 | **断口** 粗面から貝殻状
光沢 ガラス光沢、劈開面で真珠
条痕 白色 | **比重** 2.7
透明度 透明から半透明 | **屈折率** 1.56–1.57

ナトリウムとカルシウムの長石である斜長石で、曹長石と灰長石の中間の組成からカルシウムに富む灰長石側の領域の化学組成を持つ。基本色は青または暗灰のことが多いが、無色や白にもなる。透明の場合は黄、橙、赤、緑色を帯びる。自形結晶は稀で、厚板状、多くの場合結晶の塊として産し、ときに直径1m以上にもなる。玄武岩、斑糲岩、閃緑岩、安山岩、角閃岩など、シリカを中程度含むか、シリカに乏しい火成岩や変成岩の主要ないし重要な構成鉱物である。

青緑色をした曹灰長石の研磨片の拡大写真

玄武岩の割れ目の壁面上にできた針状のソーダ沸石の結晶

△ソーダ沸石 NATROLITE

晶系 直方晶系
化学式 $Na_2(Si_3Al_2)O_{10}\cdot 2H_2O$
色 無色、白、灰、淡赤、黄、緑
結晶形 針状、柱状 | **硬度** 5–5½
劈開 完全 | **断口** 粗面
光沢 ガラス光沢から真珠光沢 | **条痕** 白色
比重 2.3 | **透明度** 透明から半透明
屈折率 1.47–1.50

ナトリウムの水和アルミノケイ酸塩鉱物で、90種ほどの含水ケイ酸塩鉱物種からなる沸石科（ファミリー）の1種。沸石は結晶構造の骨格に大きな空隙を持つことを特徴とする。色は無色、白、淡いピンク、赤、灰、黄、緑。標本によっては紫外線のもとでは橙から黄色の蛍光を発する。結晶はふつう細長い形で、長いものは1mにもなる。結晶長手方向に条線が走り、四角形の断面を持つ。針状結晶の放射状集合体や、粒状ないし緻密な塊状集合体にもなる。玄武岩の空隙や割れ目、火山灰の堆積物、片麻岩や花崗岩などの岩石中を貫く脈中に見つかる。しばしば輝沸石などほかの沸石や魚眼石、石英とともに生成する。学名は「曹達」(=ナトリウム)を意味するギリシャ語からとられた。良質の標本はカナダのブリティッシュコロンビア州ゴールデン、北アイルランドのラーン、ドイツのヘガウ、インドのムンバイ、ニュージーランドのカンタベリー、タスマニア島のケープグリム、アメリカのニュージャージー州パウンドブルック、カリフォルニア州ダラス・ジェム鉱山で産する。

藍方石（アウイン） HAÜYNE

晶系 立方晶系 | **化学式** $Na_3Ca(Al_3Si_3)O_{12}(SO_4)$
色 青、白、灰、黄、緑、ピンク
結晶形 十二面体、擬正八面体 | **硬度** 5½–6
劈開 明瞭 | **断口** 粗面から貝殻状
光沢 ガラス光沢から油脂光沢
条痕 淡青色から白色 | **比重** 2.4–2.5
透明度 透明から半透明 | **屈折率** 1.49–1.51

硫酸イオンを含むナトリウムとカルシウムのアルミノケイ酸塩鉱物で、しばしば塩素も含む。ラピス・ラズリを構成する鉱物の1つで、ラピス・ラズリ中では青色を帯びている。結晶体のほか、丸い粒状の集合体としても見つかる。主にシリカ（ケイ酸成分）の欠乏した火山岩中に生成するが、一部の変成岩からも採取されている。よく白榴石、霞石、黝方石（ノゼアン：硫酸イオンを含むナトリウムの水和アルミノケイ酸塩鉱物）といっしょに産する。ドイツの火山岩、とくにニーダーメンディヒ、ラーハー湖、アイフェル産のものが主な産出源。

白榴石 LEUCITE

晶系 正方晶系
化学式 $K(Si_2Al)O_6$
色 白、灰、無色 | **結晶形** 偏菱二十四面体
硬度 5½–6 | **劈開** 不明瞭 | **断口** 貝殻状
光沢 ガラス光沢 | **条痕** 白色 | **比重** 2.5
透明度 透明から半透明 | **屈折率** 1.51

カリウムのアルミノケイ酸塩鉱物。きれいな結晶でよく見つかる。大きいものは直径9cmまで成長する。高温では立方晶系で偏菱二十四面体の結晶をつくるが、低温では正方晶系になる。鉱物が冷えると、偏菱二十四面体の形が保たれたまま、結晶構造だけ正方晶系に変わる。たいていは塊状か、粒状集合体あるいは分散した粒状結晶で見つかる。カリウムに富みシリカ（ケイ酸成分）に乏しい火成岩中のみに生成する。岩石を構成するほぼ唯一の鉱物になっていることもある。世界中に分布する。

凝灰岩を母岩とする白榴石

青金石（ラズライト） LAZURITE

晶系 立方晶系
化学式 $Na_7Ca(Al_6Si_6O_{24})(SO_4)(S_3)\cdot H_2O$
色 青 | **結晶形** 十二面体、粒状ないし塊状の集合体 | **硬度** 5–5½ | **劈開** 不完全 | **断口** 粗面 | **光沢** ガラス光沢、無艶 | **条痕** 青色 **比重** 2.4-2.5
透明度 透明から不透明 | **屈折率** 1.50-1.52

硫化物イオンとして硫黄を含むナトリウムとカルシウムのアルミノケイ酸塩鉱物。ラピス・ラズリの主要構成鉱物。ラピス・ラズリのほかの青色主要構成鉱物には方ソーダ石と藍方石があり、青色以外の黄鉄鉱や方解石も主要構成鉱物である。色は明るい青から深い青、紫青、緑青、無色。1990年代にアフガニスタンのバダフシャーン州の鉱山で大量に見つ

かるまで、明瞭な結晶体は稀だった。結晶形は十二面体か、立方体と八面体の複合体。最高品質のラピス・ラズリは濃青色で、白色（方解石）や真鍮黄色（黄鉄鉱）の斑点が散らばる。ラピス・ラズリは比較的希産で、ふつう熱と圧力の作用により結晶質石灰岩中に生成する。アフガニスタンは現存する古代の主要産地である。チリでは薄い青色のラピス・ラズリが採掘されている。量は少ないが、イタリア、アルゼンチン、アメリカ、タジキスタンでも産出がある。

方解石の母岩上にできた青金石の結晶

ヘルビン HELVINE

晶系 立方晶系 | **化学式** $Mn_4Be_3(SiO_4)_3S$
色 黄、茶 | **結晶形** 正四面体、正八面体
硬度 6–6½ | **劈開** 明瞭 | **断口** 貝殻状から粗面 | **光沢** ガラス光沢から樹脂光沢
条痕 白色 | **比重** 3.2–3.4 | **透明度** 半透明
屈折率 1.73-1.75

マグネシウムとベリリウムの硫化ケイ酸塩鉱物。色は黄から黄緑、赤茶から茶で、風化により黒ずむ。結晶は正四面体か擬正八面体。丸い集合体でも見つかる。シリカ（ケイ酸成分）を多量または中量含むペグマタイトや、熱水鉱床で産する。アルゼンチンでは長さ12cmの結晶が見つかっている。産地はほかにカナダ、メキシコ、アメリカ。鉱物名は黄色にちなみ、「太陽」を意味するギリシャ語からとられた。ヘルバイト（helvite）と表記されることもある。

母岩上の黄色のヘルビンの結晶

灰霞石 CANCRINITE

晶系 六方晶系 | **化学式** $(Na,Ca,\square)_8(Al_6Si_6)O_{24}(CO_3,SO_4)_2 \cdot 2H_2O$
色 無色、白、黄、橙、菫、ピンク、紫
結晶形 柱状、塊状集合体 | **硬度** 5–6
劈開 完全 | **断口** 粗面 | **光沢** ガラス光沢
条痕 白色 | **比重** 2.5
透明度 透明から半透明 | **屈折率** 1.50-1.53

ナトリウム、カルシウムとアルミニウムの炭酸塩ケイ酸塩鉱物。炭酸イオンの一部が硫酸イオンで置き換わることもある。色は淡黄から暗黄、淡い橙、淡紫、またはピンクから紫。準長石の1種で、結晶体で現われることは比較的稀だが、数cmの大きさになることもある。ふつう微粒や円筒状の塊（集合体）で見つかる。閃長岩、変成岩、一部のペグマタイト中に生成する。良質の標本の産地はアメリカのメイン州リッチフィールド、ロシアのロボゼロ山地、ドイツのラーハー湖。

メイン州産の閃長岩上の灰霞石

方ソーダ石（ソーダライト） SODALITE

晶系 立方晶系 | **化学式** $Na_4Al_3Si_3O_{12}Cl$
色 灰、白、青 | **結晶形** 十二面体、塊状集合体
硬度 5½–6 | **劈開** 不明瞭
断口 粗面から貝殻状
光沢 ガラス光沢から油脂光沢
条痕 白色 | **比重** 2.3
透明度 透明から半透明 | **屈折率** 1.48-1.49

ナトリウムとアルミニウムの塩化ケイ酸塩鉱物。装飾用の石としては青色のものが一般的だが、無色や灰色、ピンク、そのほかの淡い色合いのものもある。結晶で見つかることは比較的稀だが、その場合には十二面体か正八面体をしている。紫外線のもとでは鮮やかな橙の蛍光を発する。ほとんどの場合、塊状集合体か分散した粒状をなす。1つの塊で何kgもの重さになることもある。準長石の1種で、主に霞石閃長岩などの火成岩やそれらに伴うペグマタイト中に産する。鉱物名は1811年、ナトリウム（曹達）を多く含むことにちなんでつけられた。主用途は宝石。

重土十字沸石 HARMOTOME

晶系 単斜晶系
化学式 $Ba_2(Si_{12}Al_4)O_{32} \cdot 12H_2O$
色 無色、白、灰
結晶形 板状、柱状、貫入双晶 | **硬度** 4½–5
劈開 明瞭 | **断口** 粗面から亜貝殻状
光沢 ガラス光沢 | **条痕** 白色 | **比重** 2.4-2.5
透明度 透明から不透明 | **屈折率** 1.50-1.51

バリウムの水和アルミノケイ酸塩鉱物で、一部のバリウムの代わりにカリウムや、ときにナトリウムやカルシウムが含まれることもある。沸石のなかでは希少種。ガラス様の無色から灰色の厚板状の結晶をつくる。正四面体や直方体、十文字状の双晶にもなる。低温の熱水鉱脈や火山岩で産するほか、バリウムを含む長石の変質物（二次鉱物）として生成する。分布域は広く、良質の標本の産地はドイツのイーダー・オーバーシュタイン、カナダのサンダーベイ、ロシアのタイミル半島。学名は1801年、割れ方にちなみ、ギリシャ語の「接合」と「分離」を組み合わせてつけられた。

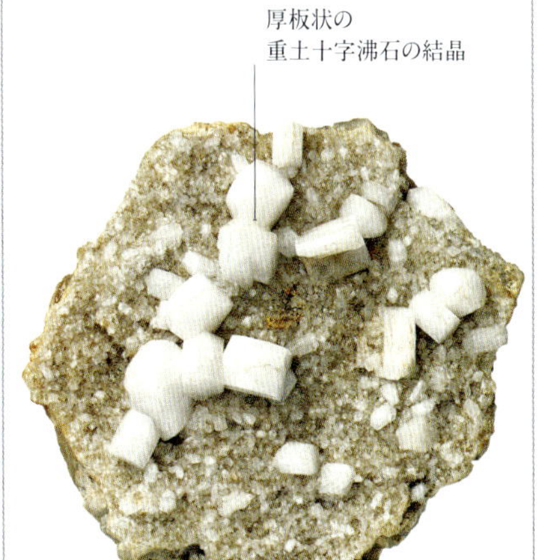

母岩上にきれいにできた重土十字沸石の結晶

グメリン沸石 GMELINITE

晶系 六方晶系 | **化学式** $(Na,K,Ca_{0.5})_4(Al_4Si_7)O_{23} \cdot 11H_2O$ | **色** 無色から白、黄、緑、橙、赤 | **結晶形** 板状、錐状、菱面体
硬度 4½ | **劈開** 明瞭 | **断口** 粗面
光沢 ガラス光沢 | **条痕** 白色 | **比重** 2.0-2.1
透明度 透明から不透明 | **屈折率** 1.47-1.48

ナトリウムとカリウムまたはカルシウムの水和アルミノケイ酸塩鉱物。色は無色、白、淡黄、緑み、橙、ピンク、赤。イオン交換が可能で、最も多く含まれる陽イオンにより、ナトリウム種、カリウム種、カルシウム種に分類され、学名の後にハイフンでその元素記号を結んで表記される（例えばナトリウム種はgmelinite-Na）。結晶は六角形の板状や六角形の短柱状になる。シリカ（ケイ酸成分）に乏しい火山岩、ナトリウムに富んだペグマタイト、海洋底玄武岩中に生成する。ほかの沸石や石英、霰石、方解石とともに産する。分布域は広いが、産出量は少ない。産地はカナダ、オーストラリア、アメリカ。鉱物名はドイツの鉱物学者C・G・グメリンに由来する。

ノバスコシアで採取された板状のグメリン沸石の結晶

濁沸石 LAUMONTITE

晶系 単斜晶系 | **化学式** $Ca(Si_4Al_2)O_{12} \cdot 4H_2O$
色 無色、白、赤 | **結晶形** 柱状 | **硬度** 3–4
劈開 完全 | **断口** 粗面
光沢 ガラス光沢、脱水変質すると白濁し無艶
条痕 無色 | **比重** 2.3 | **透明度** 半透明
屈折率 1.50-1.53

カルシウムの水和アルミノケイ酸塩鉱物。カルシウムはカリウムやナトリウムと置き換わりうるが、その量はとても少ない。色はふつう無色、白、ピンク、赤だが、結晶中の水分子の一部が脱水すると粉状になり、灰、ピンク、黄を帯びる。柱状の単結晶ほか、しばしば「燕尾」形の双晶をつくる。また、塊状、円筒状、繊維状、放射状の集合体にもなる。火成岩の細脈や空隙中を充填し、熱水鉱脈、ペグマタイト、変成岩中でも生成する。堆積岩に豊富に含まれている沸石の1つである。ありふれた鉱物で、世界中で見つかり、水の軟化剤に使われる。

濁沸石の柱状結晶の塊

輝沸石 HEULANDITE

晶系 単斜晶系 | **化学式** $(Ca,Na,K,Ba,Sr)_5(Si_{27}Al_9)O_{72}\cdot 26H_2O$ | **色** 無色、白 | **結晶形** 板状
硬度 3½–4 | **劈開** 完全 | **断口** 粗面
光沢 ガラス光沢、真珠光沢 | **条痕** 白色
比重 2.1-2.2 | **透明度** 透明から半透明
屈折率 1.49-1.51

カルシウムやナトリウムなど、アルカリ土類やアルカリ金属の水和アルミノケイ酸塩鉱物で、同じ結晶構造を持つ沸石のグループ。もっとも多く含まれる陽イオンで分類され、カルシウム種、ナトリウム種、カリウム種、バリウム種、ストロンチウム種が知られ、学名では末尾にハイフンに続いて最多陽イオンの元素記号を記して区別するが、同じ見た目をしているので判別は難しい。色はふつう無色か白だが、赤、灰、黄、ピンク、緑、茶にもなる。たいてい細長い板状で、偏平な直方体の四隅を斜めに切り取った西洋の棺形をしている。大きいものは長さ12cmになる。低温型の沸石で、さまざまな地質環境で生成する。ほかの沸石を伴い、花崗岩やペグマタイトや玄武岩の空隙を充填し、あるいは変成岩や風化した安山岩や輝緑岩中に産する。学名は英国の鉱物商J･H･ヒューランドにちなむ。

母岩上の輝沸石

十字沸石 PHILLIPSITE

晶系 単斜晶系 | **化学式** $(Ca_{0.5},Na,K)_6(Si_{10}Al_6)O_{32}\cdot 12H_2O$ | **色** 無色、白、ピンク、赤、黄 | **結晶形** 柱状、擬立方体 | **硬度** 4–4½ | **劈開** 明瞭
断口 粗面 | **光沢** ガラス光沢 | **条痕** 白色 | **比重** 2.2 | **透明度** 透明から半透明 | **屈折率** 1.48-1.51

カルシウムやナトリウム、カリウムの水和アルミノケイ酸塩鉱物で、同じ結晶構造を持つ沸石のグループ。カルシウムをもっとも多く含むカルシウム種、灰十字沸石のほかにナトリウム種、カリウム種が知られ、学名では末尾にハイフンに続いて最多陽イオンの元素記号を記して区別する。色は無色か白で、ときにピンク、赤、薄い黄にもなる。柱状や厚板状の結晶のほか、放射状集合体で見つかる。繊維状結晶が放射状の構造により球状集合体をなすことや、母岩表面に微細結晶の皮膜をつくることもある。広く分布する低温型の沸石で、玄武岩の空隙や脈中に低温で生成する。学名は、ロンドン地質学会の創設者ウィリアム・フィリップスにちなんで1825年につけられた。和名は端面や断面が十文字となる双晶にちなむ。

母岩上にできた厚板状の十字沸石の双晶

スコレス沸石 SCOLECITE

晶系 単斜晶系
化学式 $Ca(Si_3Al_2)O_{10}\cdot 3H_2O$
色 無色、白、ピンク、赤、緑 | **結晶形** 柱状
硬度 5–5½ | **劈開** 完全 | **断口** 粗面
光沢 ガラス光沢 | **条痕** 白色
比重 2.3–2.4 | **透明度** 透明から不透明
屈折率 1.51-1.52

カルシウムの水和ケイ酸塩鉱物で、沸石鉱物の1種。色はふつう白か無色だが、ピンク、サーモン、赤、緑にもなる。よく針のように細長い柱の放射状をなす。柱面には長手方向に条線が走る。単斜晶系にもかかわらず、結晶は直方晶系や正方晶系のように見え、断面が四角形となることもある。ありふれた熱水性沸石であり、玄武岩、安山岩、斑糲岩、片麻岩、角閃岩中に見つかる。しばしば石英、ほかの沸石、方解石、ぶどう石を伴う。最良の標本の大半はインドのデカン高原のプネーで玄武岩から見つかっている。

放射状のスコレス沸石

中沸石 MESOLITE

晶系 直方晶系
化学式 $Na_2Ca_2(Si_9Al_6)O_{30}\cdot 8H_2O$
色 無色、白 | **結晶形** 針状 | **硬度** 5
劈開 完全 | **断口** 粗面
光沢 ガラス光沢、絹糸光沢 | **条痕** 白色
比重 2.3 | **透明度** 透明から半透明
屈折率 1.50–1.51

ナトリウムとカルシウムのアルミノケイ酸塩鉱物。学名は、ソーダ沸石とスコレス沸石の中間の化学組成を持つことにちなみ、ギリシャ語の「中間」と「石」からつけられた。色は無色、白、ピンク、赤、黄色み、緑。細長い針状、放射状の集合体、柱状のほか、ときに緻密な塊状集合体、繊維状結晶の鍾乳状集合体にもなる。インドのアフマドナガルでは長さ20cmの結晶が採取されている。アメリカのワシントン州、オレゴン州、コロラド州も優良な産地である。分布域は広く、玄武岩や安山岩の空隙、熱水鉱脈に生成する。上品なガラス様の柱状結晶が束沸石、輝沸石や、緑色の魚眼石とともに産することがある。

コットンストーンと呼ばれる毛状の中沸石

トムソン沸石 THOMSONITE

晶系 直方晶系
化学式 $NaCa_2(Al_5Si_5)O_{20}\cdot 6H_2O$
色 無色、白
結晶形 柱状、針状、薄板状、放射状集合体
硬度 5–5½ | **劈開** 完全
断口 粗面から亜貝殻状
光沢 ガラス光沢、真珠光沢 | **条痕** 白色
比重 2.3–2.4 | **透明度** 透明から半透明
屈折率 1.51–1.55

ナトリウムとカルシウムまたはストロンチウムのアルミノケイ酸塩鉱物。トムソン沸石にはカルシウムとストロンチウムをそれぞれ主成分とするカルシウム種とストロンチウム種の2種が知られている。ただ見た目では2種は区別できない。カルシウム種が一般的。色は無色、白、ピンク、赤、黄。結晶は刃状から厚板状、柱状、または針状。比較的めずらしい種で、玄武岩や閃長岩の空隙に生成する。ときにペグマタイト中にも産する。産地はイタリア、スコットランド、ロシア、ドイツ、日本、アメリカのニュージャージー州、オレゴン州、コロラド州。

玄武岩に放射状に集合したトムソン沸石の針状結晶

柱石（スカポライト）SCAPOLITE

晶系 正方晶系
化学式 $(Na,Ca)_4(Si,Al)_{12}O_{24}[Cl,(CO_3)]$
色 無色、白、灰、黄、橙、ピンク | **結晶形** 柱状
硬度 5–6 | **劈開** 明瞭 | **断口** 粗面から貝殻状
光沢 ガラス光沢から真珠光沢または樹脂光沢
条痕 白色 | **比重** 2.5–2.9
透明度 透明から不透明 | **屈折率** 1.53–1.60

ナトリウムとカルシウムの塩化または炭酸（ときに硫酸）アルミノケイ酸塩鉱物。以前は単独の鉱物と思われていたが、現在はカルシウムを多く含む灰柱石［meionite: $Ca_4(Si_6Al_6)O_{24}(CO_3)$］とナトリウムを多く含む曹柱石［marialite: $Na_4(Si_9Al_3)O_{24}Cl$］を端成分とする固溶体系列とされる。宝石業界ではどちらの石であっても「スキャポライト」と呼ばれる。結晶は短柱状から長柱状をなし、明瞭な錐面と端面が発達することが多い。主に変成岩中に産する。大理石中に成長する大きい結晶は、長さが25cmに達することもある。

ノゼアン NOSEAN

晶系 立方晶系 | **化学式** $Na_8(Si_6Al_6)O_{24}(SO_4)\cdot H_2O$ | **色** 無色、白、灰 | **結晶形** 十二面体、塊状、粒状集合体 | **硬度** 5½ | **劈開** 不明瞭
断口 粗面から貝殻状 | **光沢** ガラス光沢
条痕 白色 | **比重** 2.2-2.4
透明度 透明から半透明

ナトリウムの水和硫酸アルミノケイ酸塩鉱物で、方ソーダ石と同じグループ。色は無色や白から灰、茶、灰茶、青までの幅がある。ふつう塊状か粒状集合体をなす。結晶体は十二面体になるが、長さはめったに6mmを超えない。響岩などの低シリカ（ケイ酸成分）の火成岩中に生成し、岩石の空隙に結晶の形で見つかる。ドイツのラーハー湖地方で見つかった標本によって1815年に初めて記載された。鉱物名はドイツの鉱物学者K・W・ノゼにちなむ。産地はほかにイングランド、フランス、イタリア、アメリカのコロラド州、ユタ州。

菱沸石 CHABAZITE

晶系 三方晶系 ｜ **化学式** $(Na,Ca_{0.5},K)_4(Si_8Al_4)O_{24}\cdot 12H_2O$ ｜ **色** 無色、白、ピンク、橙、黄、茶
結晶形 擬立方体、擬六方柱状晶、菱面体
硬度 4–5 ｜ **劈開** 明瞭 ｜ **断口** 粗面
光沢 ガラス光沢 ｜ **条痕** 白色 ｜ **比重** 2.0–2.2
透明度 透明から半透明 ｜ **屈折率** 1.46–1.50

ナトリウムやカルシウムなどのアルカリ金属やアルカリ土類の水和アルミノケイ酸塩鉱物。カルシウム種とナトリウム種のほか、カリウム種、マグネシウム種、ストロンチウム種が知られる。一般的な沸石で、色には広い幅がある。結晶は柱状や、菱面体に似たゆがんだ擬立方体になる。玄武岩や安山岩、火山灰鉱床、ペグマタイト、花崗岩、変成岩の空隙に生成する。広く分布し、2.5–5cmの立派な結晶が北アイルランド、アイスランド、ドイツ、スコットランド、チェコ、ハンガリー、インド、カナダ、オーストラリア、アメリカで産出している。学名は、「霰」を意味するギリシャ語に由来する。

擬立方体をなした菱沸石の結晶（カナダ産）

束沸石 STILBITE

晶系 単斜晶系
化学式 $(Ca_{0.5},Na,K)_9(Si_{27}Al_9)O_{72}\cdot 28H_2O$
色 無色、白、ピンク ｜ **結晶形** 板状
硬度 3½–4 ｜ **劈開** 完全 ｜ **断口** 粗面
光沢 ガラス光沢、真珠光沢 ｜ **条痕** 白色
比重 2.2 ｜ **透明度** 透明から半透明
屈折率 1.48–1.51

ナトリウムとカルシウムの水和アルミノケイ酸塩鉱物。大半はカルシウムに富むが、ナトリウムを主成分とする種もある。色はふつう無色か白だが、黄、茶、サーモンピンク、赤にもなり、稀に緑、青、黒を帯びる。結晶は厚板状で、よく双晶をなす。また藁の束のような「蝶ネクタイ」形の集合体もつくる。しばしば立派な結晶をなし、大きさはときに10cmを超える。マグネシウムや鉄に富んだ（苦鉄質の）火成岩、花崗岩ペグマタイト、片麻岩、片岩中のほか、熱水泉鉱床に産する。英名は、ガラスないし真珠光沢を示すことにちなみ、「輝く」という意味のギリシャ語からつけられた。分布域は広く、多くの国で見つかっている。

板状の束沸石の結晶（フェロー諸島産）

イタリア、シチリア島エトナ山の方沸石の結晶

△方沸石 ANALCIME

晶系 立方晶系
化学式 $Na(AlSi_2)O_6\cdot H_2O$
色 白、無色、黄、茶赤、橙
結晶形 偏菱二十四面体 ｜ **硬度** 5–5½
劈開 なし ｜ **断口** 亜貝殻状
光沢 ガラス光沢 ｜ **条痕** 白色
比重 2.3 ｜ **透明度** 透明から半透明
屈折率 1.48–1.49

ナトリウムの水和アルミノケイ酸塩鉱物。大半は無色か白色だが、暖色のものも見られる。結晶はたいてい偏菱二十四面体をなす。ナトリウムとアルミニウムの和とケイ素の比率の変化によって、原子配列の規則性が変わり、それにともなう対称性の違いにより晶系も、立方晶系から単斜晶系まで変わりうる。玄武岩、輝緑岩、花崗岩、片麻岩の境界や脈中に、ぶどう石や方解石、種々の沸石とともに産する。またアルカリ湖の水底にできた広い沈殿層にも見つかる。学名は、加熱や摩擦で弱い電気を帯びることにちなみ、「弱い」という意味のギリシャ語からつけられた。

ポルクス石 POLLUCITE

晶系 立方晶系
化学式 $Cs(Si_2Al)O_6\cdot H_2O$
色 無色、白、ピンク、青、菫 ｜ **結晶形** 正八面体、十二面体、塊状集合体 ｜ **硬度** 6½–7 ｜ **劈開** なし
断口 貝殻状から粗面 ｜ **光沢** ガラス光沢から油脂光沢 ｜ **条痕** 白色 ｜ **比重** 2.7–3.0
透明度 透明から半透明 ｜ **屈折率** 1.51–1.53

セシウムの水和アルミノケイ酸塩鉱物。同じ結晶構造の方沸石との間のセシウムとナトリウムの比率が連続して変わった結晶により、連続固溶体系列をなすことが知られている。色はふつう無色か白だが、ピンク、青、紫のものもある。明瞭な結晶体をなすことは稀で、たいてい塊状集合体で球状になり、腐食したように見える。世界中に分布するが、リチウムを含む花崗岩ペグマタイト中だけに生成し、リチア輝石、葉長石、石英、リチア雲母、燐灰石に伴われる。アフガニスタンのカムデシュでは直径60cmの希少な結晶が採取されている。カナダのマニトバ州のバーニック湖には巨大な鉱床がある。宝石品質のものは、アメリカで産する。

ケイ酸塩鉱物：フィロケイ酸塩

蛇紋石（サーペンティン）SERPENTINE

晶系 単斜晶系、六方晶系、直方晶系、三斜晶系、正方晶系 | **化学式** $(Mg,Fe,Ni)_3Si_2O_5(OH)_4$
色 白、灰、黄、緑 | **結晶形** 薄板状、繊維状、塊状集合体、ほかの鉱物の仮像
硬度 2 ½-3½ | **劈開** 完全 | **断口** 貝殻状から裂片状 | **光沢** 蝋光沢、油脂光沢、樹脂光沢、絹糸光沢、土状、無艶 | **条痕** 白色
比重 2.5–2.6 | **透明度** 半透明から不透明
屈折率 1.53–1.57

蛇紋石はマグネシウムをはじめ、鉄、ニッケル、マンガンなどのケイ酸塩鉱物16種以上からなる鉱物族（グループ）。それぞれの鉱物はふつう混ざり合っているが、それぞれを識別できる場合もある。主なものはクリソタイル石、波打った薄板状ないし繊維状のアンチゴライト、微粒子の板状をなすリザード石、それに六角形に似た板状か柱状の結晶をつくるアメサイトの4種である。化学組成は多様だが、どの種も見た目は似かよっている。橄欖石、輝石、角閃石などの変質により生成する。

クリソタイル CHRYSOTILE

晶系 単斜晶系、直方晶系
化学式 $Mg_3Si_2O_5(OH)_4$ | **色** 白、緑、黄
結晶形 繊維状 | **硬度** 2½–3 | **劈開** 完全
断口 なし | **光沢** 亜樹脂光沢から油脂光沢、絹糸光沢 | **条痕** 白色 | **比重** 2.5-2.6
透明度 半透明から不透明
屈折率 1.53–1.57

蛇紋石族の一員で繊維状の鉱物。もっとも重要なアスベスト鉱物である。繊維の1本1本は白い絹糸状だが、脈に集まったものはふつう緑か黄色みがかっている。金色に見えることもあり、クリソタイルという名は「金色の髪」を意味するギリシャ語に由来する。繊維は層状に配列した原子が巻かれた管状構造になっている。大規模な鉱床はカナダのケベック州、ロシアのウラル山脈にある。産地はほかにイングランド、スコットランド、スイス、セルビア、オーストラリア、メキシコ、南アフリカ、ジンバブエ、スワジランド、アメリカ。

母岩上にできたクリソタイルの繊維状結晶群

ギリシャのラッキ台地、ステファノス火山地帯の白いカオリン鉱物

滑石（タルク／ステアタイト）TALC

晶系 単斜晶系、三斜晶系
化学式 $Mg_3Si_4O_{10}(OH)_2$
色 白、無色、緑、黄から茶
結晶形 薄板状、葉片状、繊維状、塊状集合体
硬度 1 | **劈開** 完全 | **断口** 繊維状、雲母様
光沢 真珠光沢から油脂光沢 | **条痕** 白色
比重 2.6–2.8 | **透明度** 半透明
屈折率 1.54–1.60

マグネシウムの水酸化ケイ酸塩鉱物。蛇紋石や方解石などほかの鉱物と混ざっていることが多い。結晶体は稀で、たいてい葉片状、繊維状、塊状の集合体で現われる。密度と純度の高いものはステアタイトと呼ばれる。緻密なものは石鹸や油脂のような触感を持ったほかの鉱物とともにソープストーンと呼ばれる。岩脈やマグネシウムに富んだ岩石中に見つかる変成鉱物であり、しばしば蛇紋石、透閃石、苦土橄欖石に伴われる。シリカ（ケイ酸成分）に乏しい火成岩の二次鉱物としても産する。広く分布し、低度の変成作用が生じた場所であれば、世界のほぼどこでも見つかる。用途は化粧品、塗料、製紙、屋根材、プラスチック製品、ゴム製品。

滑石の標本

◁カオリナイト KAOLINITE

晶系 三斜晶系 | **化学式** $Al_2Si_2O_5(OH)_4$
色 白 | **結晶形** 薄板状、塊状集合体
硬度 2–2½ | **劈開** 完全
断口 粗面、亜貝殻状 | **光沢** 土状
条痕 白色 | **比重** 2.6–2.7 | **透明度** 不透明
屈折率 1.55–1.57

アルミニウムの水酸化ケイ酸塩鉱物で、カオリン鉱物の1種。ほかのカオリン鉱物（ディッカイト、ナクライト、ハロイサイトの3種）とは化学組成が同じだが、結晶構造（積層構造の規則性）が異なる。しばしばいっしょに産し、見た目だけでは区別できない。色は白から灰。電子顕微鏡でしか観察できないほど微細な薄い擬六角板状の結晶をつくり、緻密で雲母様の塊状集合体で産する。雲母や斜長石やアルカリ長石が、水や溶けこんだ二酸化炭素や有機酸の影響で変質することで生成する。農業に使われるほか、体質顔料（ペンキの増量基剤）、ゴムの強化剤、紙の充填剤、鋳造の集塵剤に用いられる。食品や薬品にも利用され、チョコレートなどの食べ物の増量剤になったり、ペクチンと混ぜて止瀉薬になったりする。また陶磁器の原料になる陶土の主要成分でもある。17世紀から18世紀にかけてヨーロッパで陶磁器がつくられはじめると、イングランドのコーンウォールなどでは、陶土鉱業が一大産業を形成した。産地はほかに中国、チリ、ドイツ、ロシア、チェコ、フランス、ブラジル。カオリナイトなどの粘土鉱物は、れんがや陶磁器やタイルの原料になることで、人類の文明の発展に著しい貢献をしてきた。

葉蠟石 PYROPHYLLITE

晶系 三斜晶系、単斜晶系
化学式 $Al_2Si_4O_{10}(OH)_2$
色 白、無色、茶緑、淡青、灰
結晶形 葉片状、薄板状、放射状集合体、塊状集合体
硬度 1–2 | **劈開** 完全 | **断口** 粗面
光沢 真珠光沢から無艶 | **条痕** 白色
比重 2.7–2.9 | **透明度** 透明から半透明
屈折率 1.53–1.60

アルミニウムの水酸化ケイ酸塩鉱物。めったに明瞭な結晶体では現れないが、粗い短冊状結晶の放射状集合体をなすこともある。ふつうは平たい葉片状結晶の集合体になっている。結晶粒子はきわめて微細なことが多いので、表面はなめらかに見える。ボーキサイトなど、アルミニウムに富んだ堆積岩の低度変成作用で生成する。学名は、熱すると薄片状に割れやすくなる性質にちなみ、「火」と「葉」を意味するギリシャ語からつけられた。細かい粉末状にしたものは口紅のつや出しに使われる。タルカムパウダー（ベビーパウダー）のなかには滑石ではなく葉蠟石を原料にしたものもある。

葉蠟石の短冊状結晶の放射状集合体

白雲母 MUSCOVITE

晶系 単斜晶系
化学式 $KAl_2(Si_3Al)O_{10}(OH,F)_2$
色 無色、白、淡緑、ローズ、茶
結晶形 板状 | **硬度** 2–3 | **劈開** 完全
断口 粗面 | **光沢** ガラス光沢 | **条痕** 白色
比重 2.7–2.9 | **透明度** 透明から半透明
屈折率 1.55–1.62

カリウムの水酸化アルミノケイ酸塩鉱物で、フッ素を含むことがある、もっとも一般的な雲母。純雲母、カリウム雲母の1種で、窓に使えるような面積のある透明な結晶はアイシングラスとも呼ばれる。色はふつう無色か銀がかった白だが、茶、薄い灰、淡緑、ローズレッドにもなる。結晶はたいてい擬六角形の輪郭をした厚板状。葉片状結晶や微粒子の塊状集合体でも現われる。一般的な造岩鉱物である。片麻岩や片岩などの変成岩、花崗岩のほか、岩脈やペグマタイト中に見つかる。大きな結晶をよくつくり、直径3mもある単結晶が知られている。

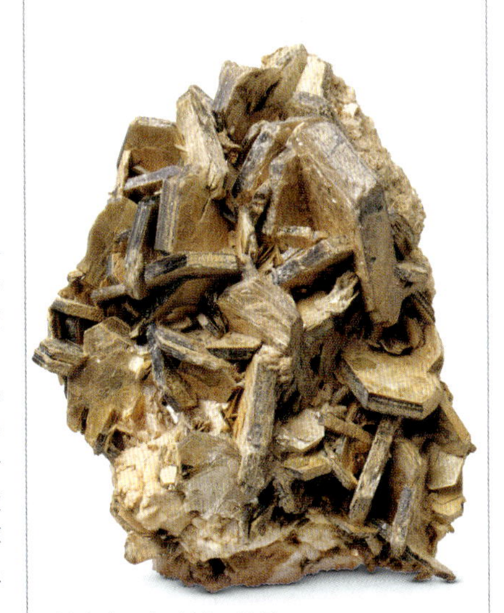
母岩上の白雲母の結晶

海緑石 GLAUCONITE

晶系 単斜晶系
化学式 $(K,Na)(Fe,Al,Mg)_2(Si,Al)_4O_{10}(OH)_2$
色 緑 | **結晶形** 薄板状、球状集合体
硬度 2 | **劈開** 完全 | **断口** 粗面
光沢 無艶から土状 | **条痕** 淡緑色
比重 2.4–2.9 | **透明度** 半透明から不透明
屈折率 1.59–1.64

雲母の1種で、鉄とカリウムの水酸化ケイ酸塩鉱物。色はたいてい青がかった緑色だが、オリーブグリーンから黒っぽい緑までの幅がある。ふつう球状集合体、微粒子の錠剤（ペレット）状、鱗片状で産する。すぐに風化し、たやすく粉状に崩れる。浅い海に生成する。大陸棚上の沈殿物がゆっくりと堆積したことを示す指標になる鉱物である。砂や粘土層、不純物を含む石灰岩や白亜中にも見つかる。学名は1828年、「青緑」を意味するギリシャ語からつけられた。

海緑石の微粒子集合体

金雲母 PHLOGOPITE

晶系 単斜晶系 | **化学式** $KMg_3(Si_3Al)O_{10}(OH)_2$ | **色** 無色、淡黄から茶
結晶形 擬六角板状 | **硬度** 2–3 | **劈開** 完全
断口 雲母様 | **光沢** 真珠光沢から亜金属光沢
条痕 白色 | **比重** 2.8–2.9
透明度 透明から半透明 | **屈折率** 1.53–1.64

カリウムとマグネシウムの水酸化アルミノケイ酸塩鉱物で雲母の1種。水酸化物イオンの一部がフッ化物イオンで置き換えられ、フッ素が多くなるとフッ素金雲母と区別される。マグネシウムは鉄と置き換わり、鉄の割合が増えると鉄雲母と区別される。銅のような暖色系の亜金属光沢もある。六角形の板状の結晶をつくるが、ふつう板状結晶の集合体として現われる。主に火成岩中に生成し、ダイヤモンドの母岩になるキンバーライトの代表的な造岩鉱物である。記録上最大の結晶はカナダで見つかっていて、その大きさは10×4.3×4.3m、重さは約330tに達する。

擬六角柱状の金雲母の結晶

リチア雲母 LEPIDOLITE

晶系 単斜晶系 | **化学式** $K(Li,Al)_3(AlSi_3)O_{10}(F,OH)_2$ | **色** 淡紫、無色、黄、灰
結晶形 板状から短柱状 | **硬度** 2½–3½
劈開 完全 | **断口** 粗面 | **光沢** ガラス光沢から真珠光沢 | **条痕** 白色 | **比重** 2.8–2.9
透明度 透明から半透明 | **屈折率** 1.53–1.56

カリウムとリチウム、アルミニウムのフッ化アルミノケイ酸塩鉱物でフッ化物イオンの代わりに水酸化物イオンを含む場合もある。希少なアルカリ金属のルビジウムとセシウムをわずかに含み、主要な資源の1つとなっている。地球上でもっとも一般的なリチウムに富む鉱物。典型的には淡い紫色だが、無色や淡黄、灰色にもなる。擬六角柱状の結晶をつくるほか、ブドウ状集合体や、細粒から粗粒までの板状結晶が絡み合った形でも産する。完全な劈開面からは、薄くてしなやかなシート状の劈開片がとれる。ほぼもっぱら花崗岩ペグマタイト中に生成し、緑柱石、トパーズ、石英や、リチア電気石、リチア輝石などのリチウム鉱物に伴われる。「リチア雲母」は今や鉱物名ではなく、化学組成の異なるトリリチオ雲母とポリリチオ雲母との系列雲母の総称となっている。

ペグマタイトのリチア雲母の結晶

苦土蛭石（バーミキュライト） VERMICULITE

晶系 単斜晶系
化学式 $Mg_{0\text{-}7}(Mg,Fe,Al)_6(Si,Al)_8O_{20}(OH)_4 \cdot 8H_2O$ | **色** 灰白、金茶
結晶形 板状 | **硬度** 1½–2
劈開 完全 | **断口** 粗面
光沢 油脂光沢から土状
比重 2.6 | **透明度** 半透明
屈折率 1.53–1.58

苦土蛭石はマグネシウムの水和水酸化アルミノケイ酸塩鉱物で、スメクタイト族の一員。色は金黄、茶金または茶。擬六角形柱状や、板状結晶の集合体をつくるほか、土壌や古代の堆積物中に小さな粒子状で見つかる。雲母や粘土類縁鉱物と混合層を織りなすこともある。風化作用や熱水作用による黒雲母の変質物として生成する。300℃近い温度で熱されると、ぐんぐん膨張し、もとの20倍の厚さにまで伸びる。膨張した苦土蛭石はとても軽く、コンクリートや漆喰、断熱材、防音材、梱包材、園芸の土壌改良材に広く使われている。

ペンシルベニア州で採取された苦土蛭石の標本

クロム雲母 CHROMPHYLLITE

晶系 単斜晶系
化学式 $K(Cr,Al)_2(Si_3Al)O_{10}(OH,F)_2$
色 緑 | **結晶形** 板状 | **硬度** 3
劈開 完全 | **断口** 粗面 | **光沢** ガラス光沢
条痕 緑色 | **比重** 2.8–2.9
透明度 透明から不透明
屈折率 1.62–1.67

カリウムとクロムの水和水酸化アルミノケイ酸塩鉱物。白雲母のアルミニウムがクロムに置き換わったもの。クロムの含有により特徴的なエメラルドグリーンとなる。クロムを含む白雲母の変種は「フックス雲母（fuchsite）」と呼ばれるが、シベリアのバイカル湖近くで発見されたクロムに富む雲母は、変種ではなくクロム置換体の新種として1997年に記載報告された。

メキシコ産の
フックス雲母（クロムを含む白雲母の変種）

シャモス石 CHAMOSITE

晶系 単斜晶系
化学式 $Fe_5Al(Si_3Al)O_{10}(OH)_8$
色 緑から緑灰、黒
結晶形 塊状集合体 | **硬度** 2½–3
劈開 完全 | **断口** 粗面
光沢 油脂光沢
条痕 淡緑色から灰色
比重 3.0–3.3 | **透明度** 半透明
屈折率 1.60–1.69

鉄とアルミニウムの水酸化アルミノケイ酸塩鉱物。緑泥石の1種で、色は緑がかった灰か緑がかった茶。ふつう塊か土状の集合体で見つかる。結晶で現われるときは、厚板状、擬六角柱状、擬菱面体状。堆積性の鉄鉱床や、還元的雰囲気で分解した有機物中に産する。産地はフランス、ポーランド、チェコ、ドイツ、西オーストラリア州、日本、イングランド、南アフリカ、アメリカのペンシルベニア州、アーカンソー州、コロラド州、ミシガン州、メイン州。

シャモス石の塊状集合体

チンワルド雲母 ZINNWALDITE

晶系 単斜晶系
化学式 $K(Li,Fe)_2Al(Si_3Al)O_{10}(F,OH)_2$
色 灰茶 | **結晶形** 板状から短柱状
硬度 2½–4 | **劈開** 完全 | **断口** 粗面
光沢 ガラス光沢から真珠光沢 | **条痕** 白色
比重 2.9–3.2 | **透明度** 透明から半透明
屈折率 1.57–1.68

カリウム、リチウム、鉄、アルミニウムのフッ化アルミノケイ酸塩鉱物。独立の鉱物種ではなく、シデロフィ雲母（鉄葉雲母）とポリリチオ雲母の系列。色は灰茶、黄茶、淡い紫、暗緑で、1粒の結晶の部分により色が異なること（累帯）も多い。結晶体で現われるときは、六角形の短柱状か厚板状、バラの花弁状、扇形の結晶集合体、鱗片状の集合体、分散した粒状にもなる。熱水鉱脈や花崗岩ペグマタイトに産する。よく錫石、トパーズ、鉄マンガン重石、リチア雲母、緑柱石、リチア輝石、電気石、蛍石を伴う。標本の産地はドイツのアルテンブルク、チェコのツィンバルト（鉱物名の由来）とスベロチェスク、イタリアのバベーノ、日本の多くの地域、ブラジルのビルジェン・ダ・ラパ、アメリカのコロラド州パイクス・ピーク、バージニア州アメリア・コート・ハウス。

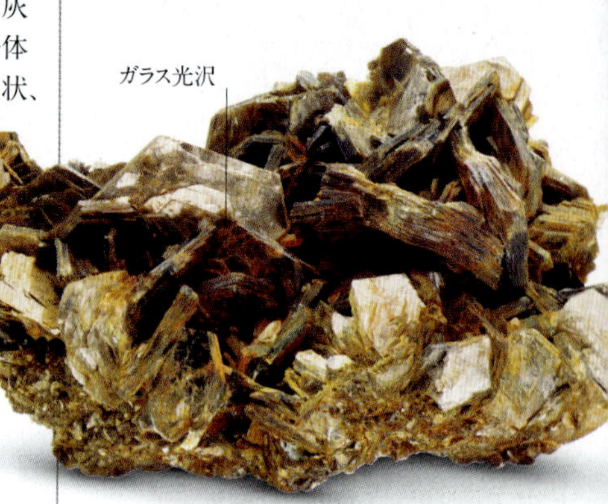

チェコ産のチンワルド雲母

▷黒雲母 BIOTITE

晶系 単斜晶系
化学式 $K(Mg,Fe)_3(Si_3Al)O_{10}(OH,F)_2$
色 黒、茶、淡黄
結晶形 板状
硬度 2–3 | **劈開** 完全 | **断口** 粗面
光沢 ガラス光沢から亜金属光沢
条痕 白色 | **比重** 2.7–3.4
透明度 透明から半透明
屈折率 1.53–1.67

カリウムとマグネシウムと鉄の水酸化アルミノケイ酸塩鉱物。鉄に富むと黒くなり、マグネシウムの割合が増えるにつれ、茶、淡黄と薄い色合いになる。頻繁に厚板状から短柱状の大きな結晶をつくる。断面は六角形に見えることが多い。また鱗片状集合体、散らばった粒状でも産する。広く分布し、火成岩にも変成岩にもふつうに含まれている。花崗岩、霞石閃長岩、片岩、片麻岩をはじめ、多くの火成岩や変成岩の主要な構成鉱物である。カリウム-アルゴン法やアルゴン-アルゴン法の年代測定に利用される。有名な産地はスコットランド、カナダのオンタリオ州、アメリカのコロラド州パイクス・ピーク、ニューヨーク州アディロンダック山地、ノースカロライナ州キングス・マウンテン。「黒雲母」は現在は鉱物名としては有効ではなく、金雲母と鉄雲母の系列に対する総称である。

黒雲母モンゾ花崗岩（アメリカのカリフォルニア州ローン・パイン、アラバマ・ヒルズ）

クリノクロアの拡大写真

△クリノクロア CLINOCHLORE

晶系 単斜晶系
化学式 $Mg_5Al(Si_3AlO_{10})(OH)_8$
色 緑、白、赤 | **結晶形** 板状 | **硬度** 2-2½
劈開 完全 | **断口** 粗面
光沢 ガラス光沢から無艶 | **条痕** 淡緑色
比重 2.6–2.9 | **透明度** 半透明
屈折率 1.57–1.60

マグネシウムとアルミニウムの水酸化アルミノケイ酸塩鉱物。シャモス石とは化学成分が連続していて、鉄とマグネシウムが置き換わる。色はさまざまな濃淡の緑。結晶は厚板状で、単斜晶系であるにもかかわらず六方晶系や直方晶系に見える。広く分布し、低度の変成作用や熱水変質で産する。また海成粘土や海成土壌、充填された火山岩の空洞、鉱脈にも生成する。鉱物名は光学的な対称性や色にちなみ、ギリシャ語の「傾く」と「緑」に由来する。有名な産地はスウェーデンのパイエスベリ、カナダのケベック州、スコットランドのバンフ、スイスのバレー州、ブラジルのバイーア州、ドイツのマリーエンベルク、ロシアのウラル山脈、アメリカのニューヨーク州ブルースター、ペンシルベニア州ランカスター郡、バーモント州ローウェル。

カバンシ石 CAVANSITE

晶系 直方晶系
化学式 $Ca(VO)Si_4O_{10}{\cdot}4H_2O$ | **色** 青
結晶形 柱状 | **硬度** 3–4 | **劈開** 良好
断口 貝殻状 | **光沢** ガラス光沢 | **条痕** 白色
比重 2.2–2.3 | **透明度** 透明から半透明
屈折率 1.54–1.55

カルシウムとバナジウムの水和ケイ酸塩鉱物。色は際立って濃い青から緑がかった青。柱状結晶の集合体をつくるほか、板状結晶やバラの花弁状でも現われる。玄武岩中に沸石の上に載る形で見つかることが多い。凝灰岩中にも見つかる。鉱物名は含有成分——カルシウム、バナジウム、ケイ素（シリコン）——の頭文字を組み合わせたもの。色と希少性から、収集家に人気が高い鉱物である。最初の発見地はアメリカ、オレゴン州レイク・オワイ州立公園。最良の標本はインドのプネーで産する。

輝沸石上のカバンシ石（インド、プネー産）

珪孔雀石（クリソコーラ） CHRYSOCOLLA

晶系 直方晶系
化学式 $[(CuH),Al]_2(Si_2O_5)(OH)_4{\cdot}nH_2O$
色 青、青緑 | **結晶形** 針状、塊状、ブドウ状集合体 | **硬度** 2–4 | **劈開** なし
断口 粗面から貝殻状 | **光沢** ガラス光沢から土状 | **条痕** 淡青色 | **比重** 1.9–2.4
透明度 半透明からほぼ不透明
屈折率 1.57–1.64

銅とアルミニウムの水和水酸化ケイ酸塩鉱物。色はたいてい青緑。結晶体はめったに見られないが、ふつうは微粒子の結晶が塊状集合体をなす。ブドウの房のような放射状集合体で現われることがある。石英、玉髄、蛋白石などと絡み合って成長し、単体より硬度と耐久性が増して宝石種になる。主に乾燥した地域で、銅鉱物の分解で生成する。分布は世界に広がる。重要な産地はイングランド、イスラエル、メキシコ、チェコ、オーストラリア、

コンゴ、アメリカ。学名は、金のはんだづけに使われたため、ギリシャ語の「金」と「にかわ」からつけられた。

トルコ石と孔雀石といっしょに成長した珪孔雀石

魚眼石 APOPHYLLITE

晶系 正方晶系
化学式 $KCa_4Si_8O_{20}(F,OH)\cdot 8H_2O$
色 無色、ピンク、緑、黄 **結晶形** 板状、柱状
硬度 4½–5 **劈開** 完全 **断口** 粗面
光沢 ガラス光沢 **条痕** 白色
比重 2.3–2.4 **透明度** 透明から半透明
屈折率 1.53–1.54

以前は単一種とみなされていたが、今はフッ素魚眼石と水酸魚眼石の2種に分けられている。どちらもカリウムとカルシウムの水和ケイ酸塩鉱物で、それぞれ、フッ化物イオンか水酸化物イオンがより多く含まれている。さらにカリウムに代わりナトリウムを含むソーダフッ素魚眼石も発見されている。成分がはっきりしない標本や、区分する必要がない場合は、今も単に魚眼石と呼ばれる。よく大きな結晶体をつくり、豊富に産出する。結晶の形は正方形の側面を持つ柱状で、両端が平らなときは立方体に見える。両端は角錐状に鋭く尖ることもある。柱面には条線が走る。ときに長さ20cmのものが見つかる。収集家のあいだではとても人気が高い。しばしば玄武岩中に沸石とともに産する。

厚板状の緑の魚眼石の結晶(インド産)

葉長石(ペタライト) PETALITE

晶系 単斜晶系
化学式 $LiAlSi_4O_{10}$ **色** 無色、白、灰
結晶形 板状、葉片状、塊状集合体
硬度 6½ **劈開** 完全 **断口** 亜貝殻状
光沢 ガラス光沢 **条痕** 白色
比重 2.4 **透明度** 透明から半透明
屈折率 1.50–1.52

リチウムとアルミニウムのケイ酸塩鉱物。個々の結晶として判別できることは稀で、たいていは集合体で現われる。結晶体は、厚板状あるいは偏平な柱状になる。リチウムを含んだペグマタイト中に曹長石、石英、リチア輝石、リチア雲母、リチア電気石とともに産する。鉱物名は完全な劈開面から葉状の薄い薄片がとれることにちなみ、「葉」を意味するギリシャ語から、1800年につけられた。スウェーデンの科学者ヨアン・オーガスト・アルフェドソンは1817年、本鉱に含まれているリチウムを新たな元素として識別した。

葉長石の標本

アロフェン ALLOPHANE

晶系 非晶質 **化学式** $(Al_2O_3)(SiO_2)_{1.3\text{-}2}\cdot 2.5\text{-}3H_2O$ **色** 白から褐色、緑、青、黄
結晶形 皮殻状、塊状集合体 **硬度** 3
劈開 なし **断口** 粗面 **光沢** 蝋光沢から土状 **条痕** 白色 **比重** 2.8
透明度 半透明 **屈折率** 1.47-1.51

アルミニウムの水和ケイ酸塩鉱物。不純物の含有により純粋な標本が得られず、化学組成は特定できていない。非晶質(ガラスや液体のように規則的な繰り返しの構造を持たない)で、蝋光沢を帯びたブドウ状や皮殻状の集合体をなす。蛋白石、褐鉄鉱、ギブス石などほかの鉱物とほぼ必ず混じり合っている。火山灰の風化や、長石の熱水変質で生成する。鉱物名は、昔の鉱物同定ではまぎらわしい反応を示したことから、ギリシャ語の「ほかの」と「ように見える」からつけられた。

オーケン石 OKENITE

晶系 三斜晶系 **化学式** $Ca_5Si_9O_{23}\cdot 9H_2O$
色 無色、白、淡黄、青 **結晶形** 繊維状、刃状、短冊状、球状集合体 **硬度** 4½–5
劈開 完全 **断口** 裂片状 **光沢** 真珠光沢からガラス光沢 **条痕** 白色 **比重** 2.3
透明度 透明から半透明 **屈折率** 1.53-1.55

カルシウムの水和ケイ酸塩鉱物。結晶は繊維状、刃状、短冊状。ときに晶洞(壁面が鉱物の結晶で覆われた岩石の空洞)中に、綿玉のような繊維状結晶が中心から放射状に広がるように球形に集合していることもある。しばしば玄武岩中の沸石、魚眼石、石英、ぶどう石、方解石に伴われる。鉱物名は1828年、ドイツの博物学者ロレンツ・オーケンにちなんでつけられた。産地はインド、アゼルバイジャン、チリ、アイルランド、ニュージーランド、その他多数。

濁沸石を伴った針状のオーケン石

ぶどう石(プレーナイト) PREHNITE

晶系 直方晶系
化学式 $Ca_2Al(Si_3Al)O_{10}(OH)_2$
色 緑、黄、白 **結晶形** 板状、ブドウ状集合体
硬度 6–6½ **劈開** 良好 **断口** 粗面
光沢 ガラス光沢 **条痕** 白色
比重 2.8–2.9 **透明度** 透明から半透明
屈折率 1.61–1.67

カルシウムとアルミニウムの水酸化アルミノケイ酸塩鉱物。色はふつう淡緑から中間の緑だが、褐色、淡黄、灰、白にもなる。油ぎった油脂光沢の場合もある。たいていは微細または粗い結晶の球状ないし鍾乳状の集合体で産する。稀に単体の結晶も出る。明瞭な結晶体は、丸みを帯びた結晶面と正方形の断面となる。火山岩の空隙の内壁や花崗岩の脈中に見つかる。カナダでは数cmの結晶が産出する。産地は世界中に数多くある。沸石の仲間ではないが、魚眼石、束沸石、濁沸石、輝沸石といっしょに産する。

母岩上に方解石を伴った緑色のぶどう石の結晶

海泡石(セピオライト) SEPIOLITE

晶系 直方晶系 **化学式** $Mg_4Si_6O_{15}(OH)_2\cdot 6H_2O$ **色** 白、灰、ピンク **結晶形** 繊維状、塊状集合体 **硬度** 2–2½ **劈開** 良好
断口 粗面 **光沢** 無艶から土状
条痕 白色 **比重** 2.1–2.3
透明度 不透明 **屈折率** 1.51–1.53

マグネシウムの水和水酸化ケイ酸塩鉱物。色はふつう白か灰で、やや黄や茶や緑がかることもある。緻密で、土状、粘土状で、しばしば多孔質。ふつう繊維状結晶が絡み合った構造の団塊状の集合体で産し、低いモース硬度とはうらはらに堅牢さがある。蛇紋石とともに二次鉱物として、乾燥環境で苦灰石を伴う沈殿物として産する。一般的にはドイツ語で「海の泡」を意味するメシャムの名でよく知られ、和名、海泡石はこれに対応する。学名は、多孔質で軽いセピア(コウイカの異称)の骨に似ることに由来する。主な鉱床はトルコのアナトリア高原のエスキシェヒルにある。

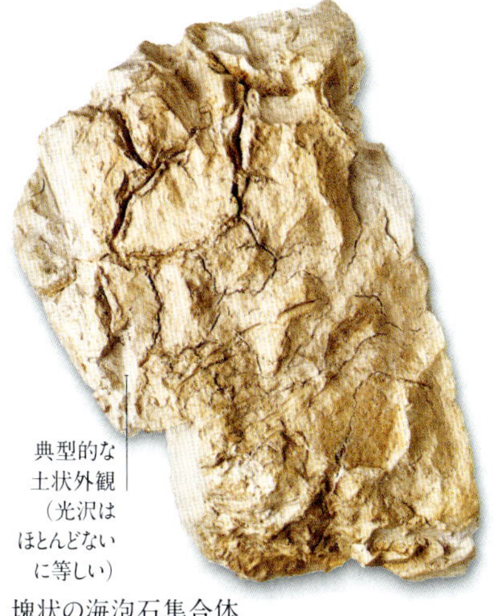

塊状の海泡石集合体

ケイ酸塩鉱物：イノケイ酸塩

ピジョン輝石 PIGEONITE

晶系 単斜晶系
化学式 (Mg,Fe,Ca) SiO_3 | **色** 茶から黒
結晶形 柱状、粒状 | **硬度** 6 | **劈開** 良好
断口 粗面から貝殻状 | **光沢** ガラス光沢
条痕 淡灰褐色 | **比重** 3.2–3.5
透明度 半透明 | **屈折率** 1.68–1.76

マグネシウムと鉄を主体に少量のカルシウムからなるケイ酸塩鉱物。色は茶、紫がかった茶、緑がかった茶から黒。鉄に富んだ変種は鉄ピジョン輝石とも呼ばれる。きれいな結晶をつくることは稀。ふつうは岩石に埋した粒状で見つかる。多くの溶岩や小さい貫入岩体中に産する。それらの岩石に含まれる主要な輝石であり、また安山岩や粗粒玄武岩の重要な造岩鉱物である。隕石中からも見つかる。月面に見える広大な黒い一帯（「月の海」）は、ピジョン輝石を含む玄武岩でできている。鉱物名は代表的な産地であるアメリカのミネソタ州ピジョン・ポイントにちなむ。重要な産地はグリーンランド、スコットランド、カナダ、タスマニア島、アメリカで、そのほかにも広く産する。

ロシアのコラ半島産のピジョン輝石

頑火輝石（エンスタタイト）ENSTATITE

晶系 直方晶系 | **化学式** $MgSiO_3$
色 無色、黄、緑、茶、黒 | **結晶形** 柱状、繊維状、塊状集合体 | **硬度** 5–6
劈開 良好 | **断口** 粗面、貝殻状
光沢 ガラス光沢 | **条痕** 白色から灰色
比重 3.2–3.9 | **透明度** 不透明
屈折率 1.65–1.68

マグネシウムのケイ酸塩鉱物。色は無色、淡黄、淡緑で、鉄の含有量が増えると黒っぽくなり、緑がかった茶から黒色を帯びる。鉄を含む変種の古銅輝石は、金属光沢を帯びた茶色をしている。きれいな結晶体をつくることは少ないが、たいてい短柱状で、複雑な端面を持つことが多い。ふつう岩石に埋没した粒状か、塊状集合体で産する。ときどき平行に並んだ針状結晶の繊維状の塊でも見つかる。分布域は非常に広く、ふつう鉄とマグネシウムに富んだ（苦鉄質の）火成岩中に生成し、隕石にも含まれる。インドのマイソアで産するスターエンスタタイトと、カナダで産するイリデッセントエンスタタイトは宝石の原石になる。

頑火輝石の巨晶（ノルウェー、テレマルク産）

エジリン輝石（錐輝石）AEGIRINE

晶系 単斜晶系 | **化学式** $NaFeSi_2O_6$
色 暗緑、赤茶、黒 | **結晶形** 柱状
硬度 6 | **劈開** 良好 | **断口** 粗面
光沢 ガラス光沢 | **条痕** 黄緑色から淡緑色
比重 3.5–3.6 | **透明度** 半透明から不透明
屈折率 1.72–1.84

ナトリウムと鉄のケイ酸塩鉱物。灰鉄輝石や透輝石と化学組成が連続する系列をなす。結晶は柱状で、しばしば長手方向に条線が走り、端の錘面が鋭く尖ったものとそうでないものがある。柱面は光沢を帯びていることが多いが、端面はたいてい熔蝕を受けていて、無艶。針状や繊維状の結晶が放射状に広がった美しい形をなすこともある。世界中に分布し、鉄とマグネシウムに富んだ火成岩、とくに閃長岩と閃長岩ペグマタイト中に生成する。変成作用を受けた鉄に富む堆積岩、片岩、一部の変成岩中にも見つかる。有名な産地は、最初の発見地でもあるノルウェー。

母岩中のエジリン輝石柱状結晶

灰鉄輝石 HEDENBERGITE

晶系 単斜晶系 | **化学式** $CaFeSi_2O_6$
色 暗緑、緑褐色、黒
結晶形 短柱状、針状
硬度 5½–6½ | **劈開** 良好
断口 粗面から貝殻状
光沢 ガラス光沢、無艶 | **条痕** 白色、淡灰色
比重 3.5–3.6
透明度 半透明からほぼ不透明
屈折率 1.73–1.76

カルシウムと鉄のケイ酸塩鉱物。鉄とマグネシウムの置換により透輝石と完全に連続した化学組成の系列をなす。色は鉄の含有量に応じて変化する。柱状や厚板状の結晶もつくるが、塊状、刃状、板状集合体で現われるほうが多い。変成作用を受けたシリカ（ケイ酸成分）に富む石灰岩や苦灰岩、熱の変成作用を受けた鉄に富む堆積岩、一部の火成岩中にふつうに含まれている。またコンドライト隕石（45億6000万年前の太陽系の誕生以来、ほとんど変質していない石質隕石）からもよく見つかる。世界中に分布する鉱物である。

灰鉄輝石の刃状結晶の塊

普通輝石 AUGITE

晶系 単斜晶系
化学式 (Ca,Mg,Fe)SiO_3
色 黒、暗緑、茶 | **結晶形** 短柱状
硬度 5½–6 | **劈開** 良好
断口 粗面から亜貝殻状
光沢 ガラス光沢から無艶 | **条痕** 灰緑色
比重 3.2–3.6
透明度 半透明からほぼ不透明
屈折率 1.67–1.77

カルシウム、マグネシウム、鉄のケイ酸塩鉱物。微量のチタンやアルミニウムを含むこともある。ふつう正方形か八角形の断面を持つ太い短柱状か大きな塊で産する。透輝石や灰鉄輝石とは化学成分の置換により系列をなす。玄武岩、斑れい岩など、黒っぽい火成岩や、安山岩など中間的な岩石に含まれている。月の玄武岩や一部の隕石の構成鉱物でもある。掌大の標本では普通輝石と透輝石と灰鉄輝石は見わけがつきにくい。

母岩上の普通輝石

リチア輝石（スポジュメン）SPODUMENE

晶系 単斜晶系 | **化学式** $LiAlSi_2O_6$
色 灰、無色、白、薄緑、ピンク
結晶形 柱状 | **硬度** 6½–7 | **劈開** 良好
断口 粗面、亜貝殻状 | **光沢** ガラス光沢
条痕 白色 | **比重** 3.0–3.2
透明度 透明から半透明 | **屈折率** 1.65–1.68

リチウムとアルミニウムのケイ酸塩鉱物。色はふつう灰色だが、本鉱の宝石種であるクンツァイトはピンクやライラック色、ヒデナイトはエメラルドグリーンをしている。結晶は平たい柱状で、長手方向に条線が走る。柱面にはしばしば熔脱や腐食により三角形の模様のへこみが見られる。アメリカのサウスダコタ州では長さ14.3m、重さ90tの単結晶が見つかっている。これは全鉱物種のなかでもこれまでに発見された最大級の単結晶である。リチウムを含

んだ花崗岩ペグマタイト中に、しばしばリチア雲母など、リチウムを含む鉱物に伴われて産出する。リチウムの重要な資源で、セラミックや携帯電話、自動車のバッテリー、薬品、融剤に使われる。産地はブラジル、アメリカ、カナダ、ロシア、メキシコ、スウェーデン、西オーストラリア州、アフガニスタン、パキスタン。学名は色にちなみ、「灰」を意味するギリシャ語からつけられた。

ひすい輝石（硬玉）JADEITE

晶系 単斜晶系
化学式 $NaAlSi_2O_6$ ｜ **色** 白、緑、ライラック、ピンク、茶、橙、黄、赤、青、黒
結晶形 柱状、塊状集合体 ｜ **硬度** 6–7
劈開 良好 ｜ **断口** 裂片状
光沢 ガラス光沢から油脂光沢
条痕 白色 ｜ **比重** 3.2–3.4
透明度 透明から半透明 ｜ **屈折率** 1.64–1.69

「ジェード」の名で知られる石の代表格の硬玉（翡翠）の主要構成鉱物。軟玉（ネフライト：透閃石・緑閃石）と双璧をなす。ナトリウムとアルミニウムのケイ酸塩鉱物。輝石グループの一員。純粋なものは白い。鉄を含むと緑色、マンガンと鉄を含むとライラック色になる。クロムの含有でエメラルドグリーンを帯びた緻密な集合体（ひすい輝石岩）は宝石として珍重され、インペリアルジェード、とくに上等のものは琅玕と呼ばれる。細粒の結晶が絡み合った組織をしていて、表面は砂糖やザラメ状となる。明瞭な結晶体をつくることは稀。短柱状結晶が母岩の空洞に見つかることもある。たいていは高圧変成岩中に産する。

ひすい輝石

星葉石 ASTROPHYLLITE

晶系 三斜晶系 ｜ **化学式** $K_2NaFe_7Ti_2(Si_4O_{12})_2O_2(OH)_4F$ ｜ **色** 黄褐色 ｜ **結晶形** 刃状、放射状集合体 ｜ **硬度** 3 ｜ **劈開** 完全
断口 粗面 ｜ **光沢** 亜金属光沢から真珠光沢
条痕 黄色 ｜ **比重** 3.2–3.4
透明度 薄片は半透明 ｜ **屈折率** 1.68–1.76

カリウム、ナトリウム、鉄とチタンの水酸化フッ化ケイ酸塩鉱物。色は黄金から暗褐色。希産種で、ふつう刃状結晶が星形として知られる1つの中心から放射状に広がった集合体で見つかる。また割れると、もろい葉片状になる。そこから学名はギリシャ語の「星」と「葉」を組み合わせてつけられた。花崗岩、とくに閃長岩や閃長岩ペグマタイトなどの火成岩の空隙中に生成する。片麻岩からも見つかる。ふつう産出は曹長石、エジリン輝石、アルベゾン閃石、ジルコン、霞石、チタン石などに伴われる。標本の産地は最初の発見地であるノルウェーのほか、スペイン、ロシア、タジキスタン、エジプト、ギニア、カナダ、南アフリカ、アメリカ。

放射状に伸びた星葉石の刃状結晶

火成岩の輝石層にできた緑色のクロミアンダイオプサイド

△透輝石（ダイオプサイド）DIOPSIDE

晶系 単斜晶系
化学式 $CaMgSi_2O_6$ ｜ **色** 白、緑、紫青
結晶形 柱状 ｜ **硬度** 5½–6½ ｜ **劈開** 明瞭
断口 粗面、貝殻状 ｜ **光沢** ガラス光沢
条痕 白色から淡緑灰色 ｜ **比重** 3.2–3.4
透明度 透明から半透明 ｜ **屈折率** 1.66–1.69

カルシウムとマグネシウムのケイ酸塩鉱物。無色にもなるが、緑色が多い。クロムの含有で鮮やかな緑色を帯びたものには、クロミアンダイオプサイドという俗名がある。イタリアではマンガンによって紫がかった青をしたものが見つかっている。結晶は柱状か厚板状。柱の断面はほぼ正方形をしていることが多い。粒状や塊状の集合体にもなる。変成作用を受けたシリカ（ケイ酸成分）に富む石灰岩や苦灰岩、鉄に富む変成岩中に生成する。いくらか稀だが、火成岩の橄欖岩やキンバーライト中にも産する。

珪灰石 WOLLASTONITE

晶系 三斜晶系 ｜ **化学式** $CaSiO_3$
色 白、灰、緑 ｜ **結晶形** 板状、塊状集合体
硬度 4½–5 ｜ **劈開** 完全
断口 粗面から裂片状
光沢 ガラス光沢から絹糸光沢 ｜ **条痕** 白色
比重 2.9–3.1 ｜ **透明度** 薄片では半透明
屈折率 1.62–1.65

カルシウムのケイ酸塩鉱物。色は白、灰、淡緑。結晶は厚板状だが、稀。ふつうは塊状集合体、粗い刃状、葉片状や繊維状の塊になる。構造（原子配列）が微妙にちがうポリタイプが6種知られているが、掌大の標本では区別はつかない。石灰岩の変成作用で生成するほか、火成岩中にも産する。粘板岩、千枚岩、片岩中など変成岩にも、透輝石、透閃石、灰礬石榴石、緑簾石などのカルシウムを含むケイ酸塩鉱物をよく伴って見つかる。電気絶縁や断熱の性質があり、工業に利用されている。アメリカのユタ州、ミシガン州、カリフォルニア州、ニューヨーク州、アリゾナ州をはじめ、多くの場所で産出する。

粗い平行な刃状の珪灰石結晶群

条線のついた柱状のリーベック閃石結晶（マケドニア産）

リーベック閃石 RIEBECKITE

晶系 単斜晶系
化学式 $Na_2(Fe^{2+}{}_3Fe^{3+}{}_2)Si_8O_{22}(OH)_2$
色 暗青、黒 ｜ **結晶形** 柱状
硬度 6 ｜ **劈開** 完全
断口 粗面
光沢 ガラス光沢、絹糸光沢
条痕 青灰色 ｜ **比重** 3.3–3.4
透明度 透明から半透明
屈折率 1.67–1.74

ナトリウムと鉄の水酸化ケイ酸塩鉱物。色はふつう灰がかった青から暗青で、鉄の濃度に応じて変わる。結晶は条線のある柱状。塊状や繊維状の集合体でも見つかる。アスベスト（石綿）になりうる鉱物の1種である。アスベストに分類される繊維状の変種はクロシドライト（青石綿）と呼ばれる。長石や石英に富んだ火成岩（花崗岩や閃長岩など、とくにナトリウムを多く含む流紋岩）中に産する。クロシドライトは中温中圧の変成作用によって鉄岩（堆積性鉄鉱岩）中に生成する。産地は南オーストラリアのロバーツタウン、中国の河南省、ボリビアのコチャバンバ、南アフリカ。スコットランド西部のエイルサ島では、本鉱を主成分とする火成岩（地元の人たちにはエイルサイトの名で知られる）が産出し、カーリングの石の材料として珍重されている。

ソーダ珪灰石（ペクトライト） PECTOLITE

晶系 三斜晶系
化学式 $NaCa_2(Si_3O_8)(OH)$
色 白、黄褐色、青 ｜ **結晶形** 針状、板状
硬度 4½–5 ｜ **劈開** 完全
断口 粗面
光沢 亜ガラス光沢、ときに絹糸光沢
条痕 白色 ｜ **比重** 2.8–2.9
透明度 半透明
屈折率 1.59–1.65

ナトリウムとカルシウムの水酸化ケイ酸塩鉱物。色は白、淡い黄褐色、または淡い青。結晶は細長くて平たい板状になるが、たいていは放射状に広がった針状か繊維状結晶の塊で見つかる。熱水鉱物として、沸石を伴って玄武岩や安山岩中に、あるいは雲母橄欖岩中に産する。標本によっては摩擦で発光することがある。学名は「凝固」または「よくまとまる」という意味のギリシャ語からとられた。産地は、カナダ、イングランド、イタリア、ドミニカ、グリーンランド、ロシア、日本、アメリカ。宝石の原石になる青い変種はラリマーと呼ばれる。

ラリマーは宝石質のソーダ珪灰石の流通名である

薔薇輝石（ロードナイト） RHODONITE

晶系 三斜晶系 ｜ **化学式** $MnSiO_3$
色 ピンクからローズレッド ｜ **結晶形** 板状
硬度 5½–6½ ｜ **劈開** 完全
断口 貝殻状 ｜ **光沢** ガラス光沢
条痕 白色 ｜ **比重** 3.5–3.7
透明度 半透明 ｜ **屈折率** 1.71–1.75

マンガンのケイ酸塩鉱物。色はピンクから赤。学名は色にちなみ、「バラ」を意味するギリシャ語からとられた。ときどき角のとれた結晶で見つかることがあり、そのなかには透明のものもある。ふつうは塊状や粒状の集合体で現われ、酸化マンガンで黒く覆われるか内部に脈状に黒い縞模様が入っている。さまざまなマンガン鉱床に産し、菱マンガン鉱に伴われることが多い。菱マンガン鉱の変成によっても生成する。比較的広く分布し、宝石品質のものはカナダ、アメリカ、ロシア、日本で産出する。結晶の産地はオーストラリア、ペルー、ブラジル。マンガンの鉱物資源としても採掘されるが、宝石の原石として採掘されることのほうが多い。

母岩中の薔薇輝石の結晶

普通角閃石 HORNBLENDE

晶系 単斜晶系
化学式 $Ca_2(Mg,Fe^{2+})_4Al(Si_7Al)O_{22}(OH)_2$
色 緑、暗緑褐色 ｜ **結晶形** 柱状
硬度 5–6 ｜ **劈開** 完全
断口 粗面 ｜ **光沢** ガラス光沢
条痕 淡灰緑色から明灰色 ｜ **比重** 3.1–3.3
透明度 半透明から不透明
屈折率 1.64–1.73

カルシウムと鉄とマグネシウムとアルミニウムの水酸化アルミノケイ酸塩鉱物。鉄を多く含む鉄普通角閃石とマグネシウムを多く含む苦土普通角閃石の2種の角閃石の総称で、鉄とマグネシウムの優劣を問題としない場合は普通角閃石の名で通る。2種ともカルシウムに富み、単斜晶系の同じ結晶構造を持つ。色は緑、暗緑、茶がかった緑から黒。結晶はたいてい刃状をなし、断面はしばしば擬六角形を示す。よく発達した結晶は短柱から長柱状になる。塊状や放射状の集合体でも見つかる。変成岩中や、鉄とマグネシウムに富んだ（苦鉄質の）火成岩中に生成する。よく発達した結晶の産地はノルウェー、カナダ、アメリカ。

透閃石 TREMOLITE

晶系 単斜晶系 **化学式** $Ca_2Mg_5Si_8O_{22}(OH)_2$
色 無色、白、灰緑から緑黒
結晶形 柱状、刃状 **硬度** 5–6 **劈開** 完全
断口 裂片状 **光沢** ガラス光沢 **条痕** 白色
比重 2.9–3.1 **透明度** 透明から半透明
屈折率 1.60–1.64

カルシウムとマグネシウムの水酸化ケイ酸塩鉱物。極微細の結晶が緻密に塊状に集合したものはネフライト（軟玉）と呼ばれる。色はマグネシウムを置き換える鉄の含有量で変わり、鉄を含まない純粋な無色ないし白いものから、鉄をかなり含むほぼ黒いものまである。マンガンを含むと、いくらかピンクや紫色を帯びる。よく発達した結晶は短柱から長柱状になるが、ふつうは刃状結晶が平行に並んだ集合体で産し、端面がはっきりしない。放射状集合体でも見つかる。接触変成作用と広域変成作用によってできる鉱物であり、変成度の指標になる鉱物である。

羽毛のような透閃石結晶の集合体

直閃石 ANTHOPHYLLITE

晶系 直方晶系
化学式 $\square Mg_2Mg_5Si_8O_{22}(OH)_2$
色 茶、淡緑、灰、白
結晶形 柱状、刃状、塊状、繊維状集合体
硬度 5½–6
劈開 完全
断口 粗面 **光沢** ガラス光沢
条痕 白色 **比重** 2.9–3.5
透明度 透明からほぼ不透明
屈折率 1.60–1.69

マグネシウムの水酸化ケイ酸塩鉱物。マグネシウムを置き換える鉄などの量は変動する。鉄がマグネシウムを凌ぐと鉄直閃石と名前が変わる。ナトリウムを含むと、アルベゾン閃石になる。結晶体で現われることはめずらしいが、その場合には端面のない柱状になる。ふつう、鉄やマグネシウムに富んだ岩石、とくにシリカに乏しい火成岩の変成作用で生成する。結晶片岩や片麻岩の重要な造岩鉱物であり、世界中で見つかる。繊維状の直閃石はアスベストとして使われる。

放射状をなした直閃石の繊維状結晶

ネフライト NEPHRITE

晶系 単斜晶系
化学式 $Ca_2(Mg,Fe)_5Si_8O_{22}(OH)_2$
色 クリーム、緑
結晶形 極微細結晶塊状緻密集合体
硬度 5–6 **劈開** 完全
断口 裂片状 **光沢** ガラス光沢、蝋光沢
条痕 白色 **比重** 2.8–3.1
透明度 半透明からほぼ不透明
屈折率 1.60–1.64

「ジェード」の名で知られる装飾石材の代表格の軟玉。硬玉（翡翠：ひすい輝石）と双璧をなす。ネフライトは鉱物名ではなく、緻密で堅牢な集合体をなした透閃石や緑閃石を指す名称である。どちらもカルシウムとマグネシウムの水酸化ケイ酸塩で、同じ結晶構造を持つ。ただし、緑閃石ではマグネシウムの一部が鉄に置き換わっている。鉄を多く含むと暗緑色になり、マグネシウムを多く含むとクリーム色を帯びる。白色のものは純粋な透閃石で、「マトン・ファット（ヒツジの油脂）」とも呼ばれる。緊密に絡み合った繊維構造をなしていて、変成を受けた苦鉄質の岩石中や、苦灰岩が苦鉄質火成岩の貫入によって変成された地域に産出する。大きな鉱床はアメリカ、アラスカ州にある。そのほかにも産地は多い。

塊状のネフライトの標本

リヒター閃石 RICHTERITE

晶系 単斜晶系
化学式 $Na(Ca,Na)Mg_5Si_8O_{22}(OH)_2$
色 茶、黄、赤、緑 **結晶形** 柱状 **硬度** 5–6
劈開 完全 **断口** 粗面 **光沢** ガラス光沢
条痕 淡黄色 **比重** 3.0–3.5
透明度 透明から半透明
屈折率 1.60–1.64

ナトリウムとカルシウムとマグネシウムの水酸化ケイ酸塩鉱物。色には茶から、灰がかった茶、黄、茶がかった赤からローズレッド、淡緑から暗緑まで幅広い。結晶は長柱状、繊維状集合体のほか、母岩に埋まった状態で産する。マグネシウムが鉄に置き換わると、鉄リヒター閃石と名前が変わり、水酸化物イオンがフッ素イオンに置き換わると、フッ素リヒター閃石となる。接触変成作用を受けた石灰岩中に生成する。またマグネシウムと鉄に富んだ火成岩中に熱水鉱物としても産する。マンガンに富んだ鉱床でも見つかる。産地はカナダ、スウェーデン、西オーストラリア、ミャンマー、アメリカ。鉱物名は1865年、ドイツの鉱物学者テオドール・リヒターにちなんでつけられた。

石英に含まれた茶色の柱状をした
リヒター閃石結晶

藍閃石 GLAUCOPHANE

晶系 単斜晶系
化学式 $Na_2(Mg_3Al_2)Si_8O_{22}(OH)_2$
色 青みがかった灰、暗青紫
結晶形 柱状、針状 **硬度** 6 **劈開** 完全
断口 粗面から貝殻状
光沢 ガラス光沢から真珠光沢 **条痕** 灰青色
比重 3.1–3.2 **透明度** 透明から半透明
屈折率 1.59–1.65

ナトリウムとマグネシウムとアルミニウムの水酸化ケイ酸塩鉱物。マグネシウムが鉄に置き換わると鉄藍閃石と呼ばれる。色は灰、ラベンダーの青、青みがかった黒。結晶は細い柱状で、しばしば短冊状になり、長手方向に条線が走る。塊状、繊維状、粒状集合体でも見つかる。ナトリウムに富んだ堆積岩が低温高圧の変成作用を受けたり、変成作用にナトリウムが加わったりすることで生成する。変成度の重要な指標になる鉱物で、共生鉱物は「藍閃変成相」と呼ばれる。広く分布し、アメリカのコロラド州などが産地である。

母岩にできた藍閃石の結晶

アルベゾン閃石 ARFVEDSONITE

晶系 単斜晶系
化学式 $NaNa_2(Fe^{2+}{}_4Fe^{3+})Si_8O_{22}(OH)_2$
色 青黒 **結晶形** 柱状、繊維状、塊状集合体
硬度 5–6 **劈開** 完全 **断口** 粗面
光沢 無艶からガラス光沢
条痕 暗青色 **比重** 3.3–3.5
透明度 半透明 **屈折率** 1.67–1.72

ナトリウムと鉄の水酸化ケイ酸塩鉱物。色は黒、緑がかった黒から青みがかった黒で、薄い部分は深緑色に透ける。ほかの角閃石に比べ、きれいな結晶体をつくることが少なく、たいてい塊状の集合体か、繊維状ないし放射状の塊で見つかる。結晶体は、短柱から長柱状、または厚板状。長石に富んだ火成岩やそのペグマタイト中に生成し、しばしばエジリン輝石や普通輝石に伴われる。広域変成岩中にも産する。産地はアメリカ、ロシア、ノルウェー、カナダ。1823年に発見され、スウェーデンの科学者ヨアン・アルフェドソンにちなんで命名された。

母岩上のアルベゾン閃石結晶の断片

ケイ酸塩鉱物：シクロケイ酸塩

翠銅鉱（ダイオプテーズ）DIOPTASE

晶系 三方晶系 | **化学式** $CuSiO_3 \cdot H_2O$
色 エメラルドグリーンから青緑
結晶形 柱状、菱面体
硬度 5 | **劈開** 完全
断口 貝殻状から粗面 | **光沢** ガラス光沢
条痕 青緑色 | **比重** 3.3–3.4
透明度 透明から半透明 | **屈折率** 1.65–1.71

銅のケイ酸塩鉱物。結晶は柱状で、しばしば菱面体と同様な端面構成となる。塊状や粒状の集合体でも見つかる。銅の硫化鉱物の脈が複雑な酸化作用で変質した場所、主に砂漠で生成する。鮮やかな緑色の結晶は一見エメラルドに似る。実際、当初は混同されていた。きれいな結晶の形で現われやすく、色も美しいことから、鉱物の収集家のあいだでは人気が高い。とても透明な結晶をつくることがあり、学名もギリシャ語の「通して」と「見える」に由来する。上質の標本の産地はカザフスタン、イラン、ナミビア、コンゴ、アルゼンチン、チリ、アメリカ。

母岩上の翠銅鉱の結晶

▽菫青石（コーディエライト）CORDIERITE

晶系 直方晶系 | **化学式** $(Mg,Fe)_2Al_3(Si_5Al)O_{18}$ | **色** 青、青緑、灰紫 | **結晶形** 短柱状、粒状 | **硬度** 7–7½ | **劈開** 不明瞭
断口 貝殻状から粗面 | **光沢** ガラス光沢
条痕 白色 | **比重** 2.5–2.6
透明度 透明から半透明 | **屈折率** 1.53–1.58

マグネシウムとアルミニウムのアルミノケイ酸塩鉱物。青色の宝石品質のものはアイオライトと呼ばれる。その色から「ウォーター・サファイヤ」の異名もある。青のほか、紫青、灰、青緑色にもなる。結晶は柱状。高度の熱変成作用を受けた、アルミニウムに富む岩石中に生成する。片岩や片麻岩からも見つかる。ときに花崗岩、ペグマタイト、石英脈にも産する。宝石の原石になるだけでなく、重要な鉱石でもあり、触媒コンバータ用のセラミックの製造に使われる。宝石品質のものの産地はスリランカ、ミャンマー、マダガスカル、タンザニア、南アフリカ。インドのチェンナイ近郊にはアイオライトの大規模な鉱床がある。カナダ、ノースウエスト準州ガーネット・アイランドではフローレス（無傷）の結晶が見つかっている。

ベニト石（ベニトアイト）BENITOITE

晶系 六方晶系 | **化学式** $BaTiSi_3O_9$
色 青、無色、ピンク
結晶形 板状、偏平錐体 | **硬度** 6-6½
劈開 不完全 | **断口** 貝殻状から粗面
光沢 ガラス光沢 | **条痕** 白色
比重 3.7 | **透明度** 透明から半透明
屈折率 1.76–1.80

きわめて希産のバリウムとチタンのケイ酸塩鉱物。ふつう青色から暗青色だが、無色や白、稀にピンク色にもなる。結晶は二重三角形の平たい両錐形をなし、六芒星形（ダビデの星形）と表現されるものも知られる。熱水変質した蛇紋岩中や、片麻岩の脈に産出する。たいていソーダ沸石、蛇紋石、曹長石など、変わった組み合わせの鉱物とともに見つかる。宝石の原石になるものの代表的な産地は、最初にこの鉱物が発見された場所でもあるアメリカ、カリフォルニア州のサン・ベニト鉱山。1985年、ベニト石はカリフォルニア州の州の宝石に指定された。宝石品質の結晶は小さいことが多く、カットされた石の重さが5カラットを超えることはめったにない。産地はほかに日本の新潟県、ベルギーのエスヌー、アメリカのアーカンソー州マグネット・コーブ。

紫青色のアイオライト、宝石質の菫青石

杉石 SUGILITE

晶系 六方晶系
化学式 $KNa_2(Fe,Mn,Al)_2(Li_3Si_{12})O_{30}$
色 ピンク、茶黄、紫 **結晶形** 柱状、塊
硬度 5½–6½ **劈開** 不明瞭 **断口** 亜貝殻状
光沢 ガラス光沢 **条痕** 白色
比重 2.7–2.8 **透明度** 半透明から不透明
屈折率 1.59–1.61

ナトリウムとカリウムと鉄とリチウムのケイ酸塩鉱物で、鉄の一部がマンガンやアルミニウムに置き換わる。色は淡いピンクから濃いピンク、茶がかった黄、紫。ピンクから紫まで色の幅があるのは、マンガンの含有による。マンガンが減り、アルミニウムが増えるとピンクになり、鉄が増えると紫色になる。ふつう塊状か粒状の集合体で見つかる。結晶体をつくるときは、2cm未満の小さな柱状をなす。変成したマンガン鉱床に産するほか、大理石にとりこまれた結晶片としても生成する。1944年に発見されたが、鉱物種として認定されたのは1976年。鉱物名は発見者のひとりである日本の岩石学者、杉健一にちなむ。産地は愛媛県の岩城島など。

宝石品質の大きな杉石（南アフリカ産）

電気石（トルマリン）TOURMALINE

晶系 三方晶系
化学式 $Na(Mg,Fe,Li,Mn,Al)_3Al_6(BO_3)_3Si_6O_{18}(OH,F)_4$
色 黒、緑、茶、赤、青、黄、ピンク
結晶形 柱状、針状 **硬度** 7 **劈開** 不明瞭
断口 粗面から貝殻状 **光沢** ガラス光沢
条痕 白色 **比重** 2.9–3.1
透明度 透明から半透明 **屈折率** 1.62–1.66

トルマリンはナトリウム、鉄、リチウム、マグネシウム、マンガンなどとアルミニウムの水酸化（ときにフッ化）ホウ酸ケイ酸塩鉱物グループの総称である。化学組成は複雑で種によってさまざまだが、基本となる結晶構造は共通している。電気石族鉱物にはリチア電気石、苦土電気石、鉄電気石、リディコート電気石をはじめ、30種以上が知られている。苦土電気石はリチア電気石と鉄電気石と連続した化学組成の変動を示す。鉄電気石は黒くて不透明であり、苦土電気石はふつう茶色を帯びている。宝石になるものはほとんどがリチア電気石である。リディコート電気石も宝石になることがある。色は基本的には緑だが、黄緑、ピンク、赤、青も見られる。また、同一結晶で部分により色（化学成分）が異なる累帯もよく見られる。産出量は豊富。最上質の結晶はペグマタイト中や、花崗岩マグマによる接触変成作用を受けた石灰岩中に産する。宝石になるだけでなく、重要な鉱石であり、音波水深測量の装置などの圧力感知素子に使われる。

緑柱石（ベリル）BERYL

晶系 六方晶系
化学式 $Be_3Al_2Si_6O_{18}$
色 無色、緑、淡青、黄 **結晶形** 柱状、板状
硬度 7½–8 **劈開** 不完全
断口 粗面から貝殻状 **光沢** ガラス光沢
条痕 白色 **比重** 2.6–2.9
透明度 透明から半透明
屈折率 1.57–1.61

ベリリウムとアルミニウムのケイ酸塩鉱物。純粋なものは無色。色は微量成分に応じて変わる。結晶はふつう六角柱状。かつては宝石としてしか利用されていなかったが、1925年以後、ベリリウム合金への重要な用途が数多く見いだされた。以来、（宝石にならない）普通の緑柱石はこの希少元素の資源として広く採掘されている。宝石種はエメラルド（緑）、アクアマリン（青、青緑）、ヘリオドール（黄）、モルガナイト（ピンク）、ゴシェナイト（無色）など、複数ある。どの色のものも花崗岩ペグマタイト中に産することがほとんどだが、雲母片岩、片麻岩、石灰岩中にも生成する。大半のベリルは長石や雲母の鉱山で副産物として産出されていて、大規模な鉱床は見つかっていない。産地はアメリカのコロンビア州、ブラジル、ロシア、モザンビーク、イタリア、ジンバブエ、パキスタン、ザンビア、マダガスカル。

ゴールデンベリルの柱状の結晶

ケイ酸塩鉱物：ソロケイ酸塩

異極鉱（ヘミモルファイト）HEMIMORPHITE

晶系 直方晶系 **化学式** $Zn_4Si_2O_7(OH)_2{\cdot}H_2O$
色 無色、白、黄、青、緑 **結晶形** 短冊状、板状、ブドウ状、束状、扇形状集合体
硬度 4½–5 **劈開** 完全
断口 粗面から亜貝殻状 **光沢** ガラス光沢
条痕 白色 **比重** 3.4–3.5
透明度 透明から半透明
屈折率 1.61–1.64

亜鉛の水和水酸化ケイ酸塩鉱物。結晶は両端の形が異なる（一方の端は尖り、一方の端は平ら）短冊状（偏平な柱状）。これはほかの鉱物にはほとんど見られないめずらしい特徴である。扇状の集合体をなすことが多いが、塊状、繊維状、粒状の塊、皮殻状でも現われる。亜鉛鉱床の変質帯に、閃亜鉛鉱などの変質物（二次鉱物）として産する鉱物である。よく発達した結晶標本の産地はアルジェリア、ナミビア、ドイツ、メキシコ、スペイン、アメリカ。

異極鉱結晶の丸みを帯びた集合体

ダンブリ石（ダンビュライト）DANBURITE

晶系 直方晶系
化学式 $CaB_2O(Si_2O_7)$ **色** 無色、白、黄
結晶形 柱状 **硬度** 7–7½ **劈開** 不明瞭
断口 亜貝殻状から粗面
光沢 ガラス光沢から油脂光沢
条痕 白色 **比重** 2.9–3.0
透明度 透明から半透明 **屈折率** 1.63–1.64

カルシウムのホウ酸ケイ酸塩鉱物。色は無色、琥珀色、麦藁色、灰色、ピンク、黄茶。結晶はガラス様の柱状で、端面が楔形に尖る。その姿はトパーズに似る。ホウ酸塩かつケイ酸塩としてソロケイ酸塩に分類することも、ケイ酸イオンの一部がホウ酸塩イオンで置き換えられたボロケイ酸塩としてテクトケイ酸塩に分類されることもある。ふつう中温から低温の変成作用で生成する鉱物だが、ペグマタイトのように比較的高温で形成された鉱床でも見つかる。1839年にアメリカ、コネチカット州ダンベリーではじめて発見された。鉱物名は発見地に由来する。産地はスイス、ミャンマー、メキシコ、ロシア。

斧石（アキシナイト）AXINITE

晶系 三斜晶系
化学式 $(Ca,Mn)_4(Fe,Mg,Mn)_2Al_4[B_2O_2(Si_2O_7)_4](OH)_2$
色 褐色、灰、青灰、茶灰、ピンク、青紫、黄、橙、赤 **結晶形** 板状、斧の刃状
硬度 6½–7 **劈開** 良好
断口 粗面から貝殻状 **光沢** ガラス光沢
条痕 白から淡褐色 **比重** 3.2–3.3
透明度 透明から半透明
屈折率 1.67–1.69

斧石は4つの鉱物からなるグループである。4種はすべてカルシウムとアルミニウムの水酸化ホウ酸ケイ酸塩鉱物。もっとも一般的なのは鉄に富んだ鉄斧石。鉄斧石の鉄がマグネシウムに置き換わると、苦土斧石になり、マンガンに置き換わるとマンガン斧石になる。さらにマンガン斧石のカルシウムの半分までマンガンに置き換わったのがチンゼン斧石である。斧石はふつう丁子のような茶色をしている。平たい斧形の結晶をつくるが、バラの花弁状や、塊状、粒状の集合体でも見つかる。鉱物名は斧の刃のような結晶にちなむ。世界中に分布する。宝石になるものの産地はアメリカ、ロシア、オーストラリア。

斧石の透明な板状結晶

珪灰鉄鉱 ILVAITE

晶系 単斜晶系、直方晶系
化学式 $CaFe_3O(Si_2O_7)(OH)$
色 黒から暗灰
結晶形 柱状 | **硬度** 5½–6
劈開 明瞭 | **断口** 粗面
光沢 亜金属光沢
条痕 暗緑色、暗褐色
比重 4.0–4.1 | **透明度** 不透明
屈折率 1.73–1.88

鉄とカルシウムの水酸化ケイ酸塩鉱物。鉄に代わりマンガンやマグネシウムを含むこともある。色は黒から茶がかった黒、灰色で、不透明。しばしば長短の柱状結晶をつくり、柱面には長手方向に条線が走ることが多い。粗粒結晶の集合体、塊状、粒状集合体にもなる。亜鉛、銅、鉄の鉱床の接触変成帯で産する。閃長岩中にも見つかる。大きな結晶の産地はイタリアのエルバ島、ロシア、ドイツ、日本、アメリカ。1811年にエルバ島で発見された。学名はエルバ島のラテン語名に由来する。

平行に並んだ珪灰鉄鉱の柱状結晶

ベスブ石（ベスビアナイト） VESUVIANITE

晶系 正方晶系、単斜晶系 | **化学式** $(Ca,Na)_{19}(Al,Mg,Fe)_{13}(SiO_4)_{10}(Si_2O_7)_4(OH,F,O)_{10}$
色 黄、茶、緑、無色、赤、黒、青、紫
結晶形 柱状 | **硬度** 6–7
劈開 不明瞭 | **断口** 亜貝殻状から粗面
光沢 ガラス光沢から樹脂光沢 | **条痕** 白色から淡緑褐色 | **比重** 3.3–3.4 | **透明度** 透明から半透明 | **屈折率** 1.70–1.75

カルシウムとアルミニウムとマグネシウムと鉄の水酸化ケイ酸塩鉱物。かつてはアイドクレースと呼ばれていた。マンガン、クロム、亜鉛、スズ、鉛、硫黄、フッ素をはじめ、さまざまな元素が成分に置き換わりうる。色はふつう緑かシャトルーズイエロー（明るい薄黄緑色）だが、黄、茶、赤、黒、青、紫にもなる。結晶はガラス様の角錐状か柱状。最大で9cmのものが発見されている。不純物を含む石灰岩の変成作用で生成する。大理石や白粒岩中にも、しばしば石榴石、珪灰石、透輝石、方解石とともに見つかる。銅を含み緑青色を帯びたものはシプリンと呼ばれる。

上質のベスブ石の柱状結晶

灰簾石（ゾイサイト） ZOISITE

晶系 直方晶系 | **化学式** $Ca_2Al_3(Si_2O_7)(SiO_4)O(OH)$ | **色** 黄緑、白、緑灰、緑褐色、ピンク、青 | **結晶形** 柱状 | **硬度** 6–7
劈開 完全 | **断口** 貝殻状、粗面
光沢 ガラス光沢 | **条痕** 白色 | **比重** 3.2–3.4
透明度 透明から半透明 | **屈折率** 1.69–1.73

カルシウムとアルミニウムの水酸化ケイ酸塩鉱物。大半のものは淡色だが、濃い青色のものもあり、それはタンザナイトと呼ばれる。条線が顕著な柱状や、散らばった粒状、塊状集合体をなす。広域変成作用や熱水変成作用を受けた火成岩中に産する。カルシウムに富んだ岩石から中度の変成作用で生じた片岩や片麻岩、角閃岩中、および石英の脈やペグマタイト中にも見つかる。タンザニアで産する灰簾石の角閃岩は、鮮やかな緑のクロムを含む灰簾石と黒い普通角閃石を母岩として紅色のルビーの結晶を含んでおり、収集家たちに人気がある。

灰簾石の変種タンザナイトの結晶

斜灰簾石 CLINOZOISITE

晶系 単斜晶系
化学式 $Ca_2Al_3(Si_2O_7)(SiO_4)O(OH)$
色 無色、黄、赤、灰 | **結晶形** 柱状
硬度 6½ | **劈開** 完全 | **断口** 粗面
光沢 ガラス光沢 | **条痕** 白色
比重 3.2–3.4
透明度 透明から半透明
屈折率 1.67–1.73

カルシウムとアルミニウムの水酸化ケイ酸塩鉱物。直方晶系の灰簾石の単斜晶系の多形（同質異像）。緑簾石グループの1種。結晶は細長い柱状をなす。粒状、塊状集合体、繊維状でも見つかる。色は無色、黄がかった緑、黄がかった灰、稀にローズから赤。変成岩や、長石に富んだ火成岩帯にふつうに見られる。斜長石の変質物（二次鉱物）としても産する。産地はカナダ、メキシコ、オーストリア、スイス、イタリア、アメリカ。鉱物名には灰簾石との構造的関連性が示されている。1896年、オーストリアの東チロル地方で発見された。

斜灰簾石の柱状結晶

褐簾石（アラナイト） ALLANITE

晶系 単斜晶系 | **化学式** $Ca(Ce,Y,Nd,La)Al_2Fe(Si_2O_7)(SiO_4)O(OH)$ | **色** 褐色から黒
結晶形 板状から長柱状 | **硬度** 5½–6½
劈開 不完全 | **断口** 貝殻状から粗面
光沢 ガラス光沢、樹脂光沢、油脂光沢、亜金属光沢 | **条痕** 淡褐色 | **比重** 3.5–4.2
透明度 透明から半透明 | **屈折率** 1.69–1.83

褐簾石は斜灰簾石と同じ結晶構造を持つカルシウム、希土類元素、アルミニウム、鉄のケイ酸塩鉱物のグループ。もっとも多く含まれる希土類元素により分類され、セリウム種、イットリウム種、ネオジム種、ランタン種の4種が知られる。置換による微量成分としてマンガン、ストロンチウム、バリウム、クロム、ウラン、ジルコニウムを含むことがある。しばしば黄茶の変質物で覆われている。結晶はふつう厚板状から長柱状。粒状集合体にもなるほか、岩石に埋め込まれた粒状でも見つかる。弱い放射能を持つ場合もある。

紅簾石（ピーモンタイト） PIEMONTITE

晶系 単斜晶系
化学式 $Ca_2MnAl_2(Si_2O_7)(SiO_4)O(OH)$
色 赤褐色、黒、赤 | **結晶形** 柱状
硬度 6–6½ | **劈開** 完全 | **断口** 粗面
光沢 ガラス光沢 | **条痕** 赤紫
比重 3.4–3.5 | **透明度** 半透明から不透明
屈折率 1.73–1.83

カルシウムとマンガンとアルミニウムの水酸化ケイ酸塩鉱物。赤色はマンガンによる。結晶は厚板状か、細長い柱状。塊状集合体でも見つかる。低度の広域変成岩や、酸化した火山岩中に産する。マンガン鉱床で熱水変質物としても生成する。標本の産地はスコットランド、パキスタン、イタリア、日本、エジプト、ニュージーランド、アメリカ。学名は発見地であるイタリアのピエモンテに由来する。

コーネルピン KORNERUPINE

晶系 直方晶系 | **化学式** $(Mg,Fe^{2+},Al,\square)_{10}(Si,Al,B)_5O_{21}(OH,F)$ | **色** 無色、白、青、緑
結晶形 長柱状 | **硬度** 6–7 | **劈開** 良好
断口 不明 | **光沢** ガラス光沢 | **条痕** 白色
比重 3.3–3.4 | **透明度** 透明から半透明、不透明 | **屈折率** 1.66–1.69

マグネシウムと鉄とアルミニウムの水酸化ケイ酸塩鉱物。ケイ素の一部はアルミニウムやホウ素で置き換えられ、アルミノケイ酸塩、ボロケイ酸塩でもある。色はふつう濃い緑から海の緑だが、白、クリーム、無色、青、ピンク、黒にもなる。結晶は長さ5cm以上になる、条線のある柱状で、電気石と混同されることがある。放射状または繊維状の集合体でも見つかる。シリカ（ケイ酸成分）に乏しくアルミニウムに富んだ変成岩中に、しばしば菫青石、珪線石、コランダムとともに産する。比較的希産で、産地は世界で60箇所にも満たない。グリーンランド、マダガスカル、スリランカが重要な産地。鉱物名はデンマークの地質学者A・D・コーネルプにちなむ。

母岩上のコーネルピンの結晶

ほかの岩石と交互に重なり合った緑簾石に富む岩石（ロシアのカムチャッカ半島アバチャ湾）

△緑簾石（エピドート）EPIDOTE

晶系 単斜晶系
化学式 $Ca_2FeAl_2(Si_2O_7)(SiO_4)O(OH)$
色 黄緑、淡緑、暗緑
結晶形 柱状 | **硬度** 6–7 | **劈開** 完全
断口 粗面 | **光沢** ガラス光沢
条痕 白色 | **比重** 3.3–3.5
透明度 半透明 | **屈折率** 1.73–1.77

カルシウムとアルミニウムと鉄の水酸化ケイ酸塩鉱物。特徴的な色は薄い緑から濃いピスタチオグリーンだが、かなり灰色や黄色を帯びることもある。多色性（見る角度が変わると見える色が変わる性質）も強い。結晶はときどき透明のものが出て、収集家向けにカットされる。緑簾石を主成分とする岩石は研磨によって宝飾品に仕立てられ、ユナカイトの名で売られることもある。鮮やかな緑色をしたタウマウライトは、クロムに富む変種である。結晶は柱状か厚板状で、柱面の長手方向に縦に細い条線が平行に走り簾のような様相は和名の起源となる。しばしばきれいな結晶をつくり、双晶になることも多い。塊状や粒状集合体でも見つかる。変成岩中に、また斜長石の熱水変質鉱物として、広く産出する。学名は、柱状晶の1つの柱面がその両隣の面よりも必ず長くなる性質にちなみ、「増える」という意味のギリシャ語から来ている。良質の結晶の産地はカナダ、フランス、ミャンマー、ノルウェー、ペルー、アメリカのコロラド州、カリフォルニア州、コネチカット州、アラスカ州。アラスカ州のプリンス・オブ・ウェールズ島では、大きな濃い緑の板状結晶が採取されている。宝石品質の結晶はオーストリアのザルツブルク近郊、パキスタン、ブラジルで産する。

ケイ酸塩鉱物：ネソケイ酸塩

モンチセライト MONTICELLITE

晶系 直方晶系
化学式 $CaMgSiO_4$ | **色** 無色、白、茶
結晶形 短柱状、粒状 | **硬度** 5–5½
劈開 不明瞭 | **断口** 亜貝殻状から粗面
光沢 ガラス光沢 | **条痕** 白色 | **比重** 3.0–3.3
透明度 透明から半透明
屈折率 1.63–1.67

カルシウムとマグネシウムのケイ酸塩鉱物。色は無色、白、淡い緑がかった灰、黄みがかった灰。結晶体は稀だが、最大で5cmの短柱状となり、しばしば丸みを帯びる。ふつうには粒状の塊で見つかる。石灰岩の接触変成帯で産し、ときに苦鉄質（マグネシウムや鉄に富む）の火成岩中にも生成する。苦土橄欖石、磁鉄鉱、燐灰石、黒雲母、ベスブ石、珪灰石に伴われる。鉱物名は1831年、イタリアの鉱物学者テオドロ・モンティチェリにちなんでつけられた。産地はカナダのオンタリオ州、ドイツのナッサウ、ロシアのシベリア、日本の北海道、オーストラリアのタスマニア、アメリカの数地域。

茶色のモンチセライト

ジルコン（風信子石） ZIRCON

晶系 正方晶系 | **化学式** $ZrSiO_4$
色 無色、茶、赤、黄、橙、青、緑
結晶形 板状、柱状、両角錐状 | **硬度** 7½
劈開 不明瞭 | **断口** 貝殻状
光沢 ガラス光沢からダイヤモンド光沢
条痕 白色 | **比重** 4.6–4.7
透明度 透明から不透明
屈折率 1.92–2.02

ジルコニウムのケイ酸塩鉱物。色は無色、黄、灰、緑、茶、青、赤。柱状から両角錐状の結晶をつくり、かなりの大きさに成長することもある。オーストラリアとロシアではそれぞれ2kgと4kgの結晶が見つかっている。シリカ（ケイ酸成分）に富んだ火成岩や、変成岩の副成分鉱物として広く分布する。物理的にも化学的にも風化しにくく、なおかつ比重が高いことから、水流や川の砂のなかに集積する。また多くの種類の岩石に含まれ、なおかつ丈夫なので、岩石の放射年代測定に最適な鉱物である。

ジルコンの結晶

トパーズ（黄玉） TOPAZ

晶系 直方晶系
化学式 $Al_2SiO_4(F,OH)_2$
色 無色、青、黄、ピンク、茶、緑
結晶形 柱状 | **硬度** 8
劈開 完全
断口 亜貝殻状から粗面
光沢 ガラス光沢 | **条痕** 白色
比重 3.5–3.6 | **透明度** 透明から半透明
屈折率 1.61–1.64

アルミニウムのフッ化ケイ酸塩鉱物。フッ化物イオンの一部は水酸化物イオンで置き換わっている。色には広い幅がある。ブラジル産のシェリーイエローのものはとくに価値が高い。めったに出ない天然のピンクはさらに価値が高い。青色のものは肉眼ではアクアマリンとほとんど区別がつかない。結晶はよく発達した柱状になる。柱の断面は特徴的な菱形で、柱面には長手方向に条線が走る。塊状や粒状集合体でも見つかる。さまざまな火成岩の結晶化の最終段階で、フッ素を含む気体から生成する。たいていは流紋岩、花崗岩、ペグマタイト、熱水脈の空隙にできる。保存されている世界最大のトパーズの単結晶の重さは、270kgに達する。鉱物名はサンスクリット語の「火」に由来すると考えられている。天然のトパーズは熱や放射線で色を変える処理を施されることが多い。

ペグマタイト中のトパーズ

チタン石（榍石） TITANITE

晶系 単斜晶系 | **化学式** $CaTiSiO_5$
色 黄、緑、茶、黒、ピンク、赤、青
結晶形 楔形、柱状
硬度 5–5½ | **劈開** 良好
断口 貝殻状
光沢 ダイヤモンド光沢から樹脂光沢
条痕 白色 | **比重** 3.5–3.6
透明度 透明から半透明
屈折率 1.84–2.11

カルシウムとチタンのケイ酸塩鉱物。かなりの量の鉄、場合によっては少量のトリウムとウランを含むことがある。結晶の色は黄や緑や茶で、黒、ピンク、赤、青、無色にもなる。典型的には楔形の結晶だが、柱状もあり、塊状、葉片状の集合体も見られる。光の分散率がダイヤモンドより優れる数少ない鉱物の1つである。シリカ（ケイ酸成分）に富む火成岩やそのペグマタイトや、変成岩（片麻岩、大理石、片岩）の副成分鉱物として広く分布する。宝石名のスフェーンは、結晶の形にちなみ、「楔」を意味するギリシャ語に由来する。

楔形のチタン石の結晶

十字石 STAUROLITE

晶系 単斜晶系（擬直方柱）
化学式 $Fe^{2+}{}_2Al_9Si_4O_{23}(OH)$
色 茶 | **結晶形** 柱状
硬度 7–7½ | **劈開** 明瞭 | **断口** 亜貝殻状
光沢 亜ガラス光沢から樹脂光沢
条痕 白色から灰色 | **比重** 3.7–3.8
透明度 透明から不透明
屈折率 1.74–1.76

鉄とアルミニウムの水酸化ケイ酸塩鉱物。赤がかった茶や黄がかった茶、またはほとんど黒に近い色で、ふつう六角柱状か菱形断面の柱状で現われる。表面は粗いことが多い。広く分布し、雲母片岩、片麻岩中や、そのほかのアルミニウムに富む広域変成岩中に石榴石、電気石、藍晶石、珪線石とともに産する。生成する温度や圧力の範囲が狭く特定されるので、十字石を含む変成岩ができたときの状況を知る手がかりになる。学名は十字（X）形の双晶をなすことにちなみ、ギリシャ語の「十字、X形」と「石」に由来。

雲母片岩にできた十字石

▷橄欖石（ペリドット） OLIVINE

晶系 直方晶系
化学式 $(Mg,Fe)_2SiO_4$
色 緑、黄、無色、茶、黒
結晶形 板状、塊、粒 | **硬度** 6½–7
劈開 不完全 | **断口** 貝殻状
光沢 ガラス光沢 | **条痕** 白色
比重 3.3–4.3
透明度 透明から半透明
屈折率 1.64–1.88

マグネシウムと鉄の他、マンガンやカルシウムのケイ酸塩鉱物のグループ。鉄やマグネシウムなどが任意の比率で置き換わる。結晶は厚板状で、しばしば楔形に尖った端面を持つ。ただし形の整った結晶体は稀。ふつうは塊状か粒状集合体で見つかる。ペリドットは、少量の鉄による緑色のマグネシウムに富む宝石品質の苦土橄欖石。橄欖石は上部マントルの主要構成物だと考えられており、おそらく地球にもっとも豊富にある鉱物の1つである。月の岩石や隕石からも見つかっている。

鮮やかな緑色を帯びた橄欖石の砂浜（ハワイ島グリーン・サンド・ビーチ）

石榴石で覆われた石灰岩の岩肌（アメリカのモンタナ州ベアマウス・パス）

△石榴石（ガーネット）GARNET

晶系 立方晶系 | **化学式** $(Ca,Fe,Mg,Mn)_3(Al,Fe,Cr,V)_2(SiO_4)_3$ | **色** 黒、茶、黄、緑、赤、紫、橙、ピンク | **結晶形** 十二面体、偏菱二十四面体 | **硬度** 6½–7½ | **劈開** なし
断口 粗面から貝殻状 | **光沢** ガラス光沢
条痕 白色 | **比重** 3.6–4.3
透明度 透明から半透明 | **屈折率** 1.72-1.94

石榴石は30種以上の鉱物からなるスーパーグループ（超族）である。そのうちケイ酸塩鉱物は20種を超え、カルシウム、鉄、マグネシウム、マンガン、アルミニウム、クロム、チタン、ジルコニウム、バナジンなどの主要成分により鉱物種が定まる。多くの種のあいだでは、かなりの程度まで化学成分が相互に置き換わりうる。石榴石の大半を占めるのは以下の6種である。満礬石榴石（マンガンのアルミノケイ酸塩）、鉄礬石榴石（鉄のアルミノケイ酸塩）、灰礬石榴石（カルシウムのアルミノケイ酸塩：ヘソナイトは灰礬石榴石の変種）、苦礬石榴石（マグネシウムのアルミノケイ酸塩）、灰鉄石榴石（カルシウムと鉄のケイ酸塩）、灰クロム石榴石（カルシウムとクロムのケイ酸塩）。各石榴石の種名は主成分にもとづいてつけられている。色には赤から、ピンク、橙、緑、エメラルドグリーン、赤がかった茶、白、無色、蜂蜜、茶がかった黄、茶がかった赤、黒までの幅がある。ふつうはよく発達した立方晶系の結晶（十二面体、二十面体、偏菱二十四面体、もしくはこれらのさまざまな組み合わせ）で現われる。広く分布し、とくに変成岩中に豊富にある。火成岩中に含まれるものもある。

ユークレイス EUCLASE

晶系 単斜晶系 | **化学式** $BeAlSiO_4(OH)$
色 無色、白、青、緑
結晶形 柱状 | **硬度** 7½
劈開 完全 | **断口** 貝殻状
光沢 ガラス光沢 | **条痕** 白色
比重 3.0-3.1 | **透明度** 透明から半透明
屈折率 1.65–1.68

ベリリウムとアルミニウムの水酸化ケイ酸塩鉱物。一般に白色か無色だが、淡い緑や、むしろこちらのほうが有名な濃淡の青にもなる。結晶は条線のある柱状で、端面が複雑な形をしていることが多い。塊状や繊維状の集合体でも現われる。低温の熱水脈、花崗岩ペグマタイト、変成した片岩や千枚岩中に産する。風化などにより母岩から外れて水流により集積した砂礫のなかからも見つかる。鉱物名は完全な平面に割れること（劈開）にちなみ、ギリシャ語の「よく」と「割れる」からつけられた。宝石品質のものはブラジルのミナスジェライス州とその他の地域、アメリカのコロラド州パーク郡で採掘されている。

紅柱石 ANDALUSITE

晶系 直方晶系
化学式 Al_2SiO_5
色 ピンク、茶、白、灰、紫、黄、緑、青
結晶形 柱状 | **硬度** 6½–7½
劈開 良好
断口 粗面から亜貝殻状
光沢 ガラス光沢
条痕 白色 | **比重** 3.1-3.2
透明度 透明からほぼ不透明
屈折率 1.63–1.64

アルミニウムのケイ酸塩鉱物。色はピンクから赤がかった茶、白、灰、紫、黄、緑、青。結晶は長柱状。キャストライトと呼ばれる黄がかった灰色の変種は長柱状で、断面に炭素質でできた十字模様が見られる。低度の変成岩や広域変成岩中の局所に、コランダム、藍晶石、菫青石、珪線石とともに産する。また稀に花崗岩や花崗岩ペグマタイトからも見つかる。学名はスペインのアンダルシアで発見されたことに由来する。キャストライトはギリシャ語の「十字」から。

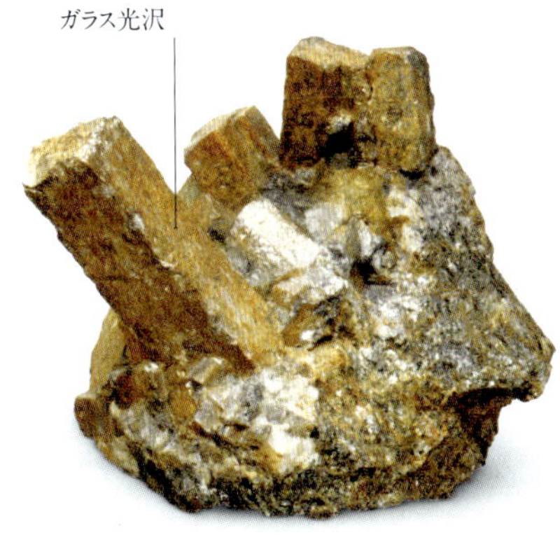

紅柱石の柱状の結晶

珪線石（シリマナイト）SILLIMANITE

晶系 直方晶系 | **化学式** Al_2OSiO_4
色 無色、白、淡黄、青、緑、紫
結晶形 柱状、針状
硬度 6½-7½ | **劈開** 完全 | **断口** 粗面
光沢 ガラス光沢から亜ダイヤモンド光沢
条痕 白色 | **比重** 3.2–3.3
透明度 透明から半透明
屈折率 1.66–1.68

アルミニウムのケイ酸塩鉱物。ふつう無色から白色だが、淡黄から茶、淡青、緑、紫にもなる。ガラス様の細長い柱状か、端面があまり発達していない長い厚板状で現われる。しばしばコランダム、藍晶石、菫青石を伴い、高温変成作用を受けた粘土に富む岩石に特徴的な、典型的な変成作用の鉱物である。珪線石片岩や片麻岩に含まれることが多い。学名はアメリカの科学者ベンジャミン・シリマンにちなむ。耐熱セラミックや自動車の点火プラグの材料に使われる。

繊維状の珪線石

藍晶石（カイアナイト）KYANITE

晶系 三斜晶系
化学式 Al_2OSiO_4 | **色** 青、緑、白
結晶形 刃状、板状 | **硬度** 5½–7
劈開 完全 | **断口** 裂片状
光沢 ガラス光沢 | **条痕** 白色
比重 3.5–3.7 | **透明度** 透明から半透明
屈折率 1.71–1.73

アルミニウムのケイ酸塩鉱物。色はふつう青や青灰で、一粒の単結晶のなかの部分により色合いが異なる累帯組織となっている場合もある。ただし緑、橙、無色のこともある。結晶は縦長の平たい刃状で、曲がっていることが多い。ときどき放射状や円筒状の集合体でも見つかる。粘土に富んだ堆積岩の変成作用を受けて生成する。生成温度は紅柱石と珪線石の中間。雲母片岩、片麻岩、熱水石英脈やペグマタイト中にも産する。岩石の変成時の温度や深さや圧力を推定するうえで重要な鉱物の1つである。

刃状の藍晶石

珪亜鉛鉱 WILLEMITE

晶系 三方晶系
化学式 Zn_2SiO_4 | **色** 無色、赤茶、緑
結晶形 柱状 | **硬度** 5½
劈開 不明瞭
断口 貝殻状から粗面
光沢 ガラス光沢から樹脂光沢
条痕 白色 | **比重** 3.9–4.2
透明度 透明から半透明
屈折率 1.69–1.73

亜鉛のケイ酸塩鉱物。色は無色から白、灰、赤、濃茶、蜂蜜の黄、青リンゴの緑、青、黄茶、赤茶。紫外線のもとでは鮮やかな緑色の蛍光を発する。短柱状の結晶をつくることもあるが、たいていは塊状や繊維状の集合体で見つかる。閃亜鉛鉱の変質物（二次鉱物）として亜鉛鉱床の酸化帯や、変成作用を受けた石灰岩中に産する。しばしば異極鉱、菱亜鉛鉱、フランクリン鉱、紅亜鉛鉱を伴う。重要な産地はカナダ、ギリシャ、スウェーデン、ナミビア、ザンビア、オーストラリア、アメリカ。1830年に発見され、学名はオランダ国王のウィレム1世にちなむ。

珪亜鉛鉱の変種トルースタイト

フェナク石（フェナス石）PHENAKITE

晶系 三方晶系 | **化学式** Be_2SiO_4
色 無色、白 | **結晶形** 菱面体、板状、柱状
硬度 7½–8 | **劈開** 明瞭
断口 貝殻状 | **光沢** ガラス光沢
条痕 白色 | **比重** 2.9-3.0
透明度 透明から半透明
屈折率 1.65–1.67

かなり希産のベリリウムのケイ酸塩鉱物。無色透明のこともあるが、たいていは半透明の灰色か黄みがかった色で、ときどき淡いローズレッドのものも出る。結晶は主に菱面体で、たまに短柱状となる。高温のペグマタイトや雲母片岩中に、しばしば石英、クリソベリル、燐灰石、トパーズを伴って産する。大きい結晶の産地はロシア、ノルウェー、フランス、アメリカ。鉱物名は1833年、石英とまちがわれやすいことにちなみ、「欺く者」を意味するギリシャ語からつけられた。透明な結晶は収集家向けに研磨される。屈折率はトパーズより高く、輝きはダイヤモンドに迫る。

ヒューム石 HUMITE

晶系 直方晶系 | **化学式** $Mg_7(SiO_4)_3F_2$
色 黄から暗橙 | **結晶形** 粒状
硬度 6 | **劈開** 不明瞭
断口 亜貝殻状から粗面
光沢 ガラス光沢 | **条痕** 黄色から橙色
比重 3.2–3.3
透明度 透明から半透明
屈折率 1.61–1.68

マグネシウムのフッ化ケイ酸塩鉱物。マグネシウムに代わり鉄やマンガンが、フッ化物イオンに代わり水酸化物イオンが含まれることがある。色は黄から暗橙または赤がかった橙。含有するマンガンの量に比例して茶色に近づく。マンガンヒューム石と化学組成が完全に連続し、マグネシウムはマンガンと置き換わる。ふつう粒状の塊状集合体で見つかる。稀なよく発達した結晶体でも、長さが1cmを超えることはめったにない。変成した石灰岩や苦灰岩中に、しばしば錫石、赤鉄鉱、雲母、電気石、石英、黄鉄鉱とともに産する。鉱物名はイングランドの鉱物収集家、サー・エイブラハム・ヒュームにちなみ、1813年につけられた。産地はスウェーデン、スコットランド、イタリア、スイス、アメリカ。

茶褐色のヒューム石

ノルベルグ石 NORBERGITE

晶系 直方晶系 | **化学式** $Mg_3SiO_4F_2$
色 淡黄褐色、白、ローズ
結晶形 厚板状、粒状 | **硬度** 6–6½
劈開 不明瞭 | **断口** 粗面から亜貝殻状
光沢 ガラス光沢 | **条痕** 黄色
比重 3.1–3.2 | **透明度** 透明から半透明
屈折率 1.56–1.59

マグネシウムのフッ化ケイ酸塩鉱物。マグネシウムに代わり鉄やマンガン、亜鉛が、フッ化物イオンに代わり水酸化物イオンが含まれることがある。色は薄い黄がかった茶、白、黄褐色、黄、黄橙、橙茶、紫がかったピンク、ローズ。結晶体は珍しく、粒状の集合体で現われることが多い。結晶体は、厚板状。接触変成岩や広域変成岩中に、マグネシウムに富んだ堆積岩と花崗岩の接触部で生成する。しばしば橄欖石、透輝石、金雲母、水滑石とともに見つかる。産地はアメリカ、ロシア、イタリア、タジキスタン、インド。1926年スウェーデンのノルベルグで発見され、その地にちなんで命名された。

皮殻状のノルベルグ石

コンドロド石 CHONDRODITE

晶系 単斜晶系
化学式 $Mg_5(SiO_4)_2F_2$
色 黄、橙、茶赤、緑茶 | **結晶形** 粒状、厚板状
硬度 6–6½ | **劈開** 不明瞭
断口 貝殻状から粗面
光沢 ガラス光沢から油脂光沢 | **条痕** 黄色
比重 3.1–3.3 | **透明度** 半透明から透明
屈折率 1.59–1.68

マグネシウムのフッ化ケイ酸塩鉱物。かなりの希産種。フッ化物イオンは水酸化物イオンと、マグネシウムは鉄やチタンと置き換わりうる。色は黄、橙、茶がかった赤、緑がかった茶。結晶は厚板状で、よく2.5cmほどの大きさになる。ただしふつうは単一の粒状で現われる。変成した石灰岩や苦灰岩、キンバリー岩、鉄とマグネシウムに富んだ岩石、大理石中に産する。鉱物名は「粒」を意味するギリシャ語にちなむ。隕石の一種類である球状隕石（コンドライト）と混同しないよう注意が必要。

コンドロド石の結晶

ダトー石 DATOLITE

晶系 単斜晶系
化学式 $CaBSiO_4(OH)$
色 無色、白、黄、赤、緑
結晶形 板状、短柱状
硬度 5–5½ | **劈開** 不明瞭
断口 粗面から貝殻状
光沢 ガラス光沢 | **条痕** 白色
比重 2.9–3.0 | **透明度** 透明から半透明
屈折率 1.62–1.67

カルシウムの水酸化ホウケイ酸塩鉱物。色は無色、白、灰、黄み、淡いピンク、緑がかった白、緑。結晶はふつう板状から短柱状だが、厚板状や球体の集合体にもなる。塊状や潜晶質でも現われる。鉄とマグネシウムに富んだ火成岩の脈中や空隙の内壁面、金属鉱脈に生成する。片麻岩や輝緑岩からも見つかる。有名な鉱床はメキシコ、日本、ロシア、ドイツ、チェコ、アメリカにある。鉱物名は粒状集合体の粒々な様相から、「分割」を意味するギリシャ語に由来する。

ダトー石の結晶

硬緑泥石（クロリトイド） CHLORITOID

晶系 単斜、三斜晶系
化学式 $FeAl_2OSiO_4(OH)_2$
色 暗緑から灰緑 | **結晶形** 板状、葉片状、花弁状、塊状集合体 | **硬度** 6½ | **劈開** 完全
断口 粗面 | **光沢** ガラス光沢、真珠光沢
条痕 白色 | **比重** 3.5–3.8
透明度 半透明 | **屈折率** 1.71–1.74

鉄とアルミニウムの水酸化ケイ酸塩鉱物。色は濃緑から灰がかった緑、または黒。結晶は擬六角板状になるが、たいていは板状、葉片状の塊状集合体で現われる。板状晶は湾曲していることが多い。低度から中度の変成作用を受けた微粒の堆積物中に産する。変成環境を推測するのに役立つ鉱物である。溶岩、凝灰岩、流紋岩中にも見つかる。鉱物名は1837年、緑泥石族の鉱物に似ることにちなんでつけられた。産地はベルギー、台湾、アメリカ。

硬緑泥石の結晶

デュモルティエ石（デュモルティエライト） DUMORTIERITE

晶系 直方晶系
化学式 $Al_7(BO_3)(SiO_4)_3O_3$
色 淡赤、淡青、淡紫、淡褐色、淡緑
結晶形 柱状、繊維状、塊状集合体
硬度 7–8½ | **劈開** 明瞭 | **断口** 粗面
光沢 ガラス光沢 | **条痕** 白色
比重 3.2–3.4
透明度 透明から半透明
屈折率 1.66–1.72

アルミニウムのホウケイ酸塩鉱物。色はふつうピンクがかった赤紫から青だが、茶や緑みを帯びることもある。結晶は典型的には繊維状結晶の放射状集合体や細長い柱状になる。ペグマタイト、アルミニウムに富んだ変成岩のほか、高温の花崗岩の貫入体から出たホウ素を含む気体によって変成した岩石中に産する。産地はオーストリア、ブラジル、アメリカ、カナダ、チェコ、ナミビア、ノルウェー、ペルー、ポーランド、ロシア、スリランカ。1821年に発見され、フランスの考古学者ウジェーヌ・ディモルティエにちなんで命名された。用途は高級な磁器の原料。

デュモルティエ石の標本

ガドリン石 GADOLINITE-(Y)

晶系 単斜晶系 | **化学式** $Y_2FeBe_2Si_2O_{10}$
色 暗緑 | **結晶形** 柱状、塊状緻密集合体
硬度 6½–7 | **劈開** なし | **断口** 貝殻状
光沢 ガラス光沢から油脂光沢 | **条痕** 灰緑色
比重 4.4–4.8 | **透明度** 不透明からほぼ透明
屈折率 1.77–1.82

イットリウム、セリウム、ネオジムなどの希土類元素と鉄のベリロケイ酸塩。最も多く含まれる希土類元素で鉱物種は分類され、イットリウム種、セリウム種、ネオジム種の3種類が知られ、イットリウム種が大半を占める。色は黒に近い緑、緑褐色。ふつう緻密な塊状集合体で現われるが、結晶は柱状。比較的稀産で、花崗岩や花崗岩ペグマタイト中に産する。鉱物名は、1792年にこの鉱物から世界で初めて元素のイットリウムを分離したフィンランドの鉱物学者で化学者のヨハン・ガドリンにちなんで1800年につけられた。希土類元素のガドリニウムもガドリンにちなんで命名された元素である。ただガドリン石の主成分ではない。

ガドリン石の標本

生体起源の宝石

コーパル COPAL

化学組成 炭素化合物
色 薄いレモンイエローから橙
硬度 2-3 ｜ **断口** 貝殻状
光沢 樹脂光沢
条痕 白色 ｜ **比重** 約1.1
透明度 透明から半透明
屈折率 1.54

コーパルはさまざまな熱帯樹の樹脂である。硬度はほぼ琥珀と同じだが、琥珀とちがい有機溶剤に全部また一部が溶ける。生きた木や、木の下に溜まった堆積物から採取されるほか、地中からも採掘される。物理的な特性は樹木種に関係なく同じだが、化学的な特性は樹木種によって異なる。地中に埋まったものは、琥珀に近い耐久性を備え、琥珀とほとんど区別がつかないことも多い。地中の深くに埋まっているものは「亜化石」のコーパルとも呼ばれる。ザンジバル島が、地中に埋まったコーパルの主要な産地。ニス、インク、リノリウムの原料になる。

コーパルの塊

ピーナッツウッド PEANUT WOOD

晶系 非晶質
化学組成 酸化ケイ素（白い部分）、酸化鉄（色のついた部分）
色 茶、灰、緑の地に白の斑点
硬度 6½-7 ｜ **断口** なし
光沢 ガラス光沢
条痕 黒色
比重 2.5-2.9 ｜ **透明度** 不透明
屈折率 1.54

化石化した樹木、珪化木の1種である。ふつう濃茶から黒の地にピーナッツほどの大きさの卵形をした白からクリーム色の斑点がある。できたのは約1億年前の白亜紀。海を漂う流木に二枚貝が孔をあけ、そのピーナッツ状の孔は化石化の過程で潜晶質の石英により充填された。変わった模様や色のついた珪化木は数十種類あり、その1種。シリカで埋められたもとの孔は保たれている。用途は宝石や装飾品の材料。西オーストラリア産が大半を占める。

▽琥珀（アンバー） AMBER

化学組成 炭素化合物
色 黄、ときに茶または赤み
硬度 2-2½
断口 貝殻状
光沢 樹脂光沢
条痕 白色
比重 1.1-1.1
透明度 透明から半透明
屈折率 1.54

化石化した樹脂。主に絶滅した針葉樹に由来するが、さらに古い樹木からできた琥珀似の物質も知られている。色には白っぽいものから、淡いレモンイエロー、茶、ほぼ黒まで広い幅がある。稀に赤、緑、青も見られる。ヨーロッパと北米産の琥珀は少なくとも3種の木を起源とする。琥珀には有機成分にもとづいて分けられた5つのクラスがある。ふつう、樹木やその他の植物の化石である褐炭とともに見つかる。最大の産地は数千年前から変わっておらず、ポーランドのグダニスクからデンマーク、スウェーデンにかけてのバルト海沿岸である。世界の琥珀の90%を占めるその琥珀は地中から採掘されるほか、嵐のあとに海岸で回収されている。最古の琥珀の起源は、石炭紀（3億2000万年前）までさかのぼる。

琥珀の内包物の拡大写真

珊瑚礁が広がるオーストラリアのグレート・バリア・リーフ

◁珊瑚 CORAL

化学組成 炭酸カルシウム、コンキオリン
色 赤、ピンク、黒、青、金
結晶形 珊瑚型
硬度 3½
断口 針状
光沢 無艶からガラス光沢
条痕 白色 ┆ **比重** 2.6–2.7
透明度 不透明
屈折率 1.48–1.66

珊瑚は海棲のサンゴ虫の骨格である。たいていは炭酸カルシウムでできているが、黒や金の珊瑚はコンキオリンと呼ばれる角状の物質でできている。宝飾品にされるプレシャスサンゴとは、ベニサンゴとそのいくつかの近縁種のことである。葉のない茂みのような群れで育ち、高さはふつう1m以下。赤色は炭酸カルシウムの骨格に含まれるカロテノイド色素による。赤やピンクのプレシャスサンゴは日本、マレーシア、地中海、アフリカ沿岸部の温かい海に産する。黒い珊瑚の産地は、西インド諸島、オーストラリア、太平洋諸島。天然珊瑚の光沢は無艶だが、磨くと光沢を帯びる。

無煙炭（アンスラサイト）ANTHRACITE

化学組成 炭素、炭素化合物
色 黒
硬度 2¾-3
断口 貝殻状
光沢 ほぼ金属光沢 ┆ **条痕** 黒色
比重 1.4
透明度 不透明

石炭の1種で、見た目は準鉱物の黒玉に似る。ふつうの石炭とのちがいは硬度の高さ（2¾–3）、密度の高さ（1.3–1.4）、半金属を帯びた光沢にある。マセラルと呼ばれるさまざまな成分の不規則な集まりでできている点は他のすべての石炭と共通する。鉱物とちがい、定まった化学組成はなく、結晶構造もない。揮発分が少なく、固定炭素が多い石炭であり、瀝青炭（一般的な石炭）から石墨への移行段階にあるものと考えられる。

無煙炭

ジェット（黒玉）JET

化学組成 炭素、炭素化合物
色 黒、茶
硬度 2½-4 ┆ **断口** 貝殻状
光沢 ビロード光沢から蝋光沢
条痕 黒から暗茶色 ┆ **比重** 約1.3
透明度 不透明
屈折率 1.66

一般には褐炭に分類され、炭素を多く含み、層状の構造を持つ。色は黒から暗茶で、金属光沢を帯びた極小の黄鉄鉱がなかに入っていることもある。地中に埋もれた樹木が何百万年もかけて圧縮されてできたもので、顕微鏡で観察される微細な構造から、もとの木はナンヨウスギ科と考えられる。海洋起源の岩石中から見つかることが多い。それらはおそらく流木やその他の植物が水没したものと考えられる。イングランドのホイットビーで見られるように、特定の地層で産出する傾向がある。

黒玉の標本

真珠（パール）PEARL

化学組成 主に炭酸カルシウム
色 白、クリーム、青、黄、緑、ピンク
硬度 2½–4½
断口 粗面 ┆ **光沢** 真珠光沢
条痕 白色 ┆ **比重** 2.6-2.9
透明度 不透明
屈折率 1.52–1.69

最上質の真珠は海や淡水の特定の種類の貝によってつくられたものである。主な成分は貝殻と同じ霰石で、それが層状に積み重なってできている。また霰石のほかに少量の有機質も含み、それによって真珠層と呼ばれる虹色の複合物質がつくられる。真珠はあらゆる微妙な濃淡の黒から白、クリーム色、灰色、青、黄、緑、ラベンダー、薄紫を見せる。宝石品質のものはその貝殻の内側と同じく、たいてい光沢のある虹色を帯びている。貝の軟体部の表皮層にあたる外套膜には、貝殻を分泌する細胞がある。異物が外套膜に入ると、軟らかい外套膜を守るため、細胞は異物の周りを覆うように同心円状の真珠層をつくる。養殖の真珠は貝殻を開けて、真珠の核になるもの（ふつう小さな球）を入れることでつくられる。

シェル（貝殻・甲羅）SHELL

化学組成 炭酸カルシウム
色 赤、ピンク、茶、青、金
硬度 3-4 ┆ **断口** 粗面
光沢 真珠光沢 ┆ **条痕** 白色
比重 2.60-2.78
透明度 半透明から不透明
屈折率 1.52–1.66

貝殻は珊瑚同様、生物起源の鉱物性の物質である。構成鉱物は方解石や霰石。軟体部の外側に表皮のような外套膜があり、この外套膜から分泌される層状の組織でできている。種によって特徴的な微細構造を持ち、物理的性質が異なる。場合によっては、色もちがう。これは貝殻の成分である炭酸カルシウムの量、組成（霰石か、霰石と方解石か）、配列が種ごとに異なるためである。彫刻などの装飾品に使われる貝殻には海のものも淡水のものもある。色のちがう層を持つ貝殻は、古来よりカメオの材料に使われてきた。

アワビの貝殻

マザーオブパール（真珠層）MOTHER OF PEARL

化学組成 炭酸カルシウム、水酸化リン酸カルシウム、酸化ケイ素 ┆ **色** 全色 ┆ **硬度** 3½
断口 粗面 ┆ **光沢** 油脂光沢から真珠光沢
条痕 白色 ┆ **比重** 2.7–2.9
透明度 不透明 ┆ **屈折率** 1.53–1.68

真珠層とは真珠質、つまり一部の軟体動物によって貝殻の内側の層としてつくられる有機質と無機質の複合物質のことである。真珠質は六角形に結晶した霰石の層と、キチン質やラストリンやタンパク質などの有機質でできた層とが互いちがいに何千枚も積み重なる構造をしている。このようにもろい霰石の層と薄い有機質の層とが組み合わさっているおかげで、真珠層は丈夫で、弾性がある。真珠質が虹色を示すのは、霰石の層の繰り返しの間隔によって可視光の波長とほぼ同じなので、見る角度、異なる波長の反射が干渉するからである。

貝殻と真珠層

アンモライト AMMOLITE

化学組成 炭酸カルシウム
色 全スペクトル色――赤、橙、黄、緑、青、藍、菫
硬度 3½–4
断口 粗面 ┆ **光沢** ガラス光沢
条痕 白色 ┆ **比重** 2.75–2.85
透明度 不透明
屈折率 1.52–1.68

オパル様の色を帯びた有機宝石の1種。アンモナイトの化石化した貝殻でできている。貝殻自体の成分は霰石である。もとの貝殻の微細構造が保たれていて、その微細構造のおかげで見る角度によってすべてのスペクトル色が現れる。霰石のほかにも、方解石やシリカや黄鉄鉱など、化石化の過程でとりこまれた鉱物を含むことがある。産地は北米大陸のロッキー山脈東部、とくにカナダのアルバータ州とサスカチュワン州、アメリカのモンタナ州。

アンモライトの標本

岩石

項目の順番は地質学の標準的なものに従った。火成岩は深成岩（貫入岩）と火山岩（噴出岩）、堆積岩は砕屑岩と化学岩にそれぞれ分け、変成岩は変成度の低いものから順に並べた。

火成岩

花崗岩 GRANITE

岩石のタイプ 珪長質、深成岩、火成岩
主成分鉱物 カリ長石、斜長石、石英、雲母
副成分鉱物 普通角閃石
色 白、薄い灰、灰、ピンク、赤
組織 中粒から粗粒

ピンク、白、灰、黒色のまだらをなす粗粒の装飾石として身近な岩石。大陸地殻でもっともありふれた深成岩である。主成分鉱物は長石、石英、雲母（黒雲母と白雲母の一方か両方）。長石が大半を占め、石英の割合はふつう10%以上。長石はピンクのことが多い（ただし、ほかに白、淡黄褐色、灰色もある）。建物の外装や床に使われる花崗岩のピンクはカリ長石の色に由来する。深い所で生成する岩石なので、花崗岩が地表に露出しているということは、そこが隆起した場所であること、同時に花崗岩の上にあった厚い岩石層が削りとられたことを意味する。トパーズ、水晶、トルマリン、アクアマリンなどの宝石になる石や多くの金属鉱石——金、銀、鉛、チタンなど——は、花崗岩の結晶化で分離された熱水から沈殿する。

閃緑岩 DIORITE

岩石のタイプ 中性、深成岩、火成岩
主成分鉱物 斜長石、普通角閃石
副成分鉱物 黒雲母
色 黒、暗緑、灰、白のまだら
組織 中粒から粗粒

閃緑岩と花崗岩との区分は連続的なので、いくらか定義しづらい岩石である。中粒から粗粒の貫入岩で、色は花崗岩より暗い。成分は約3分の2が斜長石で、約3分の1が暗色の鉱物（普通角閃石や黒雲母など）。したがってまだら模様の外観を見せる。斜長石か普通角閃石が中粒の基質をなし、粒の大きさが均一のものもある。古代エジプトで珍重され、彫像や柱、石棺、ピラミッド内の部屋の内装に使われた。「黒御影」として売られることもある。

閃緑岩

花崗閃緑岩 GRANODIORITE

岩石のタイプ 珪長質、深成岩、火成岩
主成分鉱物 斜長石、カリ長石、石英、雲母
副成分鉱物 普通角閃石、普通輝石
色 灰、白、ピンク
組織 中粒から粗粒

花崗岩に似た中粒から粗粒の岩石で、正長石より斜長石を多く含む。地球上にもっとも豊富にある深成岩の1つ。花崗岩のようにピンクや白色を見せることもあるが、石英を含むので色はふつう暗め。普通角閃石や黒雲母が混ざることが多く、そうすると斑点模様になる。耐久性の高さと美しい斑点模様のゆえに、磨かれて、床や建物の外装、調理台に使われる。「黒御影」として売られている石の1つ。砕いて、道路の砂利や縁石にも用いられる。

ピンクの花崗閃緑岩

▷玄武岩 BASALT

岩石のタイプ 苦鉄質、火山岩、火成岩
主成分鉱物 斜長石、輝石、橄欖石
副成分鉱物 白榴石、霞石
色 暗灰から黒 | **組織** 細粒から斑状

地球の表面でもっともありふれた火成岩（火山岩）である。主に海底火山から噴出されて海底を形成するほか、火山島も構成している。暗色を帯び、比較的鉄とマグネシウムに富む。主な成分は斜長石、輝石、橄欖石である。細粒の基質（石基）に明瞭な結晶（斑晶）が含まれる（柱状組織）。陸地では、アメリカ北西部のコロンビア川流域の広大な台地、南米のパラナ盆地、インドの中央部から南部のデカン高原などが玄武岩でできている。日本では三宅島、富士山、焼岳などが有名。玄武岩はマントルの部分溶解で生じる岩石であり、溶けなかったマントルのかけらが玄武岩に運ばれて上昇することもある。捕獲岩と呼ばれるこのかけらは、地質学者たちが唯一直接観察できるマントルの成分である。玄武岩の大半は細粒緻密で、ガラスのようでさえあるが、斑状組織のものも多い。なお日本名の「玄武岩」は、兵庫県豊岡市の「玄武洞」に由来する。

ペグマタイト PEGMATITE

岩石のタイプ 珪長質、深成岩、火成岩
主成分鉱物 石英、長石、雲母
副成分鉱物 電気石、トパーズ
色 薄い
組織 極粗粒

数多くの宝石の母岩になる岩石。粗粒の深成岩で、ふつう層状、豆鞘状、レンズ状、葉巻状をなす。ほとんどの場合、主成分は石英と長石で、花崗岩や閃長岩と同じ。ときに数メートルの巨大な結晶もできるが、平均では8–10cmの結晶で構成される。よく発達した結晶がペグマタイトの空洞中に見つかるほか、ペグマタイト全体が結晶で埋めつくされていることもある。単一かほぼ単一の鉱物で構成される場合、その鉱物名が名に冠される。花崗岩ペグマタイトや閃長岩ペグマタイトのシリカ（ケイ酸成分）に富んだ構成物は、長石や層状の雲母などの工業的な資源であり、宝石の主要な産出源でもあるので、とくに重要である。トルマリン、アクアマリン、エメラルド、水晶、スモーキークオーツ、ローズクオーツ、トパーズ、ムーンストーン、アマゾナイト、クンツァイト、ヘリオトロープ、スフェーン、ガーネットなどはすべてペグマタイト中に見つかる。経済的に重要な元素であるベリリウム、リチウム、チタン、モリブデン、スズ、タングステン、タンタル、ニオブ、そのほかのレアメタルなどもペグマタイトから産する。

花崗岩ペグマタイト中の結晶の集まり

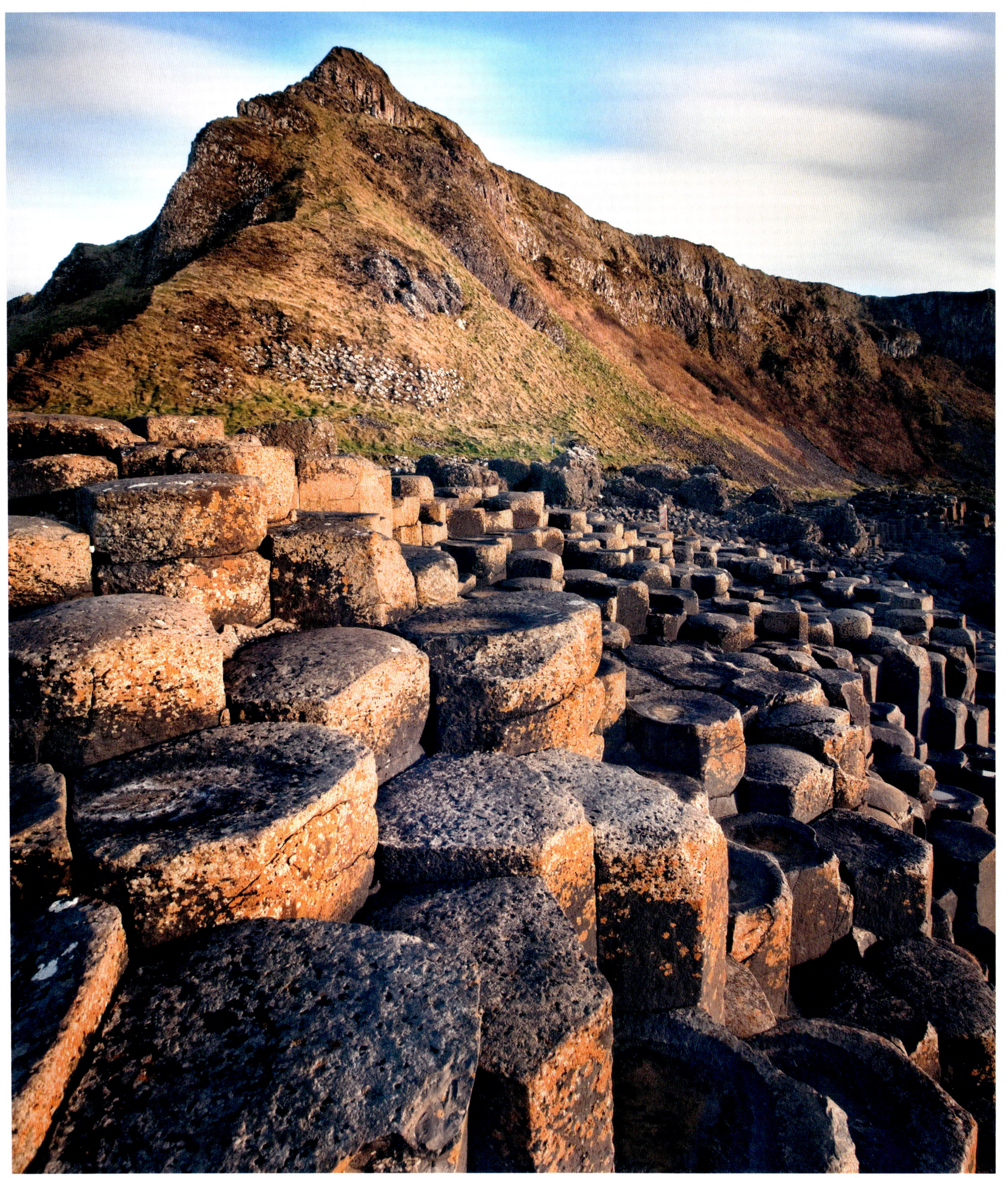

5000万年から6000万年前の噴火で形成された柱状の玄武岩（北アイルランド、ジャイアンツ・コーズウェー）

▽火砕岩 PYROCLASTIC ROCKS

岩石のタイプ 火山岩、火成岩、堆積岩
化石 ふつう海棲以外の動植物（人間を含む）
主成分鉱物 ガラス質の破片
副成分鉱物 結晶の破片
色 薄い茶から濃い茶
組織 細粒

火砕岩という名称は、火山灰などの物質が凝固してできた岩石すべてに用いられる。火砕岩は、元は泡立ったマグマだ。それが高温のガスと白熱した粒子の混合物となって地表まで上昇し、火口から噴出した。軽石が泡立ったマグマそのものが固まったものであるのに対し、火砕岩は、もとは独立していた粒子が堆積・固化してできたものだ。火砕岩にはさまざまな大きさや種類の破片から成るものがある。細粒の火山灰から成るもの（凝灰岩）から、火山礫と呼ばれる中粒の破片が含まれるもの（火山礫凝灰岩）、大きな火山岩塊や火山弾が含まれるもの（火山角礫岩）まである。通常、凝灰岩は堆積岩に分類されるが、溶結凝灰岩や火山礫凝灰岩、火山角礫岩は火成岩として取り扱われることが多い。

閃長岩 SYENITE

岩石のタイプ 中性、深成岩、火成岩
主成分鉱物 カリ長石
副成分鉱物 斜長石、黒雲母、角閃石、輝石、準長石
色 灰、ピンク、赤
組織 中粒から粗粒

見た目が花崗岩に似ていて、まちがわれることがある。よく見ると、石英がほとんどないことから花崗岩と区別できる。構成鉱物はカリ長石、曹長石、微斜長石などのアルカリ長石とナトリウムに富んだ斜長石、それに黒雲母、普通角閃石、輝石などの苦鉄質の鉱物である。閃長岩は、少量の石英を含む石英閃長岩や、霞石などの準長石に富んだ霞石閃長岩など、いくつかの種類に分けられる。チタン石、燐灰石、ジルコン、磁鉄鉱、黄鉄鉱を少量含むこともがある。

閃長岩

粗粒玄武岩 DOLERITE

岩石のタイプ 苦鉄質、深成岩、火成岩
主成分鉱物 灰長石、輝石
副成分鉱物 石英、磁鉄鉱、橄欖石
色 暗灰から黒、しばしば白の斑点
組織 細粒から中粒

細粒から中粒の岩石で、3分の1から3分の2までカルシウムに富んだ斜長石で構成される。残りはおもに輝石である。ガラス質の部分を含まないところが通常の玄武岩と異なる。磁鉄鉱や橄欖石を含むこともあり、後者のタイプは橄欖石粗粒玄武岩と呼ばれる。色は暗灰から黒。ときに白の斑点も見られる。きわめて硬く堅牢。ふつうほかの岩石の裂け目に貫入した状態で見つかる。もっとも有名な利用例は紀元前3000年から紀元前2000年頃に建てられたイングランド、ストーンヘンジの巨石サークル。内周の「ブルーストーン」

海面からの高さが148mある円錐状の凝灰岩（ガラパゴス諸島、サン・クリストバル島、キッカー・ロック）

と呼ばれる粗粒玄武岩は、ウェールズから385kmの距離を海や川や陸を通って運ばれた。

暗灰色の粗粒玄武岩

斑れい岩 GABBRO

岩石のタイプ 苦鉄質、深成岩、火成岩
主成分鉱物 灰長石、輝石
副成分鉱物 橄欖石、磁鉄鉱
色 暗灰から黒
組織 中粒から粗粒

中粒から粗粒の岩石で、主にカルシウムに富んだ斜長石と輝石（普通輝石など）で構成される。英名はドイツの地質学者クリスチャン・レオポルド・フォン・ブッフによってイタリア、トスカナ州の町の名にちなんでつけられた。玄武岩と同じ化学組成を持った深成岩で、暗灰から黒色。橄欖石や粗い結晶の斜長石を多く含むので、鉱物組成、化学組成ともにとても変わりやすい。シリカ（ケイ酸成分）には乏しく、石英はめったに含まない。「黒御影」として売られる岩石の1つだが、斑れい岩自体も経済的に重要な資源であり、ニッケル、クロム、白金（プラチナ）などを含む。磁鉄鉱やチタン鉄鉱を含むものは鉄やチタンの資源として採掘される。広く分布するが、量は多くない。

層状の斑れい岩

橄欖岩 PERIDOTITE

岩石のタイプ 超苦鉄質、深成岩、火成岩
主成分鉱物 橄欖石、輝石
副成分鉱物 石榴石、クロム鉄鉱
色 暗緑から黒
組織 粗粒

深成岩の1種。粗粒、暗色で、密度が大きい。新鮮な状態では橄欖石、輝石、クロム鉄鉱を含む。風化すると、蛇紋石、滑石を含む蛇紋岩に変わる。橄欖石の割合は40％以上で、輝石の割合も大きい。地球を構成する主要な岩石であり、上部マントルをつくっている。造山帯でも橄欖石に富んだ塊や板状岩体の形で見つかる。含まれる鉱物のために経済的にも重要な岩石であり、クロムの主要な資源である。石榴石を含むことも多い。風化したものはニッケルの資源になる。変種であるキンバリー岩からはダイヤモンドが産出する。

緑色の橄欖岩

キンバーライト（キンバリー岩） KIMBERLITE

岩石のタイプ 超苦鉄質、火山岩、火成岩
主成分鉱物 橄欖石、輝石、雲母
副成分鉱物 石榴石、チタン鉄鉱、ダイヤモンド
色 暗灰
組織 細粒から粗粒/斑状

橄欖岩の変種。ダイヤモンドの主要な産出源である。暗灰色で、金雲母や苦礬石榴石、透輝石（クロムを含むもの）のよく発達した結晶ができる。また副成分としてチタン鉄鉱、蛇紋石、輝石、方解石、ルチル、灰チタン石、磁鉄鉱、ダイヤモンドを含む。ほぼ円形の断面を持つパイプ状の貫入岩体として生成する。岩体の直径はふつう1km以下。また急傾斜の貫入岩体としても産出する。楯状地の隆起した中央部で見つかることが多く、どれも白亜紀後期（1億年から6500万年前）に形成されたようである。ダイヤモンドを含むものは風化で黄色を帯び、「イエローグラウンド」と呼ばれる。

キンバーライトの標本

黒曜岩 OBSIDIAN

岩石のタイプ 珪長質、火山岩、火成岩
主成分鉱物 ガラス
副成分鉱物 赤鉄鉱、長石
色 黒、茶、赤
組織 ガラス質の基質と微細な斑晶

天然の火山ガラス。溶岩が急速に固まり、鉱物が結晶化する時間がないときにできる。黒曜岩という名は流紋岩に近い化学組成の火山性ガラスを基質とする岩石に対する呼称である。流紋岩溶岩流の辺縁部でよく見られる。色は典型的には漆黒だが、含有物に応じて変化する。赤鉄鉱（酸化鉄）を含めば赤や茶色になり、微細な気泡を含めば金色の光沢を帯びる。冷却後、放射状をなした白い針状結晶がいくつもできたものは「雪片黒曜岩」と呼ばれ、破断面にはそれが雪片のように散らばっているのが見える。火山ガラスは長い年数とともに結晶化し、内部が不透明になるので、透明感のある黒曜岩はたいていはどれも比較的新しい地質年代の岩石であることがわかる。

黒い黒曜岩

流紋岩 RHYOLITE

岩石のタイプ 珪長質、火山岩、火成岩
主成分鉱物 石英、カリ長石
副成分鉱物 ガラス、黒雲母、角閃石、斜長石
色 とても薄い灰から灰、薄いピンク
組織 細粒、斑状

花崗岩と同じ化学組成を持った火山岩。比較的希産。流紋岩の溶岩はとてもシリカ（ケイ酸成分）に富むとともに、粘りけが強いので、なかなか地表まで達さない。達しても、強い粘性のせいで火口から流れ出さず、火口上に盛り上がり、急峻な溶岩ドームをつくることが多い。たいていは薄い色で、粒はとても細かい。細粒の基質には比較的大きな結晶（斑晶）を含む。斑晶はふつう石英や玻璃長石（サニディン）だが、黒雲母、角閃石、輝石も見られる。

流紋岩の標本

斜長岩 ANORTHOSITE

岩石のタイプ 超苦鉄質、深成岩、火成岩
主成分鉱物 灰長石
副成分鉱物 橄欖石、輝石、石榴石
色 薄い灰から白
組織 中粒から粗粒

深成岩の1種で、90％以上がカルシウムに富んだ斜長石（細分すると曹灰長石、亜灰長石）で構成される。残りの10％は橄欖石、輝石、石榴石、鉄酸化物。色は薄く、白から灰。明瞭な結晶はふつう小さい。巨大な岩体をつくったり、苦鉄質（斑れい岩など）と超苦鉄質（橄欖岩など）のあいだに層をなしたりする傾向がある。地球上ではあまり一般的ではない岩石だが、月面にはごくふつうに見られ、でこぼこした薄い色の高地を古くから形成している。アメリカのニューヨーク州とモンタナ州、カナダの東部、南アフリカには巨大な岩体がある。

軽石 PUMICE

岩石のタイプ 火山岩、火成岩
起源 噴出岩
主成分鉱物 ガラス
副成分鉱物 長石、普通輝石、角閃石、ジルコン
色 白、黄、茶、黒
組織 細粒

振った炭酸飲料のボトルから泡が吹きこぼれるように、ガスで飽和した液体のマグマが噴出したときに生成する。冷却がとても早いので、泡の形を保ったまま固まって、気泡が空洞として残った火山ガラスになる。多孔質で、孔の形は固まる時の溶岩の流れる速度に応じて変わり、丸くなったり、長く伸びたり、あるいは管状になったりする。シリカ（ケイ酸成分）に富んだ溶岩からは白いものが、中性の溶岩からは黄や茶色のものが、シリカに乏しい溶岩からはめずらしい黒いもの（ハワイのものが有名）ができる。嵩密度がきわめて低いので、水に容易に浮く。似た条件で生じる黒曜岩に伴われることが多い。ただし黒曜岩はより高い圧力のもとで産する。

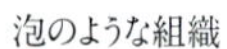

流紋岩の軽石

安山岩 ANDESITE

岩石のタイプ 中性、火山岩、火成岩
主成分鉱物 斜長石
副成分鉱物 輝石、角閃石、黒雲母
色 薄い灰から濃い灰、赤がかったピンク
組織 細粒、斑状

細粒または斑状の火山岩。閃緑岩と同じ化学組成を持つ。流紋岩とはちがい、石英を含まない。主に中性長石や灰曹長石などの斜長石と、輝石や黒雲母などの1つ以上の暗色の鉱物でできている。爆発的な噴火で噴出し、火山灰や凝灰岩とともに見つかることが多い。マグマの発泡でできた空隙が埋められたものは杏仁安山岩と呼ばれる。細粒の基質に長石や輝石などの斑晶が入っているものは、斑状安山岩という。

響岩 PHONOLITE

岩石のタイプ 中性、火山岩、火成岩
主成分鉱物 玻璃長石、灰曹長石
副成分鉱物 準長石、普通角閃石、輝石、黒雲母 | **色** 灰 | **組織** 細粒から中粒、斑状

粗面岩の1種。ただし石英の代わりに霞石や白榴石を含む。ふつう細粒緻密で、薄く丈夫な板状に割れる。その板を叩くと響きわたるような音が鳴ることから、響岩という名前がついた。含まれる暗色の鉱物は主にエジル輝石や普通輝石などの輝石である。日本での産出例は無く、近傍を含めても韓国・鬱陵島に粗面岩に伴って小規模に分布するのみであるが、ヨーロッパではありふれた岩石で、とくにドイツ、チェコ、イタリアなどの地中海地域ではふつうに見られる。ワイオミング州のデビルズ・タワー——古い火山岩頸（マグマの通り道がそのまま固まったもの）で、映画『未知との遭遇』で使われた——は、おそらく世界でもっとも有名な響岩だろう。

粗面岩 TRACHYTE

岩石のタイプ 中性、火山岩、火成岩
主成分鉱物 玻璃長石、灰曹長石
副成分鉱物 準長石、石英、普通角閃石、輝石、黒雲母 | **色** オフホワイト、灰、淡黄、ピンク | **組織** 細粒から中粒、斑状

閃長岩と同じ化学組成を持つ火山岩である。色や産状は流紋岩に似るが、石英はほとんど含まない。ざらざらした特徴的な組織を持ち、英名も「ざらざらした」という意味のギリシャ語にちなむ。ふつう斑状を見せ、細粒の基質に大きな結晶ができる。主な鉱物は玻璃長石で、ときに幅5cmの大きさの結晶に成長する。黒雲母、角閃石、輝石など、苦鉄質などの鉄とマグネシウムが豊富な黒い鉱物も少量含む。産地はアセンション諸島、アメリカのコロラド州、フランスのオーベルニュ、中央ヨーロッパのライン川流域。閃長岩・粗面岩・響岩などのアルカリ岩の系列は、日本のようなシリカに富む火成活動が活発な地域ではほとんど見られない。

粗面岩の標本

堆積岩

石灰岩 LIMESTONE

岩石のタイプ 海成、生物起源、堆積岩、（科学岩）
化石 海棲または淡水棲の無脊椎動物
主成分鉱物 方解石 | **副成分鉱物** 霰石、苦灰石、菱鉄鉱、石英、黄鉄鉱
色 白、灰、ピンク | **組織** 細粒から中粒、角ばった粒から丸い粒

とても大量に存在する岩石で、広範囲に分厚い地層として見つかる。主に方解石でできていて、色は黄、白、灰。酸性の水への反応で容易に判別できる。希塩酸や炭酸飲料などのなかに入れると、すぐにシュワシュワと音を立てて炭酸ガスを発する。ふつう温かく浅い海で、貝殻や珊瑚などの石灰質の骨格を持つ海棲生物の遺骸が堆積することで生成する。粒径と組織の組み合わせは、その石灰岩がどういう環境で生成したかを知る重要な手がかりになる。粗粒で化石に富むものもあれば、細粒で微晶質のものもある。

化石に富んだ石灰岩

苦灰岩 DOLOMITE

岩石のタイプ 海成、生物起源、堆積岩、（科学岩）
化石 無脊椎動物 | **主成分鉱物** 苦灰石
副成分鉱物 方解石 | **色** 灰から黄がかった灰
組織 細粒から中粒、結晶質

苦灰岩はほぼ苦灰石（カルシウムとマグネシウムの炭酸塩鉱物）だけでできた岩石である。大半のものは、石灰岩が苦灰石で交代されたものだと考えられている。石灰岩中の方解石（カルシウムの炭酸塩鉱物）がマグネシウム溶液に接触すると、苦灰石化作用と呼ばれるこの交代が生じる。苦灰岩はふつう石灰岩よりも化石に乏しい。これは苦灰石化作用の過程で化石が破壊されるためである。塩酸をかけたときの発泡がそれほどはげしくないことで石灰岩とは区別できる。新鮮なものは白から薄い灰色の石灰岩にとてもよく似ている。風化すると、黄がかった灰色に変わる。

苦灰岩の標本

チョーク CHALK

岩石のタイプ 海成、生物起源、堆積岩
化石 無脊椎動物、脊椎動物 | **主成分鉱物** 方解石 | **副成分鉱物** 石英、海緑石、粘土鉱物
色 白、灰、黄褐色
組織 極細粒、角ばった粒から丸い粒

白から灰色をした石灰岩の1種である。やわらかく細粒で、容易に粉々になる。方解石でできた海棲微生物の殻が成分の大半を占める。そのほかに海緑石、燐灰石、粘土鉱物などの鉱物が少量含まれる。またふつう海綿骨針、ケイ藻、放散虫の遺骸、チャートやフリントのノジュールも含まれている。莫大な量のチョークが堆積したのは、白亜紀（1億4200万年–6500万年前）である。白亜紀の英名も、ラテン語の「チョーク」に由来する。他の石灰岩同様、石灰やセメント、モルタル用の酸化カルシウムの原料になるほか、肥料や酸性土壌の中和剤として使われる。

チョークの標本

岩塩 ROCK SALT

岩石のタイプ 海成、蒸発岩、堆積岩
化石 なし
主成分鉱物 岩塩
副成分鉱物 カリ岩塩
色 白、橙茶、青
組織 粗粒から細粒結晶質

岩塩という鉱物でできた巨大な堆積岩である。西洋では一般には食塩として親しまれている。日本には産出が無く、日本の食塩のほとんどは海水から作られている。岩塩層を生成し、その厚さは1mからときに300m以上にも及ぶ。部分的に閉じた盆地で塩水が蒸発することでできたもので、ふつう石灰岩、苦灰岩、頁岩の層に挟まれる。また、石膏、硬石膏など、ほかの蒸発岩の層を伴う。採掘は今も、伝統的な地下掘削の方法で行われている。石油は石油頁岩から移動して、岩塩ドーム――ほかの地層に囲まれたドーム状の岩塩の塊――の下側に集まってくるので、岩塩は石油産業にとっても重要な岩石である。

塊状の岩塩

▷温泉華 TUFA

岩石のタイプ 陸成、化学岩、堆積岩
化石 稀
主成分鉱物 方解石またはシリカ鉱物（蛋白石など） | **副成分鉱物** 霰石
色 白 | **組織** 細粒、結晶質

温泉華という名は水から沈殿した2種類の堆積岩に使われる。1種は石灰華、もう1種は珪華である。石灰華はやわらかい多孔質の石灰岩の堆積物で、温泉水や湖水、地下水中の炭酸カルシウム（方解石）でできている。珪華は非晶質シリカの堆積物で、温泉や間欠泉の周りに急速に沈殿した細粒のシリカでできている。間欠泉の周りにできたものはガイゼライトと呼ばれる。ガイゼライトはシリカを含んだ超高温の水が冷めるときにでき、段々畑状をなすことも、噴出口の周りに円錐状をなすこともある。

長い年月をかけて浸食された温泉華の岩壁（トルコ、カッパドキア、ローズバレー）

ナバホ砂岩が鉄砲水で浸食されてできた峡谷（アメリカ、アリゾナ州のアンテロープ・キャニオン）

◁砂岩 SANDSTONE

岩石のタイプ 陸成、砕屑岩、堆積岩
化石 脊椎動物、無脊椎動物、植物
主成分鉱物 石英、長石
副成分鉱物 シリカ鉱物、方解石、霰石
色 クリームから赤
組織 細粒から中粒、角ばった粒から丸い粒

頁岩に次いでありふれた堆積岩である。地殻にある全堆積岩の10から20%を占める。砂粒（直径0.063-2mmの粒子）が固結してできたものだ。ふつう化学的な風化に強い石英の砂粒によって主に構成され、ほかの鉱物もさまざまな程度に含まれる。大量にあって、よく地表に露出し、岩石組織や鉱物組成のバラエティに富むので、浸食や堆積の過程を知る重要な手がかりになる。たいてい砂漠の砂岩の粒は丸みを帯び、川の砂粒は角ばり、浜辺の砂はその中間形をしている。砂は堆積したあと、粒と粒のあいだの隙間がシリカと炭酸カルシウム（と、ときに酸化鉄）によるセメント（膠結物）で埋められる。砂岩はしばしば層状をなして、堆積の経過を示すほか、漣痕（波状の模様）や水流で形成され砂堆による斜交層理（一般層面と斜めに交わった地層）などの堆積構造を見せる。また砂岩は岩石組織と構成鉱物にもとづいて分類される。たとえば、多量の雲母を含むものは雲母砂岩と呼ばれる。

礫岩 CONGLOMERATE

岩石のタイプ 海成、淡水成、氷河砕屑、堆積岩
化石 とても稀
主成分鉱物 あらゆる硬い鉱物が含まれうる
副成分鉱物 あらゆる鉱物が含まれうる
色 多様
組織 極粗粒、丸い砕屑物

直径2mm以上の丸みを帯びた岩石や鉱物の礫が集まって固結した岩石である。構成する礫の平均粒径により、細礫岩、中礫岩、大礫岩、巨礫岩に分類される。また「石英中礫岩」などというように、構成する岩石や鉱物の名を冠される場合もある。堆積した環境は、構成礫の並び方に示される。並び方がそろっているもの——1種類の岩石や鉱物の礫ででき、礫径が小さい——は、通常の水流によって長い年月をかけて形成され、並び方がそろっていないもの——礫径がさまざま——は、急流によって短いあいだにできたと考えられる。

大礫岩

石膏岩 ROCK GYPSUM

岩石のタイプ 海成、蒸発岩、堆積岩
化石 なし
主成分鉱物 石膏
副成分鉱物 硬石膏
色 白、ピンクがかった色、黄色み、灰
組織 中粒から細粒結晶質

主に石膏という鉱物で構成された堆積岩である。塩湖や塩田のほか、海水の蒸発でできた広い地層に産出する。ふつう粒状だが、繊維状の層もなす。石灰岩、苦灰岩、頁岩のなかにも層を形成する。岩塩や硬石膏との互層も見られる。経済的に重要な資源であり、加熱脱水して、焼き石膏にされる。焼き石膏は水と混ぜると、ふたたび石膏に戻って固まる性質がある。建築で装飾や型どり、漆喰壁に利用されるほか、医療でギプスに使われている。

塊状の石膏岩

角礫岩 BRECCIA

岩石のタイプ 海成、淡水成、氷河砕屑
化石 とても稀
主成分鉱物 あらゆる硬い鉱物が含まれうる
副成分鉱物 あらゆる鉱物が含まれうる
色 多様
組織 極粗粒、角ばった礫

礫岩と同じ大きさの礫——直径2mm以上——で構成されるが、通常の礫岩とちがい礫が角ばっている。礫に丸みがないことは、礫の運搬距離が短いか、まったくないことを意味する。角礫岩の形成の仕方には次のようないくつかのパターンがある。岩石が破壊され（降霜や地殻運動などで）、その後、そこで礫が固まってできるパターン。崖から崩落した岩片が崖下に積もってできるパターン。活断層地帯で、断層線に沿って破壊された岩片がその場で固まってできるパターンである。

角礫岩の標本

泥岩 MUDSTONE

岩石のタイプ 海成、淡水成、氷河砕屑、堆積岩
化石 無脊椎動物、脊椎動物、植物
主成分鉱物 粘土鉱物、石英
副成分鉱物 方解石
色 灰、茶、黒
組織 細粒、微粒子

その名のとおり、泥からできた灰色または黒の岩石である。頁岩同様、粘土やシルト大の粒子で構成されるが、堆積して岩石状に固まると、頁岩のように容易に薄い板に割れるということはない。見た目は硬い粘土に似ていて、日に焼かれた粘土のようなひび割れを生じる。構成鉱物は石英、長石、粘土鉱物、炭素系物質。方解石を多く含むものは、石灰質泥岩と呼ばれる。化石を含むこともある。数mの厚さをなした層も見られる。

頁岩 SHALE

岩石のタイプ 海成、淡水成、氷河砕屑、堆積岩
化石 無脊椎動物、脊椎動物
主成分鉱物 粘土、石英、方解石
副成分鉱物 黄鉄鉱、鉄酸化物、長石
色 灰
組織 細粒

堆積岩のなかでもっとも多い岩石である。地殻にある堆積岩の約70%を占める。ゆるやかな水流に運ばれて、深海底や浅い海の堆積盆地、川の氾濫原に堆積する。多量の粘土鉱物とそれに次ぐ量の石英、少量の鉄酸化物、化石、炭酸塩鉱物、有機物で構成される。均一の大きさの粒子でできている泥岩とちがい、頁岩は粘土やシルト大の粒子でできており、容易に薄い板状に割れる。色調は構成物に応じてさまざまに変わる。赤みや紫色は赤鉄鉱と針鉄鉱、青色、緑色、黒色は酸化鉄、灰色と黄みは方解石によるものである。

シルト岩 SILTSTONE

岩石のタイプ 海成、淡水成、氷河砕屑、堆積岩
化石 無脊椎動物、脊椎動物、植物
主成分鉱物 石英、長石
副成分鉱物 雲母、緑泥石、雲母粘土鉱物
色 灰からベージュ
組織 細粒、丸い粒から角ばった粒

砂岩と泥岩の中間サイズの粒子で構成される堆積岩。さまざまな環境で生成し、環境によって色や組織が異なる。典型的なものは赤色や灰色で、平らな層理面を見せる。硬く耐久性があり、容易には薄い板状に割れない。雲母を含むと、板石のような厚いシート状に割れることがある。緑泥石を多量に含む場合もある。シルト石の層ははっきりせず、層理面とは関係なく風化で斜めに割れる傾向がある。頁岩や砂岩に比べるとはるかに稀で、めったに厚い地層はつくらない。

シルト岩の標本

アルコーズ ARKOSE

岩石のタイプ 陸上、海成、淡水成、砕屑岩、堆積岩
化石 稀
主成分鉱物 石英、長石
副成分鉱物 雲母
色 ピンクがかった色から淡灰
組織 中粒、角ばった粒

ピンクを帯びた砂岩。ピンク色は長石粒子、とくにアルカリ長石を多く含むことによる。長石の含有率が高い――25%以上にも達する――ことが、ほかの砂岩と異なる。比較的粗粒の部類に入り、主に石英と長石の粒子で構成され、少量の雲母を含む。長石は化学的な風化で分解されやすいので、アルコーズは花崗岩や片麻岩起源の砂の急速な沈殿でできる。気候の厳しい場所や、急速に隆起した標高の高い場所で生成すると考えられている。

グレーワッケ（硬砂岩） GRAYWACKE

岩石のタイプ 海成、砕 屑岩、堆積岩
化石 稀
主成分鉱物 石英、長石、苦鉄質鉱物
副成分鉱物 緑泥石、黒雲母、粘土鉱物、方解石
色 灰、緑がかった灰
組織 細粒から中粒、角張った粒

汚い砂岩とも呼ばれる。粘土、石英、方解石からなる基質のなかに、粗粒から細粒の不ぞろいな石英、長石、暗色の苦鉄質鉱物（角閃石や輝石）を含む。見た目からは火成岩の玄武岩とよくまちがえられる。たいてい灰、茶、黄、黒といった色を帯び、硬い。粒が不揃いなのは、海底の乱泥流――大陸棚から深海へ勢いよく流れこむ、堆積物の混じった水塊――によって急速に堆積するためである。そのような堆積物は総じて「タービダイト（乱泥流堆積物）」と呼ばれる。

グレーワッケの標本

マール（泥灰岩） MARL

岩石のタイプ 海成、淡水成、砕屑岩、堆積岩
化石 脊椎動物、無脊椎動物、植物
主成分鉱物 粘土鉱物、方解石
副成分鉱物 海緑石、赤鉄鉱
色 多様
組織 細粒、角ばった粒

マールまたは石灰質泥岩という用語は、細粒鉱物の泥状混合物からなるさまざまな岩石に対して使われる。含まれる成分にはかなりの幅がある。海と淡水環境の両方の浅い水域で生成し、主に粘土鉱物と炭酸カルシウムで構成される。炭酸カルシウム成分はおおむね貝殻の破片由来だが、藻類の活動による沈殿物もある。ふつう白っぽい灰色か茶がかった色をしているが、海緑石や赤鉄鉱などの含有成分に応じて、灰色、緑色、赤色も見せる。

マールの薄片

緑色砂 GREENSAND

岩石のタイプ 海成、砕屑岩、堆積岩
化石 脊椎動物、無脊椎動物、植物
主成分鉱物 石英、海緑石
副成分鉱物 長石、雲母
色 緑 | **組織**

海緑石砂岩とも呼ばれる石英砂岩で、多量の海緑石と緑色雲母を含む。新鮮な表面は緑色だが、風化によって茶色に変わる。生成場所と考えられているのは、酸素に乏しく、有機物の遺骸に富み、堆積がゆっくり進む浅い海である。貝殻の破片や大きめの化石を含むことが多い。含有するカリウムは、放射年代測定に役立つ。イオン交換体としての特性を持つことから、水の軟化剤に使われる。また肥料にもなる。

緑色砂

雲母質砂岩 MICACEOUS SANDSTONE

岩石のタイプ 海成、淡水成、砕屑岩、堆積岩
化石 無脊椎動物、植物、脊椎動物
主成分鉱物 石英、長石、雲母
副成分鉱物 なし
色 淡黄褐色、緑、灰、ピンク
組織 中粒、角ばった粒から平らな粒

石英に加え、多量の雲母と長石を含むのが特徴である。中粒の岩石組織を持ち、粒子はよくそろっている。粒子の大半は角ばった形で、フレーク状の雲母を伴う。この雲母はふつう白雲母だが、ときに黒雲母も見られる。層理に沿って割れた面では、きらきらと輝く雲母のフレークがとりわけ目立つ。小さな雲母のフレークはとても軽く、地表ではたやすく風に吹き飛ばされてしまうので、雲母質砂岩は水中で堆積した可能性が高い。

雲母質砂岩

鉄岩 IRONSTONE

岩石のタイプ 海成、陸成、化学岩、堆積岩
化石 なし、稀に無脊椎動物
主成分鉱物 赤鉄鉱、針鉄鉱、シャモス石、磁鉄鉱、菱鉄鉱、褐鉄鉱、玉髄
副成分鉱物 黄鉄鉱、磁硫鉄鉱
色 赤、黒、灰、縞
組織 細粒から中粒、結晶質から角ばった粒、魚卵状

鉄岩とは鉄鉱物（赤鉄鉱、針鉄鉱、菱鉄鉱、シャモス石など）にとても富み、鉄を15%以上含む砂岩や石灰岩の総称である。色は含まれる鉄鉱物に応じて暗赤、茶、緑、黄を帯びる。現在はもう生成されていないため、生成の仕方についてはいくらか謎が残っている。多くは地球の初期、今ほど酸素濃度が高くなかったときにできたと考えられる。先カンブリア時代（5億年以上前）のものがふつうに見られるほか、それよりあとの2億4000万年以上前のものもよくある。

隕石 METEORITES

主成分鉱物 橄欖石、輝石、斜長石
副成分鉱物 多様
色 灰、緑がかった色、黄褐色、黒
組織 細粒から中粒

隕石は、肉眼で見える特徴にしたがって鉄質隕石、石鉄隕石、石質隕石の3つに分類される。鉄質隕石は主に金属鉄でき、不定量のニッケルを含む。石鉄隕石は鉄とケイ酸塩鉱物の混合物である。石質隕石はさらにコンドライトとエコンドライトに分類される。地上に落下する隕石のほとんど（全体の約8割）はコンドライトである。コンドライトは、太陽系が形成される際に地球などの惑星と同じ時期にできた。コンドリュールという球粒を含み、これは太陽系形成の比較的初期に宇宙空間で凝集したものである。一方、エコンドライト、鉄質隕石および石鉄隕石は地球以外の太陽系の天体で生まれ、分離したものだ。これらの多くはすでに崩壊した小惑星の地殻やマントルあるいは核にあったものと考えられているが、ごく一部、火星や月を起源とする隕石も確認されている。隕石は、地球に衝突するまで太陽の周りを回っていた岩石だ。地球にたまたまぶつかったこれらの岩石のほとんどのものは地表に達さず、大気圏の上層で摩擦熱により蒸発し、いわゆる流れ星になる。燃え尽きずに地表に達した物のみが「隕石」と呼ばれる。

変成岩

粘板岩（スレート）SLATE

岩石のタイプ 広域変成岩
温度 低
圧力 低
構造 葉片
主成分鉱物 石英、雲母、長石
副成分鉱物 黄鉄鉱、石墨
色 多様
組織 細粒
原岩 泥岩、シルト岩、頁岩、珪長質火山岩類

粘板岩は比較的薄い平らな板状に割れる「スレート開裂」で知られる。この特徴的な開裂は、雲母の微小結晶がすべて同一面上に並んでいることによる。面はもとの堆積層によるのでなく、変成作用によってできたものである。泥岩、シルト岩、頁岩、または珪長質の火山岩が地中に埋まって、低温低圧の環境にさらされることで粘板岩は生成する。色は鉱物組成や、原岩の堆積場所がどれほど酸化していたかで変わる。酸素にとても乏しい環境では黒くなり、酸素に富む環境では赤くなる。細粒の基質全体に粗粒の鉱物が散らばって、斑点模様を生み出すこともある。この斑点をつくる鉱物は典型的には菫青石と紅柱石である。

スレートの標本

千枚岩 PHYLLITE

岩石のタイプ 広域変成岩
温度 低から中 | **圧力** 低 | **構造** 葉片
主成分鉱物 石英、長石、白雲母、石墨、緑泥石
副成分鉱物 電気石、紅柱石、菫青石、黄鉄鉱、磁鉄鉱
色 銀がかった灰から緑がかった灰
組織 細粒
原岩 泥岩、頁岩、シルト岩、珪長質火山岩類

灰色から暗い灰色をした細粒の岩石で、雲母結晶による光沢が見られる。泥岩や頁岩など、細粒の堆積岩が埋没して、比較的低温低圧の環境に長期間さらされることで生成する。変成作用中に成長した大きな結晶が散らばっていることが多く、電気石、菫青石、紅柱石、十字石、黒雲母、黄鉄鉱を含む。粘板岩同様、雲母結晶が平行に並んだ面に沿って割れる傾向がある。ただし割れた面は粘板岩よりでこぼこしている。また薄い板状ではなく厚い板状に割れる。

波打った葉片状の千枚岩

▷片麻岩 GNEISS

岩石のタイプ 広域変成岩
温度 高 | **圧力** 高 | **構造** 葉片、結晶質
主成分鉱物 石英、長石
副成分鉱物 黒雲母、普通角閃石、石榴石、十字石 | **色** 灰、ピンク、多色
組織 粗粒
原岩 花崗岩、頁岩、花崗閃緑岩、泥岩、シルト岩、珪長質火山岩類

色や粒径の異なる鉱物が明瞭な帯状をなし、縞模様をつくっているのが特徴である。中粒から粗粒で、片岩のように面に沿って割れることはほとんどない。小さな標本ではわからないが、帯状の構造は褶曲している。ふつう石英と長石を多量に含む。ただし、英名は成分による名ではなく、組織や起源による名なので、それらの鉱物を含まなくてもこの名で呼ばれる。多くの山脈に伴われ、とても高い温度と圧力で堆積岩や花崗岩から生成する。建築資材や外装によく使われる。

片岩 SCHIST

岩石のタイプ 広域変成岩
温度 低から中 **圧力** 低から中 | **構造** 葉片
主成分鉱物 石英、長石、雲母
副成分鉱物 石榴石、緑閃石、普通角閃石、石墨、藍晶石
色 銀がかった灰、緑、青 | **組織** 中粒
原岩 泥炭、シルト岩、頁岩、珪長質火山岩類

波を打ってしわ状になった、またはでこぼこした外観をしている。成分はさまざまだが、雲母はきまって含まれる。たいていのものは白雲母、緑泥岩、滑石、黒雲母、石墨などの薄板状鉱物で構成され、しばしば明色の鉱物と暗色の鉱物による明瞭な層状を見せる。片岩にはいくつかの種類があり、青色片岩は青い藍閃石に富み、緑色片岩は緑色の鉱物である緑泥石、緑閃石、緑簾石に富む。石榴石片岩は多量に石榴石の結晶を含む。構成鉱物は原岩や変成の過程を知るための手がかりになる。

片岩

スコットランド、ハイランド地方で産出するルイジアン片麻岩

雷管石 FULGURITE

岩石のタイプ 接触変成岩
温度 極高 | **圧力** 低 | **構造** ガラス質（非晶質）
主成分鉱物 非晶質シリカ
副成分鉱物 多様 | **色** 灰、白
組織 ガラス質から砂質
原岩 ふつう砂

地面に落雷したときにできる岩石で、岩石名もラテン語の「落雷」にちなむ。溶けやすい岩石であればどんな岩石からも生成する。ただ、いちばん見つかりやすいのは砂漠で、砂が溶け、周りの遊離物質が吹き飛ばされるか、洗い流されるかしている場所である。岩石中では皮殻状、砂中では管状を見せる。木の枝状になることもある。管状の内側は溶けた砂粒やガラスの層で覆われ、外側は部分的に溶けた砂粒で覆われる。知られている最大のものは約5mの長さがある。実用的な使い途はないが、飾りにされるほか、収集品としての価値を持つ。

管状の雷管石

珪岩 QUARTZITE

岩石のタイプ 広域変成岩
温度 高 | **圧力** 低から高
構造 結晶質 | **主成分鉱物** 石英
副成分鉱物 雲母、藍晶石、珪線石
色 ほぼすべての色
組織 中粒 | **原岩** 砂岩

石英砂岩が埋没し、熱され、圧縮されることで生成する変成岩である。珪岩という呼び名は、岩石中の空隙に石英粒子がシリカとともに固まることで高密度化した堆積砂岩に対しても、用いられる。比較的純粋な石英の砂だけでできた変成珪岩は白から灰色になるが、ほかの鉱物が不純物として混ざると、その鉱物に応じて、さまざまな濃淡のピンク、赤、黄、橙色を見せる。変成珪岩はがっしりと組み合わさった石英の結晶ででき、堆積珪岩は丸い石英の粒子を含んでいる。

珪岩の標本

ホルンフェルス HORNFELS

岩石のタイプ 接触変成岩
温度 中から高 | **圧力** 低から高構造 結晶質
主成分鉱物 普通角閃石、斜長石、紅柱石、菫青石、その他
副成分鉱物 磁鉄鉱、燐灰石、チタン石
色 暗灰、茶、緑がかった色、赤みがかった色
組織 微粒から細粒
原岩 ほぼすべての岩石

深成岩の周囲で、700℃から800℃の高温で生成する。ほぼあらゆる岩石からできる。したがって鉱物組成は原岩の組成のほか、変成時の温度や溶液によって変わる。ふつう堅硬緻密で割れにくい。とても細かい粒子からなり、ガラス質のこともある。色は暗灰、赤みがかった色、緑がかった色、茶で、全体に均一なことが多い。基質に石榴石の大きな結晶を含むものは柘榴石ホルンフェルス、菫青石の大きな結晶をを含むものは菫青石ホルンフェルスと呼ばれる。黒っぽいものは玄武岩とまちがわれやすい。

角閃岩 AMPHIBOLITE

岩石のタイプ 広域変成岩
温度 低から中 | **圧力** 低から中
構造 葉片、結晶質
主成分鉱物 普通角閃石、緑閃石
副成分鉱物 長石、方解石、輝石
色 灰、黒、緑がかった色 | **組織** 粗粒
原岩 玄武岩、グレーワッケ、苦灰岩

角閃石族鉱物（黒または暗緑の普通角閃石、透閃石、緑閃石）を主成分とする暗色、粗粒の岩石。苦鉄質の火成岩のほか、グレーワッケなどの堆積岩の変成でできる。主に角閃石族鉱物で構成されるが、長石、輝石、石榴石の微粒子を含むこともある。鉱物粒子はきれいに並んでいて、ときに岩石に帯模様をつくる。変成岩の分類で主要グループを形成する1つで、中温から高温（500℃）、中圧から高圧の条件で生成する。

ミグマタイト MIGMATITE

岩石のタイプ 広域変成岩
温度 高 | **圧力** 高 | **構造** 葉片、結晶質
主成分鉱物 石英、長石、雲母
副成分鉱物 多様
色 帯状で、灰白から暗灰、ピンク、白
組織 粗粒
原岩 花崗岩、片麻岩のほか多様

ミグマタイトとは「混合した岩石」という意味で、片岩や片麻岩に火成岩の花崗岩が互層状ないし脈状に含まれている岩石を指す。火成岩と変成岩が接する場所で生じる。ときに花崗岩の層が鋭く折れ曲がっていることがある。これは花崗岩マグマと接触した熱で、変成岩が軟化したり、部分的に溶けたりするためである。ミグマタイトの花崗岩部分は粒状の石英と長石ででき、片岩と片麻岩部分は石英、長石、その他の暗色の鉱物でできている。地殻の深い所で生成する岩石であることから、浸食された山脈の麓で見つかる。

ミグマタイトの標本

白粒岩（グラニュライト） GRANULITE

岩石のタイプ 広域変成岩
温度 高 | **圧力** 高 | **構造** 結晶質
主成分鉱物 長石、石英、石榴石
副成分鉱物 スピネル、コランダム
色 灰、ピンクがかった色、茶色がかった色、
斑点 | **組織** 中粒から粗粒
原岩 珪長質の火成岩と堆積岩

地殻の深部で、高温高圧で生成する粗粒の変成岩である。均一な粒でできていて、名もそこからついた。堅牢な塊状で、ふつう透輝石や紫蘇輝石などの輝石、石榴石、灰長石、石英、橄欖石を豊富に含む。鉱物組成は片麻岩とほぼ同じだが、粒がもっと細かく、帯状がそれほど明瞭ではなく、石榴石の量が多い。大陸地殻の深部の標本をもたらしてくれる岩石として、地質学者にはとくに興味を持たれている。変成度がもっとも高い部類に入る変成岩である。

石榴石をともなった白粒岩

▷大理石（マーブル） MARBLE

岩石のタイプ 広域変成岩、接触変成岩
温度 高 | **圧力** 低から高
構造 結晶質 | **主成分鉱物** 方解石
副成分鉱物 透輝石、透閃石、緑閃石、アクチノ閃石
色 白、ピンク | **組織** 細粒から粗粒
原岩 石灰岩、苦灰岩

石灰岩や苦灰岩を原岩とする粒状の変成岩で、熱と圧力で変成する。変成の仕方には2通りあり、地殻の古層深くに埋まった石灰岩や苦灰岩が、地球深部の高温と、上を覆う厚い堆積岩層の圧力で変成する場合と、貫入したマグマとの接触で変成する場合がある。純粋な石灰岩からできた大理石は方解石しか含まないが、もとの石灰岩に不純物があれば、それらが変成作用の過程で再結晶化する。不純物としてよく見られる鉱物は石英、雲母、石墨、鉄酸化物、微小結晶の黄鉄鉱である。不純物は原岩のなかで薄い層をなしているので、大理石に帯状や渦巻き状で現われることがある。脈状の模様のある大理石は、割れたり、砕けたりしてできた既存の大理石の空隙がほかの鉱物で埋められることでできる。

折れ曲がり、風化した層状の大理石（チリ、ヘネラル・カレーラ湖、マーブル・ケーブ）

7 用語集および索引

用語集

アステリズム
宝石に星のような4条または6条の光のすじが現われる現象。サファイヤやルビーの一部など、特定の宝石をカボションカットしたときに見られる。ルチルなど平行に配列した繊維状から針状の内包された結晶に光が反射することで生じる光学的な現象である。

アデュラレッセンス
カボションのムーンストーン等に現れる、青みがかったミルキーな光。

イリデッセンス
宝石内部の物質に光が反射して、虹色を生ずる現象。

インクルージョン
結晶の内部に取り込まれたほかの鉱物の結晶や小片。宝石種の同定に役立つことがある。内包物、包有物とも。

インタリオ
図柄を地よりも低く彫った細工。カメオと反対の彫り方。「カメオ」参照。

隠微晶質
肉眼では識別できないぐらい小さな結晶で構成されていること。

オパレッセンス
「アデュラレッセンス」参照。

ガードル
カットされた宝石を上から見たときにもっとも広い部分。クラウンとパビリオンの境界をなす。(p28参照)

塊状
鉱物集合体が明瞭な形をなさないか、結晶そのものが不定形の塊として現われている状態。

回折
光など波が障害物の背後に回りこむ現象。回折により光の干渉が起き、縞模様や斑点模様が見える現象を指すこともある。

火成岩
マグマが冷えて固まってできた岩石の総称。

仮像
鉱物が結晶の外形を保ったまま、別の鉱物種に変わったもの。

カット
原石に研磨を施し、形を整えること。また、仕上がった宝石の形のこと。形状はブリリアントカットのようにクラウンとパビリオンを持つもの、カボション、フリーフォーム等がある。輪郭はラウンド、クッション、レクタンギュラー（長方形）等が見られる。面はブリリアント、ステップ、ファンシー等に取られる。これらが組み合わされて、宝石のさまざまなカットが生まれる。

カメオ
層状の石や貝殻に施された浅い浮き彫りのデザイン。

ガラス光沢
ガラスのような光沢。宝石種に最もよく見られる。

カラット（金の純度）
金の純度を表わす単位。純金と他の金属との重量比。純金は24カラット。4分の3が金であれば18カラット。「カラット（宝石の重さ）」とは異なる。

カラット（宝石の重さ）
宝石の重さの単位。1カラットは0.2g。金の純度を示す単位も「カラット」といわれるので、注意が必要。「カラット（金の純度）」参照。

岩石
複数、ときには1種の鉱物の結晶粒の集合体。地球の地殻を構成する。

貫入岩
火成岩の1種で、地中でほかの岩石中に押し入って固まったマグマの塊。

キュレット
カットされた宝石において、最下部の尖った部分のこと。

屈折
光が1つの媒質から別の媒質に入るとき、その境界面で光の進む方向が変わること。

屈折率
媒質の境界で、光の進行速度の変化、すなわち光の進行方向の変化を示す尺度。宝石や鉱物種の同定に使われることがある。

クラウン
カットされた宝石において、ガードルよりも上の部分のこと（p28参照）。

蛍光
一部の宝石が紫外線に当たったときに発する光。結晶構造に含まれた不純物によって生じる。

結晶
内部に規則的に繰り返される原子配列=結晶構造を持った固体。結晶構造にもとづいた結晶外形をつくるとともに、特有の物理特性や光学特性を示す。

結晶構造
結晶内部の原子配列。すべての結晶はその原子配列の対称性により、立方晶系、正方晶系、六方晶系、三方晶系、直方晶形、単斜晶系、三斜晶系のどれかの晶系に分類される。

結晶面
結晶が結晶構造に基づいた外形に成長したときにできる天然の平らな表面。

原石
加工される前の宝石。

元素鉱物
ほかの元素と結合せずに単一の元素で構成された鉱物。

鉱石
資源となる商業的に価値のある岩石や鉱物。

光沢
反射や内部反射によって生じる宝石の輝き。

鉱物
地質作用によりできた固体物質。ほとんどは結晶質。化学組成と結晶構造により鉱物種が定義される。

自色宝石
微量成分ではなく、主要成分（本質成分）に由来する色をした宝石。

シャトヤンシー
キャッツアイ効果。カボション面にネコの目のような1条の光の帯が見えること。

樹枝状
枝を伸ばした樹木のように見える結晶集合体の形態。

条線
結晶面に見られる平行な溝や線。

晶洞
岩石中の空隙で、結晶によって壁面が覆われたもの。球形であることが多い。

シラー効果
宝石が鮮やかな虹色を呈すること。微細な棒状の内包物によって生じることが多い。イリデッセンスの1種。

針状
晶形の1つで、柱状よりも細長く、繊維状よりも太い針のような形のものを指す。

生体起源の宝石
生体起源の物質でできた宝石。

セッティング
装身具に宝石を留める技法。石留め。

潜晶質
顕微鏡下でも個々の結晶が区別しにくいほど微細な結晶粒で構成されていること。

双晶
2個以上の同種の結晶が化学結合の配列を維持しながら特定の角度で接して成長しているもの。

堆積岩
礫、砂・泥、火山灰、生物遺骸などの粒子が、海底、湖底などや地表に堆積し、続成作用を受けてできた岩石。

ダイヤモンド光沢
ダイヤモンドに見られるようなとても強い光沢。

多形
同じ化学組成（化学成分）でありながら、複数の異なる原子配列（結晶構造）がある物質相互の関係性。同質異像、とも。

多色性
見る角度によって色がちがって見える結晶の性質。

他色宝石
微量成分に由来する色をしていて、それがなければ無色あるいは異なる色になる宝石。

断口
劈開面以外の方向に割れた鉱物の割れ口。不規則な形になることが多い。

タンブル研磨
樽状の容器に研磨剤とともに宝石を入れ、回転させること。宝石を丸くし、磨く工程で行われる。

柱状
鉱物の晶形の1つ。平行する長方形の側面で囲まれる。

沈殿
液体中や気体中の物質が固体微粒子として沈み積もること。

テーブル面
宝石で、クラウン上部の中央の面（p28参照）。

パビリオン
ファセッティングされた宝石の下部。ガードルより下の部分（p28参照）。

斑晶
火成岩の基質中に散在する比較的大粒の結晶。岩石に斑晶組織を与える。

比重
ある物質（鉱物）の重さと、同じ体積の水の重さとの比率。密度（単位体積当たりの重さ）にほぼ等しい。

漂砂鉱床
風化によって砂礫にほぐれた鉱物の結晶粒が、水や風で運搬されるとともに、比重の違いで川や海岸の特定箇所に集積してできた鉱床。

ファイヤー
「分散」参照。

ファセット/ファセッティング
宝石に複数の平らな面（ファセット）をつくり、磨くこと。宝石のカット名は、ファセットの面数や形にもとづいてつけられている。

複屈折
光線が結晶の中に入ったとき、その方向に依って2つの光線に分かれること。2つの光線はそれぞれ別の速さで進む結果、異なる屈折率を示す。

分散
屈折率が波長により異なる物質を通過するとき、構成色——虹の色——に分かれること。宝石の分散光はファイヤーと呼ばれる。

劈開
結晶が原子の結合の弱い方向に沿って直線的に割れる性質。

ペグマタイト
大粒の結晶からなることが特徴の火成岩。

ベゼル
宝石を囲うように固定する貴金属の台座。石留め方法など。

変種
宝石においては、別種に分類するほど顕著ではないが、互いに似た特徴を持っている亜種のこと。

変成岩
既存の岩石が熱や圧力、あるいはそれらの両方の作用を受けて別の岩石に変わったもの。

宝石研磨職人
宝石のカットや研磨を行う専門技能を持つ技術者。

母岩
鉱物を内包する岩石。

脈状
ほかの岩石を薄い層状に貫く岩石または鉱物の塊。

モース硬度
擦り合わせたときの傷つきにくさにもとづく、鉱物の硬さの相対尺度。

粒状
平らでもなく、細長くもない、立方体や正八面体などのような等方的な形状。

両角錐状
2つの錐体の底面どうしを合わせた形。

菱面体
立方体が斜めになったような形。結晶面が正方形から菱形に変形する特徴がある。結晶の外形を表わす表現。

英和対照表

A

Acanthite	針銀鉱
Achroite	アクロアイト（トルマリン）
Adamite	アダム石
Adularia	氷長石（アデュラリア）
Aegirine	エジリン輝石（錐輝石）
Agate	アゲート（めのう）
Alabaster	アラバスター／石膏
Albite	アルバイト／曹長石
Alexandrite	アレキサンドライト
Allanite	褐簾石（アラナイト）
Allophane	アロフェン
Almandite	アルマンディン（鉄礬石榴石）
Alunite	明礬石
Amazonite	アマゾナイト（天河石）
Amber	琥珀
Amblygonite	アンブリゴナイト／アンブリゴン石
Amethyst	アメシスト
Ametrine	アメトリン
Ammolite	アンモライト
Amphibolite	角閃岩
Analcime	方沸石
Anatase	鋭錐石（アナターゼ）
Andalusite	アンダリュサイト／紅柱石
Andesine	中性長石（アンデシン）
Andesite	安山岩
Andradite	アンドラダイト（灰鉄石榴石）
Anglesite	硫酸鉛鉱
Anhydrite	硬石膏
Ankerite	アンケル石
Anorthite	灰長石（アノーサイト）
Anorthoclase	曹微斜長石（アノーソクレース）
Anorthosite	斜長岩
Anthophyllite	直閃石
Anthracite	アンスラサイト（無煙炭）
Apatite	アパタイト／燐灰石
Apophyllite	魚眼石
Aquamarine	アクアマリン／緑柱石
Aragonite	アラゴナイト／霰石
Arfvedsonite	アルベゾン閃石
Arkose	アルコーズ
Arsenopyrite	硫砒鉄鉱
Astrophyllite	星葉石
Atacamite	アタカマ石
Augite	普通輝石
Aurichalcite	水亜鉛銅鉱（オーリカルサイト）
Autunite	燐灰ウラン鉱
Aventurine	アベンチュリン
Axinite	アキシナイト／斧石
Azurite	アズライト／藍銅鉱

B

Baryte	バライト／重晶石
Barytocalcite	重土方解石
Basalt	玄武岩
Bauxite	ボーキサイト
Benitoite	ベニトアイト／ベニト石
Beryl	ベリル／緑柱石
Biotite	黒雲母
Bismuthinite	輝蒼鉛鉱
Bloodstone	ブラッドストーン（血玉髄）
Boracite	方硼石
Borax	硼砂
Bornite	斑銅鉱
Boulangerite	ブーランジェ鉱
Bournonite	車骨鉱
Bowenite	ボーエナイト（ボーエン石）
Brazilianite	ブラジリアナイト／ブラジル石
Breccia	角礫岩
Brochantite	ブロシャン銅鉱
Bronze	ブロンズ（青銅）
Bronzite	ブロンザイト（古銅輝石）
Brookite	板チタン石
Brucite	水滑石
Bytownite	バイタウナイト／亜灰長石

C

Calamine	カラミン（酸化亜鉛）
Calcite	カルサイト／方解石
Calomel	角水銀鉱（甘汞）
Cancrinite	灰霞石
Carbonate	炭酸塩鉱物
Carnallite	カーナライト
Carnelian	カーネリアン（紅玉髄）
Carnotite	カルノー石
Cassiterite	カシテライト／錫石
Cat's-eye	キャッツアイ
Cavansite	カバンシ石
Celestine	セレスティン／天青石
Celsian	重土長石（セルシアン）
Cerussite	セルッサイト／白鉛鉱
Chabazite	菱沸石
Chalcanthite	胆礬
Chalcedony	カルセドニー（玉髄）
Chalcocite	輝銅鉱
Chalcophyllite	葉銅鉱
Chalcopyrite	黄銅鉱
Chalk	チョーク
Chamosite	シャモス石
Childrenite	チルドレン石
Chlorargyrite	塩化銀鉱
Chloritoid	硬緑泥石（クロリトイド）
Chondrodite	コンドロド石
Chromite	クロム鉄鉱
Chromphyllite	クロム雲母
Chrysoberyl	クリソベリル／クリソベリル（金緑石）
Chrysocolla	クリソコーラ／珪孔雀石
Chrysoprase	クリソプレーズ（緑玉髄）
Chrysotile	クリソタイル
Cinnabar	辰砂
Citrine	シトリン
Clinochlore	クリノクロア
Clinoclase	クリノクレース
Clinozoisite	斜灰簾石
Cobaltite	輝コバルト鉱
Colemanite	灰硼石（コールマン石）
Columbite	鉄コルンブ石
Conglomerate	礫岩
Copal	コーパル
Copper	コッパー／自然銅
Coral	珊瑚
Cordierite	菫青石（コーディエライト）
Corundum	コランダム（鋼玉）
Covellite	銅藍
Crocoite	紅鉛鉱
Cryolite	氷晶石
Cuprite	キュプライト／赤銅鉱
Cyanotrichite	青針銅鉱

D

Danburite	ダンビュライト／ダンブリ石
Datolite	ダトー石
Demantoid	ディマントイド
Diamond	ダイヤモンド
Diaspore	ダイアスポア
Diopside	ダイオプサイド／透輝石
Dioptase	ダイオプテーズ／翠銅鉱（ダイオプテース）
Diorite	閃緑岩
Dolerite	粗粒玄武岩
Dolomite	苦灰石・苦灰岩
Dufrenite	デュフレノア石
Dumortierite	デュモルティエライト／デュモルティエ石

E

Emerald	エメラルド
Enargite	硫砒銅鉱
Enstatite	エンスタタイト／頑火輝石
Epidote	エピドート／緑簾石
Epsomite	瀉利塩（エプソム石）
Erythrite	コバルト華
Euchroite	ユークロイア石（ユークロアイト）
Euclase	ユークレイス

F

Ferberite	鉄重石
Fergusonite	フェルグソン石
Flos Ferri	フロスフェリ
Fluorite	フルオライト／蛍石（フローライト）
Fossil	化石
Franklinite	フランクリン鉱
Fuchsite	フックス雲母
Fulgurite	雷管石

G

Gabbro	斑れい岩
Gadolinite	ガドリン石
Gahnite	亜鉛スピネル
Galena	方鉛鉱
Garnet	ガーネット／石榴石
Gibbsite	ギブス石（ギブサイト）
Glauberite	グラウバー石
Glaucodot	グローコドート鉱
Glauconite	海緑石
Glaucophane	藍閃石
Gmelinite	グメリン沸石
Gneiss	片麻岩
Goethite	針鉄鉱
Gold	ゴールド／自然金
Goshenite	ゴシェナイト
Granite	御影石／花崗岩
Granodiorite	花崗閃緑岩
Granulite	グラニュライト（白粒岩）
Graywacke	グレーワッケ（硬砂岩）
Greenockite	硫カドミウム鉱
Greensand	緑色砂
Grossular(ite)	グロシュラー（灰礬石榴石）
Gypsum	ジプサム／石膏

H

Halide	ハロゲン化鉱物
Halite	岩塩
Harmotome	重土十字沸石
Hauerite	ハウエル鉱
Haüyne	アウイン／藍方石
Hedenbergite	灰鉄輝石
Heliodor	ヘリオドール
Helvine	ヘルビン
Hematite	ヘマタイト／赤鉄鉱
Hemimorphite	異極鉱（ヘミモルファイト）
Herderite	ヘルデル石

Hessonite ヘソナイト（黄石榴石）
Heulandite 輝沸石
Hiddenite ヒデナイト
Hornblende 普通角閃石
Hornfels ホルンフェルス
Howlite ハウライト／ハウ石
Hübnerite マンガン重石
Humite ヒューム石
Hyalophane ハイアロフェン
Hypersthene ハイパーシーン（紫蘇輝石）

I

Ice 氷
Idocrase アイドクレース
Ilmenite チタン鉄鉱
Ilvaite 珪灰鉄鉱
Indicolite インディコライト
Iolite アイオライト
Ironstone 鉄岩

J

Jade ジェード
Jadeite ジェーダイト／ひすい輝石（硬玉）
Jamesonite 毛鉱
Jasper ジャスパー（碧玉）
Jet ジェット（黒玉）

K

Kaolinite カオリナイト
Kernite カーン石
Kornerupine コーネルピン
Kunzite クンツァイト
Kyanite カイアナイト／藍晶石

L

Labradorite ラブラドライト／曹灰長石
Lapis lazuli ラピス・ラズリ（青金石）
Larimar ラリマー
Laumontite 濁沸石
Lazulite ラズーライト／天藍石
Lazurite ラズライト（瑠璃）／青金石
Lepidocrocite 鱗鉄鉱
Lepidolite リチア雲母
Leucite 白榴石
Libethenite 燐銅鉱
Limestone ライムストーン／石灰岩
Limonite 褐鉄鉱
Lithium リチウム

M

Magnesite 菱苦土鉱
Magnetite 磁鉄鉱
Malachite マラカイト／孔雀石
Manganite 水マンガン鉱
Magnesiotaaffeite 苦土ターフェ石
Marble マーブル／大理石
Marcasite マーカサイト（白鉄鉱）
Marl マール（泥灰岩）
Meerschaum メシャム
Melanterite 緑礬
Mesolite 中沸石
Micaceous sandstone 雲母質砂岩
Microcline 微斜長石（マイクロクリン）
Migmatite ミグマタイト
Milky quartz ミルキークォーツ（乳水晶）
Millerite 針ニッケル鉱
Mimetite ミメット鉱
Moldavite モルダバイト（モルダウ石）
Molybdenite 輝水鉛鉱
Monazite モナズ石（モナザイト）
Monticellite モンチセライト
Moonstone ムーンストーン（月長石）／微斜長石
Morganite モルガナイト
Mother-of-pearl マザーオブパール（真珠層）
Mudstone 泥岩
Muscovite 白雲母

N

Nepheline 霞石（ネフェリン）
Nephrite ネフライト（軟玉）／透閃石（トレモライト）
Nickeline 紅砒ニッケル鉱
Norbergite ノルベルグ石
Nosean ノゼアン

O

Obsidian オブシディアン／黒曜岩
Okenite オーケン石
Oligoclase 灰曹長石（オリゴクレース）
Olivenite オリーブ銅鉱
Olivine 橄欖石
Onyx オニキス（縞めのう）
Opal オパール／蛋白石（オパル）
Orpiment 雄黄（オーピメント、石黄）
Orthoclase オーソクレーズ／正長石（オルソクレース）
Oxides 酸化鉱物

P

Peal 真珠（パール）
Peanut wood ピーナッツウッド（珪化木）
Pectolite ソーダ珪灰石（ペクトライト）
Pegmatite ペグマタイト
Pentlandite ペントランド鉱
Peridot ペリドット／苦土橄欖石
Peridotite 橄欖岩
Perovskite 灰チタン石（ペロブスカイト）
Petalite ペタライト／葉長石
Pezzottaite ペツォッタイト
Pharmacosiderite 毒鉄鉱
Phenakite フェナカイト／フェナス石
Phillipsite 十字沸石
Phlogopite 金雲母
Phonolite 響岩
Phosphates リン酸塩鉱物
Phosphates 燐酸塩鉱物
Phosphophyllite フォスフォフィライト／燐葉石
Phyllite 千枚岩
Piemontite 紅簾石（ピーモンタイト）
Pigeonite ピジョン輝石
Platinum プラチナ／自然白金
Pollucite ポルサイト／ポルクス石
Polybasite 雑銀鉱
Prehnite プレーナイト／ぶどう石
Proustite 淡紅銀鉱
Pumice 軽石
Pyrargyrite 濃紅銀鉱
Pyrite パイライト／黄鉄鉱
Pyrochlore 水酸灰パイロクロア
Pyrolusite 軟マンガン鉱
Pyromorphite 緑鉛鉱
Pyrope パイロープ（苦礬石榴石）
Pyrophyllite 葉蠟石
Pyrrhotite 磁硫鉄鉱

Q

Quartz 水晶／石英
Quartzite 珪岩

R

Realgar 鶏冠石
Rhodochrosite ロードクロサイト／菱マンガン鉱
Rhodonite ロードナイト／薔薇輝石
Rhyolite 流紋岩
Richterite リヒター閃石
Riebeckite リーベック閃石
Rock crystal 水晶
Rock gypsum 石膏岩
Rock salt 岩塩
Romanèchite ロマネシュ鉱
Rubellite ルーベライト
Ruby ルビー
Rutilated quartz ルチルクォーツ（針入り水晶）
Rutile ルチル／ルチル（金紅石）

S

Sandstone サンドストーン／砂岩
Sanidine 玻璃長石（サニディン）
Sapphire サファイヤ
Sard サード
Sardonyx サードニクス（紅縞めのう）
Satin spar 繊維石膏
Scapolite スキャポライト／柱石
Scheelite シーライト／灰重石
Schist 片岩
Schorl ショール
Scolecite スコレス沸石
Scorodite スコロド石
Selenite セレナイト（透明石膏）
Sepiolite セピオライト／セピオライト（海泡石）
Serpentine サーペンティン／蛇紋石
Shale 頁岩
Shell シェル（貝殻・甲羅）
Siderite 菱鉄鉱
Silicates ケイ酸塩鉱物
Sillimanite シリマナイト／珪線石
Siltstone シルト岩
Silver シルバー／自然銀
Slate スレート（粘板岩）
Smithsonite スミソナイト／菱亜鉛鉱
Smoky quartz スモーキークォーツ（煙水晶）
Soapstone ソープストーン（石鹸石）
Sodalite ソーダライト／方ソーダ石
Spessartite スペサルティン（満礬石榴石）
Sphalerite スファレライト／閃亜鉛鉱
Sphene スフェーン
Spinel スピネル／スピネル（尖晶石）
Spodumene スポジュメン（リチア輝石）
Stannite 黄錫鉱
Staurolite スタウロライト／十字石
Stealite ステアタイト
Steinheilite スタインハイライト
Stephanite ステファン鉱
Stibnite 輝安鉱
Stilbite 束沸石
Strontianite ストロンチアン鉱
Sugilite スギライト／杉石
Sulfates 硫酸塩鉱物
Sulfides 硫化鉱物
Sunstone サンストーン（日長石）
Syenite 閃長岩
Sylvanite シルバニア鉱
Sylvite カリ岩塩

T

Taaffeite ターフェアイト／ターフェ石
Talc 滑石（タルク）
Talc soapstone タルクソープストーン
Tanzanite タンザナイト／灰簾石（ゾイサイト）
Tektite テクタイト
Tennantite 砒四面銅鉱
Teredo wood テレードウッド
Tetrahedrite 安四面銅鉱
Thomsonite トムソン沸石
Thulite チューライト（桃簾石）
Tin スズ（錫）
Titanite タイタナイト（チタン石、楔石）
Titanium チタン
Topaz トパーズ／トパーズ（黄玉）
Torbernite 燐銅ウラン石
Tortoiseshell 鼈甲
Tourmaline トルマリン／電気石・リチア電気石
Trachyte 粗面岩
Travertine トラバーチン（カルサイト）
Tremolite 透閃石（トレモライト）
Triplite トリプライト
Trona トロナ
Tsavorite ツァボライト
Tufa 温泉華
Tuff 凝灰岩
Tungsten タングステン
Turquoise トルコ石（ターコイズ）

U

Ulexite ウレックス石
Unakite ユナカイト
Uraninite 閃ウラン鉱
Uvarovite ウバロバイト（灰クロム石榴石）

V

Vanadinite 褐鉛鉱
Variscite バリサイト／バリシア石（バリッシャー石）
Vermiculite 苦土蛭石（バーミキュライト）
Vesuvianite ベスビアナイト（ベスブ石）
Violane バイオレーン
Vivianite 藍鉄鉱

W

Wavellite 銀星石
Willemite 珪亜鉛鉱
Witherite 毒重土石
Wollastonite 珪灰石
Wulfenite モリブデン鉛鉱

X

Xenotime ゼノタイム

Z

Zinc ore 亜鉛鉱石
Zincite 紅亜鉛鉱
Zinkenite ジンケン鉱
Zinnwaldite チンワルド雲母
Zircon ジルコン／ジルコン（風信子石）
Zoisite 灰簾石（ゾイサイト）
Zultanite ズルタナイト

索引

*は立項のある語を示す

あ

か

な

は

ま

や

ら

わ

Acknowledgments

The publisher would like to thank the following for their work on this book:
Contributors: Ronald Bonewitz, Iain Zaczek, Alison Sturgeon, Alexandra Black. UK consultant: Andrew Fellows. Indexer: Margaret McCormack. Editorial assistance: Fergus Day, Richard Gilbert, Georgina Palffy, Helen Ridge, Anna Limerick, Kate Taylor, Sam Atkinson, Kathryn Hennessy. Design assistance: Phil Gamble, Saffron Stocker, Phil Fitzgerald, Steve Crozier, Tom Morse, Ray Bryant, Paul Reid at cobalt id, Vanessa Hamilton. DTP Designers: Syed Mohammad Farhan, Vijay Kandwal, Ashok Kumar, Mohammad Rizwan. Additional photography: Gary Ombler, Richard Leeney.

Dorling Kindersley would especially like to thank the following for their assistance:
Robert Acker Holt, Samantha Lloyd, and all at **Holts Gems** for kindly allowing us to photograph their collection; **The Al Thani Collection**; Laura Behaegel and Harriet Mathias at **Cartier**; Judy Colbert at the **GIA** (Gemological Institute of America); Benjamin Macklowe and Antonio Virardi at the **Macklowe Gallery**; Sonya Newell-Smith at the **Tadema Gallery**; Kealy Gordon and Ellen Nanney at the **Smithsonian Institution**; Megan Taylor at **Luped** for picture research assistance.

The publisher would like to thank the following for their kind permission to reproduce their photographs:

(Key: a-above; b-below/bottom; c-centre; f-far; l-left; r-right; t-top)
© 2016 Smithsonian Institution, Washington, DC: Cooper-Hewitt, National Design Museum 215cr, 215bl, National Museum of Natural History / Chip Clark 5tr, 6ftl, 27 (C), 46, 54tr, 54br, 56tl, 70, 71bc, 72fbr, 76fcr, 77tl, 113tl, 116c, 132, 152tl, 152cr, 159br, 161tr, 161fcr, 169bl, 170tl, 171br, 206bl, 209br, 216fcl, 233cr, 240fbr, 243cl, 259bl, 285bl, 332c, 332crb, 333crb, National Museum of Natural History / Ken Larsen 95bl, 98fcr, 105bl, 117bc, 168cl, 168cr, 168br, 168fcr, 197br, 340br, 346crb, National Museum of Natural History / Paula Crevoshay 56cr, 56bc, 73c, 105br, National Museum of Natural History / Sena Dyber 138l, 345clb, Sherris Cottier Shank 245cra

2 Courtesy of Sotheby's Picture Library, London: Private Collection (fcl). **4 Fellows Auctioneers. Sothebys Inc. 5 akg-images:** (tl). **Fellows Auctioneers. Getty Images:** Peter Macdiarmid (ftl). **6 Bridgeman Images:** De Agostini Picture Library / E. Lessing (tl). **Cartier. 7 The Al-Thani Collection:** Servette Overseas Ltd 2012, all rights reserved. Photographs taken by Prudence Cuming Associates Ltd (tr). **Alamy Stock Photo:** Ian Dagnall (tl); Adam Eastland Art + Architecture (ftr). **9 Cartier. 12 Dorling Kindersley:** Natural History Museum, London (fbl). **13 Dorling Kindersley:** Tim Parmenter / Natural History Museum, London (cr). **14 Dorling Kindersley:** Natural History Museum, London (clb). **15 Science Photo Library:** Dirk Wiersma (bc/B). **16 Dorling Kindersley:** Natural History Museum, London (clb, bc). **Science Photo Library. 17 Dorling Kindersley:** Natural History Museum, London (clb, br); Oxford University Museum of Natural History (cr). **19 Dorling Kindersley:** Natural History Museum, London (cra). **20 Alamy Stock Photo:** Wildlife GmbH (cl). **Dorling Kindersley:** Natural History Museum, London (bl, fcr, fbr). **Gemological Institute of America Reprinted by Permission:** Jian Xin (Jae) Liao (fcrb); Robert Weldon (fbl); Kevin Schumacher (crb). **Science Photo Library:** Alfred Pasieka (cr). **21 Alamy Stock Photo:** Martin Baumgaertner (l). **Dorling Kindersley:** Natural History Museum, London (G, J, M, N, P); Richard Leeney (B, D, H, R). **Science Photo Library:** Joel Arem (E); Dorling Kindersley / UIG (C). **22 Dorling Kindersley:** Natural History Museum, London (C). **Science Photo Library:** Vaughan Fleming (R). **23 Dorling Kindersley:** Natural History Museum, London (tr, fbl, bc). **Science Photo Library:** Paul Biddle (fcl). **25 Getty Images:** samvaltenbergs (tr). **26 Alamy Stock Photo:** Alan Curtis (c). **Dorling Kindersley:** Natural History Museum, London (cr, bc). **27 123RF.com:** Ingemar Magnusson (H). **Dorling Kindersley:** Natural History Museum, London (l); Natural History Museum, London / Tim Parmenter (K); Richard Leeney (V). **Gemological Institute of America Reprinted by Permission:** Robert Weldon / courtesy Minerales y Metales del Oriente, Bolivia, SA (T). **29 Dorling Kindersley:** Natural History Museum, London (tr). **Fellows Auctioneers. 31 Gemological Institute of America Reprinted by Permission:** Robert Weldon (br, bl, c, cl, tr); Robert Weldon (bc); Robert Weldon (cr). **32 Bridgeman Images:** Birmingham Museums and Art Gallery (bc); Indianapolis Museum of Art, USA / Gift of Mr. and Mrs. Eli Lilly (cl). **The Art Archive:** Ashmolean Museum (fcla); Musee du Louvre Paris / Kharbine-Tapabor (fcl); Egyptian Museum Cairo / Araldo De Luca (cr). **33 Bridgeman Images:** Christie's Images (ftr); Museo Nazionale del Bargello, Florence, Italy (ftl); State Hermitage Museum, St. Petersburg, Russia (fbl); Weltliche und Geistliche Schatzkammer, Vienna, Austria (cl); De Agostini Picture Library (bl); Fitzwilliam Museum, University of Cambridge, UK (tl); Fitzwilliam Museum, University of Cambridge, UK (tr). **Van Cleef & Arpels. 36 Verdura**. **37 akg-images:** Bildarchiv Steffens (bl). **Cartier:** (br). **Dorling Kindersley:** Natural History Museum, London (tl). **Getty Images:** Araldo de Luca / Corbis (bc). **38 Bridgeman Images:** De Agostini Picture Library / E. Lessing (bl). **The Trustees of the British Museum. Cartier. Corbis:** David Lees (ftr). **39 The Trustees of the British Museum:** (bl, bl). **Bulgari:** (fbr). **Cartier. Dorling Kindersley:** The Trustees of the British Museum (bl). **Fellows Auctioneers. Antonio Virardi of Macklowe Gallery, New York. 39 The Trustees of the British Museum:** (bl, bl). **Bulgari:** (fbr). **Cartier. Dorling Kindersley:** The Trustees of the British Museum (bl). **Fellows Auctioneers. Antonio Virardi of Macklowe Gallery, New York. 40 akg-images:** Pictures From History. **41 akg-images:** Nimatallah (tl). **Bridgeman Images:** De Agostini Picture Library / Chantilly, Château, Musée Condé (Picture Gallery And Art Museum) (cr); French School, (14th century) / Bibliotheque Municipale, Castres, France (bl). **Muenze Oesterreich AG:** (cl). **42 1stdibs, Inc:** (tl); Macklowe Gallery / Anotonio Virardi (fbr). **Alamy Stock Photo:** David J. Green - technology (bl). **Dorling Kindersley:** Colin Keates / Natural History Museum, London (fcl); Tim Parmenter / Natural History Museum, London (cl). **Fellows Auctioneers. 43 1stdibs, Inc. Rijksmuseum Amsterdam:** (tc). **Sothebys Inc. 44 Alamy Stock Photo:** philipus (bl). **Dorling Kindersley:** Natural History Museum, London (tl); Natural History Museum, London (fcl); Natural History Museum, London (cr). **Getty Images:** DEA / R.APPIANI (cl). **45 1stdibs, Inc. Cartier. The Goldsmiths' Company:** Leo De Vroomen (tc). **Antonio Virardi of Macklowe Gallery, New York. 47 Bridgeman Images:** (br); Christie's Images (tl). **Corbis:** Leemage (cb). **48 Dorling Kindersley:** Canterbury City Council, Museums and Galleries (br); University of Pennsylvania Museum of Archaeology and Anthropology (cr). **49 Dorling Kindersley:** Newcastle Great Northern Museum, Hancock (fcr); The Trustees of the British Museum (tl, cl); University of Pennsylvania Museum of Archaeology and Anthropology (cr); University of Pennsylvania Museum of Archaeology and Anthropology (bl). **Dreamstime.com:** Wojpra (br). **50 Photo Scala, Florence:** Marie Mauzy. **51 akg-images:** Erich Lessing (cl). **Getty Images:** Universal Images Group (tl). **Library of Congress, Washington, D.C.:** (cr). **The Art Archive:** Musée du Louvre Paris / Gianni Dagli Orti (bl). **52 Graff Diamonds. 53 Bridgeman Images:** Christie's Images (br). **Cartier. The Royal Collection Trust © Her Majesty Queen Elizabeth II:** 2016 (bc). **Photo Scala, Florence:** bpk, Bildagentur fuer Kunst, Kultur und Geschichte, Berlin (bl). **54 Dorling Kindersley:** Natural History Museum, London (tl, cl, bl). **55 Science Photo Library:** Vaughan Fleming (cl). **56 Bridgeman Images:** Christie's Images (bl). **Fellows Auctioneers:** (tc, tr). **57 Bridgeman Images:** Private Collection / Photo © Christie's Images (br). **Cartier. Fellows Auctioneers. Getty Images:** Peter Macdiarmid (bc). **Tadema Gallery:** (bl). **Van Cleef & Arpels:** (cr). **58 The Royal Collection Trust © Her Majesty Queen Elizabeth II. 59 Alamy Stock Photo:** V&A Images (cl). **Bibliothèque nationale de France, Paris:** (cr). **The Royal Collection Trust © Her Majesty Queen Elizabeth II:** 2016 (tl, bl). **60-61 The Trustees of the British Museum. 61 Bridgeman Images:** Egyptian National Museum, Cairo, Egypt (br). **62 Corbis: 63 Corbis:** Smithsonian Institution (tl); Leemage (cl). **Library of Congress, Washington, D.C.:** (bc). **Museum National d'Histoire Naturelle:** François Farges (cr). **67 Dorling Kindersley:** Tim Parmenter / Natural History Museum, London (bc). **68 The Royal Collection Trust © Her Majesty Queen Elizabeth II:** 2016. **69 Bridgeman Images:** Her Majesty Queen Elizabeth II, 2016 (bc); Chetham's Library, Manchester, UK (tl); Walker, Robert (1607-60) / Leeds Museums and Galleries (Leeds Art Gallery) U.K. (cr). **71 Bridgeman Images:** Kremlin Museums, Moscow, Russia (bl). **Cartier. 72 Alamy Stock Photo:** Rhea Eason (cl); ZUMA Press, Inc (bl); Greg C Grace (ftr). **Dorling Kindersley:** Natural History Museum, London (ftl, c, cr). **Science Photo Library:** Joel Arem (br). **73 Dorling Kindersley:** Judith Miller / Sloane's (fbl). **Fellows Auctioneers. 74 Getty Images:** STF. **75 Dulong Fine Jewellery:** Sara Lindbaek (tl, bl). **Getty Images:** Print Collector (c). **Rex by Shutterstock:** Tim Rooke (cr). **76 Antonio Virardi of Macklowe Gallery, New York. 77 Cartier. Dorling Kindersley:** Tim Parmenter / Natural History Museum, London (br). **Fellows Auctioneers. Antonio Virardi of Macklowe Gallery, New York. 78 Alamy Stock Photo:** V&A Images. **79 Alamy Stock Photo:** Dinodia Photos (cr). **The Royal Collection Trust © Her Majesty Queen Elizabeth II:** 2016 (cl); **The Royal Collection Trust /** All Rights Reserved (tl). **80 Dorling Kindersley:** Colin Keates / Natural History Museum, London (cr); Tim Parmenter / Natural History Museum, London (tl, c). **The Royal Collection Trust © Her Majesty Queen Elizabeth II:** 2016 (br). **81 1stdibs, Inc. Cartier. Dorling Kindersley:** Tim Parmenter / Natural History Museum, London (fcl). **Gemological Institute of America Reprinted by Permission:** Robert Weldon / Ring courtesy of a Private Collector and Mona Lee Nesseth, Custom Estate Jewels (tc). **82 Alamy Stock Photo:** Granger, NYC. **83 Bridgeman Images:** Tretyakov Gallery, Moscow, Russia (bl); Kremlin Museums, Moscow, Russia (c). **Getty Images:** Leemage (tl); Mondadori Portfolio (cr). **84 Dorling Kindersley:** Natural History Museum, London (c, fbl, cl). **85 1stdibs, Inc. Cartier. Dorling Kindersley:** Natural History Museum, London (c, bl). **Gemological Institute of America Reprinted by Permission:** Robert Weldon (br, fbr). **Tadema Gallery. 86 Dorling Kindersley:** Natural History Museum, London (br). **87 Dorling Kindersley:** Natural History Museum, London (fcl, bc). **Gemological Institute of America Reprinted by Permission. 88 Alamy Stock Photo:** Annie Eagle (bl); Universal Images Group North America LLC / DeAgostini (tl). **Dorling Kindersley:** Tim Parmenter / Natural History Museum, London (bc, br). **89 Dorling Kindersley:** Oxford University Museum of Natural History (br). **Getty Images:** Matteo Chinellato - Chinellato Photo (tl, cr). **90 Cartier. 91 Bridgeman Images:** Archives Charmet (cr); Christie's Images (cla, bc). **Cartier. Getty Images:** Universal History Archicve / UIG (fcra). **92 The Al-Thani Collection:** Servette Overseas Ltd 2012, all rights reserved. Photographs taken by Prudence Cuming Associates Ltd (tl, cra, bl, clb). **Van Cleef & Arpels. 92-93 The Al-Thani Collection:** Servette Overseas Ltd 2012, all rights reserved. Photographs taken by Prudence Cuming Associates Ltd (b). **93 The Al-Thani Collection:** Servette Overseas Ltd 2012, all rights reserved. Photographs taken by Prudence Cuming Associates Ltd (c, t). **94 Alamy Stock Photo:** Eddie Gerald (bl). **Bonhams Auctioneers, London:** (fcr). **Corbis. 97 Dorling Kindersley:** Colin Keates / Natural History Museum, London (cl); Tim Parmenter / Natural History Museum, London (bc). **98 Alamy Stock Photo:** imageBROKER (bl). **Corbis. Dorling Kindersley:** Natural History Museum, London (tl). **99 Alamy Stock Photo:** Goran Bogicevic (bl). **Dorling Kindersley:** Oxford University Museum of Natural History (cl); Tim Parmenter / Natural History Museum, London (fbl). **Dreamstime.com:** (fbr). **100 Bonhams Auctioneers, London. 101 Dorling Kindersley:** Natural History Museum, London (cl, bc). **Getty Images:** Print Collector (br). **102-103 Alamy Stock Photo:** Susana Guzman. **104 Alamy Stock Photo:** The Natural History Museum (bl); Universal Images Group North America LLC / DeAgostini (c); Valery (cr). **105 Alamy Stock Photo:** PjrStudio (cr). **106 Dorling Kindersley:** Natural History Museum, London (bc). **Getty Images:** Universal History Archive (bl). **107 Dorling Kindersley:** Natural History Museum, London (bc). **108 Alamy Stock Photo:** Heritage Image Partnership Ltd. **109 Alamy Stock Photo:** SilverScreen (crb); Lilyana Vynogradova (ca). **Nordiska Museet:** Mats Landin (tl, bl). **110 Dorling Kindersley:** Tim Parmenter / Natural History Museum, London (bl). **111 Fellows Auctioneers. Tadema Gallery. 112 akg-images**. **113 Corbis:** Underwood & Underwood (br). **RMN:** Gérard Blot (cr); Jean-Gilles Berizzi (bl). **114 Bridgeman Images:** Natural History Museum, London, UK (G). **Dorling Kindersley:** Natural History Museum, London (F). **Dreamstime.com:** Nastya81 (A). **115 Alamy Stock Photo:** Jon Helgason (B). **Bridgeman Images:** Natural History Museum,

London, UK (N). **Dorling Kindersley:** Natural History Museum, London (H, I, L); Natural History Museum, London (E). **Getty Images:** t_kimura (G). **116 Alamy Stock Photo:** SPUTNIK (bl); Universal Images Group North America LLC / DeAgostini (tl, br). **Dorling Kindersley:** Natural History Museum, London (cl); Natural History Museum, London (cr). **117 Dorling Kindersley:** Natural History Museum, London (cr); Natural History Museum, London (br). **118 Dorling Kindersley:** Natural History Museum, London (cr, fbl, bl, br). **119 Alamy Stock Photo:** Valery Voennyy (bl). **Dorling Kindersley:** Alamy / John Cancalosi (bc, br). **120 Alamy Stock Photo:** blickwinkel (c). **Dorling Kindersley:** Natural History Museum, London (br, fbr). **Science Photo Library:** Larry Berman (bl). **121 Alamy Stock Photo:** Karol Kozlowski (cr); rep0rter (cl); Universal Images Group North America LLC / DeAgostini (fcr); PjrStudio (br). **Dorling Kindersley:** Natural History Museum, London (bl). **122 Alamy Stock Photo:** geoz (cl, fcl); Andrew Holt (bl). **Bonhams Auctioneers, London. Corbis. Dorling Kindersley:** Durham University Oriental Museum (cr); University of Pennsylvania Museum of Archaeology and Anthropology (bc). **123 Alamy Stock Photo:** Fabrizius Troy (br). **Dorling Kindersley:** Natural History Museum, London (tl). **124-125 Bridgeman Images:** Lukas - Art in Flanders VZW / Photo: Hugo Maertens. **126 Alamy Stock Photo:** John Cancalosi (cl); RF Company (tl); Corbin17 (bc). **Corbis:** (bl); Visuals Unlimited (cr). **Dorling Kindersley:** Natural History Museum, London (br). **127 1stdibs, Inc. Alamy Stock Photo:** Oleksiy Maksymenko (cr); Steve Sant (cl). **Dorling Kindersley:** Natural History Museum, London (fcl, fcr). **128 Bridgeman Images:** Walker Art Gallery, National Museums Liverpool. **129 Bridgeman Images:** Victoria & Albert Museum, London, UK / The Stapleton Collection (bl); Walker Art Gallery, National Museums Liverpool (tl). **Corbis:** Heritage Images (crb). **Van Cleef & Arpels. 130 123RF.com:** Michał Barański (ca); Laurent Renault (c). **Bridgeman Images:** Christie's Images (tl). **Dorling Kindersley:** Natural History Museum, London (br). **131 123RF.com:** Dipressionist (ftl). **Bridgeman Images:** Natural History Museum, London, UK (tr). **Dorling Kindersley:** Natural History Museum, London (cb). **133 Bridgeman Images:** Purchase from the J. H. Wade Fund (bl). **Cartier. V&A Images / Victoria and Albert Museum, London. 134 Bridgeman Images:** Natural History Museum, London, UK (bl). **Dorling Kindersley:** Natural History Museum, London (cr). **135 Dorling Kindersley:** Natural History Museum, London (c, fbl, bl). **Science Photo Library:** Mark A. Schneider (tc). **136 Dorling Kindersley:** Natural History Museum, London (ftl, tr, ftr, c). **Science Photo Library:** Natural History Museum, London (br). **137 Alamy Stock Photo:** Universal Images Group North America LLC / DeAgostini (cr). **Dorling Kindersley:** Natural History Museum, London (tc, cl, fbr). **138 Bridgeman Images:** Heini Schneebeli (tr). **Fellows Auctioneers:** (br). **Tadema Gallery:** (cr). **139 Bridgeman Images:** Boltin Picture Library (br). **Dorling Kindersley:** Natural History Museum, London (bl); Judith Miller / Private Collection (bc). **Fellows Auctioneers:** (tl, cl, c). **140 Photo Scala, Florence:** bpk, Bildagentur fuer Kunst, Kultur und Geschichte, Berlin. **141 akg-images:** (cr); Erich Lessing (tl). **Alamy Stock Photo:** Prisma Bildagentur AG (bl). **Photo Scala, Florence:** bpk, Bildagentur fuer Kunst, Kultur und Geschichte, Berlin (cl). **142 Dorling Kindersley:** Natural History Museum, London (fbr). **RMN:** Droits réservés (cl). **Science Photo Library:** Natural History Museum, London (br, clb). **143 Alamy Stock Photo:** Mykola Davydenko (br). **Dorling Kindersley:** Natural History Museum, London (ca). **Dreamstime.com:** Ismael Tato Rodriguez (cb). **144 Bayerische Schlösserverwaltung:** Maria Scherf / Rainer Herrmann, München. **145 Getty Images:** DEA / A. De Gregorio (cr); Imagno (tl); Heritage Images (cl); Print Collector (bl). **146 Bonhams Auctioneers, London. 147 Alamy Stock Photo:** The Art Archive (bl); World History Archive (bc). **148 Alamy Stock Photo:** bilwissedition Ltd. & Co. KG (bl); Universal Images Group North America LLC / DeAgostini (br). **Bonhams Auctioneers, London:** (cr). **Dorling Kindersley:** Natural History Museum, London / Tim Parmenter (cl). **149 1stdibs, Inc. Bonhams Auctioneers, London. 150 V&A Images / Victoria and Albert Museum, London:** (tl, tc, tr). **151 Bridgeman Images:** (crb); Look and Learn (bc). **V&A Images / Victoria and Albert Museum, London. 153 Dorling Kindersley:** Natural History Museum, London (fcl, cl, fbr); University of Pennsylvania Museum of Archaeology and Anthropology (ftl); Oxford University Museum of Natural History (tl). **Fellows Auctioneers. 154 Dorling Kindersley:** Natural History Museum, London (tl, cl, c, br). **155 Cartier. Dorling Kindersley:** Natural History Museum, London (bl, fcr). **Fellows Auctioneers. 156-157 Bridgeman Images. 158 Cartier. 159 Bridgeman Images:** (bl); Christie's Images (bc). **Gemological Institute of America Reprinted by Permission:** Stone courtesy of Thomas Cenki (tl). **160 Alamy Stock Photo:** Zoonar GmbH (ftr). **Bonhams Auctioneers, London. Dorling Kindersley:** Natural History Museum, London (ftl). **161 1stdibs, Inc. Cartier. Fellows Auctioneers. Tadema Gallery. Van Cleef & Arpels. 162 Bonhams Auctioneers, London. 163 Alamy Stock Photo:** AF Fotografie (cr). **Gayle Beveridge:** (bl). **Bonhams Auctioneers, London. 164 Dorling Kindersley:** Colin Keates / Natural History Museum, London (fbl); Tim Parmenter / Natural History Museum, London (tl, fcl). **Gemological Institute of America Reprinted by Permission:** Robert Weldon / Crystal courtesy of Pala International (cl). **165 Cartier. Fellows Auctioneers. Tadema Gallery. 166 Corbis:** Marc Dozier (cla). **Science Photo Library:** (bc). **167 Alamy Stock Photo:** John Cancalosi (br). **Dorling Kindersley:** Natural History Museum, London (bl). **Gemological Institute of America Reprinted by Permission:** Robert Weldon (ca). **Science Photo Library. 168 Dorling Kindersley:** Natural History Museum, London (fcl). **170 Alamy Stock Photo:** The Natural History Museum (bc). **Dorling Kindersley:** Natural History Museum, London (cl, br, fcr). **171 Dorling Kindersley:** Natural History Museum, London (tl, bl, bc). **172 Dorling Kindersley:** Natural History Museum, London (bl, br). **173 Alamy Stock Photo:** Susan E. Degginger (fbl); Siim Sepp (cl). **Getty Images:** Ron Evans (cr). **iRocks.com/Rob Lavinsky Photos:** (fbr). **174 David Webb. 175 Bridgeman Images:** Ashmolean Museum, University of Oxford, UK (bc); Egyptian National Museum, Cairo, Egypt (bl). **Cartier. 176 Alamy Stock Photo:** The Art Archive (fbr); Interfoto (fcr). **Dorling Kindersley:** Natural History Museum, London (cl, cr/Cabochon). **Science Photo Library:** Joel Arem (br). **177 1stdibs, Inc. Bulgari. Fellows Auctioneers. Getty Images:** DEA / A. Dagli Orti (tr); Mark Moffet / Minden Pictures / Corbis (cl). **178 Bridgeman Images:** Boltin Picture Library (cl). **Dorling Kindersley. Getty Images:** DEA / S. Vannini (br). **179 Bridgeman Images. The Trustees of the British Museum. Dorling Kindersley:** Durham University Oriental Museum (fcr); University of Pennsylvania Museum of Archaeology and Anthropology (crb); University of Pennsylvania Museum of Archaeology and Anthropology (cr). **180 Dorling Kindersley:** Natural History Museum, London (bl); The Science Museum, London (fcr); Natural History Museum, London / Tim Parmenter (tl). **181 Bonhams Auctioneers, London. Bridgeman Images:** De Agostini Picture Library (bc). **Dorling Kindersley:** Natural History Museum, London (tl, fcl). **iRocks.com/Rob Lavinsky Photos. 182 Bridgeman Images:** Louvre-Lens, France. **183 Alamy Stock Photo:** Everett Collection Historical (cla). **Bridgeman Images:** Christie's Images (tl); Tallandier (crb). **TopFoto.co.uk:** Woodmansterne (bl). **184 Bonhams Auctioneers, London. Dorling Kindersley:** Natural History Museum, London (fcr, bl). **Gemological Institute of America Reprinted by Permission:** Robert Weldon (fbl). **Science Photo Library:** Science Stock Photography (cr). **185 Alamy Stock Photo:** Lanmas (br); Universal Images Group North America LLC / DeAgostini (cl). **Gemological Institute of America Reprinted by Permission. iRocks.com/Rob Lavinsky Photos. 186 Science Photo Library:** Mark A. Schneider (tc); Natural History Museum, London (cl). **187 Science Photo Library:** Mark A. Schneider ((cr). **188-189 Bridgeman Images:** Werner Forman Archive. **190 Corbis:** Scientifica (tl). **Dorling Kindersley:** Natural History Museum, London (fbl, cr, fbr); The University of Aberdeen (fcr). **191 Corbis:** Scientifica (cl). **Dorling Kindersley:** Durham University Oriental Museum (tl); Pennsylvania Museum of Archaeology and Anthropology (cr, fcr); Natural History Museum / Colin Keates (fcl). **192 Bonhams Auctioneers, London. Gemological Institute of America Reprinted by Permission:** Nathan Renfro (bl); Robert Weldon (fbr); Kevin Schumacher (tl). **Getty Images:** Matteo Chinellato - ChinellatoPhoto (cr). **193 Alamy Stock Photo:** Universal Images Group North America LLC / DeAgostini (tl). **Dorling Kindersley:** Natural History Museum, London (fbl, cl). **194 Bridgeman Images:** Christie's Images. **195 Alamy Stock Photo:** GL Archive (cl). **Bridgeman Images:** Christie's Images (tl). **Corbis:** Chris Wallberg / dpa (crb). **Getty Images:** Universal History Archive (bl). **196 Bonhams Auctioneers, London. Bridgeman Images:** Private Collection / Ken Welsh (bc). **197 Bonhams Auctioneers, London. Dorling Kindersley:** Natural History Museum, London (cl); Tim Parmenter / Natural History Museum, London (tl). **Getty Images:** Ron Evans (cr). **198 Bridgeman Images:** Yale Center for British Art, Paul Mellon Collection, USA (clb). **Dorling Kindersley:** Natural History Museum, London (cr); Tim Parmenter / Natural History Museum, London (tl). **199 Alamy Stock Photo:** Corbin17 (cr). **Dorling Kindersley:** Natural History Museum, London (cl, bc); Tim Parmenter / Natural History Museum, London (tl, c). **Gemological Institute of America Reprinted by Permission:** Robert Weldon (bl). **200-201 Getty Images:** Handout. **202 123RF.com:** Valentin Kosilov (cr). **Alamy Stock Photo:** Alan Curtis / LGPL (c); Susan E. Degginger (bl). **Dorling Kindersley:** (cl); Tim Parmenter / Natural History Museum, London (br, bc). **203 Dorling Kindersley:** Natural History Museum, London (cr). **Fellows Auctioneers. 204 Alamy Stock Photo:** Blend Images (bl). **Corbis. Dorling Kindersley:** Natural History Museum, London (tl, br, fbr). **Getty Images:** Ron Evans (fcr). **205 123RF.com:** vvoennyy (tl, cl). **Dorling Kindersley:** Oxford University Museum of Natural History (fcl). **Getty Images:** Arpad Benedek (br); Ron Evans (bl). **206 Dorling Kindersley:** Natural History Museum, London (tl, cla). **207 Science Photo Library:** Millard H. Sharp (bl). **208 Alamy Stock Photo:** Universal Images Group North America LLC / DeAgostini (br). **Bonhams Auctioneers, London. Dorling Kindersley:** Natural History Museum, London (cl). **209 Bonhams Auctioneers, London. 210 Cartier. 211 Cartier. Getty Images:** Cecil Beaton (bl); Alfred Eisenstaedt (cr). **Van Cleef & Arpels. 212 Dorling Kindersley:** Natural History Museum, London (br). **Getty Images:** UniversalImagesGroup (bl). **213 Fellows Auctioneers. Kent Raible:** kentraible.com (c). **Tadema Gallery. 214 Bridgeman Images:** Pictures from History. **215 Bridgeman Images:** Pictures from History (tl). **images reproduced courtesy of Powerhouse Museum:** Gift of Mr Alastair Morrison, 1992 (ca). **216 Alamy Stock Photo:** Valery Voennyy (tl). **Bonhams Auctioneers, London. Dorling Kindersley:** Natural History Museum, London (cr, cl). **217 Alamy Stock Photo:** Nika Lerman (tl). **Bonhams Auctioneers, London. Bridgeman Images:** Vorontsov Palace, Crimea, Ukraine (br). **Corbis. 218-219 Corbis. 220 Alamy Stock Photo:** Alan Curtis (tl); Greg C Grace (fcr). **Bonhams Auctioneers, London. 221 Alamy Stock Photo:** Universal Images Group North America LLC / DeAgostini (cl). **Bonhams Auctioneers, London. Corbis. 222 Bonhams Auctioneers, London. Bridgeman Images:** Pictures from History (bl). **Dorling Kindersley:** Natural History Museum, London (tl, fcr). **223 Dorling Kindersley:** Natural History Museum, London (cl, c). **Gemological Institute of America Reprinted by Permission:** Robert Weldon / Stone courtesy of Bryan K. Lees, The Collector's Edge (tl); Robert Weldon / courtesy Buzz Gray and Bernadine Johnston (br). **Science Photo Library:** Natural History Museum, London (bl). **224 Courtesy of Sotheby's Picture Library, London:** Private Collection **225 Bridgeman Images:** British Royal Family (cr). **Corbis:** Hulton-Deutsch Collection (tl). **Getty Images:** Peter Macdiarmid (tc); Ben Stansall / AFP (bl). **226 Bulgari. 227 Bonhams Auctioneers, London. Cartier. 228 Alamy Stock Photo:** Arco Images GmbH (fbr). **Dorling Kindersley:** Natural History Museum, London (cl, cr, fbl). **229 Bulgari. Cartier. Lang Antiques:** (cl). **Tadema Gallery. 230 Photo Scala, Florence:** The Metropolitan Museum of Art / Art Resource. **231 Bridgeman Images:** Bolivar Museum, Caracas, Venezuela (cr). **Getty Images:** Universal History Archive (cla). **Photo Scala, Florence:** (bl); The Metropolitan Museum of Art / Art Resource (tl). **232 Alamy Stock Photo:** Zoonar GmbH (tl). **Dorling Kindersley:** Natural History Museum, London (bc). **233 Bonhams Auctioneers, London. Cartier. Van Cleef & Arpels. 234 akg-images:** The British Library Board. **235 akg-images:** Album / Oronoz (bl). **Alamy Stock Photo:** Moviestore collection Ltd (fcr). **Bridgeman Images:** Topkapi Palace Museum, Istanbul, Turkey (tl). **Corbis:** R. Hackenberg (crb). **Bahadir Taskin** / Topkapi Palace (c). **236 The Trustees of the British Museum**. **237 Bridgeman Images:** Christie's Images (br); Kremlin Museums, Moscow, Russia (bl). **The Trustees of the British Museum. Dorling Kindersley:** Natural History Museum, London (tl). **238 Dorling Kindersley:** Colin Keates (tr); Natural History Museum, London (tc, cl). **239 Dorling Kindersley:** Natural History Museum, London (cr). **iRocks.com/Rob Lavinsky Photos. 240 1stdibs, Inc. Bonhams Auctioneers, London:** (tl, bl). **Bridgeman Images:** Christie's Images (fcr). **Cartier. 241 1stdibs, Inc. Bonhams Auctioneers, London:** (cl, cl). **Cartier. 242 Getty Images:** Brendan Smialowski / AFP. **243 Atelier Munsteiner:** (tl). **Bridgeman Images:** Christie's Images (cr).. **244 Atelier Munsteiner. Alice Cicolini:** (bc). **Michael M. Dyber:** Sena Dyber (br). **245 Cartier. Michael M. Dyber:** Sena Dyber (l, c, br). **246 Bonhams Auctioneers, London:** (fcl, cl, cr, br). **Dorling Kindersley:** Natural History Museum, London (bc). **Getty Images:** DEA / R. Appiani (bl). **247 Alamy Stock Photo:** Universal Images Group North America LLC / DeAgostini (fbr). **Bonhams Auctioneers, London:** (fcl). **Dorling Kindersley:** Natural History Museum, London (cr, fbl, bl). **Gemological Institute of America Reprinted by Permission:** Robert Weldon (tl, br). **248-249 Alamy Stock Photo:** Hemis. **249 Photo Scala, Florence:** The Metropolitan Museum of Art / Art Resource (bc). **Courtesy of Sotheby's Picture Library, London:** Private Collection (br). **250 Bonhams Auctioneers, London. Dorling Kindersley:** Natural History Museum, London (fcl). **Getty Images:** Corbis / Ron Evans / Ocean (cl). **251 123RF.com:** Chatchai Chattranusorn (bl). **Alamy Stock Photo:**

Aysegul Muhcu (br). **Dorling Kindersley:** Natural History Museum, London (tl, bc). **Getty Images:** (cl); Mark Schneider (cr). **252 Bonhams Auctioneers, London. Dorling Kindersley:** Natural History Museum, London (tl, bc). **Gemological Institute of America Reprinted by Permission:** Robert Weldon (cr); Robert Weldon (br); Robert Weldon (fcr). **253 Alamy Stock Photo:** Nika Lerman (br). **Dorling Kindersley:** Natural History Museum, London (fcl, cl, cr). **Fellows Auctioneers. 254 Dorling Kindersley:** Natural History Museum, London (c). **255 Alamy Stock Photo:** Interfoto (br). **Bonhams Auctioneers, London. 256 Getty Images:** JTB Photo. **257 Alamy Stock Photo:** Kumar Sriskandan (bl). **Bridgeman Images:** Pictures from History (c). **Corbis:** Melvyn Longhurst (tl). **Getty Images:** Keystone (cr). **258 Bridgeman Images:** Walters Art Museum, Baltimore, USA. **259 Fabergé:** (br). **Tadema Gallery:** (bc). **260 Dorling Kindersley:** Natural History Museum, London (tl, ftr); Oxford University Museum of Natural History (fcl). **261 Dorling Kindersley:** Natural History Museum, London (fbl). **Science Photo Library:** Joel Arem (br). **262 1stdibs, Inc. Bridgeman Images:** Christie's Images (br); Private Collection / Photo © Christie's Images (fbl). **The Trustees of the British Museum. Cartier. Fellows Auctioneers:** (bl). **263 1stdibs, Inc. Bridgeman Images:** Christie's Images (tr). **Bulgari. Cartier. 264 Universal News And Sport:** Birmingham Museums Trust. **265 Alamy Stock Photo:** World History Archive (tl, c, bl). **The Trustees of the British Museum. Getty Images:** George Munday / Design Pics / Corbis (cr). **266 Dorling Kindersley:** Natural History Museum, London (c); Natural History Museum, London (clb); Natural History Museum, London (bl). **267 123RF.com:** Vvoennyy (bc). **268 Dorling Kindersley:** Natural History Museum, London (cl, c). **269 1stdibs, Inc. Bonhams Auctioneers, London. 270 Bridgeman Images:** J. Paul Getty Museum, Los Angeles, USA. **271 Alamy Stock Photo:** Oldtime (cr); Universal Art Archive (tl). **Corbis:** Stapleton Collection (bc). **Rex by Shutterstock:** Nils Jorgensen (cl). **272 Dorling Kindersley:** Natural History Museum, London (tl, r). **Gemological Institute of America Reprinted by Permission:** Eric Welch (cl). **273 Bonhams Auctioneers, London. 274 1stdibs, Inc. Alamy Stock Photo:** Stela Knezevic (cl). **Dorling Kindersley:** Natural History Museum, London (tl, cr, bl); Oxford University Museum of Natural History (fcl). **275 Gemological Institute of America Reprinted by Permission:** Robert Weldon / Courtesy of Buzz Gray and Bernadine Johnston (br). **Science Photo Library:** Dorling Kindersley / UIG (tl). **276 Bonhams Auctioneers, London. Dorling Kindersley:** Natural History Museum, London (cl, bl, br). **Gemological Institute of America Reprinted by Permission:** Robert Weldon / Gift of G. Scott Davies (tl). **Science Photo Library:** Natural History Museum, London (cr). **277 123RF.com:** Vvoennyy (bl, tl). **Bonhams Auctioneers, London. Dorling Kindersley:** Natural History Museum, London (c, bc). **278 The Walters Art Museum, Baltimore:** Acquired by Henry Walters, 1930 / Photographer Susan Tobin. **279 Corbis:** Historical Picture Archive (bl). **Getty Images:** DEA / G. Dagli Orti (crb); Print Collector (cr). **Press Association Images:** ABACA Press (tr, ca). **280 Bonhams Auctioneers, London:** (cr, br). **Dreamstime.com:** David Porter (bl). **281 Bonhams Auctioneers, London:** (tl, br). **Dorling Kindersley:** Natural History Museum, London (bl). **282 Bonhams Auctioneers, London:** (c). **Dorling Kindersley:** Natural History Museum, London (cl, bc, r). **Science Photo Library:** Natural History Museum, London (tl). **283 Bonhams Auctioneers, London:** (tl, c). **Dorling Kindersley:** Natural History Museum, London (bl, cr). **Gemological Institute of America Reprinted by Permission:** Robert Weldon (bc); Robert Weldon (br). **284 Bridgeman Images:** De Agostini Picture Library / G. Cigolini. **285 Alamy Stock Photo:** AF Fotografie (c). **Corbis:** Marc Dozier (tl). **Getty Images:** Jean-Claude Deutsch / Paris Match (cr). **286 Bridgeman Images:** Natural History Museum, London, UK (tr). **Science Photo Library:** (tc); Dorling Kindersley / UIG (clb). **288 Corbis:** Michele Falzone / JAI. **289 Alamy Stock Photo:** Prisma Archivo (cl). **Bridgeman Images:** Abate, Niccolo dell' (c.1509-71) / Galleria Estense, Modena, Italy / Ghigo Roli (bc). **Corbis:** (tl). **Getty Images:** Bettmann / Corbis (cr). **292 V&A Images / Victoria and Albert Museum, London. 293 Bridgeman Images:** Christie's Images (bc, br, bl). **Gemological Institute of America Reprinted by Permission:** Robert Weldon (tl). **294 Bonhams Auctioneers, London. Bridgeman Images:** Christie's Images (fcr, fbr). **Dorling Kindersley:** Natural History Museum, London (cl). **Fellows Auctioneers:** (tr). **295 AB JEWELS Ltd.:** (cl). **Cartier. Mikimoto:** (bl). **Antonio Virardi of Macklowe Gallery, New York. YOKO London:** (br). **296 Alamy Stock Photo:** Ian Dagnall. **297 Bridgeman Images. Rex by Shutterstock:** SNAP (bl). **298 Mary Evans Picture Library:** Alinari Archives, Florence - Reproduced with the permission of Ministero per i Beni e le Attivit... Cu (c). **The Art Archive:** DeA Picture Library (cr/r). **299 Alamy Stock Photo:** Graham Clarke (cl). **Dorling Kindersley:** Jewellery design Maya Brenner (cr). **Fellows Auctioneers. V&A Images / Victoria and Albert Museum, London. 300 The Trustees of the British Museum. 301 Bridgeman Images. Corbis:** 145 / Burazin / Ocean (tl). **Getty Images:** Time Life Pictures (cr). **302-303 Harry Winston. 304 Dorling Kindersley:** CONACULTA-INAH-MEX. **305 Alamy Stock Photo:** Aurora Photos (c); Granger, NYC. (tl). **Corbis:** Robert Harding Productions (crb). **Dorling Kindersley:** CONACULTA-INAH-MEX (bl). **Getty Images:** DEA / G. Dagli Orti (cr). **306 Dorling Kindersley:** Natural History Museum, London (cr, fbr). **Getty Images:** Print Collector (bl). **307 1stdibs, Inc. Dorling Kindersley:** Natural History Museum, London (cl, cr, fcr). **308 Alamy Stock Photo:** The Natural History Museum (br); PjrStudio (bl). **309 Alamy Stock Photo:** Siim Sepp (cl). **Dorling Kindersley:** Natural History Museum, London (tl). **Getty Images:** Don Emmert (br); Ron Evans (bc). **310 Alamy Stock Photo:** Evgeny Parushin (fcr); David Sanger photography (bl). **Dorling Kindersley:** Oxford University Museum of Natural History (cl). **311 Alamy Stock Photo:** Editorial (br). **iStockphoto.com:** desnik (tc). **Tadema Gallery. 312 akg-images:** Ruhrgas AG. **313 akg-images:** Ruhrgas AG (bl); Universal Images Group / Sovfoto (tl). **Photo Scala, Florence:** Photo Josse (cr). **TopFoto.co.uk:** RIA Novosti (cl). **314 Dorling Kindersley:** Natural History Museum, London (c). **315 Bridgeman Images:** (br). **Dorling Kindersley:** Judith Miller / Christbal (cl). **Fellows Auctioneers. Getty Images:** Christie's Images (cr). **316 Bayerische Schlösserverwaltung:** Maria Scherf / Rainer Herrmann, München. **317 Alamy Stock Photo:** DBI Studio (fcr). **Getty Images:** NY Daily News Archive (bl). **Photo Scala, Florence:** 2016. Image copyright The Metropolitan (tl). **Courtesy of Sotheby's Picture Library, London. 318 Bonhams Auctioneers, London. Geology.com:** (tl). **Roland Smithies / luped.com. 319 Alamy Stock Photo:** Age Fotostock (br). **Dorling Kindersley:** Natural History Museum, London (bc). **321 Dreamstime.com:** Milahelp S.r.o.. **322 Alamy Stock Photo:** Universal Images Group North America LLC / DeAgostini (bl); Wildlife GmbH (fcr). **Dorling Kindersley:** Natural History Museum, London (tl, c). **Dreamstime.com:** Milahelp S.r.o. (cr, bc, br). **323 Dorling Kindersley:** Pitt Rivers Museum, Oxford (fbr, br); Natural History Museum, London (tl, fcl, cl). **324 Dorling Kindersley:** Aberdeen (bc); Natural History Museum, London (tl, br); Pennsylvania Museum of Archaeology and Anthropology (bl). **325 Dorling Kindersley:** Aberdeen (cl); Pennsylvania Museum of Archaeology and Anthropology (tl, fcr). **Dreamstime.com:** Srinakorn Tangwai (bl). **326 Corbis:** Christian Handl. **327 123RF.com:** Patrick Guenette (cl). **Alamy Stock Photo:** Prisma Archivo (cr). **Corbis:** Free Agents Limited (tl). **iStockphoto.com:** © Bj°rn Gjelsten (bc). **328 1stdibs, Inc. Alamy Stock Photo:** Wladimir Bulgar (cl). **Bridgeman Images. 329 Dorling Kindersley:** Natural History Museum, London (tl, fcl, cl). **330 Alamy Stock Photo:** Adam Eastland Art + Architecture. **331 Bridgeman Images:** Bonhams, London, UK (cla). **Corbis:** (tl, bl). **ICCD – Fondo Ministero della Pubblica Istruzione Gabinetto fotografico della Regia Soprintendenza alle Gallerie:** (crb). **332 Bridgeman Images:** Christie's Images (cl). **Getty Images:** Ishara S. Kodikara (bl). **Rex by Shutterstock:** Universal History Archive / UIG (tr). **Science Photo Library:** Tom McHugh (br). **333 Crater of Diamonds, State Park:** (fcrb). **Kaufmann de Suisse:** (l). **Press Association Images:** AP Photo / Keystone, Laurent Gillieron (cra). **334-335 Cartier. 338 Alamy Stock Photo:** Fabrizius Troy (cla). **Bonhams Auctioneers, London:** (fcra). **Dorling Kindersley:** Natural History Museum, London (clb, fbl, bl, br); Natural History Museum, London (crb); Natural History Museum, London (fbr). **iRocks.com/Rob Lavinsky Photos. 339 Alamy Stock Photo:** Arco Images GmbH (br); Steve Sant (fcla). **Bonhams Auctioneers, London. Dorling Kindersley:** Natural History Museum, London (cra, fcra, crb, fcrb, fbl, fbr). **Getty Images:** Corbis / ION / amanaimages (ftr). **iRocks.com/Rob Lavinsky Photos:** (fclb). **340 Alamy Stock Photo:** Goran Bogicevic (fbr). **Dorling Kindersley:** Natural History Museum, London (ftr, fcla, cra, crb). **Getty Images:** Arpad Benedek (cla); Ron Evans (ftl). **Roland Smithies / luped.com:** (tl). **341 Bonhams Auctioneers, London. Dorling Kindersley:** Natural History Museum, London (ftl, tl, tr, cla, fcra, crb, br); Tim Parmenter / Natural History Museum, London (ftr); Natural History Museum, London (br). **V&A Images / Victoria and Albert Museum, London. 342 Dorling Kindersley:** Natural History Museum, London (tr, br, fbr). **343 Alamy Stock Photo:** Zoonar GmbH (fcra). **Dorling Kindersley:** Natural History Museum, London (fcla), cla, fbl, bl). **344 Dorling Kindersley:** Natural History Museum, London (ftr, fcla, cra). **Getty Images:** Arpad Benedek (clb). **345 Dorling Kindersley:** Natural History Museum, London (ftr, cra, fcra). **346 Bonhams Auctioneers, London. Dorling Kindersley:** Natural History Museum, London (fcra, fcrb). **347 Bonhams Auctioneers, London:** (clb). **Dorling Kindersley:** Natural History Museum, London (tr, fclb). **Science Photo Library:** Natural History Museum, London (tl). **349 Dorling Kindersley:** Natural History Museum, London / Colin Keates (bl). **350 Alamy Stock Photo:** assistant (b). **Dorling Kindersley:** Oxford University Museum of Natural History / Gary Ombler (ca). **Science Photo Library:** Natural History Museum, London (tr). **351 Alamy Stock Photo:** Alan Curtis / LGPL (bc). **Dorling Kindersley:** Natural History Museum, London / Colin Keates (cla). **352 Dorling Kindersley:** Oxford University Museum of Natural History / Gary Ombler (bc). **353 Alamy Stock Photo:** YAY Media AS (t). **354 Alamy Stock Photo:** Fabrizio Troiani (tl). **355 Alamy Stock Photo:** Phil Degginger (cr). **356 Alamy Stock Photo:** Universal Images Group North America LLC / DeAgostini (br). **357 Dorling Kindersley:** Natural History Museum, London / Colin Keates (cr). **358 Alamy Stock Photo:** RGB Ventures / SuperStock (bl). **359 Alamy Stock Photo:** The Natural History Museum (bl); The Natural History Museum (fcl). **Dorling Kindersley:** Alamy / D. Hurst (cla); Natural History Museum, London / Colin Keates (fcra). **360 Alamy Stock Photo:** Pat Behnke (tr). **Dorling Kindersley:** Courtesy of Holts / Ruth Jenkinson (cl). **361 Alamy Stock Photo:** blickwinkel (r). **362 Alamy Stock Photo:** Universal Images Group North America LLC / DeAgostini. **363 Alamy Stock Photo:** John Cancalosi (cra). **Dorling Kindersley:** Natural History Museum, London / Tim Parmenter (fbr). **364 Alamy Stock Photo:** Hemis (b). **366 Alamy Stock Photo:** Siim Sepp (cl). **367 Alamy Stock Photo:** Julie Thompson (b). **369 Alamy Stock Photo:** Galyna Andrushko. **371 Alamy Stock Photo:** Diego Barucco (b). **372 Alamy Stock Photo:** Universal Images Group North America LLC (b). **373 Dorling Kindersley:** Oxford University Museum of Natural History / Gary Ombler (bl). **375 Alamy Stock Photo:** Universal Images Group North America LLC / DeAgostini (t). **Getty Images:** Corbis (br). **376 Alamy Stock Photo:** Antony Souter. **377 Corbis:** (cla). **378 Alamy Stock Photo:** GC Minerals (b). **381 Alamy Stock Photo:** Friedrich von Hörsten. **382 Dorling Kindersley:** Colin Keates / Natural History Museum (fcl). **383 Alamy Stock Photo:** Jamie Pham (t); PjrStudio (bl). **384 Alamy Stock Photo:** Universal Images Group North America LLC / DeAgostini (l). **385 Dorling Kindersley:** Colin Keates / Natural History Museum, London (fcr). **386 Alamy Stock Photo:** David Chapman (b). **387 Dorling Kindersley:** Harry Taylor / Courtesy of the Natural History Museum, London (fcl). **389 Alamy Stock Photo:** rep0rter (r). **390 Alamy Stock Photo:** Universal Images Group North America LLC / DeAgostini (tl). **393 Alamy Stock Photo:** Borislav Dopudja (tr). **394 Alamy Stock Photo:** Doug Houghton (b). **397 Alamy Stock Photo:** age fotostock. **398 Alamy Stock Photo:** Sergey Skleznev (t). **399 Dorling Kindersley:** Tim Parmenter / Natural History Museum, London (cl). **401 Alamy Stock Photo:** Siim Sepp (tr). **Dorling Kindersley:** Tim Parmenter / Natural History Museum, London (fclb). **402 Alamy Stock Photo:** Borislav Dopudja (tl). **404 Alamy Stock Photo:** PjrStudio (b). **406 Dorling Kindersley:** Tim Parmenter / Natural History Museum, London (tl), (bl). **407 Alamy Stock Photo:** (t). **408 Dorling Kindersley:** Tim Parmenter / Natural History Museum, London (cl). **409 Alamy Stock Photo:** BRUCE BECK. **410 Alamy Stock Photo:** Don Johnston_WU (t). **411 Dorling Kindersley:** Tim Parmenter / Natural History Museum, London (fcl). **413 Alamy Stock Photo:** Oleksiy Maksymenko (br). **414 Alamy Stock Photo:** Paul Kingsley. **415 Dorling Kindersley:** Colin Keates / Natural History Museum, London (ftr); Richard Leeney (fbr). **416 Dorling Kindersley:** Colin Keates / Natural History Museum, London (fbr). **417 Alamy Stock Photo:** Stephen Emerson. **418 Alamy Stock Photo:** imageBROKER (b). **419 Dorling Kindersley:** Gary Ombler / Oxford University Museum of Natural History (br); Tim Parmenter / Natural History Museum, London (tr). **Getty Images:** John Cancalosi (fcr). **420 Dorling Kindersley:** Tim Ridley (fbr). **421 Alamy Stock Photo:** Gavin Hellier (r). **422 Alamy Stock Photo:** Andres Rodriguez. **423 Alamy Stock Photo:** Sabena Jane Blackbird (br). **Dorling Kindersley:** Andreas Einsiedel (tl); Tim Parmenter (b); Andreas Einsiedel (cr). **424 Alamy Stock Photo:** Siim Sepp (tr). **Dorling Kindersley:** Andreas Einsiedel (cl). **425 Alamy Stock Photo:** nick mclaren (fbr). **Dorling Kindersley:** Colin Keates / Natural History Museum, London (ftr). **426 Dorling Kindersley:** Colin Keates / Natural History Museum, London (crb); Tim Parmenter / Natural History Museum, London (fcr). **427 Alamy Stock Photo:** imageBROKER

All other images © Dorling Kindersley
For further information see: **www.dkimages.com**